Projeto de **Algoritmos**

com implementações em PASCAL e C

3ª edição revista e ampliada

Dados Internacionais de Catalogação na Publicação (CIP)
(Câmara Brasileira do Livro, SP, Brasil)

Ziviani, Nivio
Projeto de algoritmos: com implementações em Pascal e C / Nivio Ziviani. - 3. ed. rev. e ampl. - São Paulo : Cengage Learning, 2017.

5. reimpr. da 3. ed. de 2010.
Bibliografia
ISBN 978-85-221-1050-6

1. Algoritmos 2. C (Linguagem de programação para computadores) 3. Dados - Estruturas (Ciências da Computação) 4. Pascal (Linguagem de programação para computadores) I. Título.

10-04493 CDD-005.1

Índice para catálogo sistemático:

1. Algoritmos : Computadores : Programação : Processamento de dados 005.1

Projeto de **Algoritmos**

com implementações em PASCAL e C

3ª edição revista e ampliada

Nivio Ziviani, Ph. D.
Professor Emérito da Universidade Federal de Minas Gerais
Membro da Academia Brasileira de Ciências

CENGAGE

Austrália • Brasil • México • Cingapura • Reino Unido • Estados Unidos

CENGAGE

Projeto de Algoritmos com Implementações em Pascal e C – 3ª edição revista e ampliada

Nivio Ziviani

Gerente Editorial: Patricia La Rosa

Supervisora de Produção Editorial: Fabiana Alencar Albuquerque

Editora de Desenvolvimento: Danielle Mendes Sales

Revisão: Deborah Quintal

Projeto gráfico da capa: Hardy Design

ISBN-13: 978-85-221-1050-6
ISBN-10: 85-221-1050-6

Cengage Learning
Condomínio E-Business Park
Rua Werner Siemens, 111 – Prédio 11 – Torre A – Conjunto 12
Lapa de Baixo – CEP 05069-900 – São Paulo – SP
Tel.: (11) 3665-9900 – Fax: (11) 3665-9901
SAC: 0800 11 19 39

Para suas soluções de curso e aprendizado, visite **www.cengage.com.br**

Impresso no Brasil
Printed in Brazil
5. reimpr. – 2017

À memória dos meus pais, Nelson e Célia;
Patricia e Paula, minhas filhas.

"Se de tudo fica um pouco,
mas por que não ficaria um pouco de mim?"
Carlos Drummond de Andrade – "Resíduo"

Apresentação

Al-Khorezmi nunca pensou que seu apelido, que significa "um nativo de Khorezmi", seria a origem de palavras mais importantes do que ele mesmo, como álgebra, logaritmo e algoritmo. Graças a esse pouco conhecido matemático árabe do século IX, hoje temos conhecimento de conceitos tão básicos quanto o número zero da Índia ou boa parte da matemática desenvolvida na Grécia.

E sobre algoritmos? Algoritmos e estruturas de dados formam o núcleo da ciência da computação, sendo os componentes básicos de qualquer software. Ao mesmo tempo, aprender como programar está intimamente ligado a algoritmos, já que um algoritmo é a abstração de um programa. Logo, aprender algoritmos é crucial para qualquer pessoa que deseja desenvolver software de qualidade.

Paradigmas de programação estão naturalmente associados a técnicas de projeto e disciplinas introdutórias de ciência da computação são usualmente disciplinas de introdução a algoritmos. Inicialmente, a concepção de algoritmos necessita apenas de técnicas básicas de programação. Quando a complexidade dos problemas e sua análise tornam-se importantes, como no caso deste livro, algoritmos requerem lógica, matemática discreta e alguma fundamentação teórica do tipo teoria de autômatos e linguagens formais.

Entretanto, aprender algoritmos não é fácil, uma vez que precisamos ter a combinação correta de conhecimentos matemáticos e de bom senso. Citando Knuth, *a melhor teoria é inspirada na prática e a melhor prática é inspirada na teoria*. O balanceamento entre teoria e prática é sempre uma tarefa difícil.

Este livro mostra esse balanceamento entre teoria e prática. Os primeiros três capítulos lançam as bases necessárias para um bom projeto de algoritmos: técnicas de projeto, ferramentas de análise e estruturas de dados básicas. Em particular, o Capítulo 2 cobre os principais paradigmas de projeto de algoritmos usados em outros capítulos para diferentes problemas. Paradigmas como indução, recursividade, divisão e conquista ou uso de heurísticas são essenciais a um bom projeto de algoritmos.

Os três capítulos seguintes cobrem os dois problemas algorítmicos mais importantes: ordenação e pesquisa. Para ambos os casos, versões para memória primária e secundária são consideradas. Ordenação e pesquisa em memória secundária formam os pilares para bancos de dados.

Os próximos dois capítulos cobrem dois tipos de estruturas de dados muito importantes: grafos e cadeias. Grafos ocorrem em muitas aplicações práticas. Por outro lado, a pesquisa e a compressão de cadeias de caracteres formam a base para o processamento de documentos e, ultimamente, para as máquinas de busca da Web.

O capítulo final cobre problemas de grande complexidade computacional, em que todos os algoritmos conhecidos requerem tempo exponencial. Uma alternativa para esse problema é encontrar soluções com erro limitado, obtendo o que é chamado de algoritmo aproximado. Assim, trocamos a qualidade da resposta pelo menor tempo de processamento.

Esses três últimos capítulos, juntamente com os demais, ampliam muito o escopo deste livro. Além disso, os exercícios propostos, muitos com soluções, tornam todo o conteúdo um recurso de ensino muito valioso, um verdadeiro livro-texto.

Acredito que este livro já é um clássico no Brasil. Esta nova edição vai fortalecer essa posição para o benefício de todos os professores e estudantes relacionados com o mundo dos algoritmos.

Ricardo Baeza-Yates
Santiago, Chile, Dezembro de 2003
Barcelona, Espanha, Junho de 2010

Sumário

Prefácio

Este livro apresenta um estudo de algoritmos computacionais. As principais técnicas de projeto de algoritmos são ensinadas mediante explicação detalhada de algoritmos e estruturas de dados para o uso eficiente do computador. Essas explicações são dadas do modo mais simples possível, mas sem perder a profundidade e o rigor matemático.

O conteúdo é dirigido principalmente para ser utilizado como livro-texto em disciplinas sobre algoritmos e estruturas de dados. Pelo fato de apresentar muitas implementações de algoritmos práticos, o texto é igualmente útil para profissionais engajados no desenvolvimento de sistemas de computação e de programas de aplicação.

Os algoritmos são apresentados por meio de refinamentos sucessivos até uma implementação na linguagem Pascal. A vantagem de usar a linguagem Pascal é que os programas se tornam fáceis de ser lidos e de ser traduzidos para outras linguagens. Além disso, todos os algoritmos implementados na linguagem Pascal são também implementados na linguagem C. Todo programa Pascal de um capítulo tem um programa C correspondente no Apêndice.

Conteúdo

O livro apresenta as técnicas utilizadas para a implementação dos principais algoritmos conhecidos na literatura. Os tópicos estão agrupados em nove capítulos, cada um com o seguinte conteúdo: (i) conceito de algoritmo, técnicas de análise de algoritmos, linguagem Pascal; (ii) paradigmas de projeto de algoritmos; (iii) estruturas de dados básicas; (iv) métodos de ordenação em memória primária e memória secundária; (v) métodos de pesquisa em memória primária; (vi) métodos de pesquisa em memória secundária; (vii) algoritmos em grafos; (viii) processamento de cadeias de caracteres; (ix) problemas $\mathcal{NP}$-completo.

Palavras ou frases que aparecem em negrito no texto estão no **Índice remissivo**. Isso permite utilizar o livro como um hipertexto, possibilitando uma leitura não-linear, baseada em associações de ideias e conceitos. As palavras ou frases em negrito agem como portas virtuais que abrem caminhos para outras informações.

Ao final de cada capítulo são incluídos exercícios, e o Apêndice K apresenta respostas para uma parte considerável dos exercícios propostos. Alguns exercícios são questões curtas, para testar os conhecimentos básicos sobre o material apresentado. Outros são questões mais elaboradas, podendo exigir do leitor um trabalho de vários dias, devendo ser realizados em casa ou em laboratório. Assim, os exercícios propostos podem ser utilizados em testes e trabalhos práticos para avaliação da aprendizagem.

Também ao final de cada capítulo é apresentada uma discussão da literatura, apontando as principais referências relacionadas com o capítulo em questão. O objetivo da seção não é esgotar as referências bibliográficas sobre cada assunto, mas apenas apresentar um pequeno histórico da bibliografia, procurando relatar as referências mais significativas em cada momento.

Ao Professor

Para cada capítulo existe um conjunto de *slides* para serem usados em sala de aula pelo professor. Cada um desses conjuntos segue fielmente o texto correspondente no livro. Existe um conjunto de *slides* usando a linguagem Pascal e outro usando a linguagem C. Assim, os cursos podem ser baseados na linguagem C em vez da linguagem Pascal.

Os *slides* estão nos formatos *PostScript* ou *PDF*, podendo ser projetados diretamente de um computador usando um navegador (*browser*), com o uso de um leitor de arquivos *PostScript* ou um leitor de arquivos *PDF*. Eles podem ser obtidos diretamente do *site* do livro no endereço *www.dcc.ufmg.br/algoritmos*.

O material apresentado é adequado para ser utilizado como livro-texto em cursos técnicos, de graduação, pós-graduação e extensão para formação de profissionais na área de Algoritmos e Estruturas de Dados. O conteúdo de cada capítulo e sugestões de como usá-lo em sala de aula é apresentado a seguir. Sugerimos que o estudo de algoritmos ocorra em três níveis de disciplinas, a saber:

- *Capítulo 1 Introdução:* Algoritmos, estruturas de dados e programas, tipos de dados e tipos abstratos de dados, medida do tempo de execução de um programa, técnicas de análise de algoritmos, Pascal.

  Sugestões: A medida do tempo de execução de um programa e noções de técnicas de análise de algoritmos podem ser ensinadas logo na primeira disciplina sobre algoritmos. Técnicas avançadas de análise de algoritmos podem ser ensinadas em disciplinas subsequentes.

- *Capítulo 2 Paradigmas de Projeto de Algoritmos:* Indução, recursividade, algoritmos tentativa e erro, divisão e conquista, balanceamento, programação dinâmica, algoritmos gulosos e algoritmos aproximados.

  Sugestões: O ensino de alguns paradigmas, tais como indução e recursividade, podem ocorrer logo na primeira disciplina sobre algoritmos. Os outros paradigmas podem ser ensinados em disciplinas subsequentes. O ensino de algoritmos é usualmente dividido por tópicos ou tipos de problemas. O mesmo acontece com este livro. Entretanto, um curso aprofundado de projeto e análise de algoritmos pode ser dividido em paradigmas de projeto de algoritmos, em vez da divisão por tópicos ou tipos de problemas. Nesse caso, o Capítulo 2 pode ser usado como guia.

- *Capítulo 3 Estruturas de Dados Básicas:* Listas lineares, pilhas e filas.

  Sugestões: As estruturas de dados básicas podem ser ensinadas em uma primeira disciplina sobre algoritmos, tomando o cuidado de ensinar, nesse momento, a implementação de listas por meio de arranjos, deixando a implementação de listas por meio de apontadores para uma disciplina subsequente. Em especial, o conceito e implementação de pilhas é importante para o entendimento de recursividade.

- *Capítulo 4 Ordenação:* Ordenação interna (inserção, seleção, shellsort, quicksort, heapsort, parcial, em tempo linear); ordenação externa (intercalação balanceada de vários caminhos, implementação por meio de seleção por substituição, considerações práticas, intercalação polifásica e quicksort externo).

  Sugestões: Os algoritmos mais simples de ordenção em memória principal, tais como inserção, seleção e contagem, podem ser ensinados em uma primeira disciplina sobre algoritmos. Os algoritmos mais eficientes (quicksort e radixsort) podem ser cuidadosamente ensinados em uma segunda disciplina sobre algoritmos, assim como heapsort e ordenação em memória secundária.

- *Capítulo 5 Pesquisa em Memória Primária:* Pesquisa sequencial, pesquisa binária, árvores de pesquisa, pesquisa digital, transformação de chave (funções de transformação, listas encadeadas, endereçamento aberto, *hashing* perfeito com ordem preservada e *hashing* perfeito usando espaço quase ótimo).

  Sugestões: Os algoritmos de pesquisa sequencial e binária podem ser ensinados em uma primeira disciplina sobre algoritmos, enquanto árvores de pesquisa e *hashing* podem ser ensinados em uma segunda disciplina. Pesquisa digital e *hashing* perfeito podem ser ensinados em uma disciplina avançada sobre algoritmos.

- *Capítulo 6 Pesquisa em Memória Secundária:* Modelo de computação para memória secundária (memória virtual, implementação de um sistema de paginação), acesso sequencial indexado (discos ópticos de apenas leitura) e árvores de pesquisa (árvores B, árvores B*, acesso concorrente em árvores B*, considerações práticas).

Sugestões: Nesse capítulo o tópico mais importante é sobre as árvores B e B*, que pode ser ensinado em uma segunda disciplina sobre algoritmos. Apesar de menos importante, o estudo de memória virtual pode ser útil para o entendimento de como ocorre a transferência de dados entre a memória principal e a memória secundária nos sistemas operacionais de hoje.

- *Capítulo 7 Algoritmos em Grafos:* Definições básicas, o tipo abstrato de dados grafo, busca em profundidade, teste para verificar se o grafo é acíclico, busca em largura, ordenação topológica, componentes fortemente conectados, árvore geradora mínima, caminhos mais curtos e o tipo abstrato de dados hipergrafo.

  Sugestões: A representação e os algoritmos mais básicos sobre grafos podem ser ensinados em uma segunda disciplina sobre algoritmos. Um estudo mais aprofundado sobre grafos pode ocorrer em uma disciplina avançada sobre algoritmos.

- *Capítulo 8 Processamento de Cadeias de Caracteres:* Casamento de cadeias (casamento exato e casamento aproximado), compressão (por que usar compressão, compressão de textos em linguagem natural, codificação de Huffman usando palavras, codificação de Huffman usando *bytes*, pesquisa em texto comprimido).

  Sugestões: Os algoritmos sobre casamento de cadeias de caracteres podem ser ensinados em uma segunda disciplina sobre algoritmos, com destaque para o algoritmo BMHS para casamento exato. Os algoritmos sobre casamento aproximado e compressão de textos em linguagem natural podem ser parte de uma disciplina avançada sobre algoritmos.

- *Capítulo 9 Problemas $\mathcal{NP}$-completo e Algoritmos Aproximados:* Problemas $\mathcal{NP}$-completo (algoritmos não-deterministas, as classes $\mathcal{NP}$-completo e $\mathcal{NP}$-difícil), heurísticas e algoritmos aproximados (algoritmos exponenciais usando tentativa e erro, heurísticas para problemas $\mathcal{NP}$-completo, algoritmos aproximados para problemas $\mathcal{NP}$-completo).

  Sugestões: Problemas considerados intratáveis ou difíceis são muito comuns na natureza e nas diversas áreas do conhecimento. Saber distinguir entre problemas que podem ser resolvidos e problemas que não podem ser resolvidos por um computador deve ser ensinado desde as disciplinas básicas sobre algoritmos, podendo ser mais detalhado em uma segunda disciplina. A teoria de complexidade de algoritmos pode ser ensinada em uma disciplina de tópicos avançados sobre algoritmos.

Os três níveis de disciplinas discutidos anteriormente podem ser encontrados em diversos cursos no país. Para exemplificar, versões preliminares deste livro foram utilizadas em disciplinas na Universidade Federal de Minas Gerais, a saber:

- Algoritmos e Estruturas de Dados I, lecionada para o curso de Bacharelado com ênfase em Ciência da Computação, Matemática Computacional e Sistemas de Informação, para os cursos de Engenharias de Computação, Controle e Automação, Elétrica, Eletrônica e Mecânica, com carga horária de 60 horas e um semestre de duração. Além do estudo de uma primeira linguagem de programação, tipicamente Pascal, C ou Java, são ensinados tipos abstratos de dados; introdução à análise de algoritmos; indução matemática; algoritmos recursivos; listas lineares, pilhas e filas.
- Algoritmos e Estruturas de Dados II, lecionada para o curso de Bacharelado com ênfase em Ciência da Computação, Matemática Computacional e Sistemas de Informação, para os cursos de Engenharias de Computação, Controle e Automação, Elétrica, Eletrônica e Mecânica, com carga horária de 60 horas e um semestre de duração, possui a seguinte ementa: introdução à análise de algoritmos; ordenação em memória primária: seleção direta, inserção direta, shellsort, quicksort, heapsort, mergesort, radixsort e ordenação parcial; pesquisa em memória primária: sequencial, binária e transformação de chave (*hashing*); árvores de pesquisa: sem balanceamento, com balanceamento, tries e patricia; ordenação externa; pesquisa em memória secundária: memória virtual, indexado sequencial e árvore B.
- Algoritmos e Estruturas de Dados III, lecionada para o curso de Bacharelado com ênfase em Ciência da Computação, Matemática Computacional e Sistemas de Informação, com carga horária de 60 horas e um semestre de duração, possui a seguinte ementa: estudo mais elaborado de projeto e análise de algoritmos; paradigmas de projeto de algoritmos; algoritmos em grafos; problemas $\mathcal{NP}$-completo, heurísticas e algoritmos aproximados; processamento de cadeias de caracteres; algoritmos paralelos.
- Projeto e Análise de Algoritmos, lecionada para os cursos de Mestrado e Doutorado em Ciência da Computação, com carga horária de 60 horas, possui a seguinte ementa: técnicas de análise de algoritmos; paradigmas de projeto de algoritmos; algoritmos em grafos; problemas $\mathcal{NP}$-completo, heurísticas e algoritmos aproximados; processamento de cadeias de caracteres; algoritmos paralelos.

Ao Estudante

O estudo do comportamento dos algoritmos tem papel decisivo no projeto de algoritmos eficientes. Técnicas de análise de algoritmos são consideradas partes integrantes do processo moderno de resolver problemas, permitindo escolher, de forma racional, um entre vários algoritmos disponíveis para uma mesma aplicação. Por isso, neste livro são apresentadas informações sobre as características de desempenho de cada algoritmo apresentado. Os algoritmos são introduzidos por meio de refinamentos sucessivos, passo a passo, procurando fazer com que aqueles mais difíceis possam ser entendidos facilmente. Além disso, grande ênfase é dada aos principais paradigmas de projeto de algoritmos.

Com relação aos pré-requisitos necessários para a leitura deste livro, o ideal é ter alguma experiência em programação de computadores. Em particular, é necessário entender procedimentos recursivos e também saber lidar com estruturas de dados mais simples usando arranjos e apontadores. A parte matemática utilizada para apresentar os resultados analíticos é autocontida e exige muito pouco conhecimento matemático prévio para ser entendida. Algumas partes do texto demandam pequeno conhecimento de cálculo elementar e matemática discreta.

Ao Profissional

Este texto pode também ser utilizado como manual para programadores que já tenham familiaridade com o assunto, pois são apresentadas implementações de algoritmos de utilidade geral. A maioria dos algoritmos mostrados tem grande utilidade prática, tais como os algoritmos Quicksort e Radixsort de ordenação e o algoritmo BMHS de casamento de cadeias de caracteres. Considerações sobre implementação são discutidas ao longo do texto. Para muitos dos problemas discutidos são apresentadas várias alternativas de soluções e, em muitos casos, um estudo comparativo do comportamento dos algoritmos envolvidos em cada alternativa.

Os algoritmos propostos são completamente implementados nas linguagens Pascal e C e as operações envolvidas são descritas mediante a apresentação de exemplos de execução. Os códigos em Pascal e C podem ser obtidos diretamente do *site* do livro no endereço *www.dcc.ufmg.br/algoritmos*, no qual os procedimentos em Pascal e C já são acompanhados de um programa principal que permite executar imediatamente um pequeno teste.

Mudanças da Segunda para a Terceira Edição

As mudanças realizadas entre a segunda e a terceira edição incluem várias novas seções nos capítulos da edição anterior. A seguir, apresentamos um resumo das principais mudanças para a terceira edição, a saber:

- Todos os erros conhecidos foram devidamente corrigidos.
- Adição de novos exercícios ao final de cada capítulo.
- Solução de muitos dos novos exercícios propostos.
- Os programas em Pascal e C foram revisados e melhorados.
- Nos capítulos que já existiam na segunda edição foram introduzidas novas seções sobre os seguintes tópicos:
  - Teorema mestre (Seção 2.4).
  - Ordenação em tempo linear (Seção 4.1.7).

- Uma nova função *hash* (Seção 5.5).
- *Hashing* perfeito com ordem preservada (Seção 5.5.4).
- *Hashing* perfeito usando espaço quase ótimo (Seção 5.5.5).
- Estruturas de dados sucintas (Seção 5.5.5).
- Teste para verificar se um hipergrafo é acíclico (Seção 7.4).
- Tipo abstrato de dados hipergrafo (Seção 7.10).

Agradecimentos para a Terceira Edição

Agradeço aos amigos e colegas que contribuíram para a qualidade desta terceira edição, em especial a Alberto Henrique Frade Laender, Antônio Alfredo Loureiro, Berthier Ribeiro-Neto, Dorgival Olavo Guedes Neto, Edleno Silva de Moura, Luiz Chaimowicz, Mariza Bigonha, Renato Antonio Celso Ferreira, Roberto da Silva Bigonha e Virgilio Augusto Fernandes Almeida. Um agradecimento especial para Jussara Marques de Almeida e Wagner Meira Jr. pelas diversas sugestões de novos exercícios e leitura crítica de partes do livro. Dos professores que me ensinaram muito sobre algoritmos, agradeço particularmente a Antônio Luz Furtado, Frank Tompa, Gaston Gonnet, Ian Munro e Pal Larson.

Esta terceira edição foi realizada em um ambiente excelente para a elaboração de um livro-texto, o Departamento de Ciência da Computação da Universidade Federal de Minas Gerais. Em nome de László Ernesto de Miranda Pinto, Murilo Silva Monteiro e Pollyana do Amaral Ferreira agradeço o suporte técnico do CRC – Centro de Recursos Computacionais do Departamento para manter o ambiente LaTeX e o *site* do livro no endereço *www.dcc.ufmg.br/algoritmos*. Agradeço o apoio sempre competente da bibliotecária Belkiz Inez Costa e das secretárias Cláudia Lourenço Viana, Emília Soares da Silva, Gilmara Viviane Silva Stole, Lizete da Conceição Barrêto Paula, Maria Aparecida Scaldaferri Lages, Maristela Soares Marques, Renata Viana Moraes Rocha, Sheila Lúcia dos Santos, Sônia Lúcia Borges Vaz de Melo, Stella Mara Marques, Túlia Andrade Silva Resende. Diversas versões preliminares do livro foram encadernadas por Alexandre Guimarães Dias, Geraldo Felício de Oliveira, e Orlando Rodrigues da Silva, a quem agradeço.

Os estudantes de graduação e pós-graduação contribuíram significativamente e a eles sou grato. Dos monitores da disciplina Projeto e Análise de Algoritmos e bolsistas do LATIN - Laboratório para Tratamento da Informação, agradeço particularmente a Álvaro Rodrigues Pereira Júnior, Anísio Mendes Lacerda, Bruno Augusto Vivas e Pôssas, Bruno Maciel Fonseca, Charles Ornelas Almeida, Claudine Santos Badue, Denilson Alves Pereira, Fabiano Cupertino Botelho, Guilherme Vale Ferreira Menezes, Hendrickson Reiter Langbehn, Marco Aurélio Barreto Modesto, Rickson Guidolini, Thierson Couto Rosas, Wallace Favoreto Henrique, Wladmir Cardoso Brandão.

Um agradecimento para Fabiano Cupertino Botelho, pela ajuda na redação das seções sobre ordenação em tempo linear, *hashing* perfeito e hipergrafos; Guilherme Vale Ferreira Menezes, pelo trabalho com as respostas de exercícios, criação e teste do código de alguns programas, desenho das novas figuras e tradução de programas em Pascal para C; Israel Guerra de Moura e João Victor dos Anjos Bárbara, pela revisão e teste de todos os códigos em C; Wallace Favoreto Henrique, pelo estudo comparativo dos algoritmos de ordenação em tempo linear e tradução de programas em Pascal para C. Importante ressaltar o trabalho de *design* do *site* do livro de Eduardo Luppi e Poliana Rabelo, da Tambor Comunicação.

Entre as pessoas que gentilmente apontaram erros na segunda edição agradeço a Alessandro Mendes, Álvaro Rodrigues Pereira Júnior, Anísio Mendes Lacerda, Ariovaldo Dias de Oliveira, Cleber Mira, David Menotti, Elisa Tuler de Albergaria, Fabiano Cupertino Botelho, Fabiano M. Atalla da Fonseca, João Rafael Moraes Nicola, José Augusto Nacif, Leonardo Chaves Dutra da Rocha, Marco Aurélio Barreto Modesto, Marco Antônio Pinheiro de Cristo.

Um agradecimento especial para Carlos Eduardo Corradi Fonseca, pela forma de ser e pela competência e brilhantismo no exercício profissional.

Foi importante o apoio recebido do CNPq – Conselho Nacional de Desenvolvimento Científico e Tecnológico, do Ministério de Ciência e Tecnologia e da Finep – Financiadora de Estudos e Projetos, mediante os seguintes projetos: CNPq/CT-INFO/Gerindo – Gerência e Recuperação de Informação em Documentos, processo CNPq 55.2087/02-5, CNPq/CT-INFO/InfoWeb – Métodos e Ferramentas para Tratamento de Informação Disponível na Web, processo CNPq 550874/2007-0, MCT/CNPq/INCT – Instituto Nacional de Ciência e Tecnologia para a Web, processo CNPq 573871/2008-6, e Bolsa de Produtividade em Pesquisa – Ambientes para Recuperação de Informação na WWW, processo CNPq 30.5237/02-0.

Trabalhar com a Cengage Learning tem sido um prazer. Desde a fase de revisão e de formatação do texto até a impressão final do livro, sempre houve um suporte competente e profissional.

Um agradecimento muito carinhoso para Márcia de Mendonça Jorge, pelo seu amor e suporte durante a redação da terceira edição deste livro.

Nivio Ziviani

Belo Horizonte

Junho de 2010

Site Web do livro: www.dcc.ufmg.br/algoritmos

Capítulo 1

Introdução

1.1 Algoritmos, Estruturas de Dados e Programas

Os algoritmos fazem parte do dia a dia das pessoas. As instruções para o uso de medicamentos, as indicações de como montar um aparelho, uma receita culinária são alguns exemplos de algoritmos. Um algoritmo pode ser visto como uma sequência de ações executáveis para a obtenção de uma solução para determinado tipo de problema. Segundo Dijkstra (1971), um **algoritmo** corresponde a uma descrição de um padrão de comportamento, expresso em termos de um conjunto finito de ações. Ao executarmos a operação $a + b$, percebemos um padrão de comportamento, mesmo que a operação seja realizada para valores diferentes de a e b.

Estruturas de dados e algoritmos estão intimamente ligados. Não se pode estudar estruturas de dados sem considerar os algoritmos associados a elas, assim como a **escolha dos algoritmos** em geral depende da representação e da estrutura dos dados. Para resolver um problema é necessário escolher uma abstração da realidade, em geral mediante a definição de um conjunto de dados que representa a situação real. A seguir, deve ser escolhida a forma de representar esses dados.

A **escolha da representação** dos dados é determinada, entre outros fatores, pelas operações a serem realizadas sobre os dados. Considere a operação de adição. Para pequenos números, uma boa representação pode ser feita por meio de barras verticais, caso em que a operação de adição é bastante simples. Já a representação por dígitos decimais requer regras relativamente complicadas, que devem ser memorizadas. Entretanto, a situação se inverte quando consideramos a adição de grandes números, sendo mais fácil a representação por dígitos decimais, devido ao princípio baseado no peso relativo da posição de cada dígito.

Programar é basicamente estruturar dados e construir algoritmos. De acordo com Wirth (1976, p. XII), **programas** são formulações concretas de algoritmos abstratos, baseados em representações e estruturas específicas de dados. Em outras palavras, programas representam uma classe especial de algoritmos capazes de serem seguidos por computadores.

Entretanto, um computador só é capaz de seguir programas em linguagem de máquina, que correspondem a uma sequência de instruções obscuras e desconfortáveis. Para contornar tal problema é necessário construir linguagens mais adequadas, que facilitem a tarefa de programar um computador. Segundo Dijkstra (1976), uma linguagem de programação é uma técnica de notação para programar, com a intenção de servir de veículo tanto para a expressão do raciocínio algorítmico quanto para a execução automática de um algoritmo por um computador.

1.2 Tipos de Dados e Tipos Abstratos de Dados

Em linguagens de programação é importante classificar constantes, variáveis, expressões e funções de acordo com certas características, que indicam o seu **tipo de dados**. Esse tipo deve caracterizar o conjunto de valores a que uma constante pertence, ou que podem ser assumidos por uma variável ou expressão, ou que podem ser gerados por uma função (Wirth, 1976, p. 4-40).

Tipos simples de dados são grupos de valores indivisíveis, como os tipos básicos *integer, boolean, char* e *real* do Pascal. Por exemplo, uma variável do tipo *boolean* pode assumir o valor verdadeiro ou o valor falso, e nenhum outro valor. Os tipos estruturados em geral definem uma coleção de valores simples ou um agregado de valores de tipos diferentes. A linguagem Pascal oferece uma grande variedade de tipos de dados, como será mostrado na Seção 1.5.

Um **tipo abstrato de dados** pode ser visto como um modelo matemático, acompanhado das operações definidas sobre o modelo. O conjunto dos inteiros acompanhado das operações de adição, subtração e multiplicação forma um exemplo de um tipo abstrato de dados. Aho, Hopcroft e Ullman (1983) utilizam extensivamente tipos abstratos de dados como base para o projeto de algoritmos. Nesses casos, a implementação do algoritmo em uma linguagem de programação específica exige que se encontre alguma forma de representar o tipo abstrato de dados, em termos dos tipos de dados e dos operadores suportados pela linguagem considerada. A representação do modelo matemático por trás do tipo abstrato de dados é realizada mediante uma estrutura de dados.

Tipos abstratos de dados podem ser considerados generalizações de tipos primitivos de dados, da mesma maneira que procedimentos são generalizações de operações primitivas tais como adição, subtração e multiplicação. Da mesma forma que um procedimento é usado para encapsular partes de um algoritmo, o tipo abstrato de dados pode ser usado para encapsular tipos de dados. Nesse caso, a definição do tipo e todas as operações definidas sobre ele podem ser localizadas em uma única seção do programa.

Como exemplo, considere uma aplicação que utilize uma lista de inteiros. Poderíamos definir um tipo abstrato de dados Lista, com as seguintes operações sobre a lista:

1. faça a lista vazia;
2. obtenha o primeiro elemento da lista; se a lista estiver vazia, então retorne nulo;
3. insira um elemento na lista.

Existem várias opções de estruturas de dados que permitem uma implementação eficiente para listas. Uma possível implementação para o tipo abstrato de dados Lista é pelo tipo estruturado arranjo. A seguir, cada operação do tipo abstrato de dados é implementada como um procedimento na linguagem de programação escolhida. Se existe necessidade de alterar a implementação do tipo abstrato de dados, a alteração fica restrita à parte encapsulada, sem causar impactos em outras partes do código.

Cabe ressaltar que cada conjunto diferente de operações define um tipo abstrato de dados diferente, mesmo que todos os conjuntos de operações atuem sob o mesmo modelo matemático. Uma forte razão para isso é que a escolha adequada de uma implementação depende fortemente das operações a serem realizadas sobre o modelo.

1.3 Medida do Tempo de Execução de um Programa

O projeto de algoritmos é fortemente influenciado pelo estudo de seus comportamentos. Depois que um problema é analisado e decisões de projeto são finalizadas, o algoritmo tem de ser implementado em um computador. Neste momento, o projetista deve estudar as várias opções de algoritmos a serem utilizados, em que os aspectos de tempo de execução e espaço ocupado são considerações importantes. Muitos desses algoritmos são encontrados em áreas tais como pesquisa operacional, otimização, teoria dos grafos, estatística, probabilidades, entre outras.

Na área de análise de algoritmos, existem dois tipos de problema bem distintos, conforme apontou Knuth (1971):

(i) **Análise de um algoritmo particular**. Qual é o custo de usar um dado algoritmo para resolver um problema específico? Neste caso, características importantes do algoritmo em questão devem ser investigadas. Geralmente se faz uma análise do número de vezes que cada parte do algoritmo deve ser executada, seguida do estudo da quantidade de memória necessária.

(ii) **Análise de uma classe de algoritmos**. Qual é o algoritmo de menor custo possível para resolver um problema particular? Neste caso, toda uma família de algoritmos para resolver um problema específico é investigada com o objetivo de identificar um que seja o melhor possível. Isso significa colocar **limites** para a complexidade computacional dos algoritmos pertencentes à classe. Por exemplo, é possível estimar o número mínimo de comparações necessárias para ordenar n números por meio de comparações sucessivas, conforme veremos adiante no Capítulo 4.

Quando conseguimos determinar o menor custo possível para resolver problemas de determinada classe, como no caso de ordenação, temos a medida da dificuldade inerente para resolver tais problemas. Além disso, quando o custo de um algoritmo é igual ao menor custo possível, podemos concluir, então, que o algoritmo é **ótimo** para a medida de custo considerada.

Em muitas situações podem existir vários algoritmos para resolver o mesmo problema, sendo pois necessário escolher o melhor. Se a mesma medida de custo é aplicada a diferentes algoritmos, então é possível compará-los e escolher o mais adequado para resolver o problema em questão.

O custo de utilização de um algoritmo pode ser medido de várias maneiras. Uma delas é mediante a execução do programa em um computador real, sendo o tempo de execução medido diretamente. As medidas de tempo obtidas desta forma são bastante inadequadas e os resultados jamais devem ser generalizados. As principais objeções são: (i) os resultados são dependentes do compilador, que pode favorecer algumas construções em detrimento de outras; (ii) os resultados dependem do *hardware*; (iii) quando grandes quantidades de memória são utilizadas, as medidas de tempo podem depender desse aspecto. Apesar disso, Gonnet e Baeza-Yates (1991, p. 7) apresentam argumentos a favor de se obterem medidas reais de tempo para algumas situações particulares, por exemplo, quando existem vários algoritmos distintos para resolver o mesmo tipo de problema, todos com um custo de execução dentro da mesma ordem de grandeza. Assim, são considerados tanto os custos reais das operações quanto os custos não aparentes, tais como alocação de memória, indexação, carga, entre outros.

Uma forma mais adequada de medir o custo de utilização de um algoritmo é por meio do uso de um modelo matemático baseado em um computador idealizado, por exemplo, o computador MIX proposto por Knuth (1968). O conjunto de operações a serem executadas deve ser especificado, assim como o custo associado à execução de cada operação. Mais usual ainda é ignorar o custo de algumas das operações envolvidas e considerar apenas as operações mais significativas. Ou seja, para algoritmos de ordenação consideramos o número de comparações entre os elementos do conjunto a ser ordenado e ignoramos as operações aritméticas, de atribuição e manipulações de índices, caso existam.

Para medir o custo de execução de um algoritmo é comum definir uma função de custo ou **função de complexidade** f, em que $f(n)$ é a medida do tempo necessário para executar um algoritmo para um problema de tamanho n. Seguindo Stanat e McAllister (1977), se $f(n)$ é uma medida da quantidade do tempo necessário para executar um algoritmo em um problema de tamanho n, então f é chamada função de **complexidade de tempo** do algoritmo. Se $f(n)$ é uma medida da quantidade da memória necessária para executar um algoritmo de tamanho n, então f é chamada função de **complexidade de espaço** do algoritmo. A não ser que haja uma referência explícita, f denotará uma função de complexidade de tempo daqui para a frente. É importante ressaltar que a complexidade de tempo na realidade não representa o tempo diretamente, mas o número de vezes que determinada operação considerada relevante é executada.

Para ilustrar alguns desses conceitos, considere o algoritmo para encontrar o maior elemento de um vetor de inteiros $A[1..n], n \geq 1$, implementado em Pascal, conforme mostrado no Programa 1.1. Seja f uma função de complexidade tal que $f(n)$ é o número de comparações entre os elementos de A, se A contiver n elementos. Logo,

$$f(n) = n - 1, \text{ para } n > 0.$$

Vamos provar que o algoritmo apresentado no Programa 1.1 é **ótimo**.

Programa 1.1 *Função para obter o máximo de um conjunto*

```
function Max (var A: TipoVetor): integer;
var i, Temp: integer;
begin
  Temp := A[1];
  for i := 2 to N do if Temp < A[i] then Temp := A[i];
  Max := Temp;
end;
```

Teorema: Qualquer algoritmo para encontrar o maior elemento de um conjunto com n elementos, $n \geq 1$, faz pelo menos $n - 1$ comparações.

Prova: Deve ser mostrado, por meio de comparações, que cada um dos $n - 1$ elementos é menor do que algum outro elemento. Logo $n - 1$ comparações são necessárias. □

O teorema anterior nos diz que, se o número de comparações for utilizado como medida de custo, então a função *Max* é ótima.

A medida do custo de execução de um algoritmo depende principalmente do tamanho da entrada dos dados. Por isso, é comum considerar o tempo de execução de um programa como uma função do tamanho da entrada. Entretanto, para alguns algoritmos, o custo de execução é uma função da entrada particular dos dados, não apenas do tamanho da entrada. No caso da função *Max* do Programa 1.1, o algoritmo possui a propriedade de que o custo é uniforme sobre todos os problemas de tamanho n. Já para um algoritmo de ordenação isso não ocorre: se os dados de entrada já estiverem quase ordenados, então o algoritmo pode ter de trabalhar menos.

Temos então de distinguir três cenários: melhor caso, pior caso e caso médio. O **melhor caso** corresponde ao menor tempo de execução sobre todas as possíveis entradas de tamanho n. O **pior caso** corresponde ao maior tempo de execução sobre todas as entradas de tamanho n. Se f é uma função de complexidade baseada na análise de pior caso, então o custo de aplicar o algoritmo nunca é maior do que $f(n)$.

O **caso médio** (ou caso esperado) corresponde à média dos tempos de execução de todas as entradas de tamanho n. Na análise do caso esperado, uma **distribuição de probabilidades** sobre o conjunto de entradas de tamanho n é suposta, e o custo médio é obtido com base nessa distribuição. Por essa razão, a análise do caso médio é geralmente muito mais difícil de obter do que as análises do melhor e do pior caso. É comum supor uma distribuição de probabilidades em que todas as entradas possíveis são igualmente prováveis. Entretanto, na prática isso nem sempre é verdade. Por isso, a análise do caso esperado dos algoritmos a serem estudados só será apresentada quando esta fizer sentido.

Para ilustrar esses conceitos considere o problema de acessar os **registros** de um arquivo. Cada registro contém uma **chave** única, utilizada para recuperar registros do arquivo. Dada uma chave qualquer, o problema consiste em localizar o registro que contenha essa chave. O algoritmo de pesquisa mais simples que existe é o que faz uma **pesquisa sequencial**. Esse algoritmo examina os registros na ordem em que eles aparecem no arquivo, até que o registro procurado seja encontrado ou fique determinado que ele não se encontra no arquivo.

Seja f uma função de complexidade tal que $f(n)$ é o número de registros consultados no arquivo, isto é, o número de vezes que a chave de consulta é comparada com a chave de cada registro. Os casos a considerar são:

$$\begin{array}{ll} \text{melhor caso} & : f(n) = 1 \\ \text{pior caso} & : f(n) = n \\ \text{caso médio} & : f(n) = (n+1)/2 \end{array}$$

O melhor caso ocorre quando o registro procurado é o primeiro consultado. O pior caso ocorre quando o registro procurado é o último consultado ou então não está presente no arquivo; para tal, é necessário realizar n comparações.

Para o estudo do caso médio, vamos considerar que toda pesquisa recupera um registro, não existindo, portanto, pesquisa sem sucesso. Se p_i for a probabilidade de que o i-ésimo registro seja procurado, e considerando que, para recuperar o i-ésimo registro são necessárias i comparações, então,

$$f(n) = 1 \times p_1 + 2 \times p_2 + 3 \times p_3 + \cdots + n \times p_n.$$

Para calcular $f(n)$ basta conhecer a distribuição de probabilidades p_i. Se cada registro tiver a mesma probabilidade de ser acessado que todos os outros, então $p_i = 1/n, 1 \leq i \leq n$. Nesse caso:

$$f(n) = \frac{1}{n}(1 + 2 + 3 + \cdots + n) = \frac{1}{n}\left(\frac{n(n+1)}{2}\right) = \frac{n+1}{2}.$$

A análise do caso esperado para a situação descrita revela que uma pesquisa com sucesso examina aproximadamente metade dos registros.

Finalmente, considere o problema de encontrar o maior e o menor elementos de um vetor de inteiros $A[1..n], n \geq 1$. Um algoritmo simples para resolver esse problema pode ser derivado do algoritmo apresentado no Programa 1.1, conforme mostrado no Programa 1.2. Seja f uma função de complexidade tal que $f(n)$ é o número de comparações entre os elementos de A, se A contiver n elementos. Logo,

$$f(n) = 2(n-1), \text{ para } n > 0,$$

para o melhor caso, o pior caso e o caso médio.

Programa 1.2 *Implementação direta para obter o máximo e o mínimo*

```
procedure MaxMin1 (var A: TipoVetor; var Max, Min: integer);
var i: integer;
begin
  Max := A[1]; Min := A[1];
  for i := 2 to N do
    begin
    if A[i] > Max then Max := A[i];
    if A[i] < Min then Min := A[i];
    end;
end;
```

O Programa 1.2 pode ser facilmente melhorado. Basta observar que a comparação $A[i] < Min$ somente é necessária quando o resultado da comparação $A[i] > Max$ é falso. Uma nova versão do algoritmo pode ser vista no Programa 1.3. Para essa implementação, os casos a considerar são:

$$\begin{array}{ll} \text{melhor caso} & : f(n) = n - 1 \\ \text{pior caso} & : f(n) = 2(n-1) \\ \text{caso médio} & : f(n) = 3n/2 - 3/2 \end{array}$$

O melhor caso ocorre quando os elementos de A estão em ordem crescente. O pior caso ocorre quando os elementos de A estão em ordem decrescente. No caso médio, $A[i]$ é maior do que Max a metade das vezes. Logo,

$$f(n) = n - 1 + \frac{n-1}{2} = \frac{3n}{2} - \frac{3}{2}, \text{ para } n > 0.$$

Considerando o número de comparações realizadas, existe a possibilidade de obter um algoritmo mais eficiente para este problema? A resposta é sim. Considere o seguinte algoritmo:

Programa 1.3 *Implementação melhorada para obter o máximo e o mínimo*

```
procedure MaxMin2 (var A: TipoVetor; var Max, Min: integer);
var i: integer;
begin
  Max := A[1]; Min := A[1];
  for i := 2 to N do
    if A[i] > Max
    then Max := A[i]
    else if A[i] < Min then Min := A[i];
end;
```

1) Compare os elementos de A aos pares, separando-os em dois subconjuntos de acordo com o resultado da comparação, colocando os maiores em um subconjunto e os menores no outro, conforme mostrado na Figura 1.1, a um custo de $\lceil n/2 \rceil$[1] comparações.
2) O máximo é obtido do subconjunto que contém os maiores elementos, a um custo de $\lceil n/2 \rceil - 1$ comparações.
3) O mínimo é obtido do subconjunto que contém os menores elementos, a um custo de $\lceil n/2 \rceil - 1$ comparações.

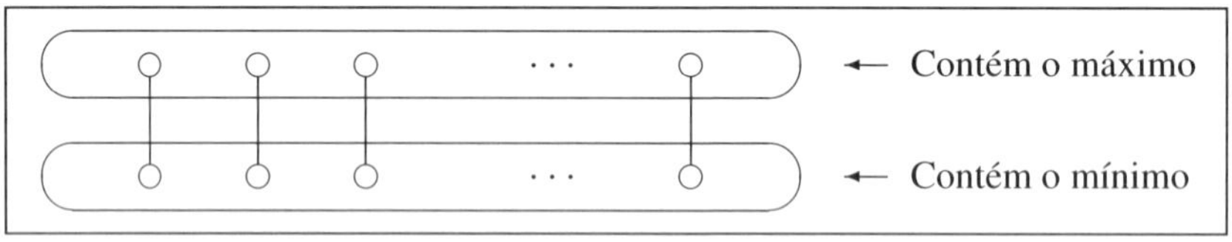

Figura 1.1 *Partição de A em dois subconjuntos.*

A implementação do algoritmo descrito anteriormente é apresentada no Programa 1.4.

Os elementos de A são comparados dois a dois, os elementos maiores são comparados com Max e os elementos menores são comparados com Min. Quando n é ímpar, o elemento que está na posição $A[n]$ é duplicado na posição $A[n+1]$ para evitar um tratamento de exceção. Para essa implementação,

$$f(n) = \frac{n}{2} + \frac{n-2}{2} + \frac{n-2}{2} = \frac{3n}{2} - 2, \text{ para } n > 0,$$

para o melhor caso, o pior caso e o caso médio.

[1] A função $\lceil\ \rceil$ é chamada de função **teto**: se x é um número real qualquer, então $\lceil x \rceil$ corresponde ao menor inteiro maior ou igual a x. Da mesma forma, a função $\lfloor\ \rfloor$ é chamada de função **piso**: $\lfloor x \rfloor$ corresponde ao maior inteiro menor ou igual a x. Se $e = 2,71828\ldots$ então $\lceil e \rceil = 3$, $\lfloor e \rfloor = 2$, $\lceil -e \rceil = -2$, $\lfloor -e \rfloor = -3$.

Programa 1.4 *Outra implementação para obter o máximo e o mínimo*

```
procedure MaxMin3 (var A: TipoVetor; var Max, Min: integer);
var i, FimDoAnel: integer;
begin
  if (N mod 2) > 0
  then begin A[N+1] := A[N]; FimDoAnel := N; end
  else FimDoAnel := N–1;
  if A[1] > A[2]
  then begin Max := A[1]; Min := A[2]; end
  else begin Max := A[2]; Min := A[1]; end;
  i:= 3;
  while i <= FimDoAnel do
    begin
    if A[i] > A[i+1]
    then begin
           if A[i] > Max then Max := A[i];
           if A[i+1] < Min then Min := A[i+1];
           end
    else begin
           if A[i] < Min then Min := A[i];
           if A[i+1] > Max then Max := A[i+1];
           end;
    i:= i + 2;
    end;
end;
```

A Tabela 1.1 apresenta uma comparação entre os algoritmos dos Programas 1.2, 1.3 e 1.4, considerando o número de comparações como medida de complexidade. Os algoritmos *MaxMin2* e *MaxMin3* são superiores ao algoritmo *MaxMin1* de forma geral. O algoritmo *MaxMin3* é superior ao algoritmo *MaxMin2* com relação ao pior caso e bastante próximo quanto ao caso médio.

Tabela 1.1 *Comparação dos algoritmos para obter o máximo e o mínimo*

Os três algoritmos	$f(n)$		
	Melhor caso	Pior caso	Caso médio
MaxMin1	$2(n-1)$	$2(n-1)$	$2(n-1)$
MaxMin2	$n-1$	$2(n-1)$	$3n/2-3/2$
MaxMin3	$3n/2-2$	$3n/2-2$	$3n/2-2$

Considerando novamente o número de comparações realizadas, existe possibilidade de obter um algoritmo mais eficiente para esse problema? Para responder a essa questão é necessário conhecer o **limite inferior** para a classe de algoritmos para obter o maior e o menor elemento de um conjunto.

Uma técnica muito utilizada para obter o limite inferior para uma classe qualquer de algoritmos é o uso de um oráculo.[2] Dado um modelo de computação que expresse o comportamento do algoritmo, o oráculo informa o resultado de cada passo possível, que, no nosso caso, seria o resultado de cada comparação. Para derivar o limite inferior, o oráculo procura sempre fazer com que o algoritmo trabalhe o máximo, escolhendo como resultado da próxima comparação aquele que cause o maior trabalho possível necessário para determinar a resposta final.

O teorema a seguir, apresentado por Horowitz e Sahni (1978, p. 476), utiliza um oráculo para derivar o **limite inferior** no número de comparações necessárias para obter o máximo e o mínimo de um conjunto com n elementos.

Teorema: Qualquer algoritmo para encontrar o maior e o menor elementos de um conjunto com n elementos não ordenados, $n \geq 1$, faz pelo menos $3\lceil n/2 \rceil - 2$ comparações.

Prova: A técnica utilizada define um oráculo que descreve o comportamento do algoritmo por meio de um conjunto de n–tuplas, mais um conjunto de regras associadas que mostram as tuplas possíveis (estados) que um algoritmo pode assumir a partir de uma dada tupla e uma única comparação.

O comportamento do algoritmo pode ser descrito por uma 4–tupla, representada por (a, b, c, d), onde a representa o número de elementos que nunca foram comparados; b representa o número de elementos que foram vencedores e nunca perderam em comparações realizadas; c representa o número de elementos que foram perdedores e nunca venceram em comparações realizadas; d representa o número de elementos que foram vencedores e perdedores em comparações realizadas. O algoritmo inicia no estado $(n, 0, 0, 0)$ e termina com $(0, 1, 1, n-2)$. Dessa forma, após cada comparação, a tupla (a, b, c, d) consegue progredir apenas se ela assume um dentre os seis estados possíveis, mostrados na Figura 1.2.

$(a-2, b+1, c+1, d)$	se $a \geq 2$	{ dois elementos de a são comparados }
$(a-1, b+1, c, d)$ ou		{ um elemento de a comparado com
$(a-1, b, c+1, d)$ ou		um de b ou um de c }
$(a-1, b, c, d+1)$	se $a \geq 1$	
$(a, b-1, c, d+1)$	se $b \geq 2$	{ dois elementos de b são comparados }
$(a, b, c-1, d+1)$	se $c \geq 2$	{ dois elementos de c são comparados }

Figura 1.2 *Seis estados possíveis assumidos pela tupla* (a, b, c, d).

O primeiro passo requer necessariamente a manipulação do componente a. Observe que o caminho mais rápido para levar o componente a até zero requer

[2] De acordo com o *Novo Dicionário Aurélio da Língua Portuguesa*, um **oráculo** é: 1. Resposta de um deus a quem o consultava. 2. Divindade que responde consultas e orienta o crente: o oráculo de Delfos. 3. *Fig.* Palavra, sentença ou decisão inspirada, infalível ou que tem grande autoridade: os oráculos dos profetas, os oráculos da ciência.

$\lceil n/2 \rceil$ mudanças de estado e termina com a tupla $(0, n/2, n/2, 0)$, por intermédio da comparação dos elementos de a dois a dois. A seguir, para reduzir o componente b até um são necessárias $\lceil n/2 \rceil - 1$ mudanças de estado, correspondentes ao número mínimo de comparações que é necessário para obter o maior elemento de b. Idem para c, com $\lceil n/2 \rceil - 1$ mudanças de estado. Logo, para obter o estado $(0, 1, 1, n-2)$ a partir do estado $(n, 0, 0, 0)$ são necessárias

$$\lceil n/2 \rceil + \lceil n/2 \rceil - 1 + \lceil n/2 \rceil - 1 = 3\lceil n/2 \rceil - 2$$

comparações. □

O teorema anterior nos diz que, se o número de comparações entre os elementos de um vetor for utilizado como medida de custo, então o algoritmo *MaxMin3* do Programa 1.4 é **ótimo**.

1.3.1 Comportamento Assintótico de Funções

Como observado anteriormente, o custo para obter uma solução para um dado problema aumenta com o tamanho n do problema. O número de comparações para encontrar o maior elemento de um conjunto de n inteiros, ou para ordenar os elementos de um conjunto com n elementos, aumenta com n. O parâmetro n fornece uma medida da dificuldade para se resolver o problema, no sentido de que o tempo necessário para resolver o problema cresce quando n cresce.

Para valores suficientemente pequenos de n, qualquer algoritmo custa pouco para ser executado, mesmo os algoritmos ineficientes. Em outras palavras, a **escolha do algoritmo** não é um problema crítico para problemas de tamanho pequeno. Logo, a análise de algoritmos é realizada para valores grandes de n. Para tal, considera-se o comportamento de suas funções de custo para valores grandes de n, isto é, estuda-se o comportamento assintótico das **funções de custo**. O comportamento assintótico de $f(n)$ representa o limite do comportamento do custo quando n cresce.

A análise de um algoritmo geralmente conta com apenas algumas operações elementares e, em muitos casos, somente com uma operação elementar. A medida de custo ou medida de complexidade relata o crescimento assintótico da operação considerada. A definição seguinte relaciona o comportamento assintótico de duas funções distintas.

Definição: Uma função $f(n)$ **domina assintoticamente** outra função $g(n)$ se existem duas constantes positivas c e m tais que, para $n \geq m$, temos $|g(n)| \leq c \times |f(n)|$.

O significado da definição no parágrafo anterior pode ser expresso em termos gráficos, conforme ilustra a Figura 1.3.

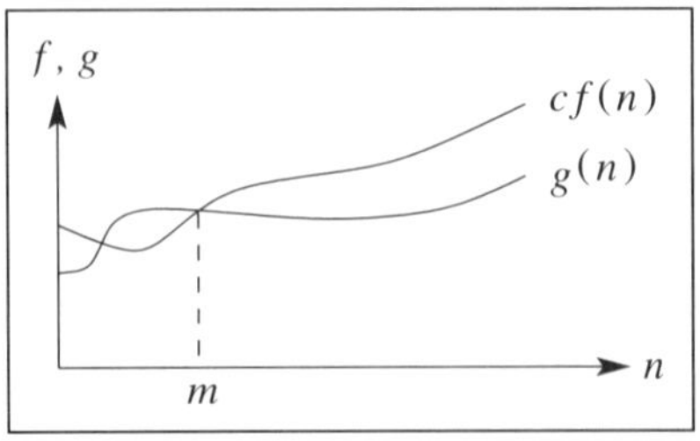

***Figura 1.3** Dominação assintótica de $f(n)$ sobre $g(n)$.*

Exemplo: Sejam $g(n) = n$ e $f(n) = -n^2$. Temos que $|n| \leq |-n^2|$ para todo n pertencente ao conjunto dos números naturais. Fazendo $c = 1$ e $m = 0$, a definição anterior é satisfeita. Logo, $f(n)$ domina assintoticamente $g(n)$. Observe que $g(n)$ não domina assintoticamente $f(n)$ porque $|-n^2| > c|n|$ para todo $n > c$ e $n > 1$, qualquer que seja o valor de c.

Exemplo: Sejam $g(n) = (n+1)^2$ e $f(n) = n^2$. As funções $g(n)$ e $f(n)$ dominam assintoticamente uma à outra, desde que $|(n+1)^2| \leq 4|n^2|$ para $n \geq 1$ e $|n^2| \leq |(n+1)^2|$ para $n \geq 0$.

Knuth (1968, p. 104) sugeriu uma notação para a dominação assintótica. Para expressar que $f(n)$ domina assintoticamente $g(n)$ escrevemos $g(n) = O(f(n))$, em que se lê $g(n)$ é da ordem no máximo $f(n)$. Por exemplo, quando dizemos que o tempo de execução $T(n)$ de um programa é $O(n^2)$, isso significa que existem constantes c e m tais que, para valores de n maiores ou iguais a m, $T(n) \leq cn^2$. A Figura 1.3 mostra um exemplo gráfico de dominação assintótica que ilustra a notação O. O valor da constante m mostrado é o menor valor possível, mas qualquer valor maior também é válido.

As funções de complexidade de tempo são definidas sobre os inteiros não negativos, ainda que possam também ser não inteiros. A definição a seguir formaliza a notação de Knuth.

Definição notação O: Uma função $g(n)$ é $O(f(n))$ se existem duas constantes positivas c e m tais que $g(n) \leq cf(n)$, para todo $n \geq m$.

Exemplo: Seja $g(n) = (n+1)^2$. Logo, $g(n)$ é $O(n^2)$, quando $m = 1$ e $c = 4$. Isso porque $(n+1)^2 \leq 4n^2$ para $n \geq 1$.

Exemplo: A função $g(n) = 3n^3 + 2n^2 + n$ é $O(n^3)$. Basta mostrar que $3n^3 + 2n^2 + n \leq 6n^3$, para $n \geq 0$. A função $g(n) = 3n^3 + 2n^2 + n$ é também $O(n^4)$, entretanto essa afirmação é mais fraca do que dizer que $g(n)$ é $O(n^3)$.

Exemplo: Suponha $g(n) = n$ e $f(n) = n^2$. Sabemos pela definição anterior que $g(n)$ é $O(n^2)$, pois para $n \geq 0$, $n \leq n^2$. Entretanto, $f(n)$ não é $O(n)$. Suponha que existam constantes c e m tais que para todo $n \geq m$, $n^2 \leq cn$. Logo, $c \geq n$ para qualquer $n \geq m$, e não existe uma constante c que possa ser maior ou igual a n para todo n.

Exemplo: A função $g(n) = \log_5 n$ é $O(\log n)$. O $\log_b n$ difere do $\log_c n$ por uma constante que no caso é $\log_b c$. Como $n = c^{\log_c n}$, tomando o logaritmo base b em ambos os lados da igualdade, temos que $\log_b n = \log_b c^{\log_c n} = \log_c n \times \log_b c$.

Algumas **operações** que podem ser realizadas com a **notação** O são apresentadas na Tabela 1.2. As provas das propriedades podem ser encontradas em Knuth (1968) ou em Aho, Hopcroft e Ullman (1983).

***Tabela 1.2** Operações com a notação O*

$f(n)$	$=$	$O(f(n))$	
$c \times O(f(n))$	$=$	$O(f(n))$	$c = constante$
$O(f(n)) + O(f(n))$	$=$	$O(f(n))$	
$O(O(f(n))$	$=$	$O(f(n))$	
$O(f(n)) + O(g(n))$	$=$	$O(max(f(n), g(n)))$	
$O(f(n))O(g(n))$	$=$	$O(f(n)g(n))$	
$f(n)O(g(n))$	$=$	$O(f(n)g(n))$	

Exemplo: A regra da soma $O(f(n)) + O(g(n))$ pode ser usada para calcular o tempo de execução de uma sequência de trechos de programas. Suponha três trechos de programas cujos tempos são $O(n)$, $O(n^2)$ e $O(n \log n)$. O tempo de execução dos dois primeiros trechos é $O(max(n, n^2))$, que é $O(n^2)$. O tempo de execução de todos os três trechos é então $O(max(n^2, n \log n))$, que é $O(n^2)$.

Exemplo: O produto de $[\log n + k + O(1/n)]$ por $[n + O(\sqrt{n})]$ é $n \log n + kn + O(\sqrt{n} \log n)$.

Dizer que $g(n)$ é $O(f(n))$ significa que $f(n)$ é um limite superior para a taxa de crescimento de $g(n)$. A definição a seguir especifica um limite inferior para $g(n)$.

Definição notação Ω: Uma função $g(n)$ é $\Omega(f(n))$ se existirem duas constantes c e m tais que $g(n) \geq cf(n)$, para todo $n \geq m$.

Exemplo: Para mostrar que $g(n) = 3n^3 + 2n^2$ é $\Omega(n^3)$, basta fazer $c = 1$, e então $3n^3 + 2n^2 \geq n^3$ para $n \geq 0$.

Exemplo: Sejam $g(n) = n$ para n ímpar ($n \geq 1$) e $g(n) = n^2/10$ para n par ($n \geq 0$). Nesse caso $g(n)$ é $\Omega(n^2)$, bastando considerar $c = 1/10$ e $n = 0, 2, 4, 6, \ldots$

A Figura 1.4(a) mostra intuitivamente o significado da notação Ω. Para todos os valores que estão à direita de m, o valor de $g(n)$ está sobre ou acima do valor de $cf(n)$.

Definição notação Θ: Uma função $g(n)$ é $\Theta(f(n))$ se existirem constantes positivas c_1, c_2 e m tais que $0 \leq c_1 f(n) \leq g(n) \leq c_2 f(n)$, para todo $n \geq m$.

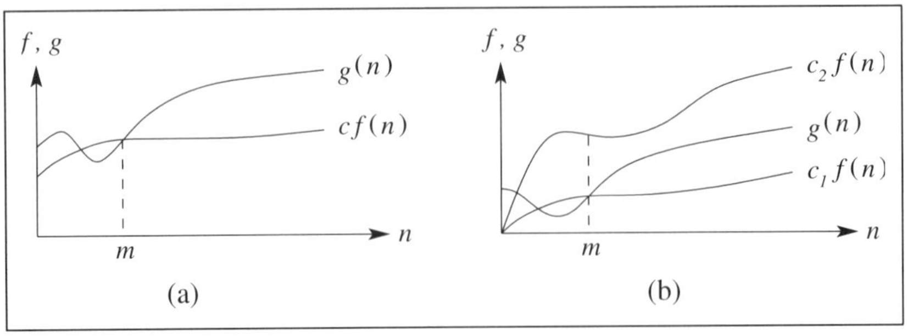

Figura 1.4 *Exemplo gráfico para as notações* Ω *e* Θ*: (a)* $g(n) = \Omega(f(n))$*. (b)* $g(n) = \Theta(f(n))$.

A Figura 1.4(b) mostra intuitivamente o significado da notação Θ. Dizemos que $g(n) = \Theta(f(n))$ se existirem constantes c_1, c_2 e m tais que, para todo $n \geq m$, o valor de $g(n)$ está sobre ou acima de $c_1f(n)$ e sobre ou abaixo de $c_2f(n)$. Em outras palavras, para todo $n \geq m$, a função $g(n)$ é igual a $f(n)$ a menos de uma constante. Neste caso, $f(n)$ é um **limite assintótico firme**.

Exemplo: Seja $g(n) = n^2/3 - 2n$. Vamos mostrar que $g(n) = \Theta(n^2)$. Para isso, temos de obter constantes c_1, c_2 e m tais que:

$$c_1n^2 \leq \frac{1}{3}n^2 - 2n \leq c_2n^2,$$

para todo $n \geq m$. Dividindo por n^2 leva a:

$$c_1 \leq \frac{1}{3} - \frac{2}{n} \leq c_2.$$

O lado direito da desigualdade será válido para qualquer valor de $n \geq 1$ quando escolhemos $c_2 \geq 1/3$. Da mesma forma, escolhendo $c_1 \leq 1/21$, o lado esquerdo da desigualdade será válido para qualquer valor de $n \geq 7$. Logo, escolhendo $c_1 = 1/21$, $c_2 = 1/3$ e $m = 7$, é possível verificar que $n^2/3 - 2n = \Theta(n^2)$. Outras constantes podem existir, mas o importante é que existe alguma escolha para as três constantes.

O limite assintótico superior definido pela notação O pode ser assintoticamente firme ou não. Por exemplo, o limite $2n^2 = O(n^2)$ é assintoticamente firme, mas o limite $2n = O(n^2)$ não é. A notação o apresentada a seguir é usada para definir um limite superior que não é assintoticamente firme.

Definição notação o: Uma função $g(n)$ é $o(f(n))$ se, para qualquer constante $c > 0$, então $0 \leq g(n) < cf(n)$ para todo $n \geq m$.

Exemplo: $2n = o(n^2)$, mas $2n^2 \neq o(n^2)$.

As definições das notações O e o são similares. A principal diferença é que em $g(n) = O(f(n))$, a expressão $0 \leq g(n) \leq cf(n)$ é válida para alguma constante $c > 0$, mas, em $g(n) = o(f(n))$, a expressão $0 \leq g(n) < cf(n)$ é válida para todas as constantes $c > 0$. Intuitivamente, na notação o, a função $g(n)$ tem um crescimento muito menor que $f(n)$ quando n tende para o infinito. Alguns autores usam o limite a seguir para a definição da notação o:

$$\lim_{n \to \infty} \frac{g(n)}{f(n)} = 0.$$

Por analogia, a notação ω está relacionada com a notação Ω da mesma forma que a notação o está relacionada com a notação O.

Definição notação ω: Uma função $g(n)$ é $\omega(f(n))$ se, para qualquer constante $c > 0$, então $0 \leq cf(n) < g(n)$ para todo $n \geq m$.

Exemplo: $\frac{n^2}{2} = \omega(n)$, mas $\frac{n^2}{2} \neq \omega(n^2)$.
A relação $g(n) = \omega(f(n))$ implica:

$$\lim_{n \to \infty} \frac{g(n)}{f(n)} = \infty,$$

se o limite existir.

1.3.2 Classes de Comportamento Assintótico

Se f é uma **função de complexidade** para um algoritmo F, então $O(f)$ é considerada a **complexidade assintótica** ou o comportamento assintótico do algoritmo F. Igualmente, se g é uma função para um algoritmo G, então $O(g)$ é considerada a complexidade assintótica do algoritmo G. A relação de dominação assintótica permite comparar funções de complexidade. Entretanto, se as funções f e g dominam assintoticamente uma à outra, então os algoritmos associados são equivalentes. Nesses casos, o comportamento assintótico não serve para comparar os algoritmos. Por exemplo, dois algoritmos F e G aplicados à mesma classe de problemas, sendo que F leva três vezes o tempo de G ao ser executado, isto é, $f(n) = 3g(n)$, sendo que $O(f(n)) = O(g(n))$. Logo, o comportamento assintótico não serve para comparar os algoritmos F e G, porque eles diferem apenas por uma constante.

Programas podem ser avaliados por meio da comparação de suas funções de complexidade, negligenciando as constantes de proporcionalidade. Um programa com tempo de execução $O(n)$ é melhor que um programa com tempo de execução $O(n^2)$. Entretanto, as constantes de proporcionalidade em cada caso podem alterar essa consideração. Por exemplo, é possível que um programa leve $100n$ unidades de tempo para ser executado, enquanto outro leve $2n^2$ unidades de tempo. Qual dos dois programas é melhor?

A resposta a essa pergunta depende do tamanho do problema a ser executado. Para problemas de tamanho $n < 50$, o programa com tempo de execução $2n^2$ é melhor do que o programa com tempo de execução $100n$. Para problemas com entrada de dados pequena é preferível usar o programa cujo tempo de execução é $O(n^2)$. Entretanto, quando n cresce, o programa com tempo $O(n^2)$ leva muito mais tempo que o programa $O(n)$.

A maioria dos algoritmos possui um parâmetro que afeta o tempo de execução de forma mais significativa, usualmente o número de itens a ser processado. Esse parâmetro pode ser o número de registros de um arquivo a ser ordenado ou o número de nós de um grafo. As principais **classes de problemas** possuem as **funções de complexidade** descritas a seguir.

1. $f(n) = O(1)$. Algoritmos de complexidade $O(1)$ são ditos de **complexidade constante**. O uso do algoritmo independe do tamanho de n. Nesse caso, as instruções do algoritmo são executadas um número fixo de vezes.

2. $f(n) = O(\log n)$. Um algoritmo de complexidade $O(\log n)$ é dito de **complexidade logarítmica**. Esse tempo de execução ocorre tipicamente em algoritmos que resolvem um problema transformando-o em problemas menores. Nesses casos, o tempo de execução pode ser considerado como menor do que uma constante grande. Quando n é mil e a base do logaritmo é 2, $\log_2 n \approx 10$, quando n é 1 milhão, $\log_2 n \approx 20$. Para dobrar o valor de $\log n$ temos de considerar o quadrado de n. A base do logaritmo muda pouco esses valores: quando n é 1 milhão, o $\log_2 n$ é 20 e o $\log_{10} n$ é 6.

3. $f(n) = O(n)$. Um algoritmo de complexidade $O(n)$ é dito de **complexidade linear**. Em geral, um pequeno trabalho é realizado sobre cada elemento de entrada. Essa é a melhor situação possível para um algoritmo que tem de processar n elementos de entrada ou produzir n elementos de saída. Cada vez que n dobra de tamanho, o tempo de execução também dobra.

4. $f(n) = O(n \log n)$. Esse tempo de execução ocorre tipicamente em algoritmos que resolvem um problema quebrando-o em problemas menores, resolvendo cada um deles independentemente e depois juntando as soluções. Quando n é 1 milhão e a base do logaritmo é 2, $n\log_2 n$ é cerca de 20 milhões. Quando n é 2 milhões, $n\log_2 n$ é cerca de 42 milhões, pouco mais do que o dobro.

5. $f(n) = O(n^2)$. Um algoritmo de complexidade $O(n^2)$ é dito de **complexidade quadrática**. Algoritmos dessa ordem de complexidade ocorrem quando os itens de dados são processados aos pares, muitas vezes em um anel dentro de outro. Quando n é mil, o número de operações é da ordem de 1 milhão. Sempre que n dobra, o tempo de execução é multiplicado por 4. Algoritmos desse tipo são úteis para resolver problemas de tamanhos relativamente pequenos.

6. $f(n) = O(n^3)$. Um algoritmo de complexidade $O(n^3)$ é dito de **complexidade cúbica**. Algoritmos dessa ordem de complexidade são úteis

apenas para resolver pequenos problemas. Quando n é 100, o número de operações é da ordem de 1 milhão. Sempre que n dobra, o tempo de execução fica multiplicado por 8.

7. $f(n) = O(2^n)$. Um algoritmo de complexidade $O(2^n)$ é dito de **complexidade exponencial**. Algoritmos dessa ordem de complexidade geralmente não são úteis do ponto de vista prático. Eles ocorrem na solução de problemas quando se usa **força bruta** para resolvê-los. Quando n é 20, o tempo de execução é cerca de 1 milhão. Quando n dobra, o tempo de execução fica elevado ao quadrado.

8. $f(n) = O(n!)$. Um algoritmo de complexidade $O(n!)$ é também dito de complexidade exponencial, apesar de a **complexidade fatorial** $O(n!)$ ter comportamento muito pior do que a complexidade $O(2^n)$. Algoritmos dessa ordem de complexidade geralmente ocorrem na solução de problemas quando se usa **força bruta** para resolvê-los. Quando n é 20, $20! = 2432902008176640000$, um número com 19 dígitos. Quando n é 40, $40! = 815915283247897734345611269596115894272000000000$, um número com 48 dígitos.

Para ilustrar melhor a diferença entre as classes de comportamento assintótico, Garey e Johnson (1979, p. 7) apresentam a Tabela 1.3. Essa tabela mostra a razão de crescimento de várias **funções de complexidade** para tamanhos diferentes de n, em que cada função expressa o tempo de execução em microssegundos. Um algoritmo linear executa em um segundo um milhão de operações.

***Tabela 1.3** Comparação de várias funções de complexidade*

Função de custo	Tamanho n					
	10	20	30	40	50	60
n	0,00001 s	0,00002 s	0,00003 s	0,00004 s	0,00005 s	0,00006 s
n^2	0,0001 s	0,0004 s	0,0009 s	0,0016 s	0,0.35 s	0,0036 s
n^3	0,001 s	0,008 s	0,027 s	0,64 s	0,125 s	0.316 s
n^5	0,1 s	3,2 s	24,3 s	1,7 min	5,2 min	13 min
2^n	0,001 s	1 s	17,9 min	12,7 dias	35,7 anos	366 séc.
3^n	0,059 s	58 min	6,5 anos	3855 séc.	10^8 séc.	10^{13} séc.

Outro aspecto interessante é o efeito causado pelo aumento da velocidade dos computadores sobre os algoritmos com as funções de complexidade citadas anteriormente. A Tabela 1.4 mostra como um aumento de 100 ou de 1.000 vezes na velocidade de um computador atual influi na solução do maior problema possível de ser resolvido em uma hora. Note que um aumento de 1.000 vezes na velocidade de computação resolve um problema dez vezes maior para um algoritmo de complexidade $O(n^3)$, enquanto um algoritmo de complexidade $O(2^n)$ apenas adiciona dez ao tamanho do maior problema possível de ser resolvido em uma hora.

Tabela 1.4 *Influência do aumento de velocidade dos computadores no tamanho t do problema*

Função de custo de tempo	Computador atual	Computador 100 vezes mais rápido	Computador 1.000 vezes mais rápido
n	t_1	$100\,t_1$	$1000\,t_1$
n^2	t_2	$10\,t_2$	$31,6\,t_2$
n^3	t_3	$4,6\,t_3$	$10\,t_3$
2^n	t_4	$t_4 + 6,6$	$t_4 + 10$

Um algoritmo cuja função de complexidade é $O(c^n), c > 1$, é chamado **algoritmo exponencial** no tempo de execução. Um algoritmo cuja função de complexidade é $O(p(n))$, em que $p(n)$ é um polinômio, é chamado de **algoritmo polinomial** no tempo de execução. A distinção entre esses dois tipos de algoritmos torna-se significativa quando o tamanho do problema a ser resolvido cresce, conforme ilustra a Tabela 1.3. Essa é a razão pela qual na prática algoritmos polinomiais são muito mais úteis do que algoritmos exponenciais.

Os algoritmos exponenciais são geralmente simples variações de pesquisa exaustiva, enquanto algoritmos polinomiais são geralmente obtidos mediante o entendimento mais profundo da estrutura do problema. Um problema é considerado intratável quando ele é tão difícil que não existe um algoritmo polinomial para resolvê-lo, enquanto um problema é considerado bem resolvido quando existe um algoritmo polinomial para resolvê-lo.

Entretanto, a distinção entre algoritmos polinomiais eficientes e algoritmos exponenciais ineficientes possui várias exceções. Por exemplo, um algoritmo com função de complexidade $f(n) = 2^n$ é mais rápido que um algoritmo $g(n) = n^5$, para valores de n menores ou iguais a 20. Da mesma forma, existem algoritmos exponenciais muito úteis na prática. Por exemplo, o algoritmo Simplex para programação linear possui complexidade de tempo exponencial para o pior caso (Garey e Johnson, 1979), mas executa muito rápido na prática.

Infelizmente, exemplos como o do algoritmo Simplex não ocorrem com frequência na prática, e muitos algoritmos exponenciais conhecidos não são muito úteis. Considere, como exemplo, o seguinte problema: um **caixeiro-viajante** deseja visitar n cidades de tal forma que sua viagem inicie e termine na mesma cidade, e cada cidade deve ser visitada uma única vez. Supondo que sempre exista uma estrada entre duas cidades quaisquer, o problema é encontrar a menor rota que o caixeiro viajante possa utilizar na sua viagem.

A Figura 1.5 ilustra o exemplo anterior para quatro cidades, c_1, c_2, c_3, c_4, em que os números nos arcos indicam a distância entre duas cidades. O percurso $< c_1, c_3, c_4, c_2, c_1 >$ é uma solução para o problema, cujo percurso total tem distância 24.

Um algoritmo simples para esse problema seria verificar todas as rotas e escolher a menor delas. Como existem $(n-1)!$ rotas possíveis e a distância total percorrida em cada rota envolve n adições, então o número total de adições é $n!$. Para o exemplo da Figura 1.5 teríamos 24 adições. Suponha agora 50 cidades: o número de adições seria igual ao fatorial de 50, que é aproximadamente 10^{64}. Considerando um computador capaz de executar 10^9 adições por segundo, o tempo total para resolver o problema com 50 cidades seria maior do que 10^{45} séculos somente para executar as adições. Embora o problema do caixeiro-viajante apareça com frequência em problemas relacionados com transporte, existem também aplicações muito importantes que estão relacionadas com a otimização do caminho percorrido por ferramentas de manufatura. Por exemplo, considere o braço de um robô destinado a soldar todas as conexões de uma placa de circuito impresso. O menor caminho que visita cada ponto de solda exatamente uma vez define o caminho mais eficiente para o robô percorrer. Uma aplicação similar aparece na minimização do tempo total que um *plotter* gráfico leva para desenhar uma dada figura. Problemas desse tipo são tratados no Capítulo 9.

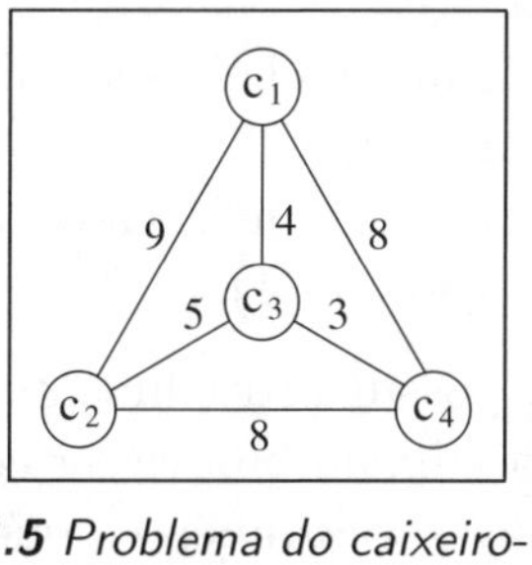

Figura 1.5 *Problema do caixeiro-viajante.*

1.4 Técnicas de Análise de Algoritmos

A determinação do tempo de execução de um programa qualquer pode se tornar um problema matemático complexo quando se deseja determinar o valor exato da função de complexidade. Entretanto, a determinação da ordem do tempo de execução de um programa, sem haver preocupação com o valor da constante envolvida, pode ser uma tarefa mais simples. É mais fácil determinar que o número esperado de comparações para recuperar o registro de um arquivo utilizando pesquisa sequencial é $O(n)$ do que efetivamente determinar que esse número é $(n+1)/2$, quando cada registro tem a mesma probabilidade de ser procurado.

A análise de algoritmos ou programas utiliza técnicas de matemática discreta, envolvendo contagem ou enumeração dos elementos de um conjunto que possuam uma propriedade comum. Essas técnicas utilizam a manipulação de somas, produtos, permutações, fatoriais, coeficientes binomiais, solução de **equações de recorrência**, entre outras. Algumas dessas técnicas serão ilustradas informalmente com exemplos.

Infelizmente, não existe um conjunto completo de regras para **analisar programas**. Aho, Hopcroft e Ullman (1983) enumeram alguns princípios a serem seguidos. Muitos desses princípios utilizam as propriedades sobre a notação O apresentadas na Tabela 1.2. São eles:

1. O tempo de execução de um comando de atribuição, de leitura ou de escrita pode ser considerado como $O(1)$. Existem exceções para as linguagens que permitem a chamada de funções em comandos de atribuição, ou quando atribuições envolvem vetores de tamanho arbitrariamente grande.
2. O tempo de execução de uma sequência de comandos é determinado pelo maior tempo de execução de qualquer comando da sequência.
3. O tempo de execução de um comando de decisão é composto pelo tempo de execução dos comandos executados dentro do comando condicional mais o tempo para avaliar a condição, que é $O(1)$.
4. O tempo para executar um anel é a soma do tempo de execução do corpo do anel mais o tempo de avaliar a condição para terminação, multiplicado pelo número de iterações do anel. Geralmente, o tempo para avaliar a condição para terminação é $O(1)$.
5. Quando o programa possui procedimentos não recursivos, o tempo de execução de cada procedimento deve ser computado separadamente, um a um, iniciando com os procedimentos que não chamam outros procedimentos. A seguir, devem ser avaliados os procedimentos que chamam os procedimentos que não chamam outros procedimentos, utilizando os tempos dos procedimentos já avaliados. Esse processo é repetido até chegar ao programa principal.
6. Quando o programa possui **procedimentos recursivos**, a cada procedimento é associada uma função de complexidade $f(n)$ desconhecida, na qual n mede o tamanho dos argumentos para o procedimento, conforme será mostrado mais adiante.

Com o propósito de ilustrar os vários conceitos descritos anteriormente, vamos apresentar alguns programas e, para cada um deles, mostrar com detalhes os passos envolvidos em sua análise.

Exemplo: Considere o algoritmo para ordenar os n elementos de um conjunto A, cujo princípio é o seguinte:

1. Selecione o menor elemento do conjunto.
2. Troque esse elemento com o primeiro elemento $A[1]$.

A seguir, repita essas duas operações com os $n-1$ elementos restantes, depois com os $n-2$ elementos, até que reste apenas um elemento. O Programa 1.5 mostra a implementação do algoritmo anteriormente descrito para um conjunto de inteiros implementado como um vetor $A[1..n]$.

***Programa 1.5** Programa para ordenar*

```
    procedure Ordena (var A: TipoVetor);
    { ordena o vetor A em ordem ascendente }
    var  i, j, min, x: integer;
    begin
(1)   for i := 1 to n-1 do
        begin
(2)     min := i;
(3)     for j:= i+1 to n do
(4)       if A[j] < A[min]
(5)       then min := j;
        { troca A[min] e A[i] }
(6)     x := A[min];
(7)     A[min] := A[i];
(8)     A[i] := x;
        end;
    end;
```

O número n de elementos do conjunto representa o tamanho da entrada de dados. O programa contém dois anéis, um dentro do outro. O anel mais externo engloba os comandos de (2) a (8), sendo que o anel mais interno engloba os comandos (4) e (5). Nesse caso, devemos iniciar a análise pelo anel interno.

O anel mais interno contém um comando de decisão que, por sua vez, contém apenas um comando de atribuição. O comando de atribuição leva um tempo constante para ser executado, assim como a avaliação da condição do comando de decisão. Não sabemos se o corpo do comando de decisão será executado ou não: nessas situações devemos considerar o pior caso, isto é, assumir que a linha (5) será sempre executada.

O tempo para incrementar o índice do anel e avaliar sua condição de terminação também é $O(1)$, e o tempo combinado para executar uma vez o anel composto pelas linhas (3), (4) e (5) é $O(max(1,1,1)) = O(1)$, conforme a regra da soma para a notação O. Como o número de iterações do anel é $n-i$, então o tempo gasto no anel é $O((n-i) \times 1) = O(n-i)$, conforme a regra do produto para a notação O.

O corpo do anel mais externo contém, além do anel interno, os comandos de atribuição nas linhas (2), (6), (7) e (8). Logo, o tempo de execução das linhas (2) a (8) é $O(\max(1, (n-i), 1, 1, 1)) = O(n-i)$. A linha (1) é executada $n-1$ vezes, e o tempo total para executar o programa está limitado ao produto de uma constante pelo **somatório** de $(n-i)$, a saber:

$$\sum_{i=1}^{n-1}(n-i) = \frac{n(n-1)}{2} = \frac{n^2}{2} - \frac{n}{2} = O(n^2).$$

Se considerarmos o número de comparações como a medida de custo relevante (no caso representada pelo número de vezes que a linha (4) do Programa 1.5 é executada), então o programa faz $(n^2)/2 - n/2$ comparações para ordenar n elementos. Se considerarmos o número de trocas (linhas (6), (7) e (8) do Programa 1.5) como uma medida de custo relevante, o programa realiza exatamente $n-1$ trocas.

Se existirem procedimentos recursivos, então o problema deve ser tratado de forma diferente: para cada procedimento recursivo é associada uma função de complexidade $f(n)$ desconhecida, onde n mede o tamanho dos argumentos para o procedimento. A seguir, obtemos uma equação de recorrência para $f(n)$, conforme será mostrado no exemplo a seguir. Uma **equação de recorrência** é uma maneira de definir uma função por uma expressão envolvendo a mesma função.

Exemplo: Considere o algoritmo mostrado no Programa 1.6. O algoritmo inspeciona os n elementos de um conjunto e, de alguma forma, isso permite descartar $2/3$ dos elementos e então fazer uma chamada recursiva sobre os $n/3$ elementos restantes.

Programa 1.6 *Algoritmo recursivo*

```
    Pesquisa (n);
(1) if n <= 1
(2) then 'inspecione elemento' e termine
    else begin
(3)        para cada um dos n elementos 'inspecione elemento';
(4)        Pesquisa (n/3);
           end;
```

Seja $T(n)$ uma função de complexidade tal que $T(n)$ represente o número de inspeções nos elementos de um conjunto com n elementos. O custo de execução das linhas (1) e (2) é $O(1)$. O custo de execução da linha (3) é exatamente n. Quantas vezes a linha (4) é executada, isto é, quantas chamadas recursivas vão ocorrer?

Uma forma de descrever esse comportamento é por meio de uma **equação de recorrência**. Em uma equação de recorrência o termo $T(n)$ é especificado como uma função dos termos anteriores $T(1)$, $T(2)$, ..., $T(n-1)$. No caso do algoritmo anterior temos:

$$T(n) = n + T(n/3), \quad T(1) = 1, \tag{1.1}$$

em que $T(1) = 1$ significa que para $n = 1$ fazemos uma inspeção.

A Eq.(1.1) define a função de forma única, permitindo computar o valor da função para valores de $k \geq 1$ que sejam potências de 3. Por exemplo, $T(3) = T(3/3) + 3 = 4$, $T(9) = T(9/3) + 9 = 13$, e assim por diante. Entretanto, para calcular o valor da função seguindo a definição são necessários $k - 1$ passos para computar o valor de $T(3^k)$. Seria muito mais conveniente ter uma fórmula fechada para $T(n)$, e é isso o que vamos obter a seguir.

Existem técnicas para resolver equações de recorrência. Em alguns casos, a solução de uma equação de recorrência pode ser difícil de obter. Um caminho possível para resolver a Eq.(1.1) é procurar substituir os termos $T(k)$, $k < n$, no lado direito da equação até que todos os termos $T(k)$, $k > 1$, tenham sido substituídos por fórmulas contendo apenas $T(1)$. No caso da Eq.(1.1) temos:

$$\begin{aligned}
T(n) &= n + T(n/3) \\
T(n/3) &= n/3 + T(n/3/3) \\
T(n/3/3) &= n/3/3 + T(n/3/3/3) \\
&\vdots \\
T(n/3/3 \cdots /3) &= n/3/3 \cdots /3 + T(n/3/3/3 \cdots /3)
\end{aligned}$$

Adicionando lado a lado, obtemos:

$$T(n) = n + n \cdot (1/3) + n \cdot (1/3^2) + n \cdot (1/3^3) + \cdots + T(n/3/3 \cdots /3).$$

Essa equação representa a soma de uma série geométrica de razão $1/3$, multiplicada por n e adicionada de $T(n/3/3 \cdots /3)$, que é menor ou igual a 1. Se desprezarmos o termo $T(n/3/3 \cdots /3)$, quando n tende para infinito, então,

$$T(n) = n \sum_{i=0}^{\infty} (1/3)^i = n \left(\frac{1}{1 - \frac{1}{3}} \right) = \frac{3n}{2}.$$

Se considerarmos o termo $T(n/3/3/3 \cdots /3)$ e denominarmos x o número de subdivisões por 3 do tamanho do problema, então $n/3^x = 1$, e $n = 3^x$. Logo, $x = \log_3 n$. Lembrando que $T(1) = 1$, temos:

$$T(n) = \sum_{i=0}^{x-1} \frac{n}{3^i} + T(\frac{n}{3^x}) = n \sum_{i=0}^{x-1} (1/3)^i + 1 = \frac{n(1 - (\frac{1}{3})^x)}{(1 - \frac{1}{3})} + 1 = \frac{3n}{2} - \frac{1}{2}.$$

Logo, o Programa 1.6 é $O(n)$. A Seção 2.2 estuda algoritmos recursivos.

1.5 Pascal

Os programas apresentados neste livro usam apenas as características básicas do Pascal, de acordo com a definição apresentada por Jensen e Wirth (1974). Sempre que possível, são evitadas as facilidades mais avançadas disponíveis em algumas implementações do Pascal.

O objetivo desta seção não é apresentar a linguagem Pascal na sua totalidade, mas apenas examinar algumas de suas características, facilitando assim a leitura deste livro para as pessoas pouco familiarizadas com a linguagem. Uma descrição clara e concisa da linguagem é apresentada por Cooper (1983). Um bom texto introdutório sobre a linguagem é apresentado por Clancy e Cooper (1982).

As várias partes componentes de um programa Pascal podem ser vistas na Figura 1.6. Um programa Pascal começa com um cabeçalho que dá nome ao programa. Rótulos, constantes, tipos, variáveis, procedimentos e funções são declaradas sempre na ordem indicada pela Figura 1.6. A parte ativa do programa é descrita como uma sequência de comandos, os quais incluem chamadas de procedimentos e funções.

program	cabeçalho do programa
label	declaração de rótulo para **goto**
const	definição de constantes
type	definição de tipos de dados
var	declaração de variáveis
procedure ou **function**	declaração de subprogramas
begin	
⋮	comandos do programa
end	

Figura 1.6 *Estrutura de um programa Pascal.*

A regra geral para a linguagem Pascal é tornar explícito o tipo associado quando se declara uma constante, variável ou função, o que permite testes de consistência durante o tempo de compilação. A definição de tipos permite ao programador alterar o nome de tipos existentes, como também criar um número ilimitado de outros tipos. No caso do Pascal, os tipos podem ser colocados em três categorias: *simples*, *estruturados* e *apontadores*.

Tipos *simples* são grupos de valores indivisíveis, estando dentro desta categoria os tipos básicos integer, boolean, char e real. Tipos simples adicionais podem ser enumerados por meio de uma listagem de novos grupos de valores, ou mediante indicação de subintervalos que restringem tipos a uma subsequência dos valores de um outro tipo simples previamente definido.

Exemplos de tipos enumerados:

type cor = (vermelho, azul, rosa);
type sexo = (m, f);
type boolean = (false, true);

Se as variáveis *c*, *s* e *d* são declaradas

var c: cor;
var s: sexo;
var b: boolean;

então são possíveis as seguintes atribuições

c := rosa;
s := f;
b := true;

Exemplos de tipos com subintervalos:

type ano = 1900..1999;
type letra= 'A'..'Z';

Dadas as variáveis

var a: ano;
var b: letra;

as atribuições a:=1986 e b:='B' são possíveis, mas a:=2001 e b:=7 não o são.

Os tipos *estruturados* definem uma coleção de valores simples, ou um agregado de valores de tipos diferentes. Existem quatro tipos estruturados primitivos: *arranjos*, *registros*, *conjuntos* e *arquivos*.

Um tipo estruturado **arranjo** é uma tabela n-dimensional de valores homogêneos de qualquer tipo, indexada por um ou mais tipos simples, exceto o tipo real. Exemplos:

type cartão = **array** [1..80] **of** char;
type matriz = **array** [1..5, 1..5] **of** real;
type coluna = **array** [1..3] **of** real;
type linha = **array** [ano] **of** char;
type alfa = **packed array** [1..n] **of** char;
type vetor = **array** [1..n] **of** integer;

onde a constante n deve ser previamente declarada

const n = 20;

Dada a variável

var x: coluna;

as atribuições x[1]:=0.75, x[2]:=0.85 e x[3]:=1.5 são possíveis.

Um tipo estruturado **registro** é uma união de valores de tipos quaisquer, cujos campos podem ser acessados pelos seus nomes.

Exemplos:

```
type data   = record
                dia : 1..31;
                mês : 1..12;
              end;
type pessoa = record
                sobrenome    : alfa;
                primeironome : alfa;
                aniversário  : data;
                sexo         : (m, f);
              end;
```

Declarada a variável

```
var p: pessoa;
```

valores particulares podem ser atribuídos como se segue

```
p.sobrenome       := 'Ziviani';
p.primeironome    := 'Patricia';
p.aniversário.dia := 21;
p.aniversário.mês := 10;
p.sexo            := f;
```

A Figura 1.7 ilustra este exemplo.

Figura 1.7 *Registro do tipo pessoa.*

Um tipo estruturado **conjunto** define a coleção de todos os subconjuntos de algum tipo simples, com operadores especiais $*$ (interseção), $+$ (união), $-$ (diferença) e *in* (pertence a) definidos para todos os tipos conjuntos.

Exemplos:

```
type conjint  = set of 1..9;
type conjcor  = set of cor;
type conjchar = set of char;
```

em que o tipo cor deve ser previamente definido como o tipo simples enumerado

type cor = (vermelho, azul, rosa);

Declaradas as variáveis

var ci : conjint;
var cc: **array** [1..5] **of** conjcor;
var ch: conjchar;

valores particulares do tipo conjunto podem ser construídos e atribuídos, como se segue:

```
ci    := [1,4,9];
cc[2] := [vermelho..rosa];
cc[4] := [ ];
cc[5] := [azul, rosa];
```

A ordem de prioridade para execução dos operadores é: "interseção" tem prioridade sobre os operadores de "união" e "diferença", que por sua vez têm prioridade sobre o operador "pertence a".

Exemplos:

[1..5,7] * [4,6,8]	é [4]
[1..3,5] + [4,6]	é [1..6]
[1..3,5] − [2,4]	é [1,3,5]
2 **in** [1..5]	é true

Um tipo estruturado **arquivo** define uma sequência de valores homogêneos de qualquer tipo, e geralmente é associado com alguma unidade externa.

Exemplo:

type arquivopessoal = **file of** Pessoa;

O Programa 1.7 copia o conteúdo arquivo Velho no arquivo Novo. Observe que os nomes dos arquivos aparecem como parâmetros do programa. É importante observar que a atribuição de nomes de arquivos externos ao programa varia de compilador para compilador. Por exemplo, no caso do Turbo Pascal[3] a atribuição do nome externo de um arquivo a uma variável interna ao programa é realizada com o uso do comando **assign** e não como parâmetros do programa.

Os tipos *apontadores* são úteis para criar estruturas de dados **encadeadas**, do tipo listas, árvores e grafos. Um apontador é uma variável que referencia outra variável **alocada dinamicamente**. Em geral, a variável referenciada é definida como um registro que inclui também um apontador para outro elemento do mesmo tipo.

[3]Turbo Pascal é marca registrada da Borland International.

Programa 1.7 *Programa para copiar arquivo*

```
program Copia (Velho, Novo);
{ copia o arquivo Velho no arquivo Novo }
const N = 30;
type TipoAlfa = array [1..N] of char;
     TipoData = record
                  dia: 1..31;
                  mes: 1..12;
                end;
     TipoPessoa = record
                    Sobrenome    : TipoAlfa;
                    PrimeiroNome: TipoAlfa;
                    Aniversario  : TipoData;
                    Sexo         : (mas,fem);
                  end;

var Velho, Novo: file of TipoPessoa;
    Registro   : TipoPessoa;
begin
  reset (Velho);  rewrite (Novo);
  while not eof (Velho) do
    begin read (Velho, Registro); write(Novo, Registro); end
end.
```

Exemplo:

```
type Apontador = ^No;
type No = record
            Chave: integer
            Apont: Apontador;
          end;
```

Dada uma variável

```
var Lista: Apontador;
```

é possível criar uma lista como a ilustrada na Figura 1.8.

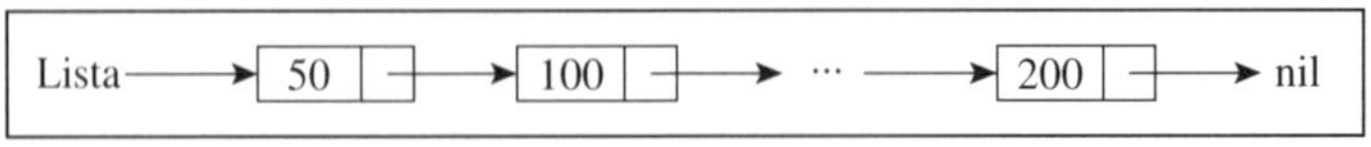

Figura 1.8 *Lista encadeada.*

O **ponto e vírgula** atua como um separador de comandos na linguagem Pascal. O ponto e vírgula mal colocado pode causar erros que não são detectados em tempo de compilação. Por exemplo, o trecho do programa abaixo está sintaticamente correto. Entretanto, o comando de adição na segunda linha vai ser executado sempre, e não somente quando o valor da variável *a* for igual a zero.

```
if a = 0 then;
a := a + 1;
```

A passagem de parâmetros em procedimentos pode ser **por valor** ou **por variável** (também conhecida como passagem **por referência**). O Programa 1.8 mostra as duas situações, onde o procedimento SomaUm recebe o parâmetro x por valor e o parâmetro y por variável (ou referência). A passagem de parâmetro por variável deve ser utilizada se o valor pode sofrer alteração dentro do procedimento, e o novo valor deve retornar para quem chamou o procedimento.

Programa 1.8 *Exemplo de passagem de parâmetro por valor e por variável*

```
program Teste;
var a, b: integer;
  procedure SomaUm (x: integer; var y: integer);
  begin
    x := x + 1;
    y := y + 1;
    writeln('Procedimento SomaUm:', x, y);
  end;
begin { Programa principal }
  a := 0; b := 0;
  SomaUm (a,b);
  writeln('Programa principal:', a, b);
end.
```

O resultado da execução do Programa 1.8 é:

```
Procedimento SomaUm : 1  1
Programa principal  : 0  1
```

Notas Bibliográficas

Estudos básicos sobre os conceitos de algoritmos, estruturas de dados e programas podem ser encontrados em Dahl, Dijkstra e Hoare (1972), Dijkstra (1971; 1976), Hoare (1969), Wirth (1971; 1974; 1976), Mehlhorn e Sanders (2008), Feofiloff (2008).

Existem muitos livros que apresentam técnicas para medir o tempo de execução de programas. Knuth (1968; 1973; 1981), Stanat e McAllister (1977), Cormen, Leiserson, Rivest e Stein (2001), Manber (1989), Horowitz e Sahni (1978), Greene e Knuth (1982), Rawlins (1991) são alguns exemplos.

A análise assintótica de algoritmos é hoje a principal medida de eficiência para algoritmos. Existem muitos livros que apresentam técnicas para analisar algoritmos, tais como somatórios, equações de recorrência, árvores de decisão, oráculos, entre outras. Knuth (1968; 1973; 1981), Graham, Knuth e Patashnik (1989), Aho, Hopcroft e Ullman (1974), Stanat e McAllister (1977), Cormen, Leiserson, Rivest e Stein (2001), Manber (1989), Horowitz e Sahni (1978), Greene e Knuth (1982), Rawlins (1991) são alguns exemplos. Artigos gerais sobre o tópico incluem Knuth (1971; 1976), Weide (1977), Lueker (1980), Flajolet e Vitter (1987). Tarjan (1985) apresenta **custo amortizado**: se certa parte de um algoritmo é executada muitas vezes, cada vez com um tempo de execução diferente, em vez de considerar o pior caso em cada execução, os diferentes custos são amortizados.

Existe uma enorme quantidade de livros sobre a linguagem **Pascal**. O Pascal padrão foi definido originalmente em Jensen e Wirth (1974). O livro de Cooper (1983) apresenta uma descrição precisa e ao mesmo tempo didática do Pascal padrão.

Exercícios

1. Dê o conceito de:

a) algoritmo;

b) tipo de dados;

c) tipo abstrato de dados.

2. O que significa dizer que uma função $g(n)$ é $O(f(n))$?

3. O que significa dizer que um algoritmo executa em tempo proporcional a n?

4. Explique a diferença entre $O(1)$ e $O(2)$.

5. Qual algoritmo você prefere: um algoritmo que requer n^5 passos ou um que requer 2^n passos?

6. Prove que $f(n) = 1^2 + 2^2 + \cdots + n^2$ é igual a $n^3/3 + O(n^2)$.

7. Indique se as afirmativas a seguir são verdadeiras ou falsas e justifique a sua resposta.

a) $2^{n+1} = O(2^n)$

b) $2^{2n} = O(2^n)$

c) $2^{n/2} = \Theta(n)$

d) $f(n) = O(u(n))$ e $g(n) = O(v(n)) \Rightarrow f(n) + g(n) = O(u(n) + v(n))$

e) $f(n) = O(u(n))$ e $g(n) = O(v(n)) \Rightarrow f(n) - g(n) = O(u(n) - v(n))$

8. Sejam duas funções não negativas $f(n)$ e $g(n)$. Diz-se que

$f(n) = \Theta(g(n))$ se $f(n) = O(g(n))$ e $g(n) = O(f(n))$.

Mostre que $\max(f(n), g(n)) = \Theta(f(n) + g(n))$.

9. Suponha um algoritmo A e um algoritmo B com funções de complexidade de tempo $a(n) = n^2 - n + 549$ e $b(n) = 49n + 49$, respectivamente. Determine quais são os valores de n pertencentes ao conjunto dos números naturais para os quais A leva menos tempo para executar do que B.

10. Implemente os três algoritmos apresentados nos Programas 1.3, 1.4 e 2.8, para obter o máximo e o mínimo de um conjunto contendo n elementos. Execute os algoritmos para valores suficientemente grandes de n, gerando casos de teste para o melhor caso, o pior caso e o caso esperado. Meça o tempo de execução para cada algoritmo com relação aos três casos desta questão. Comente os resultados obtidos.

11. (Carvalho, 1992) São dados $2n$ números distintos distribuídos em dois arranjos com n elementos A e B ordenados de maneira tal que:

$$A[1] > A[2] > A[3] > \cdots > A[n] \text{ e } B[1] > B[2] > B[3] > \cdots > B[n].$$

O problema é achar o n-ésimo maior número dentre estes $2n$ elementos.

a) Obtenha um limite inferior para o número de comparações necessárias para resolver este problema.

b) Apresente um algoritmo cuja complexidade no pior caso seja igual ao valor obtido na letra a), ou seja, um algoritmo ótimo.

12. Seja um vetor A com n elementos, i.e., $A[1 \ldots n]$ (Loureiro, 2010). É possível determinar se existe um par de elementos distintos em A em tempo inferior a $\Omega(n \log n)$? Se sim, descreva o algoritmo, caso contrário, justifique a sua resposta.

13. É dada uma matriz $n \times n$ A, na qual cada elemento é denominado A_{ij} e $1 \leq i, j \leq n$ (Carvalho, 1992). Sabemos que a matriz foi ordenada de modo a:

$$A_{ij} < A_{ik}, \quad \text{para todo } i \text{ e } j < k,$$
$$A_{ij} < A_{kj}, \quad \text{para todo } i \text{ e } j < k.$$

Apresente um algoritmo que ache a localização de determinado elemento x em A e analise o comportamento no pior caso. (Dica: Existe um algoritmo que resolve este problema em $O(n)$ comparações no pior caso.)

14. Apresente um algoritmo para obter o maior e o segundo maior elementos de um conjunto. Apresente também uma análise do algoritmo. Você acha o seu algoritmo eficiente? Por quê? Procure comprovar suas respostas.

15. Considere o problema de inserir um novo elemento em um conjunto ordenado

$$A[1] > A[2] > A[3] > \cdots > A[n].$$

a) Apresente um limite inferior para essa classe de problemas.

b) Apresente uma prova informal para o limite inferior.

c) Apresente um algoritmo para resolver o problema desta questão. O seu algoritmo é ótimo?

16. Dada uma lista ordenada de n elementos de valor inteiro, o **problema de unificação de lista** consiste em realizar seguidamente a operação de remover os dois elementos de menor valor da lista e inserir um novo elemento com valor igual à soma dos dois primeiros. A cada operação a lista passa a ter um elemento a menos. A unificação termina quando restar somente um elemento na lista.

a) Apresente um algoritmo que realiza a unificação da lista em tempo $O(n)$.

b) É possível realizar a unificação da lista em tempo sublinear? Justifique sua resposta.

c) Qual o limite inferior para o problema da unificação?

17. Avalie as somas:

a) $\sum_{i=1}^{n} i$

b) $\sum_{i=1}^{n} a^i$

c) $\sum_{i=1}^{n} ia^i$

d) $\sum_{i=0}^{n} \binom{n}{i}$

e) $\sum_{i=1}^{n} i \binom{n}{i}$

f) $\sum_{i=1}^{n} \frac{1}{i}$

g) $\sum_{i=1}^{n} \log i$

h) $\sum_{i=1}^{n} i2^{-i}$

i) $1 + 1/7 + 1/49 + \cdots + (1/7)^n$

j) $\sum_{i=1}^{k} 2^{k-i} i^2$

k) $\sum_{i=m}^{n} a_i - a_{i-1}$

18. Resolva as seguintes **equações de recorrência**:

a) $\begin{cases} T(n) = T(n-1) + c & c \text{ constante, } n > 1 \\ T(1) = 0 \end{cases}$

b) $\begin{cases} T(n) = T(n-1) + 2^n & n \geq 1 \\ T(0) = 1 \end{cases}$

c) $\begin{cases} T(n) = cT(n-1) & c, k \text{ constantes, } n > 0 \\ T(0) = k \end{cases}$

d) $\begin{cases} T(n) = 3T(n/2) + n & n > 1 \\ T(1) = 1 \end{cases}$

e) $\begin{cases} T(n) = 3T(n-1) - 2T(n-2) & n > 1 \\ T(0) = 0 \\ T(1) = 1 \end{cases}$

f) $\begin{cases} T(n) = \sum_{i=1}^{n-1} 2T(i) + 1 & n > 1 \\ T(1) = 1 \end{cases}$

g) $\begin{cases} T(n) = T(\sqrt{n}) + \log n, \text{ para } n \geq 1 \\ T(1) = 1 \end{cases}$

Dica: use mudança de variáveis.

h) $\begin{cases} T(n) = 2T(\lfloor n/2 \rfloor) + 2n\log_2 n \\ T(2) = 4 \end{cases}$

cuja solução satisfaz $T(n) = O(n \log^2 n)$.

Prove usando indução matemática em n (Manber, 1989, p. 56).

19. Considere o algoritmo a seguir: Suponha que a operação crucial é o fato de inspecionar um elemento. O algoritmo inspeciona os n elementos de um conjunto e, de alguma forma, isso permite descartar $2/5$ dos elementos e então fazer uma chamada recursiva sobre os $3n/5$ elementos restantes.

```
procedure Pesquisa (n: integer);
if n <= 1
then 'inspecione elemento' e termine
else begin
     para cada um dos n elementos 'inspecione elemento';
     Pesquisa(3n/5);
     end;
end;
```

a) Escreva uma **equação de recorrência** que descreva esse comportamento.

b) Converta essa equação para um somatório.

c) Dê a fórmula fechada para esse somatório.

20. Considere o algoritmo a seguir:

a) Escreva uma **equação de recorrência** que descreva esse comportamento.

b) Converta essa equação para um somatório.

c) Dê a fórmula fechada para esse somatório.

```
procedure Sort2 (var A: array[1..n] of integer; i, j: integer );
begin {-- n uma potencia de 3 --}
  if i < j
  then begin
       k := ((j - i) + 1 )/3;
       Sort2 (A, i, i + k - 1);
       Sort2 (A, i + k, i + 2k - 1);
       Sort2 (A, i + 2k, j);
       Merge (A, i, i + k, i + 2k, j);
       { Merge intercala A[i..(i + k - 1)], A[(i + k)..(i +2k - 1)] e
         A[i + 2k..j] em A[i..j] a um custo 5n/3 - 2 }
       end;
end;
```

21. Obtenha o número máximo **regiões no plano** determinado por n retas (Loureiro, 2010). Um plano sem nenhuma reta tem uma região, com uma reta tem duas regiões, com duas retas tem quatro regiões, e assim por diante, conforme mostrado na Figura 1.9.

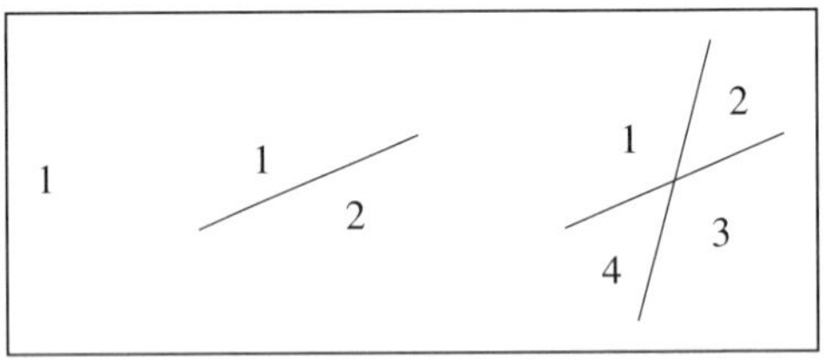

Figura 1.9 *Regiões no plano.*

a) Obtenha a equação de recorrência para resolver o problema.

b) Resolva a equação de recorrência.

22. Problema dos ovos (Baeza-Yates, 1997):

Dado um edifício de n andares e k ovos especiais (ovos caipira), nós desejamos resolver o seguinte problema: qual é o andar mais alto do qual podemos arremessar um ovo sem que ele se quebre? Apresente o melhor algoritmo para cada um dos casos a seguir. Discuta se seu algoritmo é ótimo ou não em cada caso.

a) Temos apenas um ovo.

b) Temos dois ovos.

c) Temos muitos ovos.

23. Notação assintótica (Loureiro, 2010):

A seguinte hierarquia de funções pode ser definida do ponto de vista assintótico:

$$1 \prec \log\log n \prec \log n \prec n^{\epsilon} \prec n^{c} \prec n^{\log n} \prec c^{n} \prec n^{n} \prec c^{c^{n}}$$

Indique se A é O, o, Ω, ω ou Θ de B para cada par de expressões (A, B) na tabela a seguir. Considere $k \geq 1$ e $0 < \epsilon < 1 < c$ constantes. Sua resposta deve ser S (sim) ou N (não). Apresente comentários sobre cada linha da tabela. Conidere $\log^k n \equiv \underbrace{\log\log\ldots}_{k}\ n$.

	A	B
(i)	$log^k n$	n^ϵ
(ii)	n^k	c^n
(iii)	$\sqrt{n}$	$n^{\sin n}$
(iv)	2^n	$2^{n/2}$
(v)	$n^{\log m}$	$m^{\log n}$
(vi)	$\log(n!)$	$\log(n^n)$

Capítulo 2

Paradigmas de Projeto de Algoritmos

O objetivo deste capítulo é apresentar os principais paradigmas e técnicas de projeto de algoritmos, a saber: indução, recursividade, algoritmos tentativa e erro, divisão e conquista, balanceamento, programação dinâmica, algoritmos gulosos e algoritmos aproximados. Na apresentação dos tópicos, será apontado ao longo do texto onde cada paradigma é empregado.

2.1 Indução

A indução matemática tem um papel importante no projeto de algoritmos, pois é uma ferramenta muito útil para provar asserções sobre a correção e a eficiência de algoritmos. A indução consiste em inferir uma lei geral a partir de instâncias particulares. De acordo com o *Dicionário Houaiss da Língua Portuguesa*, indução é o "raciocínio que parte de dados particulares (fatos, experiências, enunciados empíricos) e, por meio de uma sequência de operações cognitivas, chega a leis ou conceitos mais gerais, indo dos efeitos à causa, das consequências ao princípio, da experiência à teoria". Esta seção apresenta uma breve introdução do princípio da indução matemática por meio de exemplos.

A indução matemática é uma técnica muito poderosa para provar asserções sobre os números naturais. A técnica funciona como segue. Seja T um teorema que desejamos provar, suponhamos que T tenha como parâmetro um número natural n. Em vez de tentar provar diretamente que T é válido para todos os valores de n, basta provar as duas condições a seguir:

1. T é válido para $n = 1$;
2. Para todo $n > 1$, se T é válido para $n - 1$, então T é válido para n.

A condição 1 é usualmente simples de provar, e é chamada de **passo base**. Na maioria das vezes, provar a condição 2 é mais fácil do que provar o teorema diretamente, uma vez que podemos usar a asserção de que T é válido para $n-1$. Essa afirmativa é chamada **hipótese de indução** ou **passo indutivo**.

Por que as duas condições na página anterior são suficientes? As condições 1 e 2 implicam diretamente que T é válido para $n = 2$. Se T é válido para $n = 2$, então a condição 2 implica que T também é válido para $n = 3$, e assim por diante. O princípio da indução é básico e, por isso, é colocado como um axioma na definição dos números naturais.

Exemplo: Vamos considerar a expressão para a soma dos primeiros números naturais n, isto é, $S(n) = 1 + 2 + \cdots + n$. Vamos provar que a soma dos n primeiros números naturais é $S(n) = n(n+1)/2$.

A prova é por indução em n. Se $n = 1$, então a asserção é verdadeira porque $S(1) = 1 = 1 \times (1+1)/2$ (passo base). Agora assumimos que a soma dos primeiros n números naturais $S(n)$ é $n(n+1)/2$ (hipótese de indução), e provamos que essa asserção implica que a soma dos primeiros $n+1$ números naturais é $S(n+1) = (n+1)(n+2)/2$. Pela definição de $S(n)$ sabemos que $S(n+1) = S(n) + n + 1$. Porém, pela hipótese de indução, $S(n) = n(n+1)/2$, logo $S(n+1) = n(n+1)/2 + n + 1 = (n+1)(n+2)/2$, que é exatamente o que queremos provar.

Exemplo: Vamos utilizar a indução para resolver uma equação de recorrência. Considere a seguinte equação de recorrência definida para valores de n que são potências de 2:

$$T(2n) \leq 2T(n) + 2n - 1, \quad T(2) = 1. \tag{2.1}$$

A Seção 1.4 apresenta uma maneira de resolver a Eq.(2.1) e obter uma fórmula fechada para encontrar o valor da função para qualquer valor que seja uma potência de 2. Entretanto, em muitas situações, é difícil obter a solução de uma equação de recorrência. Nesses casos, pode ser mais fácil tentar adivinhar a solução ou chegar a um limite superior para a ordem de complexidade da solução da equação de recorrência.

Adivinhar a solução funciona bem para uma grande quantidade de equações de recorrência, especialmente quando estamos interessados apenas em um limite superior, em vez da solução exata. O método de adivinhar é útil porque mostrar que um limite existe é mais fácil do que obtê-lo. Repare que a Eq.(2.1) é apresentada como uma inequação, e não como uma equação. Nesse caso, o objetivo é encontrar um limite superior na notação O, em que o lado direito da desigualdade representa o pior caso. Em outras palavras, desejamos encontrar uma função $f(n)$ tal que $T(n) = O(f(n))$, mas procurando fazer com que $f(n)$ seja o mais próximo possível da solução real para $T(n)$.

Vamos considerar um palpite como sendo $f(n) = n^2$. Queremos provar que $T(n) = O(f(n))$ utilizando indução matemática em n. Primeiro, devemos verificar o passo base, que no caso é $T(2) = 1 \leq f(2) = 4$. No passo de indução, vamos provar que $T(n) \leq f(n)$ implica $T(2n) \leq f(2n)$. A prova é como segue:

$$\begin{aligned} T(2n) &\leq 2T(n) + 2n - 1, && \text{(pela definição da recorrência)} \\ &\leq 2n^2 + 2n - 1, && \text{(pela hipótese de indução)} \\ &< (2n)^2, \end{aligned}$$

que é exatamente o que queremos provar. Logo, $T(n) = O(n^2)$. Será n^2 uma boa estimativa para $T(n)$? No último passo da prova, a expressão $2n^2 + 2n - 1$ foi substituída por $4n^2$, o que apresenta uma diferença de $2n^2$ entre as duas expressões, um indicativo de que n^2 possa ser uma estimativa folgada para $T(n)$.

Vamos tentar um palpite menor, digamos $f(n) = cn$, para alguma constante c. Queremos provar que $T(n) \leq cn$ implica $T(2n) \leq c2n$. Assim:

$$\begin{aligned} T(2n) &\leq 2T(n) + 2n - 1, && \text{(pela definição da recorrência)} \\ &\leq 2cn + 2n - 1, && \text{(pela hipótese de indução)} \\ &> c2n. \end{aligned}$$

Nesse caso, está claro que cn cresce mais lentamente do que o crescimento de $T(n)$, uma vez que $c2n = 2cn$ e não existe espaço para o valor $2n - 1$, que está sobrando. Logo, $T(n)$ está entre cn e n^2.

Vamos então tentar $f(n) = n \log n$. No passo base $T(2) < 2 \log 2$. No passo de indução, vamos assumir que $T(n) \leq n \log n$. Queremos mostrar que $T(2n) \leq 2n \log 2n$. Assim:

$$\begin{aligned} T(2n) &\leq 2T(n) + 2n - 1, && \text{(pela definição da recorrência)} \\ &\leq 2n \log n + 2n - 1, && \text{(pela hipótese de indução)} \\ &< 2n \log 2n, \end{aligned}$$

que é exatamente o que queríamos provar. A diferença entre as fórmulas agora é de apenas 1, o que significa que estamos bem perto da solução. De fato,

$$T(n) = n \log n - n + 1$$

é a solução exata de:

$$T(n) = 2T(n/2) + n - 1, \; T(1) = 0,$$

equação de recorrência que descreve o comportamento do algoritmo de ordenação Mergesort, cuja solução exata é apresentada na Seção 2.5.

2.2 Recursividade

Um procedimento que chama a si mesmo, direta ou indiretamente, é dito **recursivo**. O uso da recursividade geralmente permite uma descrição mais clara e concisa dos algoritmos, especialmente quando o problema a ser resolvido é recursivo por natureza ou utiliza estruturas recursivas, tais como as árvores.

Exemplo: Considere a árvore binária de pesquisa mostrada na Figura 2.1 (as árvores de pesquisa são estudadas detalhadamente na Seção 5.3). Uma **árvore binária de pesquisa** é uma árvore binária em que todo nó interno contém um registro com a seguinte propriedade: todos os registros com chaves menores estão na subárvore esquerda e todos os registros com chaves maiores estão na subárvore direita.

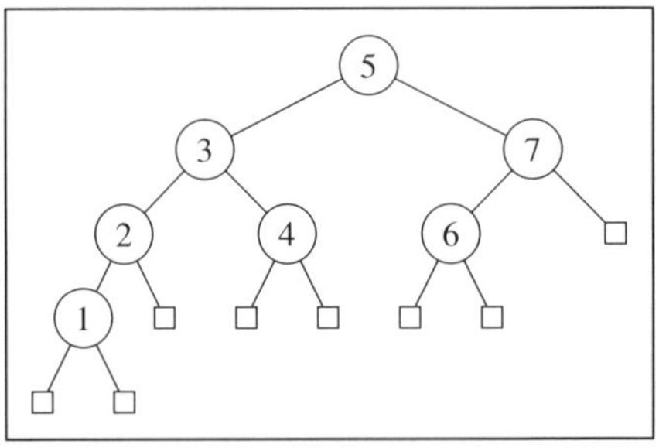

Figura 2.1 *Árvore binária de pesquisa.*

O Programa 2.1 mostra a estrutura de dados para a árvore da Figura 2.1.

Programa 2.1 *Estrutura de dados para árvores binárias de pesquisa*

```
type TipoRegistro = record
                      Chave: integer;
                    end;
     TipoApontador = ^TipoNo;
     TipoNo = record
                Reg: TipoRegistro;
                Esq, Dir: TipoApontador;
              end;
```

Vamos considerar um algoritmo para percorrer todos os registros que compõem a árvore. Existe mais de uma ordem de **caminhamento** em árvores, mas a mais utilizada para árvores de pesquisa é a chamada **ordem de caminhamento central**. Esse caminhamento é melhor expresso em termos recursivos, a saber:

1. caminha na subárvore esquerda na ordem central;
2. visita a raiz;
3. caminha na subárvore direita na ordem central.

O procedimento Central, mostrado no Programa 2.2, implementa o caminhamento central de forma recursiva. No caminhamento central, os nós são visitados em ordem lexicográfica das chaves. Percorrer a árvore da Figura 2.1 usando caminhamento central recupera as chaves na ordem 1, 2, 3, 4, 5, 6 e 7.

***Programa 2.2** Caminhamento central*

```
procedure Central (p: TipoApontador);
begin
  if p <> nil
  then begin
         Central (p^.Esq);
         writeln (p^.Reg.Chave);
         Central (p^.Dir);
         end;
end;
```

Quando o procedimento Central é chamado com o valor do apontador p apontando para o nó raiz da árvore, o primeiro comando verifica a condição de terminação, perguntando se p<>nil. Se for diferente de nil, então Central é chamada recursivamente seguindo o apontador à esquerda, até encontrar o apontador nil. Quando encontra p=nil, o procedimento simplesmente retorna para quem chamou, no caso Central, e o comando seguinte é executado, imprimindo o valor da chave que rotula o nó. No caso de ser a primeira vez que p=nil, o valor 1 é impresso, e Central é chamada recursivamente, seguindo o apontador à direita.

2.2.1 Como Implementar Recursividade

Um compilador implementa um procedimento recursivo por meio de uma **pilha**, na qual são armazenados os dados usados em cada chamada de um procedimento que ainda não terminou de processar (vide Seção 3.2). Todos os dados não globais vão para a pilha, pois o estado corrente da computação deve ser registrado para que possa ser recuperado de uma nova ativação de um procedimento recursivo, quando a ativação anterior deverá prosseguir.

No caso do caminhamento central para árvores binárias de pesquisa apresentado no Programa 2.2, para cada chamada recursiva para o procedimento Central o valor de p e o endereço de retorno da chamada recursiva são armazenados na pilha, por meio de um operador semelhante ao operador Empilha apresentado na Seção 3.2. Quando encontra p=nil, o procedimento retorna para quem chamou utilizando o endereço de retorno que está no topo da pilha, por meio de um operador igual ao operador Desempilha apresentado na Seção 3.2.

Como todo comando repetitivo, procedimentos recursivos introduzem a possibilidade de iterações que podem não terminar, existindo pois a necessidade de considerar o problema de **terminação**. Uma exigência fundamental é que a chamada recursiva a um procedimento P esteja sujeita a uma condição B, a qual se torna não satisfeita em algum momento da computação. Wirth (1976) apresenta um esquema para procedimentos recursivos como sendo uma composição $\mathcal{C}$ de comandos S_i e P, a saber:

$$P \equiv \textbf{if } B \textbf{ then } \mathcal{C}[S_i, P].$$

A técnica básica para demonstrar que uma repetição termina é definir uma função $f(x)$, na qual x é o conjunto de variáveis do programa, tal que:

1. $f(x) \leq 0$ implica a condição de terminação;
2. $f(x)$ é decrementada a cada iteração.

Uma forma simples de garantir a terminação é associar um parâmetro n para P (no caso **por valor**) e chamar P recursivamente com $n-1$. Logo, a substituição da condição B por $n > 0$ garante a terminação, o que pode ser formalmente expresso por:

$$P \equiv \textbf{if } n > 0 \textbf{ then } \mathcal{P}[S_i, P(n-1)].$$

Concluindo, na prática é necessário garantir que o nível mais profundo de recursão seja não apenas finito, mas também possa ser mantido pequeno, pois, na ocasião de cada ativação recursiva de um procedimento P, uma parcela de memória é necessária para acomodar variáveis a cada chamada. Assim, um aspecto importante para manter o tamanho da pilha pequeno é o balanceamento, técnica básica para um bom projeto de algoritmos, que é o tema da Seção 2.5.

2.2.2 *Quando Não Usar Recursividade*

Algoritmos recursivos são apropriados quando o problema a ser resolvido ou os dados a serem tratados são definidos em termos recursivos. Entretanto, isso não garante, para tais definições de natureza recursiva, que um algoritmo recursivo seja o melhor caminho para resolver o problema. Os problemas nos quais o uso de algoritmos recursivos deve ser evitado podem ser caracterizados pelo esquema:

$$P \equiv \textbf{if } B \textbf{ then } (S, P). \tag{2.2}$$

Programas recursivos que correspondem ao Esquema 2.2 são facilmente transformáveis em uma versão não recursiva, a saber:

$$P \equiv (x := x_0;\ \textbf{while } B \textbf{ do } S). \tag{2.3}$$

Exemplo: Considere o cálculo dos **números de Fibonacci** definidos pela seguinte equação de recorrência:

$$\begin{cases} f_0 = 0, \ f_1 = 1, \\ f_n = f_{n-1} + f_{n-2} \quad \text{para } n \geq 2. \end{cases} \tag{2.4}$$

Esses números são assim chamados por terem sido introduzidos por Fibonacci, matemático italiano do século XII, em publicação de 1202, na qual relacionou a sequência de números produzidos pela recorrência acima com a velocidade de reprodução de coelhos. A sequência inicia com $0, 1, 1, 2, 3, 5, 8, 13, 21, 34, 55, \ldots$ e possui inúmeras aplicações na matemática, teoria de jogos e ciência da computação. A solução da Eq.(2.4) foi apresentada por De Moivre, a saber:

$$f_n = \frac{1}{\sqrt{5}}[\Phi^n - (-\Phi)^{-n}],$$

em que $\Phi = (1 + \sqrt{5})/2 \approx 1,618$ é a **razão de ouro**. Como $(-\Phi)^{-n}$ é pequeno quando n é grande ($0 < \Phi^{-1} < 1$), então o valor de f_n é aproximadamente $\Phi^n/\sqrt{5}$, que é $O(\Phi^n)$. Entretanto, a equação é de pouca utilidade prática para o cálculo exato de f_n, pois, quando n cresce, o grau de precisão necessário para calcular os valores de $\sqrt{5}$ e Φ fica muito alto.

O procedimento recursivo obtido diretamente da Eq.(2.4) pode ser visto no Programa 2.3. O programa é extremamente ineficiente porque recalcula o mesmo valor várias vezes. Por exemplo, para calcular *FibRec*(5) são necessários os valores de *FibRec*(4) e *FibRec*(3). Entretanto, *FibRec*(4) também chama recursivamente para o cálculo de *FibRec*(3). Assim, *FibRec*(3) vai ser calculado duas vezes; *FibRec*(2), três vezes; *FibRec*(1), cinco vezes e *FibRec*(0), três vezes. Os números de chamadas de *FibRec*(5), *FibRec*(4), *FibRec*(3), *FibRec*(2) e *FibRec*(1) são $1, 1, 2, 3$ e 5, respectivamente.

***Programa 2.3** Função recursiva para calcular a sequência de Fibonacci*

```
function FibRec (n: integer): integer;
begin
  if n < 2
  then FibRec := n
  else FibRec := FibRec(n-1) + FibRec(n-2);
end;
```

Se considerarmos que a medida de complexidade de tempo $f(n)$ é o número de adições, e o número de chamadas recursivas é $O(\Phi^n)$, então $f(n) = O(\Phi^n)$. Apesar de o número de chamadas ser $O(\Phi^n)$, o número de chamadas colocadas na pilha de recursão é linear, pois equivale a um caminho na árvore de recursividade que vai do nó raiz até um nó folha. Como a árvore de recursividade tem $O(\Phi^n)$ nós, e esse caminho tem comprimento igual a **altura** da árvore, então a complexidade de espaço para calcular f_n pelo Programa 2.3 é $O(\log \Phi^n) = O(n)$, pois cada chamada recursiva é empilhada e esse número é $O(n)$.

A versão recursiva do Programa 2.3 segue o Esquema (2.2). O Programa 2.4 apresenta uma versão iterativa para calcular f_n, de acordo com o Esquema (2.3).

Programa 2.4 *Função iterativa para calcular números de Fibonacci*

```
function FibIter (n: integer): integer;
var i, k, F: integer;
begin
  i := 1; F :=0;
  for k := 1 to n do
    begin
    F := i + F;
    i := F - i;
    end;
  FibIter := F;
end;
```

O Programa 2.4 tem complexidade de tempo $O(n)$ e complexidade de espaço $O(1)$. Brassard e Bradley (1996, p.73) apresentam um quadro comparativo de tempos de execução dos Programas 2.3 e 2.4, os quais reproduzimos na Tabela 2.1. Os tempos da função *FibRec* para $n \geq 50$ foram estimados. Concluindo, devemos evitar o uso de recursividade quando existe uma solução óbvia por iteração.

Tabela 2.1 *Comparação das funções FibRec e FibIter*

n	10	20	30	50	100
FibRec	8 ms	1 s	2 min	21 dias	10^9 anos
FibIter	1/6 ms	1/3 ms	1/2 ms	3/4 ms	1,5 ms

2.3 Algoritmos Tentativa e Erro

A recursividade pode ser usada para resolver problemas cuja solução é tentar todas as alternativas possíveis. A ideia para algoritmos **tentativa e erro** é decompor o processo em um número finito de subtarefas parciais que devem ser exploradas exaustivamente. O processo geral pode ser visto como um processo de pesquisa ou de tentativa que gradualmente constrói e percorre uma árvore de subtarefas, conforme mostrado na Figura 2.2. Os algoritmos tentativa e erro não seguem regra fixa de computação, e funcionam da seguinte maneira:

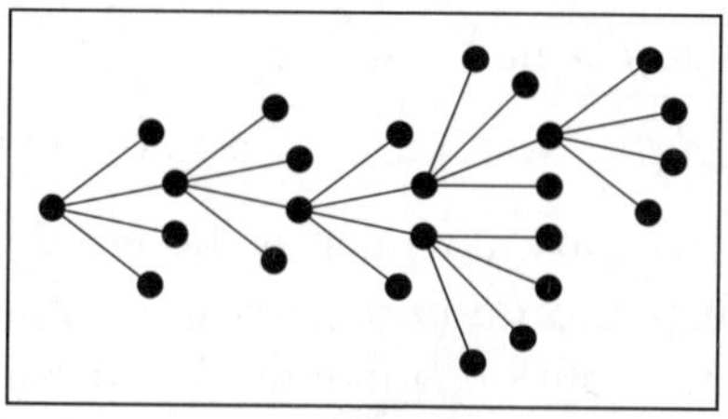

Figura 2.2 *Árvore de subtarefas.*

- Passos em direção à solução final são tentados e registrados;
- Caso esses passos tomados não levem à solução final, eles podem ser retirados e apagados do registro.

Muitas vezes a pesquisa na árvore de soluções cresce rapidamente; outras vezes, exponencialmente. Nesses casos, a pesquisa na árvore tem de usar **algoritmos aproximados** ou **heurísticas**, que não garantem a solução ótima, mas são rápidos. A Seção 9.2 trata de problemas desse tipo.

Exemplo: Passeio do cavalo no tabuleiro de xadrez (Wirth, 1976, p. 137).

Dado um tabuleiro com $n \times n$ posições, o cavalo movimenta-se segundo as regras do xadrez. A partir de uma posição inicial (x_0, y_0), o problema consiste em encontrar, se existir, um passeio do cavalo com $n^2 - 1$ movimentos, tal que todos os pontos do tabuleiro são visitados uma única vez.

Um caminho para resolver o problema é considerar a possibilidade de realizar o próximo movimento ou verificar que ele não é possível. O Programa 2.5 apresenta um refinamento inicial do algoritmo que tenta um próximo movimento.

Programa 2.5 *Tenta um próximo movimento*

```
procedure Tenta;
begin
  inicializa selecao de movimentos;
  repeat
    seleciona proximo candidato ao movimento;
    if aceitavel
    then begin
           registra movimento;
           if tabuleiro nao esta cheio
           then begin
                  tenta novo movimento; { Chamada recursiva para Tenta }
                  if nao sucedido then apaga registro anterior;
                end;
         end;
  until (movimento bem sucedido) ou (acabaram candidatos a movimento);
end;
```

O tabuleiro pode ser representado por uma matriz $n \times n$ e a situação de cada posição do tabuleiro por um inteiro para recordar a história das ocupações:

$t[x, y] = 0$ campo $< x, y >$ não visitado,

$t[x, y] = i$ campo $< x, y >$ visitado no i-ésimo movimento, $1 \leq i \leq n^2$.

As regras do xadrez para os movimentos do cavalo podem ser vistas na Figura 2.3. A partir de um ponto de partida x, y, existem oito pontos de destino possíveis: o primeiro ponto é obtido somando 2 à abscissa x e 1 à ordenada y, o segundo somando 1 à abscissa x e 2 à ordenada y, e assim sucessivamente.

Figura 2.3 *Oito movimentos possíveis do cavalo no tabuleiro de xadrez.*

O Programa 2.6 apresenta o refinamento final do procedimento Tenta. As variáveis x, y representam as coordenadas do ponto de partida, i é o número do pulo para ser registrado, q é um booleano para relatar o resultado, k controla o próximo movimento dentro do comando repeat, s contém os valores possíveis de abcissas e ordenadas para que os limites do tabuleiro sejam respeitados, e os vetores a e b contêm as abcissas e ordenadas, respectivamente, que vão orientar o próximo passo do cavalo a partir de x, y em direção a u, v. Os parâmetros do procedimento devem determinar as condições de partida para o próximo movimento do cavalo e também relatar sobre o seu sucesso. O tabuleiro não está cheio quando $i < n^2$, e a variável local $q1$ registra sucesso quando $i = n^2$.

O Programa 2.7 apresenta o programa completo contendo a definição das estruturas de dados e a chamada para o procedimento Tenta. A Figura 2.4 mostra uma solução para um tabuleiro de tamanho 8×8.

1	60	39	34	31	18	9	64
38	35	32	61	10	63	30	17
59	2	37	40	33	28	19	8
36	49	42	27	62	11	16	29
43	58	3	50	41	24	7	20
48	51	46	55	26	21	12	15
57	44	53	4	23	14	25	6
52	47	56	45	54	5	22	13

Figura 2.4 *Instância do passeio do cavalo no tabuleiro de xadrez de tamanho* 8×8.

Programa 2.6 *Tenta um próximo movimento*

```
procedure Tenta (i: integer; x,y: TipoIndice; var q: boolean);
var u, v, k: integer; q1: boolean;
begin
  k := 0; { inicializa selecao de movimentos }
  repeat
    k := k + 1; q1 := false;
    u := x + a[k]; v := y + b[k];
    if (u in s) and (v in s)
    then if t[u,v] = 0
         then begin
              t[u,v] := i;
              if i < N * N { tabuleiro nao esta cheio }
              then begin
                   Tenta (i+1, u, v, q1); { tenta novo movimento }
                   if not q1
                   then t[u,v] := 0 { nao sucedido apaga reg. anterior }
                   end
              else q1 := true;
              end;
  until q1 or (k = 8); { nao ha mais casas a visitar a partir de x,y }
  q := q1;
end;
```

Programa 2.7 *Passeio do cavalo no tabuleiro de xadrez*

```
program PasseioCavalo;
const N = 8; { Tamanho do lado do tabuleiro }
type TipoIndice = 1..N;
var i, j: integer;
    t: array[TipoIndice, TipoIndice] of integer;
    q: boolean;
    s: set of TipoIndice;
    a, b: array[TipoIndice] of integer;
{-- Entra aqui o procedimento Tenta do Programa 2.6 --}
begin { programa principal }
  s := [1,2,3,4,5,6,7,8];
  a[1] := 2; a[2] := 1; a[3] :=-1; a[4] :=-2;
  b[1] := 1; b[2] := 2; b[3] := 2; b[4] := 1;
  a[5] := -2; a[6] := -1; a[7] := 1; a[8] := 2;
  b[5] := -1; b[6] := -2; b[7] :=-2; b[8] := -1;
  for i:= 1 to N do for j:= 1 to N do t[i,j] := 0;
  t[1,1] := 1; { escolhemos uma casa do tabuleiro }
  Tenta (2, 1, 1, q);
  if q
  then for i:=1 to N do
         begin for j:=1 to N do write (t[i,j]:4); writeln; end
  else writeln('Sem solucao');
end.
```

O procedimento Tenta do Programa 2.5 apresenta um esquema geral para algoritmos tentativa e erro. A Seção 9.2.1 volta a tratar de algoritmos tentativa e erro, apresentando novamente o esquema geral para esses algoritmos, mas na forma de um algoritmo de **busca em profundidade** (vide Seção 7.3).

2.4 Divisão e Conquista

O paradigma **divisão e conquista** consiste em dividir o problema a ser resolvido em partes menores, encontrar soluções para as partes e então combinar as soluções obtidas em uma solução global. O uso do paradigma para resolver problemas nos quais os subproblemas são versões menores do problema original geralmente leva a soluções eficientes e elegantes, em especial quando é utilizado recursivamente.

Para ilustrar a técnica, vamos retomar o problema de encontrar simultaneamente o maior elemento e o menor elemento de um vetor de inteiros, $A[1..n]$, $n \geq 1$, apresentando uma versão recursiva para a solução do problema (vide Seção 1.3 para três outras soluções iterativas).

Exemplo: Considere o algoritmo para obter o maior e o menor elemento de um vetor de inteiros $A[1..n]$, $n \geq 1$, conforme mostrado no Programa 2.8.

Programa 2.8 *Versão recursiva para obter o máximo e o mínimo*

```
procedure MaxMin4 (Linf, Lsup: integer; var Max, Min: integer);
var Max1, Max2, Min1, Min2, Meio: integer;
begin
  if Lsup - Linf <= 1
  then if A[Linf] < A[Lsup]
       then begin Max := A[Lsup]; Min := A[Linf]; end
       else begin Max := A[Linf]; Min := A[Lsup]; end
  else begin
       Meio := (Linf + Lsup) div 2;
       MaxMin4 (Linf, Meio, Max1, Min1);
       MaxMin4 (Meio+1, Lsup, Max2, Min2);
       if Max1 > Max2 then Max := Max1 else Max := Max2;
       if Min1 < Min2 then Min := Min1 else Min := Min2;
       end;
end;
```

O vetor A é global ao procedimento *MaxMin4*. Os parâmetros *Linf* e *Lsup* são inteiros, $1 \leq Linf \leq Lsup \leq n$. O efeito produzido a cada chamada de *MaxMin4* é o de atribuir às variáveis *Max* e *Min* o maior elemento e o menor elemento em $A[Linf], A[Linf+1], \cdots, A[Lsup]$, respectivamente.

Seja T uma função de complexidade tal que $T(n)$ é o número de comparações entre os elementos de A, se A contiver n elementos. Logo:

$$\begin{cases} T(n) = 1, & \text{para } n \leq 2, \\ T(n) = T(\lfloor n/2 \rfloor) + T(\lceil n/2 \rceil) + 2, & \text{para } n > 2. \end{cases} \quad (2.5)$$

Quando $n = 2^i$, para algum inteiro positivo i, então:

$$\begin{aligned} T(n) &= 2T(n/2) + 2 \\ 2T(n/2) &= 4T(n/4) + 2 \times 2 \\ 4T(n/4) &= 8T(n/8) + 2 \times 2 \times 2 \\ &\vdots \\ 2^{i-2}T(n/2^{i-2}) &= 2^{i-1}T(n/2^{i-1}) + 2^{i-1} \end{aligned}$$

Adicionando lado a lado, obtemos:

$$T(n) = 2^{i-1}T(n/2^{i-1}) + \sum_{k=1}^{i-1} 2^k = 2^{i-1}T(2) + 2^i - 2 = 2^{i-1} + 2^i - 2 = \frac{3n}{2} - 2.$$

Logo, $T(n) = 3n/2 - 2$ para o melhor caso, o pior caso e o caso médio.

De acordo com o Teorema da Página 10, o algoritmo anterior é **ótimo**, tendo o mesmo tipo de comportamento do algoritmo *MaxMin3* do Programa 1.4. Entretanto, na prática, o algoritmo acima deve ser pior do que os algoritmos *MaxMin2* e *MaxMin3* dos Programas 1.3 e 1.4, respectivamente, podendo até ser pior do que o algoritmo *MaxMin1* do Programa 1.2. Conforme vimos na Seção 2.2, na implementação da versão recursiva, a cada chamada do procedimento *MaxMin4* o compilador salva em uma estrutura de dados os valores de *Linf*, *Lsup*, *Max* e *Min*, além do endereço de retorno da chamada para o procedimento. Além disso, uma comparação adicional é necessária a cada chamada recursiva para verificar se $Lsup - Linf \leq 1$. Outra observação relevante sobre a implementação acima é que $n+1$ deve ser menor do que a metade do maior inteiro que pode ser representado pelo compilador a ser utilizado, porque o comando

$$Meio := (Linf + Lsup)\ \textbf{div}\ 2$$

pode provocar *overflow* na operação $Linf + Lsup$.

A técnica divisão e conquista é utilizada para resolver diversos problemas ao longo do livro. Por exemplo, o algoritmo Quicksort para ordenar um conjunto de elementos (vide Seção 4.1.4) usa recursividade e divisão e conquista. O Quicksort é um dos algoritmos mais elegantes que existem, além de ser o mais rápido para a maioria das aplicações práticas existentes.

Uma vez que equações de recorrência ocorrem na análise da complexidade de algoritmos recursivos do tipo divisão e conquista, vamos considerar a solução para o caso geral. O teorema apresentado a seguir é denominado Teorema Mestre em Cormen, Leiserson, Rivest e Stein (2001).

Teorema Mestre: Sejam $a \geq 1$ e $b > 1$ constantes, $f(n)$ uma função assintoticamente positiva e $T(n)$ uma medida de complexidade definida sobre os inteiros. A solução da equação de recorrência:

$$T(n) = aT(n/b) + f(n), \tag{2.6}$$

para b uma potência de n é:

1. $T(n) = \Theta(n^{\log_b a})$, se $f(n) = O(n^{\log_b a - \epsilon})$ para alguma constante $\epsilon > 0$,
2. $T(n) = \Theta(n^{\log_b a} \log n)$, se $f(n) = \Theta(n^{\log_b a})$,
3. $T(n) = \Theta(f(n))$, se $f(n) = \Omega(n^{\log_b a + \epsilon})$ para alguma constante $\epsilon > 0$, e se $af(n/b) \leq cf(n)$ para alguma constante $c < 1$ e todo n a partir de um valor suficientemente grande.

A Eq.(2.6) diz que estamos dividindo o problema a ser resolvido em a subproblemas de tamanho n/b cada um. Os a subproblemas são resolvidos recursivamente em tempo $T(n/b)$ cada um. A função $f(n)$ descreve o custo de dividir o problema em subproblemas e de combinar os resultados de cada subproblema. Por exemplo, a Eq.(2.5) relativa à versão recursiva para obter o máximo e o mínimo de um conjunto tem $a = 2$, $b = 2$ e $f(n) = O(1)$.

A prova do Teorema Mestre é apresentada em uma seção para leitores mais avançados em Cormen, Leiserson, Rivest e Stein (2001). Entretanto, a prova do Teorema Mestre não precisa ser entendida para que o leitor possa aplicar o teorema, conforme veremos em exemplos mostrados mais adiante. A prova para o caso em que $f(n) = cn^k$, onde $c > 0$ e $k \geq 0$ são duas constantes inteiras, é tratada no Exercício 13.

Antes de ilustrar a utilização do Teorema Mestre, é importante entender o que diz o teorema. Em cada um dos três casos a função $f(n)$ é comparada com a função $n^{\log_b a}$ e a solução de $T(n)$ é determinada pela maior dessas duas funções. No caso 1, se a função $f(n)$ é menor do que $n^{\log_b a}$, então $T(n) = \Theta(n^{\log_b a})$. No caso 3, se a função $f(n)$ é maior do que $n^{\log_b a}$, então $T(n) = \Theta(f(n))$. No caso 2, se as duas funções são iguais, então $T(n) = \Theta(n^{\log_b a} \log n) = \Theta(f(n) \log n)$.

Além disso, existem outros aspectos a considerar. No caso 1, $f(n)$ tem de ser polinomialmente menor do que $n^{\log_b a}$, isto é, $f(n)$ tem de ser assintoticamente menor do que $n^{\log_b a}$ por um fator de n^ϵ, para alguma constante $\epsilon > 0$. No caso 3, $f(n)$ tem de ser polinomialmente maior do que $n^{\log_b a}$ e, além disso, satisfazer a condição de que $af(n/b) \leq cf(n)$. Logo, os três casos não cobrem todas as funções $f(n)$ que poderemos encontrar. Existem algumas poucas aplicações práticas que ficam entre os casos 1 e 2 (quando $f(n)$ é menor do que $n^{\log_b a}$, mas não polinomialmente menor) e entre os casos 2 e 3 (quando $f(n)$ é maior do que $n^{\log_b a}$, mas não polinomialmente maior). Assim, se a função $f(n)$ cai em um desses intervalos ou se a condição $af(n/b) \leq cf(n)$ não é satisfeita, então o Teorema Mestre não pode ser aplicado.

A seguir vamos ilustrar como o Teorema Mestre pode ser usado.

Exemplo: Considere a equação de recorrência:

$$T(n) = 4T(n/2) + n,$$

onde $a = 4$, $b = 2$, $f(n) = n$ e $n^{\log_b a} = n^{\log_2 4} = \Theta(n^2)$. O caso 1 se aplica porque $f(n) = O(n^{\log_b a - \epsilon}) = O(n)$, onde $\epsilon = 1$, e a solução é $T(n) = \Theta(n^2)$.

Exemplo: Considere a equação de recorrência:

$$T(n) = 2T(n/2) + n - 1,$$

onde $a = 2$, $b = 2$, $f(n) = n - 1$ e $n^{\log_b a} = n^{\log_2 2} = \Theta(n)$. O caso 2 se aplica porque $f(n) = \Theta(n^{\log_b a}) = \Theta(n)$, e a solução é $T(n) = \Theta(n \log n)$.

Exemplo: Considere a equação de recorrência:

$$T(n) = T(2n/3) + n,$$

onde $a = 1$, $b = 3/2$, $f(n) = n$ e $n^{\log_b a} = n^{\log_{3/2} 1} = n^0 = 1$. O caso 3 se aplica porque $f(n) = \Omega(n^{\log_{3/2} 1 + \epsilon})$, onde $\epsilon = 1$ e $af(n/b) = 2n/3 \leq cf(n) = 2n/3$, para $c = 2/3$ e $n \geq 0$. Logo, a solução é $T(n) = \Theta(f(n)) = \Theta(n)$.

Exemplo: Considere a equação de recorrência:

$$T(n) = 3T(n/4) + n \log n,$$

onde $a = 3$, $b = 4$, $f(n) = n \log n$ e $n^{\log_b a} = n^{\log_3 4} = n^{0.793}$. O caso 3 se aplica porque $f(n) = \Omega(n^{\log_3 4 + \epsilon})$, onde $\epsilon \approx 0.207$ e $af(n/b) = 3(n/4)\log(n/4) \leq cf(n) = (3/4)n \log n$, para $c = 3/4$ e n suficientemente grande. Logo, a solução é $T(n) = \Theta(f(n)) = \Theta(n \log n)$.

Exemplo: O Teorema Mestre não se aplica à equação de recorrência:

$$T(n) = 3T(n/3) + n \log n,$$

onde $a = 3$, $b = 3$, $f(n) = n \log n$ e $n^{\log_b a} = n^{\log_3 3} = n$. O caso 3 não se aplica porque, embora $f(n) = n \log n$ seja assintoticamente maior do que $n^{\log_b a} = n$, a função $f(n)$ não é polinomialmente maior: a razão $f(n)/n^{\log_b a} = (n \log n)/n = \log n$ é assintoticamente menor do que n^ϵ para qualquer constante ϵ positiva.

2.5 Balanceamento

O exemplo usado para ilustrar a técnica divisão e conquista divide o problema em subproblemas de mesmo tamanho. Este é um aspecto importante no projeto de algoritmos: procurar sempre manter o **balanceamento** na subdivisão de um problema em partes menores. Cabe ressaltar que divisão e conquista não é a única técnica em que balanceamento é útil. O Capítulo 5 contém vários exemplos nos quais o balanceamento do tamanho de subárvores ou o balanceamento do custo de duas operações resulta em algoritmos mais eficientes. Para ilustrar o princípio do balanceamento, vamos apresentar um exemplo de ordenação em que o contraste entre o efeito de dividir o problema em subproblemas desiguais e o efeito de dividir em subproblemas iguais fique claro.

Considere novamente o exemplo de problema de ordenação apresentado na página 21. O algoritmo seleciona o menor elemento do conjunto $A[1..n]$ e então troca este elemento com o primeiro elemento $A[1]$. O processo é repetido com os $n-1$ elementos, resultando no segundo maior elemento, o qual é trocado com o segundo elemento $A[2]$. Repetindo o processo para $n-2$, $n-3$, ..., 2 ordena a sequência. O algoritmo leva à equação de recorrência:

$$T(n) = T(n-1) + n - 1, \quad T(1) = 0, \tag{2.7}$$

para o número de comparações realizadas entre os elementos a serem ordenados.

Como vimos anteriormente, um caminho possível para resolver a Eq.(2.7) é procurar substituir os termos $T(k)$, $k < n$, no lado direito da equação até que todos os termos $T(k)$, $k > 1$, tenham sido substituídos por fórmulas contendo apenas $T(1)$. No caso da Eq.(2.7) temos:

$$\begin{array}{rcl} T(n) & = & T(n-1) + n - 1 \\ T(n-1) & = & T(n-2) + n - 2 \\ \vdots & & \vdots \\ T(2) & = & T(1) + 1 \end{array}$$

Adicionando lado a lado, obtemos:

$$T(n) = T(1) + 1 + 2 + \cdots + n - 1 = \frac{n(n-1)}{2}.$$

Logo, o algorimo é $O(n^2)$.

Embora o algoritmo possa ser visto como uma aplicação recursiva de divisão e conquista, ele não é eficiente para valores grandes de n. Para obter um algoritmo de ordenação assintoticamente eficiente, é necessário conseguir um balanceamento. Em vez de dividir um problema de tamanho n em dois subproblemas, um de tamanho 1 e outro de tamanho $n-1$, o ideal é dividir o problema em dois subproblemas de tamanhos aproximadamente iguais.

Exemplo: A operação de unir dois arquivos ordenados gerando um terceiro arquivo ordenado é denominada **intercalação** (*merge*). Essa operação consiste em colocar no terceiro arquivo o menor elemento entre os menores dos dois arquivos iniciais, desconsiderando este mesmo elemento nos passos posteriores. Esse processo deve ser repetido até que todos os elementos dos arquivos de entrada sejam escolhidos.

Essa ideia pode ser utilizada para construir um algoritmo de ordenação. O processo é o seguinte: dividir recursivamente o vetor a ser ordenado em dois vetores até obter n vetores de um único elemento. Aplicar o algoritmo de intercalação tendo como entrada dois vetores de um elemento e formando um vetor ordenado de dois elementos. Repetir esse processo formando vetores ordenados cada vez maiores até que todo o vetor esteja ordenado. Na literatura, esse método é conhecido como **Mergesort**.

Considere a sequência de inteiros $A[1..n] = a_1, a_2, \ldots, a_n$. Para simplificar, considere n como uma potência de 2. Para o processo de intercalação de duas sequências ordenadas vamos usar o procedimento Merge(A,i,m,j), o qual recebe como entrada duas sequências ordenadas $A[i..m]$ e $A[m+1..j]$ e produz outra sequência ordenada consistindo dos elementos de $A[i..m]$ e $A[m+1..j]$. Como $A[i..m]$ e $A[m+1..j]$ estão ordenados, Merge requer no máximo uma comparação a menos do que a soma dos comprimentos de $A[i..m]$ e $A[m+1..j]$, isto é, $n-1$, onde n é o número total de elementos em $A[i..m]$ e $A[m+1..j]$. O procedimento Merge seleciona repetidamente o menor dentre os menores elementos restantes em $A[i..m]$ e $A[m+1..j]$. Quando houver empate, retira de uma delas, por exemplo $A[i..m]$.

O procedimento *Mergesort*(A, i, j) mostrado no Programa 2.9 ordena a subsequência de inteiros $A[i..j] = a_i, a_{i+1}, \ldots, a_j$, assumindo que a subsequência tem comprimento 2^k para algum $k \geq 0$. Para ordenar uma dada sequência $A[1..n] = x_1, x_2, \ldots, x_n$, basta chamar *Mergesort*$(A, 1, n)$.

***Programa 2.9** Mergesort*

```
procedure Mergesort (var A: array[1..n] of integer; i, j: integer);
begin
  if i < j
  then begin
       m := (i + j)/2;
       Mergesort (A, i, m);
       Mergesort (A, m+1, j);
       Merge (A, i, m, j); { Intercala A[i..m] e A[m+1..j] em A[i..j] }
       end;
end;
```

Na contagem de comparações realizadas para ordenar n inteiros, o comportamento do Programa 2.9 pode ser representado pela equação de recorrência:

$$T(n) = 2T(n/2) + n - 1, \quad T(1) = 0.$$

No caso da equação anterior, temos:

$$\begin{aligned} T(n) &= 2T(n/2) + n - 1 \\ 2T(n/2) &= 2^2T(n/2^2) + 2\frac{n}{2} - 2 \times 1 \\ \vdots \quad & \quad \vdots \\ 2^{i-1}T(n/2^{i-1}) &= 2^iT(n/2^i) + 2^{i-1}\frac{n}{2^{i-1}} - 2^{i-1} \end{aligned}$$

Adicionando lado a lado, obtemos:

$$\begin{aligned} T(n) &= 2^iT(n/2^i) + \sum_{k=0}^{i-1} n - \sum_{k=0}^{i-1} 2^k \\ &= in - \frac{2^{i-1+1} - 1}{2 - 1} \\ &= n \log n - n + 1. \end{aligned}$$

Logo, o algoritmo é $O(n \log n)$. Para valores grandes de n, o balanceamento dos tamanhos dos subproblemas levou a um resultado muito superior, pois saímos de uma complexidade $O(n^2)$ para uma complexidade $O(n \log n)$.

2.6 Programação Dinâmica

Recursividade é uma técnica muito útil quando o problema a ser resolvido pode ser dividido em subproblemas a um custo não muito grande e os subproblemas podem ser mantidos pequenos. Por exemplo, quando a soma dos tamanhos dos subproblemas é $O(n)$, então é provável que o algoritmo recursivo tenha **complexidade polinomial**. Em contrapartida, quando a divisão de um problema de tamanho n resulta em n subproblemas de tamanho $n - 1$, então é provável que o algoritmo recursivo tenha **complexidade exponencial**.

Quando o algoritmo recursivo tem complexidade exponencial, a técnica de programação dinâmica[1] pode levar a um algoritmo mais eficiente. A programação dinâmica calcula a solução para todos os subproblemas, partindo dos subproblemas menores para os maiores, armazenando os resultados em uma tabela. A vantagem do método está no fato de que uma vez que um subproblema é resolvido, a resposta é armazenada em uma tabela e o subproblema nunca mais é recalculada.

Aho, Hopcroft e Ullman (1974) ilustram a técnica de programação dinâmica por meio de um exemplo sobre a avaliação do produto de n matrizes

$$M = M_1 \times M_2 \times \cdots \times M_n,$$

[1]No caso da programação dinâmica, ela é mais uma técnica de programação do que um paradigma propriamente dito.

em que cada M_i é uma matriz com d_{i-1} linhas e d_i colunas. A ordem na qual as matrizes são multiplicadas pode ter um efeito enorme no número total de operações de adição e multiplicação necessárias para obter M, conforme se verifica no exemplo a seguir.

Exemplo: Considere o produto de uma matriz $p \times q$ por outra matriz $q \times r$ cujo algoritmo requer $O(pqr)$ operações. Considere o produto

$$M = M_1[10, 20] \times M_2[20, 50] \times M_3[50, 1] \times M_4[1, 100], \tag{2.8}$$

em que as dimensões de cada matriz são mostradas entre colchetes. A avaliação de M na ordem

$$M = M_1 \times (M_2 \times (M_3 \times M_4))$$

requer 125.000 operações, enquanto a avaliação de M na ordem

$$M = (M_1 \times (M_2 \times M_3)) \times M_4$$

requer apenas 2.200 operações. □

Tentar todas as ordens possíveis de multiplicações para avaliar o produto de n matrizes de forma a minimizar o número de operações $f(n)$ é um processo exponencial em n, onde $f(n) \geq 2^{n-2}$ (vide exercício 2.31 de Aho, Hopcroft e Ullman (1974)). Entretanto, usando programação dinâmica é possível obter um algoritmo $O(n^3)$, conforme mostrado a seguir.

Seja m_{ij} o menor custo para computar o produto $M_i \times M_{i+1} \times \cdots \times M_j$, para $1 \leq i \leq j \leq n$. Nesse caso,

$$m_{ij} = \begin{cases} 0, & \text{se } i = j, \\ \text{Min}_{i \leq k < j}\,(m_{ik} + m_{k+1,j} + d_{i-1}d_kd_j), & \text{se } j > i. \end{cases} \tag{2.9}$$

O termo m_{ik} representa o custo mínimo para calcular:

$$M' = M_i \times M_{i+1} \times \cdots \times M_k.$$

O segundo termo, $m_{k+1,j}$ representa o custo mínimo para calcular:

$$M'' = M_{k+1} \times M_{k+2} \times \cdots \times M_j.$$

O terceiro termo, $d_{i-1}d_kd_j$, representa o custo de multiplicar $M'[d_{i-1}, d_k]$ por $M''[d_k, d_j]$. A Eq.(2.9) diz que m_{ij}, $j > i$, representa o custo mínimo de todos os valores possíveis de k entre i e $j - 1$ da soma dos três termos.

O enfoque programação dinâmica calcula os valores de m_{ij} na ordem crescente das diferenças nos subscritos. O cálculo inicia com m_{ii} para todo i, depois $m_{i,i+1}$ para todo i, depois $m_{i,i+2}$, e assim sucessivamente. Desta forma, os valores m_{ik} e $m_{k+1,j}$ estarão disponíveis no momento de calcular m_{ij}. Isso acontece porque $j - i$ tem de ser estritamente maior do que ambos os valores de $k - i$ e $j - (k + 1)$ se k estiver no intervalo $i \leq k < j$.

O Programa 2.10 mostra a implementação do algoritmo para computar a ordem de multiplicação de n matrizes, $M_1 \times M_2 \times \cdots \times M_n$, de forma a obter o menor número possível de operações. O algoritmo recebe como entrada o número n de matrizes e $d_0, d_1, \ldots, d_n$, em que d_{i-1} e d_i são as dimensões da matriz M_i.

Programa 2.10 *Obtém a ordem de multiplicação de n matrizes usando programação dinâmica*

```
program AvaliaMultMatrizes;
const MAXN = 10;
var
  i, j, k, h, n, temp: integer;
  d: array[0..MAXN] of integer;
  m: array[1..MAXN, 1..MAXN] of integer;
begin
  write('Numero de matrizes n:'); readln(n);
  write('Dimensoes das matrizes:');
  for i := 0 to n do read(d[i]);
  for i := 1 to n do m[i,i] := 0;
  for h := 1 to n - 1 do
    begin
    for i := 1 to n - h do
      begin
      j := i + h;
      m[i,j] := MaxInt;
      for k := i to j - 1 do
        begin
        temp := m[i,k] + m[k+1,j] + d[i-1] * d[k] * d[j];
        if temp < m[i,j] then m[i,j] := temp;
        end;
      write(' m[',i:1,',',j:1,']=', m[i,j]);
      end;
    writeln;
    end;
end.
```

A execução do Programa 2.10 obtém o custo mínimo para multiplicar as n matrizes, assumindo que são necessárias pqr operações para multiplicar uma matriz $p \times q$ por outra matriz $q \times r$. A execução do programa para as quatro matrizes em (2.8), em que d_0, d_1, d_2, d_3, d_4 são 10, 20, 50, 1, 100, resulta nos valores de m_{ij} mostrados na Tabela 2.2. A ordem na qual as multiplicações devem ser realizadas pode ser obtida registrando, para cada entrada da Tabela 2.2, o valor de k que resultou no mínimo visto na Eq.(2.9).

A solução eficiente para o problema da multiplicação de n matrizes usando programação dinâmica está baseada no **princípio da otimalidade** (do inglês *principle of optimality*). O princípio diz que, em uma sequência ótima de escolhas

Tabela 2.2 *Custos para calcular os produtos* $M_i \times M_{i+1} \times \cdots \times M_j$

$m_{11} = 0$	$m_{22} = 0$	$m_{33} = 0$	$m_{44} = 0$
$m_{12} = 10.000$	$m_{23} = 1.000$	$m_{34} = 5.000$	
$m_{13} = 1.200$	$m_{24} = 3.000$		
$m_{14} = 2.200$			

ou de decisões, cada subsequência deve também ser ótima. A Eq.(2.9) diz que m_{ij}, $j > i$ representa o custo mínimo de todos os valores possíveis de k entre i e $j - 1$, da soma de três termos: o primeiro termo m_{ik} representa o custo mínimo para calcular $M' = M_i \times M_{i+1} \times \cdots \times M_k$, o segundo termo $m_{k+1,j}$ representa o custo mínimo para calcular $M'' = M_{k+1} \times M_{k+2} \times \cdots \times M_j$, e o terceiro termo $d_{i-1}d_kd_j$ representa o custo de multiplicar $M'[d_{i-1}, d_k]$ por $M''[d_k, d_j]$. Nesse caso, cada subsequência representa o custo mínimo, assim como m_{ij}, $j > i$. Assim, todos os valores da Tabela 2.2 representam escolhas ótimas.

Quando o **princípio da otimalidade** se aplica e há sobreposição no espaço de solução, então podemos usar com sucesso a programação dinâmica. A **sobreposição no espaço de solução** ocorre quando a solução para subproblemas menores é usada em subproblemas maiores. Por exemplo, na Tabela 2.2 o valor de m_{23} é usado para se obter os valores de m_{13} e m_{24}. Quando o princípio da otimalidade não se aplica, é provável que o problema em questão não possa ser resolvido por meio de programação dinâmica. Por exemplo, esse é o caso quando o problema utiliza recursos limitados. Nessa situação, pode ser que a solução ótima para uma instância não possa ser obtida combinando soluções ótimas de duas ou mais subinstâncias se o total de recursos usados nas subinstâncias for maior do que os recursos disponíveis.

Por exemplo, se o caminho mais curto entre Belo Horizonte e Curitiba passa por Campinas, então o caminho entre Belo Horizonte e Campinas também é o mais curto possível, assim como o caminho entre Campinas e Curitiba. Logo, o princípio da otimalidade se aplica. A Seção 7.5 trata do problema de encontrar o caminho mais curto entre dois vértices de um grafo.

Em contrapartida, considere o problema de encontrar o caminho mais longo entre duas cidades usando um dado conjunto de estradas. Um caminho simples nunca visita a mesma cidade duas vezes. Se sabemos que o caminho mais longo entre Belo Horizonte e Curitiba passa por Campinas, isso não significa que o caminho possa ser obtido tomando o caminho simples mais longo entre Belo Horizonte e Campinas, e depois o caminho simples mais longo entre Campinas e Curitiba. Quando os dois caminhos simples são juntados, é pouco provável que o caminho resultante também seja simples. Logo, o princípio da otimalidade não se aplica. O problema de encontrar o caminho mais longo entre duas cidades aparece na página 406 e também no Exercício 9.22.

2.7 Algoritmos Gulosos

Algoritmos gulosos são tipicamente usados para resolver problemas de otimização. Um exemplo é o algoritmo para encontrar o caminho mais curto entre dois vértices de um grafo. Um algoritmo guloso escolhe a aresta que parece mais promissora em qualquer instante, e nunca reconsidera essa decisão, independentemente do que possa acontecer mais tarde. Não existe necessidade de avaliar alternativas, nem de empregar algoritmos sofisticados que permitam desfazer decisões tomadas previamente. A razão de o algoritmo ser chamado guloso é que o algoritmo escolhe, a cada passo, o candidato mais evidente que possa ser adicionado à solução.

Considere o seguinte problema geral: a partir de um conjunto C deseja-se determinar um subconjunto $S \subseteq C$ tal que (i) S satisfaça uma dada propriedade P, e (ii) S é mínimo (ou máximo) em relação a algum critério α. Ou seja, S é o menor (ou maior) subconjunto de C, segundo α, que satisfaz P. O **algoritmo guloso** para resolver o problema geral consiste em um processo iterativo em que S é construído adicionando-se a ele elementos de C um a um. De acordo com Brassard e Bradley (1996), algoritmos gulosos e os problemas que eles conseguem resolver são caracterizados pelas seguintes considerações:

- Considere um problema em que a solução ótima deve ser obtida. Para construir a solução existe um conjunto ou lista de candidatos, como, por exemplo, as arestas de um grafo que podem ser usadas para construir um caminho.
- Na medida em que o algoritmo procede, dois outros conjuntos são acumulados. Um contém candidatos que foram considerados e escolhidos, e o outro contém candidatos que foram considerados e rejeitados.
- Existe uma função que verifica se um conjunto particular de candidatos produz uma *solução* para o problema, sem considerar questões de **otimalidade** naquele momento. Por exemplo, as arestas selecionadas produzem um caminho para o vértice que deve ser atingido?
- Uma segunda função verifica se um conjunto de candidatos é *viável*, isto é, se é possível completar o conjunto adicionando mais candidatos de tal forma que pelo menos uma solução possa ser obtida. Aqui também não existe preocupação com a otimalidade.
- Uma outra função, chamada *função de seleção*, indica a qualquer momento quais dos candidatos restantes que não foram nem escolhidos nem rejeitados são os mais promissores.
- Finalmente, uma *função objetivo* fornece o valor da solução encontrada, como o comprimento do caminho construído. Ao contrário das três funções mencionadas anteriormente, a função objetivo não aparece explicitamente no algoritmo guloso.

O Programa 2.11 apresenta um pseudocódigo de um algoritmo guloso genérico. Inicialmente, o conjunto S de candidatos escolhidos está vazio. A seguir, a cada passo, o melhor candidato restante ainda não tentado é considerado, sendo o critério de escolha ditado pela função de seleção. Se o conjunto aumentado de candidatos se torna inviável, o candidato corrente é rejeitado e nunca mais considerado. Entretanto, se o conjunto aumentado é viável, o candidato é adicionado ao conjunto S de candidatos escolhidos, onde permanece a partir de então. Cada vez que o conjunto S é aumentado ao receber um novo candidato, é necessário verificar se S constitui uma solução. Quando um algoritmo guloso é baseado no **princípio da otimalidade** e funciona corretamente, a primeira solução encontrada dessa maneira é sempre ótima. Se o algoritmo guloso não segue o princípio da otimalidade, então temos uma **heurística** e o algoritmo não necessariamente é ótimo. O Programa 7.17 da Seção 7.8.1 mostra o algoritmo guloso genérico para obter uma **árvore geradora mínima**.

Programa 2.11 *Algoritmo guloso genérico*

```
function Guloso (C: conjunto): Conjunto;
{ C: conjunto de candidatos }
begin
  S := ∅; { S contem conjunto solucao }
  while (C <> ∅) and not solucao(S) do
    begin
    x := seleciona (C);
    C := C − x;
    if viavel (S + x) then S := S + x;
    end;
  if solucao (S) then return (S) else return ('Nao existe solucao');
end;
```

A função de seleção é geralmente relacionada com a função objetivo. Se o objetivo é maximizar o ganho, então provavelmente será escolhido qualquer um dos candidatos restantes que proporcione o maior ganho individual. Se o objetivo é minimizar o custo, então será escolhido o candidato restante de menor custo, e assim por diante. Além disso, o algoritmo nunca muda de ideia. Uma vez que um candidato é escolhido e adicionado à solução, ele lá permanece para sempre. Da mesma maneira, uma vez que um candidato é excluído do conjunto solução, ele nunca mais é reconsiderado. Outro exemplo é o algoritmo para encontrar o caminho mais curto entre dois vértices de um grafo, apresentado na Seção 7.5. O Programa 7.21 mostra o algoritmo guloso genérico para resolver o problema.

2.8 Algoritmos Aproximados

Problemas que podem ser resolvidos por algoritmos polinomiais são considerados "fáceis", enquanto problemas que só podem ser resolvidos por algoritmos exponenciais são considerados "difíceis". Problemas considerados difíceis ou intratáveis são muito comuns na natureza e nas diversas áreas do conhecimento. Um exemplo visto na Seção 1.3.2 é o **problema do caixeiro-viajante**, cuja complexidade de tempo é $O(n!)$. O Capítulo 9 é dedicado ao estudo de problemas considerados difíceis.

Diante de um problema difícil é comum remover a exigência de que o algoritmo tenha sempre de obter a solução ótima. Nesse caso, procuramos por algoritmos eficientes que não garantam obter a solução ótima, mas tentam encontrar uma solução que seja a mais próxima possível da solução ótima. Para problemas deste tipo, existem dois tipos de algoritmos: heurísticas e algoritmos aproximados.

Uma **heurística** é um algoritmo que pode produzir um bom resultado, ou até mesmo obter a solução ótima, mas pode também não produzir solução nenhuma ou uma solução distante da solução ótima.

Um **algoritmo aproximado** é um algoritmo que gera **soluções aproximadas** dentro de um limite para a razão entre a solução ótima e a produzida pelo algoritmo aproximado. O comportamento de algoritmos aproximados é monitorado do ponto de vista da qualidade dos resultados.

A Seção 9.2 apresenta um estudo detalhado sobre heurísticas e algoritmos aproximados.

Notas Bibliográficas

O ensino de algoritmos é usualmente dividido por tópicos ou tipos de problemas. O mesmo acontece com este livro, cujo conteúdo está dividido em tópicos e tipos de problemas, distribuídos ao longo de nove capítulos. Entretanto, Baeza-Yates (1995) argumenta que um curso aprofundado de projeto e análise de algoritmos deve ser dividido em paradigmas ou técnicas, em vez da divisão por tópicos ou tipos de problemas. Segundo Baeza-Yates, essa mudança na forma de ensinar leva a melhores projetos e realça a importância da análise de algoritmos. O livro de Brassard e Bradley (1996) parece ser o único que adota quase completamente o enfoque orientado por paradigmas. Aho, Hopcroft e Ullman (1974) realçam as técnicas de recursividade e programação dinâmica. Manber (1988, 1989) trata da utilização de indução matemática como único paradigma para o projeto de algoritmos.

Um paradigma de projeto de algoritmos que vem ganhando importância é o de **algoritmos paralelos**. Um computador paralelo é capaz de realizar a mesma operação dezenas ou mesmo centenas de vezes em um mesmo instante de tempo. Nesse caso, o ideal é conseguir aumentar a velocidade dos algoritmos por um fator equivalente, uma tarefa na maioria das vezes difícil. O livro de Quinn (1994) apresenta uma introdução ao estudo de algoritmos paralelos sob o ponto de vista teórico e também prático. Outras referências são Akl (1989) e

Gibbons e Rytter (1988). Diversos livros sobre algoritmos dedicam um capítulo a algoritmos paralelos, como Cormen, Leiserson, Rivest e Stein (2001), e Brassard e Bradley (1996).

Exercícios

1. Apresente a complexidade de espaço para a função recursiva para calcular a sequência de Fibonacci do Programa 2.3.

2. Prove por **indução** que $T(2k+1) = T(2k) = 2^{k+1} - 1$, na qual k é um número inteiro qualquer e:

$$\begin{cases} T(n) = 2T(n-2) + 1, \text{para } n \geq 1 \\ T(n) = 1, \text{para } n < 2 \end{cases}$$

3. Prove por **indução** que existem três números inteiros positivos e constantes x, y e z tal que $xn! \leq T(n) \leq yn! - zn$ para todos os valores de n suficientemente grandes, e:

$$\begin{cases} T(n) = bn + nT(n-1), \text{para } n \geq 2 \\ T(n) = 1, \text{para } n = 1 \end{cases}$$

4. Determine por **indução** os valores inteiros positivos de n tais que $n^3 > 2^n$.

5. Responda às seguintes questões sobre **recursividade**:

a) Quando se deve e quando não se deve utilizar a recursividade para resolver problemas utilizando o computador?

b) Por que é preferível usar a versão iterativa em vez da versão recursiva quando a estrutura do programa é do tipo P = **if** B **then** (S;P)?

6. Determine o que faz a função recursiva a seguir:

```
function Recursiva (n: integer) : integer;
begin
    if n <= 0
    then Recursiva := 1;
    else Recursiva := Recursiva (n-1) + Recursiva (n-1);
end;
```

7. Escreva um procedimento recursivo para converter um número decimal para a forma binária. (Chaimowicz, 2010). Uma maneira simples de resolver o problema é dividir o número decimal sucessivamente por e pegar o resto da i-ésima divisão, da direita para a esquerda. Por exemplo, para o número 12 temos: $12/2 = 6$, resto 0; $6/2 = 3$, resto 0; $3/2 = 1$, resto 1; $1/2 = 0$, resto 1. Portanto, o número 12 em binário é 1100.

a) Escreva um procedimento recursivo Dec2Bin (var Num: integer) para imprimir o número binário correspondente ao número decimal Num.

b) Obtenha a equação de recorrência que descreva o comportamento do algoritmo.

c) Resolva a equação de recorrência.

8. Considere a tarefa de desenhar as escalas de uma régua que mede em polegadas (Loureiro, 2010). Considere que existe uma marca de uma certa altura no ponto de 1/2 polegada, uma marca de altura um pouco menor a cada intervalo de $1/4''$, uma marca de altura ainda menor a cada intervalo de $1/8''$, como mostrado na figura 2.5. Projete um procedimento recursivo DesenhaLinha(x, h) para desenhar uma linha vertical de h unidades na posição x.

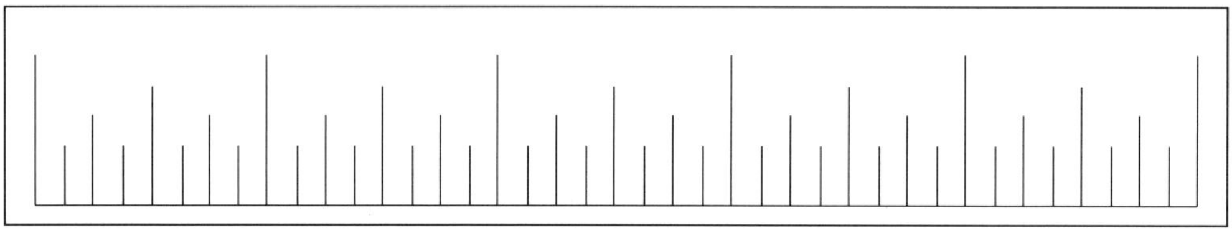

Figura 2.5 *Exemplo de uma régua.*

9. Construa um algoritmo recursivo para encontrar o maior elemento das entradas $A[1], A[2], \ldots, A[n]$ de um arranjo A. O procedimento deve dividir o arranjo em duas partes de tamanhos aproximadamente iguais.

a) Derive uma relação de recorrência para a função de complexidade f, em que $f(n)$ é definida como o número de comparações entre os elementos de A e n pode ser considerado uma potência de 2.

b) Resolva a relação de recorrência.

10. O que aconteceria com a eficiência dos algoritmos baseados em **divisão e conquista** se recorrêssemos no máximo r vezes, para uma dada constante r, e depois utilizássemos o subalgoritmo básico, em vez de um limite para decidir quando reverter para o subalgoritmo?

11. Apresente um esboço do esquema geral de algoritmos de ***backtracking***.

12. Seja P um conjunto de pontos definidos a partir das coordenadas cartesianas em um plano. Apresente um algoritmo baseado em **divisão e conquista** para encontrar o par de pontos mais próximos em tempo equivalente a $O(n \log n)$ no pior caso.

13. Apresente a prova do **Teorema Mestre** para $f(n) = cn^k$, onde a, b, e c são constantes não negativas e $k \geq 0$. Prove que a solução de:

$$\begin{cases} T(1) = c & n = 1 \\ T(n) = aT(n/b) + cn^k & n > 1 \end{cases}$$

para n uma potência de b é:

$$T(n) = \begin{cases} O(n^k), & \text{se } a < b, \\ O(n^k \log n), & \text{se } a = b, \\ O(n^{\log_b a}, & \text{se } a > b. \end{cases}$$

14. Para a afirmativa a seguir indique se é V (verdadeira) ou F (falsa), justificando sua resposta. Pelo caso 2 do **Teorema Mestre**, a solução da recorrência $T(n) = 3T(n/3) + O(\log n)$ é $T(n) = \Theta(n \log n)$.

15. Como uma função de n, quantas árvores binárias de pesquisa existem para n chaves distintas? Utilize **programação dinâmica.**

16. Sejam n objetos a serem ordenados de acordo com as seguintes relações: "$<$" e "$=$". Por exemplo, com 3 objetos existem 13 ordenações possíveis:

$$\begin{array}{lllll} a=b=c & a=b<c & a<b=c & a<b<c & a<c<b \\ a=c<b & b<a=c & b<a<c & b<c<a & b=c<a \\ c<a=b & c<a<b & c<b<a & & \end{array}$$

Apresente um algoritmo baseado em **programação dinâmica** que possa calcular, como função de n, o número de diferentes ordenações possíveis. Seu algoritmo deve ter desempenho em relação ao tempo de execução equivalente a $O(n^2)$ e $O(n)$ em relação à complexidade de espaço.

17. Programação dinâmica (Meira Jr., 2008).

Um **palíndromo** é uma sequência de caracteres que pode ser lida tanto da direita para a esquerda como da esquerda para a direita. Por exemplo, a sequência

$$A, C, G, C, A, T, G, T, C, A, A, A, A, T, C, G$$

tem várias subsequências palíndromas, incluindo A, C, G, C, A e A, A, A, A. Projete um algoritmo baseado em **programação dinâmica** que, a partir de uma sequência $A[1..n]$, retorne o tamanho da maior subsequência palíndroma. Mostre que a ordem de complexidade do seu algoritmo é $O(n^2)$.

18. Programação dinâmica (Meira Jr., 2008).

Construa um formatador de texto cuja entrada é uma sequência de n palavras de tamanhos $l_1, l_2, \ldots, l_n$ caracteres. Cada linha pode conter até P caracteres, o texto é alinhado à esquerda, e as palavras não podem ser quebradas entre linhas. Se uma linha contém as palavras de i a j inclusive, então o número de espaços ao fim da linha é $s = P - \sum_{k=i}^{j} l_k - (j - i)$. O objetivo é formatar o texto minimizando o número de espaços ao fim de cada linha. Formalmente, queremos minimizar a soma, para todas as linhas, do quadrado do número de espaços ao fim da linha.

a) Apresente um algoritmo eficiente, baseado em **programação dinâmica**, para determinar as palavras a serem colocadas em cada linha.

b) Qual é a ordem de complexidade do algoritmo?

19. O algoritmo de ordenação por seleção pode ser considerado um **algoritmo guloso**? Se sim, quais são as várias funções envolvidas (a função de viabilidade, a função de seleção etc.)?

20. Suponha que o custo de instalação de um cabo telefônico a partir de a para b seja proporcional à distância euclideana de a para b. Considere que certo número de prédios esteja conectado a um custo mínimo. Encontre um exemplo de **algoritmo guloso** em que seja mais vantajoso dispor os cabos usando ligações situadas entre os prédios do que usar somente ligações diretas.

21. Considere n programas P_1, P_2, ..., P_n a serem armazenados em disco. Cada programa P_i necessita de s_i kilobytes para ser completamente armazenado, e a capacidade do disco corresponde a D kilobytes, onde $D < \sum_{i=1}^{n} s_i$.

a) Procure maximizar o número de programas armazenados em disco. Prove ou apresente um contra-exemplo em que podemos utilizar um **algoritmo guloso** para selecionar os programas em ordem não decrescente de s_i.

b) Suponha que gostaríamos de usar a maior capacidade possível do disco. Prove ou apresente um contra-exemplo em que podemos utilizar um algoritmo guloso para selecionar os programas em ordem não crescente de s_i.

22. Apresente um **algoritmo aproximado** eficiente para determinar se um grafo pode ser colorido com somente duas cores. Se existir tal algoritmo, mostre como colorir o grafo.

23. Mostre que qualquer grafo planar[2] pode ser colorido usando no máximo quatro cores.

24. Algoritmos tentativa e erro e algoritmos gulosos (Meira Jr., 2008)

Seja $S = \{[a_1, b_1], [a_2, b_2], \ldots, [a_n, b_n]\}$ um conjunto de intervalos fechados no domínio dos números reais. Definimos que $C \subseteq S$ é um subconjunto de cobertura para S se, para qualquer intervalo $[a, b] \in S$, existe um intervalo $[a', b'] \in C$ tal que $[a, b] \subseteq [a', b']$ (ou seja, $a \geq a'$ e $b \leq b'$).

a) Escreva um algoritmo **tentativa e erro** para determinar o subconjunto de cobertura de tamanho mínimo C^*.

b) Qual a complexidade do algoritmo de tentativa e erro?

c) Apresente um **algoritmo guloso** de custo $O(n \log n)$ para determinar o subconjunto de cobertura C^* de tamanho mínimo.

d) O algoritmo guloso é ótimo? Prove.

---

[2]Um **grafo planar** pode ser desenhado em uma folha de papel sem que nenhuma de suas arestas se cruzem.

25. Algoritmos tentativa e erro e algoritmos gulosos (Meira Jr., 2008).

Um **polígono** é uma figura fechada desenhada em um plano que consiste de uma série de segmentos de linha, em que dois segmentos de linha consecutivos se juntam em um vértice. Um **polígono convexo** é um polígono em que nenhum segmento de linha unindo dois vértices não consecutivos corta o polígono.

Uma **triangulação de um polígono** é formada pela adição de segmentos de linha dentro do polígono convexo de tal forma que cada região resultante é um triângulo. Se o polígono tem n vértices, serão adicionados $n-3$ segmentos de linha e formados $n-2$ triângulos. A Figura 2.6 apresenta uma triangulação de um pentágono.

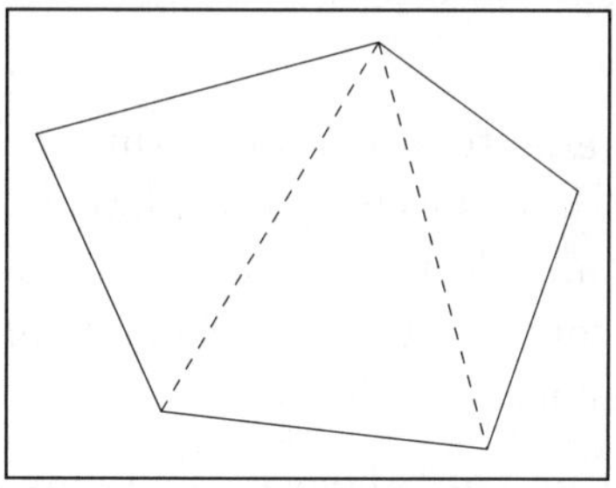

Figura 2.6 *Triangulação de um pentágono*

Suponha que um peso seja associado a cada triângulo possível. Por exemplo, esse peso pode ser uma função do perímetro do triângulo. O peso total da triangulação é a soma dos pesos dos triângulos. Uma triangulação ótima tem peso mínimo.

a) Apresente um algoritmo de **tentativa e erro** para encontrar uma triangulação ótima.

b) Qual é a complexidade do seu algoritmo?

c) Apresente um **algoritmo guloso** para o mesmo problema.

d) A estratégia gulosa é ótima? Por quê?

e) Apresente uma estratégia de **programação dinâmica** para o mesmo problema.

f) Ponto Extra: Prove que se o polígono tem n vértices, serão adicionados $n-3$ segmentos de linha e formados $n-2$ triângulos.

26. Algoritmos tentativa e erro e algoritmos gulosos (Meira Jr., 2008).

Considere o problema de expedição de uma fábrica para o armazém de distribuição. A fábrica produz diariamente n itens numerados de 1 a n, na ordem em que chegam à expedição para serem enviados. À medida que os itens chegam à expedição, eles devem ser embalados em caixas e despachados para o armazém. Itens são embalados em grupos contíguos, de acordo com a sua ordem de chegada. Por exemplo, itens $1 \ldots 6$ são colocados na primeira caixa; itens $7 \ldots 10$, na segunda caixa, e itens $11 \ldots 42$, na terceira caixa.

Os n itens têm atributos valor e peso, $v_1 \ldots v_n$ e $p_1 \ldots p_n$, respectivamente. O despacho deve ser realizado de acordo com duas regras:

- Caixas de valor limitado: algumas companhias de transporte exigem que qualquer caixa enviada não possa ter mais do que V unidades de valor, por questões de seguro. Assim, é possível embalar em uma mesma caixa quanto peso quiser desde que o somatório de valor dos itens considerados não exceda V.
- Caixas de peso limitado: outras companhias de transporte exigem que cada caixa tenha no máximo W unidades de peso. Assim, se você embalar, em uma mesma caixa, itens cujo somatório de peso não exceda W, não importa o valor total da caixa.

Podemos assumir que cada item tem no máximo valor V e peso W. Você pode escolher opções diferentes de despacho para diferentes caixas. O seu trabalho é determinar a estratégia ótima de particionar a sequência de itens, de tal forma que o custo de transporte seja minimizado. Assuma ainda que ambos os tipos de caixa custam R$10 para enviar.

a) Descreva um algoritmo **tentativa e erro** para resolver o problema.

b) Descreva um **algoritmo guloso** $O(n)$ que possa determinar o custo mínimo do conjunto de caixas para enviar os n itens.

c) Justifique porque o seu algoritmo produz uma solução ótima.

27. Utilize um algoritmo **tentativa e erro** para resolver o problema descrito a seguir. Um estudante de Ciência da Computação da Universidade Federal de Minas Gerais, Jorge Monte Carlo, resolveu comemorar o final do semestre escolar. Na sua cervejaria favorita do baixo Belô, a antiga Cervejaria Brasil (que hoje não existe mais), ele consumiu vasta quantidade de cerveja, e logo após estava bastante embriagado. No momento de sair, a polícia estava nas ruas, pronta para prender quem estivesse dirigindo sob influência de álcool. Apesar do estado inebriante de sua mente, ele percebeu que poderia evitar a polícia enquanto dirigia para casa.

Sua estratégia para tentar chegar em casa foi a seguinte: ao chegar em uma esquina, ele olharia em direção aos cruzamentos seguintes, um de cada vez, e prosseguiria em direção à primeira esquina onde não houvesse sinal de polícia. Com um pouco de esperteza, ele percebeu que poderia caminhar em ziguezague, mas de forma que não voltasse a um mesmo cruzamento que já tivesse visitado. Chegando a um cruzamento, se a única rua não bloqueada fosse exatamente aquela por onde havia vindo, ele retornaria por esta rua e continuaria o algoritmo a partir do cruzamento anterior.

Apesar de a polícia estar em massa pelas ruas na noite em questão, ela pode cobrir apenas 40% das esquinas, isto é, a probabilidade de que Jorge Monte Carlo possa prosseguir em direção a qualquer esquina deve ser $p = 0{,}6$ e a probabilidade de que a polícia esteja ocupando qualquer esquina é $p = 0{,}4$. Após sua saída, a polícia chegou à Cervejaria Brasil. Caso ele retornasse pelo caminho utilizado até a cervejaria, seria preso, autuado e levado para a prisão (tendo de pagar multa e sem direito à fiança).

A Figura 2.7 representa o mapa adaptado do baixo Belô, mostrando a localização da Cervejaria Brasil (Aimorés com Maranhão), a casa de Jorge Monte Carlo (Rua Rio Grande do Norte com Tomé de Souza), e a casa da sua namorada (Pernambuco com Gonçalves Dias), lugar igualmente aceitável como refúgio para "curtir o pileque". O problema proposto é o seguinte: encontre a probabilidade de que Jorge Monte Carlo seja capaz de chegar em sua casa ou na casa da namorada partindo da Cervejaria Brasil.

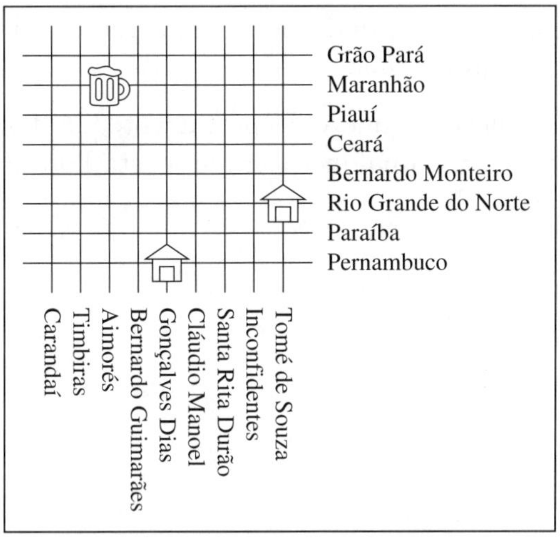

Figura 2.7 *Malha da cidade.*

A versão final do programa deve gerar uma única tentativa de chegar em casa ou na casa da namorada a partir da Cervejaria Brasil. Imprima o resultado dessa tentativa ("Sucesso" ou "Insucesso"), bem como a situação de cada esquina ("S" tem policial e "N" não tem policial) linha a linha, sendo a esquina de número 1 *Grão Pará X Carandaí*, a de número 2, na mesma linha, *Grão Pará X Timbiras*, a de número 10, na linha abaixo, *Maranhão X Carandaí*, e assim sucessivamente, até a de número 72, na linha 8, *Pernambuco X Tomé de Souza*.

Observações:

a) Um dos usos mais importantes de computadores é na simulação de sistemas físicos para os quais o uso da matemática é difícil ou impossível. Ao estimar a probabilidade de ocorrência de um evento complexo, pode-se simular um número independente de amostras da situação e computar a proporção de vezes em que o evento ocorre. Esse método é conhecido como **Método de Monte Carlo**. Utilize o esquema geral para algoritmos **tentativa e erro** do Programa 2.5.

b) Sugerimos que você simule mil tentativas de chegar em casa ou na casa da namorada a partir da Cervejaria Brasil, e conte o número de vezes em que Jorge Monte Carlo foi bem-sucedido.

c) *Sugestão opcional*: para cada vez que ele for bem-sucedido, compute os seguintes dados:

i) o número de quarteirões que ele percorreu (se ele for e voltar no mesmo quarteirão, conte duas vezes);

ii) o número médio de quarteirões que ele percorreu nas tentativas bem-sucedidas;

iii) a quantidade de vezes que cada esquina é visitada e o número médio de visitas por esquina;

iv) varie a porcentagem de esquinas ocupadas por policiais, de forma a determinar a correlação entre esses valores e os dados computados no item anterior.

d) Para sua simulação, você pode utilizar um gerador de números aleatórios existentes na biblioteca do sistema.

e) Ignorar as modificações que o Departamento de Trânsito introduziu na malha de tráfego (isto é, vale qualquer sentido a esta hora da madrugada, desde que a rua esteja transitável).

Capítulo 3

Estruturas de Dados Básicas

3.1 Listas Lineares

Uma das formas mais simples de interligar os elementos de um conjunto é por meio de uma lista. Lista é uma estrutura em que as operações inserir, retirar e localizar são definidas. Listas são estruturas muito flexíveis, porque podem crescer ou diminuir de tamanho durante a execução de um programa, de acordo com a demanda. Itens podem ser acessados, inseridos ou retirados de uma lista. Duas listas podem ser concatenadas para formar uma lista única, assim como uma lista pode ser partida em duas ou mais listas.

Listas são adequadas para aplicações nas quais não é possível prever a demanda por memória, permitindo a manipulação de quantidades imprevisíveis de dados, de formato também imprevisível. Listas são úteis em aplicações tais como manipulação simbólica, gerência de memória, simulação e compiladores. Na manipulação simbólica, os termos de uma fórmula podem crescer sem limites. Em uma simulação dirigida por relógio, pode ser criado um número imprevisível de processos, que têm de ser escalonados para execução de acordo com alguma ordem predefinida.

Uma **lista linear** é uma sequência de zero ou mais itens $x_1, x_2, \cdots, x_n$, na qual x_i é de determinado tipo e n representa o tamanho da lista linear. Sua principal propriedade estrutural envolve as posições relativas dos itens em uma dimensão. Assumindo que $n \geq 1$, x_1 é o primeiro item da lista e x_n é o último item da lista. Em geral, x_i precede x_{i+1} para $i = 1, 2, \cdots, n-1$, e x_i sucede x_{i-1} para $i = 2, 3, \cdots, n$, e o elemento x_i é dito estar na i-ésima posição da lista.

Para criar um **tipo abstrato de dados** Lista, é necessário definir um conjunto de operações sobre os objetos do tipo Lista. O conjunto de operações a ser definido depende de cada aplicação, não existindo um conjunto de operações adequado a todas as aplicações. Um conjunto de operações necessário à maior parte das aplicações é apresentado a seguir:

1. Criar uma lista linear vazia.
2. Inserir um novo item imediatamente após o i-ésimo item.
3. Retirar o i-ésimo item.
4. Localizar o i-ésimo item para examinar e/ou alterar o conteúdo de seus componentes.
5. Combinar duas ou mais listas lineares em uma lista única.
6. Partir uma lista linear em duas ou mais listas.
7. Fazer uma cópia da lista linear.
8. Ordenar os itens da lista em ordem ascendente ou descendente, de acordo com alguns de seus componentes.
9. Pesquisar a ocorrência de um item com um valor particular em algum componente.

O item 8 é objeto de um estudo cuidadoso no Capítulo 4, e o item 9 será tratado com mais detalhes nos Capítulos 5 e 6.

Um conjunto de operações necessário para as diversas aplicações a serem apresentadas neste e em outros capítulos é apresentado a seguir.

1. FLVazia(Lista). Faz a lista ficar vazia.
2. Insere(x, Lista). Insere x após o último item da lista.
3. Retira(p, Lista, x). Retorna o item x que está na posição p da lista, retirando-o da lista e deslocando os itens a partir da posição p+1 para as posições anteriores.
4. Vazia(Lista). Esta função retorna *true* se lista vazia; senão retorna *false*.
5. Imprime(Lista). Imprime os itens da lista na ordem de ocorrência.

Outras sugestões para o conjunto de operações podem ser encontradas em Knuth (1968, p. 235) e Aho, Hopcroft e Ullman (1983, p. 38-39). Existem várias estruturas de dados que podem ser usadas para representar listas lineares, cada uma com vantagens e desvantagens particulares. As duas representações mais utilizadas são as implementações por meio de arranjos e de apontadores. A implementação mediante cursores (Aho, Hopcroft e Ullman, 1983, p. 48) pode ser útil em algumas aplicações. Os **cursores** são variáveis inteiras que indicam a posição de um item em um vetor.

3.1.1 Implementação de Listas por meio de Arranjos

Em um tipo estruturado arranjo, os itens da lista são armazenados em posições contíguas de memória, conforme ilustra a Figura 3.1. Nesse caso, a lista pode ser percorrida em qualquer direção. A inserção de um novo item pode ser realizada após o último item com custo constante. A inserção de um novo item no meio da lista requer um deslocamento de todos os itens localizados após o ponto de inserção. Da mesma forma, retirar um item do início da lista requer um deslocamento de itens para preencher o espaço deixado vazio.

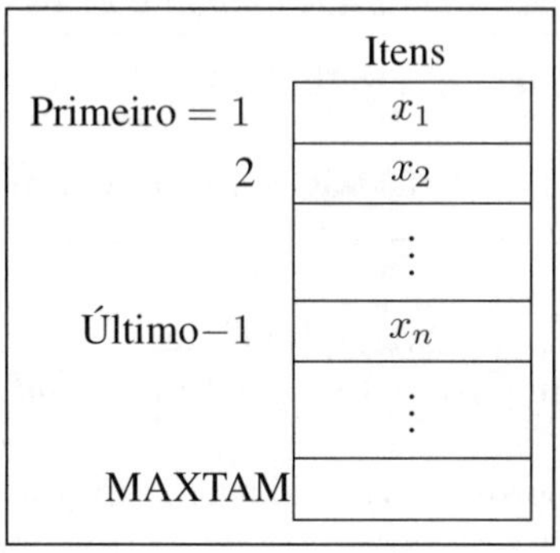

Figura 3.1 *Implementação de uma lista mediante arranjo.*

O campo Item é o principal componente do registro TipoLista mostrado no Programa 3.1. Os itens são armazenados em um **array** de tamanho suficiente para armazenar a lista. O campo Ultimo do registro TipoLista contém um apontador para a posição seguinte a do último elemento da lista. O i-ésimo item da lista está armazenado na i-ésima posição do **array**, $1 \leq i <$Ultimo. A constante MAXTAM define o tamanho máximo permitido para a lista.

Programa 3.1 *Estrutura da lista usando arranjo*

```
const
  INICIOARRANJO = 1;
  MAXTAM        = 1000;
type
  TipoChave      = integer;
  TipoApontador  = integer;
  TipoItem       = record
                     Chave : TipoChave;
                     { outros componentes }
                   end;
  TipoLista      = record
                     Item     : array [1..MAXTAM] of TipoItem;
                     Primeiro : TipoApontador;
                     Ultimo   : TipoApontador
                   end;
```

Uma possível implementação para as cinco operações definidas anteriormente é mostrada no Programa 3.2. Observe que Lista é passada como **var** (por referência), mesmo nos procedimentos em que Lista não é modificada (como, por exemplo, a função Vazia) por razões de eficiência, porque desta forma a estrutura Lista não é copiada a cada chamada do procedimento.

Programa 3.2 *Operações sobre listas usando posições contíguas de memória*

```
procedure FLVazia (var Lista: TipoLista);
begin
  Lista.Primeiro := INICIOARRANJO; Lista.Ultimo := Lista.Primeiro;
end; { FLVazia}

function Vazia (Lista: TipoLista): boolean;
begin Vazia := Lista.Primeiro = Lista.Ultimo; end; { Vazia }

procedure Insere (x: TipoItem; var Lista: TipoLista);
begin
  if Lista.Ultimo > MAXTAM
  then writeln ('Lista esta cheia')
  else begin
       Lista.Item[Lista.Ultimo] := x;
       Lista.Ultimo := Lista.Ultimo + 1;
       end;
end; { Insere }

procedure Retira(p:TipoApontador;var Lista:TipoLista;var Item:TipoItem);
var Aux: integer;
begin
  if Vazia (Lista) or (p >= Lista.Ultimo)
  then writeln ('Erro: Posicao nao existe')
  else begin
       Item := Lista.Item[p]; Lista.Ultimo := Lista.Ultimo - 1;
       for Aux := p to Lista.Ultimo - 1 do
         Lista.Item[Aux] := Lista.Item[Aux + 1];
       end;
end; { Retira }

procedure Imprime (var Lista: TipoLista);
var Aux: integer;
begin
  for Aux := Lista.Primeiro to Lista.Ultimo - 1 do
    writeln (Lista.Item[Aux].Chave);
end; { Imprime }
```

A implementação de listas por meio de arranjos tem como vantagem a economia de memória, pois os apontadores são implícitos nessa estrutura. Como desvantagens citamos: (i) o custo para inserir ou retirar itens da lista, que pode causar um deslocamento de todos os itens, no pior caso; (ii) em aplicações em que não existe previsão sobre o crescimento da lista, a utilização de arranjos em linguagens como o Pascal pode ser problemática porque neste caso o tamanho máximo da lista tem de ser definido em tempo de compilação.

3.1.2 Implementação de Listas por meio de Apontadores

Em uma implementação de listas por meio de apontadores, cada item da lista é encadeado com o seguinte mediante uma variável TipoApontador. Este tipo de implementação permite utilizar posições não contíguas de memória, sendo possível inserir e retirar elementos sem haver necessidade de deslocar os itens seguintes da lista.

A Figura 3.2 ilustra uma lista representada dessa forma. Observe que existe uma **célula cabeça** que aponta para a célula que contém x_1. Apesar de a célula cabeça não conter informação, é conveniente fazê-la com a mesma estrutura que outra célula qualquer para simplificar as operações sobre a lista.

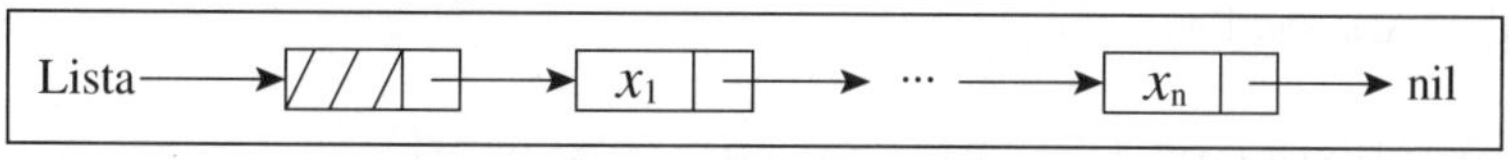

Figura 3.2 *Implementação de uma lista por meio de apontadores.*

A lista é constituída de células; cada célula contém um item da lista e um apontador para a célula seguinte, de acordo com o registro TipoCelula mostrado no Programa 3.3. O registro TipoLista contém um apontador para a célula cabeça e um apontador para a última célula da lista. Uma possível implementação para as cinco operações definidas anteriormente é mostrada no Programa 3.4.

Programa 3.3 *Estrutura da lista usando apontadores*

```
type
  TipoApontador = ^TipoCelula;
  TipoItem      = record
                    Chave: TipoChave;
                    { outros componentes }
                  end;
  TipoCelula    = record
                    Item: TipoItem;
                    Prox: TipoApontador;
                  end;
  TipoLista     = record
                    Primeiro: TipoApontador;
                    Ultimo  : TipoApontador;
                  end;
```

***Programa 3.4** Operações sobre listas usando apontadores*

```
procedure FLVazia (var Lista: TipoLista);
begin
  new (Lista.Primeiro);
  Lista.Ultimo := Lista.Primeiro; Lista.Primeiro^.Prox := nil;
end; { FLVazia }

function Vazia (Lista: TipoLista): boolean;
begin Vazia := Lista.Primeiro = Lista.Ultimo; end; { Vazia }

procedure Insere (x: TipoItem; var Lista: TipoLista);
begin
  new (Lista.Ultimo^.Prox); Lista.Ultimo := Lista.Ultimo^.Prox;
  Lista.Ultimo^.Item := x;  Lista.Ultimo^.Prox := nil
end; { Insere }

procedure Retira(p:TipoApontador;var Lista:TipoLista;var Item: TipoItem);
{——Obs.: o item a ser retirado e o seguinte ao apontado por p——— }
var q: TipoApontador;
begin
  if Vazia (Lista) or (p = nil) or (p^.Prox = nil)
  then writeln ('Erro: Lista vazia ou posicao nao existe')
  else begin
         q := p^.Prox; Item := q^.Item; p^.Prox := q^.Prox;
         if p^.Prox = nil then Lista.Ultimo := p;
         dispose (q);
         end;
end; { Retira }

procedure Imprime (Lista: TipoLista);
var Aux: TipoApontador;
begin
  Aux := Lista.Primeiro^.Prox;
  while Aux <> nil do
    begin writeln (Aux^.Item.Chave); Aux := Aux^.Prox; end;
end; { Imprime }
```

A implementação por meio de apontadores permite inserir ou retirar itens do meio da lista a um custo constante, aspecto importante quando a lista tem de ser mantida em ordem. Em aplicações em que não existe previsão sobre o crescimento da lista, é conveniente usar **listas encadeadas** por apontadores, porque nesse caso o tamanho máximo da lista não precisa ser definido *a priori*. A maior desvantagem deste tipo de implementação é a utilização de memória extra para armazenar os apontadores.

Exemplo: Considere o exemplo proposto por Furtado (1984). Durante o exame vestibular de uma universidade, cada candidato tem direito a três opções para tentar uma vaga em um dos sete cursos oferecidos. Para cada candidato é lido um registro contendo os campos mostrados no Programa 3.5.

Programa 3.5 *Campos do registro de um candidato*

```
Chave     : 0..999;
NotaFinal : 0..10;
Opcao     : array[1..3] of 1..7;
```

O campo Chave contém o número de inscrição do candidato (o que identifica de forma única cada registro de entrada). O campo NotaFinal contém a média das notas do candidato. O campo Opcao é um vetor contendo a primeira, a segunda e a terceira opções de curso do candidato (os cursos são numerados de 1 a 7).

O problema consiste em distribuir os candidatos entre os cursos, segundo a nota final e as opções apresentadas por candidato. No caso de empate, serão atendidos primeiro os candidatos que se inscreveram mais cedo, isto é, os candidatos com mesma nota final serão atendidos na ordem de inscrição para os exames.

Um possível caminho para resolver o problema de distribuir os alunos entre os cursos contém duas etapas, a saber:

1. ordenar os registros pelo campo NotaFinal, respeitando-se a ordem de inscrição dos candidatos;
2. percorrer cada conjunto de registros com mesma NotaFinal, iniciando-se pelo conjunto de NotaFinal 10, seguido do conjunto da NotaFinal 9, e assim por diante. Para um conjunto de mesma NotaFinal tenta-se encaixar cada registro desse conjunto em um dos cursos, na primeira das três opções em que houver vaga (se houver).

Um primeiro refinamento do algoritmo pode ser visto no Programa 3.6.

Programa 3.6 *Primeiro refinamento do programa Vestibular*

```
program Vestibular;
begin
  ordena os registros pelo campo NotaFinal;
  for Nota := 10 downto 0 do
    while houver registro com mesma nota do
      if existe vaga em um dos cursos de opcao do candidato
      then insere registro no conjunto de aprovados
      else insere registro no conjunto de reprovados;
  imprime aprovados por curso;
  imprime reprovados;
end.
```

Para prosseguirmos na descrição do algoritmo, somos forçados a tomar algumas decisões sobre representação de dados. Uma boa maneira de representar um conjunto de registros é usar listas. O **tipo abstrato de dados** Lista definido anteriormente, acompanhado do conjunto de operações definido sobre os objetos do tipo lista, mostra-se bastante adequado ao nosso problema.

O refinamento do comando "ordena os registros pelo campo NotaFinal" do Programa 3.6 pode ser realizado da seguinte forma: ao serem lidos, os registros são armazenados em listas para cada nota, conforme ilustra a Figura 3.3. Após a leitura do último registro, os candidatos estão automaticamente ordenados por NotaFinal. Dentro de cada lista, os registros estão ordenados por ordem de inscrição, desde que os registros sejam lidos na ordem de inscrição de cada candidato e inseridos nessa ordem.

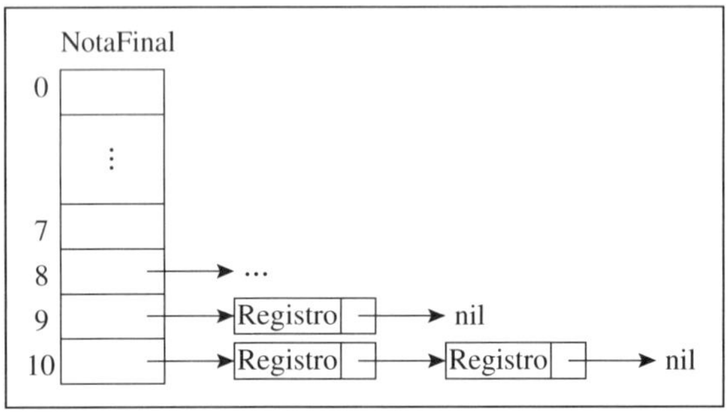

Figura 3.3 *Classificação dos alunos por NotaFinal.*

Dessa estrutura passa-se para a estrutura apresentada na Figura 3.4. As listas de registros da Figura 3.3 são percorridas, inicialmente com a lista de NotaFinal 10, seguida da lista de NotaFinal 9, e assim sucessivamente. Ao percorrer uma lista, cada registro é retirado e colocado em uma das listas da Figura 3.4, na primeira das três opções em que houver vaga. Se não houver vaga, o registro é colocado em uma lista de reprovados. Ao final, a estrutura da Figura 3.4 conterá uma relação de candidatos aprovados em cada curso.

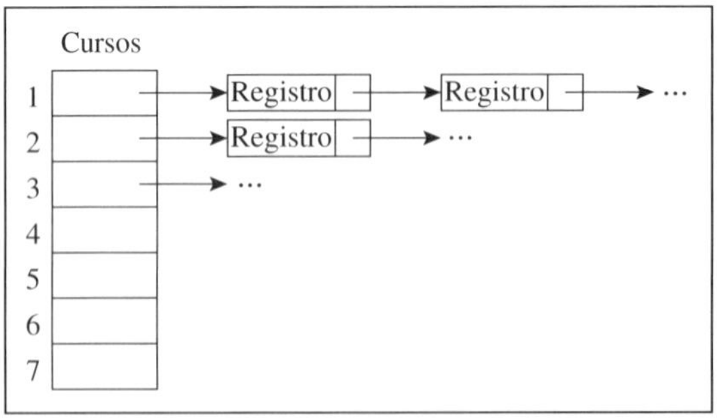

Figura 3.4 *Lista de aprovados por Curso.*

Após as decisões mais importantes sobre a representação dos dados, é possível obter-se mais um refinamento, conforme mostra o Programa 3.7.

***Programa 3.7** Segundo refinamento do programa Vestibular*

```
program Vestibular;
begin
  lê número de vagas para cada curso;
  inicializa listas de classificação, de aprovados e de reprovados;
  lê registro;  {-- vide formato no Programa 3.5 --}
  while Chave <> 0 do
    begin
    insere registro nas listas de classificação, conforme nota final;
    lê registro;
    end;
  for Nota := 10 downto 0 do
    while houver próximo registro com mesma NotaFinal do
      begin
      retira registro da lista;
      if existe vaga em um dos cursos de opção do candidato
      then begin
           insere registro na lista de aprovados;
           decrementa o número de vagas para aquele curso;
           end
      else insere registro na lista de reprovados;
      obtém próximo registro;
      end;
  imprime aprovados por curso;
  imprime reprovados;
end.
```

Nesse momento, somos forçados a tomar decisões sobre a implementação do **tipo abstrato de dados** Lista. Considerando que o tamanho das listas varia de modo totalmente imprevisível, a escolha deve cair sobre a implementação com o uso de apontadores. O Programa 3.8 apresenta a definição dos tipos de dados a utilizar no último refinamento do algoritmo. O Programa 3.9 lê o registro de cada candidato.

O refinamento final de algoritmo, descrito em Pascal, pode ser visto no Programa 3.10. Observe que o programa é completamente independente da implementação do tipo abstrato de dados Lista. Isso significa que podemos trocar a implementação do tipo abstrato de dados Lista de apontador para arranjo, bastando trocar a definição dos tipos apresentada no Programa 3.8 para uma definição similar à definição mostrada no Programa 3.1, acompanhada da troca dos operadores utilizados no Programa 3.4 pelos operadores apresentados no Programa 3.2. Esta substituição pode ser realizada sem causar impacto em nenhuma outra parte do código.

Programa 3.8 *Estrutura da lista*

```
const NOPCOES = 3; NCURSOS = 7;
type
  TipoChave = 0..999;
  TipoItem  = record
                Chave    : TipoChave;
                NotaFinal: 0..10;
                Opcao    : array [1..NOPCOES] of 1..NCURSOS;
              end;
  TipoApontador = ^TipoCelula;
  TipoCelula    = record
                    Item: TipoItem;
                    Prox: TipoApontador;
                  end;
  TipoLista     = record
                    Primeiro: TipoApontador;
                    Ultimo  : TipoApontador;
                  end;
```

Programa 3.9 *Lê o registro de cada candidato*

```
procedure LeRegistro (var Registro: TipoItem);
{——os valores lidos devem estar separados por brancos——}
var i: integer;
begin
  read (Registro.Chave, Registro.NotaFinal);
  if Registro.Chave <> 0
  then for i := 1 to NOPCOES do read (Registro.Opcao[i]);
  readln;
end; { LeRegistro }
```

Este exemplo mostra a importância de escrever programas de acordo com as operações para manipular **tipos abstratos de dados**, em vez de utilizar detalhes particulares de implementação. Desta forma, é possível alterar a implementação das operações rapidamente, sem haver necessidade de procurar as referências diretas às estruturas de dados por todo o código. Este aspecto é particularmente importante em programas de grande porte.

3.2 Pilhas

Existem aplicações para listas lineares nas quais inserções, retiradas e acessos a itens ocorrem sempre em um dos extremos da lista. Uma *pilha* é uma lista linear em que todas as inserções, retiradas e, geralmente, todos os acessos são feitos em apenas um extremo da lista.

Programa 3.10 *Refinamento final do programa Vestibular*

```
program Vestibular;
{-- Entram aqui os tipos do Programa 3.8--}
var Registro      : TipoItem;
    Classificacao: array [0..10] of TipoLista;
    Aprovados     : array [1..NCURSOS] of TipoLista;
    Reprovados    : TipoLista;
    Vagas         : array [1..NCURSOS] of integer;
    Passou        : boolean;
    i, Nota       : integer;
{-- Entram aqui os operadores apresentados no Programa 3.4 --}
{-- Entra aqui o procedimento LeRegistro do Programa 3.9    --}
begin {---Programa principal---}
  for i := 1 to NCURSOS do read (Vagas[i]); readln;
  for i := 0 to 10 do FLVazia (Classificacao[i]);
  for i := 1 to NCURSOS do FLVazia (Aprovados[i]);
  FLVazia (Reprovados); LeRegistro (Registro);
  while Registro.Chave <> 0 do
    begin
    Insere (Registro, Classificacao[Registro.NotaFinal]);
    LeRegistro (Registro);
    end;
  for Nota := 10 downto 0 do
    while not Vazia (Classificacao[Nota]) do
      begin
      Retira(Classificacao[Nota].Primeiro,Classificacao[Nota],Registro);
      i := 1; Passou := false;
      while (i <= NOPCOES) and not Passou do
        begin
        if Vagas[Registro.Opcao[i]] > 0
        then begin
             Insere (Registro, Aprovados[Registro.Opcao[i]]);
             Vagas[Registro.Opcao[i]] := Vagas[Registro.Opcao[i]] - 1;
             Passou := true;
             end;
        i := i + 1;
        end;
      if not Passou then Insere (Registro, Reprovados);
      end;
  for i := 1 to NCURSOS do
    begin
    writeln ('Relacao dos aprovados no Curso', i:2);
    Imprime (Aprovados[i]);
    end;
  writeln ('Relacao dos reprovados');
  Imprime (Reprovados);
end.
```

Os itens em uma pilha são colocados um sobre o outro, com o item inserido mais recentemente no topo e o item inserido menos recentemente no fundo. O modelo intuitivo de uma pilha é o de um monte de pratos em uma prateleira, sendo conveniente retirar pratos ou adicionar novos pratos na parte superior. Essa imagem é frequentemente associada à teoria de autômato, na qual o topo de uma pilha é considerado como o receptáculo de uma cabeça de leitura/gravação que pode empilhar e desempilhar itens da pilha (Hopcroft e Ullman, 1969).

As pilhas possuem a seguinte propriedade: o último item inserido é o primeiro item que pode ser retirado da lista. Por essa razão, as pilhas são chamadas de listas **lifo**, termo formado a partir de "last-in, first-out". Existe uma ordem linear para pilhas: do "mais recente para o menos recente". Essa propriedade torna a pilha uma ferramenta ideal para processamento de estruturas aninhadas de profundidade imprevisível, situação em que é necessário garantir que subestruturas mais internas sejam processadas antes da estrutura que as contenham. A qualquer instante, uma pilha contém uma sequência de obrigações adiadas, cuja ordem de remoção da pilha garante que as estruturas mais internas serão processadas antes das estruturas mais externas.

Estruturas aninhadas ocorrem frequentemente na prática. Um exemplo simples é a situação em que é necessário caminhar em um conjunto de dados e guardar uma lista de coisas a fazer posteriormente. O controle de sequências de chamadas de subprogramas e a sintaxe de expressões aritméticas são exemplos de estruturas aninhadas. As pilhas ocorrem também em estruturas de natureza recursiva, tais como as árvores. As pilhas são utilizadas para implementar a **recursividade**, como visto na Seção 2.2.1.

Um **tipo abstrato de dados** Pilha, acompanhado de um conjunto de operações, é apresentado a seguir.

1. FPVazia(Pilha). Faz a pilha ficar vazia.
2. Vazia(Pilha). Retorna *true* se a pilha está vazia; caso contrário, retorna *false*.
3. Empilha(x, Pilha). Insere o item x no topo da pilha.
4. Desempilha(Pilha, x). Retorna o item x no topo da pilha, retirando-o da pilha.
5. Tamanho(Pilha). Esta função retorna o número de itens da pilha.

Como no caso do tipo abstrato de dados Lista apresentado na Seção 3.1, existem várias opções de estruturas de dados que podem ser usadas para representar pilhas. As duas representações mais utilizadas são as implementações por meio de *arranjos* e de *apontadores*.

3.2.1 Implementação de Pilhas por meio de Arranjos

Em uma implementação por meio de arranjos, os itens da pilha são armazenados em posições contíguas de memória, conforme ilustra a Figura 3.5. Por causa das características da pilha, as operações de inserção e de retirada de itens devem ser implementadas de forma diferente das implementações usadas anteriormente para listas. Como as inserções e as retiradas ocorrem no topo da pilha, um cursor chamado Topo é utilizado para controlar a posição do item no topo da pilha.

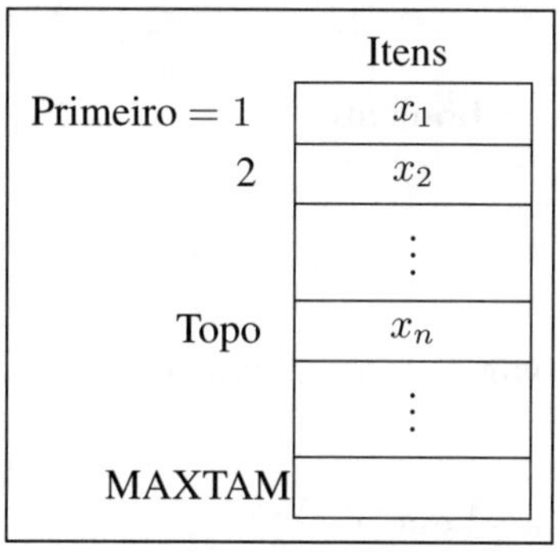

Figura 3.5 *Implementação de uma pilha por meio de arranjo.*

O campo Item é o principal componente do registro TipoPilha mostrado no Programa 3.11. Os itens são armazenados em um **array** de tamanho suficiente para conter a pilha. O outro campo do mesmo registro contém um apontador para o item no topo da pilha. A constante MAXTAM define o tamanho máximo permitido para a pilha.

Programa 3.11 *Estrutura da pilha usando arranjo*

```
const MAXTAM = 1000;
type
  TipoChave     = integer;
  TipoApontador = integer;
  TipoItem      = record
                    Chave: TipoChave;
                    { outros componentes }
                  end;
  TipoPilha     = record
                    Item: array [1..MAXTAM] of TipoItem;
                    Topo: TipoApontador;
                  end;
```

As cinco operações definidas sobre o TipoPilha podem ser implementadas conforme ilustra o Programa 3.12. Observe que Pilha é passada como **var** (por referência), mesmo nos procedimentos em que Pilha não é modificada (como, por exemplo, a função Vazia) por razões de eficiência, pois desta forma a estrutura Pilha não é copiada a cada chamada do procedimento ou função.

***Programa 3.12** Operações sobre pilhas usando arranjos*

```
procedure FPVazia(var Pilha: TipoPilha);
begin
  Pilha.Topo := 0;
end; { FPVazia }

function Vazia(Pilha: TipoPilha): boolean;
begin
  Vazia := Pilha.Topo = 0;
end; { Vazia }

procedure Empilha(x: TipoItem; var Pilha: TipoPilha);
begin
  if Pilha.Topo = MAXTAM
  then writeln('Erro: pilha esta cheia')
  else begin
       Pilha.Topo := Pilha.Topo + 1;
       Pilha.Item[Pilha.Topo] := x;
       end;
end; { Empilha }

procedure Desempilha(var Pilha: TipoPilha; var Item: TipoItem);
begin
  if Vazia(Pilha)
  then writeln('Erro: pilha esta vazia')
  else begin
       Item := Pilha.Item[Pilha.Topo];
       Pilha.Topo := Pilha.Topo - 1;
       end;
end; { Desempilha }
function Tamanho(Pilha: TipoPilha): integer;
begin
  Tamanho := Pilha.Topo;
end; { Tamanho }
```

3.2.2 Implementação de Pilhas por meio de Apontadores

Assim como na implementação de listas lineares por meio de apontadores, uma célula cabeça é mantida no topo da pilha para facilitar a implementação das operações empilha e desempilha quando a pilha está vazia, conforme ilustra a

Figura 3.6. Para desempilhar o item x_n basta desligar a célula cabeça da lista e a célula que contém x_n passa a ser a célula cabeça. Para empilhar um novo item, basta fazer a operação contrária, criando uma nova célula cabeça e colocando o novo item na antiga célula cabeça. O campo Tamanho existe no registro TipoPilha por questão de eficiência, para evitar a contagem do número de itens da pilha na função Tamanho. Cada célula de uma pilha contém um item da pilha e um apontador para outra célula, conforme ilustra o Programa 3.13. O registro TipoPilha contém um apontador para o topo da pilha (célula cabeça) e um apontador para o fundo da pilha.

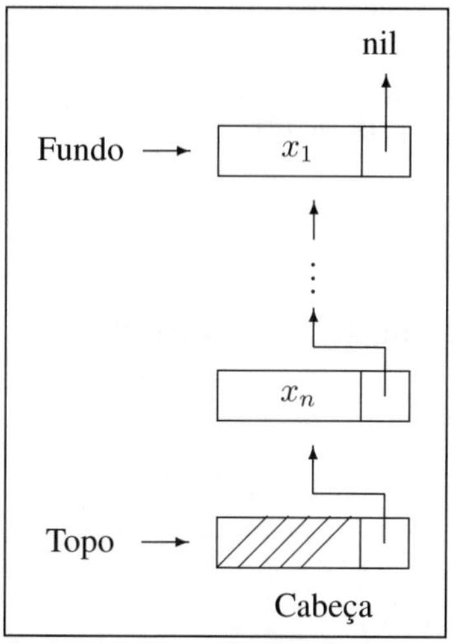

Figura 3.6 *Implementação de uma pilha por meio de apontadores.*

Programa 3.13 *Estrutura da pilha usando apontadores*

```
type TipoApontador = ^TipoCelula;
     TipoItem      = record
                       Chave: TipoChave;
                       { outros componentes }
                     end;
     TipoCelula    = record
                       Item: TipoItem;
                       Prox: TipoApontador;
                     end;
     TipoPilha     = record
                       Fundo  : TipoApontador;
                       Topo   : TipoApontador;
                       Tamanho: integer;
                     end;
```

As cinco operações definidas anteriormente podem ser implementadas por meio de apontadores, conforme ilustra o Programa 3.14.

Programa 3.14 *Operações sobre pilhas usando apontadores*

```
procedure FPVazia (var Pilha: TipoPilha);
begin
  new (Pilha.Topo);
  Pilha.Fundo := Pilha.Topo;
  Pilha.Topo^.Prox := nil;
  Pilha.Tamanho := 0;
end; { FPVazia }

function Vazia (Pilha: TipoPilha): boolean;
begin
  Vazia := Pilha.Topo = Pilha.Fundo;
end; { Vazia }

procedure Empilha (x: TipoItem; var Pilha: TipoPilha);
var Aux: TipoApontador;
begin
  new (Aux);
  Pilha.Topo^.Item := x;
  Aux^.Prox := Pilha.Topo;
  Pilha.Topo := Aux;
  Pilha.Tamanho := Pilha.Tamanho + 1;
end; { Empilha }

procedure Desempilha (var Pilha: TipoPilha; var Item: TipoItem);
var q: TipoApontador;
begin
  if Vazia (Pilha)
  then writeln ('Erro: lista vazia')
  else begin
       q := Pilha.Topo;
       Pilha.Topo := q^.Prox;
       Item := q^.Prox^.Item;
       dispose (q);
       Pilha.Tamanho := Pilha.Tamanho - 1;
       end;
end; { Desempilha }

function Tamanho (Pilha: TipoPilha): integer;
begin
  Tamanho := Pilha.Tamanho;
end; { Tamanho }
```

Exemplo: *Editor de Textos.* Certos editores de texto permitem que algum caractere funcione como um "cancela-caractere", cujo efeito é o de cancelar o caractere anterior na linha editada. Por exemplo, se "#" é o cancela-caractere, então a sequência de caracteres UEM##FMB#G corresponde à sequência UFMG. Outro comando encontrado em editores de texto é o "cancela-linha", cujo efeito é o de cancelar todos os caracteres anteriores na linha editada. Neste exemplo, vamos considerar "\" como o caractere cancela-linha. Finalmente, outro comando encontrado em editores de texto é o "salta-linha", cujo efeito é o de causar a impressão dos caracteres que pertencem à linha editada, iniciando uma nova linha de impressão a partir do caractere imediatamente seguinte ao caractere salta-linha. Por exemplo, se "*" é o salta-linha, então a sequência de caracteres DCC*UFMG.* corresponde às duas linhas abaixo:

DCC

UFMG.

Vamos escrever um Editor de Texto (ET) que aceite os três comandos descritos acima. O ET deverá ler um caractere de cada vez do texto de entrada e produzir a impressão linha a linha, cada linha contendo no máximo 70 caracteres de impressão. O ET deverá utilizar o **tipo abstrato de dados** Pilha definido anteriormente, implementado por meio de arranjo.

A implementação do programa ET é apresentada no Programa 3.15. Da mesma forma que o programa Vestibular, apresentado na Seção 3.1, este programa utiliza um tipo abstrato de dados sem conhecer detalhes de sua implementação. Isso significa que a implementação do tipo abstrato de dados Pilha que utiliza arranjo pode ser substituída pela implementação que utiliza apontadores mostrada no Programa 3.14, sem causar impacto no programa. O procedimento Imprime, mostrado no Programa 3.16, é utilizado pelo programa ET.

A seguir, é sugerido um texto para testar o programa ET, cujas características permitem exercitar todas as partes importantes do programa.

Este et# um teste para o ET, o extraterrestre em

PASCAL.*Acabamos de testar a capacidade de o ET saltar de linha,

utilizando seus poderes extras (cuidado, pois agora vamos estourar

a capacidade máxima da linha de impressão, que é de 70

caracteres.)*O k#cut#rso dh#e Estruturas de Dados et# h#um

cuu#rsh#o #x# x?*!#?!#+.* Como et# bom

n#nt#ao### r#ess#tt#ar mb#aa#triz#cull#ado nn#x#ele!\ Sera

que este funciona\\\? O sinal? não### deve ficar! ~

Programa 3.15 *Implementação do ET*

```
program ET;
const MAXTAM = 70;
      CANCELACARATER = '#';
      CANCELALINHA = '\';
      SALTALINHA = '*';
      MARCAEOF = '~';
type TipoChave = char;
{-- Entram aqui os tipos do Programa 3.11 --}
var
  Pilha: TipoPilha;
  x    : TipoItem;
{-- Entram aqui os operadores do Programa 3.12          --}
{-- Entra aqui o procedimento Imprime do Programa 3.16 --}
begin {---Programa principal---}
  FPVazia (Pilha); read (x.Chave);
  while x.Chave <> MARCAEOF do
    begin
    if x.Chave = CANCELACARATER
    then begin
         if not Vazia (Pilha)
         then Desempilha (Pilha, x);
         end
    else if x.Chave = CANCELALINHA
         then FPVazia (Pilha)
         else if x.Chave = SALTALINHA
              then Imprime (Pilha)
              else begin
                   if Tamanho (Pilha) = MAXTAM then Imprime (Pilha);
                   Empilha (x, Pilha);
                   end;
    read (x.Chave);
    end;
  if not Vazia (Pilha) then Imprime (Pilha);
end. {---Programa principal---}
```

Programa 3.16 *Procedimento Imprime utilizado no programa ET*

```
procedure Imprime (var Pilha: TipoPilha);
var Pilhaux: TipoPilha; x: TipoItem;
begin
  FPVazia (Pilhaux);
  while not Vazia (Pilha) do
    begin Desempilha (Pilha, x); Empilha (x, Pilhaux); end;
  while not Vazia (Pilhaux) do
    begin Desempilha (Pilhaux, x); write (x.Chave); end;
  writeln;
end; { Imprime }
```

3.3 Filas

Uma fila é uma lista linear em que todas as inserções são realizadas em um extremo da lista, e todas as retiradas e, geralmente, os acessos são realizados no outro extremo da lista. O modelo intuitivo de uma fila é o de uma fila de espera em que as pessoas que estão no início são servidas primeiro, e as pessoas que chegam entram no fim dessa fila. Por esta razão, as filas são chamadas de listas **fifo**, termo formado a partir de "first-in", "first-out". Existe uma ordem linear para filas, que é a "ordem de chegada". Filas são utilizadas quando desejamos processar itens de acordo com a ordem "primeiro-que-chega, primeiro-atendido". Sistemas operacionais utilizam filas para regular a ordem na qual tarefas devem receber processamento, e recursos devem ser alocados a processos.

Um possível conjunto de operações, definido sobre um **tipo abstrato de dados** Fila, é definido a seguir.

1. FFVazia(Fila). Faz a fila ficar vazia.
2. Enfileira(x, Fila). Insere o item x no final da fila.
3. Desenfileira(Fila, x). Retorna o item x no início da fila, retirando-o da fila.
4. Vazia(Fila). Esta função retorna *true* se a fila está vazia; senão retorna *false*.

3.3.1 Implementação de Filas por meio de Arranjos

Em uma implementação por meio de arranjos, os itens são armazenados em posições contíguas de memória. Por causa das características da fila, a operação Enfileira faz a parte de trás da fila expandir-se, e a operação Desenfileira faz a parte da frente da fila contrair-se. Consequentemente, a fila tende a caminhar pela memória do computador, ocupando espaço na parte de trás e descartando espaço na parte da frente. Com poucas inserções e retiradas de itens, a fila vai ao encontro do limite do espaço da memória alocado para ela.

A solução para o problema de caminhar pelo espaço alocado para uma fila é imaginar o **array** como um círculo, em que a primeira posição segue a última, conforme ilustra a Figura 3.7. A fila se encontra em posições contíguas de memória, em alguma posição do círculo, delimitada pelos apontadores Frente e Trás. Para enfileirar um item, basta mover o apontador Trás uma posição no sentido horário; para desenfileirar um item, basta mover o apontador Frente uma posição no sentido horário.

O campo Item é o principal componente do registro TipoFila mostrado no Programa 3.17. O tamanho máximo do **array** circular é definido pela constante MAXTAM. Os outros campos do registro TipoPilha contêm apontadores para a parte da frente e para a parte de trás da fila.

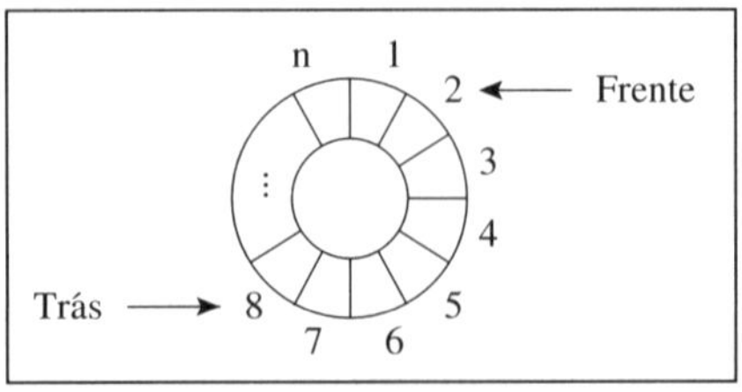

Figura 3.7 *Implementação circular para filas.*

Programa 3.17 *Estrutura da fila usando arranjo*

```
const MAXTAM = 1000;
type
  TipoChave     = integer;
  TipoApontador = integer;
  TipoItem      = record
                    Chave: TipoChave;
                    { outros componentes }
                  end;
  TipoFila      = record
                    Item  : array [1..MAXTAM] of TipoItem;
                    Frente: TipoApontador;
                    Tras  : TipoApontador;
                  end;
```

As quatro operações definidas sobre o TipoFila podem ser implementadas conforme ilustra o Programa 3.18. Observe que para a representação circular da Figura 3.7 existe um pequeno problema: não há uma forma de distinguir uma fila vazia de uma fila cheia, pois nos dois casos os apontadores Frente e Trás apontam para a mesma posição do círculo. Uma possível saída para este problema, utilizada por Aho, Hopcroft e Ullman (1983, p. 58), é não utilizar todo o espaço do **array**, deixando uma posição vazia. Neste caso, a fila está cheia quando Trás+1 for igual a Frente, o que significa que existe uma célula vazia entre o fim e o início da fila.

Observe que a implementação do vetor circular é realizada com o emprego de aritmética modular. A aritmética modular é utilizada nos procedimentos Enfileira e Desenfileira do Programa 3.18, com o uso da função **mod** do Pascal.

3.3.2 Implementação de Filas por meio de Apontadores

Assim como em todas as outras implementações deste capítulo, uma célula cabeça é mantida para facilitar a implementação das operações Enfileira e Desenfileira quando a fila está vazia, conforme ilustra a Figura 3.8. Quando a fila está vazia, os apontadores Frente e Trás apontam para a célula cabeça. Para enfileirar um novo item, basta criar uma célula nova, ligá-la após a célula que contém x_n e

Programa 3.18 *Operações sobre filas usando posições contíguas de memória*

```
procedure FFVazia (var Fila: TipoFila);
begin
  Fila.Frente := 1;
  Fila.Tras := Fila.Frente;
end; { FFVazia }

function Vazia (Fila: TipoFila): boolean;
begin
  Vazia := Fila.Frente = Fila.Tras;
end; { Vazia }

procedure Enfileira (x: TipoItem; var Fila: TipoFila);
begin
  if Fila.Tras mod MAXTAM + 1 = Fila.Frente
  then writeln ('Erro: fila esta  cheia')
  else begin
       Fila.Item[Fila.Tras] := x;
       Fila.Tras := Fila.Tras mod MAXTAM + 1;
       end;
end; { Enfileira }

procedure Desenfileira (var Fila: TipoFila; var Item: TipoItem);
begin
  if Vazia (Fila)
  then writeln ('Erro: fila esta vazia')
  else begin
       Item := Fila.Item[Fila.Frente];
       Fila.Frente := Fila.Frente mod MAXTAM + 1;
       end;
end; { Desenfileira }
```

colocar nela o novo item. Para desenfileirar o item x_1, basta desligar a célula cabeça da lista e a célula que contém x_1 passa a ser a célula cabeça.

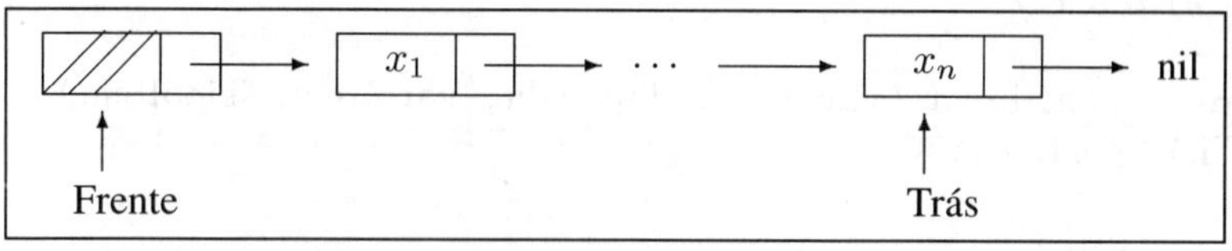

Figura 3.8 *Implementação de uma fila por meio de apontadores.*

A fila é implementada por meio de células. Cada célula contém um item da fila e um apontador para outra célula, conforme ilustra o Programa 3.19. O registro TipoFila contém um apontador para a frente da fila (célula cabeça) e um apontador para a parte de trás da fila.

Programa 3.19 *Estrutura da fila usando apontadores*

```
type
  TipoApontador = ^TipoCelula;
  TipoItem      = record
                    Chave: TipoChave;
                    { outros componentes }
                  end;
  TipoCelula    = record
                    Item: TipoItem;
                    Prox: TipoApontador;
                  end;
  TipoFila      = record
                    Frente: TipoApontador;
                    Tras  : TipoApontador;
                  end;
```

As quatro operações definidas sobre o TipoFila podem ser implementadas conforme ilustra o Programa 3.20.

Programa 3.20 *Operações sobre filas usando apontadores*

```
procedure FFVazia (var Fila: TipoFila);
begin
  new (Fila.Frente);
  Fila.Tras := Fila.Frente; Fila.Frente^.Prox := nil;
end; { FFVazia }

function Vazia (Fila: TipoFila): boolean;
begin Vazia := Fila.Frente = Fila.Tras; end;

procedure Enfileira (x: TipoItem; var Fila: TipoFila);
begin
  new (Fila.Tras^.Prox); Fila.Tras := Fila.Tras^.Prox;
  Fila.Tras^.Item := x;  Fila.Tras^.Prox := nil;
end; { Enfileira }

procedure Desenfileira (var Fila: TipoFila; var Item: TipoItem);
var q: TipoApontador;
begin
  if Vazia (Fila)
  then writeln ('Erro: fila esta vazia')
  else begin
         q := Fila.Frente; Fila.Frente := Fila.Frente^.Prox;
         Item := Fila.Frente^.Item; dispose (q);
       end;
end; { Desenfileira }
```

Notas Bibliográficas

Knuth (1968) apresenta um bom tratamento sobre listas lineares. Outras referências sobre estruturas de dados básicas são Aho, Hopcroft e Ullman (1983), Cormen, Leiserson, Rivest e Stein (2001) e Sedgewick (1988).

Exercícios

1. Considere a implementação de listas lineares utilizando apontadores e com célula cabeça. Considere que um dos campos do TipoItem é uma Chave: TipoChave. Escreva uma função em Pascal

function EstaNaLista (Ch: TipoChave; **var** L: TipoLista): **boolean**;

que retorna **true** se Ch estiver na lista e retorna **false** se Ch não estiver na lista. Considere que não há ocorrências de chaves repetidas na lista. Determine a complexidade do seu algoritmo.

2. Considere a implementação de listas lineares utilizando apontadores e célula cabeça (Guedes Neto, 2010). Escreva uma função em Pascal para trocar de lugar dois elementos da lista.

3. Um problema que pode surgir na manipulação de listas lineares simples é o de "voltar" atrás na lista, ou seja, percorrê-la no sentido inverso ao dos apontadores. A solução geralmente adotada é a incorporação à célula de um apontador para o seu antecessor. Listas deste tipo são chamadas **duplamente encadeadas**. A Figura 3.9 mostra uma lista deste tipo com estrutura circular e a presença de uma célula cabeça.

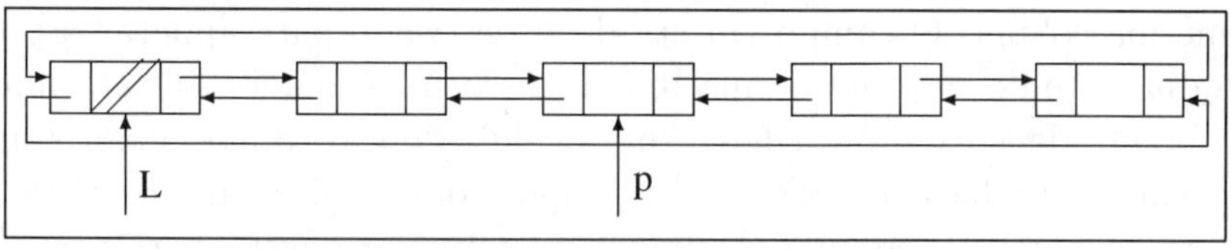

Figura 3.9 *Lista circular duplamente encadeada.*

a) Declare os tipos necessários para a manipulação da lista.

b) Escreva um procedimento em Pascal para retirar da lista a célula apontada por p:

procedure Retira (p: TipoApontador; **var** L: TipoLista);

Não deixe de considerar eventuais casos especiais.

4. Utilização de Listas por meio de Apontadores (Árabe, 1992).

Matrizes esparsas são matrizes nas quais a maioria das posições é preenchida por zeros. Para essas matrizes, podemos economizar um espaço significativo de memória se apenas os termos diferentes de zero forem armazenados. As operações usuais sobre essas matrizes (somar, multiplicar, inverter, pivotar) também podem ser feitas em tempo muito menor se não armazenarmos as posições que contêm zeros.

Uma maneira eficiente de representar estruturas com tamanho variável e/ou desconhecido é com o emprego de alocação encadeada, utilizando listas. Vamos usar essa representação para armazenar as matrizes esparsas. Cada coluna da matriz será representada por uma **lista linear circular** com uma **célula cabeça**. Da mesma maneira, cada linha da matriz também será representada por uma lista linear circular com uma célula cabeça. Cada célula da estrutura, além das células cabeça, representará os termos diferentes de zero da matriz e deverá ser como no Programa 3.21.

Programa 3.21 *Estrutura da célula da matriz esparsa*

```
type
  TipoApontador  = ^TipoCelula;
  TipoCelula     = record
                     Direita,
                     Abaixo: TipoApontador;
                     Linha,
                     Coluna: integer;
                     Valor : real;
                   end;
```

O campo Abaixo deve ser usado para apontar o próximo elemento diferente de zero na mesma coluna. O campo Direita deve ser usado para apontar o próximo elemento diferente de zero na mesma linha. Dada uma matriz A, para um valor $A(i,j)$ diferente de zero, deverá haver uma célula com o campo Valor contendo $A(i,j)$, o campo Linha contendo i e o campo Coluna contendo j. Esta célula deverá pertencer à lista circular da linha i e também deverá pertencer à lista circular da coluna j. Ou seja, cada célula pertencerá a duas listas ao mesmo tempo. Para diferenciar as células cabeça, coloque -1 nos campos Linha e Coluna dessas células.

Considere a matriz esparsa seguinte:

$$A = \begin{pmatrix} 50 & 0 & 0 & 0 \\ 10 & 0 & 20 & 0 \\ 0 & 0 & 0 & 0 \\ -30 & 0 & -60 & 5 \end{pmatrix}.$$

A representação da matriz A pode ser vista na Figura 3.10.

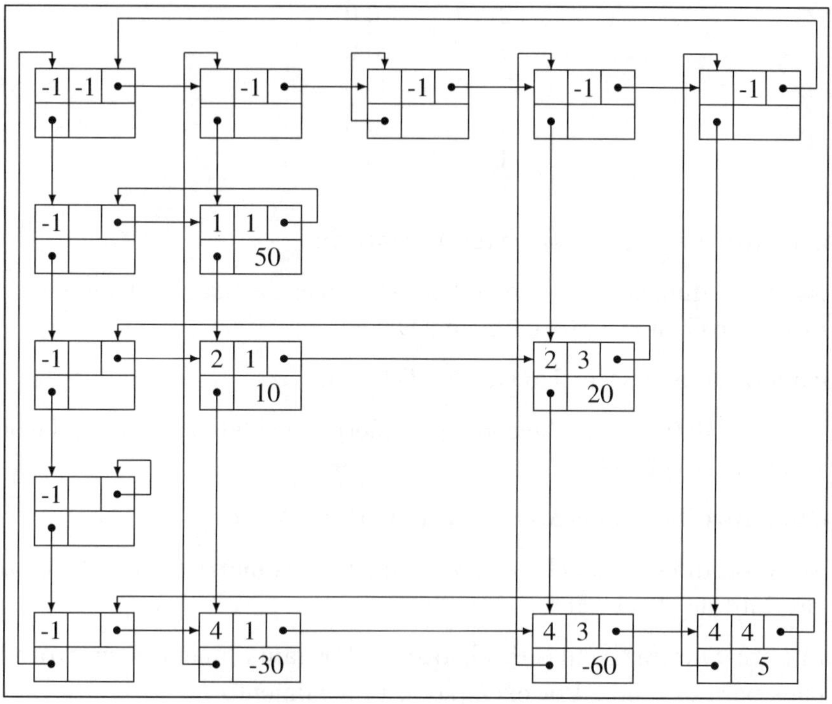

Figura 3.10 *Exemplo de Matriz Esparsa.*

Com essa representação, uma matriz esparsa $m \times n$ com r elementos diferentes de zero gastará $(m + n + r)$ células. É bem verdade que cada célula ocupa vários bytes na memória; no entanto, o total de memória usado será menor do que as $m \times n$ posições necessárias para representar a matriz toda, desde que r seja suficientemente pequeno.

Dada a representação vista anteriormente, o trabalho consiste em desenvolver cinco procedimentos em Pascal, conforme a seguinte especificação:

a) **procedure** ImprimeMatriz (**var** A: Matriz);

Esse procedimento imprime a matriz A (uma linha da matriz por linha da saída), *inclusive* os elementos iguais a zero.

b) **procedure** LeMatriz (**var** A: Matriz);

Esse procedimento lê, de algum arquivo de entrada, os elementos diferentes de zero de uma matriz e monta a estrutura especificada anteriormente. Considere que a entrada consiste dos valores de m e n (número de linhas e de colunas da matriz) seguidos de triplas $(i, j, valor)$ para os elementos diferentes de zero da matriz. Por exemplo, para a matriz anterior, a entrada seria:

$$\begin{array}{llr} 4, & 4 & \\ 1, & 1, & 50.0 \\ 2, & 1, & 10.0 \\ 2, & 3, & 20.0 \\ 4, & 1, & -30.0 \\ 4, & 3, & -60.0 \\ 4, & 4, & 5.0 \end{array}$$

c) **procedure** ApagaMatriz (**var** A: Matriz);

Esse procedimento devolve todas as células da matriz A para a área de memória disponível (use o procedimento Dispose).

d) **procedure** SomaMatriz (**var** A, B, C: Matriz);

Esse procedimento recebe como parâmetros as matrizes A e B, devolvendo em C a soma de A com B.

e) **procedure** MultiplicaMatriz (**var** A, B, C: Matriz);

Esse procedimento recebe como parâmetros as matrizes A e B, devolvendo em C o produto de A por B.

Para inserir e retirar células das listas que formam a matriz, crie procedimentos especiais para esse fim. Por exemplo, o procedimento

procedure Insere (i, j: integer; v: real; **var** A: Matriz);

para inserir o valor v na linha i, coluna j da matriz A será útil tanto no procedimento LeMatriz quanto no procedimento SomaMatriz.

As matrizes a serem lidas para testar os procedimentos são:

a) A mesma da Figura 3.10 deste enunciado;

b) $\begin{pmatrix} 50 & 30 & 0 & 0 \\ 10 & 0 & -20 & 0 \\ 0 & 0 & 0 & 0 \\ 0 & 0 & 0 & -5 \end{pmatrix}$

c) $\begin{pmatrix} 3 & 0 & 0 \\ 0 & -1 & 0 \end{pmatrix}$

O que deve ser apresentado:

a) Listagem do programa em Pascal.

b) Listagem dos testes executados.

c) Descrição sucinta (por exemplo, desenho) das estruturas de dados e as decisões tomadas relativas aos casos e detalhes de especificação que porventura estejam omissos no enunciado.

d) Estudo da complexidade do tempo de execução dos procedimentos implementados e do programa como um todo (notação O).

É obrigatório o uso de alocação dinâmica de memória para implementar as listas de adjacência que representam as matrizes. A análise de complexidade deve ser feita em função de m, n (dimensões da matriz) e r (número de elementos diferentes de zero).

Os procedimentos deverão ser testados utilizando-se o Programa 3.22.

Programa 3.22 *Testa matrizes esparsas*

```
program TestaMatrizesEsparsas;
...
...
begin
  ...
  LeMatriz (A); ImprimeMatriz (A);
  LeMatriz (B); ImprimeMatriz (B);
  SomaMatriz (A, B, C); ImprimeMatriz (C); ApagaMatriz (C);
  MultiplicaMatriz (A, B, C); ImprimeMatriz (C);
  ApagaMatriz (B); ApagaMatriz (C);
  LeMatriz (B);
  ImprimeMatriz (A); ImprimeMatriz (B);
  SomaMatriz (A, B, C); ImprimeMatriz (C);
  MultiplicaMatriz (A, B, C); ImprimeMatriz (C);
  MultiplicaMatriz (B, B, C);
  ImprimeMatriz (B); ImprimeMatriz (B); ImprimeMatriz (C);
  ApagaMatriz (A); ApagaMatriz (B); ApagaMatriz (C);
  ...
end. { TestaMatrizesEsparsas }
```

5. Considere F uma fila não vazia e P uma pilha vazia. Usando apenas a variável temporária x, as quatro operações

$$x \Leftarrow P \ , \ P \Leftarrow x \ , \ x \Leftarrow F \ , \ F \Leftarrow x$$

e os dois testes P=vazio e F=vazio, escreva um algoritmo para reverter a ordem dos elementos em F.

6. Escreva um procedimento para reverter os elementos de uma lista encadeada em tempo $O(n)$ (Guedes Neto, 2010):

a) usando ecursividade;

b) sem usar recursividade.

7. Duas pilhas podem coexistir em um mesmo vetor, uma crescendo em um sentido, e a outra, no outro. Duas filas, ou uma pilha e uma fila, podem também ser alocadas no mesmo vetor com o mesmo grau de eficiência? Por quê?

8. Como resolver o problema da representação por alocação sequencial (usando uma região fixa de memória) para mais de duas pilhas?

9. Descreva um programa para testar o balanceamento de símbolos em programas escritos em Pascal (Guedes Neto, 2010). O programa deve verificar se cada ocorrência de símbolos "casados" tem um correspondente, isto é, se todo **begin** tem um **end**, se todo "{"tem um "}" etc. Não é preciso escrever o programa, apenas descrever as estruturas de dados básicas e o princípio de operação.

10. Altere a especificação do programa ET, apresentado na Seção 3.2.2, para aceitar o comando cancela palavra, cujo efeito é cancelar a palavra anterior na linha que está sendo editada. Por exemplo, se "$" é o CancelaPalavra, então a sequência de caracteres NÃO CANCELA$$ CANCELA LINHA$ PALAVRA corresponde à sequência CANCELA PALAVRA.

Altere o programa de acordo com a nova especificação proposta. Para testar o programa, utilize o texto da página 85, com as seguintes alterações:

a) insira o caractere $ após a palavra "extras" na terceira linha,

b) insira dois caracteres $$ após as palavras "Será que" na penúltima linha do texto.

11. Existem partes de sistemas operacionais que cuidam da ordem em que os programas devem ser executados. Por exemplo, em um sistema de computação de tempo-compartilhado (do inglês *time-shared*) existe a necessidade de manter um conjunto de processos em uma fila, esperando para serem executados.

Escreva um programa em Pascal ou C que seja capaz de ler uma série de solicitações para: (i) incluir novos processos na fila de processos; (ii) retirar da fila o processo com o maior tempo de espera; e (iii) imprimir o conteúdo da lista de processos em determinado momento. Assuma que cada processo é representado por um registro composto por um número identificador do processo. Utilize o tipo abstrato de dados Fila apresentado na Seção 3.3.

12. Se você tem de escolher entre uma representação por **lista encadeada** ou uma representação usando posições contíguas de memória para um vetor, quais informações são necessárias para você selecionar uma representação apropriada? Como esses fatores influenciam a escolha da representação?

13. Certas linguagens de programação não apresentam o conceito de apontadores e alocação dinâmica (Guedes Neto, 2010). Nesses casos, é possível simular apontadores com **cursores**, variáveis inteiras que indicam a posição de um elemento em um vetor. Isso pode ser feito definindo TipoApontador como um inteiro, mas mantendo a noção do TipoCelula do Programa 3.3.

Uma possível estrutura de dados auxiliar pode ser um vetor de células, de onde células para várias listas poderiam ser alocadas em substituição aos recursos de alocação dinâmica de uma linguagem como Pascal. Antes de iniciar o programa é necessário alocar corretamente todo o espaço a ser usado e definir as funções myNew() e myDispose(), que devem se comportar exatamente como as funções **new** e **dispose** do Pascal, mas agora usando cursores em vez de apontadores.

Complemente a definição dos tipos de dados envolvidos e implemente:

a) a função de inicialização do espaço de células para myNew e myDispose;

b) as funções para implementar uma fila usando cursores.

14. Filas, simulação (Árabe, 1992).

O objetivo deste exercício é simular os padrões de aterrissagem e decolagem em um aeroporto. Suponha um aeroporto que possui três pistas, numeradas como 1, 2 e 3. Existem quatro "prateleiras" de espera para aterrissagem, duas para cada uma das pistas 1 e 2. Aeronaves que se aproximam do aeroporto devem integrar-se a uma das prateleiras (filas) de espera, sendo que essas filas devem procurar manter o mesmo tamanho. Assim que um avião entra em uma fila de aterrissagem, ele recebe um número de identificação ID e outro número inteiro que indica a quantidade de unidades de tempo que o avião pode permanecer na fila antes que ele tenha de descer (do contrário, seu combustível termina e ele cai).

Existem também filas para decolagem, uma para cada pista. Os aviões que chegam nessas filas também recebem uma identificação ID. Essas filas também devem procurar manter o mesmo tamanho.

A cada unidade de tempo, de zero a três aeronaves podem chegar nas filas de decolagem, e de zero a três aeronaves podem chegar nas prateleiras. A cada unidade de tempo, cada pista pode ser usada para um pouso ou uma decolagem. A pista 3 em geral só é usada para decolagens, a não ser que um dos aviões nas prateleiras fique sem combustível, quando então ela deve ser imediatamente usada para pouso. Se apenas uma aeronave está com falta de combustível, ela pousará na pista 3; se mais de um avião estiver nessa situação, as outras pistas poderão ser utilizadas (a cada unidade de tempo no máximo três aviões poderão estar nesta desagradável situação).

Utilize inteiros pares (ímpares) sucessivos para a ID dos aviões chegando nas filas de decolagem (aterrissagem). A cada unidade de tempo, assuma que os aviões entram nas filas antes que aterrissagens ou decolagens ocorram. Tente projetar um algoritmo que não permita o crescimento excessivo das filas de aterrissagem ou decolagem. Coloque os aviões sempre no final das filas, que não devem ser reordenadas.

A saída do programa deverá indicar o que ocorre a cada unidade de tempo. Periodicamente imprima:

a) o conteúdo de cada fila;

b) o tempo médio de espera para decolagem;

c) o tempo médio de espera para aterrissagem;

d) o número de aviões que aterrissam sem reserva de combustível.

Os itens b e c devem ser calculados para os aviões que já decolaram ou pousaram, respectivamente. A saída do programa deve ser autoexplicativa e fácil de entender.

A entrada poderia ser criada manualmente, mas o melhor é utilizar um gerador de números aleatórios. Para cada unidade de tempo, a entrada deve ter as seguintes informações:

a) número de aviões (zero a três) chegando nas filas de aterrissagem com respectivas reservas de combustível (de 1 a 20 em unidades de tempo);

b) número de aviões (zero a três) chegando nas filas de decolagem.

O que deve ser apresentado:

a) Listagem dos programas em Pascal.

b) Listagem dos testes executados.

c) Descrição sucinta (por exemplo, desenho) das estruturas de dados, e decisões tomadas relativas aos casos e detalhes de especificação que porventura estejam omissos no enunciado.

d) Estudo da complexidade do tempo de execução dos procedimentos implementados e dos programas como um todo (notação O).

15. Lista linear duplamente encadeada usando cursores (Botelho, 2003).

Implemente o **tipo abstrato de dados** Area, cuja finalidade é gerenciar uma área interna de memória de forma que o maior e o menor elemento possam ser removidos da mesma a um custo $O(1)$. A estrutura de dados que deve ser utilizada é uma **lista linear duplamente encadeada** implementada por meio de cursores. Os **cursores** são variáveis inteiras que representam posições em um arranjo e são utilizadas para simular os apontadores da implementação tradicional das listas lineares duplamente encadeadas. A utilização de cursores evita a alocação e a liberação dinâmica de itens de memória, sendo mais eficiente em aplicações muito dinâmicas em que o número máximo de itens é conhecido.

O tipo abstrato de dados Area envolve as seguintes operações:

a) FAVazia(Area): o procedimento retorna em Area a área interna de memória criada inicialmente vazia.

b) ObterNumCelOcupadas(Area): função que retorna o número de itens de dados armazenados em Area.

c) InsereItem(Item, Area): insere um item de dado na área interna de memória, mantendo os itens ordenados.

d) RetiraPrimeiro(Area, Item): retira e retorna o item de dado de menor chave da área interna de memória.

e) RetiraUltimo(Area, Item): retira e retorna o item de dado de maior chave da área interna de memória.

f) ImprimeArea(Area): imprime o conteúdo da área interna de memória.

A retirada de um item de uma lista duplamente encadeada pode ser realizada a um custo constante, desde que se conheça previamente o endereço do item na lista. Ao manter a lista ordenada, os elementos de menor e de maior chave estão na primeira e na última posição, respectivamente. A Figura 3.11 mostra uma lista com capacidade máxima de sete itens.

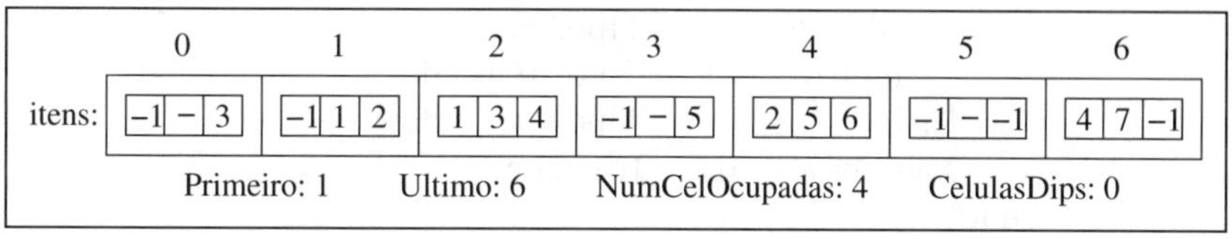

Figura 3.11 *Tipo abstrato de dados Area.*

Após a realização de várias inserções e remoções, os itens contidos na lista mostrada na Figura 3.11 possuem as chaves 1, 3, 5 e 7. Os itens de dados da lista linear duplamente encadeada são armazenados em um vetor de registros do tipo Item. Cada entrada do vetor de itens contém uma estrutura que armazena um item de dado, um cursor que aponta para o item que sucede aquela entrada (Prox) e um cursor que aponta para o item que antecede aquela entrada (Ant). Além disso, são representados dois cursores, Primeiro e Ultimo, que apontam para o primeiro e para o último item da lista, respectivamente. Para facilitar o controle de quando a lista se encontra cheia ou vazia, utilize a variável NumCelOcupadas, que indica quantas células da lista estão ocupadas. O Programa 3.23 mostra a declaração do tipo abstrato de dados Area.

Somente o que foi apresentado até agora não é suficiente para implementar o tipo abstrato de dados Area. Isso porque, para se incluir um novo item de dado na lista, é necessário haver células disponíveis a fim de que a inserção seja realizada. Assim, para gerenciar a lista de células disponíveis em determinado instante, basta incluir um cursor na representação da estrutura de dados Area, o qual irá apontar para a primeira célula disponível. Tal cursor foi denominado CelulasDisp. Como a lista ilustrada pela Figura 3.11 possui capacidade para sete itens e NumCelOcupadas = 4, então existem três células disponíveis. A primeira delas é apontada por CelulasDisp, ou seja, o índice zero do vetor de itens, a segunda é indicada pelo cursor Prox da célula apontada por CelulasDisp, ou seja, o índice três do vetor de itens. A terceira e última célula disponível é apontada pelo cursor Prox da segunda e se encontra no índice cinco do vetor de itens. Ela

Programa 3.23 Declaração do tipo abstrato de dados Area

```
const TAMAREA = 100;
type
  TipoApontador = Integer;
  TipoChave = Integer;
  TipoItem   = record
                 Chave:  TipoChave;
                 {Outros Componentes }
               end;
  TipoCelula    = record
                 Item: TipoItem;
                 Prox: TipoApontador;
                 Ant : TipoApontador;
               end;
  TipoArea   = record
                 Itens          : array[0..TAMAREA-1] of TipoCelula;
                 CelulasDisp    : TipoApontador;
                 Primeiro       : TipoApontador;
                 Ultimo         : TipoApontador;
                 NumCelOcupadas : Integer;
               end;
```

é a última, pois o seu cursor Prox possui o valor -1, o que indica a falta de um sucessor para ela.

Dessa forma, antes de incluir um novo item de dado em Area, remove-se a primeira célula da lista de disponíveis (apontada por CelulasDisp) e a insere ordenadamente na lista linear duplamente encadeada que armazena os itens de dados de Area. Já ao remover um item de dados de Area, a célula que continha tal item deve ser inserida na lista de disponíveis. Para que a inserção e a remoção da lista de disponíveis seja realizada a um custo constante, elas devem ser realizadas na posição apontada por CelulasDisp.

Capítulo 4

Ordenação

Os algoritmos de ordenação constituem bons exemplos de como resolver problemas utilizando computadores. As técnicas de ordenação permitem apresentar um conjunto amplo de algoritmos distintos para resolver uma mesma tarefa. Dependendo da aplicação, cada algoritmo considerado possui uma vantagem particular sobre os outros. Além disso, os algoritmos ilustram muitas regras básicas para a manipulação de estruturas de dados.

Ordenar corresponde ao processo de rearranjar um conjunto de objetos em ordem ascendente ou descendente. O objetivo principal da ordenação é facilitar a recuperação posterior de itens do conjunto ordenado. Imagine como seria difícil utilizar um catálogo telefônico se os nomes das pessoas não estivessem listados em ordem alfabética. A atividade de colocar as coisas em ordem está presente na maioria das aplicações em que os objetos armazenados têm de ser pesquisados e recuperados, tais como dicionários, índices de livros, tabelas e arquivos.

Antes de considerarmos os algoritmos propriamente ditos, é necessário apresentar alguma notação. Os algoritmos trabalham sobre os registros de um arquivo. Apenas uma parte do registro, chamada **chave**, é utilizada para controlar a ordenação. Além da chave, podem existir outros componentes em um registro, os quais não têm influência no processo de ordenar, a não ser pelo fato de que permanecem com a mesma chave. A estrutura de dados registro é a indicada para representar os itens componentes de um arquivo, conforme ilustra o Programa 4.1.

Programa 4.1 *Estrutura de um item do arquivo*

```
type TipoItem = record
                  Chave: TipoChave;
                  { outros componentes }
                end;
```

A escolha do tipo para a chave é arbitrária. Qualquer tipo sobre o qual exista uma regra de ordenação bem-definida pode ser utilizado. As ordens numérica e alfabética são as usuais.

Um método de ordenação é dito **estável** se a ordem relativa dos itens com chaves iguais mantém-se inalterada pelo processo de ordenação. Por exemplo, se uma lista alfabética de nomes de funcionários de uma empresa é ordenada pelo campo salário, então um método estável produz uma lista em que os funcionários com mesmo salário aparecem em ordem alfabética. Alguns dos métodos de ordenação mais eficientes não são estáveis. Se a estabilidade é importante, ela pode ser forçada quando o método é não-estável. Sedgewick (1988) sugere agregar um pequeno índice a cada chave antes de ordenar, ou então aumentar a chave de alguma outra forma.

Os métodos de ordenação são classificados em dois grandes grupos. Se o arquivo a ser ordenado cabe todo na memória principal, então o método de ordenação é chamado **ordenação interna**. Neste caso, o número de registros a ser ordenado é pequeno o bastante para caber em um **array** do Pascal. Se o arquivo a ser ordenado não cabe na memória principal e, por isso, tem de ser armazenado em **fita** ou **disco**, então o método de ordenação é chamado **ordenação externa**. A principal diferença entre os dois métodos é que, em um método de ordenação interna, qualquer registro pode ser imediatamente acessado, enquanto, em um método de ordenação externa, os registros são acessados sequencialmente ou em grandes blocos.

A grande maioria dos métodos de ordenação é baseada em **comparações** das chaves. Entretanto, existem métodos de ordenação que utilizam o princípio da **distribuição**. Por exemplo, considere o problema de ordenar um baralho com 52 **cartas** não ordenadas. Suponha que ordenar o baralho implique colocar as cartas de acordo com a ordem

$$\mathsf{A} < 2 < 3 < \cdots < 10 < \mathsf{J} < \mathsf{Q} < \mathsf{K}$$

e

$$\clubsuit < \diamondsuit < \heartsuit < \spadesuit.$$

Para ordenar as cartas por distribuição, basta seguir os passos abaixo:

1. Distribuir as **cartas** abertas em treze montes, colocando em cada monte todos os ases, todos os dois, todos os três, ..., todos os reis.

2. Colete os montes na ordem citada (ás no fundo, depois os dois etc., até o rei ficar no topo).

3. Distribua novamente as cartas abertas em quatro montes, colocando em cada monte todas as cartas de paus, todas as cartas de ouros, todas as cartas de copas e todas as cartas de espadas.

4. Colete os montes na ordem citada (paus, ouros, copas e espadas).

Métodos como o ilustrado anteriormente são também conhecidos como **ordenação por contagem**, **ordenação digital**, **radixsort** ou **bucketsort**. Nesse caso, não existe comparação entre chaves. As antigas **classificadoras de cartões** perfurados também utilizam o princípio da distribuição para ordenar uma massa de cartões perfurados. Uma das dificuldades de implementar esse método está relacionada com o problema de lidar com cada monte. Se para cada monte nós reservarmos uma área, então a demanda por memória extra pode crescer muito. O custo para ordenar um arquivo com n elementos é da ordem de $O(n)$, pois cada elemento é manipulado algumas vezes.

O principal objetivo deste capítulo é apresentar os métodos de ordenação mais importantes do ponto de vista prático. Cada método será apresentado por meio de um exemplo, e o algoritmo associado será refinado até o nível de um procedimento Pascal executável. A seguir, vamos estudar os principais métodos de ordenação utilizando os princípios de comparação de chaves e distribuição.

4.1 Ordenação Interna

O aspecto predominante na **escolha de um algoritmo** de ordenação é o tempo gasto para ordenar um arquivo. Para algoritmos de ordenação interna que utilizam o princípio da comparação de chaves, as medidas de complexidade relevantes contam o número de comparações entre chaves e o número de movimentações (ou trocas) de itens do arquivo. Considere C uma função de complexidade tal que $C(n)$ é o número de comparações entre chaves, e considere M uma função de complexidade tal que $M(n)$ é o número de movimentações de itens no arquivo, em que n é o número de itens do arquivo. Para algoritmos de ordenação interna que utilizam o princípio da distribuição, a medida de complexidade relevante conta o número de vezes que cada chave é manipulada.

A quantidade extra de memória auxiliar utilizada pelo algoritmo é também um aspecto importante. O uso econômico da memória disponível é um requisito primordial na ordenação interna. Os métodos que utilizam a estrutura vetor e executam a permutação dos itens no próprio vetor, exceto para a utilização de uma pequena tabela ou pilha, são conhecidos como algoritmos que ordenam ***in situ***. Os métodos que utilizam listas encadeadas necessitam de n palavras extras de memória para os apontadores, e são utilizados apenas em algumas situações especiais. Os métodos que necessitam de quantidade extra de memória para armazenar outra cópia dos itens a serem ordenados são importantes porque executam em tempo linear na prática.

Os métodos de ordenação interna que utilizam o princípio da comparação de chaves são classificados em *métodos simples* e *métodos eficientes*. Os métodos simples são adequados para pequenos arquivos e requerem $O(n^2)$ comparações, enquanto os métodos eficientes são adequados para arquivos maiores e requerem $O(n \log n)$ comparações. Os métodos simples produzem programas pequenos, fáceis de entender, que ilustram com simplicidade os princípios de ordenação por comparação. Além do mais, existe um grande número de situações em que é melhor usar os métodos simples do que usar os métodos mais sofisticados. Apesar de os métodos mais sofisticados usarem menos comparações, estas comparações são mais complexas nos detalhes, o que torna os métodos simples mais eficientes para pequenos arquivos.

Na implementação dos algoritmos de ordenação interna, serão utilizados o TipoIndice, o TipoVetor e a variável A apresentados no Programa 4.2. TipoVetor é do tipo estruturado arranjo, composto por uma repetição do TipoItem apresentado anteriormente no Programa 4.1. Repare que o índice do TipoVetor vai de 0 até MAXTAM, para poder armazenar chaves especiais chamadas **sentinelas**. O vetor a ser ordenado contém chaves nas posições de 1 até n.

Programa 4.2 *Tipos utilizados na implementação dos algoritmos*

```
type TipoIndice = 0..MAXTAM;
     TipoVetor  = array [TipoIndice] of TipoItem;
var A: TipoVetor;
```

4.1.1 Ordenação por Seleção

Um dos algoritmos de ordenação mais simples é o método já apresentado na Seção 1.4, cujo princípio de funcionamento é o seguinte: selecione o menor item do vetor e a seguir troque-o com o item que está na primeira posição do vetor. Repita essas duas operações com os $n-1$ itens restantes, depois com os $n-2$ itens, até que reste apenas um elemento. O método é ilustrado para o conjunto de seis chaves apresentado na Figura 4.1. As chaves em negrito sofreram uma troca entre si.

	1	2	3	4	5	6
Chaves iniciais:	*O*	*R*	*D*	*E*	*N*	*A*
i = 1	**A**	*R*	*D*	*E*	*N*	**O**
i = 2	*A*	**D**	**R**	*E*	*N*	*O*
i = 3	*A*	*D*	**E**	**R**	*N*	*O*
i = 4	*A*	*D*	*E*	**N**	**R**	*O*
i = 5	*A*	*D*	*E*	*N*	**O**	**R**

Figura 4.1 *Exemplo de ordenação por seleção.*

O Programa 4.3 mostra a implementação do algoritmo, para um conjunto de itens implementado como TipoVetor.

Programa 4.3 *Ordenação por seleção*

```
procedure Selecao (var A: TipoVetor; n: TipoIndice);
var i, j, Min: TipoIndice;
    x        : TipoItem;
begin
for i := 1 to n - 1 do
  begin
  Min := i;
  for j := i + 1 to n do if A[j].Chave < A[Min].Chave then Min := j;
  x := A[Min]; A[Min] := A[i]; A[i] := x;
  end;
end;
```

Análise Comparações entre chaves e movimentações de registros:

$$C(n) = \frac{n^2}{2} - \frac{n}{2}$$
$$M(n) = 3(n - 1)$$

O comando de atribuição $Min := j$ é executado em média cerca de $n \log n$ vezes, conforme pode ser verificado em Knuth (1973, exercícios 5.2.3.3-6). Esse valor é difícil de obter exatamente; ele depende do número de vezes que c_j é menor do que todas as chaves anteriores $c_1, c_2, \ldots, c_{j-1}$, quando percorremos as chaves $c_1, c_2, \ldots, c_n$.

O algoritmo de ordenação por seleção é um dos métodos de ordenação mais simples que existem. Além disso, o método possui um comportamento espetacular quanto ao número de movimentos de registros, cujo tempo de execução é linear no tamanho da entrada, o que é muito difícil de ser alcançado por qualquer outro método. Consequentemente, este é o algoritmo a ser utilizado para arquivos com registros muito grandes. Em condições normais, com chaves do tamanho de uma palavra, este método é bastante interessante para arquivos pequenos.

Como aspectos negativos cabe registrar que: (i) o fato de o arquivo já estar ordenado não ajuda em nada, pois o custo continua quadrático; (ii) o algoritmo não é **estável**, pois ele nem sempre deixa os registros com chaves iguais na mesma posição relativa.

4.1.2 Ordenação por Inserção

Este é o método preferido dos jogadores de **cartas**. Em cada passo, a partir de i=2, o i-ésimo item da sequência *fonte* é apanhado e transferido para a sequência *destino*, sendo inserido no seu lugar apropriado. O método é ilustrado para as mesmas seis chaves utilizadas anteriormente, conforme apresentado na Figura 4.2. As chaves em negrito representam a sequência *destino*.

	1	2	3	4	5	6
Chaves iniciais:	**O**	*R*	*D*	*E*	*N*	*A*
i = 2	**O**	**R**	*D*	*E*	*N*	*A*
i = 3	**D**	**O**	**R**	*E*	*N*	*A*
i = 4	**D**	**E**	**O**	**R**	*N*	*A*
i = 5	**D**	**E**	**N**	**O**	**R**	*A*
i = 6	**A**	**D**	**E**	**N**	**O**	**R**

Figura 4.2 *Exemplo de ordenação por inserção.*

O Programa 4.4 mostra a implementação do algoritmo para um conjunto de itens, implementado como TipoVetor. A colocação do item no seu lugar apropriado na sequência *destino* é realizada movendo-se itens com chaves maiores para a direita e então inserindo o item na posição deixada vazia. Nesse processo de alternar comparações e movimentos de registros existem duas condições distintas que podem causar a terminação do processo: (i) um item com chave menor que o item em consideração é encontrado; (ii) o final da sequência *destino* é atingido à esquerda. A melhor solução para a situação de um anel com duas condições de terminação é a utilização de um registro **sentinela**: na posição zero do vetor colocamos o próprio registro em consideração. Para tal, o índice do vetor tem de ser estendido para $0..n$.

Programa 4.4 *Ordenação por inserção*

```
procedure Insercao (var A: TipoVetor; n: TipoIndice);
var i, j: TipoIndice;
    x   : TipoItem;
begin
for i := 2 to n do
  begin
  x := A[i];
  j := i - 1;
  A[0] := x; { sentinela }
  while x.Chave < A[j].Chave do
    begin
    A[j + 1] := A[j];
    j := j - 1;
    end;
  A[j + 1] := x;
  end;
end;
```

Análise No anel mais interno, na i-ésima iteração, o valor de C_i é:

$$\begin{array}{ll} \text{melhor caso} & : C_i(n) = 1 \\ \text{pior caso} & : C_i(n) = i \\ \text{caso médio} & : C_i(n) = \frac{1}{i}(1 + 2 + \cdots + i) = \frac{i+1}{2} \end{array}$$

assumindo que todas as permutações de n são igualmente prováveis para o caso médio. Logo, o número de comparações é igual a:

$$\begin{array}{ll} \text{melhor caso} & : C(n) = (1 + 1 + \cdots + 1) = n - 1 \\ \text{pior caso} & : C(n) = (2 + 3 + \cdots + n) = \frac{n^2}{2} + \frac{n}{2} - 1 \\ \text{caso médio} & : C(n) = \frac{1}{2}(3 + 4 + \cdots + n + 1) = \frac{n^2}{4} + \frac{3n}{4} - 1 \end{array}$$

O número de movimentações na i-ésima iteração é igual a:

$$M_i(n) = C_i(n) - 1 + 3 = C_i(n) + 2$$

Logo, o número de movimentos é igual a:

$$\begin{array}{ll} \text{melhor caso} & : M(n) = (3 + 3 + \cdots + 3) = 3(n - 1) \\ \text{pior caso} & : M(n) = (4 + 5 + \cdots + n + 2) = \frac{n^2}{2} + \frac{5n}{2} - 3 \\ \text{caso médio} & : M(n) = \frac{1}{2}(5 + 6 + \cdots + n + 3) = \frac{n^2}{4} + \frac{11n}{4} - 3 \end{array}$$

O número mínimo de comparações e movimentos ocorre quando os itens estão originalmente em ordem, e o número máximo ocorre quando os itens estão originalmente na ordem reversa, o que indica um comportamento natural para o algoritmo. Para arquivos já ordenados, o algoritmo descobre a um custo $O(n)$ que cada item já está no seu lugar. Logo, o método da inserção é o método a ser utilizado quando o arquivo está "quase" ordenado. É também um bom método quando se deseja adicionar poucos itens a um arquivo já ordenado e depois obter outro arquivo ordenado: nesse caso, o custo é linear. O algoritmo de ordenação por inserção é quase tão simples quanto o algoritmo de ordenação por seleção. Além disso, o método de ordenação por inserção é **estável**, pois ele deixa os registros com chaves iguais na mesma posição relativa.

4.1.3 Shellsort

Shell (1959) propôs uma extensão do algoritmo de ordenação por inserção. O método da inserção troca itens adjacentes quando se está procurando o ponto de inserção na sequência destino. Se o menor item estiver na posição mais à direita no vetor, então o número de comparações e movimentações é igual a $n - 1$ para encontrar o seu ponto de inserção.

O método de Shell contorna esse problema, permitindo trocas de registros que estão distantes um do outro. Os itens que estão separados h posições são rearranjados de tal forma que todo h-ésimo item leva a uma sequência ordenada. Tal sequência é dita h-ordenada. A Figura 4.3 mostra como um arquivo de seis itens é ordenado usando os incrementos 4, 2 e 1 para h.

	1	2	3	4	5	6
Chaves iniciais:	*O*	*R*	*D*	*E*	*N*	*A*
h = 4	*N*	*A*	*D*	*E*	*O*	*R*
h = 2	*D*	*A*	*N*	*E*	*O*	*R*
h = 1	*A*	*D*	*E*	*N*	*O*	*R*

Figura 4.3 *Exemplo de ordenação usando Shellsort.*

Na primeira passada ($h = 4$), O e N (posições 1 e 5) são comparados e trocados; a seguir, R e A (posições 2 e 6) são comparados e trocados. Na segunda passada ($h = 2$), N, D e O, nas posições 1, 3 e 5, são rearranjados para resultar em D, N e O nessas mesmas posições; da mesma forma A, E e R, nas posições 2, 4 e 6, são comparados e mantidos nos seus lugares. A última passada ($h = 1$) corresponde ao algoritmo de inserção; entretanto, nenhum item precisa se mover para posições muito distantes.

Várias sequências para h têm sido experimentadas. Knuth (1973, p. 95) mostrou experimentalmente que a escolha do incremento para h, mostrada a seguir, é difícil de ser batida por mais de 20% em eficiência no tempo de execução:

$$h(s) = 3h(s-1) + 1, \quad \text{para } s > 1$$
$$h(s) = 1, \quad \text{para } s = 1.$$

A sequência para h corresponde a 1, 4, 13, 40, 121, 364, 1.093, 3.280, e assim por diante. O Programa 4.5 mostra a implementação do algoritmo para a sequência mostrada acima. Observe que não foram utilizados registros **sentinelas** porque teríamos de utilizar h sentinelas, uma para cada h-ordenação.

Análise A razão pela qual esse método é eficiente ainda não é conhecida, porque ninguém ainda foi capaz de analisar o algoritmo. A sua análise contém alguns problemas matemáticos muito difíceis, a começar pela própria sequência de incrementos: o pouco que se sabe é que cada incremento não deve ser múltiplo do anterior. Para a sequência de incrementos utilizada no Programa 4.5 existem duas conjeturas para o número de comparações, a saber:

$$Conjetura\ 1 : C(n) = O(n^{1,25})$$
$$Conjetura\ 2 : C(n) = O(n(\ln n)^2).$$

Programa 4.5 *Shellsort*

```
procedure Shellsort (var A: TipoVetor; n: TipoIndice);
label 999;
var i, j, h: integer;
    x       : TipoItem;
begin
  h := 1;
  repeat h := 3 * h + 1 until h >= n;
  repeat
    h := h div 3;
    for i := h + 1 to n do
      begin
      x := A[i];
      j := i;
      while A[j - h].Chave > x.Chave do
        begin
        A[j] := A[j - h];
        j := j - h;
        if j <= h then goto 999;
        end;
      999 : A[j] := x;
      end;
  until h = 1;
end;
```

Shellsort é uma ótima opção para arquivos de tamanho moderado, mesmo porque sua implementação é simples e requer uma quantidade de código pequena. Existem métodos de ordenação mais eficientes, mas são também muito mais complicados para implementar. O tempo de execução do algoritmo é sensível à ordem inicial do arquivo. Além disso, o método não é **estável**, pois ele nem sempre deixa registros com chaves iguais na mesma posição relativa.

4.1.4 Quicksort

Quicksort é o algoritmo de ordenação interna mais rápido que se conhece para uma ampla variedade de situações, sendo provavelmente mais utilizado do que qualquer outro algoritmo. O algoritmo foi inventado por C. A. R. Hoare em 1960, quando visitava a Universidade de Moscou como estudante. O algoritmo foi publicado mais tarde por Hoare (1962), após uma série de refinamentos.

A idéia básica é dividir o problema de ordenar um conjunto com n itens em dois problemas menores. A seguir, os problemas menores são ordenados independentemente e depois os resultados são combinados para produzir a solução do problema maior.

A parte mais delicada deste método é relativa ao procedimento Particao, que tem de rearranjar o vetor A[Esq..Dir] por meio da escolha arbitrária de um item x do vetor chamado **pivô**, de tal forma que ao final o vetor A está particionado em uma parte esquerda com chaves menores ou iguais a x e uma parte direita com chaves maiores ou iguais a x.

Esse comportamento pode ser descrito pelo seguinte algoritmo:

1. escolha arbitrariamente um item do vetor e coloque-o em x;
2. percorra o vetor a partir da esquerda até que um item $A[i] \geq x$ é encontrado; da mesma forma percorra o vetor a partir da direita até que um item $A[j] \leq x$ é encontrado;
3. como os dois itens $A[i]$ e $A[j]$ estão fora de lugar no vetor final, então troque-os de lugar;
4. continue este processo até que os apontadores i e j se cruzem em algum ponto do vetor.

Ao final, o vetor A[Esq..Dir] está particionado de tal forma que:

- ❑ os itens em $A[\text{Esq}], A[\text{Esq}+1], \ldots, A[j]$ são menores ou iguais a x,
- ❑ os itens em $A[i], A[i+1], \ldots, A[\text{Dir}]$ são maiores ou iguais a x.

O método é ilustrado para o conjunto de seis chaves apresentado na Figura 4.4. O item x é escolhido como sendo $A[(i+j)$ **div** $2]$. Como inicialmente $i = 1$ e $j = 6$, então $x = A[3] = D$, o qual aparece em negrito na segunda linha da mesma figura. A varredura a partir da posição 1 para no item O, e a varredura a partir da posição 6 para no item A, sendo os dois itens trocados, como mostrado na terceira linha da Figura 4.4. A seguir, a varredura a partir da posição 2 para no item R e a varredura a partir da posição 5 para no item D, e então os dois itens são trocados, como mostrado na quarta linha. Nesse momento, i e j se cruzam ($i = 3$ e $j = 2$), o que encerra o processo de partição.

1	2	3	4	5	6
O	*R*	**D**	*E*	*N*	*A*
A	*R*	**D**	*E*	*N*	*O*
A	**D**	*R*	*E*	*N*	*O*

Figura 4.4 *Partição do vetor.*

O Programa 4.6 mostra a implementação do procedimento Particao, em que Esq e Dir são apontadores para delimitar o subvetor dentro do vetor original A, o qual deve ser particionado. Os índices i e j retornam às posições finais das partições, nas quais $A[\text{Esq}], A[\text{Esq}+1], \ldots A[j]$ são menores ou iguais ao **pivô** x, e $A[i], A[i+1], \ldots, A[\text{Dir}]$ são maiores ou iguais a x. O vetor A é considerado global ao procedimento Particao.

Programa 4.6 *Procedimento Partição*

```
procedure Particao (Esq, Dir: TipoIndice; var i, j: TipoIndice);
var x, w: TipoItem;
begin
  i := Esq; j := Dir;
  x := A[(i + j) div 2]; { obtem o pivo x }
  repeat
    while x.Chave > A[i].Chave do i := i + 1;
    while x.Chave < A[j].Chave do j := j - 1;
    if i <= j
    then begin
         w := A[i]; A[i] := A[j]; A[j] := w;
         i := i + 1; j := j - 1;
         end;
  until i > j;
end;
```

Observe que o anel interno do procedimento Particao consiste apenas em incrementar um apontador e comparar um item do vetor contra um valor fixo em x. Esse anel é extremamente simples, razão pela qual o algoritmo Quicksort é tão rápido.

Após obter os dois pedaços do vetor por meio do procedimento Particao, cada pedaço é ordenado recursivamente. O refinamento final do procedimento Quicksort é mostrado no Programa 4.7. O procedimento Ordena é **recursivo**, e o vetor A é global aos procedimentos Particao e Ordena.

Programa 4.7 *Procedimento Quicksort*

```
procedure QuickSort (var A: TipoVetor; n: TipoIndice);
{-- Entra aqui o procedimento Particao do Programa 4.6} --}
  procedure Ordena (Esq, Dir: TipoIndice);
  var i, j: TipoIndice;
  begin
    particao (Esq, Dir, i, j);
    if Esq < j then Ordena (Esq, j);
    if i < Dir then Ordena (i, Dir);
  end;
begin
  Ordena (1, n);
end;
```

A Figura 4.5 ilustra o que acontece com o vetor exemplo em cada chamada recursiva do procedimento Ordena. Cada linha mostra o resultado do procedimento Particao, em que o **pivô** é mostrado em negrito.

Chaves iniciais:	*O*	*R*	*D*	*E*	*N*	*A*
1	*A*	**D**	*R*	*E*	*N*	*O*
2	**A**	*D*				
3			**E**	*R*	*N*	*O*
4				**N**	*R*	*O*
5					*O*	**R**
	A	*D*	*E*	*N*	*O*	*R*

Figura 4.5 *Exemplo de ordenação usando Quicksort.*

Análise Uma característica interessante do Quicksort é a sua ineficiência para arquivos já ordenados quando a escolha do pivô é inadequada. Por exemplo, a escolha sistemática dos extremos de um arquivo já ordenado leva ao seu pior caso. Nesse caso, as partições serão extremamente desiguais, e o procedimento Ordena será chamado recursivamente n vezes, eliminando apenas um item em cada chamada. Essa situação é desastrosa, pois o número de comparações passa a cerca de $n^2/2$, e o tamanho da pilha necessária para as chamadas recursivas é cerca de n. Entretanto, o pior caso pode ser evitado empregando-se pequenas modificações no programa, conforme veremos mais adiante.

A melhor situação possível ocorre quando cada partição divide o arquivo em duas partes iguais. Logo,

$$C(n) = 2C(n/2) + n - 1,$$

onde $C(n/2)$ representa o custo de ordenar uma das metades e $n - 1$ é o número de comparações realizadas. A solução para esta recorrência é:

$$C(n) = n \log n - n + 1.$$

No caso médio, de acordo com Sedgewick e Flajolet (1996, p. 17), o número de comparações realizadas é

$$C(n) \approx 1,386 n \log n - 0,846 n,$$

o que significa que em média o tempo de execução do Quicksort é $O(n \log n)$.

Quicksort é extremamente eficiente para ordenar arquivos de dados. O método necessita apenas de uma pequena pilha como memória auxiliar e requer cerca de $n \log n$ operações, em média, para ordenar n itens. Como aspectos negativos cabe ressaltar que: (i) a versão recursiva do algoritmo tem o pior caso que é $O(n^2)$ operações; (ii) a implementação do algoritmo é muito delicada e difícil: um pequeno engano pode levar a efeitos inesperados para algumas entradas de dados; (iii) o método não é **estável**.

Uma vez que se consiga uma implementação robusta para o Quicksort, este deve ser o algoritmo preferido para a maioria das aplicações. No caso de necessitar de um programa utilitário para uso frequente, vale a pena investir na obtenção de uma implementação do algoritmo. Por exemplo, como evitar o pior caso do algoritmo? A melhor solução é escolher três itens quaisquer do arquivo e usar a **mediana de três** como item divisor na partição.

4.1.5 Heapsort

Heapsort é um método de ordenação cujo princípio de funcionamento utiliza o mesmo princípio da ordenação por seleção, a saber: selecione o menor item do vetor e a seguir troque-o com o item que está na primeira posição do vetor; repita estas duas operações com os $n - 1$ itens restantes, depois com os $n - 2$ itens, e assim sucessivamente.

O custo para encontrar o menor (ou o maior) item entre n itens custa $n - 1$ comparações. Esse custo pode ser reduzido por meio da utilização de uma estrutura de dados chamada fila de prioridades. Em razão da enorme importância das filas de prioridades para muitas aplicações (inclusive ordenação), a próxima seção será dedicada ao seu estudo.

Filas de Prioridades

No estudo de listas lineares, no Capítulo 3, vimos que a operação de desempilhar um item de uma pilha retira o último item inserido (o mais novo), e a operação de desenfileirar um item de uma fila retira o primeiro item inserido (o mais velho). Em muitas situações é necessária uma estrutura de dados que suporte as operações de inserir um novo item e retirar o item com a maior chave. Tal estrutura de dados é chamada fila de prioridades, porque a chave de cada item reflete sua habilidade relativa de abandonar o conjunto de itens rapidamente.

Filas de prioridades são utilizadas em grande número de aplicações. Sistemas operacionais usam filas de prioridades, nas quais as chaves representam o tempo em que os eventos devem ocorrer. Alguns métodos numéricos iterativos são baseados na seleção repetida de um item com maior (menor) valor. Sistemas de gerência de memória usam a técnica de substituir a página menos utilizada na memória principal do computador por uma nova página.

As operações mais comuns sobre o tipo fila de prioridades são: adicionar um novo item ao conjunto e extrair do conjunto o item que contiver o maior (menor) valor. Entretanto, filas de prioridades permitem a execução de grande número de operações de forma eficiente. Um **tipo abstrato de dados** Fila de Prioridades contendo registros com chaves numéricas (prioridades) deve suportar algumas das seguintes operações:

1. Constrói uma fila de prioridades a partir de um conjunto com n itens.
2. Informa qual é o maior item do conjunto.
3. Retira o item com maior chave.
4. Insere um novo item.
5. Aumenta o valor da chave do item i para um novo valor, que é maior que o valor atual da chave.
6. Substitui o maior item por um novo item, a não ser que o novo item seja maior.
7. Altera a prioridade de um item.
8. Remove um item qualquer.
9. Ajunta duas filas de prioridades em uma única.

A única diferença entre a operação Substitui e as operações encadeadas Insere/Retira é que as operações encadeadas fazem com que a fila de prioridades aumente temporariamente de tamanho. A operação Constrói é equivalente ao uso repetido da operação Insere, e a operação Altera é equivalente à operação Remove seguida de Insere.

Uma representação óbvia para uma fila de prioridades é uma lista linear ordenada. Nesse caso, Constrói leva tempo $O(n \log n)$, Insere é $O(n)$ e Retira é $O(1)$. Outra representação é feita mediante uma lista linear não ordenada, na qual a operação Constrói tem custo linear, Insere é $O(1)$, Retira é $O(n)$, e Ajunta é $O(1)$ para implementações por meio de apontadores e $O(n)$ para implementações via arranjos, em que n representa o tamanho da menor fila de prioridades.

Filas de prioridades podem ser mais bem representadas por estruturas de dados chamadas *heaps*. A operação Constrói tem custo linear, e Insere, Retira, Substitui e Altera têm custo logarítmico. Para implementar a operação Ajunta de forma eficiente e ainda preservar o custo logarítmico para as operações Insere, Retira, Substitui e Altera, é necessário utilizar estruturas de dados mais sofisticadas, tais como árvores binomiais (Vuillemin, 1978).

Qualquer algoritmo para filas de prioridades pode ser transformado em um algoritmo de ordenação, pelo uso repetido da operação Insere para construir a fila de prioridades, seguido do uso repetido da operação Retira para receber os itens na ordem reversa. Nesse esquema, o uso de listas lineares não ordenadas corresponde ao método da seleção; o uso de **listas lineares ordenadas** corresponde ao método da inserção; o uso de *heaps* corresponde ao método Heapsort.

Heaps

Uma estrutura de dados eficiente para suportar as operações Constrói, Insere, Retira, Substitui e Altera é o *heap*, proposta por Williams (1964). Um *heap* é definido como uma sequência de itens com chaves

$$c[1], c[2], \ldots, c[n],$$

tal que

$$c[i] \geq c[2i],$$
$$c[i] \geq c[2i+1],$$

para todo $i = 1, 2, \ldots, n/2$. Esta ordem pode ser facilmente visualizada se a sequência de chaves for desenhada em uma árvore binária completa, em que as linhas que saem de uma chave levam a duas chaves menores no nível inferior, conforme ilustra a Figura 4.6. Uma **árvore binária completa** é uma árvore binária com os nós numerados de 1 a n, na qual o primeiro nó é chamado raiz, o nó $\lfloor k/2 \rfloor$ é o pai do nó k, para $1 < k \leq n$, e os nós $2k$ e $2k+1$ são os filhos à esquerda e à direita do nó k, para $1 \leq k \leq \lfloor n/2 \rfloor$. Quando o último nível de uma árvore binária completa não está cheio, os nós externos aparecem em dois níveis adjacentes e os nós no nível mais baixo estão posicionados mais à esquerda. Um estudo mais detalhado de árvores será apresentado no Capítulo 5.

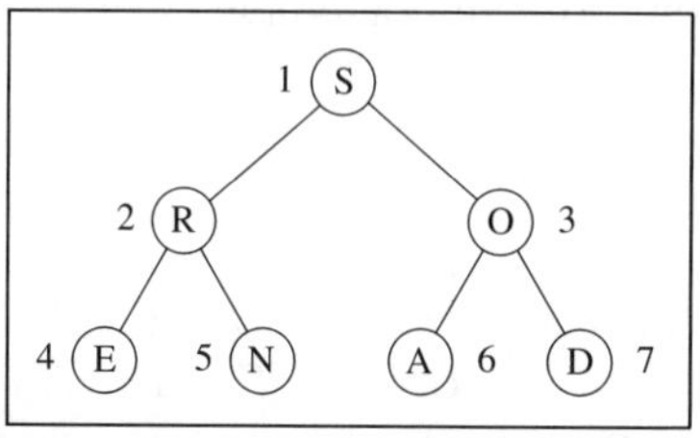

Figura 4.6 *Árvore binária completa.*

Observe que as chaves na árvore da Figura 4.6 satisfazem a condição do *heap*: a chave em cada nó é maior do que as chaves em seus filhos, se eles existirem. Consequentemente, a chave no nó raiz é a maior chave do conjunto.

Uma árvore binária completa pode ser **representada** por um **array**, conforme ilustra a Figura 4.7. Essa representação é extremamente compacta e, além disso, permite caminhar pelos nós da árvore facilmente: os filhos de um nó i estão nas posições $2i$ e $2i+1$ (caso existam), e o pai de um nó i está na posição i **div** 2.

Um *heap* é uma árvore binária completa na qual cada nó satisfaz a condição do *heap* apresentada anteriormente. No caso da representação do *heap* por um

1	2	3	4	5	6	7
S	*R*	*O*	*E*	*N*	*A*	*D*

Figura 4.7 *Árvore binária completa representada por um arranjo.*

arranjo, a maior chave está sempre na posição 1 do vetor. Os algoritmos para implementar as operações sobre o *heap* operam ao longo de um dos caminhos da árvore, a partir da raiz até o nível mais profundo da árvore.

A seguir, apresentamos o algoritmo para construir o *heap*. Um método elegante e que não necessita de nenhuma memória auxiliar foi apresentado por Floyd (1964). Dado um vetor $A[1], A[2], \ldots, A[n]$, os itens $A[n/2{+}1], A[n/2{+}2], \ldots, A[n]$ formam um *heap*, porque neste intervalo do vetor não existem dois índices i e j tais que $j = 2i$ ou $j = 2i + 1$.

No caso das chaves iniciais da Figura 4.8, os itens de $A[4]$ a $A[7]$ formam a parte inferior da árvore binária associada, em que nenhuma relação de ordem é necessária para formarem um *heap*. A seguir, o *heap* é estendido para a esquerda ($Esq = 3$), englobando o item $A[3]$, pai dos itens $A[6]$ e $A[7]$. Nesse momento, a condição do *heap* é violada, e os itens D e S são trocados, conforme ilustra a segunda linha da Figura 4.8. A seguir, o *heap* é novamente estendido para a esquerda ($Esq = 2$), incluindo o item R, passo que não viola a condição do *heap*. Finalmente, o *heap* é estendido para a esquerda ($Esq = 1$), incluindo o item O, e os itens O e S são trocados, encerrando o processo. A operação de refazer a condição do *heap* é realizada pelo Programa 4.9. O Programa 4.8 implementa a operação que informa o item com maior chave.

	1	2	3	4	5	6	7
Chaves iniciais:	*O*	*R*	*D*	*E*	*N*	*A*	*S*
Esq = 3	*O*	*R*	**S**	*E*	*N*	*A*	**D**
Esq = 2	*O*	*R*	*S*	*E*	*N*	*A*	*D*
Esq = 1	**S**	*R*	**O**	*E*	*N*	*A*	*D*

Figura 4.8 *Construção do* heap.

Programa 4.8 *Informa o item com maior chave*

```
function Max (var A: TipoVetor): TipoItem;
begin
  Max := A[1];
end;
```

O Programa 4.9 implementa o procedimento Refaz, que reconstrói o *heap* conforme descrito anteriormente. O Programa 4.10 mostra a implementação do algoritmo para construir o *heap*.

Programa 4.9 *Procedimento para refazer o* heap

```
procedure Refaz (Esq, Dir: TipoIndice; var A: TipoVetor);
label 999;
var i: TipoIndice;
    j: integer;
    x: TipoItem;
begin
  i := Esq; j := 2 * i;
  x := A[i];
  while j <= Dir do
    begin
    if j < Dir
    then if A[j].Chave < A[j + 1].Chave then j := j + 1;
    if x.Chave >= A[j].Chave then goto 999;
    A[i] := A[j];
    i := j; j := 2 * i;
    end;
  999 : A[i] := x;
end;
```

Programa 4.10 *Procedimento para construir o* heap

```
{-- Usa o procedimento Refaz do Programa 4.9--}
procedure Constroi (var A: TipoVetor; n: TipoIndice);
var Esq: TipoIndice;
begin
  Esq := n div 2 + 1;
  while Esq > 1 do
    begin
    Esq := Esq - 1;
    Refaz (Esq, n, A);
    end;
end;
```

O Programa 4.11 implementa a operação de retirar o item com maior chave. Ela é similar à operação do procedimento Heapsort, vista logo adiante.

O Programa 4.12 implementa a operação de aumentar o valor da chave do item i para um novo valor, que é maior que o valor atual da chave. Essa operação será utilizada na Seção 7.8.2.

Programa 4.11 *Retira o item com maior chave*

```
function RetiraMax (var A: TipoVetor; var n: TipoIndice): TipoItem;
begin
  if n < 1
  then writeln('Erro: heap vazio')
  else begin
       RetiraMax := A[1];
       A[1] := A[n];
       n := n - 1;
       Refaz (1, n, A);
       end;
end;
```

Programa 4.12 *Aumenta valor da chave do item na posição i*

```
procedure AumentaChave (i: TipoIndice;
                        ChaveNova: TipoChave;
                        var A: TipoVetor);
var k: integer;
    x: TipoItem;
begin
  if ChaveNova < A[i].Chave
  then writeln('Erro: ChaveNova menor que a chave atual')
  else begin
       A[i].Chave := ChaveNova;
       while (i>1) and (A[i div 2].Chave < A[i].Chave)
         do begin
            x := A[i div 2]; A[i div 2] := A[i];
            A[i] := x;       i := i div 2;
            end;
       end;
end;
```

A Figura 4.9 mostra um exemplo da operação de aumentar o valor da chave do item na posição i. O tempo de execução do procedimento AumentaChave em um item do *heap* é $O(\log n)$, uma vez que um caminho seguido a partir do nó alterado até a raiz tem comprimento $O(\log n)$.

O Programa 4.13 implementa a operação de inserir um novo item no *heap*. O procedimento Insere recebe um novo item para ser inserido, expande o arranjo que contém o *heap* adicionando à árvore uma nova folha, cuja chave é $-\infty$. A seguir, chama o Programa 4.12 para colocar a chave desse novo nó na sua posição correta e assim manter a condição do *heap*.

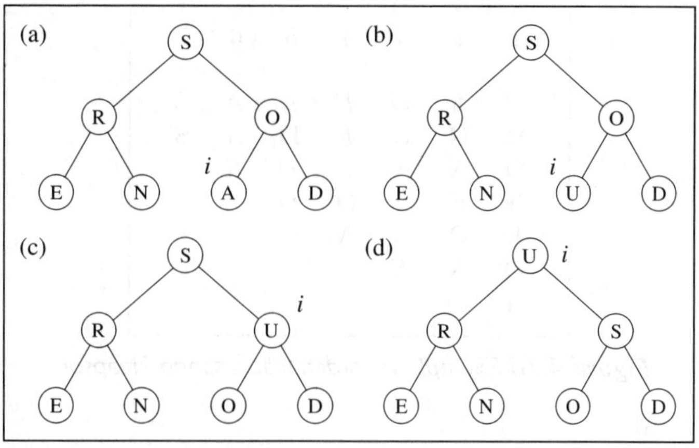

Figura 4.9 *(a) Operação de aumentar o valor da chave. (a) Heap da Figura 3.6 com o nó cujo índice $i = 6$ será aumentado. (b) O nó 6 tem sua chave aumentada para U. (c) Após uma iteração do* **while**, *o nó e seu pai trocaram suas chaves, e o índice i move para o nó pai. (d) O* heap *após mais uma iteração. A condição do* heap *é restaurada e o procedimento termina.*

Programa 4.13 *Insere um novo item no* heap

```
const INFINITO = MAXINT;
procedure Insere (var x: TipoItem;
                  var A: TipoVetor;
                  var n: TipoIndice);
begin
  n := n + 1; A[n] := x; A[n].Chave := -INFINITO;
  AumentaChave (n, x.Chave, A);
end;
end;
```

Heapsort

O primeiro passo é construir o *heap* utilizando o Programa 4.10. A partir do *heap* obtido pelo procedimento Constroi, pega-se o item na posição 1 do vetor (raiz do *heap*) e troca-se com o item que está na posição n do vetor. A seguir, basta usar o procedimento Refaz para reconstituir o *heap* para os itens $A[1], A[2], \ldots, A[n-1]$. Repita estas duas operações com os $n - 1$ itens restantes, depois com os $n - 2$ itens, até que reste apenas um item. Esse método é exatamente o que o Heapsort faz, conforme ilustra a Figura 4.10. O caminho seguido pelo procedimento Refaz para reconstituir a condição do *heap* está em negrito. Por exemplo, após a troca dos itens S e D na segunda linha da Figura 4.10, o item D volta para a posição 5, depois de passar pelas posições 1 e 2.

O Programa 4.14 mostra a implementação do algoritmo, para um conjunto de itens implementado como TipoVetor.

1	2	3	4	5	6	7
S	*R*	*O*	*E*	*N*	*A*	*D*
R	**N**	*O*	*E*	**D**	*A*	**S**
O	*N*	**A**	*E*	*D*	*R*	
N	**E**	*A*	**D**	*O*		
E	**D**	*A*	*N*			
D	**A**	*E*				
A	*D*					

Figura 4.10 *Exemplo de ordenação usando Heapsort.*

Programa 4.14 *Heapsort*

```
procedure Heapsort (var A: TipoVetor; n: TipoIndice);
var Esq, Dir: TipoIndice;
    x       : TipoItem;
{-- Entra aqui o procedimento Refaz do Programa 4.9       --}
{-- Entra aqui o procedimento Constroi do Programa 4.10--}
begin
  Constroi(A, n);  { constroi o heap }
  Esq := 1;  Dir := n;
  while Dir > 1 do  { ordena o vetor }
    begin
    x := A[1];  A[1] := A[Dir];  A[Dir] := x;
    Dir := Dir - 1;
    Refaz (Esq, Dir, A);
    end;
end;
```

Análise À primeira vista, o algoritmo não parece eficiente, pois as chaves são movimentadas várias vezes. Entretanto, o procedimento Refaz gasta cerca de $\log n$ operações, no pior caso. Logo, Heapsort gasta um tempo de execução proporcional a $n \log n$ no pior caso!

Heapsort não é recomendado para arquivos com poucos registros, por causa do tempo necessário para construir o *heap*, bem como porque o anel interno do algoritmo é bastante complexo, se comparado com o anel interno do Quicksort. De fato, o Quicksort é, em média, cerca de duas vezes mais rápido que o Heapsort. Entretanto, Heapsort é melhor que o Shellsort para grandes arquivos. Um aspecto importante a favor do Heapsort é que o seu comportamento é $O(n \log n)$, qualquer que seja a entrada. Aplicações que não podem tolerar eventualmente um caso desfavorável devem usar o Heapsort. Um aspecto negativo sobre o Heapsort é que o método não é **estável**.

Comparação entre os Métodos

A ordenação interna é utilizada quando todos os registros do arquivo cabem na memória principal. Neste capítulo, apresentamos até aqui cinco métodos de ordenação interna mediante comparação de chaves. Foram estudados dois métodos simples (Seleção e Inserção), que requerem $O(n^2)$ comparações e três métodos eficientes (Shellsort, Quicksort e Heapsort) que requerem $O(n \log n)$ comparações (apesar de não se conhecer analiticamente o comportamento do Shellsort, ele é considerado um método eficiente).

As Tabelas 4.1, 4.2 e 4.3 apresentam quadros comparativos do tempo total real para ordenar arranjos com 500, 5.000, 10.000 e 30.000 registros na ordem aleatória, na ordem ascendente e na ordem descendente, respectivamente. Em cada tabela, o método que levou menos tempo real para executar recebeu o valor 1 e os outros receberam valores relativos a ele. Assim, na Tabela 4.1, o Shellsort levou o dobro do tempo do Quicksort para ordenar 30.000 registros.

Tabela 4.1 *Ordem aleatória dos registros*

	500	5.000	10.000	30.000
Inserção	11,3	87	161	–
Seleção	16,2	124	228	–
Shellsort	1,2	1,6	1,7	2
Quicksort	1	1	1	1
Heapsort	1,5	1,6	1,6	1,6

Tabela 4.2 *Ordem ascendente dos registros*

	500	5.000	10.000	30.000
Inserção	1	1	1	1
Seleção	128	1.524	3.066	–
Shellsort	3,9	6,8	7,3	8,1
Quicksort	4,1	6,3	6,8	7,1
Heapsort	12,2	20,8	22,4	24,6

Tabela 4.3 *Ordem descendente dos registros*

	500	5.000	10.000	30.000
Inserção	40,3	305	575	–
Seleção	29,3	221	417	–
Shellsort	1,5	1,5	1,6	1,6
Quicksort	1	1	1	1
Heapsort	2,5	2,7	2,7	2,9

A seguir, apresentamos algumas observações sobre cada um dos métodos.

1. Shellsort, Quicksort e Heapsort têm a mesma ordem de grandeza.
2. O Quicksort é o mais rápido para todos os tamanhos aleatórios experimentados.
3. A relação Heapsort/Quicksort se mantém constante para todos os tamanhos, sendo o Heapsort mais lento.
4. A relação Shellsort/Quicksort aumenta à medida que o número de elementos aumenta; para arquivos pequenos (500 elementos), o Shellsort é mais rápido que o Heapsort; porém, quando o tamanho da entrada cresce, esta relação se inverte.
5. Inserção é o mais rápido para qualquer tamanho se os elementos estão ordenados; esse é seu melhor caso, que é $O(n)$. Ele é o mais lento para qualquer tamanho se os elementos estão em ordem descendente; esse é o seu pior caso.
6. Entre os algoritmos de custo $O(n^2)$, Inserção é melhor para todos os tamanhos aleatórios experimentados.

A Tabela 4.4 mostra a influência da ordem inicial do arquivo sobre cada um dos três métodos mais eficientes. Ao observar a tabela, podemos notar que:

1. O Shellsort é bastante sensível à ordenação ascendente ou descendente da entrada; para arquivos do mesmo tamanho, executa mais rápido se o arquivo estiver ordenado do que se os elementos forem aleatórios.
2. O Quicksort é sensível à ordenação ascendente ou descendente da entrada; para arquivos do mesmo tamanho, executa mais rápido se o arquivo estiver ordenado do que se os elementos forem aleatórios. Ele é o mais rápido para qualquer tamanho quando os elementos estão em ordem ascendente.
3. O Heapsort praticamente não é sensível à ordenação da entrada; para arquivos do mesmo tamanho, executa 10% mais lento se o arquivo estiver ordenado do que se os elementos forem aleatórios.

Tabela 4.4 *Influência da ordem inicial*

	Shellsort			Quicksort			Heapsort		
	5.000	10.000	30.000	5.000	10.000	30.000	5.000	10.000	30.000
Asc	1	1	1	1	1	1	1,1	1,1	1,1
Des	1,5	1,6	1,5	1,1	1,1	1,1	1	1	1
Ale	2,9	3,1	3,7	1,9	2,0	2,0	1,1	1	1

O método da **Inserção** é o mais interessante para arquivos com menos de 20 elementos, podendo ser mais eficiente do que algoritmos que tenham comportamento assintótico mais eficiente. O método é estável e seu comportamento é melhor do que outro método estável muito citado na literatura, o **Bubblesort** ou método da **bolha**. Além disso, sua implementação é tão simples quanto as implementações do Bubblesort e Seleção. Para arquivos já ordenados, o método é $O(n)$: quando se deseja adicionar alguns elementos a um arquivo já ordenado e depois obter outro arquivo ordenado, o custo é linear.

O método da **Seleção** somente é vantajoso quanto ao número de movimentos de registros, que é $O(n)$. Logo, ele deve ser usado para arquivos com registros muito grandes, desde que o tamanho do arquivo não exceda 1.000 elementos.

O **Shellsort** é o método a ser escolhido para a maioria das aplicações por ser muito eficiente para arquivos de tamanho moderado. Mesmo para arquivos grandes, o método é cerca de apenas duas vezes mais lento do que o Quicksort. Sua implementação é simples e fácil de colocar funcionando corretamente e geralmente resulta em um programa pequeno. Ele não possui um pior caso ruim, e, quando encontra um arquivo parcialmente ordenado, trabalha menos.

O **Quicksort** é o algoritmo mais eficiente que existe para uma grande variedade de situações. Entretanto, é um método bastante frágil no sentido de que qualquer erro de implementação pode ser difícil de ser detectado. O algoritmo é recursivo, o que demanda uma pequena quantidade de memória adicional. Além disso, seu desempenho é da ordem de $O(n^2)$ operações no pior caso.

Uma vez que se consiga uma implementação robusta, o Quicksort deve ser o método a ser utilizado. O principal cuidado a ser tomado é com relação à escolha do **pivô**. A escolha do elemento do meio do arranjo melhora muito o desempenho quando o arquivo está total ou parcialmente ordenado, e o pior caso nessas condições terá uma probabilidade muito remota de ocorrer quando os elementos forem aleatórios. A melhor solução para tornar o pior caso mais improvável ainda é escolher ao acaso uma pequena amostra do arranjo e usar a mediana da amostra como pivô na partição. Geralmente se usa a **mediana** de uma amostra **de três elementos**. Além de tornar o pior caso muito mais improvável, essa solução melhora o caso médio ligeiramente.

Outra importante melhoria para o desempenho do Quicksort é evitar chamadas recursivas para **pequenos subarquivos** por meio da chamada de um método de ordenação simples, como o método da Inserção. Para tanto, basta colocar um teste no início do procedimento recursivo Ordena do Programa 4.7 para verificar o tamanho do subarquivo a ser ordenado: para arquivos com menos de 25 elementos, o algoritmo da Inserção deve ser chamado (a implementação do algoritmo da Inserção deve ser alterada para aceitar parâmetros indicando os limites do subarquivo a ser ordenado). A melhoria no desempenho é significativa, podendo chegar a 20% para a maioria das aplicações (Sedgewick, 1988).

O **Heapsort** é um método de ordenação elegante e eficiente. Apesar de possuir um anel interno relativamente complexo, que o torna cerca de duas vezes mais lento do que o Quicksort, ele não necessita de nenhuma memória adicional. Além disso, ele executa sempre em tempo proporcional a $n \log n$, qualquer que seja a ordem inicial dos elementos do arquivo de entrada. Aplicações que não podem tolerar eventuais variações no tempo esperado de execução devem usar o Heapsort.

Finalmente, quando os registros do arquivo $A[1], A[2], \ldots, A[n]$ são muito grandes, é desejável que o método de ordenação realize apenas n movimentos dos registros, com o uso de uma **ordenação indireta**. Isso pode ser realizado pela utilização de um arranjo $P[1], P[2], \ldots, P[n]$ de apontadores, um apontador para cada registro: os registros somente são acessados para fins de comparação e toda movimentação é realizada apenas sobre os apontadores. Ao final, $P[1]$ contém o índice do menor elemento de A, $P[2]$ contém o índice do segundo menor elemento de A, e assim sucessivamente. Essa estratégia pode ser utilizada para qualquer dos métodos de ordenação interna vistos anteriormente. Sedgewick (1988) mostra como implementá-la para o método da **Inserção** e para aplicações de **filas de prioridades** usando **Heaps**.

4.1.6 Ordenação Parcial

O problema da ordenação parcial[1] ocorre quando se deseja obter os k primeiros elementos de um arranjo contendo n elementos, em uma ordem ascendente ou descendente. Quando $k = 1$, o problema se reduz a encontrar o mínimo (ou o máximo) de um conjunto de elementos. Quando $k = n$, caímos no problema clássico de ordenação.

O problema da ordenação parcial ocorre em muitas situações práticas. Por exemplo, para facilitar a busca de informação na Web existem as **máquinas de busca**, que são sistemas para recuperação de informação na Web (Baeza-Yates e Ribeiro-Neto, 1999; Witten, Mofat e Bell, 1999). É comum uma consulta na Web retornar centenas de milhares de documentos relacionados. Entretanto, o usuário está interessado apenas nos k documentos mais relevantes, em que k, em geral, é menor do que 200 documentos (na maioria das vezes o usuário consulta apenas os dez primeiros documentos mostrados na primeira página de resposta). Consequentemente, a comunidade de recuperação de informação necessita de algoritmos de ordenação parcial eficientes.

O objetivo desta seção é apresentar um estudo comparativo dos principais algoritmos de ordenação interna que possam ser adaptados para realizar eficientemente a ordenação parcial. Assim, vamos considerar os seguintes algoritmos de ordenação interna: Seleção, Inserção, Heapsort e Quicksort.

Seleção Parcial

Um dos algoritmos de ordenação mais simples é o método apresentado na Seção 4.1.1, cujo princípio de funcionamento é o seguinte: selecione o menor item do vetor e a seguir troque-o com o item que está na primeira posição do vetor.

[1]Na literatura este problema é mais conhecido como seleção do k-ésimo maior (do inglês *selection of kth largest*). Para não haver confusão com o algoritmo de ordenação por seleção, usamos ordenação parcial.

Repita essas duas operações com os $n-1$ itens restantes, depois com os $n-2$ itens, até que reste apenas um elemento. Para obter somente os k primeiros, a alteração necessária no Programa 4.3 é apenas mudar de $n-1$ para k o número de iterações do anel mais externo, como pode ser visto no Programa 4.15. Assim, somente os k primeiros itens serão obtidos.

Programa 4.15 *Ordenação parcial por seleção*

```
procedure SelecaoParcial (var A: TipoVetor; n, k: TipoIndice);
var i, j, Min: TipoIndice;
    x        : TipoItem;
begin
  for i := 1 to k do
    begin
    Min := i;
    for j := i + 1 to n do if A[j].Chave < A[Min].Chave then Min := j;
    x := A[Min]; A[Min] := A[i]; A[i] := x;
    end;
end;
```

Análise Comparações entre chaves e movimentações de registros:

$$C(n) = kn - \frac{k^2}{2} - \frac{k}{2}$$

$$M(n) = 3k.$$

O algoritmo de ordenação por seleção parcial é muito simples de ser obtido a partir da implementação do mesmo algoritmo para ordenar n itens. Além disso, o método possui um comportamento espetacular quanto ao número de movimentos de registros, cujo tempo de execução é linear no tamanho de k.

Inserção Parcial

O algoritmo de ordenação parcial por inserção pode ser obtido a partir do algoritmo apresentado pelo Programa 4.4, por meio de uma modificação simples. Uma vez que tenham sido ordenados os primeiros k itens, o item na k-ésima posição do vetor funciona como um pivô. Quando um item do restante do vetor é menor do que o pivô, ele é inserido na posição correta entre os k itens, de acordo com o algoritmo original. O Programa 4.16 mostra a implementação do algoritmo. A modificação realizada verifica o momento em que i se torna maior do que k e então passa a considerar o valor de j igual a k a partir desse ponto.

Programa 4.16 *Ordenação parcial por inserção*

```
procedure InsercaoParcial (var A: TipoVetor; n, k: TipoIndice);
{-- Nao preserva o restante do vetor --}
var i, j: TipoIndice; x: TipoItem;
begin
  for i := 2 to n do
    begin
    x := A[i];
    if i > k then j := k else j := i - 1;
    A[0] := x; { sentinela }
    while x.Chave < A[j].Chave do
      begin A[j + 1] := A[j]; j := j - 1; end;
    A[j+1] := x;
    end;
end;
```

Apesar de muito simples, a versão mostrada no Programa 4.16 tem um inconveniente: o restante do vetor não é preservado. Para que o restante do vetor contenha os itens originais sempre que algum valor inferior ao pivô é encontrado, esse valor tem de ser trocado de posição com o pivô, como mostrado na implementação do Programa 4.17.

Programa 4.17 *Ordenação parcial por inserção que preserva todos os itens do vetor*

```
procedure InsercaoParcial2 (var A: TipoVetor; n, k: TipoIndice);
{-- Preserva o restante do vetor --}
var i, j: TipoIndice; x: TipoItem;
begin
  for i := 2 to n do
    begin
    x := A[i];
    if i > k
    then begin
         j := k;
         if x.Chave < A[k].Chave then A[i] := A[k];
         end
    else j := i - 1;
    A[0] := x; { sentinela }
    while x.Chave < A[j].Chave do
      begin
      if j < k then A[j + 1] := A[j];
      j := j - 1;
      end;
    if j < k then A[j+1] := x;
    end;
end;
```

Análise Vamos apresentar a análise do Programa 4.16. No anel mais interno, na i-ésima iteração o valor de C_i é:

$$\begin{array}{ll} \text{melhor caso} & : C_i(n) = 1 \\ \text{pior caso} & : C_i(n) = i \\ \text{caso médio} & : C_i(n) = \frac{1}{i}(1 + 2 + \cdots + i) = \frac{i+1}{2} \end{array}$$

assumindo que todas as permutações de n são igualmente prováveis para o caso médio. Logo, o número de comparações é igual a:

$$\begin{array}{lll} \text{melhor caso} & : C(n) & = (1 + 1 + \cdots + 1) = n - 1 \\ \text{pior caso} & : C(n) & = (2 + 3 + \cdots + k + (k+1)(n-k)) \\ & & = kn + n - \frac{k^2}{2} - \frac{k}{2} - 1 \\ \text{caso médio} & : C(n) & = \frac{1}{2}(3 + 4 + \cdots + k + 1 + (k+1)(n-k)) \\ & & = \frac{kn}{2} + \frac{n}{2} - \frac{k^2}{4} + \frac{k}{4} - 1 \end{array}$$

O número de movimentações na i-ésima iteração é igual a:

$$M_i(n) = C_i(n) - 1 + 3 = C_i(n) + 2$$

Logo, o número de movimentos é igual a:

$$\begin{array}{lll} \text{melhor caso} & : M(n) & = (3 + 3 + \cdots + 3) = 3(n - 1) \\ \text{pior caso} & : M(n) & = (4 + 5 + \cdots + k + 2 + (k+1)(n-k)) \\ & & = kn + n - \frac{k^2}{2} + \frac{3k}{2} - 3 \\ \text{caso médio} & : M(n) & = \frac{1}{2}(5 + 6 + \cdots + k + 3 + (k+1)(n-k)) \\ & & = \frac{kn}{2} + \frac{n}{2} - \frac{k^2}{4} + \frac{5k}{4} - 2 \end{array}$$

O número mínimo de comparações e movimentos ocorre quando os itens estão originalmente em ordem, e o número máximo ocorre quando os itens estão originalmente na ordem reversa, o que indica um comportamento natural para o algoritmo. Para arquivos já **ordenados**, o algoritmo descobre a um custo $O(n)$ que cada item já está no seu lugar.

Heapsort Parcial

O procedimento Heapsort do Programa 4.14 pode ser alterado para obter um algoritmo de ordenação parcial. Para a implementação do algoritmo Heapsort-Parcial é necessário utilizar um tipo abstrato de dados *heap* que informe o menor item do conjunto, como especificado no Exercício 4.19(c). Na primeira iteração, o menor item que está em A[1] (raiz do *heap*) é trocado com o item que está em A[n]. Após refazer o *heap*, o segundo menor está em A[1], o qual é trocado com A[n-1], e assim sucessivamente, até que o k-ésimo menor é trocado com A[$n-k$]. Ao final, os k menores estão nas k últimas posições do vetor A.

O Programa 4.18 mostra a implementação do procedimento HeapsortParcial.

Programa 4.18 *Ordenação parcial usando heapsort*

```
procedure HeapsortParcial (var A: TipoVetor; n, k: TipoIndice);
{-- Coloca menor em A[n], ..., k-esimo menor em A[n-k] --}
var Esq, Dir: TipoIndice;
    x       : TipoItem;
    Aux     : integer;
{-- Entram aqui os procedimentos Refaz e Constroi do Programa ?? --}
begin
  Constroi(A, n);  { constroi o heap }
  Aux := 0;  Esq := 1;  Dir := n;
  while Aux < k do  { ordena o vetor }
    begin
    x := A[1];  A[1] := A[n - Aux];  A[n - Aux] := x;
    Dir := Dir - 1;  Aux := Aux + 1;
    Refaz (Esq, Dir, A);
    end;
end;
```

Análise O HeapsortParcial deve construir um *heap* a um custo $O(n)$. O procedimento Refaz tem custo $O(\log n)$. Como o procedimento HeapsortParcial chama o procedimento Refaz k vezes, pois retiramos o menor elemento do conjunto a cada iteração e refazemos o *heap*, o algoritmo apresenta a complexidade:

$$O(n + k \log n) = \begin{cases} O(n) & \text{se } k \le \frac{n}{\log n} \\ O(k \log n) & \text{se } k > \frac{n}{\log n} \end{cases}$$

Quicksort Parcial

Como vimos na Seção 4.1.4, o Quicksort é o algoritmo de ordenação interna mais rápido que se conhece para uma ampla variedade de situações, sendo que no caso da ordenação parcial esse fato se repete. A alteração no algoritmo para que ele ordene apenas os k primeiros itens de um conjunto com n itens é muito simples. Basta abandonar a partição à direita toda vez que a partição à esquerda contiver k ou mais itens. Assim, a única alteração necessária no Programa 4.7 é evitar a chamada recursiva a Ordena(i,Dir), a qual trata dos itens da partição à direita contendo os valores entre i e Dir.

A Figura 4.5 ilustra o que acontece com as seis chaves do vetor exemplo em cada chamada recursiva do procedimento Ordena. Cada linha mostra o resultado do procedimento Particao, onde o **pivô** é mostrado em negrito. Vamos considerar o caso de ordenação parcial em que $k = 3$. Nas linhas 2 e 3 da Figura 4.5, após a chamada do procedimento Particao em que o pivô foi D, a partição à esquerda contém dois itens e a partição à direita contém quatro itens. Nesse caso, como a partição à esquerda contém menos de k itens, o procedimento Ordena deve ser chamado normalmente para a partição à direita contendo os quatro itens. Na linha 3, após a chamada do procedimento Particao em que o pivô foi E, a partição à esquerda conterá três itens e a partição à direita também. Nesse momento a partição à direita deverá ser abandonada e apenas a chamada para a partição à esquerda (contendo k ou mais itens) deverá ser realizada.

O Programa 4.19 mostra a implementação do procedimento QuicksortParcial. O procedimento recebe o vetor A e o valor de k. O procedimento Particao não sofre alteração alguma. A única alteração necessária no Programa 4.19 ocorre após a chamada do procedimento Particao: se o valor de j − Esq for maior ou igual a $k - 1$, então apenas a partição à esquerda é considerada por meio da chamada Ordena (Esq,j), caso contrário as duas chamadas ao procedimento Ordena ocorrem como no Programa 4.7 original.

Programa 4.19 *Ordenação parcial usando Quicksort*

```
procedure QuickSortParcial (var A: TipoVetor; n, k: TipoIndice);
{-- Entra aqui o procedimento Particao do Programa 4.6--}
  procedure Ordena (Esq, Dir, k: TipoIndice);
  var i, j: TipoIndice;
  begin
    Particao (Esq, Dir, i, j);
    if (j-Esq) >= (k-1)
    then begin if Esq < j then Ordena (Esq, j, k) end
    else begin
           if Esq < j then Ordena (Esq, j, k);
           if i < Dir then Ordena (i, Dir, k);
         end;
  end; { Ordena }
begin
  Ordena (1, n, k);
end;
```

Análise A análise do QuicksortParcial é difícil. O comportamento é muito sensível à escolha do pivô, podendo cair no melhor caso $O(k \log k)$, ou cair em algum valor entre o melhor caso e $O(n \log n)$.

Comparação entre os Métodos

A ordenação parcial deve ser utilizada quando o número k de registros a serem ordenados for pequeno, seja em valores absolutos, seja em valores relativos ao número total n de registros do arquivo. Foram estudados quatro métodos: SeleçãoParcial, InserçãoParcial (em duas versões), QuicksortParcial e HeapsortParcial.

A Tabela 4.5 apresenta um quadro comparativo do tempo total real para ordenar arranjos com valores de n iguais a 10, 100, 1.000, 100.000, 1.000.000 e 10.000.000. Para cada valor de n, o k varia de 1, 10, 100, ..., k. O método que levou menos tempo real para executar recebeu o valor 1 e os outros receberam valores relativos a ele. Na Tabela 4.5, o HeapsortParcial levou três vezes o tempo do InserçãoParcial para $k = 10$ registros em um arquivo com $n = 100$ registros.

Tabela 4.5 *Comparação dos algoritmos de ordenação parcial. Ordem aleatória dos registros*

n, k	Seleção	Quicksort	Inserção	Inserção2	Heapsort
$n: 10^1$ $k: 10^0$	1	2,5	1	1,2	1,7
$n: 10^1$ $k: 10^1$	1,2	2,8	1	1,1	2,8
$n: 10^2$ $k: 10^0$	1	3	1,1	1,4	4,5
$n: 10^2$ $k: 10^1$	1,9	2,4	1	1,2	3
$n: 10^2$ $k: 10^2$	3	1,7	1	1,1	2,3
$n: 10^3$ $k: 10^0$	1	3,7	1,4	1,6	9,1
$n: 10^3$ $k: 10^1$	4,6	2,9	1	1,2	6,4
$n: 10^3$ $k: 10^2$	11,2	1,3	1	1,4	1,9
$n: 10^3$ $k: 10^3$	15,1	1	3,9	4,2	1,6
$n: 10^5$ $k: 10^0$	1	2,4	1,1	1,1	5,3
$n: 10^5$ $k: 10^1$	5,9	2,2	1	1	4,9
$n: 10^5$ $k: 10^2$	67	2,1	1	1,1	4,8
$n: 10^5$ $k: 10^3$	304	1	1,1	1,3	2,3
$n: 10^5$ $k: 10^4$	1445	1	33,1	43,3	1,7
$n: 10^5$ $k: 10^5$	∞	1	∞	∞	1,9
$n: 10^6$ $k: 10^0$	1	3,9	1,2	1,3	8,1
$n: 10^6$ $k: 10^1$	6,6	2,7	1	1	7,3
$n: 10^6$ $k: 10^2$	83,1	3,2	1	1,1	6,6
$n: 10^6$ $k: 10^3$	690	2,2	1	1,1	5,7
$n: 10^6$ $k: 10^4$	∞	1	5	6,4	1,9
$n: 10^6$ $k: 10^5$	∞	1	∞	∞	1,7
$n: 10^6$ $k: 10^6$	∞	1	∞	∞	1,8
$n: 10^7$ $k: 10^0$	1	3,4	1,1	1,1	7,4
$n: 10^7$ $k: 10^1$	8,6	2,6	1	1,1	6,7
$n: 10^7$ $k: 10^2$	82,1	2,6	1	1,1	6,8
$n: 10^7$ $k: 10^3$	∞	3,1	1	1,1	6,6
$n: 10^7$ $k: 10^4$	∞	1,1	1	1,2	2,6
$n: 10^7$ $k: 10^5$	∞	1	∞	∞	2,2
$n: 10^7$ $k: 10^6$	∞	1	∞	∞	1,2
$n: 10^7$ $k: 10^7$	∞	1	∞	∞	1,7

A seguir, apresentamos algumas observações sobre cada um dos métodos.

1. Para valores de k até 1.000, o método da InserçãoParcial é imbatível, apesar de o QuicksortParcial nunca ficar muito longe da InserçãoParcial.
2. Na medida em que o k cresce, seja em valores absolutos ou em valores relativos a n, o QuicksortParcial é a melhor opção.
3. Para valores grandes de k, o método da InserçãoParcial se torna ruim, devendo ser usado somente quando se tem certeza de que k será pequeno, digamos, menor do que 5.000.
4. No caso de adotar um único método para qualquer situação, a melhor opção é o QuicksortParcial.
5. O HeapsortParcial tem comportamento parecido com o comportamento do QuicksortParcial, sendo o HeapsortParcial mais lento.

4.1.7 Ordenação em Tempo Linear

Nos algoritmos apresentados a seguir não existe comparação entre chaves. Eles têm complexidade de tempo linear na prática, mas necessitam manter uma cópia em memória dos itens a serem ordenados e uma área temporária de trabalho.

Ordenação por Contagem

Este método assume que cada item do vetor A é um número inteiro entre 0 e k. O algoritmo conta, para cada item x, o número de itens antes de x. A seguir, cada item é colocado no vetor de saída na sua posição definitiva. Por exemplo, se existem 10 itens menores do que x, então x vai para a posição 11. A Figura 4.11 apresenta um arquivo de oito chaves de inteiros entre 0 e 4. Cada etapa mostra (a) o vetor de entrada A e o vetor auxiliar C contendo o número de itens iguais a i, $0 \leq i \leq 4$; (b) o vetor C contendo o número de itens menores ou iguais a i, $0 \leq i \leq 4$; (c), (d), (e) o vetor auxiliar B e o vetor auxiliar C após uma, duas e três iterações, respectivamente, considerando os itens no vetor de entrada A da direita para a esquerda; (f) o vetor auxiliar B ordenado.

O Programa 4.20 apresenta a implementação do algoritmo para um conjunto de itens implementado como TipoVetor. Os arranjos auxiliares B e C devem ser declarados fora do procedimento Contagem para evitar que sejam criados a cada chamada do procedimento. No quarto **for**, como podem haver itens iguais no vetor A, então o valor de $C[A[j]]$ é decrementado de 1 toda vez que um item $A[j]$ é colocado no vetor B. Isso garante que o próximo item com valor igual a $A[j]$, se existir, vai ser colocado na posição imediatamente antes de $A[j]$ no vetor B. O último **for** copia para A o vetor B ordenado. Essa cópia pode ser evitada colocando o vetor B como parâmetro de retorno no procedimento Contagem, como mostrado no Exercício 4.24. A ordenação por contagem é um método **estável**.

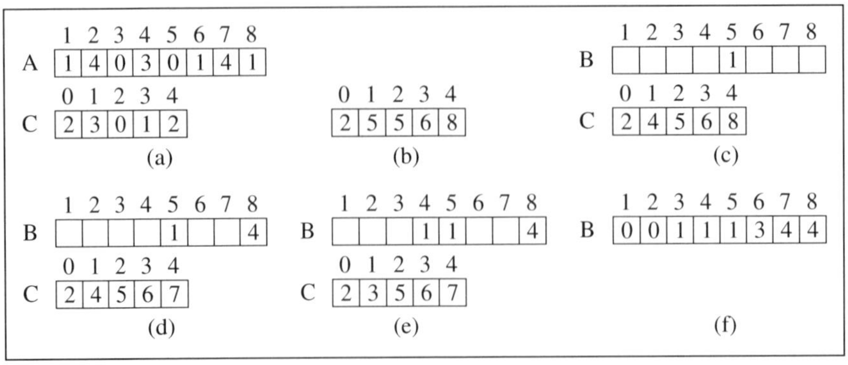

Figura 4.11 *Exemplo de ordenação por contagem para oito números inteiros entre 0 e 4.*

Programa 4.20 *Ordenação por contagem*

```
procedure Contagem (var A: TipoVetor;
                    var n: Indice;
                    var k: integer);
var i: Indice;
  { C: array[Indice] of integer; **Declarar no programa principal** }
  { B: TipoVetor;                **Declarar no programa principal** }
begin
  for i := 0 to k do C[i] := 0;
  for i := 1 to n do C[A[i].Chave] := C[A[i].Chave] + 1;
  for i := 1 to k do C[i] := C[i] + C[i-1];
  for i := n downto 1 do
    begin
    B[C[A[i].Chave]] := A[i];
    C[A[i].Chave] := C[A[i].Chave] - 1;
    end;
  for i := 1 to n do A[i] := B[i];
end; { Contagem }
```

Análise No Programa 4.20, o primeiro **for** tem custo $O(k)$; o segundo, $O(n)$; o terceiro, $O(k)$ e o quarto tem custo $O(n+k)$. Na prática o algoritmo de ordenação por contagem deve ser usado quando $k = O(n)$, o que leva o algoritmo a ter custo $O(n)$. De outra maneira, as complexidades de espaço e de tempo ficam proibitivas. Na seção seguinte vamos apresentar um algoritmo prático e eficiente para qualquer valor de k.

Radixsort para Inteiros

O Radixsort utiliza o princípio da **distribuição** utilizado pelas antigas **classificadoras de cartões** perfurados. Os cartões eram organizados em 80 colunas e cada coluna permitia uma perfuração em 1 de 12 lugares. Para números inteiros positivos, apenas 10 posições da coluna eram usadas para os valores entre 0 e 9. A classificadora podia ser programada para examinar uma coluna de cada cartão e distribuir mecanicamente o cartão em um dos 12 escaninhos, dependendo do lugar onde fora perfurado. Um operador então recolhia os 12 conjuntos de cartões na ordem desejada, ascendente ou descendente.

Radixsort considera o dígito menos significativo primeiro e ordena os itens para aquele dígito. Depois repete o processo para o segundo dígito menos significativo, e assim sucessivamente. A Figura 4.12 ilustra o funcionamento do Radixsort para um arquivo de números inteiros de 2 dígitos.

07		*01*		*01*
33		*22*		*07*
18	$\Rightarrow$	*33*	$\Rightarrow$	*07*
22		*07*		*18*
01		*07*		*22*
07		*18*		*33*
		$\uparrow$		$\uparrow$

Figura 4.12 *Funcionamento do Radixsort para um vetor de 6 números de 2 dígitos.*

O Programa 4.21 mostra um primeiro refinamento do Radixsort. O programa recebe o vetor A e o tamanho n do vetor. O número de *bits* da chave (NBits) e o número de *bits* a considerar em cada passada (m) determinam o número de passadas, que é igual a NBits **div** m.

Programa 4.21 *Radixsort para números inteiros*

```
const M     = 8;  { Numero de bits a considerar a cada passada }
      NBITS = 32; { Numero de bits da Chave }
      BASE  = 256;
RadixsortInt (A, n);
for i := 0 to (NBITS div M) - 1 do
  Ordena A sobre o dígito i menos significativo usando um algoritmo estável;
```

O algoritmo de ordenação por contagem do Programa 4.20 é uma excelente opção para ordenar o vetor A sobre o dígito i por ser um algoritmo estável e de custo $O(n)$. Além disso, o vetor auxiliar C ocupa um espaço constante que depende apenas da base utilizada. Por exemplo, para a base 10, o vetor C armazena valores de k entre 0 e 9, isto é, 10 posições.

A implementação apresentada a seguir utiliza Base = 256 e o vetor C armazena valores de k entre 0 e 255 para representar os caracteres ASCII (vide tabela de caracteres ASCII à página 615). Nesse caso podemos ordenar inteiros de 32 *bits* (4 *bytes* com valores entre 0 e 2^{32}) em apenas $d = 4$ chamadas do algoritmo de ordenação por contagem.

O algoritmo de ordenação por contagem precisa ser alterado para ordenar sobre m *bits* de cada chave do vetor A. O Programa 4.22 apresenta a nova versão chamada ContagemInt. A função GetBits extrai um conjunto contíguo de m *bits* do número inteiro. Em linguagem de máquina, os *bits* são extraídos de números binários usando operações *and*, *shl* (*shift left*), *shr* (*shift right*), e *not* (complementa todos os *bits*). Por exemplo, os 2 *bits* menos significativos de um número x de 10 *bits* são extraídos movendo os *bits* para a direita com x *shr* 2 e uma operação *and* com a máscara 0000000011.

Programa 4.22 *Ordenação por contagem alterado para ordenar sobre* m bits *da chave*

```
procedure ContagemInt (var A    : TipoVetor;
                       var n    : TipoIndice;
                       var Pass: integer);
var i, j: integer;
  { C: array[0..BASE-1] of integer; **Declarar no prog principal** }
  { B: TipoVetor;                   **Declarar no prog principal** }

  function GetBits (x: integer; k: integer; j: integer): integer;
  begin
    GetBits := (x shr k) and not (not 0 shl j);
  end;

begin
  for i:=0 to BASE - 1 do C[i] := 0;
  for i:=1 to n do
    begin j := GetBits(A[i].Chave, Pass * M, M); C[j] := C[j]+1; end;
  if C[0] < n
  then begin
         for i := 1 to BASE - 1 do C[i] := C[i] + C[i-1];
         for i := n downto 1 do
           begin
           j := GetBits(A[i].Chave, Pass * M, M);
           B[C[j]] := A[i];
           C[j] := C[j] - 1;
           end;
       end;
  for i := 1 to n do A[i] := B[i];
end; { ContagemInt }
```

Infelizmente, as operações deslocamento à direita e à esquerda não podem ser efetuadas com eficiência na linguagem Pascal padrão. Entretanto, o compilador utilizado Gnu Pascal (2003) implementa essas operações tão eficientemente quanto na linguagem C. De forma geral, os j *bits* menos significativos de x podem ser obtidos por x *and not* (*not* 0 *shl* j) porque x *and not* (*not* 0 *shl* j) é uma máscara com 1s nas j posições mais à direita de x e 0s nas outras posições. Na linguagem Pascal padrão, a função GetBits pode ser implementada pelo cálculo (x *div* 2^k)

mod 2^j.

No Programa 4.22, quando qualquer posição i do vetor C contém um valor igual a n significa que todos os n números do vetor de entrada A são iguais a i. Isso é verificado no comando **if** logo após o segundo **for** para $C[0]$. Nesse caso todos os valores de A são iguais a zero no *byte* considerado como chave de ordenação e o restante do anel não precisa ser executado. Essa situação ocorre com frequência nos *bytes* mais significativos de um número inteiro. Por exemplo, para ordenar números de 32 *bits* que tenham valores entre 0 e 255, os três *bytes* mais significativos são iguais a zero.

O Programa 4.23 mostra a implementação do Radixsort para números inteiros usando o procedimento ContagemInt.

Programa 4.23 *Radixsort para números inteiros*

```
procedure RadixsortInt (var A: TipoVetor; n: TipoIndice);
var
  i, Pass: integer;
begin
  for i := 0 to (NBITS div M) - 1 do
    begin
    Pass := i;
    ContagemInt (A, n, Pass);
    end;
end;
```

Análise Cada passada sobre os n números inteiros em ContagemInt custa $O(n+Base)$. Como são necessárias d passadas, o custo total é $O(dn+dBase)$. Radixsort tem custo $O(n)$ quando d é constante e $Base = O(n)$.

Se considerarmos que o número de *bits* de uma palavra de computador é $O(\log n)$, então precisamos de $d \log n$ *bits*, onde d é uma constante. Se cada número a ser ordenado cabe em uma palavra de computador, então ele pode ser tratado como um número de d dígitos na notação base n. Por exemplo, considere um vetor A contendo 1 bilhão de números de 32 *bits*. Ao considerar esses números como de 4 dígitos na base $2^8 = 256$, apenas quatro chamadas do procedimento Contagem são necessárias para o Radixsort ordenar A. Se considerarmos um algoritmo que utiliza o princípio da **comparação de chaves**, como o Quicksort, então são necessárias aproximadamente $\log n = 30$ operações por número. Isso significa que o Radixsort é mais rápido para ordenar números inteiros. O aspecto negativo é que o algoritmo de ordenação por contagem não ordena ***in situ*** como os principais algoritmos $n \log n$ fazem.

Radixsort para Cadeias de Caracteres

Esta seção apresenta uma versão do Radixsort para ordenar itens com chave constituída de uma cadeia de caracteres. O algoritmo de ordenação por contagem precisa ser alterado para ordenar sobre o caractere k da chave de cada item x do vetor A. O Programa 4.24 apresenta a nova versão chamada ContagemCar.

Programa 4.24 *Ordenação por contagem alterado para ordenar sobre o caractere k da chave*

```
procedure ContagemCar (var A   : TipoVetor;
                           n     : TipoIndice;
                           var NCar: integer);
var i, j: integer;
  { C: array[0..BASE-1] of integer; **Declarar no prog principal** }
  { B: TipoVetor;                   **Declarar no prog principal** }

begin
  for i := 0 to BASE - 1 do C[i] := 0;
  for i := 1 to n do begin j:=ord(A[i].Chave[NCar]); C[j]:=C[j]+1; end;
  for i := 1 to BASE - 1 do C[i] := C[i] + C[i-1];
  for i := n downto 1 do
    begin
    j := ord (A[i].Chave[NCar]);
    B[C[j]] := A[i];
    C[j] := C[j] - 1;
    end;
  for i := 1 to n do A[i] := B[i];
end; { ContagemCar }
```

O Programa 4.25 mostra a implementação do Radixsort usando ContagemCar.

Programa 4.25 *Radixsort para cadeias de caracteres*

```
procedure RadixsortCar (var A: TipoVetor; n: TipoIndice);
var
  i, NCar: integer;
begin
  for i := TAMCHAVE downto 1 do
    begin
    NCar := i;
    ContagemCar (A, n, NCar);
    end;
end; { RadixsortCar }
```

Comparação entre Radixsort e Quicksort

Esta seção apresenta um estudo comparativo entre o Quicksort, o algoritmo mais rápido que utiliza o princípio da **comparação de chaves**, e o Radixsort, o algoritmo mais rápido que utiliza o princípio da **distribuição**. Em todos os experimentos o compilador usado foi o Gnu Pascal com a opção de otimização ligada para a geração do código objeto.

Radixsort para Inteiros O estudo a seguir compara o RadixsortInt apresentado no Programa 4.23 com o Quicksort apresentado no Programa 4.7. As Tabelas 4.6, 4.7 e 4.8 apresentam quadros comparativos do tempo total real para ordenar arranjos com 10^4, 10^5, 10^6, 10^7 e 10^8 registros com chaves de 32 *bits* na ordem aleatória, na ordem ascendente e na ordem descendente, respectivamente. Em cada tabela, o método que levou menos tempo real para executar recebeu o valor 1 e os outros receberam valores relativos a ele.

Conforme mostrado na Tabela 4.6, o Quicksort levou aproximadamente 2,7 vezes o tempo do Radixsort para arranjos na ordem aleatória. Nas Tabelas 4.7 e 4.8, para arranjos nas ordens ascendente e descendente, o Radixsort continua aproximadamente 2,7 vezes mais rápido do que o Quicksort.

Tabela 4.6 *Ordem aleatória dos registros com chaves inteiras de 32* bits

	10^4	10^5	10^6	10^7	10^8
Radixsort	1	1	1	1	1
Quicksort	3,1	3,3	2,3	2,6	2,7

Tabela 4.7 *Ordem ascendente dos registros com chaves inteiras de 32* bits

	10^4	10^5	10^6	10^7	10^8
Radixsort	1	1	1	1	1
Quicksort	3,1	3,4	2,3	2,6	2,6

Tabela 4.8 *Ordem descendente dos registros com chaves inteiras de 32* bits

	10^4	10^5	10^6	10^7	10^8
Radixsort	1	1	1	1	1
Quicksort	3,2	3,3	2,3	2,6	2,6

A Figura 4.13 apresenta uma comparação dos tempos de execução (em segundos) do Quicksort e do Radixsort para números inteiros variando de 1.000.000

a 10.000.000, de 1 em 1 milhão. Podemos perceber na figura que o Radixsort tem um comportamento claramente linear e o Quicksort tem uma ligeira inclinação devida ao fator $\log n$.

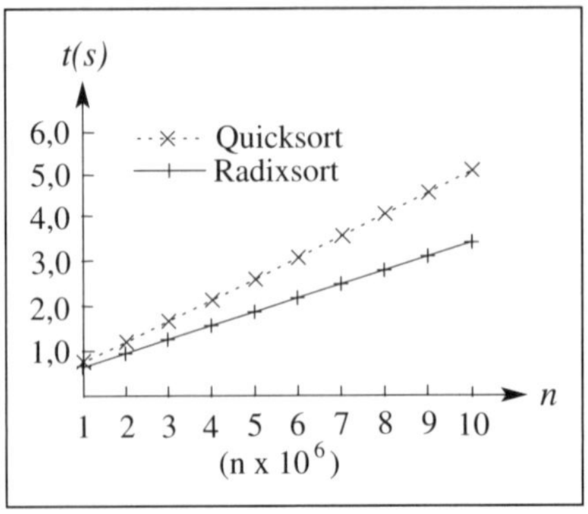

Figura 4.13 *Quicksort versus Radixsort.*

A Figura 4.14 apresenta um gráfico que mostra a razão entre o custo $O(n \log n)$ do Quicksort e o custo $O(n)$ do Radixsort, para números inteiros variando de 1.000.000 a 10.000.000, de 1 em 1 milhão. A curva possui a forma de uma função logarítmica ($n \log n/n = \log n$), o que mostra que o Quicksort é mais lento por um fator logarítmico.

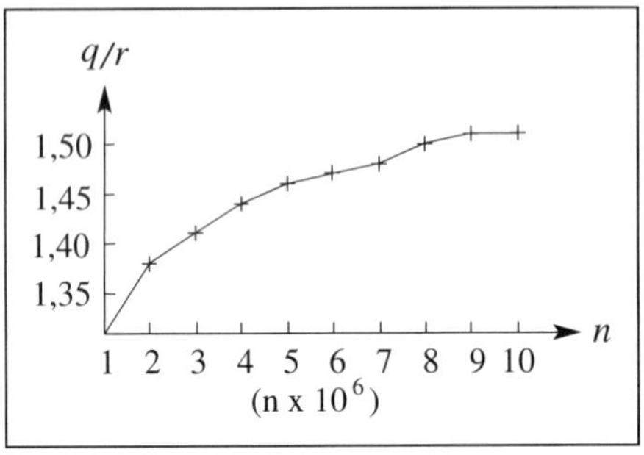

Figura 4.14 *Razão do custo entre Quicksort e Radixsort.*

Radixsort para Cadeias de Caracteres O estudo a seguir compara o RadixsortCar apresentado no Programa 4.25 com o Quicksort apresentado no Programa 4.7. Nesse caso as chaves são constituídas de cadeias de caracteres.

A Tabela 4.9 apresenta um quadro comparativo do tempo total real para ordenar arranjos com 10.000.000 de registros com chaves de 1, 2, 4, 8, 12, 16, 20, 24 e 32 caracteres na ordem aleatória. Na tabela, o método que levou menos tempo real para executar recebeu o valor 1 e o outro recebeu valor relativo a ele. Assim, na Tabela 4.9, o Radixsort é aproximadamente 49 vezes mais rápido do que o Quicksort para chaves contendo 1 caractere, e continua mais rápido para chaves com até aproximadamente 30 caracteres.

Tabela 4.9 *Ordem aleatória dos registros com chaves de 1, 2, 4, 8, 12, 16, 20, 24 e 32 caracteres*

	1	2	4	8	12	16	20	24	32
Radixsort	1	1	1	1	1	1	1	1	1,4
Quicksort	49,1	25,7	11,4	3,9	3,2	2,7	1,6	1,3	1

4.2 Ordenação Externa

A ordenação externa envolve arquivos compostos por um número de registros que é maior do que a memória interna do computador pode armazenar. Os métodos de ordenação externa são muito diferentes dos métodos de ordenação interna. Em ambos, o problema é o mesmo: rearranjar os registros de um arquivo em ordem ascendente ou descendente. Entretanto, na ordenação externa as estruturas de dados têm de levar em conta o fato de que os dados estão armazenados em unidades de memória externa, com tempo de acesso relativamente muito mais lento do que na memória principal.

Nas memórias externas, tais como fitas, discos e tambores magnéticos, os dados são armazenados como um arquivo sequencial, em que apenas um registro pode ser acessado em um dado momento. Essa é uma restrição forte, se comparada com as possibilidades de acesso da estrutura de dados TipoVetor. Consequentemente, os métodos de ordenação interna apresentados na Seção 3.1 são inadequados para ordenação externa, e então técnicas de ordenação completamente diferentes têm de ser usadas. Existem três importantes fatores que fazem os algoritmos para ordenação externa diferentes dos algoritmos para ordenação interna, a saber:

1. O custo para acessar um item é algumas ordens de grandeza maior do que os custos de processamento na memória interna. O custo principal na ordenação externa está relacionado com o custo de transferir dados entre a memória interna e a memória externa.

2. Existem restrições severas de acesso aos dados. Por exemplo, os itens armazenados em fita magnética só podem ser acessados de forma sequencial. Os itens armazenados em **disco magnético** podem ser acessados diretamente, mas a um custo maior do que o custo para acessar sequencialmente, o que contra-indica o uso do acesso direto.

3. O desenvolvimento de métodos de ordenação externa é muito dependente do estado atual da tecnologia. A grande variedade de tipos de unidades de memória externa pode tornar os métodos de ordenação externa dependentes de vários parâmetros que afetam seus desempenhos. Por essa razão, apenas métodos gerais serão apresentados nesta seção, em vez de apresentarmos refinamentos de algoritmos até o nível de um programa Pascal executável.

Para desenvolver um método de ordenação externa eficiente, o aspecto sistema de computação deve ser considerado no mesmo nível do aspecto algorítmico. A grande ênfase deve ser na minimização do número de vezes que cada item é transferido entre a memória interna e a memória externa. Mais ainda, cada transferência deve ser realizada de forma tão eficiente quanto as características dos equipamentos disponíveis permitam.

O método de ordenação externa mais importante é o método de ordenação por intercalação. Intercalar significa combinar dois ou mais **blocos ordenados** em um único bloco ordenado mediante seleções repetidas entre os itens disponíveis em cada momento. A intercalação é utilizada como uma operação auxiliar no processo de ordenar.

A maioria dos métodos de ordenação externa utiliza a seguinte estratégia geral:

1. É realizada uma primeira passada sobre o arquivo, quebrando-o em blocos do tamanho da memória interna disponível. Cada bloco é então ordenado na memória interna.

2. Os blocos ordenados são intercalados, fazendo várias passadas sobre o arquivo. A cada passada são criados blocos ordenados cada vez maiores, até que todo o arquivo esteja ordenado.

Os algoritmos para ordenação externa devem procurar reduzir o número de passadas sobre o arquivo. Como a maior parte do custo é para as operações de entrada e saída de dados da memória interna, uma boa medida de complexidade de um algoritmo de ordenação por intercalação é o número de vezes que um item é lido ou escrito na memória auxiliar. Os bons métodos de ordenação geralmente envolvem, no total, menos de dez passadas sobre o arquivo.

4.2.1 Intercalação Balanceada de Vários Caminhos

Vamos considerar o processo de ordenação externa quando o arquivo está armazenado em **fita magnética**. Para apresentar os vários passos envolvidos em um algoritmo de ordenação por intercalação balanceada, vamos utilizar um arquivo exemplo. Considere um arquivo armazenado em uma fita de entrada, composto pelos registros com as chaves mostradas na Figura 4.15.

$I\ N\ T\ E\ R\ C\ A\ L\ A\ C\ A\ O\ B\ A\ L\ A\ N\ C\ E\ A\ D\ A$

Figura 4.15 *Arquivo exemplo com 22 registros.*

Os 22 registros devem ser ordenados de acordo com as chaves e colocados em uma fita de saída. Nesse caso, os registros são lidos um após o outro. Considere que a memória interna do computador a ser utilizado só tem espaço para três registros, e o número de unidades de **fita magnética** é seis.

Na primeira etapa, o arquivo é lido de três em três registros. Cada **bloco** de três registros é ordenado e escrito em uma das fitas de saída. No exemplo da Figura 4.15 são lidos os registros INT e escrito o bloco INT na fita 1; a seguir são lidos os registros ERC e escrito o bloco CER na fita 2, e assim por diante, conforme ilustra a Figura 4.16. Três fitas são utilizadas em uma intercalação-de-3-caminhos.

fita 1:	$I\ N\ T$	$A\ C\ O$	$A\ D\ E$
fita 2:	$C\ E\ R$	$A\ B\ L$	A
fita 3:	$A\ A\ L$	$A\ C\ N$	

Figura 4.16 *Formação dos blocos ordenados iniciais.*

Na segunda etapa, os blocos ordenados devem ser intercalados. O primeiro registro de cada uma das três fitas é lido para a memória interna, ocupando toda a memória interna. A seguir, o registro contendo a menor chave dentre as três é retirado, e o próximo registro da mesma fita é lido para a memória interna, repetindo-se o processo. Quando o terceiro registro de um dos blocos é lido, aquela fita fica inativa até que o terceiro registro das outras fitas também seja lido e escrito na fita de saída, formando um bloco de nove registros ordenados. A seguir, o segundo bloco de três registros de cada fita é lido para formar outro bloco ordenado de nove registros, o qual é escrito em outra fita. Ao final, três novos blocos ordenados são obtidos, conforme mostra a Figura 4.17.

fita 4:	$A\ A\ C\ E\ I\ L\ N\ R\ T$
fita 5:	$A\ A\ A\ B\ C\ C\ L\ N\ O$
fita 6:	$A\ A\ D\ E$

Figura 4.17 *Intercalação-de-3-caminhos.*

A seguir, mais uma intercalação-de-3-caminhos das fitas 4, 5 e 6 para as fitas 1, 2 e 3 completa a ordenação. Se o arquivo exemplo tivesse um número maior de registros, então vários blocos ordenados de nove registros seriam formados nas fitas 4, 5 e 6. Nesse caso, a segunda passada produziria blocos ordenados de 27 registros nas fitas 1, 2 e 3; a terceira produziria blocos ordenados de 81 registros nas fitas 4, 5 e 6, e assim sucessivamente, até obter-se um único bloco ordenado. Neste ponto cabe a seguinte pergunta: quantas passadas são necessárias para ordenar um arquivo de tamanho arbitrário?

Considere um arquivo contendo n registros (nesse caso, cada registro contém apenas uma palavra) e uma memória interna de m palavras. A passada inicial sobre o arquivo produz n/m blocos ordenados (se cada registro contiver k palavras, $k > 1$, então teríamos $n/m/k$ blocos ordenados). Considere P uma função de complexidade tal que $P(n)$ é o número de passadas para a fase de intercalação dos blocos ordenados, e considere também f o número de fitas utilizadas em cada passada. Para uma intercalação-de-f-caminhos, o número de passadas é:

$$P(n) = \log_f \frac{n}{m}.$$

No exemplo anterior, n=22, m=3 e f=3. Logo:

$$P(n) = \log_3 \frac{22}{3} = 2.$$

Considere um exemplo de um arquivo de tamanho muito grande, tal como 1 bilhão de palavras. Considere uma memória interna disponível de 2 milhões de palavras e quatro unidades de **fitas magnéticas**. Nesse caso, $P(n) = 5$, e o número total de passadas, incluindo a primeira passada para obter os n/m blocos ordenados, é seis. Uma estimativa do tempo total gasto para ordenar esse arquivo pode ser obtido multiplicando-se por 6 o tempo gasto para transferir o arquivo de uma fita para outra.

Para uma intercalação-de-f-caminhos foram utilizadas $2f$ fitas nos exemplos anteriores. Para usar apenas $f + 1$ fitas, basta encaminhar todos os blocos para uma única fita e, com mais uma passada, redistribuir esses blocos entre as fitas de onde eles foram lidos. No caso do exemplo de 22 registros, apenas quatro fitas seriam suficientes: a intercalação dos blocos a partir das fitas 1, 2 e 3 seria toda dirigida para a fita 4; ao final, o segundo e o terceiro blocos ordenados de nove registros seriam transferidos de volta para as fitas 1 e 2, e assim por diante. O custo envolvido é uma passada a mais em cada intercalação.

4.2.2 Implementação por meio de Seleção por Substituição

A implementação do método de intercalação balanceada pode ser realizada utilizando **filas de prioridades**. Tanto a passada inicial para quebrar o arquivo em blocos ordenados quanto a fase de intercalação podem ser implementadas de forma eficiente e elegante utilizando-se filas de prioridades.

A operação básica necessária para formar os blocos ordenados iniciais corresponde a obter o menor dentre os registros presentes na memória interna, o qual deve ser substituído pelo próximo registro da fita de entrada. A operação de substituição do menor item de uma fila de prioridades implementada por meio de um *heap* é a operação ideal para resolver o problema. A operação de substituição corresponde a retirar o menor item da fila de prioridades, colocando no seu lugar um novo item, seguido da reconstituição da propriedade do *heap*.

Para cumprir essa primeira passada, iniciamos o processo fazendo m inserções na fila de prioridades, antes vazia. A seguir, o menor item da fila de prioridades é substituído pelo próximo item do arquivo de entrada, com o seguinte passo adicional: se o próximo item é menor que o que está saindo (o que significa que esse item não pode fazer parte do bloco ordenado corrente), então ele deve ser marcado como membro do próximo bloco e tratado como maior do que todos os itens do bloco corrente. Quando um item marcado vai para o topo da **fila de prioridades**, o bloco corrente é encerrado e um novo bloco ordenado é iniciado. A Figura 4.18 mostra o resultado da primeira passada sobre o arquivo da Figura 4.15. Os asteriscos indicam quais chaves na fila de prioridades pertencem a blocos diferentes.

Entra	1	2	3
E	*I*	*N*	*T*
R	*N*	*E**	*T*
C	*R*	*E**	*T*
A	*T*	*E**	*C**
L	*A**	*E**	*C**
A	*C**	*E**	*L**
C	*E**	*A*	*L**
A	*L**	*A*	*C*
O	*A*	*A*	*C*
B	*A*	*O*	*C*
A	*B*	*O*	*C*
L	*C*	*O*	*A**
A	*L*	*O*	*A**
N	*O*	*A**	*A**
C	*A**	*N**	*A**
E	*A**	*N**	*C**
A	*C**	*N**	*E**
D	*E**	*N**	*A*
A	*N**	*D*	*A*
	A	*D*	*A*
	A	*D*	
	D		

Figura 4.18 *Resultado da primeira passada usando seleção por substituição.*

Cada linha da Figura 4.18 representa o conteúdo de um *heap* de tamanho três. A condição do *heap* é que a primeira chave tem de ser menor do que a segunda e a terceira chaves. Nós iniciamos com as três primeiras chaves do arquivo, as quais já formam um *heap*. A seguir, o registro I sai e é substituído pelo registro E, menor do que a chave I. Nesse caso, o registro E não pode ser incluído no bloco corrente: ele é marcado e considerado maior do que os outros registros do *heap*. Isso viola a condição do *heap*, e o registro E* é trocado com o registro N para reconstituir o *heap*. A seguir, o registro N sai e é substituído pelo registro R, o que não viola a condição do *heap*. Ao final do processo, vários **blocos ordenados** são obtidos. Essa forma de utilizar **filas de prioridades** é chamada seleção por substituição (vide Knuth, 1973, Seção 5.4.1; Sedgewick, 1988, p. 180).

Para uma memória interna capaz de reter apenas três registros, é possível produzir os blocos ordenados INRT, ACEL, AABCLO, AACEN e AAD, de tamanhos 4, 4, 6, 5 e 3, respectivamente. Knuth (1973, p. 254-256) mostra que, se as chaves são randômicas, os blocos ordenados produzidos têm cerca de duas vezes o tamanho dos blocos criados por ordenação interna. Dessa forma, a fase de intercalação inicia com blocos ordenados em média duas vezes maiores do que o tamanho da memória interna, o que pode salvar uma passada na fase de intercalação. Se houver alguma ordem nas chaves, os blocos ordenados podem ser ainda maiores. Ainda mais, se nenhuma chave possuir mais de m chaves maiores antes dela, o arquivo é ordenado já na primeira passada. Um exemplo disso acontece com o conjunto de registros RAPAZ, conforme ilustrado na Figura 4.19.

Entra	1	2	3
A	*A*	*R*	*P*
Z	*A*	*R*	*P*
	P	*R*	*Z*
	R	*Z*	
	Z		

Figura 4.19 *Conjunto ordenado na primeira passada.*

A fase de intercalação dos blocos ordenados obtidos na primeira fase também pode ser implementada utilizando-se uma **fila de prioridades**. A operação básica para fazer a intercalação-de-f-caminhos é obter o menor item dentre os itens ainda não retirados dos f blocos a serem intercalados. Para tanto, basta montar uma fila de prioridades de tamanho f a partir de cada uma das f entradas. Repetidamente, substitua o item no topo da fila de prioridades (no caso, o menor item) pelo próximo item do mesmo bloco do item que está sendo substituído, e imprima em outra fita o elemento substituído. A Figura 4.20 mostra o resultado da intercalação de INT com CER com AAL, os quais correspondem aos blocos iniciais das fitas 1, 2 e 3 mostrados na Figura 4.16.

Entra	1	2	3
A	*A*	*C*	*I*
L	*A*	*C*	*I*
E	*C*	*L*	*I*
R	*E*	*L*	*I*
N	*I*	*L*	*R*
	L	*N*	*R*
T	*N*	*R*	
	R	*T*	
	T		

Figura 4.20 *Intercalação usando seleção por substituição.*

Quando f não é muito grande, não há vantagem em utilizar seleção por substituição para intercalar os blocos, pois é possível obter o menor item fazendo $f - 1$ comparações. Quando f é 8 ou mais, é possível ganhar tempo usando um *heap*, como mostrado anteriormente. Nesse caso, cerca de $\log_2 f$ comparações são necessárias para se obter o menor item.

4.2.3 Considerações Práticas

Para implementar o método de ordenação externa descrito anteriormente, é muito importante implementar de forma eficiente as operações de entrada e saída de dados. Essas operações compreendem a transferência dos dados entre a memória interna e as unidades externas, nas quais estão armazenados os registros a serem ordenados. Deve-se procurar realizar a leitura, a escrita e o processamento interno dos dados de forma simultânea. Os computadores de maior porte possuem uma ou mais unidades independentes para processamento de entrada e saída, que permitem realizar simultaneamente as operações de entrada, saída e processamento interno.

Knuth (1973) discute várias técnicas para se obter superposição de entrada e saída com processamento interno. Uma técnica comum é a de utilizar $2f$ áreas de entrada e $2f$ áreas de saída. Para cada unidade de entrada ou saída são mantidas duas **áreas de armazenamento**: uma para uso do processador central e outra para uso do processador de entrada ou saída. Para a entrada, o processador central usa uma das duas áreas enquanto a unidade de entrada está preenchendo a outra área. No momento em que o processador central termina a leitura de uma área, ele espera que a unidade de entrada acabe de preencher a outra área e então passa a ler a partir dela, enquanto a unidade de entrada passa a preencher a outra. Para a saída, a mesma técnica é utilizada.

Existem dois problemas relacionados com a técnica de utilização de duas áreas de armazenamento. Primeiro, apenas metade da memória disponível é utilizada, o que pode levar a uma ineficiência se o número de áreas for grande, como no caso de uma intercalação-de-f-caminhos para f grande. Segundo, em uma intercalação-de-f-caminhos existem f áreas correntes de entrada; se todas as áreas se tornarem vazias aproximadamente ao mesmo tempo, muita leitura será necessária antes de podermos continuar o processamento, a não ser que haja uma previsão de que essa eventualidade possa ocorrer.

Os dois problemas podem ser resolvidos com a utilização de uma técnica chamada **previsão**, que requer o uso de apenas uma área extra de armazenamento (e não f áreas) durante o processo de intercalação. A melhor forma de superpor a entrada com processamento interno durante o processo de seleção por substituição é superpor a entrada da próxima área que precisa ser preenchida a seguir com a parte de processamento interno do algoritmo. Felizmente, é fácil saber qual área ficará vazia primeiro apenas olhando para o último registro de cada área. A área cujo último registro for menor será a primeira a esvaziar; assim, sempre sabemos qual conjunto de registros deve ser o próximo a ser transferido para a área. Por exemplo, sabemos que na intercalação de INT com CER com AAL, a terceira área será a primeira a esvaziar.

Uma forma simples de superpor processamento com entrada na intercalação de vários caminhos é manter uma área extra de armazenamento, a qual é preenchida de acordo com a regra descrita anteriormente. Enquanto os blocos INT, CER e AAL da Figura 4.16 estão sendo intercalados, o processador de entrada está preenchendo a área extra com o bloco ACN. Quando o processador central encontra uma área vazia, ele espera até que a área de entrada seja preenchida, caso isso ainda não tenha ocorrido, e então aciona o processador de entrada para começar a preencher a área vazia com o próximo bloco, no caso, ABL.

Outra consideração prática importante está na escolha do valor de f, que é a ordem da intercalação. No caso de **fita magnética**, a escolha do valor de f deve ser igual ao número de unidades de fita disponíveis menos um. A fase de intercalação usa f fitas de entrada e uma fita de saída. O número de fitas de entrada deve ser no mínimo dois, pois não faz sentido fazer intercalação com menos de duas fitas de entrada.

No caso de **disco magnético**, o mesmo raciocínio do parágrafo anterior é válido. Apesar de o disco magnético permitir acesso direto a posições arbitrárias do arquivo, o acesso sequencial é mais eficiente. Logo, o valor de f deve ser igual ao número de unidades de disco disponíveis menos um, para evitar o maior custo envolvido se dois arquivos diferentes estiverem em um mesmo disco.

Sedgewick (1988) apresenta outra alternativa: considerar f grande o suficiente para completar a ordenação em um número pequeno de passadas. Uma intercalação de duas passadas em geral pode ser realizada com um número razoável para f. A primeira passada no arquivo utilizando seleção por substituição produz cerca de $n/2m$ blocos ordenados. Na fase de intercalação, cada etapa divide o número de passadas por f. Logo, f deve ser escolhido tal que:

$$f^2 > \frac{n}{2m}.$$

Para n igual a 200 milhões e m igual a 1 milhão, então $f = 11$ é suficiente para garantir a ordenação em duas passadas. Entretanto, a melhor escolha para f entre essas duas alternativas é muito dependente de vários parâmetros relacionados com o sistema de computação disponível.

4.2.4 Intercalação Polifásica

O problema com a intercalação balanceada de vários caminhos é a necessidade de usar um grande número de fitas ou de realizar várias leituras e escritas entre as fitas envolvidas. Como mostra a Seção 4.2.1, para uma intercalação balanceada de f caminhos, são necessárias $2f$ fitas (f para entrada e f para saída), ou então é necessário copiar o arquivo quase todo de uma única fita de saída para f fitas de entrada, reduzindo assim o número de fitas para $f + 1$ a um custo de uma cópia adicional do arquivo.

Existe um método que elimina a necessidade de realizar a cópia adicional, conhecido como intercalação polifásica. A **intercalação polifásica** distribui os blocos ordenados produzidos por meio da seleção por substituição de forma desigual entre as fitas disponíveis, deixando uma livre. Em seguida, a intercalação de blocos ordenados é executada até que uma das fitas esvazie. Nesse ponto, uma das fitas de saída troca de papel com a fita de entrada.

A Figura 4.21 apresenta um exemplo para três fitas contendo os blocos ordenados obtidos por meio de seleção por substituição para o exemplo utilizado na Seção 4.2.1.

fita 1:	$I\ N\ R\ T$	$A\ C\ E\ L$	$A\ A\ B\ C\ L\ O$
fita 2:	$A\ A\ C\ E\ N$	$A\ A\ D$	
fita 3:			

Figura 4.21 *Configuração dos blocos ordenados iniciais.*

Depois da intercalação-de-2-caminhos das fitas 1 e 2 para a fita 3, a segunda fita fica livre, resultando na configuração mostrada na Figura 4.22.

fita 1:	$A\ A\ B\ C\ L\ O$	
fita 2:		
fita 3:	$A\ A\ C\ E\ I\ N\ N\ R\ T$	$A\ A\ A\ C\ D\ E\ L$

Figura 4.22 *Intercalação-de-2-caminhos dos blocos ordenados iniciais.*

Prosseguindo, depois da intercalação-de-2-caminhos das fitas 1 e 3 para a fita 2, a fita 1 fica livre, conforme ilustra a Figura 4.23.

fita 1:	
fita 2:	$A\ A\ A\ A\ B\ C\ C\ E\ I\ L\ N\ N\ O\ R\ T$
fita 3:	$A\ A\ A\ C\ D\ E\ L$

Figura 4.23 *Intercalação-de-2-caminhos seguinte.*

Finalmente, a ordenação é completada após a intercalação-de-2-caminhos das fitas 2 e 3 para a fita 1, conforme mostra a Figura 4.24. A intercalação é realizada em muitas fases que não envolvem todos os blocos, mas nenhuma cópia direta entre fitas é realizada.

fita 1:	$A\ A\ A\ A\ A\ A\ A\ B\ C\ C\ C\ D\ E\ E\ I\ L\ L\ N\ N\ O\ R\ T$
fita 2:	
fita 3:	

Figura 4.24 *Intercalação-de-2-caminhos final.*

A implementação da intercalação polifásica é simples, e a parte mais delicada está na distribuição inicial dos blocos ordenados entre as fitas. A Tabela 4.10 mostra a distribuição dos blocos nas diversas etapas descritas anteriormente.

Tabela 4.10 *Distribuição dos blocos ordenados entre as fitas*

fita 1	fita 2	fita 3	Total
3	2	0	5
1	0	2	3
0	1	1	2
1	0	0	1

Para obter a distribuição inicial dos blocos ordenados da Tabela 4.10, basta trabalhar de baixo para cima, a partir da última linha, a saber: considere o maior número na linha em questão, faça-o igual a zero e adicione-o a cada um dos números para obter a linha seguinte acima. Assim, a última linha contendo os valores 100 leva à linha acima, adicionando-se 1 a todas as colunas, menos à coluna que teve seu valor zerado, obtendo-se 011. Para a próxima linha, zerando o segundo valor (no caso 1) e adicionando-o aos valores das outras colunas, obtemos 102, e assim sucessivamente.

Essa estratégia de intercalação pode ser estendida para um número f arbitrário de fitas, $f \geq 3$, e os números obtidos são **números de Fibonacci generalizados**. Quando o número inicial de passadas não é conhecido, ou o número inicial não é um valor exato de um número de Fibonacci generalizado, basta adicionar um número "fantasma" (do inglês *dummy*) de passadas para fazer o número inicial de passadas exatamente igual ao necessário. A Tabela 4.11 mostra um exemplo para 4 fitas e até 31 blocos iniciais.

Tabela 4.11 *Distribuição dos blocos ordenados para 4 fitas e 31 blocos iniciais*

fita 1	fita 2	fita 3	fita 4
0	13	11	7
7	6	4	0
3	2	0	4
1	0	2	2
1	0	0	0

A análise da intercalação polifásica é complicada. O que se sabe é que ela é ligeiramente melhor do que a intercalação balanceada para valores pequenos de f. Para valores de $f > 8$, a intercalação balanceada pode ser mais rápida.

4.2.5 Quicksort Externo

O objetivo desta seção é apresentar uma implementação do **Quicksort para ordenação externa**, proposto por Monard (1980). O Quicksort externo utiliza o paradigma de **divisão e conquista**. O algoritmo ordena ***in situ*** um arquivo $A = \{R_1, \ldots, R_n\}$ de n registros armazenados consecutivamente em memória secundária de acesso randômico. O algoritmo utiliza somente $O(\log n)$ unidades de memória interna, e não é necessária nenhuma memória externa além da que é utilizada pelo arquivo original.

Considere R_i, $1 \leq i \leq n$, o registro que se encontra na i-ésima posição de A. O primeiro passo do algoritmo é particionar A da seguinte forma:

$$\{R_1, \ldots, R_i\} \leq R_{i+1} \leq R_{i+2} \leq \ldots \leq R_{j-2} \leq R_{j-1} \leq \{R_j, \ldots, R_n\},$$

utilizando para isso uma **área de armazenamento** na memória interna de tamanho TamArea $= j - i - 1$, com TamArea ≥ 3. A seguir, o algoritmo é chamado recursivamente em cada um dos subarquivos $A_1 = \{R_1, \ldots, R_i\}$ e $A_2 = \{R_j, \ldots, R_n\}$, ordenando primeiro o subarquivo de menor tamanho. Essa condição é necessária para que, na média, o número de subarquivos com o processamento adiado seja $O(\log n)$ e a ordenação seja ***in situ***. Caso o arquivo de entrada A possua no máximo TamArea registros, ele é ordenado em um único passo, ou seja, cada registro do arquivo é lido e escrito uma única vez.

Uma questão importante é como são determinados os pontos i e j de partição do arquivo. A Figura 4.25 ilustra o processo de partição para um arquivo exemplo contendo as chaves 5, 3, 10, 6, 1, 7 e 4, e uma área de armazenamento na memória interna de tamanho TamArea $= 3$ registros. Os valores das chaves dos registros R_i e R_j são denominados Linf (limite inferior) e Lsup (limite superior), respectivamente. Ao particionar o arquivo, todos os registros menores ou iguais a R_i são copiados para A_1, e todos os registros maiores ou iguais a R_j são copiados para A_2.

Inicialmente, Linf $= -\infty$ e Lsup $= +\infty$. A leitura de A é controlada pelos apontadores Li (apontador de leitura inferior) e Ls (apontador de leitura superior). No início, Li e Ls apontam para os extremos esquerdo e direito de A, respectivamente. Da mesma forma, a escrita em A é controlada por Ei (apontador de escrita inferior) e Es (apontador de escrita superior). Os primeiros TamArea $-$ 1 registros são lidos, alternadamente, dos extremos do arquivo A e armazenados na área de armazenamento interna. A cada leitura no extremo esquerdo, Li é incrementado de um, conforme ilustrado nas letras (c), (f) e (j). Analogamente, a cada leitura no extremo direito, Ls é decrementado de um, conforme ilustrado nas letras (b), (d), (h) e (l). O mesmo ocorre com Ei e Es quando escritas são realizadas no extremo que é controlado por um destes apontadores, conforme ilustrado nas letras (e), (g), (i), (k) e (n).

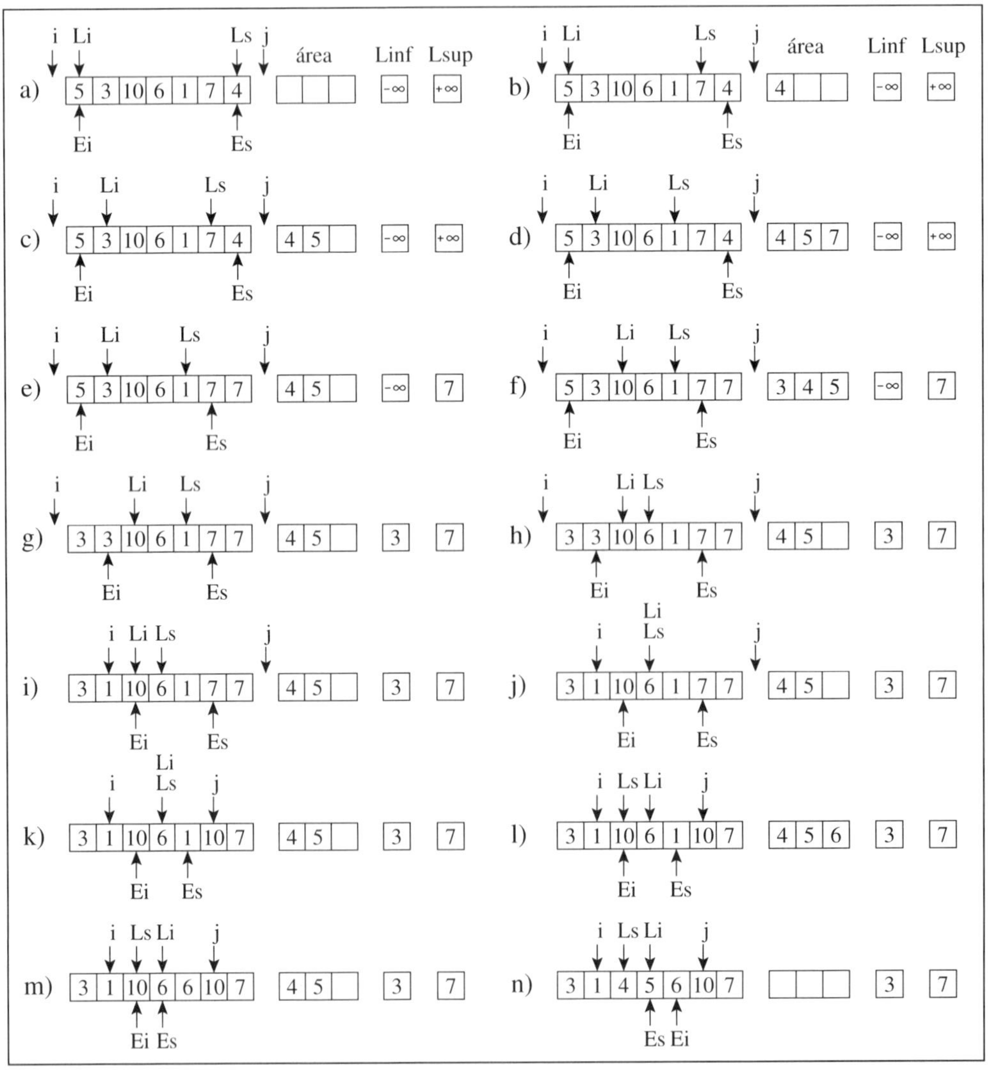

Figura 4.25 *Processo de partição do QuicksortExterno.*

Para garantir que os apontadores de escrita estejam pelo menos um passo atrás dos apontadores de leitura, a ordem alternada de leitura é interrompida se $Li = Ei$ ou $Ls = Es$, como mostrado na letra (i). Por coincidência, na letra (j) a próxima leitura deveria ser efetuada no extremo esquerdo de A, por isso não houve uma quebra na ordem alternada de leitura. No entanto, se a próxima leitura fosse no extremo direito, essa ordem seria interrompida, pois $Li = Ei$ na letra (i). Isso faz com que nenhuma informação seja destruída durante a ordenação *in situ* do arquivo.

Ao ler o TamArea-ésimo registro, sua chave C é comparada com Lsup. Caso seja maior, j passa a apontar para o registro apontado por Es e o registro é escrito em A_2, conforme ilustrado na transição da letra (j) para a letra (k) na Figura 4.25. Caso contrário, sua chave é comparada com Linf e, sendo menor, i passa a apontar para o registro apontado por Ei e o registro é escrito em A_1, conforme ilustrado na transição da letra (h) para a letra (i) na Figura 4.25. Se Linf $\leq C \leq$ Lsup, o registro é inserido na área de armazenamento, conforme ilustrado nas letras (d), (f) e (l) da Figura 4.25.

Quando a área de armazenamento enche, é necessário remover um elemento dela. Essa decisão é tomada levando-se em consideração o tamanho atual de A_1 e A_2. Sendo Esq o endereço do primeiro registro de A e Dir o endereço do último registro de A, os tamanhos de A_1 e de A_2 serão, respectivamente, $T_1 = Ei - \text{Esq}$ e $T_2 = \text{Dir} - Es$. Caso $T_1 < T_2$, o registro R de menor chave C_R é extraído da área de armazenamento, escrito na posição apontada por Ei em A_1 e o valor de Linf atualizado com o valor de C_R, conforme ilustrado na transição da letra (f) para a letra (g) na Figura 4.25. Caso contrário, o registro R de maior chave C_R é extraído da área de armazenamento e escrito na posição apontada por Es em $A2$ e o valor de Lsup atualizado com o valor de C_R, conforme ilustrado na transição da letra (d) para a letra (e).

O objetivo é escrever o registro retirado da área de armazenamento no arquivo de menor tamanho. Dessa forma, o arquivo original A é dividido tão uniformemente quanto possível e a árvore gerada pelas chamadas recursivas será mais balanceada, um dos requisitos para minimizar a quantidade de operações de leitura e escrita efetuadas pelo algoritmo.

O processo de partição continua até que Li e Ls se cruzem, ou seja, $Ls < Li$. Nesse instante, existirão TamArea-1 registros na área de armazenamento interna, os quais devem ser copiados já ordenados para A. Para isso, enquanto existir elementos na área de armazenamento, o menor deles é extraído e escrito na posição apontada por Ei em A, conforme ilustrado na transição da letra (m) para a letra (n) na Figura 4.25.

O Programa 4.26 apresenta a implementação do procedimento QuicksortExterno. O procedimento Particao utiliza vários procedimentos auxiliares, conforme mostra o Programa 4.27. O procedimento LeSup lê e atribui a UltLido o registro apontado por Ls, decrementa Ls de um e atribui "false" a OndeLer. Da mesma forma, LeInf atribui a UltLido o registro apontado por Li, incrementa Li de um e atribui "true" a OndeLer. O procedimento EscreveMax escreve o registro R na posição apontada por Es e decrementa Es de um. Semelhantemente, EscreveMin escreve o registro R na posição apontada por Ei e incrementa Ei de um. Os procedimentos RetiraMax e RetiraMin removem e retornam, respectivamente, o maior e o menor elemento da área de armazenamento interna, decrementando NRArea (número de registros na área de armazenamento) de um. O procedimento InserirArea insere UltLido em Area e incrementa NRArea de um.

Programa 4.26 *QuicksortExterno*

```
procedure QuicksortExterno (var ArqLi, ArqEi, ArqLEs: TipoArq;
                            Esq, Dir: integer);
var
  i   : integer;
  j   : integer;
  Area: TipoArea; { Area de armazenamento interna}
begin
  if Dir - Esq >= 1
  then begin
         FAVazia (Area);
         Particao (ArqLi, ArqEi, ArqLEs, Area, Esq, Dir, i, j);
         if i - Esq < Dir - j
         then begin { ordene primeiro o subarquivo menor }
                QuicksortExterno (ArqLi, ArqEi, ArqLEs, Esq, i);
                QuicksortExterno (ArqLi, ArqEi, ArqLEs, j, Dir);
                end
         else begin
                QuicksortExterno (ArqLi, ArqEi, ArqLEs, j, Dir);
                QuicksortExterno (ArqLi, ArqEi, ArqLEs, Esq, i);
                end;
         end;
end; { QuicksortExterno }
```

Programa 4.27 *Procedimentos auxiliares utilizados pelo procedimento Particao*

```
procedure LeSup (var ArqLEs: TipoArq; var UltLido: TipoRegistro;
                 var Ls: Integer; var OndeLer: Boolean);
begin
  seekUpdate (ArqLEs, Ls - 1);
  read (ArqLEs, UltLido);
  Ls := Ls - 1;
  OndeLer := false;
end;
```

Continuação do Programa 4.27

```
procedure LeInf (var ArqLi: TipoArq; var UltLido: TipoRegistro;
                 var Li: Integer; var OndeLer: Boolean);
begin
  read (ArqLi, UltLido);
  Li := Li + 1;
  OndeLer := true;
end;

procedure InserirArea (var Area: TipoArea; var UltLido: TipoRegistro;
                       var NRArea: Integer );
begin {Insere UltLido de forma ordenada na Area}
  InsereItem (UltLido, Area);
  NRArea := ObterNumCelOcupadas (Area);
end;

procedure EscreveMax (var ArqLEs: TipoArq; R: TipoRegistro;
                      var Es: Integer);
begin
  seekUpdate(ArqLEs, Es - 1);
  write(ArqLEs, R);
  Es := Es - 1;
end;

procedure EscreveMin (var ArqEi: TipoArq; R: TipoRegistro;
                      var Ei: Integer);
begin
  write (ArqEi, R);
  Ei := Ei + 1;
end;

procedure RetiraMax (var Area: TipoArea; var R: TipoRegistro;
                     var NRArea: Integer );
begin
  RetiraUltimo (Area, R);
  NRArea := ObterNumCelOcupadas (Area);
end;

procedure RetiraMin (var Area: TipoArea; var R: TipoRegistro;
                     var NRArea: Integer );
begin
  RetiraPrimeiro (Area, R);
  NRArea := ObterNumCelOcupadas (Area);
end;
```

A implementação do procedimento Particao é mostrada no Programa 4.28. Os comandos de *seek* posicionam os cursores dos arquivos nos endereços apontados por Li e Ei, respectivamente.

Programa 4.28 *Procedimento Particao*

```
procedure Particao (var ArqLi, ArqEi, ArqLEs: TipoArq; Area: TipoArea;
                    Esq, Dir: integer; var i, j: integer);
var Ls, Es, Li, Ei, NRArea, Linf, Lsup: integer;
    UltLido, R: TipoRegistro;
    OndeLer: boolean;
begin
  Ls := Dir; Es := Dir; Li := Esq; Ei := Esq;
  Linf := -MaxInt; Lsup := MaxInt; NRArea := 0; OndeLer := true;
  seekUpdate (ArqLi, Li - 1); seekUpdate (ArqEi,Ei - 1);
  i := Esq - 1; j := Dir + 1;
  while (Ls >= Li) do
    begin
    if NRArea < TamArea - 1
    then begin
         if OndeLer
         then LeSup (ArqLEs, UltLido, Ls, OndeLer)
         else LeInf (ArqLi, UltLido, Li, OndeLer);
         InserirArea (Area, UltLido, NRArea);
         end
    else begin
         if Ls = Es
         then LeSup (ArqLEs, UltLido, Ls, OndeLer)
         else if Li = Ei
              then LeInf (ArqLi, UltLido, Li, OndeLer)
              else if OndeLer
                   then LeSup (ArqLEs, UltLido, Ls, OndeLer)
                   else LeInf (ArqLi, UltLido, Li, OndeLer);
         if UltLido.Chave > Lsup
         then begin j := Es; EscreveMax (ArqLEs, UltLido, Es); end
         else if UltLido.Chave < Linf
              then begin i := Ei; EscreveMin (ArqEi, UltLido, Ei); end
              else begin
                   InserirArea (Area, UltLido, NRArea);
                   if Ei - Esq < Dir - Es
                   then begin
                        RetiraMin (Area, R, NRArea);
                        EscreveMin (ArqEi, R, Ei); Linf := R.Chave;
                        end
                   else begin
                        RetiraMax (Area, R, NRArea);
                        EscreveMax (ArqLEs, R, Es); Lsup := R.Chave;
                        end
                   end;
         end;
    end;
  while (Ei <= Es) do
    begin RetiraMin (Area, R, NRArea); EscreveMin (ArqEi, R, Ei); end
end;
```

Na Figura 4.25, a configuração inicial do arquivo exemplo é apresentada na letra (a). A leitura começa com o registro apontado por Ls no extremo direito do arquivo de entrada. O registro lido é colocado na área de armazenamento interna e Ls caminha para a esquerda, resultando na configuração apresentada na letra (b). Em seguida, o registro no extremo inferior de leitura, apontado por Li, é lido. Como há espaço na área de armazenamento, o registro é nela colocado e Li caminha para a direita, resultando na configuração apresentada na letra (c).

Continuando com a sequência de leitura alternada, o extremo direito é lido. Trata-se do TamArea-ésimo registro, e sua chave (7) é comparada com Linf e Lsup. Como a chave não é menor que Linf nem maior que Lsup, o registro vai para a área de armazenamento, resultando na configuração apresentada na letra (d). Note que nesse ponto a área de armazenamento fica cheia, fazendo com que um registro tenha de ser retirado. Os tamanhos dos subarquivos são iguais (vazios); portanto, o registro de maior chave (7) é removido e inserido na posição apontada por Es. O valor de Lsup é atualizado com o valor da chave, resultando na configuração apresentada na letra (e).

Prosseguindo com a sequência de leitura alternada, é a vez de o extremo esquerdo ser lido. Como a chave (3) não é inferior a Linf nem superior a Lsup, o registro é inserido na área de armazenamento, que fica cheia novamente. Essa configuração é apresentada na letra (f).

Como o subarquivo esquerdo é menor que o direito, o registro com a menor chave (3) é removido da área de armazenamento e é colocado na posição apontada por Ei. Linf é atualizado com a chave deste registro, resultando na configuração apresentada na letra (g).

A seguir, o registro no extremo direito de leitura apontado por Ls é lido e sua chave (1) é comparada com Linf e Lsup, resultando na configuração apresentada na letra (h). Entretanto, como o valor da chave (1) é menor que Linf (3), o registro é armazenado diretamente na posição apontada por Ei. Ocorre uma inserção não ordenada, obrigando a caminhar com o apontador de partição do subarquivo esquerdo i para a posição em que o registro foi inserido, o que resulta na configuração apresentada na letra (i).

Depois disso, o registro apontado por Li é lido e sua chave (10) é comparada a Linf e Lsup, resultando na configuração apresentada na letra (j). Porém, como o valor da chave (10) é maior que Lsup (7), o registro é armazenado diretamente na posição apontada por Es e o apontador de partição do subarquivo direito j passa a apontar para a posição onde o registro foi inserido, o que resulta na configuração apresentada na letra (k).

A configuração apresentada na letra (l) é obtida com operações análogas às que resultaram na configuração da letra (d). Com isso, a área de armazenamento fica cheia. Como os subarquivos têm tamanhos iguais nesse instante, obtemos a configuração apresentada na letra (m) com operações análogas às que resultaram na configuração da letra (e).

Uma vez que os apontadores de leitura Li e Ls se cruzaram, os registros na área de armazenamento são colocados no arquivo de entrada, de forma ordenada, a partir da posição apontada por Ei. A primeira chamada do procedimento de particionamento é encerrada.

Ao final da execução do procedimento Particao, são gerados os dois subarquivos A_1 e A_2 delimitados pelos apontadores i e j, conforme mostra a letra (n) da Figura 4.25. Para finalizar a ordenação do arquivo de entrada, o procedimento QuicksortExterno deve ser chamado recursivamente para os subarquivos gerados.

O Programa 4.29 apresenta as definições dos tipos utilizados pelo procedimento QuicksortExterno e dos ponteiros para manipular a leitura e a escrita de registros no arquivo a ser ordenado. Além disso, o Programa 4.29 serve para testar o funcionamento do procedimento QuicksortExterno. O Programa 4.29 gera um arquivo denominado teste.dat, contendo registros com os valores exibidos na letra (a) da Figura 4.25. Logo após, ordena o arquivo utilizando o procedimento QuicksortExterno e, por fim, exibe o resultado na tela.

Programa 4.29 *Programa de teste do QuicksortExterno*

```
program QuicksortExterno;
{-- Entra aqui o Programa 3.23--}
type
  TipoRegistro = TipoItem;
  TipoArq      = file of TipoRegistro;
var
  ArqLEs: TipoArq;  { Gerencia o Ls e o Es }
  ArqLi : TipoArq;  { Gerencia o Li }
  ArqEi : TipoArq;  { Gerencia o Ei }
  R     : TipoRegistro;
{-- Entram aqui os Programas K.4, 4.26, 4.27 e 4.28--}
begin
  Assign (ArqLi,"teste.dat");
  Assign (ArqEi,"teste.dat");
  Assign (ArqLEs,"teste.dat");
  SeekWrite (ArqLi,0);
  R := 5;  write (ArqLi, R); R := 3;  write (ArqLi, R);
  R := 10; write (ArqLi, R); R := 6;  write (ArqLi, R);
  R := 1;  write (ArqLi, R); R := 7;  write (ArqLi, R);
  R := 4;  write (ArqLi, R);
  close (ArqLi);
  QuicksortExterno (ArqLi, ArqEi, ArqLEs, 1 , 7);
  close (ArqLi); close (ArqEi); close (ArqLEs);
  SeekUpdate(ArqLi, 0);
  while not eof(ArqLi) do
    begin read(ArqLi, R); writeln('Registro=', R); end;
  close(ArqLi);
end.
```

Análise A complexidade de melhor caso é $O(\frac{n}{b})$, em que n é o número de registros a serem ordenados e b é o tamanho do bloco de leitura ou gravação do sistema operacional. Um dos exemplos da ocorrência do melhor caso é quando o arquivo de entrada já se encontra ordenado.

A complexidade de pior caso é $O(\frac{n^2}{\text{TamArea}})$, sendo TamArea o número de registros que podem ser armazenados na área de armazenamento em memória interna. O pior caso ocorre quando um dos arquivos retornados pelo procedimento Particao tem o maior tamanho possível e o outro é vazio, ou seja, a árvore gerada pelas chamadas recursivas é totalmente degenerada. Monard (1980) mostra que, à medida que n cresce, a probabilidade de ocorrência do pior caso tende a zero.

A complexidade de caso médio é $O(\frac{n}{b}log(\frac{n}{\text{TamArea}}))$. O caso médio é o que tem a maior probabilidade de ocorrer. Mais detalhes sobre a análise do Quicksort Externo podem ser obtidos em Monard (1980).

Notas Bibliográficas

Knuth (1973) é a referência mais completa que existe sobre ordenação em geral. Outros livros interessantes sobre o assunto são Sedgewick (1988), Wirth (1976), Cormen, Leiserson, Rivest e Stein (2001), Aho, Hopcroft e Ullman (1983). O livro de Gonnet e Baeza-Yates (1991) apresenta um manual sobre algoritmos.

Shellsort foi proposto por Shell (1959). Quicksort foi proposto por Hoare (1962). Um estudo analítico detalhado, bem como um estudo exaustivo dos efeitos práticos de muitas modificações e melhorias sugeridas para o Quicksort pode ser encontrado em Sedgewick (1975; 1978a) e em Sedgewick e Flajolet (1996). Heapsort foi proposto por Williams (1964) e melhorado por Floyd (1964). Ordenação parcial tem muito pouca referência na literatura. O algoritmo Davisort é devido a Davi Reis (2003), proposto como trabalho da disciplina Projeto e Análise de Algoritmos do Curso de Pós-Graduação em Ciência da Computação da UFMG. O algoritmo Quicksort externo foi proposto por Monard (1980). A implementação do algoritmo Quicksort externo foi realizada por Botelho (2003) e Souza (2003).

Exercícios

1. Considerando que existe necessidade de ordenar arquivos de tamanhos diversos, podendo também variar o tamanho dos registros de um arquivo para outro, apresente uma discussão sobre quais algoritmos de ordenação você escolheria diante das diversas situações colocadas.

Que observações adicionais você apresentaria caso houvesse

a) restrições de estabilidade; ou

b) restrições de intolerância para o pior caso (isto é, a aplicação exige um algoritmo eficiente, mas não permite que ele eventualmente demore muito tempo para executar).

2. Invente um vetor-exemplo de entrada para demonstrar que ordenação por Seleção é um método instável. Mostre os passos da execução do algoritmo até que a estabilidade seja violada. Note que quanto menor for o vetor que você inventar, mais rápido você vai resolver a questão.

3. Modifique o algoritmo de **ordenação por inserção** do Programa 4.4 de forma que ele utilize a busca binária para encontrar a posição de inserção de um elemento no vetor destino. Considerando o número $C(n)$ de comparações efetuadas, determine a complexidade do algoritmo obtido (Patrocínio Júnior, 2003).

4. Considere uma matriz retangular. Coloque em ordem crescente os elementos de cada linha. A seguir, ordene em ordem crescente os elementos de cada coluna. Prove que os elementos de cada linha continuam em ordem.

5. Ordenação (Árabe, 1992).

Imagine que você estava trabalhando na Universidade da Califórnia, em Berkeley. Logo após ter acabado de ordenar um conjunto muito grande de n números inteiros, cada número de grande magnitude (com muitos dígitos), usando o seu método $O(n \log n)$ favorito, aconteceu um terremoto de grandes proporções. Milagrosamente, o computador não é destruído (nem você), mas, por algum motivo, cada um dos 4 *bits* menos significativos de cada número inteiro é aleatoriamente alterado. Você quer, agora, ordenar os novos números inteiros. Escolha um algoritmo capaz de ordenar os novos números em $O(n)$. Justifique.

6. Considere os seguintes algoritmos de ordenação interna: Inserção, Seleção, Shellsort, Quicksort, Heapsort.

a) Determine experimentalmente o número esperado de (i) comparações e (ii) movimento-de-registros para cada um dos cinco métodos de ordenação indicados.

Utilize o procedimento PermutacaoRandomica do Programa 4.30 para obter uma **permutação randômica** dos valores de um vetor $A[1..n]$. Utilize arquivos de diferentes tamanhos com chaves geradas randomicamente. Repita cada experimento algumas vezes e obtenha a média para cada medida de complexidade. Dê a sua interpretação dos dados obtidos, comparando-os com resultados analíticos.

b) Uma alternativa, para o caso do uso de máquinas que permitem medir o tempo de execução de um programa, é considerar os mesmos algoritmos propostos e determinar experimentalmente o tempo de execução de cada um dos cinco métodos de ordenação indicados anteriormente.

***Programa 4.30** Permutação randômica*

```
Program PermutacaoRandomica;
type TipoVetor = array[1..20] of integer;
var A: TipoVetor; n, i: integer;

  procedure Permut (var A: TipoVetor; n: integer);
  { Obtem permutacao randomica dos numeros entre 1 e n }
  var i, j, b: integer;
  begin
    for i:= n downto 2 do
      begin
      j:= Trunc (i * Random + 1);
      b:= A[i]; A[i] := A[j]; A[j] := b;
      end;
  end;

begin
  randomize;
  n := 10;
  for i := 1 to n do A[i] := i;
  Permut (A, n);
  for i:= 1 to n do Write(A[i]," ");
  writeln;
end.
```

Use um gerador de números aleatórios para gerar arquivos de tamanhos 500, 2.000 e 10.000 registros. Para cada tamanho de arquivo utilize dois tamanhos de registro, a saber: um registro contendo apenas a chave, e outro registro com 11 vezes o tamanho da chave (isto é, a chave acompanhada de "outros componentes" cujo tamanho seja equivalente a dez chaves). Repita cada experimento algumas vezes e obtenha a média dos tempos de execução. Utilize o tipo de dados **array** do Pascal. Dê a sua interpretação dos dados obtidos.

7. Reorganize os elementos de um vetor contendo números inteiros de forma que todos os números negativos precedam os não-negativos (Guedes Neto, 2003). Indique como um dos métodos de ordenação apresentados na Seção 4.1 pode ser alterado para conseguir tal organização em tempo proporcional ao número de elementos do vetor. Estenda sua solução para garantir que haja zeros entre os números positivos e os números negativos.

8. Quicksort não é um algoritmo **estável** (Guedes Neto, 2003). Que tipo de transformação você poderia fazer nas chaves para que ele se torne um algoritmo estável? Discuta se a transformação proposta é independente da natureza da chave.

9. Suponha que cada um dos elementos em $a[1..n]$ possua um valor dentre três valores distintos.

a) Forneça um algoritmo eficiente para ordenar o arranjo. (Dica: uma boa solução pode ser obtida utilizando-se a função principal do Quicksort.)

b) Apresente a análise do pior caso para o número de comparações.

c) Apresente a análise do caso médio para o número de comparações.

10. Considere a estrutura de dados *heap*. Determine empiricamente o número esperado de trocas para:

a) construir um *heap* por meio de n inserções sucessivas a partir de um *heap* vazio;

b) inserir um novo elemento em um *heap* contendo n elementos;

c) extrair o elemento maior de um *heap* contendo $n + 1$ elementos.

Use um gerador de números aleatórios para gerar as chaves. Repita o experimento para diferentes tamanhos de n. A estrutura de dados utilizada deve usar o mínimo possível de memória para armazenar o *heap*. Utilize a linguagem Pascal para implementar o algoritmo. Finalmente, dê a sua interpretação dos resultados obtidos. Como esses resultados se comparam com os resultados analíticos?

11. Que algoritmo de ordenação você usaria para cada um dos seguintes casos (Guedes Neto, 2010):

a) A ordenação original de elementos com chave idêntica precisa ser mantida.

b) O tempo de execução não deve apresentar grandes variações para nenhum caso.

c) A lista a ser ordenada já está bem próxima da ordem final.

d) Os elementos a serem ordenados são muito grandes se comparados ao tamanho das chaves.

e) A lista a ser ordenada não cabe na memória principal.

12. Ordene as letras da cadeia de 6 caracteres UMDOIS mostrando o conteúdo do vetor a cada passo intermediário (Guedes Neto, 2010). Utilize os seguintes algoritmos de ordenação:

a) Seleção. Liste o vetor para cada elemento que atinja sua posição definitiva.

b) Inserção. Liste o vetor para cada elemento incluído na ordenação parcial até o momento.

c) Shellsort. Use 1, 3, 5, 13 como a sequência de valores para h. Liste o vetor para cada novo valor de h, enquanto $h > 1$. Quando $h = 1$, liste o vetor para cada elemento inserido na ordem parcial.

d) Quicksort, usando o elemento à esquerda da partição como pivô. Liste o vetor para cada nova partição completada com dois ou mais elementos.

e) Quicksort, usando o elemento (Esq+Dir)/2 como pivô. Liste o vetor para cada nova partição completada com dois ou mais elementos.

f) Heapsort. Liste o vetor para cada elemento inserido no heap na fase de construção e para cada elemento removido, antes e depois do heap ser refeito.

g) Mergesort. Liste o vetor para cada partição ordenada.

13. Quicksort

a) Mostre como o vetor A B A B A B A é particionado quando se escolhe o elemento do meio, $A[(esq + dir)\ \textbf{div}\ 2]$, como pivô.

b) Mostre as etapas de funcionamento do Quicksort para ordenar as chaves Q U I C K S O R T. Considere que o pivô escolhido é o elemento do meio, $A[(esq + dir)\ \textbf{div}\ 2]$.

14. Quicksort

a) Descreva uma maneira para manter o tamanho da pilha de recursão o menor possível na implementação do Quicksort.

b) Se você não se preocupasse com o uso desse artifício, até que tamanho a pilha poderia crescer, no pior caso? Por quê?

15. O objetivo desse trabalho é fazer um estudo comparativo de diversas implementações do algoritmo Quicksort. Para tanto, você deverá implementar as seguintes versões do algoritmo:

a) Quicksort recursivo;

b) Quicksort recursivo com interrupção da partição para a ordenação de subvetores menores que M elementos. Determine empiricamente o melhor valor de M para um arquivo gerado aleatoriamente;

c) Melhore a versão b) utilizando a técnica da **mediana de três** elementos para escolha do pivô.

Gere massas de testes para testar e comparar cada uma das implementações. Use sua criatividade para criar arquivos de teste interessantes. Faça tabelas e/ou gráficos para mostrar e explicar os resultados obtidos.

O que deve ser apresentado:

a) Listagem dos programas em Pascal ou C.

b) Listagem dos testes executados.

c) Descrição sucinta dos arquivos de teste utilizados, relatório comparativo dos testes executados, e as decisões tomadas relativas aos casos e detalhes de especificação que porventura estejam omissos no enunciado.

d) Estudo da complexidade do tempo de execução de cada uma das implementações para diversos cenários de teste.

Algumas sugestões:

a) Determine o tempo de processamento necessário na fase de classificação utilizando o relógio da máquina.

b) Mantenha contadores (que devem ser atualizados pelos procedimentos de ordenação) para armazenar o número de comparações e de trocas de elementos executados pelos algoritmos.

c) Execute o programa algumas vezes com cada algoritmo, com massas de dados diferentes, para obter a média dos tempos de execução e dos números de comparações e trocas.

d) Outro experimento interessante é executar o programa uma vez com uma massa de dados que force o pior caso do algoritmo.

16. Considere o seguinte vetor de entrada: H E A P S O R T

a) Utilizando o algoritmo Heapsort, rearranje os elementos do vetor para formar a representação de um *heap* utilizando o próprio vetor de entrada. O *heap* deve conter o máximo do conjunto na raiz.

b) A partir do *heap* criado, execute três iterações do anel principal do Heapsort para extrair os três maiores elementos. Mostre os desenhos *heap*-vetor.

17. Suponha que você tenha de ordenar vários arquivos de 100, 10.000, 1.000.000 e 100.000.000 números inteiros. Para todos os tamanhos de arquivos é necessário realizar a ordenação no menor tempo possível.

a) Que algoritmo de ordenação você usaria para cada tamanho de arquivo? Justifique.

b) Se for necessário manter a ordem relativa dos itens com chaves iguais (isto é, manter a estabilidade), que algoritmo você usaria para cada tamanho de arquivo? Justifique.

c) Suponha que as ordenações tenham de ser realizadas em um ambiente em que uma configuração dos dados de entrada que leve a um pior caso não possa ser tolerada, mesmo que este pior caso possa acontecer muito raramente (em outras palavras, você não quer que o pior tempo de execução seja muito maior que o caso médio). Ainda assim, continua sendo importante realizar a ordenação no menor tempo possível. Que algoritmo de ordenação você usaria em cada tamanho de arquivo? Justifique.

18. O objetivo deste problema é projetar uma estrutura de dados para um conjunto S (Árabe, 1992). S conterá elementos retirados de algum universo U; S pode conter elementos duplicados. A estrutura de dados projetada deve implementar eficientemente as seguintes operações:

a) Insere (b, S): insere o elemento b em S (isso vai adicionar uma nova cópia de b em S se já existia alguma).

b) RetiraMin (x, S): retira de S o menor elemento (pode haver mais de um), retornando seu valor em x.

Descreva uma estrutura de dados e como implementar as operações Insere e RetiraMin de modo que essas operações sejam executadas, no pior caso, em $O(\log n)$.

19. Implemente os operadores HeapConstroi, RetiraMin, DiminuiChave e Insere para realizar as seguintes operações:

a) Constrói uma fila de prioridades a partir de um conjunto com n itens.

b) Informa qual é o menor item do conjunto.

c) Retira o item com menor chave.

d) Insere um novo item.

e) Diminui o valor da chave do item i para um novo valor, que é menor do que o valor atual da chave.

20. Mergesort (Menezes, 2010).

a) Implemente o procedimento Merge do Programa 2.9.

b) Compare o desempenho do procedimento Mergesort implementado no item anterior com o procedimento **Quicksort** do Programa 4.7.

21. Considere o arquivo de 10 registros: B A L A N C E A D A

a) Vamos considerar o método de ordenação externa usando intercalação-balanceada-de-2-caminhos, utilizando apenas três fitas magnéticas e uma memória interna com capacidade para armazenar três registros. Mostre todas as etapas para ordenar o arquivo exemplo acima utilizando intercalação balanceada simples (sem utilizar seleção por substituição).

b) Quantas passadas foram realizadas?

22. Árvore de decisão (Loureiro, 2010). Considere algoritmos de ordenação baseados em comparação de chaves. Justifique a sua resposta em cada item.

a) Considere n números inteiros randômicos $x_1, x_2, \ldots, x_n$ como entrada para um algoritmo A de ordenação. O algoritmo A faz exatamente p comparações para essa entrada. Para essa mesma entrada, a árvore de decisão que ordena n elementos faz exatamente q comparações. É possível que p seja menor que q?

b) Explique como pode ser calculado o número médio de comparações para ordenar n elementos em uma árvore de decisão.

c) Por que não existe nenhum método de ordenação que usa uma árvore de decisão como base para a ordenação?

23. Ordenação Parcial

Analisando os resultados obtidos com os algoritmos de ordenação parcial, vimos que a inserção obtém os melhores resultados quando k é pequeno, e à medida que k se aproxima de n, o Quicksort passa a ter um desempenho superior. Todos os algoritmos apresentados são modificações dos algoritmos de ordenação clássicos.

a) Apresente um algoritmo de ordenação parcial com um desempenho mais próximo àquele obtido pela inserção parcial para valores menores de k, tão bom quanto o Quicksort parcial para valores maiores de k e superior a ambos para valores intermediários de k.

b) Apresente um estudo comparativo do seu algoritmo com relação ao algoritmo da inserção parcial sem preservação do vetor apresentado no Programa 4.16 e o algoritmo Quicksort parcial apresentado no Programa 4.19.

24. Radixsort

Obtenha uma implementação que seja a mais eficiente possível do procedimento RadixsortInt do Programa 4.23. Dica: um primeiro passo é evitar a cópia do vetor B para o vetor A dentro do procedimento ContagemInt do Programa 4.22.

a) Utilize a linguagem Pascal. Mostre o ganho obtido.

b) Utilize a linguagem C. Procure utilizar os principais recursos que a linguagem C oferece para tornar seu programa mais rápido em termos de tempo de relógio. Mostre o ganho obtido.

25. Radixsort para Cadeias de Caracteres

Faça uma comparação do tempo de execução das versões implementadas na linguagem C dos algoritmos Quicksort e Radixsort para cadeias de caracteres. Apresente um quadro comparativo do tempo total real para ordenar arranjos com 10.000.000 de registros com chaves de 1, 2, 4, 8, 16 e 32 caracteres na ordem aleatória.

26. Ordenação Externa

O objetivo deste trabalho é projetar e implementar um sistema de programas para ordenar arquivos que não cabem na memória primária, o que nos obriga a utilizar um algoritmo de ordenação externa.

Existem muitos métodos para ordenação externa. Entretanto, a grande maioria utiliza a seguinte estratégia geral: blocos de entrada tão grandes quanto possível são ordenados internamente e copiados em arquivos intermediários de trabalho. A seguir, os arquivos intermediários são intercalados e copiados em outros arquivos de trabalho, até que todos os registros são intercalados em um único bloco final representando o arquivo ordenado.

Um procedimento simples e eficiente para realizar essa tarefa é o de colocar cada bloco ordenado em um arquivo separado até que a entrada é toda lida. A seguir, os N primeiros arquivos são intercalados em um novo arquivo e esses N arquivos removidos. N é uma constante que pode ter valores entre 2 e 10, chamada Ordem de Intercalação. Esse processo é repetido até que fique apenas um arquivo, o arquivo final ordenado. A cada passo, o procedimento de intercalação nunca tem de lidar com mais do que N arquivos de intercalação mais um único arquivo de saída.

Para tornar mais claro o que cada aluno tem de realizar, apresentamos no Programa 4.31 um primeiro refinamento do procedimento que permite implementar a estratégia descrita anteriormente. Pode-se observar que grande parte do procedimento lida com criação, abertura, fechamento e remoção de arquivos em momentos adequados.

A fase de intercalação utiliza dois índices, Low e High, para indicar o intervalo de arquivos ativos. O índice High é incrementado de 1, ORDEMINTERCAL arquivos são intercalados a partir de Low e armazenados no arquivo High e, finalmente, Low é incrementado de ORDEMINTERCAL. Quando Low fica igual ou maior do que High, a intercalação termina com o último bloco resultante High totalmente ordenado.

É importante observar que as interfaces dos vários procedimentos presentes no código do Programa 4.31 não estão completamente especificadas.

Para mostrar o funcionamento dos módulos do programa OrdeneExterno você deve proceder da seguinte forma:

a) Usar um arquivo contendo 22 registros, em que a chave de cada registro é uma letra maiúscula, conforme mostrado a seguir:

I N T E R C A L A C A O B A L A N C E A D A

Para fins de teste, você deve colocar em cada registro um campo associado ocupando 31 bytes, para que o registro fique com um total de 32 bytes. Permita apenas três registros na memória real, o que significa que o programa será capaz de reter apenas três registros na memória principal.

i) Faça a impressão dos blocos ordenados obtidos na primeira fase do programa.

ii) Na segunda fase do programa, para cada iteração do anel, mostre o conteúdo de: Low, Lim, High, nome dos arquivos de entrada abertos, nome do arquivo de saída aberto, conteúdo do arquivo de saída.

b) Gere um arquivo contendo um grande número de registros de 32 bytes de tamanho, cada registro contendo um campo chave constituído por um número inteiro obtido com o auxílio de um gerador de números pseudo-aleatórios. Faça a medida do tempo necessário para ordenar este arquivo.

27. Uma opção interessante para ordenar grandes arquivos é utilizar um algoritmo de ordenação interna tradicional, porém sem levar em consideração que a memória interna seja limitada. Isso é possível em sistemas operacionais que implementam o mecanismo de **memória virtual**, o qual gerencia as operações de leitura e escrita em discos magnéticos. Nessa abordagem, para minimizar o número de operações de leitura e escrita em discos magnéticos, os algoritmos devem possuir características que diminuam a quantidade de faltas de páginas no mecanismo de memória virtual. O Quicksort é um bom método para ser utilizado em um ambiente de memória virtual, pois possui uma **localidade de referência espacial** pequena. Isso diminui o número de faltas de páginas no mecanismo de memória virtual. Verkano (1987) apresenta um estudo mais detalhado sobre o uso do Quicksort em um ambiente de memória virtual. Experimente o Programa 4.7 em um ambiente de memória virtual para arquivos muito maiores que a memória interna do computador.

Programa 4.31 *Primeiro refinamento do procedimento OrdeneExterno*

```
procedure OrdeneExterno;
const ORDEMINTERCAL = 2;
var NBlocos          : integer;
    ArqEntrada       : TipoArqEntrada;
    ArqSaida         : TipoArqEntrada;
    ArrArqEnt        : array [1..ORDEMINTERCAL] of TipoArqEntrada;
    Fim              : boolean;
    Low, High, Lim: integer;
begin
  NBlocos := 0;
  ArqEntrada := Arquivo a ser ordenado;
  repeat { Formacao inicial dos NBlocos ordenados }
    NBlocos := NBlocos + 1;
    Fim := EnchePaginas(NBlocos, ArqEntrada);
    OrdeneInterno;
    ArqSaida := AbreArqSaida (NBlocos);
    DescarregaPaginas(ArqSaida);
    Close(ArqSaida);
  until Fim;
  Close(ArqEntrada);
  Low := 1; High := NBlocos;
  while Low < High do { Intercalacao dos NBlocos ordenados }
    begin
    Lim := Minimo(Low + ORDEMINTERCAL-1, High);
    AbreArqEntrada(ArrArqEnt, Low, Lim);
    High := High + 1;
    ArqSaida := AbreArqSaida(High);
    Intercale(ArrArqEnt, Low, Lim, ArqSaida);
    Close(ArqSaida);
    for i := Low to Lim do
      begin
      Close(ArrArqEnt[i]);
      Erase(ArrArqEnt[i]);
      end;
      Low := Low + ORDEMINTERCAL;
      end;
  Renomear o arquivo High com o nome fornecido pelo usuario;
  end; { OrdeneExterno }
```

28. Considere o programa QuicksortExterno da Seção 4.2.5 e resolva os seguintes exercícios:

a) Para garantir que nenhuma informação seja destruída durante o processo de ordenação, a ordem alternada de leitura é interrompida se $L_i = E_i$ ou $L_s = E_s$. Explique por que somente uma dessas condições é verdadeira em determinado instante.

b) Como os controladores de disco lêem e escrevem os dados em blocos, a utilização de áreas de memória interna para leitura e escrita de registros diminui o número de operações de entrada e saída executadas durante o processo de ordenação. É possível melhorar a implementação proposta utilizando duas áreas de armazenamento de entrada e duas áreas de armazenamento de saída. Dessa forma, cada registro pode ser lido da área de armazenamento de entrada do extremo esquerdo ou direito do arquivo e escrito na área de armazenamento de saída do extremo esquerdo ou direito. Quando uma área de armazenamento de leitura de um dos extremos estiver vazia e uma leitura for solicitada a ela, a área de armazenamento será reabastecida pela leitura de um novo bloco de dados daquele extremo no arquivo original. Uma analogia pode ser feita em relação às áreas de armazenamento de saída, pois, quando uma destas estiver cheia e uma escrita for solicitada a área de armazenamento deverá ser descarregada no respectivo extremo do arquivo original antes de o novo registro ser armazenado nela. Implemente em C ou Pascal uma versão melhorada do QuicksortExterno utilizando áreas de memória interna.

c) Faça um estudo comparativo entre a implementação do QuicksortExterno apresentada no Programa 4.26 e a implementação melhorada descrita no item anterior. Para tanto, devem ser gerados arquivos binários de diferentes tamanhos, os quais deverão conter registros de 8 bytes. Após gerar os arquivos, deve ser medido o tempo que cada uma das duas implementações gasta para ordenar cada arquivo. Cada registro possui um número inteiro como chave de comparação. As chaves de comparação devem ser geradas com auxílio de um gerador de números pseudo-aleatórios, como o apresentado.

Capítulo 5

Pesquisa em Memória Primária

Este capítulo é dedicado ao estudo de como recuperar informação a partir de uma grande massa de informação previamente armazenada. A informação é dividida em **registros**, e cada registro possui uma chave para ser usada na pesquisa. O objetivo da pesquisa é encontrar uma ou mais ocorrências de registros com chaves iguais à **chave de pesquisa**. Neste caso, terá ocorrido uma **pesquisa com sucesso**; caso contrário a pesquisa terá sido **sem sucesso**. Um conjunto de registros é chamado de **tabela** ou **arquivo**. Geralmente, o termo tabela é associado a entidades de vida curta, criadas na memória interna durante a execução de um programa. Já o termo arquivo é geralmente associado a entidades de vida mais longa, armazenadas em memória externa. Entretanto, essa distinção não é precisa: um arquivo de índices pode ser tratado como uma tabela, enquanto uma tabela de valores de funções pode ser tratada como um arquivo.

Existe uma variedade enorme de métodos de pesquisa. A **escolha** do método de pesquisa mais adequado a determinada aplicação depende principalmente: (i) da quantidade dos dados envolvidos, (ii) de o arquivo estar sujeito a inserções e retiradas frequentes, ou de o conteúdo do arquivo ser praticamente estável (neste caso, é importante minimizar o tempo de pesquisa, sem preocupação com o tempo necessário para estruturar o arquivo).

É importante considerar os algoritmos de pesquisa como **tipos abstratos de dados**, com um conjunto de operações associado a uma estrutura de dados, de tal forma que haja uma independência de implementação para as operações. Algumas das operações mais comuns incluem:

1. Inicializar a estrutura de dados.
2. Pesquisar um ou mais registros com determinada chave.
3. Inserir um novo registro.
4. Retirar um registro específico.

5. Ordenar um arquivo para obter todos os registros em ordem de acordo com a chave.

6. Ajuntar dois arquivos para formar um arquivo maior.

A operação 5 foi objeto de estudo no Capítulo 4. A operação 6 demanda a utilização de técnicas sofisticadas e não será tratada neste texto.

Um nome comumente utilizado para descrever uma estrutura de dados para pesquisa é dicionário. Um **dicionário** é um **tipo abstrato de dados** com as operações Inicializa, Pesquisa, Insere e Retira. Em uma analogia com um dicionário da língua portuguesa, as chaves são as palavras e os registros são as entradas associadas com cada palavra, em que cada entrada contém pronúncia, definição, sinônimos e outras informações associadas com a palavra.

Para alguns dos métodos de pesquisa a serem estudados a seguir, vamos implementar o método como um dicionário, como é o caso das Árvores de Pesquisa (Seção 5.3) e Hashing (Seção 5.5). Para os métodos Pesquisa Sequencial e Pesquisa Digital, vamos implementar as operações Inicializa, Pesquisa e Insere e para o método Pesquisa Binária vamos implementar apenas a operação Pesquisa.

5.1 Pesquisa Sequencial

O método de pesquisa mais simples que existe funciona da seguinte forma: a partir do primeiro registro, pesquise sequencialmente até encontrar a chave procurada; então pare. Apesar de sua simplicidade, a pesquisa sequencial envolve algumas idéias interessantes, servindo para ilustrar vários aspectos e convenções a serem utilizadas em outros métodos de pesquisa a serem apresentados.

Uma forma possível de armazenar um conjunto de registros é por meio do tipo estruturado arranjo, conforme ilustra o Programa 5.1. Cada registro contém um campo chave que identifica o registro. Além da chave, podem existir outros componentes em um registro, os quais não têm influência muito grande nos algoritmos. Por exemplo, os outros componentes de um registro podem ser substituídos por um apontador contendo o endereço de um outro local que os contenha.

Uma possível implementação para as operações Inicializa, Pesquisa e Insere é mostrada no Programa 5.2.

A função Pesquisa retorna o índice do registro que contém a chave x; caso não esteja presente, o valor retornado é zero. Observe que esta implementação não suporta mais de um registro com uma mesma chave. Em aplicações com esta característica, é necessário incluir um argumento a mais na função Pesquisa para conter o índice a partir do qual se quer pesquisar, e alterar a implementação de acordo.

Programa 5.1 *Estrutura do tipo dicionário implementado como arranjo*

```
const MAXN = 10;
type TipoRegistro = record
                      Chave: TipoChave;
                      { outros componentes }
                    end;
     TipoIndice   = 0..MAXN;
     Tipotabela   = record
                      Item: array [TipoIndice] of TipoRegistro;
                      n   : TipoIndice;
                    end;
```

Programa 5.2 *Implementação das operações usando arranjo*

```
procedure Inicializa (var T: Tipotabela);
begin
  T.n := 0;
end; { Inicializa }

function Pesquisa (x: TipoChave; var T: Tipotabela): TipoIndice;
var i: integer;
begin
  T.Item[0].Chave := x;
  i := T.n + 1;
  repeat
    i := i - 1;
  until T.Item[i].Chave = x;
  Pesquisa := i;
end; { Pesquisa }

procedure Insere (Reg: TipoRegistro; var T: Tipotabela);
begin
  if T.n = MAXN
  then writeln('Erro: tabela cheia')
  else begin
       T.n := T.n + 1;
       T.Item[T.n] := Reg;
       end;
end; { Insere }
```

Um registro **sentinela** contendo a chave de pesquisa é colocado na posição zero do **array**. Essa técnica garante que a pesquisa sempre termina. Após a chamada da função Pesquisa, se o índice é zero, significa que a pesquisa foi sem sucesso.

Análise Para uma pesquisa com sucesso, conforme mostrado na página 6 da Seção 1.3, temos:

$$\begin{array}{ll} \text{melhor caso} & : C(n) = 1 \\ \text{pior caso} & : C(n) = n \\ \text{caso médio} & : C(n) = (n+1)/2 \end{array}$$

Para uma pesquisa sem sucesso temos:

$$C'(n) = n + 1.$$

Observe que o anel interno da função Pesquisa, no Programa 5.2, é extremamente simples: o índice i é decrementado e a chave de pesquisa é comparada com a chave que está no registro. Por essa razão, esta técnica usando **sentinela** é conhecida por **pesquisa sequencial rápida**. Esse algoritmo é a melhor solução para o problema de pesquisa em tabelas com 25 registros ou menos.

5.2 Pesquisa Binária

A pesquisa em uma tabela pode ser muito mais eficiente se os registros forem mantidos em ordem. Para saber se uma chave está presente na tabela, compare a chave com o registro que está na posição do meio da tabela. Se a chave é menor, então o registro procurado está na primeira metade da tabela; se a chave é maior, então o registro procurado está na segunda metade da tabela. Repita o processo até que a chave seja encontrada ou fique apenas um registro cuja chave é diferente da procurada, indicando uma pesquisa sem sucesso. A Figura 5.1 mostra os subconjuntos pesquisados para recuperar o índice da chave G.

	1	2	3	4	5	6	7	8
Chaves iniciais:	*A*	*B*	*C*	*D*	*E*	*F*	*G*	*H*
	A	*B*	*C*	**D**	*E*	*F*	*G*	*H*
					E	**F**	*G*	*H*
							G	*H*

Figura 5.1 *Exemplo de pesquisa binária para a chave G.*

O Programa 5.3 mostra a implementação do algoritmo para um conjunto de registros implementado como uma tabela.

Análise A cada iteração do algoritmo, o tamanho da tabela é dividido ao meio. Logo, o número de vezes que o tamanho da tabela é dividido ao meio é cerca de

Programa 5.3 Pesquisa binária

```
function Binaria (x: TipoChave; var T: Tipotabela): TipoIndice;
var i, Esq, Dir: TipoIndice;
begin
  if T.n = 0
  then Binaria := 0
  else begin
       Esq := 1; Dir := T.n;
       repeat
         i := (Esq + Dir) div 2;
         if x > T.Item[i].Chave
         then Esq := i+1
         else Dir := i-1;
       until (x = T.Item[i].Chave) or (Esq > Dir);
       if x=T.Item[i].Chave
       then Binaria := i
       else Binaria := 0;
       end;
end; { Binaria }
```

$\log n$. Entretanto, o custo para manter a tabela ordenada é alto: cada inserção na posição p da tabela implica o deslocamento dos registros a partir da posição p para as posições seguintes. Consequentemente, a pesquisa binária não deve ser usada em aplicações muito dinâmicas.

5.3 Árvores de Pesquisa

A árvore de pesquisa é uma estrutura de dados muito eficiente para armazenar informação. Ela é particularmente adequada quando existe necessidade de considerar todos ou alguma combinação de requisitos, tais como: (i) acessos direto e sequencial eficientes; (ii) facilidade de inserção e retirada de registros; (iii) boa taxa de utilização de memória; (iv) utilização de memória primária e secundária.

Se alguém considerar separadamente qualquer um dos requisitos no parágrafo anterior, é possível encontrar uma estrutura de dados que seja superior à árvore de pesquisa. Por exemplo, tabelas *hashing* possuem tempos médios de pesquisa melhores e tabelas que usam posições contíguas de memória possuem melhores taxas de utilização de memória. Entretanto, uma tabela que usa *hashing* precisa ser ordenada se existir necessidade de processar os registros sequencialmente em ordem lexicográfica, e a inserção/retirada de registros em tabelas que usam posições contíguas de memória tem custo alto. As árvores de pesquisa representam um compromisso entre esses requisitos conflitantes.

5.3.1 Árvores Binárias de Pesquisa sem Balanceamento

De acordo com Knuth (1997, p. 312), uma **árvore binária** é definida como um conjunto finito de nós que ou está vazio ou consiste de um nó chamado raiz mais os elementos de duas árvores binárias distintas chamadas de subárvores esquerda e direita do nó raiz. Em uma árvore binária, cada nó tem no máximo duas subárvores.

Existem apontadores para as subárvores esquerda e direita em cada nó. O número de subárvores de um nó é chamado grau daquele nó. Um nó de grau zero é chamado de nó externo ou folha (de agora em diante não haverá distinção entre esses dois termos). Os outros nós são chamados nós internos.

A **árvore binária de pesquisa** é uma árvore binária em que todo nó interno contém um registro, e, para cada nó, a seguinte propriedade é verdadeira: todos os registros com chaves menores estão na subárvore esquerda e todos os registros com chaves maiores estão na subárvore direita.

O **nível** do nó raiz é 0; se um nó está no nível i então a raiz de suas subárvores está no nível $i + 1$. A **altura** de um nó é o comprimento do caminho mais longo deste nó até um nó folha. A altura de uma árvore é a altura do nó raiz. A Figura 5.2 mostra uma árvore binária de pesquisa de altura 4.

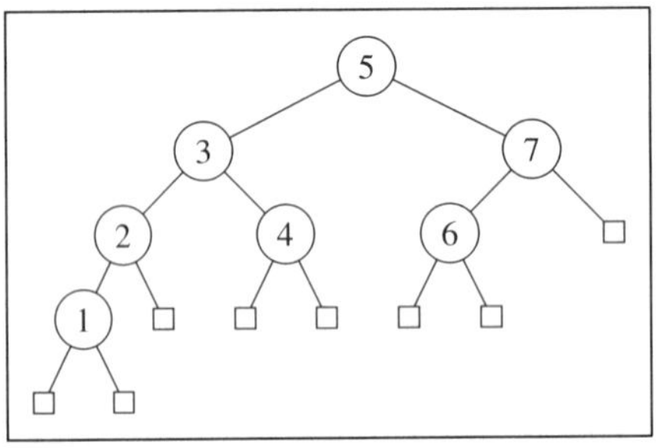

Figura 5.2 *Árvore binária de pesquisa.*

A estrutura de dados árvore binária de pesquisa será utilizada para implementar o tipo abstrato de dados Dicionário (lembre-se que o tipo abstrato Dicionário contém as operações Inicializa, Pesquisa, Insere e Retira). A estrutura e a **representação** do Dicionário são apresentadas no Programa 5.4.

Um procedimento Pesquisa para uma árvore binária de pesquisa é bastante simples, conforme ilustra a implementação do Programa 5.5. Para encontrar um registro que contém a chave x, primeiro compare-a com a chave que está na raiz. Se é menor, vá para a subárvore esquerda; se x é maior, vá para a subárvore direita. Repita o processo recursivamente, até que a chave procurada seja encontrada ou então um nó folha é atingido. Se a pesquisa tiver sucesso, então o conteúdo do registro retorna no próprio registro x.

Programa 5.4 *Estrutura do dicionário para árvores sem balanceamento*

```
type TipoChave      = integer;
     TipoRegistro   = record
                        Chave: TipoChave;
                        { outros componentes }
                      end;
     TipoApontador  = ^TipoNo;
     TipoNo         = record
                        Reg: TipoRegistro;
                        Esq, Dir: TipoApontador;
                      end;
     TipoDicionario = TipoApontador;
```

Programa 5.5 *Procedimento para pesquisar na árvore*

```
procedure Pesquisa (var x: TipoRegistro; var p: TipoApontador);
begin
  if p = nil
  then writeln ('Erro: TipoRegistro nao esta presente na arvore')
  else if x.Chave < p^.Reg.Chave
       then Pesquisa (x, p^.Esq)
       else if x.Chave > p^.Reg.Chave
            then Pesquisa (x, p^.Dir)
            else x := p^.Reg;
end; { Pesquisa }
```

O procedimento Inicializa é extremamente simples, conforme ilustra o Programa 5.6.

Programa 5.6 *Procedimento para inicializar*

```
procedure Inicializa (var Dicionario: TipoDicionario);
begin
  Dicionario := nil;
end; { Inicializa }
```

Atingir um apontador nulo em um processo de pesquisa significa uma pesquisa sem sucesso (o registro procurado não está na árvore). Caso se queira inseri-lo na árvore, o apontador nulo atingido é justamente o ponto de inserção, conforme ilustra a implementação do procedimento **Insere** do Programa 5.7.

Programa 5.7 *Procedimento para inserir na árvore*

```
procedure Insere (x: TipoRegistro; var p: TipoApontador);
begin
  if p = nil
  then begin
       new (p);
       p^.Reg := x;  p^.Esq := nil;  p^.Dir := nil;
       end
  else if x.Chave < p^.Reg.Chave
       then Insere (x, p^.Esq)
       else if x.Chave > p^.Reg.Chave
            then Insere (x, p^.Dir)
            else writeln ('Erro: Registro ja existe na arvore')
end; { Insere }
```

A árvore de pesquisa mostrada na Figura 5.2 pode ser obtida quando as chaves são lidas pelo Programa 5.8, na ordem 5, 3, 2, 7, 6, 4, 1, 0, sendo 0 a marca de fim de arquivo.

Programa 5.8 *Programa para criar a árvore*

```
program CriaArvore;
type TipoChave = integer;
{-- Entra aqui a definicao dos tipos do Programa 5.4--}
var Dicionario: TipoDicionario;
    x         : TipoRegistro;
{-- Entram aqui os Programas 5.6 e 5.7--}
begin
Inicializa (Dicionario);
read (x.Chave);
while x.Chave > 0 do
  begin
  Insere (x, Dicionario);
  read (x.Chave);
  end;
end.
```

A última operação a ser estudada é **Retira**. Se o nó que contém o registro a ser retirado possui no máximo um descendente, então a operação é simples. No caso de o nó conter dois descendentes, o registro a ser retirado deve ser primeiro substituído pelo registro mais à direita na subárvore esquerda, ou pelo registro mais à esquerda na subárvore direita. Assim, para retirar o registro com chave 5 na árvore da Figura 5.2, basta trocá-lo pelo registro com chave 4 ou pelo registro com chave 6, e então retirar o nó que recebeu o registro com chave 5.

O Programa 5.9 mostra a implementação da operação Retira. O procedimento recursivo Antecessor somente é ativado quando o nó que contém o registro a ser retirado possui dois descendentes. Essa solução elegante é utilizada por Wirth (1976, p. 211).

Programa 5.9 *Procedimento para retirar x da árvore*

```
procedure Retira (x: TipoRegistro; var p: TipoApontador);
var Aux: TipoApontador;

  procedure Antecessor (q: TipoApontador; var r: TipoApontador);
  begin
    if r^.Dir <> nil
    then Antecessor (q, r^.Dir)
    else begin
         q^.Reg := r^.Reg;
         q := r;  r := r^.Esq;
         dispose (q)
         end;
  end; { Antecessor }

begin {---   Retira---}
  if p = nil
  then writeln ('Erro: Registro nao esta na arvore')
  else if x.Chave < p^.Reg.Chave
       then Retira (x, p^.Esq)
       else if x.Chave > p^.Reg.Chave
            then Retira (x, p^.Dir)
            else if p^.Dir = nil
                 then begin Aux := p;  p := p^.Esq;  dispose(Aux); end
                 else if p^.Esq = nil
                      then begin Aux:=p;  p:=p^.Dir;  dispose(Aux); end
                      else Antecessor (p, p^.Esq);
end; { Retira }
```

Após construída a árvore, pode ser necessário percorrer todos os registros que compõem a tabela ou arquivo. Existe mais de uma ordem de **caminhamento** em árvores, mas a mais útil é a chamada ordem de **caminhamento central**. Assim como a estrutura da árvore, o caminhamento central é mais bem expresso em termos recursivos, a saber:

1. caminha na subárvore esquerda na ordem central;
2. visita a raiz;
3. caminha na subárvore direita na ordem central.

Uma característica importante do caminhamento central é que os nós são visitados em ordem lexicográfica das chaves. Percorrer a árvore da Figura 5.2

usando caminhamento central recupera as chaves na ordem 1, 2, 3, 4, 5, 6 e 7. O procedimento Central, mostrado no Programa 5.10, faz exatamente isso. Observe que este procedimento representa um método de ordenação similar ao Quicksort, no qual a chave na raiz faz o papel do item que particiona o vetor.

Programa 5.10 *Caminhamento central*

```
procedure Central (p: TipoApontador);
begin
  if p <> nil
  then begin
       Central (p^.Esq); writeln (p^.Reg.Chave); Central (p^.Dir);
       end;
end; { Central }
```

Análise O número de comparações em uma pesquisa com sucesso é:

$$\begin{array}{ll} \text{melhor caso} & : C(n) = O(1), \\ \text{pior caso} & : C(n) = O(n), \\ \text{caso médio} & : C(n) = O(\log n). \end{array}$$

O tempo de execução dos algoritmos para árvores binárias de pesquisa depende muito do formato das árvores. Para obter o pior caso, basta que as chaves sejam inseridas em ordem crescente (ou decrescente). Nesse caso, a árvore resultante é uma lista linear, cujo número médio de comparações é $(n+1)/2$.

Para uma **árvore de pesquisa randômica**[1] é possível mostrar que o número esperado de comparações para recuperar um registro qualquer é cerca de $1,39 \log n$, apenas 39% pior que a árvore completamente balanceada (vide seção seguinte).

5.3.2 Árvores Binárias de Pesquisa com Balanceamento

Para uma distribuição uniforme das chaves, em que cada chave é igualmente provável de ser usada em uma pesquisa, a **árvore completamente balanceada**[2] minimiza o tempo médio de pesquisa. Entretanto, o custo para manter a árvore

[1] Uma árvore A com n chaves possui $n+1$ nós externos e estas n chaves dividem todos os valores possíveis em $n+1$ intervalos. Uma inserção em A é considerada *randômica* se ela tem probabilidade igual de acontecer em qualquer um dos $n+1$ intervalos. Uma *árvore de pesquisa randômica* com n chaves é uma árvore construída por meio de n inserções randômicas sucessivas em uma árvore inicialmente vazia.

[2] Em uma árvore completamente balanceada, os nós externos aparecem em no máximo dois níveis adjacentes.

completamente balanceada após cada inserção é muito alto. Por exemplo, para inserir a chave 1 na árvore à esquerda na Figura 5.3 e obter a árvore à direita na mesma figura é necessário movimentar todos os nós da árvore original.

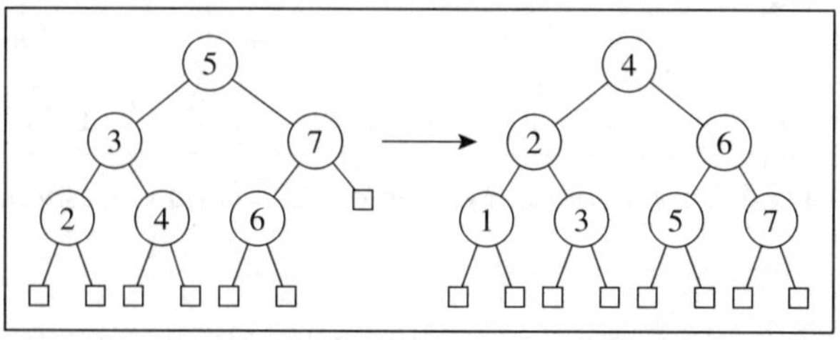

***Figura 5.3** Árvore binária de pesquisa completamente balanceada.*

Uma forma de contornar esse problema é procurar uma solução intermediária que possa manter a árvore "quase balanceada", em vez de tentar manter a árvore completamente balanceada. O objetivo é procurar obter bons tempos de pesquisa, próximos do tempo ótimo da árvore completamente balanceada, mas sem pagar muito para inserir ou retirar da árvore.

Existem inúmeras heurísticas baseadas no princípio acima. Gonnet e Baeza-Yates (1991) apresentam algoritmos que utilizam vários critérios de balanceamento para árvores de pesquisa, tais como restrições impostas na diferença das alturas de subárvores de cada nó da árvore, na redução do **comprimento do caminho interno**[3] da árvore, ou em que todos os nós externos aparecem no mesmo nível. Na seção seguinte, vamos apresentar uma árvore binária de pesquisa com balanceamento em que todos os nós externos aparecem no mesmo nível.

Árvores SBB

As **árvores B** foram introduzidas por Bayer e McCreight (1972) como uma estrutura para memória secundária, conforme mostrado em detalhes na Seção 6.3.1. Um caso especial da árvore B, mais apropriada para memória primária, é a **árvore 2-3**, na qual cada nó tem duas ou três subárvores. Bayer (1971) mostrou que as árvores 2-3 podem ser representadas por árvores binárias, conforme exibido na Figura 5.4.

Quando a árvore 2-3 é vista como uma **árvore B binária**, existe uma assimetria inerente no sentido de que os apontadores à esquerda têm de ser verticais (isto é, apontam para um nó no nível abaixo), enquanto os apontadores à direita

[3] O comprimento do caminho interno corresponde à soma dos comprimentos dos caminhos entre a raiz e cada um dos nós internos da árvore. Por exemplo, o comprimento do caminho interno da árvore à esquerda na Figura 5.3 é $8 = (0 + 1 + 1 + 2 + 2 + 2)$.

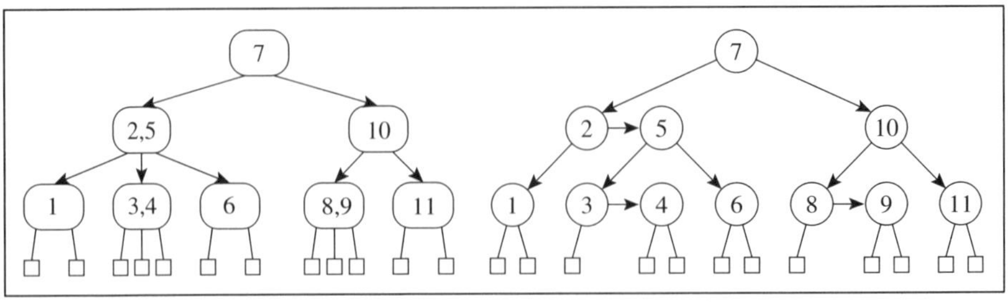

Figura 5.4 *Uma árvore 2-3 e a árvore B binária correspondente.*

podem ser verticais ou horizontais. A eliminação da assimetria nas árvores B binárias leva às árvores B binárias simétricas, cujo nome foi abreviado para árvores SBB (*Symmetric Binary B-trees*) por Bayer (1972). A Figura 5.5 apresenta uma árvore SBB.

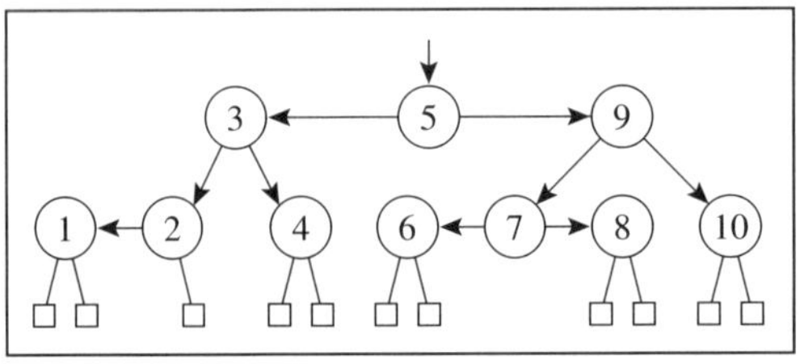

Figura 5.5 *Árvore SBB.*

A **árvore SBB** é uma árvore binária com dois tipos de apontadores, chamados apontadores verticais e apontadores horizontais, tal que:

1. todos os caminhos da raiz até cada nó externo possuem o mesmo número de apontadores verticais, e
2. não podem existir dois apontadores horizontais sucessivos.

Uma árvore SBB pode também ser vista como uma representação binária da **árvore 2-3-4** apresentada por Guibas e Sedgewick (1978) e mostrada em detalhes em Sedgewick (1988), na qual "supernós" podem conter até três chaves e quatro filhos. Por exemplo, tal "supernó", com chaves 3, 5 e 9, pode ser visto na árvore SBB da Figura 5.5.

Transformações para Manutenção da Propriedade SBB

O algoritmo para árvores SBB usa transformações locais no caminho de inserção (retirada) para preservar o balanceamento. A chave a ser inserida (retirada) é sempre inserida (retirada) após o apontador vertical mais baixo na árvore. Dependendo da situação anterior à inserção (retirada), podem aparecer dois apontadores horizontais sucessivos e, neste caso, é necessário realizar uma transformação. Se uma transformação é realizada, a altura da subárvore transformada é um nível maior do que a altura da subárvore original, o que pode provocar outras transformações ao longo do caminho de pesquisa, até a raiz da árvore. A Figura 5.6 mostra as transformações propostas por Bayer (1972), em que transformações simétricas podem ocorrer.

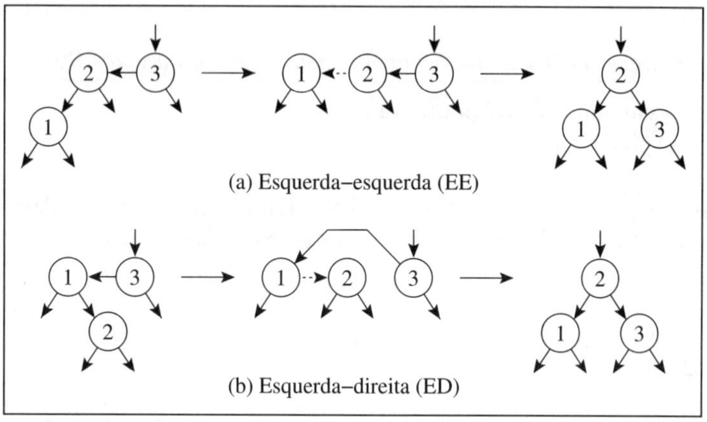

Figura 5.6 *Transformações propostas por Bayer (1972).*

A estrutura de dados árvore SBB será utilizada para implementar o tipo abstrato de dados Dicionário. A estrutura do Dicionário é apresentada no Programa 5.11. A única diferença da estrutura utilizada para implementar a árvore de pesquisa sem balanceamento (vide Programa 5.4) está nos campos BitE e BitD dentro do registro No, usados para indicar o tipo de apontador (horizontal ou vertical) que sai do nó.

Programa 5.11 *Estrutura do dicionário para árvores SBB*

```
type TipoChave       = integer;
     TipoRegistro    = record
                         Chave: TipoChave
                         { outros componentes }
                       end;
     TipoInclinacao = (Vertical, Horizontal);
     TipoApontador   = ^TipoNo;
     TipoNo = record
                Reg         : TipoRegistro;
                Esq, Dir    : TipoApontador;
                BitE, BitD: TipoInclinacao
              end;
     TipoDicionario = TipoApontador;
```

O procedimento Pesquisa para árvores SBB é idêntico ao procedimento Pesquisa para árvores sem balanceamento mostrado no Programa 5.5, porque o procedimento Pesquisa ignora completamente os campos BitE e BitD. Logo, nenhum tempo adicional é necessário para pesquisar na árvore SBB.

Os quatro procedimentos EE, ED, DD e DE são utilizados nos procedimentos Insere e Retira, com o objetivo de eliminar dois apontadores horizontais sucessivos. O Programa 5.12 mostra a implementação desses procedimentos.

Programa 5.12 *Procedimentos auxiliares para árvores SBB*

```
procedure EE (var Ap: TipoApontador);
var Ap1: TipoApontador;
begin
  Ap1 := Ap^.Esq;           Ap^.Esq := Ap1^.Dir;   Ap1^.Dir := Ap;
  Ap1^.BitE := Vertical;    Ap^.BitE := Vertical;  Ap := Ap1;
end; { EE }

procedure ED (var Ap: TipoApontador);
var Ap1, Ap2: TipoApontador;
begin
  Ap1 := Ap^.Esq;          Ap2 := Ap1^.Dir;        Ap1^.BitD := Vertical;
  Ap^.BitE := Vertical;    Ap1^.Dir := Ap2^.Esq;   Ap2^.Esq := Ap1;
  Ap^.Esq := Ap2^.Dir;     Ap2^.Dir := Ap;         Ap := Ap2;
end; { ED }

procedure DD (var Ap: TipoApontador);
var Ap1: TipoApontador;
begin
  Ap1 := Ap^.Dir;           Ap^.Dir := Ap1^.Esq;   Ap1^.Esq := Ap;
  Ap1^.BitD := Vertical;    Ap^.BitD := Vertical;  Ap := Ap1;
end; { DD }

procedure DE (var Ap: TipoApontador);
var Ap1, Ap2: TipoApontador;
begin
  Ap1 := Ap^.Dir;          Ap2 := Ap1^.Esq;        Ap1^.BitE := Vertical;
  Ap^.BitD := Vertical;    Ap1^.Esq := Ap2^.Dir;   Ap2^.Dir := Ap1;
  Ap^.Dir := Ap2^.Esq;     Ap2^.Esq := Ap;         Ap := Ap2;
end; { DE }
```

O procedimento **Insere** tem uma interface idêntica à interface do procedimento Insere para árvores sem balanceamento, conforme pode ser visto no Programa 5.13. Para que isso seja possível, o procedimento Insere simplesmente chama outro procedimento interno de nome IInsere, cuja interface contém dois parâmetros a mais que o procedimento Insere, a saber: o parâmetro IAp indica que a inclinação do apontador toma o valor horizontal sempre que um nó é elevado para o nível seguinte durante uma inserção, e o parâmetro Fim toma o valor **true** quando a propriedade SBB é restabelecida e nada mais é necessário fazer.

Programa 5.13 *Procedimento para inserir na árvore SBB*

```
procedure Insere (x: TipoRegistro; var Ap: TipoApontador);
var Fim: boolean; IAp: TipoInclinacao;
  procedure IInsere (x: TipoRegistro; var Ap: TipoApontador;
                     var IAp: TipoInclinacao; var Fim: boolean);
  begin
    if Ap = nil
    then begin
         new (Ap); IAp := Horizontal; Ap^.Reg := x;
         Ap^.BitE := Vertical; Ap^.BitD := Vertical;
         Ap^.Esq := nil; Ap^.Dir := nil;
         Fim := false;
         end
    else
    if x.Chave < Ap^.Reg.Chave
    then begin
         IInsere (x, Ap^.Esq, Ap^.BitE, Fim);
         if not Fim
         then if Ap^.BitE = Horizontal
              then begin
                   if Ap^.Esq^.BitE = Horizontal
                   then begin EE (Ap); IAp := Horizontal; end
                   else if Ap^.Esq^.BitD = Horizontal
                        then begin ED (Ap); IAp := Horizontal; end;
                   end
              else Fim := true;
         end
    else
    if x.Chave > Ap^.Reg.Chave
    then begin
         IInsere (x, Ap^.Dir, Ap^.BitD, Fim);
         if not Fim
         then if Ap^.BitD = Horizontal
              then begin
                   if Ap^.Dir^.BitD = Horizontal
                   then begin DD (Ap); IAp := Horizontal; end
                   else if Ap^.Dir^.BitE = Horizontal
                        then begin DE (Ap); IAp := Horizontal; end;
                   end
              else Fim := true;
         end
    else begin
         writeln ('Erro: Chave ja esta na arvore');
         Fim := true;
         end;
  end; { IInsere }
begin { Insere }
  IInsere (x, Ap, IAp, Fim);
end; { Insere }
```

A Figura 5.7 mostra o resultado obtido quando se insere uma sequência de chaves em uma árvore SBB inicialmente vazia: a árvore à esquerda é obtida após a inserção das chaves 7, 10, 5; a árvore do meio é obtida após a inserção das chaves 2, 4 na árvore anterior; a árvore à direita é obtida após a inserção das chaves 9, 3, 6 na árvore anterior. A árvore de pesquisa mostrada na Figura 5.5 pode ser obtida quando as chaves 1, 8 são inseridas na árvore à direita na Figura 5.7.

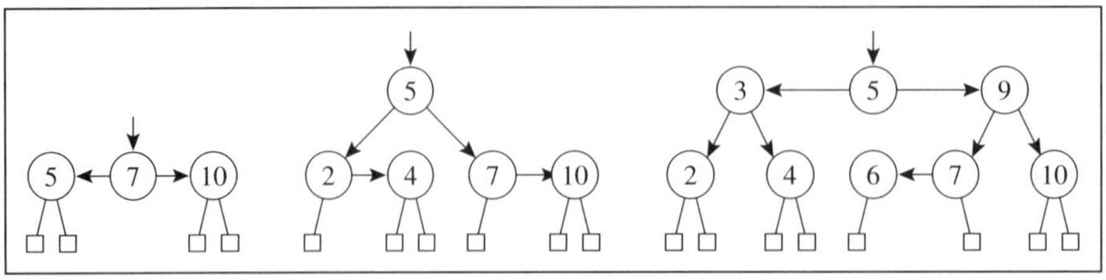

Figura 5.7 *Crescimento de uma árvore SBB.*

O procedimento Inicializa é extremamente simples, conforme ilustra o Programa 5.14.

Programa 5.14 *Procedimento para inicializar a árvore SBB*

```
procedure Inicializa (var Dicionario: TipoDicionario);
begin
  Dicionario := nil;
end; { Inicializa }
```

O procedimento **Retira** pode ser visto no Programa 5.15. Assim como o procedimento Insere mostrado anteriormente, o procedimento Retira contém outro procedimento interno de nome IRetira, cuja interface contém um parâmetro a mais que o procedimento Retira, a saber: o parâmetro Fim toma o valor **true** quando a propriedade SBB é restabelecida e nada mais é necessário fazer.

Por sua vez, o procedimento IRetira utiliza três procedimentos internos, a saber:

- EsqCurto (DirCurto) é chamado quando um nó folha (que é referenciado por um apontador vertical) é retirado da subárvore à esquerda (direita), tornando-a menor na altura após a retirada;
- Quando o nó a ser retirado possui dois descendentes, o procedimento Antecessor localiza o nó antecessor para ser trocado com o nó a ser retirado.

Programa 5.15 *Procedimento para retirar da árvore SBB*

```
procedure Retira (x: TipoRegistro; var Ap: TipoApontador);
var Fim: boolean;
procedure IRetira(x:TipoRegistro;var Ap:TipoApontador;var Fim:boolean);
var Aux: TipoApontador;
procedure EsqCurto (var Ap: TipoApontador; var Fim: boolean);
var Ap1: TipoApontador;
begin { Folha esquerda retirada => arvore curta na altura esquerda }
  if Ap^.BitE = Horizontal
  then begin Ap^.BitE := Vertical; Fim := true; end
  else if Ap^.BitD = Horizontal
       then begin
            Ap1:=Ap^.Dir; Ap^.Dir:=Ap1^.Esq; Ap1^.Esq:=Ap; Ap:=Ap1;
            if Ap^.Esq^.Dir^.BitE = Horizontal
            then begin DE (Ap^.Esq); Ap^.BitE := Horizontal; end
            else if Ap^.Esq^.Dir^.BitD = Horizontal
                 then begin DD (Ap^.Esq); Ap^.BitE := Horizontal; end;
            Fim := true;
            end
       else begin
            Ap^.BitD := Horizontal;
            if Ap^.Dir^.BitE = Horizontal
            then begin DE (Ap); Fim := true; end
            else if Ap^.Dir^.BitD = Horizontal
                 then begin DD (Ap); Fim := true; end;
            end;
end; { EsqCurto }
procedure DirCurto (var Ap: TipoApontador; var Fim: boolean);
var Ap1: TipoApontador;
begin { Folha direita retirada => arvore curta na altura direita }
  if Ap^.BitD = Horizontal
  then begin Ap^.BitD := Vertical; Fim := true; end
  else if Ap^.BitE = Horizontal
       then begin
            Ap1:=Ap^.Esq; Ap^.Esq:=Ap1^.Dir; Ap1^.Dir:=Ap; Ap:=Ap1;
            if Ap^.Dir^.Esq^.BitD = Horizontal
            then begin ED (Ap^.Dir); Ap^.BitD := Horizontal; end
            else if Ap^.Dir^.Esq^.BitE = Horizontal
                 then begin EE (Ap^.Dir); Ap^.BitD := Horizontal; end;
            Fim := true;
            end
       else begin
            Ap^.BitE := Horizontal;
            if Ap^.Esq^.BitD = Horizontal
            then begin ED (Ap); Fim := true; end
            else if Ap^.Esq^.BitE = Horizontal
                 then begin EE (Ap); Fim := true; end;
            end;
end; { DirCurto }
```

Continuação do Programa 5.15

```
procedure Antecessor (q: TipoApontador; var r: TipoApontador;
                      var Fim: boolean);
begin
  if r^.Dir <> nil
  then begin
       Antecessor (q, r^.Dir, Fim);
       if not Fim then DirCurto (r, Fim);
       end
  else begin
       q^.Reg := r^.Reg; q := r;
       r := r^.Esq;      dispose (q);
       if r <> nil then Fim := true;
       end;
end; { Antecessor }
begin { IRetira }
  if Ap = nil
  then begin writeln ('Chave nao esta na arvore'); Fim := true; end
  else if x.Chave < Ap^.Reg.Chave
       then begin
            IRetira (x, Ap^.Esq, Fim);
            if not Fim then EsqCurto (Ap, Fim);
            end
       else if x.Chave > Ap^.Reg.Chave
       then begin
            IRetira (x, Ap^.Dir, Fim);
            if not Fim then DirCurto (Ap, Fim);
            end
       else begin { Encontrou chave }
            Fim := false; Aux := Ap;
            if Aux^.Dir = nil
            then begin
                 Ap := Aux^.Esq; dispose (Aux);
                 if Ap <> nil then Fim := true;
                 end
            else if Aux^.Esq = nil
                 then begin
                      Ap := Aux^.Dir; dispose (Aux);
                      if Ap <> nil then Fim := true;
                      end
                 else begin
                      Antecessor (Aux, Aux^.Esq, Fim);
                      if not Fim then EsqCurto (Ap, Fim);
                      end;
            end;
end; { IRetira }
begin { Retira }
  IRetira (x, Ap, Fim)
end; { Retira }
```

A Figura 5.8 mostra o resultado obtido quando se retira uma sequência de chaves da árvore SBB: a árvore à esquerda é obtida após a retirada da chave 7 da árvore à direita na Figura 5.7; a árvore do meio é obtida após a retirada da chave 5 da árvore anterior; a árvore à direita é obtida após a retirada da chave 9 da árvore anterior.

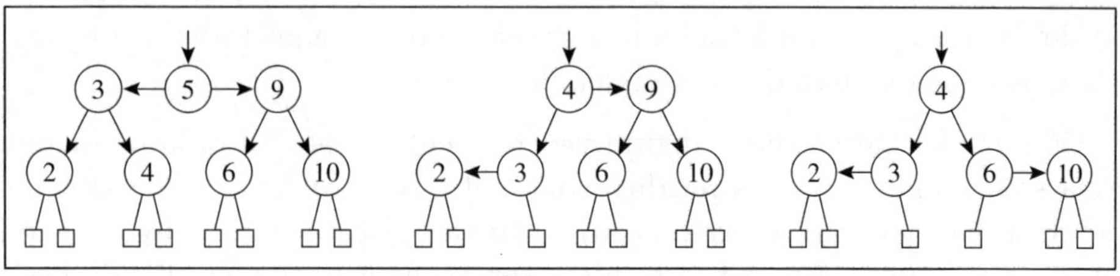

Figura 5.8 *Decomposição de uma árvore SBB.*

Análise Para as árvores SBB é necessário distinguir dois tipos de **altura**. Uma delas é a altura vertical h, necessária para manter a altura uniforme e obtida por meio da contagem do número de apontadores verticais em qualquer caminho entre a raiz e um nó externo. A outra é a altura k, que representa o número máximo de comparações de chaves obtidas mediante contagem do número total de apontadores no maior caminho entre a raiz e um nó externo. A altura k é maior que a altura h sempre que existirem apontadores horizontais na árvore. Para uma árvore SBB com n nós internos, temos:

$$h \leq k \leq 2h.$$

De fato, Bayer (1972) mostrou que:

$$log(n+1) \leq k \leq 2\log(n+2) - 2.$$

O custo para manter a propriedade SBB é exatamente o custo para percorrer o caminho de pesquisa para encontrar a chave, seja para inseri-la seja para retirá-la. Logo, esse custo é $O(\log n)$.

O número de comparações em uma pesquisa com sucesso na árvore SBB é:

$$\begin{array}{ll} \text{melhor caso} & : C(n) = O(1), \\ \text{pior caso} & : C(n) = O(\log n), \\ \text{caso médio} & : C(n) = O(\log n). \end{array}$$

Na prática, o caso médio para C_n é apenas cerca de 2% pior que o C_n para uma árvore completamente balanceada, conforme mostrado em Ziviani e Tompa (1982).

5.4 Pesquisa Digital

A pesquisa digital é baseada na representação das chaves como uma sequência de caracteres ou de dígitos. Grosso modo, o método de pesquisa digital é realizado da mesma forma que uma pesquisa em dicionários que possuem aqueles "índices de dedo". Com a primeira letra da palavra são determinadas todas as páginas que contêm as palavras iniciadas por aquela letra.

Os métodos de pesquisa digital são particularmente vantajosos quando as chaves são grandes e de **tamanho variável**. No problema de casamento de cadeias, trabalha-se com **chaves semi-infinitas**[4], isto é, sem limitação explícita quanto ao tamanho. Um aspecto interessante quanto aos métodos de pesquisa digital é a possibilidade de localizar todas as ocorrências de determinada cadeia em um texto, com tempo de resposta logarítmico em relação ao tamanho do texto.

5.4.1 *Trie*

Uma trie é uma árvore M-ária cujos nós são vetores de M componentes com campos correspondentes aos dígitos ou caracteres que formam as chaves. Cada nó no nível i representa o conjunto de todas as chaves que começam com a mesma sequência de i dígitos ou caracteres. Esse nó especifica uma ramificação com M caminhos dependendo do $(i + 1)$-ésimo dígito ou caractere de uma chave. Considerando as chaves como sequência de *bits* (isto é, $M = 2$), o algoritmo de pesquisa digital é semelhante ao de pesquisa em árvore, exceto pelo fato de que, em vez de se caminhar na árvore de acordo com o resultado de comparação entre chaves, se caminha de acordo com os *bits* de chave. A Figura 5.9 mostra uma trie construída a partir das seguintes chaves de 6 *bits*:

$$
\begin{aligned}
\text{B} &= 010010 \\
\text{C} &= 010011 \\
\text{H} &= 011000 \\
\text{J} &= 100001 \\
\text{M} &= 101000
\end{aligned}
$$

Para construir uma trie, faz-se uma pesquisa na árvore com a chave a ser inserida. Se o nó externo em que a pesquisa terminar for vazio, cria-se um nó externo nesse ponto contendo a nova chave, como ilustra a inserção da chave W = 110110 na Figura 5.10. Se o nó externo contiver uma chave, cria-se um ou mais nós internos cujos descendentes conterão a chave já existente e a nova chave. A

[4]Uma chave semi-infinita é uma sequência de caracteres em que somente a sua extremidade inicial é definida. Logo, cada posição no texto representa uma chave semi-infinita, constituída pela sequência que inicia naquela posição e se estende à direita tanto quanto for necessário ou até o final do texto. Por exemplo, um banco de dados constituído de n palavras (as posições de interesse nesse caso são os endereços de início das palavras) possui n chaves semi-infinitas.

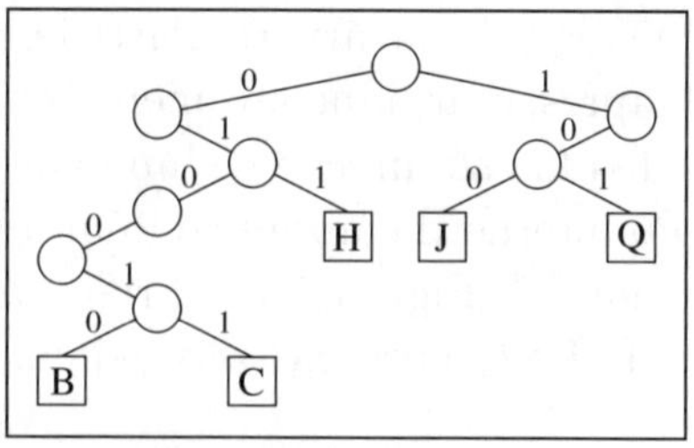

Figura 5.9 *Trie binária.*

Figura 5.10 ilustra a inserção da chave K = 100010 que envolve repor J por um novo nó interno cuja subárvore esquerda é outro novo nó interno, cujos filhos são J e K, porque estas chaves possuem os mesmos *bits* até a quinta posição.

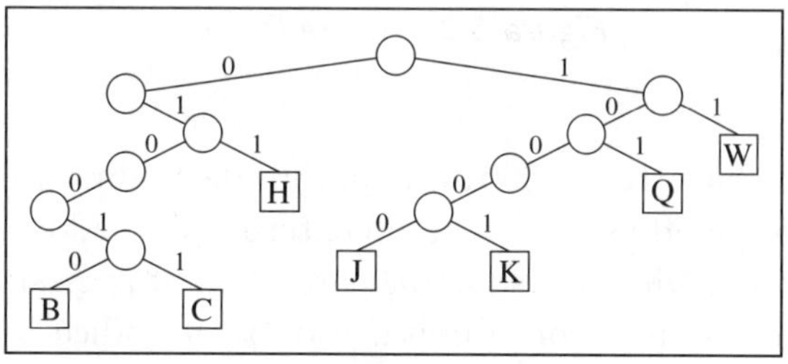

Figura 5.10 *Inserção das chaves W e K.*

O formato das tries, diferentemente das árvores binárias comuns, não depende da ordem em que as chaves são inseridas, e sim da estrutura das chaves por meio da distribuição de seus *bits*. Uma grande desvantagem das tries é a formação de caminhos de uma só direção para chaves com um grande número de *bits* em comum. Por exemplo, se duas chaves diferirem somente no último bit, elas formarão um caminho cujo comprimento é igual ao tamanho delas, não importando quantas chaves existem na árvore. Veja o caminho gerado pelas chaves B e C na Figura 5.10.

5.4.2 Patricia

PATRICIA é a abreviatura de Practical Algorithm To Retrieve Information Coded In Alphanumeric (Algoritmo Prático para Recuperar Informação Codificada em Alfanumérico). Esse algoritmo foi originalmente criado por Morrison (1968) em um trabalho aplicado à recuperação de informação em arquivos de grande porte. Knuth (1973) deu um novo tratamento ao algoritmo, reapresentando-o de forma mais clara como um caso particular de pesquisa digital, essencialmente um caso de árvore trie binária. Sedgewick (1988) apresentou novos algoritmos de pesquisa e de inserção baseados nos algoritmos propostos por Knuth (1973). Gonnet e Baeza-Yates (1991) também propuseram outros algoritmos.

O algoritmo para construção da árvore Patricia é baseado no método de pesquisa digital, mas sem apresentar o inconveniente citado para o caso das tries. O problema de caminhos de uma só direção é eliminado por meio de uma solução simples e elegante: cada nó interno da árvore contém o índice do *bit* a ser testado para decidir qual ramo tomar. A Figura 5.11 apresenta a árvore Patricia gerada a partir das chaves B, C, H, J e Q apresentadas acima.

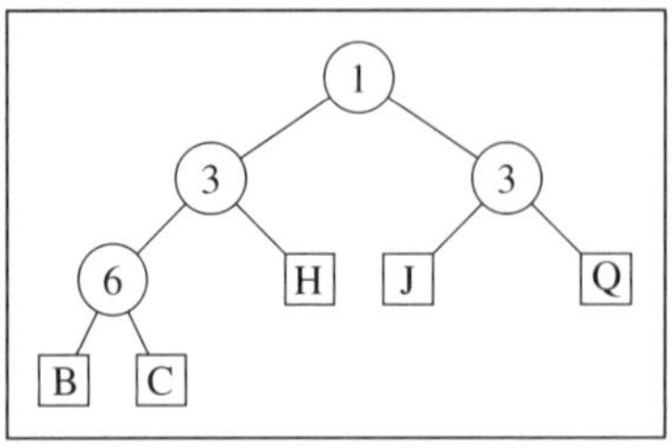

Figura 5.11 *Árvore Patricia.*

Para inserir a chave K = 100010 na árvore da Figura 5.11, a pesquisa inicia pela raiz e termina quando se chega ao nó externo contendo J. Os índices dos *bits* nas chaves estão ordenados da esquerda para a direita. Assim, o *bit* de índice 1 de K é 1, indicando a subárvore direita, e o *bit* de índice 3 indica a subárvore esquerda que, neste caso, é um nó externo. Isso significa que as chaves J e K mantêm o padrão de *bits* 1x0xxx, assim como qualquer outra chave que seguir este caminho de pesquisa. Um novo nó interno repõe o nó J, e este, juntamente com o nó K, serão os nós externos descendentes. O índice do novo nó interno é dado pelo primeiro *bit* diferente das duas chaves em questão, que é o *bit* de índice 5. Para determinar qual será o descendente esquerdo e o direito, é só verificar o valor do *bit* 5 de ambas as chaves, conforme mostrado na Figura 5.12.

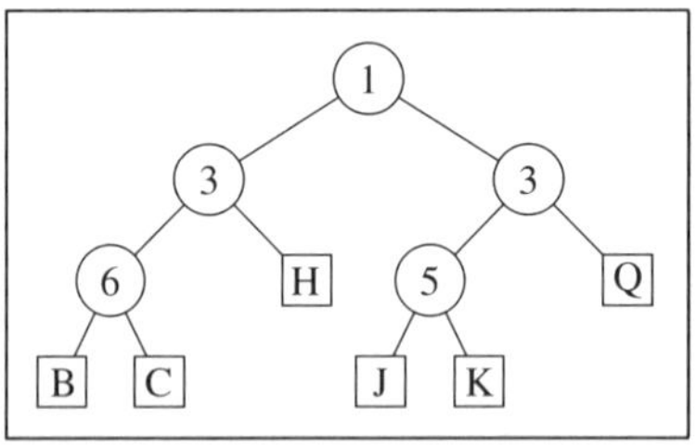

Figura 5.12 *Inserção da chave K.*

A inserção da chave W = 110110 ilustra outro aspecto. A pesquisa sem sucesso na árvore da Figura 5.13 é realizada de maneira análoga. Os *bits* das chaves K e W são comparados a partir do primeiro para determinar em qual índice eles diferem, sendo, nesse caso, os de índice 2. Assim, o ponto de inserção agora será no caminho de pesquisa entre os nós internos de índice 1 e 3. Cria-se aí um novo nó interno de índice 2, cujo descendente direito é um nó externo contendo W e cujo descendente esquerdo é a subárvore de raiz de índice 3, conforme ilustra a Figura 5.13.

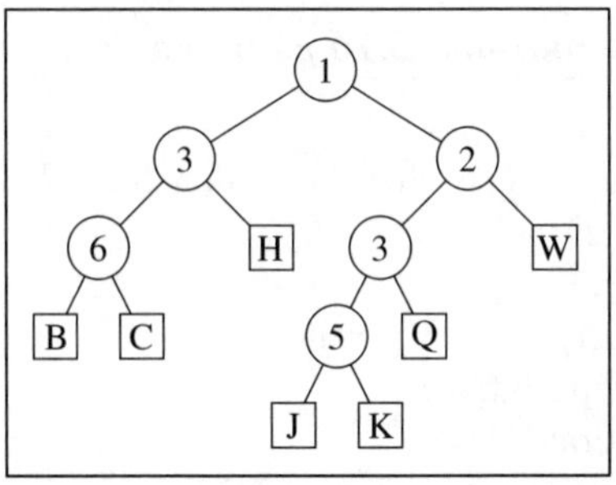

Figura 5.13 Inserção da chave W.

A implementação apresentada a seguir é derivada de Albuquerque e Ziviani (1985). O Programa 5.16 apresenta a definição da estrutura de dados utilizada na implementação do algoritmo. Os Programas 5.17, 5.18 e 5.19 apresentam algumas funções e procedimentos utilizados pelos algoritmos de pesquisa e inserção. O Programa 5.20 apresenta a implementação do algoritmo de pesquisa. O Programa 5.21 apresenta a implementação do algoritmo de inserção.

Cada chave k é inserida de acordo com os passos abaixo, partindo da raiz:

1. Se a subárvore corrente for vazia, então é criado um nó externo contendo a chave k (isso ocorre somente na inserção da primeira chave) e o algoritmo termina.

2. Se a subárvore corrente for simplesmente um nó externo, os *bits* da chave k são comparados, a partir do *bit* de índice imediatamente após o último índice da sequência de índices consecutivos do caminho de pesquisa, com os *bits* correspondentes da chave k' deste nó externo até encontrar um índice i cujos *bits* difiram. A comparação dos *bits* a partir do último índice consecutivo melhora consideravelmente o desempenho do algoritmo. Se todos forem iguais, a chave já se encontra na árvore e o algoritmo termina; senão, vai-se para o Passo 4.

3. Caso contrário, ou seja, se a raiz da subárvore corrente for um nó interno, vai-se para a subárvore indicada pelo *bit* da chave k de índice dado pelo nó corrente, de forma recursiva.

4. Depois são criados um nó interno e um nó externo: o primeiro contendo o índice i e o segundo, a chave k. A seguir, o nó interno é ligado ao externo pelo apontador de subárvore esquerda ou direita, dependendo se o *bit* de índice i da chave k seja 0 ou 1, respectivamente.

5. O caminho de inserção é percorrido novamente de baixo para cima, subindo com o par de nós criados no Passo 4 até chegar a um nó interno cujo índice seja menor que o índice i determinado no Passo 2. Este é o ponto de inserção e o par de nós é inserido.

Programa 5.16 *Estrutura de dados*

```
const D = 8; { depende de TipoChave }
type TipoChave     = char; { a definir, dependendo da aplicacao }
     TipoIndexAmp  = 0..D;
     TipoDib       = 0..1;
     TipoNo        = (Interno, Externo);
     TipoArvore    = ^TipoPatNo;
     TipoPatNo     = record
                       case nt: TipoNo of
                        Interno:(Index:TipoIndexAmp; Esq,Dir:TipoArvore);
                        Externo:(Chave:TipoChave);
                     end;
```

Programa 5.17 *Funções auxiliares*

```
function Bit (i: TipoIndexAmp; k: TipoChave): TipoDib;
{ Retorna o i-esimo bit da chave k a partir da esquerda }
var c, j: integer;
begin
  if i = 0
  then Bit := 0
  else begin
       c := ord (k);
       for j := 1 to D - i do c := c div 2;
       Bit := c mod 2;
       end;
end; { Bit }

function EExterno (p: TipoArvore): boolean;
{ Verifica se p^ e nodo externo }
begin
  EExterno := p^.nt = Externo;
end; { EExterno }
```

Programa 5.18 *Procedimento para criar nó interno*

```
function CriaNodoInt(i: integer; var Esq, Dir: TipoArvore): TipoArvore;
var p: TipoArvore;
begin
  new (p, Interno);
  p^.nt := Interno;
  p^.Esq := Esq; p^.Dir := Dir;
  p^.Index := i; CriaNodoInt := p;
end; { CriaNodoInt }
```

Programa 5.19 *Procedimento para criar nó externo*

```
function CriaNodoExt (k: TipoChave): TipoArvore;
var p: TipoArvore;
begin
  new (p, Externo);
  p^.nt := Externo;
  p^.Chave := k;
  CriaNodoExt := p;
end; { CriaNodoExt }
```

Programa 5.20 *Algoritmo de pesquisa*

```
procedure Pesquisa (k: TipoChave; t: TipoArvore);
begin
  if EExterno (t)
  then if k = t^.Chave
       then writeln ('Elemento encontrado')
       else writeln ('Elemento nao encontrado')
  else if Bit (t^.Index, k) = 0
       then Pesquisa (k, t^.Esq)
  else Pesquisa (k, t^.Dir)
end; { Pesquisa }
```

Programa 5.21 *Algoritmo de inserção*

```
function Insere (k: TipoChave; var t: TipoArvore): TipoArvore;
var p: TipoArvore; i: integer;
  function InsereEntre (k: TipoChave; var t: TipoArvore;
                        i: integer): TipoArvore;
  var p: TipoArvore;
  begin
    if EExterno (t) or (i < t^.Index)
    then begin { cria um novo no externo }
         p := CriaNodoExt (k);
         if Bit (i, k) = 1
         then InsereEntre := CriaNodoInt (i, t, p)
         else InsereEntre := CriaNodoInt (i, p, t);
         end
    else begin
         if Bit (t^.Index, k) = 1
         then t^.Dir := InsereEntre (k, t^.Dir, i)
         else t^.Esq := InsereEntre (k, t^.Esq, i);
         InsereEntre := t;
         end;
  end; { InsereEntre }
```

Continuação do Programa 5.21

```
begin
  if t = nil
  then Insere := CriaNodoExt (k)
  else begin
       p := t;
       while not EExterno (p) do
         begin
         if Bit (p^.Index, k) = 1 then p := p^.Dir else p := p^.Esq;
         end;
       i := 1; { acha o primeiro bit diferente }
       while (i <=D) and (Bit (i, k) = Bit (i, p^.Chave)) do i := i+1;
       if i >D
       then begin
            writeln ('Erro: chave ja esta na arvore'); Insere := t;
            end
       else Insere := InsereEntre (k, t, i);
  end;
end; { Insere }
```

5.5 Transformação de Chave (*Hashing*)

Os métodos de pesquisa apresentados anteriormente são baseados na comparação da chave de pesquisa com as chaves armazenadas na tabela, ou na utilização dos *bits* da chave de pesquisa para escolher o caminho a seguir. O método de transformação de chave (ou *hashing*) é completamente diferente: os registros armazenados em uma tabela são diretamente endereçados a partir de uma transformação aritmética sobre a chave de pesquisa. De acordo com o *Webster's New World Dictionary*, a palavra *hash* significa: (i) fazer picadinho de carne e vegetais para cozinhar; (ii) fazer bagunça. Como veremos a seguir, o termo *hashing* é um nome apropriado para o método.

Um método de pesquisa com o uso da transformação de chave é constituído de duas etapas principais:

1. Computar o valor da **função de transformação** (também conhecida por **função *hashing***), a qual transforma a chave de pesquisa em um endereço da tabela;
2. Considerando que duas ou mais chaves podem ser transformadas em um mesmo endereço da tabela, é necessário existir um método para lidar com **colisões**.

Se porventura as chaves fossem inteiros de 1 a n, então poderíamos armazenar o registro com chave i na posição i da tabela, e qualquer registro poderia ser imediatamente acessado a partir do valor da chave. Por outro lado, vamos supor uma tabela capaz de armazenar $M = 97$ chaves, em que cada chave pode ser um número decimal de quatro dígitos. Nesse caso, existem $N = 10.000$ chaves possíveis, e a **função de transformação** não pode ser um para um: mesmo que o número de registros a serem armazenados seja muito menor do que 97, qualquer que seja a função de transformação, algumas **colisões** irão ocorrer fatalmente, e tais colisões têm de ser resolvidas de alguma forma.

Mesmo que se obtenha uma função de transformação que distribua os registros de forma uniforme entre as entradas da tabela, existe alta probabilidade de haver colisões. O **paradoxo do aniversário** (Feller, 1968, p. 33) diz que em um grupo de 23 ou mais pessoas, juntas ao acaso, existe uma chance maior do que 50% de que 2 pessoas comemorem aniversário no mesmo dia. Isso significa que, se for utilizada uma função de transformação uniforme que enderece 23 chaves randômicas em uma tabela de tamanho 365, a probabilidade de que haja **colisões** é maior do que 50%. A probabilidade p de se inserirem N itens consecutivos sem colisão em uma tabela de tamanho M é:

$$p = \frac{M-1}{M} \times \frac{M-2}{M} \times \ldots \times \frac{M-N+1}{M} = \prod_{i=1}^{N} \frac{M-(i-1)}{M} = \prod_{i=1}^{N} 1 - \frac{(i-1)}{M}.$$

Sempre que $(i-1)/M \ll 1$, podemos utilizar nossos conhecimentos de cálculo para aproximar $1 - \frac{(i-1)}{M}$ por $e^{-\frac{(i-1)}{M}}$. Substituindo na equação acima, obtemos:

$$p \approx \prod_{i=1}^{N} e^{-\frac{(i-1)}{M}} = e^{-\frac{0+1+2+\cdots+(N-1)}{M}} = e^{-\frac{N(N-1)}{2M}}.$$

A tabela 5.1 mostra alguns valores de p para diferentes valores de N, onde $M = 365$.

Tabela 5.1 *Diferentes probabilidades para o paradoxo do aniversário*

N	p
10	0,884
22	0,531
23	0,500
30	0,304

5.5.1 Funções de Transformação

Uma função de transformação deve mapear chaves em inteiros dentro do intervalo $[0..M-1]$, no qual M é o tamanho da tabela. A função de transformação ideal é aquela que: (i) seja simples de ser computada; (ii) para cada chave de entrada, qualquer uma das saídas possíveis é igualmente provável de ocorrer.

Considerando que as transformações sobre as chaves são aritméticas, o primeiro passo é transformar as chaves não-numéricas em números. No caso do

Pascal, basta utilizar a função ord que recebe um argumento de um tipo escalar qualquer e retorna o número ordinal dentro do tipo (por exemplo, ord (true) é 1 desde que o tipo boolean seja definido como (false, true)).

Várias funções de transformação têm sido estudadas (Knott, 1975; Knuth, 1973). Um dos métodos que funciona muito bem é o que utiliza o resto da divisão por M[5]:

$$h(K) = K \bmod M,$$

no qual K é um inteiro correspondente à chave, obtido mediante uma soma envolvendo um conjunto de pesos p:

$$K = \sum_{i=1}^{n} \text{Chave}[i] \times p[i],$$

em que n é o número de caracteres da chave, Chave$[i]$ corresponde à representação ASCII do i-ésimo caractere da chave, e $p[i]$ é um inteiro de um conjunto de pesos gerados randomicamente para $1 \leq i \leq n$. A vantagem de usar pesos é que dois conjuntos diferentes de pesos $p_1[i]$ e $p_2[i]$, $1 \leq i \leq n$, levam a duas funções de transformação $h_1(K)$ e $h_2(K)$ diferentes. O Programa 5.22 gera um peso para cada caractere de uma chave constituída de n caracteres.

Programa 5.22 *Geração de pesos para a função de transformação*

```
type TipoPesos = array [1..N] of integer;

procedure GeraPesos (var p: TipoPesos);
var i: integer;
begin
  randomize;
  for i:= 1 to N do
    p[i] := trunc (1000000 * random + 1);
end;
```

Este é um método muito simples de ser implementado, conforme ilustra o Programa 5.23. O único cuidado a tomar é na escolha do valor de M. Por exemplo, se M é par, então $h(K)$ é par quando K é par, e $h(K)$ é ímpar quando K é ímpar. Resumindo, M deve ser um número primo, mas não qualquer primo: devem ser evitados os números primos obtidos a partir de

$$b^i \pm j,$$

[5]Para números reais x e y, a operação binária mod é definida como $x \bmod y = x - y\lfloor x/y \rfloor$, se $y \neq 0$. Quando x e y são inteiros, então $5 \bmod 3 = 2$, $6 \bmod 3 = 0$.

em que b é a base do conjunto de caracteres (geralmente $b = 64$ para BCD, 128 para ASCII, 256 para EBCDIC, ou 100 para alguns códigos decimais), e i e j são pequenos inteiros (Knuth, 1973, p. 509).

Programa 5.23 *Implementação da função de transformação*

```
type TipoChave   = packed array [1..N] of char;
     TipoIndice  = 0..M - 1;
function h (Chave: TipoChave; p: TipoPesos): TipoIndice;
var i, Soma: integer;
begin
  Soma := 0;
  for i := 1 to N do Soma := Soma + ord (Chave[i]) * p[i];
  h := Soma mod M;
end; { h }
```

A seguir vamos apresentar uma modificação no cálculo da função h do Programa 5.23 para evitar a multiplicação da representação ASCII de cada caractere pelo peso. Esta proposta foi apresentada por Zobrist (1990). Este é um caso típico de **troca de espaço por tempo**. Para isso nós vamos gerar randomicamente um peso diferente para cada um dos 256 caracteres ASCII possíveis na i–ésima posição da chave, para $1 \leq i \leq n$. O Programa 5.24 apresenta a geração de pesos para a nova função.

Programa 5.24 *Geração de pesos para a função de transformação h de Zobrist*

```
const TAMALFABETO = 256;
type TipoPesos = array[1..N, 1..TAMALFABETO] of integer;

procedure GeraPesos (var p: TipoPesos);
var i, j: integer;
begin
  randomize;
  for i:= 1 to N do
    for j := 1 to TAMALFABETO do
      p[i, j] := trunc(1000000 * random + 1);
end; {GeraPesos}
```

O Programa 5.25 mostra a implementação da função *hash* de Zobrist. Para obter h é necessário o mesmo número de adições da função gerada pelo Programa 5.23, mas nenhuma multiplicação é efetuada. Isto faz com que h seja computada de forma mais eficiente. Nesse caso, a quantidade de espaço para armazenar h é $O(n \times |\Sigma|)$, onde $|\Sigma|$ representa o tamanho do alfabeto, enquanto que, para a função do Programa 5.23, é $O(n)$.

Programa 5.25 *Implementação da função de transformação h de Zobrist*

```
function h (Chave: TipoChave; p: TipoPesos): TipoIndice;
var i, Soma: integer; { Funcao h do Zobrist}
begin
  Soma := 0;
  for i := 1 to N do Soma := Soma + p[i, ord(Chave[i])];
  h := Soma mod M;
end; { h }
```

5.5.2 Listas Encadeadas

Uma das formas de resolver as **colisões** é simplesmente construir uma lista linear encadeada para cada endereço da tabela. Assim, todas as chaves com mesmo endereço são encadeadas em uma lista linear.

Se a i-ésima letra do alfabeto é representada pelo número i e a função de transformação $h(\text{Chave}) = \text{Chave mod } M$ é utilizada para $M = 7$, então a Figura 5.14 mostra o resultado da inserção das chaves $P\ E\ S\ Q\ U\ I\ S\ A$ na tabela. Por exemplo, $h(A) = h(1) = 1$, $h(E) = h(5) = 5$, $h(S) = h(19) = 5$ etc.

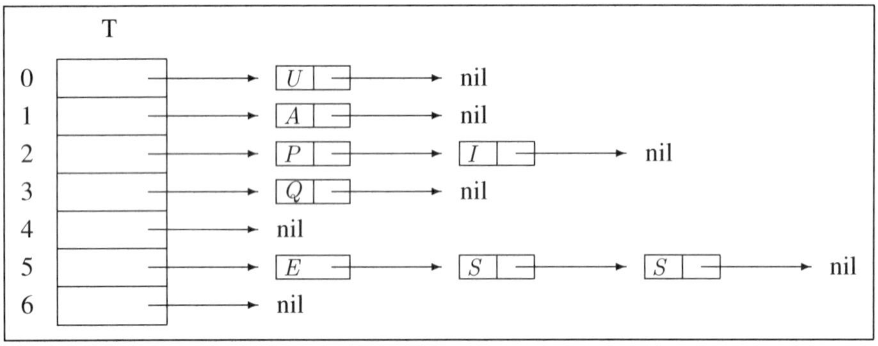

Figura 5.14 *Lista encadeada em separado.*

A estrutura de dados lista encadeada em separado será utilizada para implementar o tipo abstrato de dados Dicionário, com as operações Inicializa, Pesquisa, Insere, Retira. A estrutura do dicionário é apresentada no Programa 5.26.

A implementação das operações sobre o Dicionário são mostradas no Programa 5.27. As operações FLVazia, Insere e Retira, definidas sobre o TipoLista, mostradas no Programa 3.4 do Capítulo 3, podem ser utilizadas para manipular as listas encadeadas. Entretanto, será necessário alterar os nomes dos procedimentos Insere e Retira do Programa 3.4 para Ins e Ret respectivamente, para não haver conflito com os nomes dos procedimentos Insere e Retira do Dicionário (vide procedimentos Insere e Retira no Programa 5.27).

Programa 5.26 *Estrutura do dicionário para listas encadeadas*

```
type TipoChave       = packed array [1..N] of char;
     TipoItem        = record
                         Chave: TipoChave
                         { outros componentes }
                       end;
     TipoIndice      = 0..M - 1;
     TipoApontador   = ^TipoCelula;
     TipoCelula      = record
                         Item: TipoItem;
                         Prox: TipoApontador
                       end;
     TipoLista       = record
                         Primeiro: TipoApontador;
                         Ultimo  : TipoApontador
                       end;
     TipoDicionario = array [TipoIndice] of TipoLista;
{—— Entra aqui TipoPesos do Programa 5.22 ou do Programa 5.24 ——}
```

Programa 5.27 *Operações do Dicionário usando listas encadeadas*

```
procedure Inicializa (var T: TipoDicionario);
var i: integer;
begin
  for i := 0 to M - 1 do FLVazia (T[i])
end; { Inicializa }

function Pesquisa (Ch: TipoChave; var p: TipoPesos;
                   var T: TipoDicionario): TipoApontador;
{—— Obs.: Apontador de retorno aponta para o item anterior da lista ——}
var i : TipoIndice;
    Ap: TipoApontador;
begin
  i := h (Ch, p);
  if Vazia (T[i])
  then Pesquisa := nil { Pesquisa sem sucesso }
  else begin
       Ap := T[i].Primeiro;
       while (Ap^.Prox^.Prox <> nil) and (Ch <> Ap^.Prox^.Item.Chave) do
         Ap := Ap^.Prox;
       if Ch = Ap^.Prox^.Item.Chave
       then Pesquisa := Ap
       else Pesquisa := nil { Pesquisa sem sucesso }
       end
end; { Pesquisa }
```

Continuação do Programa 5.27

```
procedure Insere (x: TipoItem; var p: TipoPesos;
                  var T: TipoDicionario);
begin
  if Pesquisa (x.Chave, p, T) = nil
  then Ins (x, T[h(x.Chave, p)])
  else writeln (' Registro ja  esta  presente')
end; { Insere }

procedure Retira (x: TipoItem; var p: TipoPesos;
                  var T: TipoDicionario);
var Ap: TipoApontador;
begin
  Ap := Pesquisa (x.Chave, p, T);
  if Ap = nil
  then writeln (' Registro nao esta  presente')
  else Ret (Ap, T[h(x.Chave, p)], x)
end; { Retira }
```

Análise Assumindo que qualquer item do conjunto tem igual probabilidade de ser endereçado para qualquer entrada de T, então o comprimento esperado de cada lista encadeada é N/M, em que N representa o número de registros na tabela e M o tamanho da tabela.

Logo, as operações Pesquisa, Insere e Retira custam $O(1 + N/M)$ operações em média, sendo que a constante 1 representa o tempo para encontrar a entrada na tabela e N/M o tempo para percorrer a lista. Para valores de M próximos de N, o tempo torna-se constante, isto é, independente de N.

5.5.3 Endereçamento Aberto

Quando o número de registros a serem armazenados na tabela puder ser previamente estimado, então não haverá necessidade de usar apontadores para armazenar os registros. Existem vários métodos para armazenar N registros em uma tabela de tamanho $M > N$, os quais utilizam os lugares vazios na própria tabela para resolver as **colisões**. Tais métodos são chamados **endereçamento aberto** (do inglês **open addressing**; Knuth, 1973, p. 518).

Em outras palavras, todas as chaves são armazenadas na própria tabela, sem o uso de apontadores explícitos. Quando uma chave x é endereçada para uma entrada da tabela já ocupada, uma sequência de localizações alternativas $h_1(x), h_2(x), \ldots$ é escolhida dentro da tabela. Se nenhuma das $h_1(x), h_2(x), \ldots$ posições está vazia, então a tabela está cheia e não podemos inserir x.

Existem várias propostas para a escolha de localizações alternativas. A mais simples é chamada de ***hashing* linear**, na qual a posição h_j na tabela é dada por:

$$h_j = (h(x) + j) \bmod M, \quad \text{para } 1 \leq j \leq M - 1.$$

Se a i-ésima letra do alfabeto é representada pelo número i e a função de transformação $h(\text{Chave}) = \text{Chave} \bmod M$ é utilizada para $M = 7$, então a Figura 5.15 mostra o resultado da inserção das chaves $L\ U\ N\ E\ S$ na tabela, usando ***hashing* linear** para resolver colisões. Por exemplo, $h(L) = h(12) = 5$, $h(U) = h(21) = 0$, $h(N) = h(14) = 0$, $h(E) = h(5) = 5$, e $h(S) = h(19) = 5$.

	T
0	*U*
1	*N*
2	*S*
3	
4	
5	*L*
6	*E*

Figura 5.15 *Endereçamento aberto.*

A estrutura de dados *endereçamento aberto* será utilizada para implementar o tipo abstrato de dados Dicionário, com as operações Inicializa, Pesquisa, Insere, Retira. A estrutura do dicionário é apresentada no Programa 5.28. A implementação das operações sobre o Dicionário são mostradas no Programa 5.29.

Programa 5.28 *Estrutura do dicionário usando* endereçamento aberto

```
const VAZIO = '!!!!!!!!!!';
      RETIRADO = '**********';
      M = 7;
      N = 10; { Tamanho da chave }

type TipoApontador   = integer;
     TipoChave       = packed array [1..N] of char;
     TipoItem        = record
                         Chave: TipoChave
                         { outros componentes }
                       end;
     TipoIndice      = 0..M - 1;
     TipoDicionario  = array [TipoIndice] of TipoItem;
{—— Entra aqui TipoPesos do Programa 5.22 ou do Programa 5.24——}
```

Programa 5.29 *Operações do dicionário usando* endereçamento aberto

```
procedure Inicializa (var T: TipoDicionario);
var i: integer;
begin
  for i := 0 to M - 1 do T[i].Chave := VAZIO
end; { Inicializa }

function Pesquisa (Ch: TipoChave; var p: TipoPesos;
                   var T: TipoDicionario): TipoApontador;
var i, Inicial: integer;
begin
  Inicial := h (Ch, p);
  i := 0;
  while (T[(Inicial + i) mod M].Chave <> VAZIO) and
        (T[(Inicial + i) mod M].Chave <> Ch) and
        (i < M) do i := i + 1;
  if T[(Inicial + i) mod M].Chave = Ch
  then Pesquisa := (Inicial + i) mod M
  else Pesquisa := M { Pesquisa sem sucesso }
end; { Pesquisa }

procedure Insere (x: TipoItem; var p: TipoPesos;
                  var T: TipoDicionario);
var i, Inicial: integer;
begin
  if Pesquisa (x.Chave, p, T) < M
  then writeln ('Elemento ja esta presente')
  else begin
       Inicial := h (x.Chave, p);
       i := 0;
       while ((T[(Inicial + i) mod M].Chave <> VAZIO) and
          (T[(Inicial + i) mod M].Chave <> RETIRADO)) and
          (i < M) do i := i + 1;
       if i < M
       then T[(Inicial + i) mod M] := x
       else writeln (' Tabela cheia')
       end;
end; { Insere }

procedure Retira (Ch: TipoChave; var p: TipoPesos;
                  var T: TipoDicionario);
var i: integer;
begin
  i := Pesquisa (Ch, p, T);
  if i < M
  then T[i].Chave := RETIRADO
  else writeln ('Registro nao esta presente')
end; { Retira }
```

Análise Considere $\alpha = N/M$ o fator de carga da tabela. Conforme demonstrado por Knuth (1973), o custo de uma pesquisa com sucesso é:

$$C(N) = \frac{1}{2}\left(1 + \frac{1}{1-\alpha}\right).$$

O ***hashing* linear** sofre de um mal chamado **agrupamento** (**clustering**; Knuth, 1973, p. 520–521). Esse fenômeno ocorre quando a tabela começa a ficar cheia, pois a inserção de uma nova chave tende a ocupar uma posição contígua a outras posições já ocupadas, o que deteriora o tempo necessário para novas pesquisas. Entretanto, apesar de o *hashing* linear ser um método relativamente pobre para resolver colisões, os resultados apresentados são bons. A tabela 5.2 mostra alguns valores para $C(N)$ para diferentes valores de α.

Tabela 5.2 *Número de comparações em uma pesquisa com sucesso para* hashing *linear*

α	$C(N)$
0,10	1,06
0,25	1,17
0,50	1,50
0,75	2,50
0,90	5,50
0,95	10,50

O aspecto negativo do método, seja listas encadeadas ou endereçamento aberto, está relacionado com o pior caso, que é $O(N)$. Se a função de transformação não conseguir espalhar os registros de forma razoável pelas entradas da tabela, então uma longa lista linear pode ser formada, deteriorando o tempo médio de pesquisa. O melhor caso, assim como o caso médio, é $O(1)$.

Como vantagens na utilização do método de transformação da chave citamos: (i) alta eficiência no custo de pesquisa, que é $O(1)$ para o caso médio; e (ii) simplicidade de implementação. Como aspectos negativos citamos: (i) o custo para recuperar os registros na ordem lexicográfica das chaves é alto, sendo necessário ordenar o arquivo; e (ii) o pior caso é $O(N)$.

5.5.4 Hashing *Perfeito com Ordem Preservada*

Uma função de transformação transforma um conjunto de chaves x_j, $1 \leq j \leq N$, em um conjunto de valores inteiros no intervalo $0 \leq h(x_j) \leq M - 1$ com colisões permitidas. Nos casos em que $h(x_i) = h(x_j)$ se e somente se $i = j$, então não há colisões, e a função de transformação é chamada **função de transformação perfeita** ou função *hashing* perfeita, denominada por hp.

Se o número de chaves N e o tamanho da tabela M são iguais (isto é, $\alpha = N/M = 1$), então temos uma **função de transformação perfeita mínima**, isto é, apenas um acesso à tabela é necessário e não há lugares vazios na tabela.

Finalmente, se $x_i \leq x_j$ e $hp(x_i) \leq hp(x_j)$, então a ordem lexicográfica é preservada. Nesse caso, temos uma **função de transformação perfeita mínima com ordem preservada**, na qual as chaves são localizadas em um acesso, não há espaço vazio na tabela e o processamento é realizado na ordem lexicográfica.

Qual a vantagem da função de transformação perfeita? Nas aplicações em que necessitamos apenas recuperar o registro com informação relacionada com a chave e a pesquisa é sempre com sucesso, não há necessidade de armazenar o conjunto de chaves, pois qualquer registro pode ser localizado a partir do resultado da função de transformação.

Uma função de transformação perfeita é específica para um conjunto de chaves conhecido, ao contrário da função de transformação universal apresentada no Programa 5.23. Em outras palavras, ela não pode ser uma função genérica e tem de ser pré-calculada. Existem duas vantagens no uso de uma função de transformação perfeita mínima: não existem colisões e não existe desperdício de espaço pois todas as entradas da tabela são ocupadas. Uma vez que colisões não ocorrem, cada chave pode ser recuperada da tabela com um único acesso. Assim, uma função de transformação perfeita mínima evita completamente o problema de desperdício de espaço e de tempo. A desvantagem no caso é o espaço ocupado para descrever a função de transformação hp.

Czech, Havas e Majewski (1992, 1997) propõem um método elegante baseado em hipergrafos randômicos para obter uma função de transformação **perfeita mínima com ordem preservada**. Como mostrado na Seção 7.10, um **hipergrafo ou $r-$grafo** é um grafo não direcionado no qual cada aresta conecta r vértices. A função de transformação é do tipo:

$$hp(x) = (g[h_0(x)] + g[h_1(x)] + \ldots + g[h_{r-1}(x)]) \bmod N,$$

na qual $h_0(x), h_1(x), \ldots, h_{r-1}(x)$ são r funções não perfeitas descritas pelo Programa 5.23, x é a chave de busca, e g um arranjo especial que mapeia números no intervalo $0 \ldots M-1$ para o intervalo $0 \ldots N-1$.

O algoritmo resolve o problema descrito a seguir. Dado um hipergrafo não direcionado acíclico $G_r = (V, A)$, onde $|V| = M$ e $|A| = N$, encontre uma atribuição de valores aos vértices de G_r tal que a soma dos valores associados aos vértices de cada aresta tomado módulo N é um número único no intervalo $[0, N-1]$. A questão principal é como obter uma função g adequada. A abordagem mostrada a seguir é baseada em hipergrafos acíclicos randômicos.

Vamos considerar um exemplo constituído dos 12 meses do ano, abreviados com os três primeiros caracteres. Para o exemplo vamos utilizar um hipergrafo acíclico com $r = 2$ (ou 2-grafo), onde cada aresta conecta 2 vértices. Nesse caso vamos precisar de duas funções de transformação universais $h_0(x)$ e $h_1(x)$ descritas pelo Programa 5.23. O objetivo é obter uma função de transformação perfeita hp de tal forma que o i-ésimo mês é mantido na $(i-1)$-ésima posição da tabela *hash*, como mostrado na Tabela 5.3(a). Na tabela, os valores $h_0(x)$ e $h_1(x)$ foram obtidos por duas funções de transformação representadas por dois conjuntos diferentes de pesos: p_0 e $p1$, respectivamente.

Tabela 5.3 *Tabelas para obter uma função de transformação perfeita: (a) chaves e funções* hash*; (b) arranjo g*

(a)

Chave x	$h_0(x)$	$h_1(x)$	$hp(x)$
jan	11	14	0
fev	14	2	1
mar	0	10	2
abr	8	7	3
mai	4	12	4
jun	14	6	5
jul	1	7	6
ago	12	10	7
set	11	4	8
out	8	13	9
nov	3	4	10
dez	1	5	11

(b)

v	0	1	2	3	4	5	6	7	8	9	10	11	12	13	14
$g[v]$	3	3	1	2	8	8	5	3	12	-1	11	12	8	9	0

O problema de obter a função g é equivalente a encontrar um hipergrafo não direcionado acíclico contendo M vértices e N arestas. O grafo da Figura 5.16, obtido para o exemplo dos 12 meses do ano, contém $M = 15$ vértices e $N = 12$ arestas. Assim, o primeiro passo é obter um hipergrafo randômico e verificar se ele é acíclico. O Programa 7.10 para verificar se um hipergrafo é acíclico é baseado no fato de que um r-grafo é **acíclico** se e somente se a remoção repetida de arestas contendo vértices de grau 1 elimina todas as arestas do grafo.

Em um hipergrafo $G_r(V, A)$, os vértices são rotulados com valores no intervalo $0 \ldots M-1$ e as arestas definidas por $(h_0(x), h_1(x), \ldots, h_{r-1}(x))$ para cada uma das N chaves x. Assim, cada chave corresponde a uma aresta rotulada com o valor desejado para a função hp perfeita, e os valores das r funções $h_0(x), h_1(x), \ldots, h_{r-1}(x)$ definem os vértices sobre os quais a aresta é incidente. Um passo importante para obter a função hp é conseguir um arranjo g tal que, para cada aresta $(h_0(x), h_1(x), \ldots, h_{r-1}(x))$, o valor de $hp(x) = (g[h_0(x)] + g[h_1(x)] + \ldots + g[h_{r-1}(x)]) \bmod N$ seja igual ao rótulo da aresta.

A Tabela 5.3(b) mostra o arranjo g obtido para o 2-grafo da Figura 5.16. Para cada aresta $a = (v_0, v_1, \ldots, v_{r-1})$, onde $v_i = h_i(x)$ para $0 \leq i \leq r-1$, temos que atribuir valores aos vértices $v_0, v_1, \ldots, v_{r-1}$ tal que $(g[v_0] + g[v_1] +$

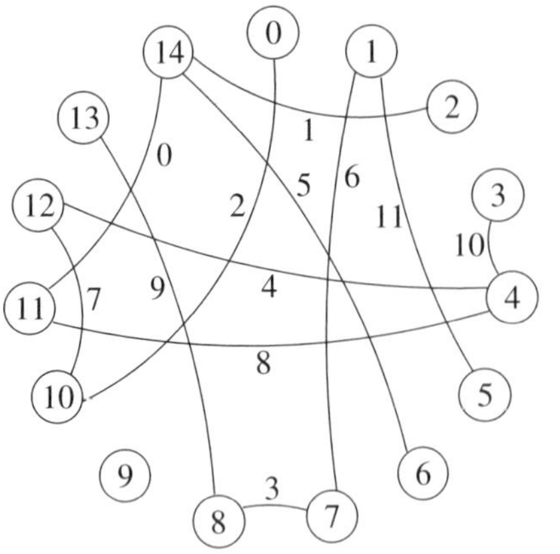

V	Lista de incidência		
0:	2		
1:	6	11	
2:	1		
3:	10		
4:	4	8	10
5:	11		
6:	5		
7:	3	6	
8:	3	9	
9:			
10:	2	7	
11:	0	8	
12:	4	7	
13:	9		
14:	0	1	5

Figura 5.16 *Grafo acíclico com $M = 15$ vértices e $N = 12$ arestas e sua representação usando listas de arestas incidentes a cada vértice.*

$\ldots + g[v_{r-1}])$ mod N seja igual ao rótulo da aresta a. Na representação de um hipergrafo apresentada na Seção 7.10, o conjunto de arestas é implementado por um arranjo de N arestas e cada aresta é, portanto, indexada de $0 \leq i_a < N$. No exemplo aqui descrito os índices das arestas correspondem a seus rótulos ou pesos. Ao verificar se o grafo da Figura 5.16 é acíclico o Programa 7.10 retorna os índices das arestas retiradas no arranjo $\mathcal{L} = (2, 1, 10, 11, 5, 9, 7, 6, 0, 3, 4, 8)$.

O arranjo $\mathcal{L}$ indica a ordem de retirada das arestas, isto é, a primeira aresta retirada foi $a = (0, 10)$ de índice $i_a = 2$; a segunda, $a = (2, 14)$ de índice $i_a = 1$; e assim sucessivamente. As arestas do arranjo $\mathcal{L}$ devem ser consideradas da direita para a esquerda, na ordem contrária em que foram retiradas no procedimento que verifica se o grafo é acíclico. Essa é uma condição suficiente para ter sucesso na criação do arranjo g. Para o grafo da Figura 5.16, a aresta $a = (4, 11)$ de índice $i_a = 8$ é a primeira a ser processada. Como inicialmente $g[4] = g[11] = -1$, fazemos $g[11] = N$ e $g[4] = i_a - g[11] \bmod N = 8 - 12 \bmod 12 = 8$. Para a próxima aresta $a = (4, 12)$ de índice $i_a = 4$, como $g[4] = 8$, temos que $g[12] = i_a - g[4] \bmod N = 4 - 8 \bmod 12 = 8$, e assim sucessivamente até a última aresta de $\mathcal{L}$.

O Programa 5.30 mostra o procedimento para obter o arranjo g a partir de um hipergrafo. O procedimento foi proposto por Czech, Havas e Majewski (1997). Inicialmente todas as entradas do arranjo g são feitas igual a *Indefinido* $= -1$. Dada uma aresta a com r vértices v_0, v_1, v_{r-1} e rótulo i_a, seja $u = v_j$ tal que $g[v_j] = Indefinido$ e $j = \min\{0, \ldots, r-1\}$. Isto é, v_j é o primeiro vértice de a ainda não atribuído. Atribua o valor N para $g[v_{j+1}], \ldots, g[v_{r-1}]$ que ainda estão indefinidos e faça $g[v_j] = (i_a - \sum_{v_i \in a \wedge g[v_i] \neq -1} g[v_i]) \bmod N$.

Programa 5.30 *Rotula grafo e atribui valores para o arranjo g*

```
Procedure Atribuig (var Grafo: TipoGrafo;
                    var L    : TipoArranjoArestas;
                    var g    : Tipog);
var
  i, u, Soma: integer;
  v: TipoValorVertice; a: TipoAresta;
begin
  for i := Grafo.NumVertices - 1 downto 0 do g[i] := INDEFINIDO;
  for i := Grafo.NumArestas - 1 downto 0 do
    begin
    a := L[i]; Soma := 0;
    for v := Grafo.r - 1 downto 0 do
      if g[a.Vertices[v]] = INDEFINIDO
      then begin
           u := a.Vertices[v];
           g[u] := Grafo.NumArestas;
           end
      else Soma := Soma + g[a.Vertices[v]];
    g[u] := a.Peso - Soma;
    if g[u] < 0 then g[u] := g[u] + (Grafo.r-1) * Grafo.NumArestas;
    end;
end; { -Fim Atribuig- }
```

O Programa 5.31 mostra os principais passos para obter uma função de transformação perfeita. O programa gera hipergrafos randômicos iterativamente e testa se o grafo gerado é acíclico. Cada iteração gera novas funções $h_0, h_1, \ldots, h_{r-1}$ até que um grafo acíclico seja obtido. A função de transformação perfeita passa a ser determinada pelos pesos $p_0, p_1, \ldots, p_{r-1}$, e pelo arranjo g.

Programa 5.31 *Programa para obter função de transformação perfeita*

```
Program ObtemHashingPerfeito;
begin
  Ler conjunto de N chaves;
  Ler o valor de M;
  Ler o valor de r;
  repeat
    Gera os pesos p0[i],p1[i],...,pr-1[i] para 1 ≤ i ≤ MAXTAMCHAVE;
    Gera o hipergrafo Gr = (V,A);
    GrafoAciclico (G_r, L, GAciclico)
  until GAciclico;
  Atribuig (G, L, g);
  Retorna p0[i],p1[i],...,pr-1[i] e g;
end.
```

O Programa 5.32 apresenta as estruturas de dados usadas pelo programa que obtém a função de transformação perfeita.

Programa 5.32 *Estruturas de dados*

```
const
  MAXNUMVERTICES = 100000; {—No. maximo de vertices—}
  MAXNUMARESTAS = 100000; {—No. maximo de arestas—}
  MAXR = 5;
  MAXTAMPROX = MAXR*MAXNUMARESTAS;
  MAXTAM = 1000; {—Usado Fila—}
  MAXTAMCHAVE = 6; {—No. maximo de caracteres da chave—}
  MAXNUMCHAVES = 100000; {—No. maximo de chaves lidas—}
  INDEFINIDO = -1;
type
  {-- Tipos usados em GrafoListaInc do Programa 7.25 --}
  TipoValorVertice      = -1..MAXNUMVERTICES;
  TipoValorAresta       = 0..MAXNUMARESTAS;
  Tipor                 = 0..MAXR;
  TipoMaxTamProx        = -1..MAXTAMPROX;
  TipoPesoAresta        = integer;
  TipoArranjoVertices   = array[Tipor] of TipoValorVertice;
  TipoAresta            = record
                            Vertices: TipoArranjoVertices;
                            Peso    : TipoPesoAresta;
                          end;
  TipoArranjoArestas    = array[TipoValorAresta] of TipoAresta;
  TipoGrafo =
    record
      Arestas        : TipoArranjoArestas;
      Prim           : array[TipoValorVertice] of TipoMaxTamProx;
      Prox           : array[TipoMaxTamProx] of TipoMaxTamProx;
      ProxDisponivel : TipoMaxTamProx;
      NumVertices    : TipoValorVertice;
      NumArestas     : TipoValorAresta;
      r              : Tipor;
    end;
  TipoApontador = integer;
  { -- Tipos usados em Fila do Programa 3.17 --}
  TipoItem   = record
                 Chave: TipoValorVertice;
                 { outros componentes }
               end;
  TipoFila   = record
                 Item  : array [1..MaxTam] of TipoItem;
                 Frente: TipoApontador;
                 Tras  : TipoApontador;
               end;
  TipoPesos       = array [1..MAXTAMCHAVE] of integer;
  TipoTodosPesos  = array [Tipor] of Tipopesos;
  Tipog           = array[0..MAXNUMVERTICES] of integer;
  TipoChave       = packed array[1..MAXTAMCHAVE] of char;
  TipoConjChaves  = array[0..MAXNUMCHAVES] of TipoChave;
  TipoIndice      = TipoValorVertice;
```

O Programa 5.33 gera um grafo sem *selfloops* e sem arestas repetidas, a partir de r vértices obtidos mediante chamadas sucessivas a r funções de transformação $h_0, h_1, \ldots, h_{r-1}$ universais. O Programa 5.34 apresenta o refinamento final para obter uma função de transformação perfeita. A implementação da função de transformação perfeita para ser usada em dicionários está descrita no Programa 5.35 e o Programa 5.36 testa o funcionamento da função perfeita.

Programa 5.33 *Gera um grafo sem arestas repetidas e sem* selfloops

```
procedure GeraGrafo (var ConjChaves      : TipoConjChaves;
                         N               : TipoValorAresta;
                         M               : TipoValorVertice;
                         r               : Tipor;
                         var Pesos       : TipoTodosPesos;
                         var NgrafosGerados: integer;
                         var Grafo       : TipoGrafo);
{ Gera um grafo sem arestas repetidas e sem selfloops }
var i, j: integer;  Aresta: TipoAresta;  GrafoValido: boolean;

  function VerticesIguais (Aresta: TipoAresta): boolean;
  var i, j: integer;
  begin
    VerticesIguais := false;
    for i := 0 to Grafo.r - 2 do
      for j := i + 1 to Grafo.r - 1 do
        if Aresta.Vertices[i] = Aresta.Vertices[j]
        then VerticesIguais := true;
  end;

begin { -GeraGrafo- }
  repeat
    GrafoValido := true;      Grafo.NumVertices := M;
    Grafo.NumArestas := N;    Grafo.r := r;
    FGVazio (Grafo);           NGrafosGerados := 0;
    for j := 0 to Grafo.r - 1 do GeraPesos (Pesos[j]);
    for i := 0 to Grafo.NumArestas - 1 do
      begin
      Aresta.Peso := i;
      for j := 0 to Grafo.r - 1 do
        Aresta.Vertices[j] := h (ConjChaves[i], Pesos[j]);
    if VerticesIguais (Aresta) or ExisteAresta (Aresta, Grafo)
      then begin GrafoValido := false; break; end
      else InsereAresta (Aresta, Grafo);
      end;
    NGrafosGerados := NGrafosGerados + 1;
  until GrafoValido;
end; { GeraGrafo }
```

Programa 5.34 Programa principal

```
program RotulaGrafoAciclico;
{—— Entram aqui as estruturas de dados do Programa 5.32——}
var M                      : TipoValorVertice;
    N                      : TipoValorAresta;
    r                      : Tipor;
    Grafo                  : TipoGrafo;
    L                      : TipoArranjoArestas;
    GAciclico              : boolean;
    g                      : Tipog;
    Pesos                  : TipoTodosPesos;
    i, j, NGrafosGerados   : integer;
    ConjChaves             : TipoConjChaves;
    ArqEntrada             : text;
    ArqSaida               : text;
    NomeArq                : string [100];
{—— Entram aqui os operadores do Programa 3.18——}
{—— Entram aqui os operadores do Programa 5.22——}
{—— Entram aqui os operadores do Programa 5.23——}
{—— Entram aqui os operadores do Programa 7.26——}
{—— Entram aqui VerticeGrauUm e GrafoAciclico do Programa 7.10——}
begin { –ObtemHashPerfeito– }
  randomize; {——Inicializa random para 2^32 valores——}
  write ('Nome do arquivo com chaves a serem lidas: ');
  readln (NomeArq); assign (ArqEntrada, NomeArq);
  write ('Nome do arquivo para gravar experimento: '); readln(NomeArq);
  assign (ArqSaida, NomeArq); reset (ArqEntrada);
  rewrite (ArqSaida);
  NGrafosGerados := 0; i := 0;
  readln (ArqEntrada, N, M, r);
  while (i < N) and (not eof(ArqEntrada)) do
    begin readln (ArqEntrada, ConjChaves[i]); i := i + 1; end;
  if (i <> N)
  then begin
       writeln ('Erro: entrada com menos do que ', N, ' elementos.');
       exit;
       end;
  repeat
    GeraGrafo (ConjChaves, N, M, r, Pesos, NgrafosGerados, Grafo);
    ImprimeGrafo (Grafo);
    {—Imprime estrutura de dados—}
    write ('prim: '); for i:=0 to Grafo.NumVertices - 1 do
      write (Grafo.Prim[i]:3); writeln;
    write ('prox: '); for i:=0 to Grafo.NumArestas*Grafo.r-1 do
      write (Grafo.prox[i]:3); writeln;
    GrafoAciclico (Grafo, L, GAciclico);
  until GAciclico;
 write ('Grafo aciclico com arestas retiradas:');
 for i := 0 to Grafo.NumArestas - 1 do write (L[i].Peso:3);
 writeln;
```

Continuação do Programa 5.34

```
  Atribuig (Grafo, L, g);
  writeln (ArqSaida, N, '  (N)');
  writeln (ArqSaida, M, '  (M)');
  writeln (ArqSaida, r, '  (r)');
  for j := 0 to Grafo.r - 1 do
    begin
    for i := 1 to MAXTAMCHAVE do write (ArqSaida, Pesos[j][i],' ');
    for i := 1 to MAXTAMCHAVE do write (Pesos[j][i],' ');
    writeln (ArqSaida, '  (p',j:1,')');
    writeln (' (p',j:1,')');
    end;
  for i := 0 to M - 1 do write (ArqSaida, g[i],' ');
  for i := 0 to M - 1 do write (g[i],' ');
  writeln (ArqSaida, '  (g)');
  writeln ('  (g)');
  writeln(ArqSaida,'No. grafos gerados por GeraGrafo:',NGrafosGerados);
  close (ArqSaida);
  close (ArqEntrada);
end. { ObtemHashPerfeito }
```

Programa 5.35 *Função de transformação perfeita*

```
function hp (Chave      : TipoChave;
             r          : Tipor;
             var Pesos  : TipoTodosPesos;
             var g      : Tipog): TipoIndice;
var i, v: integer;
begin
  v := 0;
  for i := 0 to r - 1 do v := v + g[h(Chave, Pesos[i])];
  hp := v mod N;
end; { hp }
```

Programa 5.36 *Teste para a função de transformação perfeita*

```
program HashingPerfeito;
const
  MAXNUMVERTICES = 100000; {—Numero maximo de vertices—}
  MAXNUMARESTAS = 100000; {—Numero maximo de arestas—}
  MAXR = 5;
  MAXTAMCHAVE = 6; {—Numero maximo de caracteres da chave—}
  MAXNUMCHAVES = 100000; {—Numero maximo de chaves lidas—}
type
  TipoValorVertice = -1..MAXNUMVERTICES;
  TipoValorAresta  = 0..MAXNUMARESTAS;
  Tipor            = 0..MAXR;
  TipoPesos        = array [1..MAXTAMCHAVE] of integer;
```

Continuação do Programa 5.36

```
  TipoTodosPesos   = array [Tipor] of Tipopesos;
  Tipog            = array[0..MAXNUMVERTICES] of integer;
  TipoChave        = packed array[1..MAXTAMCHAVE] of char;
  TipoConjChaves   = array[0..MAXNUMCHAVES] of TipoChave;
  TipoIndice       = 0..MAXNUMARESTAS;
var
  M          : TipoValorVertice;
  N          : TipoValorAresta;
  r          : Tipor;
  g          : Tipog;
  Pesos      : TipoTodosPesos;
  i, j       : integer;
  ConjChaves : TipoConjChaves;
  NomeArq    : string [100];
  Chave      : TipoChave;
  ArqEntrada : text;
{ Entra aqui a funcao hash universal do Programa 5.23 }
{ Entra aqui a funcao hash perfeita do Programa 5.35 }
begin
  write ('Nome do arquivo com chaves a serem lidas: ');
  readln (NomeArq);
  assign (ArqEntrada, NomeArq);
  reset (ArqEntrada);
  readln (ArqEntrada, N);
  readln (ArqEntrada, M);
  readln (ArqEntrada, r);
  for j := 0 to r - 1 do
    begin
    for i := 1 to MAXTAMCHAVE do read (ArqEntrada, Pesos[j][i]);
    readln (ArqEntrada);
    end;
  for i := 0 to M-1 do read (ArqEntrada, g[i]); readln (ArqEntrada);
  readln (Chave);
  while Chave <> 'aaaaaa' do
    begin
    writeln (hp(Chave, r, Pesos, g));
    readln (Chave);
    end;
  close (ArqEntrada);
end. { hashingperfeito }
```

Análise A questão crucial é: quantas interações são necessárias para se obter um hipergrafo $G_r = (V, A)$ que seja acíclico? A resposta a esta questão depende dos valores de r e M escolhidos no primeiro passo do algoritmo. Obviamente, quanto maior o valor de M, mais esparso é o grafo e, consequentemente, mais provável que ele seja acíclico. A influência do valor de r é discutida a seguir.

Segundo Czech, Havas e Majewski (1992, 1997), quando $M = cN$, $c > 2$ e $r = 2$, a probabilidade P_{r_a} de gerar aleatoriamente um 2-grafo acíclico $G_2 = (V, A)$, para $N \to \infty$, é:

$$P_{r_a} = e^{\frac{1}{c}} \sqrt{\frac{c-2}{c}}.$$

Por exemplo, quando $c = 2,09$ temos que $P_{r_a} = 0,33$. Logo, o número esperado de iterações para gerar um 2-grafo acíclico é $1/P_{r_a} = 1/0,33 \approx 3$. Isso significa que, em média, aproximadamente 3 grafos serão testados antes que apareça um 2-grafo acíclico para ser usado na geração da função de transformação. O custo para gerar cada grafo é linear no número de arestas do grafo. O procedimento GrafoAciclico para verificar se um hipergrafo é acíclico do Programa 7.10 tem complexidade $O(|V| + |A|)$. Logo, a complexidade de tempo para gerar a função de transformação é proporcional ao número de chaves a serem inseridas na tabela *hash*, desde que $M > 2N$.

O grande inconveniente de usar $M = 2,09N$ é o espaço necessário para armazenar o arranjo g. Entretanto, existe outra maneira de aproximar o valor de M em direção ao valor de N. A alternativa é utilizar valores maiores de r. Majewski, Wormald, Havas e Czech (1996) mostraram, analítica e experimentalmente, que para 3-grafos o valor de M pode ser tão baixo quanto $1,23N$. Logo, o uso de 3-grafos reduz o custo de espaço da função de transformação perfeita, mas aumenta o tempo de acesso ao dicionário, pois requer o cômputo de mais uma função de transformação auxiliar h_2 e mais um acesso ao arranjo g.

Majewski, Wormald, Havas e Czech (1996) mostraram que o problema de gerar hipergrafos acíclicos randômicos para $r = 2$ e $r > 2$ têm naturezas diferentes. Para $r = 2$, a probabilidade P_{r_a} varia continuamente com a constante c. Para $r > 2$, existe uma fase de transição: existe um valor $c(r)$ tal que se $c \leq c(r)$, então P_{r_a} tende para 0 quando N tende para ∞; se $c > c(r)$, então P_{r_a} tende para 1. Isso significa que, em média, um 3-grafo é obtido na primeira tentativa quando $c \geq 1,23$.

Uma vez obtido o hipergrafo, o procedimento Atribuig apresentado no Programa 5.30 é determinístico e requer um número linear de passos para rotular o hipergrafo e obter o arranjo g.

O número de *bits* por chave para descrever a função é uma medida de complexidade de espaço importante. Como cada entrada do arranjo g usa $\log N$ *bits*, a complexidade de espaço do algoritmo é $O(\log N)$ *bits* por chave, que é o espaço para descrever a função. De acordo com Majewski, Wormald, Havas e Czech (1996), o limite inferior para descrever uma função perfeita com ordem preservada é $\Omega(\log N)$ *bits* por chave, o que significa que o algoritmo que acabamos de ver é ótimo para essa classe de problemas. Na próxima seção vamos apresentar um algoritmo de *hashing* perfeito sem ordem preservada que reduz o espaço ocupado pela função de transformação de $O(\log N)$ para $O(1)$.

5.5.5 Hashing *Perfeito Usando Espaço Quase Ótimo*

Esta seção apresenta um algoritmo proposto por Botelho (2008) para obter uma função *hash* perfeita que utiliza um número constante de *bits* por chave para descrever a função. Além disso, o algoritmo gera a função em tempo linear e a avaliação da função é realizada em tempo constante. Este é o primeiro algoritmo prático descrito na literatura que utiliza $O(1)$ *bits* por chave para uma função *hash* perfeita mínima sem ordem preservada. Os métodos conhecidos anteriormente ou são empíricos e sem garantia de que funcionam bem para qualquer conjunto de chaves, ou são teóricos e sem possibilidade de se obter uma implementação prática.

Assim como o algoritmo apresentado na Seção 5.5.4 para funções com ordem preservada, o algoritmo utiliza **hipergrafos ou r−grafos** randômicos. Diferentemente do algoritmo anterior, os hipergrafos considerados são r-partidos. Isso permite que r partes do vetor g sejam acessadas em paralelo. Como mostrado em Botelho (2008), as funções mais rápidas e mais compactas são obtidas para hipergrafos com $r = 3$. A Figura 5.17 mostra os passos do algoritmo para $r = 3$, tendo como entrada um conjunto $S = \{\text{jan}, \text{fev}, \text{mar}\}$. A estrutura de dados orientada a arestas apresentada na Seção 7.10.2 é usada, onde cada aresta do hipergrafo é representada por um arranjo de r vértices e para cada vértice existe uma lista de arestas que são incidentes ao vértice.

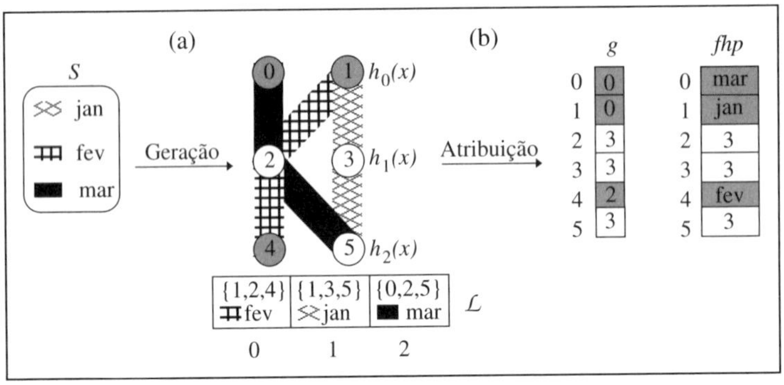

***Figura 5.17** (a) Gera um 3-grafo 3-partido acíclico com $M = 6$ vértices e $N = 3$ arestas e um arranjo de arestas $\mathcal{L}$ obtido no momento de verificar se o hipergrafo é acíclico. (b) Constrói uma função* hash *perfeita que transforma o conjunto S de chaves para o intervalo $[0, 5]$, sendo representada pelo arranjo $g : [0, 5] \to [0, 3]$ de forma a atribuir univocamente uma aresta a um vértice.*

O passo de geração do hipergrafo na Figura 5.17(a) executa duas tarefas:

1. Utiliza três funções h_0, h_1 and h_2, com intervalos $\{0, 1\}$, $\{2, 3\}$ e $\{4, 5\}$, respectivamente, cujos intervalos não se sobrepõem e por isso o grafo é 3-partido. Essas funções constroem um mapeamento do conjunto S de chaves para o conjunto A de arestas de um r-grafo acíclico $G_r = (V, A)$, onde $r = 3$, $|V| = M = 6$ e $|E| = N = 3$. No exemplo da Figura 5.17(a), "jan" é rótulo da aresta $\{h_0(\text{"jan"}), h_1(\text{"jan"}), h_2(\text{"jan"})\} = \{1, 3, 5\}$, "fev" é rótulo da aresta $\{h_0(\text{"fev"}), h_1(\text{"fev"}), h_2(\text{"fev"})\} = \{1, 2, 4\}$, e "mar" é rótulo da aresta $\{h_0(\text{"mar"}), h_1(\text{"mar"}), h_2(\text{"mar"})\} = \{0, 2, 5\}$.

2. Testa se o hipergrafo randômico resultante contém ciclos por meio da retirada iterativa de arestas de grau 1, conforme mostrado no Programa 7.10. As arestas retiradas são armazenadas em um arranjo $\mathcal{L}$ na ordem em que foram retiradas, o qual é usado no passo seguinte de atribuição. A primeira aresta retirada na Figura 5.17(a) foi $\{1, 2, 4\}$, a segunda foi $\{1, 3, 5\}$ e a terceira foi $\{0, 2, 5\}$. Se terminar com um grafo vazio, então o grafo é acíclico, senão um novo conjunto de funções h_0, h_1 and h_2 é escolhido e uma nova tentativa é realizada.

O passo de atribuição na Figura 5.17(b) produz uma função *hash* perfeita que transforma o conjunto S de chaves para o intervalo $[0, M-1]$, sendo representada pelo arranjo g que armazena valores no intervalo $[0, 3]$. O arranjo g permite selecionar um de três vértices de uma dada aresta, o qual é associado a uma chave k.

O Programa 5.37 mostra o procedimento para obter o arranjo g considerando um hipergrafo $G_r = (V, A)$. As estruturas de dados são as mesmas do Programa 5.32. Para valores $0 \leq i \leq M-1$, o passo começa com $g[i] = r$ para marcar cada vértice como não atribuído e com $Visitado[i] = false$ para marcar cada vértice como não visitado. Seja j, $0 \leq j < r$, o índice de cada vértice u de uma aresta a. A seguir, para cada aresta $a \in \mathcal{L}$ da direita para a esquerda, percorre os vértices de a procurando por vértices u em a não visitados, faz $Visitado[u] = true$ e para o último vértice u não visitado faz $g[u] = (j - \sum_{v \in a \wedge Visitado[v]=true} g[v]) \bmod r$.

Programa 5.37 *Rotula grafo e atribui valores para o arranjo g*

```
Procedure Atribuig (var Grafo: TipoGrafo;
                    var L    : TipoArranjoArestas;
                    var g    : Tipog);
var i, j, u, Soma: integer;
    v: TipoValorVertice;
    a: TipoAresta;
    Visitado: array[0..MAXNUMVERTICES] of boolean;
begin
  for i := Grafo.NumVertices - 1 downto 0 do
    begin g[i] := grafo.r;  Visitado[i] := false;  end;
  for i := Grafo.NumArestas - 1 downto 0 do
    begin
    a := L[i];  Soma := 0;
    for v := Grafo.r - 1 downto 0 do
      if not Visitado[a.Vertices[v]]
      then begin
           Visitado[a.Vertices[v]] := true;
           u := a.Vertices[v];
           j := v;
           end
      else Soma := Soma + g[a.Vertices[v]];
    g[u] := (j - Soma) mod grafo.r;
    end;
end; { -Fim Atribuig- }
```

No exemplo da Figura 5.17(b), a primeira aresta considerada em $\mathcal{L}$ é $a = \{h_0(\text{“mar”}), h_1(\text{“mar”}), h_2(\text{“mar”})\} = \{0, 2, 5\}$. A Tabela 5.4 mostra os valores das varáveis envolvidas no comando:

for v := Grafo.r - 1 downto 0 do

Tabela 5.4 *Valor das variáveis na execução do Programa 5.37*

i	a	v	Visitado	u	j	Soma
2	$\{0, 2, 5\}$	2	False → True	5	2	0
		1	False → True	2	1	0
		0	False → True	0	0	0
1	$\{1, 3, 5\}$	2	True	-	-	3
		1	False → True	3	1	3
		0	False → True	1	0	3
0	$\{1, 2, 4\}$	2	False → True	4	2	0
		1	True	4	2	0
		0	True	4	2	3

O comando após o anel:

g[u] := (j - Soma) mod Grafo.r;

faz $g[0] = (0 - 0) \mod 3 = 0$. Igualmente, para a aresta seguinte de $\mathcal{L}$ que é $a = \{h_0(\text{“jan”}), h_1(\text{“jan”}), h_2(\text{“jan”})\} = \{1, 3, 5\}$, o comando após o anel faz $g[1] = (0 - 3) \mod 3 = -3$. O comando a seguir:

while g[u] < 0 do g[u] := g[u] + Grafo.r;

irá fazer $g[1] = g[1] + 3 = -3 + 3 = 0$. Finalmente, para a última aresta em $\mathcal{L}$ que é $a = \{h_0(\text{“fev”}), h_1(\text{“fev”}), h_2(\text{“fev”})\} = \{1, 2, 4\}$, o comando após o anel faz $g[4] = (2 - 3) \mod 3 = -1$. O anel que segue faz $g[4] = g[4] + 3 = -1 + 3 = 2$.

A partir do arranjo g podemos obter uma função *hash* perfeita para uma tabela com intervalo $[0, M - 1]$. Para uma chave $k \in S$ a função hp tem a seguinte forma:

$$hp(k) = h_{i(k)}(k), \text{ onde } i(k) = (g[h_0(k)] + g[h_1(k)] + \ldots + g[h_{r-1}(k)]) \bmod r \quad (5.1)$$

Considerando $r = 3$, o vértice escolhido para uma chave k é obtido por uma das três funções, isto é, $h_0(k)$, $h_1(k)$ ou $h_2(k)$. Logo, a decisão sobre qual função $h_i(k)$ deve ser usada para uma chave k é obtida pelo cálculo $i(k) = (g[h_0(k)] + g[h_1(k)] + g[h_2(k)]) \bmod 3$. No exemplo da Figura 5.17(b), a chave “jan” está na posição 1 da tabela porque $(g[1]+g[3]+g[5]) \bmod 3 = 0$ e $h_0(\text{“jan”}) = 1$. De forma similar, a chave “fev” está na posição 4 da tabela porque $(g[1]+g[2]+g[4]) \bmod 3 = 2$ e $h_2(\text{“fev”}) = 4$, e assim por diante.

O Programa 5.38 mostra o procedimento para obter a função *hash* perfeita hp. O procedimento recebe a chave, o valor de r, os pesos para a função h do Programa 3.18 e o arranjo g. O procedimento segue a Eq.(5.1) para descobrir qual foi o vértice da aresta escolhido para a chave.

Programa 5.38 *Função de transformação perfeita*

```
function hp (Chave    : TipoChave;
             r        : Tipor;
             var Pesos: TipoTodosPesos;
             var g    : Tipog): TipoIndice;
var i, v: integer; a: TipoArranjoVertices;
begin
v := 0;
for i := 0 to r − 1 do
  begin
  a[i] := h (Chave, Pesos[i]);
  v := v + g[a[i]];
  end;
  v := v mod r;
  hp := a[v];
end; { hp }
```

Na estrutura de dados mostrada no Programa 5.32 da Seção 5.5.4 o tipo do arranjo g é *integer*. No Programa 5.38 o tipo do arranjo g muda para *byte*, e o comando

Tipog = array[0..MAXNUMVERTICES] of integer;

muda para

Tipog = array[0..MAXNUMVERTICES] of byte;

Como sabemos, um *byte* pode armazenar $2^8 = 256$ valores distintos. Como somente um dos quatro valores 0, 1, 2, ou 3 é armazenado em cada entrada de g, apenas 2 *bits* são necessários para armazenar quatro valores distintos. O Programa 5.39 mostra como empacotar quatro valores de g em um *byte*, reduzindo o espaço ocupado para dois *bits* por entrada. Para isso foram criados dois procedimentos: o procedimento AtribuiValor2Bits atribui o $i-$ésimo valor de g em uma das quatro posições do *byte* apropriado e a função ObtemValor2Bits retorna o $i-$ésimo valor de g. Agora o tipo do arranjo g permanece como *byte*, mas o comando

Tipog = array[0..MAXNUMVERTICES] of byte;

muda para

const MAXGSIZE = Trunc((MAXNUMVERTICES + 3)/4)

Tipog = array[0..MAXGSIZE] of byte;

onde MAXGSIZE indica que o arranjo Tipog ocupa um quarto do espaço e o *byte* passa a armazenar 4 valores.

A operação "shl" no procedimento AtribuiValor2Bits move os *bits* para a esquerda e entra com zeros à direita (por exemplo, $b_0, b_1, b_2, b_3, b_4, b_5, b_6, b_7$ shl $6 = b_6, b_7, 0, 0, 0, 0, 0, 0$). Da mesma maneira, "shr" na função ObtemValor2Bits move os *bits* para a direita e entra com zeros à esquerda.

Considerando o arranjo g da Figura 5.17 vamos ver como empacotar os seis valores de g em apenas 2 *bytes*. Na chamada do procedimento AtribuiValor2Bits, consideremos a atribuição de Valor = 2 na posição Indice = 4 de g (no caso, $g[4] = 2$). No primeiro comando do procedimento o *byte* que vai receber Valor = $2 = (10)_2$ é determinado por i = Indice div 4 = 4 div 4 = 1 (no caso o segundo *byte*). A posição dentro do *byte* é determinada pelo comando seguinte, onde Pos = Indice mod 4 = 4 mod 4 = 0 (isto é, nos dois *bits* menos significatios do *byte*). A seguir, Pos = Pos $*$ 2 porque cada valor ocupa 2 *bits* do *byte*. A seguir, **not** (3 shl Pos) = **not** ($(00000011)_2$ shl 0) = $(11111100)_2$. Logo, g[i] **and** $(11111100)_2$ zera os 2 *bits* a atribuir. Finalmente, o comando g[i] **or** (Valor shl Pos) realiza a atribuição e o *byte* fica como $(XXXXXX10)_2$, onde X representa 0 ou 1.

***Programa 5.39** Rotula grafo e atribui valores para o arranjo g usando 2* bits *por entrada*

```
{-- Assume que todas as entradas de 2 bits do vetor --}
{-- g foram iniciadas com o valor 3                 --}

procedure AtribuiValor2Bits (var g : Tipog;
                             Indice: integer;
                             Valor : byte);
var i, Pos : integer;
begin
  i   := Indice div 4;
  Pos := (Indice mod 4);
  Pos := Pos * 2; { Cada valor ocupa 2 bits }
  g[i] := g[i] and (not(3 shl Pos)); { zera os dois bits a atribuir }
  g[i] := g[i] or (Valor shl Pos);   { realiza a atribuicao }
end; {AtribuiValor2Bits}

function ObtemValor2Bits (var g : Tipog;
                          Indice: Integer) : byte;
var i, Pos: Integer;
begin
  i := Indice div 4;
  Pos := (Indice mod 4);
  Pos := Pos * 2; { Cada valor ocupa 2 bits }
  ObtemValor2Bits := (g[i] shr Pos) and 3;
end; {ObtemValor2Bits}

{-- Atribuig --}
Procedure Atribuig (var Grafo: TipoGrafo;
                    var L    : TipoArranjoArestas;
                    var g    : Tipog);
var i, j, u    : integer;
    v          : TipoValorVertice;
    a          : TipoAresta;
    Soma       : integer;
    valorg2bits: integer;
    Visitado   : array[0..MAXNUMVERTICES] of boolean;
```

Continuação do Programa 5.39

```
begin
  if (grafo.r <= 3) { valores de 2 bits requerem r <= 3}
  then begin
       for i := Grafo.NumVertices - 1 downto 0 do
         begin
         AtribuiValor2Bits (g, i, grafo.r);
         Visitado[i] := false;
         end;

       for i := Grafo.NumArestas - 1 downto 0 do
         begin
         a := L[i];
         Soma := 0;
         for v := Grafo.r - 1 downto 0 do
           if not Visitado[a.Vertices[v]]
           then begin
                Visitado[a.Vertices[v]] := true;
                u := a.Vertices[v];
                j := v;
                end
           else Soma := Soma + ObtemValor2Bits (g, a.Vertices[v]);
         valorg2bits := (j - Soma) mod grafo.r;
         AtribuiValor2Bits (g, u, valorg2bits);
         end;
       end;
end; { Atribuig }
```

Para obter a função *hash* perfeita *hp*, agora usando 2 *bits* por entrada de g, basta substituir no Programa 5.38 o comando

v := v + g[a[i]];

pelo comando

v := v + ObtemValor2Bits(g, a[i]);

Para obter uma função *hash* perfeita mínima nós precisamos de uma estrutura de dados que permita reduzir o intervalo da tabela de $[0, M-1]$ para $[0, N-1]$, conforme ilustra a Figura 5.18. Vamos utilizar uma **estrutura de dados sucinta**[6] que permite computar em tempo constante a função *rank*: $[0, M-1] \to [0, N-1]$ que conta o número de posições atribuidas antes de uma dada posição v em g. Por exemplo, $rank(4) = 2$ já que as posições 0 e 1 foram atribuídas, uma vez que os valores de $g[0]$ e $g[1]$ são diferentes de 3.

[6]Uma estrutura de dados sucinta usa um espaço muito próximo do limite inferior para a classe do problema em questão, acompanhada de um algoritmo eficiente para a operação de pesquisa.

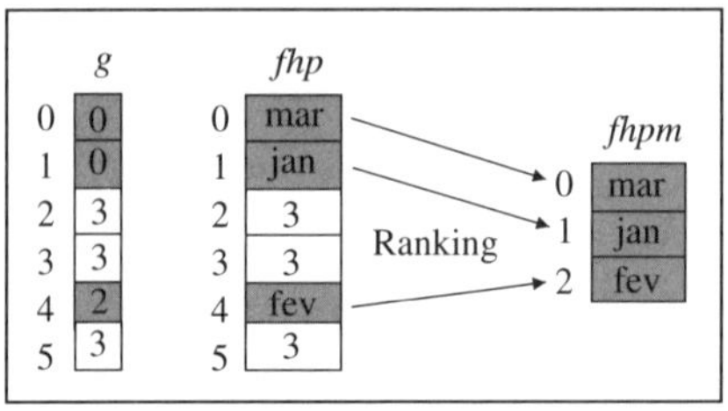

Figura 5.18 *O passo de* ranking *constrói a estrutura de dados usada para computar a função* $rank : [0, 5] \to [0, 2]$ *em tempo* $O(1)$.

A função *rank* pode ser implementada utilizando um algoritmo proposto por Pagh (2001). O algoritmo usa ϵM *bits* adicionais, onde $0 < \epsilon < 1$ para armazenar explicitamente o *rank* de cada $k-$ésimo índice de g em uma tabela TabRank, onde $k = \lfloor \log(M)/\epsilon \rfloor$. Para garantir uma avaliação da função $rank(u)$ em tempo $O(1)$, é necessário usar uma tabela T_r auxiliar. A Figura 5.19 mostra as tabelas TabRank e T_r para o exemplo da Figura 5.18.

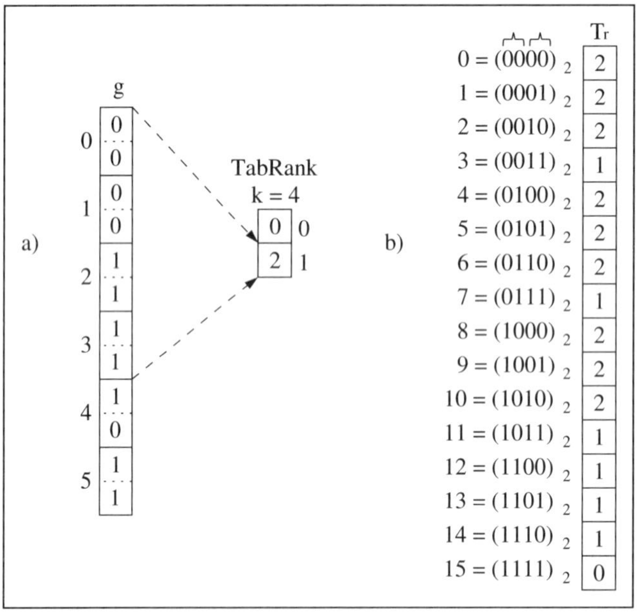

Figura 5.19 *O uso das tabelas TabRank e* T_r.

A tabela TabRank mostrada na Figura 5.19(a) armazena em cada entrada o número total de valores de *2 bits* diferentes de $r = 3$ até cada k-ésima posição do arranjo g (exclusive). No exemplo consideramos $k = 4$. Assim, existem 0 valores até a posição 0 e 2 valores até a posição 4 de g. O Programa 5.40 mostra o procedimento para gerar a tabela TabRank.

Programa 5.40 Gera a tabela TabRank

```
Procedure GeraTabRank (var g          : Tipog;
                       Tamg           : TipoValorVertice;
                       k              : TipoK;
                       var TabRank: TipoTabRank);
var i, Soma: Integer;
begin
  Soma := 0;
  for i := 0 to Tamg - 1 do
    begin
    if (i mod k = 0) then TabRank[i div k] := Soma;
    if (ObtemValor2Bits(g,i) <> NAOATRIBUIDO) then Soma := Soma + 1;
    end;
end; { GeraTabRank }
```

Para calcular o *rank*(u) usando as tabelas TabRank e T_r são necessários dois passos: (i) obter o *rank* do maior índice precomputado $v \leq u$ em TabRank; e (ii) usar T_r para contar o número de vértices atribuídos da posição v até $u - 1$. No exemplo da Figura 5.19(b) a tabela T_r possui 16 entradas necessárias para armazenas todas as combinações possíveis de 4 *bits*. Por exemplo, a posição 0, cujo valor binário é $(0000)_2$, contém dois valores diferentes de $r = 3$; na posição 3, cujo valor binário é $(0011)_2$, contém apenas um valor diferente de $r = 3$, e assim por diante. Cabe notar que cada valor de $r \geq 2$ requer uma tabela T_r diferente que deve ser gerada a priori pelo Programa 5.41. O procedimento para gerar a tabela T_r considera que T_r é indexada por um número de 8 *bits* e, portanto, MaxTrValue = 255. Além disso, no máximo 4 vértices podem ser empacotados em um *byte*, razão pela qual o anel interno vai de 1 a 4.

Programa 5.41 Gera a tabela T_r

```
Procedure GeraTr (var Tr: TipoTr);
var i, j, v, Soma: Integer;
begin
  Soma := 0;
  for i := 0 to MAXTRVALUE do
    begin
    Soma := 0;  v := i;
    for j := 1 to 4 do
      begin
      if ((v and 3) <> NAOATRIBUIDO) then Soma := Soma + 1;
      v := v shr 2;
      end;
    Tr[i] := Soma;
    end;
end; { GeraTr }
```

A função *hash* perfeita mínima resultante tem a seguinte forma:

$$hpm(x) = rank(hp(x)) \tag{5.2}$$

Quanto maior for o valor de k mais compacta é a função *hash* perfeita mínima resultante. Assim, os usuários podem permutar espaço por tempo de avaliação variando o valor de k na implementação. Entretanto, o melhor é utilizar valores para k que sejam potências de dois (por exemplo, $k = 2^{b_k}$ para alguma constante b_k), o que permite trocar as operações de multiplicação, divisão e módulo pelas operações de deslocamento de *bits* à esquerda, à direita, e "*and*" binário, respectivamente. O valor $k = 256$ produz funções compactas e o número de *bits* para codificar k é $b_k = 8$.

O Programa 5.42 mostra o procedimento para computar o valor da função *hash* perfeita mínima *hpm* para uma tabela com intervalo $[0, N - 1]$.

Programa 5.42 *Função de transformação perfeita mínima*

```
function hpm (Chave        : TipoChave;
              r            : Tipor;
              var Pesos    : TipoTodosPesos;
              var g        : Tipog;
              var Tr       : TipoTr;
              k            : TipoK;
              var TabRank: TipoTabRank): TipoIndice;
var i, j, u, Rank, Byteg: TipoIndice;
begin
  u := hp (Chave, r, Pesos, g);
  j := u div k;        Rank := TabRank[j];
  i := j * k;          j := i;
  Byteg := j div 4;    j := j + 4;
  while (j < u) do
    begin
    Rank := Rank + Tr[g[Byteg]];
    j := j + 4;  Byteg := Byteg + 1;
    end;
  j := j - 4;
  while (j < u) do
    begin
    if (ObtemValor2Bits (g,j) <> NAOATRIBUIDO) then Rank := Rank+1;
    j := j + 1;
    end;
  hpm := Rank;
end; { hpm }
```

Análise Segundo Botelho (2008, p. 33), quando $M = cN$, $c > 2$ e $r = 2$, a probabilidade P_{r_a} de gerar aleatoriamente um 2-grafo bipartido acíclico $G_2 = (V, A)$, para $N \to \infty$, é:

$$P_{r_a} = \sqrt{1 - \left(\frac{2}{c}\right)^2}.$$

Por exemplo, quando $c = 2,09$, temos que $P_{r_a} = 0,29$. Logo, o número esperado de iterações para gerar um 2-grafo bipartido acíclico é $1/P_{r_a} = 1/0,29 \approx 3,45$. Isso significa que, em média, aproximadamente 3,45 grafos serão testados antes que apareça um 2-grafo bipartido acíclico para ser usado na geração da função de transformação. Novamente o custo para gerar cada grafo é linear no número de arestas do grafo. Botelho (2008) mostra também que é possível obter um 3-grafo 3-partido acíclico em 1 tentativa com probabilidade tendendo para 1 quando N tende para infinito, sempre que $M = cn$ e $c \geq 1{,}23$. Logo, o custo para gerar cada grafo é linear no número de arestas do grafo.

O procedimento GrafoAciclico para verificar se um hipergrafo é acíclico do Programa 7.10 tem complexidade $O(|V| + |A|)$. Como $|A| = O(|V|)$ para grafos esparsos como os considerados aqui, a complexidade de tempo para gerar a função de transformação é proporcional ao número de chaves a serem inseridas na tabela *hash*.

O tempo necessário para avaliar a função *hp* da Eq.(5.1) envolve a avaliação de três funções *hash* universais, com um custo final $O(1)$. O tempo necessário para avaliar a função *hpm* da Eq.(5.2) tem um custo final $O(1)$. Para isso utilizamos uma **estrutura de dados sucinta** que permite computar em tempo constante o número de posições atribuidas antes de uma dada posição em um arranjo. A tabela T_r, gerada pelo Programa 5.41, permite contar o número de vértices atribuídos em $\epsilon \log M$ *bits* com custo $O(1/\epsilon)$, onde $0 < \epsilon < 1$. Mais ainda, a avaliação da função *rank* é muito eficiente já que, para diversas aplicações, tanto TabRank quanto T_r cabem inteiramente na memória *cache* da CPU.

A seguir vamos determinar o espaço ocupado pela Eq.(5.1) para calcular o valor da função *hash* perfeita *hp*. Como somente quatro valores distintos são armazenados em cada entrada do arranjo g, então são necessários apenas 2 *bits* por valor armazenado. Como o tamanho de g para um 3-grafo é $M = cN$, onde $c = 1{,}23$, o espaço necessário para armazenar o arranjo g é de $2cn = 2{,}46$ *bits* por entrada. Logo, uma função *hash* perfeita pode ser armazenada em aproximadamente 2,46 *bits* por chave.

A seguir vamos determinar o espaço ocupado pela Eq.(5.2) para calcular o valor da função *hash* perfeita mínima *hpm*. Nesse caso, o espaço necessário para armazenar a função é igual ao espaço necessário para o arranjo g mais o espaço para a tabela TabRank. Isso se traduz na seguinte equação:

$$|g| + |\text{TabRank}| = 2cn + 32 * (cn/k),$$

assumindo que cada uma das cn/k entradas da tabela TabRank armazena um inteiro de 32 *bits* e que cada uma das cn entradas de g armazena um inteiro de 2 *bits*. Se tomarmos $k = 256$, teremos:

$$2cn + (32/256)cn = (2 + 1/8)cn = (2 + \epsilon)cn, \text{ para } \epsilon = 1/8 = 0.125.$$

Logo, o espaço total para descrever a função *hpm* gerada pelo Programa 5.42 é $(2+\epsilon)cn$ *bits*. Usando $c = 1{,}23$ e $\epsilon = 0{,}125$, a função *hash* perfeita mínima necessita aproximadamente 2,62 *bits* por chave para ser armazenada.

Assim, uma função *hash* perfeita mínima pode ser armazenada em aproximadamente 2,62 *bits* por chave. Mehlhorn (1984) mostrou que o limite inferior para armazenar uma função *hash* perfeita mínima é $N \log e + O(\log N) \approx 1{,}44N$. Assim, o valor de aproximadamente 2,62 *bits* por chave é um valor muito próximo do limite inferior de aproximadamente 1,44 *bits* por chave para essa classe de problemas.

O principal resultado desta seção mostra um algoritmo prático que reduziu a complexidade de espaço para armazenar uma função *hash* perfeita mínima de $O(N \log N)$ *bits* para $O(N)$ *bits*. Isso permite o uso de *hashing* perfeito em aplicações em que antes não eram consideradas uma boa opção. Por exemplo, Botelho, Lacerda, Menezes e Ziviani (2009) mostraram que uma função *hash* perfeita mínima apresenta o melhor compromisso entre espaço ocupado e tempo de busca quando comparada com todos os outros métodos de *hashing* para indexar a memória interna para conjuntos estáticos de chaves.

Notas Bibliográficas

As principais referências para pesquisa em memória interna são Gonnet e Baeza-Yates (1991), Knuth (1973) e Mehlhorn (1984). Outros livros incluem Standish (1980), Wirth (1976; 1986), Aho, Hopcroft e Ullman (1983), Terada (1991). Um estudo mais avançado sobre estruturas de dados e algoritmos pode ser encontrado em Tarjan (1983).

Um dos primeiros estudos sobre inserção e retirada em árvores de pesquisa foi realizado por Hibbard (1962), tendo provado que o comprimento médio do **caminho interno** após n inserções randônicas é $2 \ln n$. A definição de árvore binária foi extraída de Knuth (1968, p. 315).

A primeira árvore binária de pesquisa com balanceamento foi proposta por Adel'son-Vel'skii e Landis (1962), dois matemáticos russos, a qual recebeu o nome de árvore AVL. Uma árvore binária de pesquisa é uma **árvore AVL** se a altura da subárvore à esquerda de cada nó nunca difere de ± 1 da altura da subárvore à direita. A Figura 5.20 apresenta uma árvore com esta propriedade.

A forma de manter a propriedade AVL é por meio de transformações localizadas no caminho de pesquisa. Como a altura das árvores AVL fica sempre entre $\log_2(n+1)$ e $1.4404 \log_2(n+2) - 0.328$ (Adel'son-Vel'skii e Landis, 1962), o custo para inserir ou retirar é $O(\log n)$, que é exatamente o custo para percorrer o caminho de pesquisa. Wirth (1976; 1986) apresenta implementações dos algoritmos de inserção e de retirada para as árvores AVL.

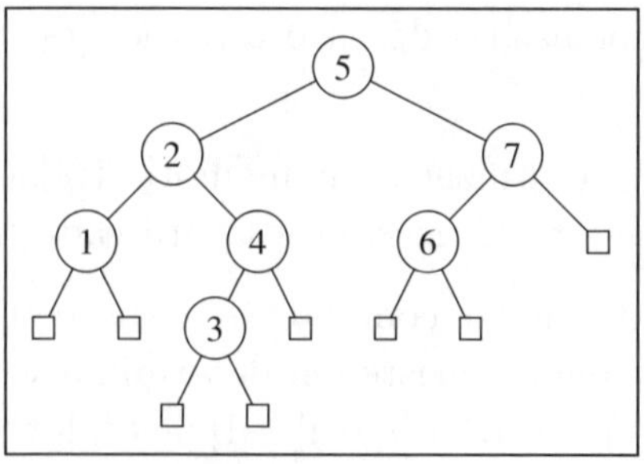

Figura 5.20 *Árvore AVL.*

O material utilizado na Seção 5.3.2 veio de Bayer (1971; 1972), Olivié (1980), Ziviani e Tompa (1982) e Ziviani, Olivié e Gonnet (1985). Os trabalhos de Bayer apresentam as árvores SBB, o de Olivié sugere uma melhoria para o algoritmo de inserção, e o de Ziviani e Tompa apresentam implementações para os algoritmos de inserção e retirada. A árvore SBB pode ser vista como uma representação binária da **árvore 2-3-4**, apresentada por Guibas e Sedgewick (1978). Este mesmo trabalho mostra como adaptar vários algoritmos clássicos para árvores de pesquisa balanceadas dentro do esquema **árvores red-black**.

Sleator e Tarjan (1983) apresentam vários métodos para manutenção de **árvores autoajustáveis**. A ideia é mover os nós mais frequentemente acessados em direção à raiz após cada acesso: embora cada operação isolada possa ter custo mais alto, ao longo de um período maior, o tempo médio de cada operação é menor, isto é, o **custo amortizado** diminui ao longo do tempo. Em outras palavras, uma operação particular pode ser lenta, mas qualquer sequência de operações é rápida.

A principal referência sobre *hashing* é Knuth (1973). Existem várias propostas para a construção de funções de transformação perfeitas, como em Fox, Heath, Chen e Daoud (1992). As principais referências utilizadas na seção sobre *hashing* perfeito com ordem preservada são Czech, Havas e Majewski (1992, 1997). Outras referências são Majewski, Wormald, Havas e Czech (1996) e Witten, Moffat e Bell (1999). As principais referências utilizadas na seção sobre *hashing* perfeito com espaço quase ótimo são Botelho (2008), Botelho e Ziviani (2007), Botelho, Pagh e Ziviani (2007) e Botelho, Lacerda, Menezes e Ziviani (2010). O algoritmo proposto por Botelho (2008) é o primeiro algoritmo prático descrito na literatura que utiliza $O(1)$ *bits* por chave para uma função *hash* perfeita mínima.

Exercícios

1. Considere as técnicas de pesquisa sequencial, pesquisa binária e a pesquisa baseada em *hashing*.

a) Descreva as vantagens e desvantagens de cada uma dessas técnicas, indicando em que situações você usaria cada uma delas.

b) Dê a ordem do pior caso e do caso esperado de tempo de execução para cada método.

c) Qual é a eficiência de utilização de memória (relação entre o espaço necessário para dados e o espaço total necessário) para cada método?

2. Suponha uma lista ordenada contendo n itens e um item x que **não** está presente na lista. O problema consiste em determinar entre qual par de itens na lista está o item x, isto é, encontrar $a[i]$ e $a[i+1]$ de tal forma que $a[i] < x < a[i+1]$, para $1 \leq i < n$, ou que $x < a[1]$ ou que $x > a[n]$.

a) Encontre o limite inferior para essa classe de problemas quanto ao número de comparações.

b) Apresente uma prova informal para o limite inferior.

c) Você conhece algum algoritmo que seja ótimo para resolver o problema?

3. Qual é a principal propriedade de uma árvore binária de pesquisa?

4. Árvore Binária de Pesquisa.

a) Desenhe a árvore binária de pesquisa que resulta da inserção sucessiva das chaves Q U E S T A O F C I L em uma árvore inicialmente vazia.

b) Desenhe as árvores resultantes das retiradas dos elementos E e depois U da árvore obtida no item anterior.

5. Implemente uma função que conta quantos elementos existem em uma árvore binária de pesquisa (Guedes Neto, 2010).

6. O **caminhamento por nível** em árvores visita primeiro a raiz, depois todos os nós no nível 1, depois todos os nós no nível 2, e assim por diante (Loureiro, 2010). Escreva um algoritmo $O(n)$ para listar os n nós de uma árvore por nível, do nó mais a esquerda para o mais a direita em cada nível. Sugestão: não usar recursividade.

7. Suponha que você tenha uma árvore binária de pesquisa na qual estão armazenadas uma chave em cada nó. Suponha também que a árvore foi construída de tal maneira que, ao caminhar nela na ordem central, as chaves são visitadas em *ordem crescente*.

a) Qual propriedade entre as chaves deve ser satisfeita para que isso seja possível?

b) Dada uma chave k, descreva sucintamente um algoritmo que procure por k em uma árvore com essa estrutura.

c) Qual é a complexidade do seu algoritmo no melhor e no pior casos? Justifique.

8. Considere o algoritmo para pesquisar e inserir registros em uma **árvore binária de pesquisa sem balanceamento**. Em razão de sua simplicidade e eficiência, a árvore binária de pesquisa é considerada uma estrutura de dados muito útil. Considerando-se que a altura da árvore corresponde ao tamanho da pilha necessária para pesquisar na árvore, é importante conhecer o seu valor. Assim sendo,

a) determine empiricamente a altura esperada da árvore;

b) mostre analiticamente o melhor caso e o pior caso para a altura da árvore;

c) compare os resultados obtidos no item (a) com resultados analíticos publicados na literatura.

9. Para pesquisar um elemento em um arranjo ordenado de tamanho n usando **pesquisa binária**, o elemento é comparado com o elemento na posição $\lfloor n/2 \rfloor$ do arranjo. Para pesquisar um elemento no mesmo arranjo usando pesquisa ternária, o elemento é comparado com os elementos nas posições $\lfloor n/3 \rfloor$ e $\lfloor 2n/3 \rfloor$.

a) Determine o número de comparações necessárias para encontrar um elemento usando pesquisa binária e pesquisa ternária.

b) Qual dos dois métodos é preferível: pesquisa binária ou pesquisa ternária?

c) Qual é o limite inferior para o problema de realizar busca em um arranjo ordenado?

10. Árvore SBB.

a) Desenhe a **árvore SBB** que resulta da inserção sucessiva das chaves Q U E S T A O F C I L em uma árvore inicialmente vazia.

b) Desenhe as árvores resultantes das retiradas dos elementos E e depois U da árvore obtida no item anterior.

11. Árvore SBB.

Um novo conjunto de transformações para a **árvore SBB** foi proposto por Olivié (1980). O algoritmo de inserção usando as novas transformações produz árvores SBB com menor altura e demanda um número menor de transformações de divisão de nós para construir a árvore, conforme comprovado em Ziviani e Tompa (1982) e Ziviani, Olivié e Gonnet (1985). A Figura 5.21 mostra as novas transformações. A operação divide esquerda-esquerda requer modificação de três apontadores, a operação divide esquerda-direita requer a alteração de cinco apontadores, e a operação aumenta altura requer apenas a modificação de dois *bits*. Transformações simétricas também podem ocorrer.

Quando ocorre uma transformação do tipo aumenta altura, a altura da subárvore transformada é um nível maior do que a da subárvore original, o que pode provocar outras transformações ao longo do caminho de pesquisa até a raiz da árvore. Geralmente, o retorno ao longo do caminho de pesquisa termina quando um apontador vertical é encontrado ou uma transformação do tipo divide é realizada. Como a altura da subárvore que sofreu a divisão é a mesma que a altura da subárvore original, apenas uma transformação do tipo divide é suficiente para restaurar a propriedade SBB da árvore.

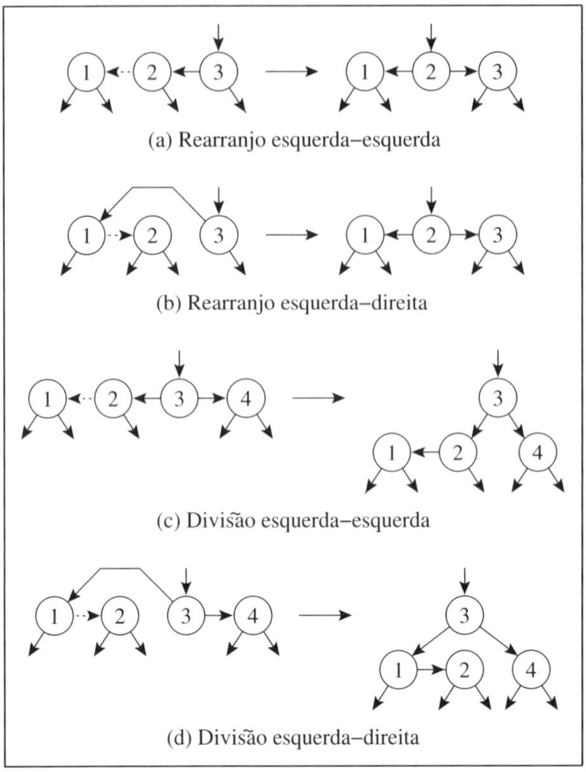

Figura 5.21 *Transformações propostas por Olivié (1980).*

Bayer (1972), Olivié (1980) e também Wirth (1976) usaram dois *bits* por nó em suas implementações para indicar se os apontadores às subárvores direita e esquerda são horizontais ou verticais. Entretanto, apenas um *bit* é necessário: a informação indicando se o apontador à direita (esquerda) é horizontal ou vertical pode ser armazenada no filho à direita (esquerda). Além do fato de demandar menos espaço em cada nó, o retorno ao longo do caminho de pesquisa para procurar por dois apontadores horizontais pode ser terminado mais cedo, porque a informação sobre o tipo de apontador que leva a um nó é disponível sem a necessidade de retornar até seu pai.

Implemente as novas transformações mostradas na Figura 5.21. Utilize apenas 1 *bit* por nó para manter a informação sobre a inclinação dos apontadores.

12. Quais as características de uma boa função *hash*?

13. Implemente uma função para achar o k-ésimo elemento de um dicionário implementado como (Guedes Neto, 2010):

a) árvore binária de pesquisa;

b) tabela *hash*.

Quais as características de uma boa função *hash*?

14. Um dos métodos utilizados para se organizar dados é pelo uso de tabelas *hash*.

a) Em que situações a tabela *hash* deve ser utilizada?

b) Descreva dois mecanismos diferentes para resolver o problema de **colisões** de várias chaves em uma mesma posição da tabela. Quais são as vantagens e desvantagens de cada mecanismo?

15. Em uma tabela *hash* com cem entradas, as **colisões** são resolvidas usando listas encadeadas. Para reduzir o tempo de pesquisa, decidiu-se que cada lista seria organizada como uma árvore binária de pesquisa. A função utilizada é $h(k) = k \bmod 100$. Infelizmente, as chaves inseridas seguem o padrão $k_i = 50i$, onde k_i corresponde à i-ésima chave inserida.

a) Mostre a situação da tabela após a inserção de k_i, com $i = 1, 2, \cdots, 13$. (Faça o desenho.)

b) Depois que mil chaves são inseridas de acordo com o padrão acima, inicia-se a inserção de chaves escolhidas de forma randômica (isto é, não seguem o padrão das chaves já inseridas). Assim, responda:

i) Qual é a ordem do pior caso (isto é, o maior número de comparações) para se inserir uma chave?

ii) Qual é o número esperado de comparações para se inserir uma chave? (Assuma que cada uma das cem entradas da tabela é igualmente provável de ser endereçada pela função h.)

16. *Hashing*.

Substitua XXXXXXXXXXXX pelas 12 primeiras letras do seu nome, desprezando brancos e letras repetidas, nas duas partes dessa questão. Para quem não tiver doze letras diferentes no nome, completar com as letras PQRSTUVWXYZ, nesta ordem, até completar 12 letras. Por exemplo, eu deveria escolher N I V O Z A P Q R S T U. A segunda letra I de NIVIO não entra porque ela já apareceu antes, e assim por diante (Árabe, 1992).

a) Desenhe o conteúdo da tabela *hash* resultante da inserção de registros com as chaves XXXXXXXXXXXX, nesta ordem, em uma tabela inicialmente vazia de tamanho 7 (sete), usando listas encadeadas. Use a função *hash* $h(k) = k \bmod 7$ para a k-ésima letra do alfabeto.

b) Desenhe o conteúdo da tabela *hash* resultante da inserção de registros com as chaves XXXXXXXXXXXX, nesta ordem, em uma tabela inicialmente vazia de tamanho 13 (treze), usando *endereçamento aberto* e *hashing* linear para resolver as **colisões**. Use a função *hash* $h(k) = k \bmod 13$ para a k-ésima letra do alfabeto.

17. *Hashing* – Endereçamento aberto.

a) *Hashing* Linear. Desenhe o conteúdo da tabela *hash* resultante da inserção de registros com as chaves Q U E S T A O F C I L, nesta ordem, em uma tabela inicialmente vazia de tamanho 13 (treze) usando *endereçamento aberto* com *hashing* linear para a escolha de localizações alternativas. Use a função *hash* $h(k) = k \textbf{ mod } 13$ para a k-ésima letra do alfabeto.

b) *Hashing Duplo*. Desenhe o conteúdo da tabela *hash* resultante da inserção de registros com as chaves Q U E S T A O F C I L, nesta ordem, em uma tabela inicialmente vazia de tamanho 13 (treze) usando *endereçamento aberto* com ***hashing* duplo**. Use a função *hash* $h_1(k) = k \textbf{ mod } 13$ para calcular o endereço primário e $j = 1 + (k \textbf{ mod } 11)$ para resolver as colisões, ou seja, para a escolha de localizações alternativas. Logo $h_i(k) = (h_{i-1}(k) + j) \textbf{ mod } 13$, para $2 \leq i \leq M$ (Sedgewick, 1988).

18. Considere as seguintes estruturas de dados: *heap*, árvore binária de pesquisa, vetor ordenado, tabela *hash* com solução para **colisões** usando endereçamento aberto, tabela *hash* com solução para colisões usando listas encadeadas.

Para cada um dos problemas abaixo, sugira a estrutura de dados mais apropriada dentre as listadas anteriormente, de forma a minimizar tempo esperado e espaço necessário. Indique o tempo esperado e o espaço necessário em cada escolha e por que a estrutura de dados escolhida é superior às outras.

a) inserir/retirar/encontrar um elemento dado;

b) inserir/retirar/encontrar o elemento de valor mais próximo ao solicitado;

c) coletar um conjunto de registros, processar o maior elemento, coletar mais registros, processar o maior elemento, e assim por diante;

d) mesma situação descrita no item anterior adicionada da operação extra de ajuntar ("merge") duas estruturas.

19. Índice Remissivo.

O objetivo deste trabalho é o de projetar e implementar um sistema de programas, incluindo as estruturas de dados e os algoritmos. Nesse trabalho, o aluno terá a oportunidade de exercitar parcialmente o conceito de independência de implementação, por meio da utilização de duas estruturas de dados distintas para implementar o mesmo problema. Nesse caso, o módulo que implementa cada uma das estruturas de dados deverá permitir o intercâmbio entre uma estrutura e outra, causando o menor impacto possível em outras partes do programa.

Problema: Criação de **índice remissivo**

Várias aplicações necessitam de um relatório de referências cruzadas. Por exemplo, a maioria dos livros apresenta um índice remissivo, que corresponde a uma lista alfabética de palavras-chave ou palavras relevantes do texto com a indicação dos locais no texto onde cada palavra-chave ocorre. Na verdade, o índice remissivo é um **arquivo invertido**, um tipo de índice apresentado na Seção 8.1.

Como exemplo, suponha um arquivo contendo um texto constituído por:

Linha 1: Good programming is not learned from
Linha 2: generalities, but by seeing how significant
Linha 3: programs can be made clean, easy to
Linha 4: read, easy to maintain and modify,

Linha 5: human-engineered, efficient, and reliable,
Linha 6: by the application of common sense and
Linha 7: by the use of good programming practices.

Assumindo que o índice remissivo seja constituído das palavras-chave:

programming, programs, easy, by, human-engineered, and, be, to,

o programa para criação do índice deve produzir a seguinte saída:

and	4	5	6
be	3		
by	2	6	7
easy	3	4	
human-engineered	5		
programming	1	7	
programs	3		
to	3	4	

Note que a lista de palavras-chave está em ordem alfabética. Adjacente a cada palavra está uma lista de números de linhas, um para cada vez que a palavra ocorre no texto. Uma estrutura de dados desse tipo é conhecida como **arquivo invertido**. O arquivo invertido é um mecanismo muito utilizado em arquivos constituídos de texto, como as **máquinas de busca na Web**.

Projete um sistema para produzir um índice remissivo. O sistema deverá ler um número arbitrário de palavras-chave que deverão constituir o índice remissivo, seguido da leitura de um texto de tamanho arbitrário, que deverá ser esquadrinhado à procura de palavras que pertençam ao índice remissivo. Para extrair as palavras de um texto, utilize o procedimento ExtraiPalavra mostrado no Programa 5.43.

Cabe ressaltar que:

a) Uma palavra é definida como uma sequência de letras e dígitos, começando com uma letra;

b) Apenas os primeiros c_1 caracteres devem ser retidos nas chaves. Assim, duas palavras que não diferem nos primeiros c_1 caracteres são consideradas idênticas;

c) Palavras constituídas por menos do que c_1 caracteres devem ser preenchidas por um número apropriado de brancos.

Utilize um método eficiente para verificar se uma palavra lida do texto pertence ao índice. Para resolver esse problema, você deve utilizar duas estruturas de dados distintas:

a) Implementar o índice como uma árvore de pesquisa;

b) Implementar o índice como uma tabela *hash*, usando o método *hashing* linear para resolver **colisões**.

Programa 5.43 *Procedimento para extrair palavras de um texto*

```
program ExtraiPalavra (arqTxt, arqAlf);
const MAXALFABETO = 255;
type TipoAlfabeto = array [0..MAXALFABETO] of boolean;
var ArqTxt, ArqAlf: text;
    Alfabeto      : TipoAlfabeto;
    Palavra, Linha: string[255];
    i             : integer;
    aux           : boolean;

  procedure DefineAlfabeto (var Alfabeto: TipoAlfabeto);
  var Simbolos: string[MAXALFABETO]; i: integer;
  begin { Os simbolos devem estar juntos em um linha no arquivo }
    for i := 0 to MAXALFABETO do Alfabeto[i] := false;
    readln (ArqAlf, Simbolos);
    for i := 1 to length(Simbolos) do Alfabeto[ord(Simbolos[i])]:=true;
    Alfabeto[0] := false; { caractere de codigo zero: separador }
  end;

begin
  reset (ArqTxt); reset (ArqAlf);
  DefineAlfabeto (Alfabeto); { Le alfabeto definido em arquivo }
  aux := false;
  while not eof (ArqTxt) do
    begin
    readln (ArqTxt, Linha);
    Linha := Linha + char (0); { Coloca separador no final da linha }
    for i := 1 to length(Linha) do
      begin
      if Alfabeto[ord (Linha[i])]
      then begin Palavra := Palavra + Linha[i]; aux := true; end
      else if aux
           then begin
                writeln (Palavra); { Palavra extraida }
                Palavra := ''; aux := false;
                end;
      end;
    end;
end.
```

Observe que, apesar de o *hashing* ser mais eficiente do que árvores de pesquisa, existe uma desvantagem na sua utilização: após atualizado todo o índice remissivo, é necessário imprimir suas palavras em ordem alfabética. Isso é imediato em árvores de pesquisa, mas, quando se usa *hashing*, isso é problemático, sendo necessário ordenar a tabela *hash* que contém o índice remissivo.

Utilize o exemplo anterior para testar seu programa. Comece a pensar tão logo seja possível, enquanto o problema está fresco na memória e o prazo para terminá-lo está tão longe quanto jamais poderá estar.

20. Considere duas listas ordenadas de números. Determine se cada elemento da lista menor está presente também na lista maior. (Pode assumir que não existem duplicações em nenhuma das duas listas.) Considere os seguintes casos:

- ❑ Uma lista contém apenas um elemento, a outra n;
- ❑ As duas listas contêm n elementos;
- ❑ Uma lista contém $\sqrt{n}$ elementos, a outra n.

a) Sugira algoritmos eficientes para resolver o problema;

b) Apresente o número de comparações necessário;

c) Mostre que cada algoritmo minimiza o número de comparações.

21. Árvore Patricia.

Desenhe a **árvore Patricia** que resulta da inserção sucessiva das chaves Q U E S T A O F C I L, nesta ordem, em uma árvore inicialmente vazia.

22. Árvore Patricia.

a) Desenhe a **árvore Patricia**. que resulta da inserção sucessiva das chaves M U L T I C S, nesta ordem, em uma árvore inicialmente vazia.

b) Qual é o custo para pesquisar em uma árvore Patricia construída com o emprego de n inserções randômicas? Explique.

c) Qual é o custo para construir uma árvore Patricia via n inserções randômicas? Explique.

i) Sob o ponto de vista prático, quando n é muito grande (digamos 100 milhões), qual é a maior dificuldade para construir a árvore Patricia?

ii) Como a dificuldade apontada no item anterior pode ser superada?

23. Considere o seguinte trecho do poema "Quadrilha", de **Carlos Drummond de Andrade** (Murta, 1992):

"João amava Teresa que amava Raimundo que amava
Maria que amava Joaquim que amava Lili que não
amava ninguém."

Construa uma **árvore Patricia** para indexar o texto acima. Considere a seguinte codificação para as palavras do texto:

João	01001011	Maria	01100101
amava	00011101	Joaquim	00101110
Teresa	11101011	Lili	01010011
que	10100101	não	10011100
Raimundo	11011010	ninguém	10110010

a) Faça uma pesquisa pelas chaves "amava", "que amava" e "Lili". Mostre o caminho percorrido para cada pesquisa e as ocorrências do termo pesquisado.

b) Aponte a maior sequência de palavras que se repete no banco de dados e mostre como localizar, em qualquer árvore Patricia, esse tipo de ocorrência.

24. Construa, passo a passo, a **árvore Patricia** para as seis primeiras **chaves semi-infinitas** do texto abaixo, representado como uma sequência de *bits*:

0 1 1 0 0 1 1 0 1 1 0 0 1 ··· Texto

1 2 3 4 5 6 7 8 9 ········· Posição

25. Projete e implemente um sistema de programas para recuperação eficiente de informação em bancos de dados constituídos de textos. Tais bancos de dados geralmente recebem adições periódicas, mas nenhuma atualização do que já existe é realizada. Além disso, o tipo de consulta aos dados é totalmente imprevisível. Esses conjuntos de dados aparecem em sistemas legislativos e judiciários, bibliotecas, jornalismo, automação de escritório, entre outros.

Neste trabalho, você deve utilizar um método que cria um índice cuja estrutura é uma **árvore Patricia**, construída a partir de uma sequência de **chaves semi-infinitas**.

O sistema de programas deverá ser capaz de:

a) construir a árvore Patricia sobre um texto de tamanho arbitrário, representado como um conjunto de palavras;

b) ler um conjunto de palavras de tamanho arbitrário;

c) encontrar todas as ocorrências do conjunto de palavras no texto, imprimindo junto com o conjunto algumas palavras anteriores e posteriores no texto;

d) informar o número de ocorrências do conjunto de palavras no texto;

e) encontrar o maior conjunto de palavras que se repete pelo menos uma vez no texto e informar o seu tamanho;

f) dado um inteiro, encontrar, se houver, todas as ocorrências de conjuntos de palavras no texto cujo tamanho seja igual ao inteiro dado.

26. Projete e implemente um sistema de programas para recuperação eficiente de informação em bancos de dados constituídos de textos. Utilize uma estrutura de dados chamada ***Pat array*** (Gonnet e Baeza-Yates, 1991), construída a partir de uma sequência de **chaves semi-infinitas**. O *Pat array* é uma representação compacta da árvore Patricia (vide Seção 5.4), por armazenar apenas os nós externos da árvore. O arranjo é constituído de apontadores para o início de cada palavra de um arquivo de texto. Logo, é necessário apenas um apontador para cada ponto de indexação no texto. Esse arranjo deverá estar indiretamente ordenado pela ordem lexicográfica das chaves semi-infinitas, conforme mostrado na Figura 5.22.

A construção de um *Pat array* é equivalente à ordenação de registros de tamanhos variáveis, representados pelas chaves semi-infinitas. Qualquer operação sobre a árvore Patricia poderá ser simulada sobre o *Pat array* a um custo adici-

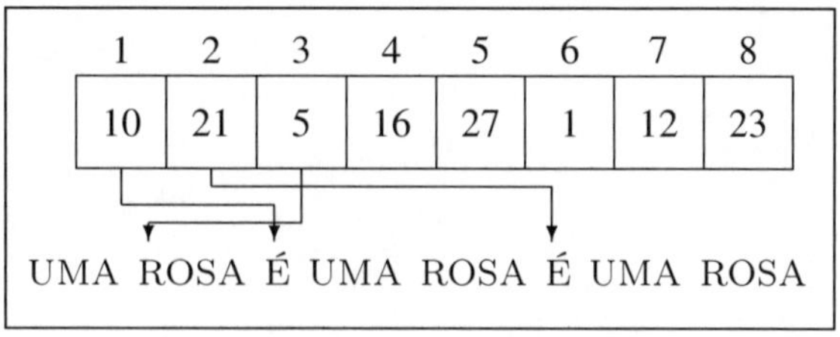

Figura 5.22 Pat array.

onal de $O(\log n)$. Mais ainda, para a operação de pesquisa de prefixo, a árvore Patricia não precisa de fato ser simulada, sendo possível obter algoritmos de custo $O(\log n)$ em vez de $O(\log^2 n)$ para essa operação, a qual pode ser implementada com o emprego de uma pesquisa binária indireta sobre o arranjo, com o resultado de cada comparação sendo menor que, igual ou menor que. *Pat arrays* são também chamados **arranjos de sufixos** (Manber e Myers, 1990).

O sistema de programas deverá ser capaz de:

a) construir o *PAT array* sobre um texto de tamanho arbitrário, representado como um conjunto de palavras;

b) ler um conjunto de caracteres de tamanho arbitrário. Esse conjunto poderá ser uma palavra ou um prefixo de palavra;

c) informar o número de ocorrências do conjunto de caracteres no texto;

d) encontrar todas as ocorrências do conjunto de caracteres no texto, imprimindo junto com o conjunto algumas palavras anteriores e posteriores no texto;

e) encontrar o maior conjunto de palavras que se repete pelo menos uma vez no texto e informar o seu tamanho;

f) dado um inteiro, encontrar, se houver, todas as ocorrências de conjuntos de palavras no texto cujo tamanho seja igual ao inteiro dado.

A partir disso:

a) apresente a complexidade de pior caso para a letra (c);

b) mostre a relação entre o *PAT array* e a árvore Patricia.

27. Escreva um procedimento recursivo, com base em um dos caminhamentos, para calcular a altura de uma **árvore binária** (Loureiro, 2003).

Capítulo 6

Pesquisa em Memória Secundária

A pesquisa em memória secundária envolve arquivos contendo um número de registros maior do que o número que a memória interna pode armazenar. Os algoritmos e as estruturas de dados para processamento em memória secundária têm de levar em consideração os seguintes aspectos:

1. O custo para acessar um registro é algumas ordens de grandeza maior do que o custo de processamento na memória primária. Logo, a medida de complexidade principal está relacionada com o custo para transferir dados entre a memória principal e a memória secundária. A ênfase deve ser na minimização do número de vezes que cada registro é transferido entre a memória interna e a memória externa. Por exemplo, o tempo necessário para a localização e a leitura de um número inteiro em disco magnético pode ser suficiente para obter a média aritmética de algumas poucas centenas de números inteiros ou mesmo para ordená-los na memória principal.

2. Em memórias secundárias, apenas um registro pode ser acessado em um dado momento, ao contrário das memórias primárias, que permitem o acesso a qualquer registro de um arquivo a um custo uniforme. Os registros armazenados em fita magnética somente podem ser acessados de forma sequencial. Os registros armazenados em disco magnético ou disco óptico podem ser acessados diretamente, mas a um custo maior do que o custo para acessá-los sequencialmente. Os sistemas operacionais levam esse aspecto em consideração e dividem o arquivo em blocos, sendo cada bloco constituído de vários registros. A operação básica sobre arquivos é trazer um bloco da memória secundária para uma **área de armazenamento** na memória principal. Assim, a leitura de um único registro implica a transferência de todos os registros de um bloco para a memória principal.

A escrita de registros em um arquivo segue caminho contrário. À medida que registros são escritos no arquivo, eles vão sendo colocados em posições contíguas de memória na área de armazenamento. Quando a área de armazenamento não possui espaço suficiente para armazenar mais um registro, o bloco é copiado para a memória secundária, deixando a área de armazenamento vazia e pronta para receber novos registros.

A técnica de utilização de áreas de armazenamento evita que um processo que esteja realizando múltiplas transferências de dados de forma sequencial tenha de ficar esperando que as transferências se realizem para prosseguir o processamento. As transferências são realizadas em blocos pelo sistema operacional diretamente para uma área de armazenamento. O processo usuário pega o dado nessa área e somente é obrigado a esperar quando a área se esvazia. Quando isso ocorre, o sistema operacional enche novamente a área e o processo continua. Essa técnica pode ser aprimorada com o uso de duas ou mais áreas de armazenamento. Nesse caso, enquanto um processo está operando em uma área, o sistema operacional enche a outra.

3. Para desenvolver um método de pesquisa eficiente, o aspecto sistema de computação é da maior importância. As características da arquitetura e do sistema operacional da máquina tornam os métodos de pesquisa dependentes de parâmetros que afetam seus desempenhos. Assim, a transferência de blocos entre as memórias primária e secundária deve ser tão eficiente quanto as características dos equipamentos disponíveis o permitam. Tipicamente, a transferência torna-se mais eficiente quando o tamanho dos blocos é de 512 *bytes* ou múltiplos deste valor, até 4.096 *bytes*.

Na próxima seção, apresentamos um modelo de computação para memória secundária que transforma o endereço usado pelo programador no endereço físico alocado para o dado a ser acessado. Esse mecanismo é utilizado pela maioria dos sistemas atuais para controlar o trânsito de dados entre o disco e a memória principal. A seguir, apresentamos o método de acesso sequencial indexado e mostramos sua utilização para manipular grandes arquivos em discos ópticos de apenas leitura. Finalmente, apresentamos um método eficiente para manipular grandes arquivos em discos magnéticos: a árvore n-ária de pesquisa.

6.1 Modelo de Computação para Memória Secundária

Esta seção apresenta um modelo de computação para memória secundária conhecido como **memória virtual**. Esse modelo é normalmente implementado como uma função do sistema operacional. Uma exceção é o sistema operacional DOS para microcomputadores do tipo IBM-PC, que, apesar de muito vendido no mundo inteiro, não oferece um sistema de memória virtual. Por essa razão, vamos apresentar o conceito e mostrar uma das formas possíveis de se implementar um sistema de memória virtual. Além disso, o conhecimento de seu funcionamento facilita a implementação eficiente dos algoritmos para pesquisa em memória secundária também em ambientes que já ofereçam essa facilidade. Mais detalhes sobre este tópico podem ser obtidos em livros da área de sistemas operacionais, tais como Lister (1975), Peterson e Silberschatz (1983) e Tanenbaum (1987).

6.1.1 Memória Virtual

A necessidade de grandes quantidades de memória e o alto custo da memória principal têm levado ao modelo de sistemas de armazenamento em dois níveis. O compromisso entre velocidade e custo é encontrado com o uso de uma pequena quantidade de memória principal (até 640 *kilobytes* em microcomputadores do tipo IBM-PC usando sistema operacional DOS) e de uma memória secundária muito maior (vários milhões de *bytes*).

Como apenas a informação que está na memória principal pode ser acessada diretamente, a organização do fluxo de informação entre as memórias primária e secundária é extremamente importante. A organização desse fluxo pode ser realizada utilizando-se um mecanismo simples e elegante para transformar o endereço usado pelo programador na correspondente localização física de memória. O ponto crucial é a distinção entre *espaço de endereçamento* (endereços usados pelo programador) e *espaço de memória* (localizações de memória no computador). O espaço de endereçamento N e o espaço de memória M podem ser vistos como um mapeamento de endereços do tipo

$$f : N \to M.$$

O mapeamento de endereços permite ao programador usar um espaço de endereçamento que pode ser maior que o espaço de memória primária disponível. Em outras palavras, o programador enxerga uma memória virtual cujas características diferem das características da memória primária.

Existem várias formas de implementar sistemas de memória virtual. Um dos meios mais utilizados é o sistema de paginação, no qual o espaço de endereçamento é dividido em **páginas** de igual tamanho, em geral múltiplos de 512 *bytes*, e a memória principal é dividida de forma semelhante em **Molduras de Páginas** de igual tamanho. As Molduras de Páginas contêm algumas páginas ativas enquanto o restante das páginas estão residentes em memória secundária (páginas inativas). O mecanismo de paginação possui duas funções, a saber:

a) realizar o mapeamento de endereços, isto é, determinar qual página um programa está endereçando, e encontrar a moldura, se existir, que contenha a página;

b) transferir páginas da memória secundária para a memória primária quando necessário, e transferi-las de volta para a memória secundária quando não são mais utilizadas.

Para determinar a qual página um programa está se referindo, uma parte dos *bits* que compõem o endereço é interpretada como um número de página, e a outra parte, como o número do *byte* dentro da página. Por exemplo, se o espaço de endereçamento possui 24 *bits*, então a memória virtual é de 2^{24} *bytes*; se o tamanho da página é de 512 *bytes* (2^9), então 9 *bits* são utilizados para representar o número do *byte* dentro da página e os 15 *bits* restantes são utilizados para representar o número da página.

O mapeamento de endereços a partir do espaço de endereçamento (número da página mais número do *byte*) para o espaço de memória (localização física da memória) é realizado por meio de uma Tabela de Páginas, cuja p-ésima entrada contém a localização p' da Moldura de Página contendo a página número p, desde que esteja na memória principal (a possibilidade de que p não esteja na memória principal será tratada mais à frente). Logo, o mapeamento de endereços é:

$$f(e) = f(p, b) = p' + b,$$

em que o endereço de programa e (número da página p e número do *byte* b) pode ser visto na Figura 6.1.

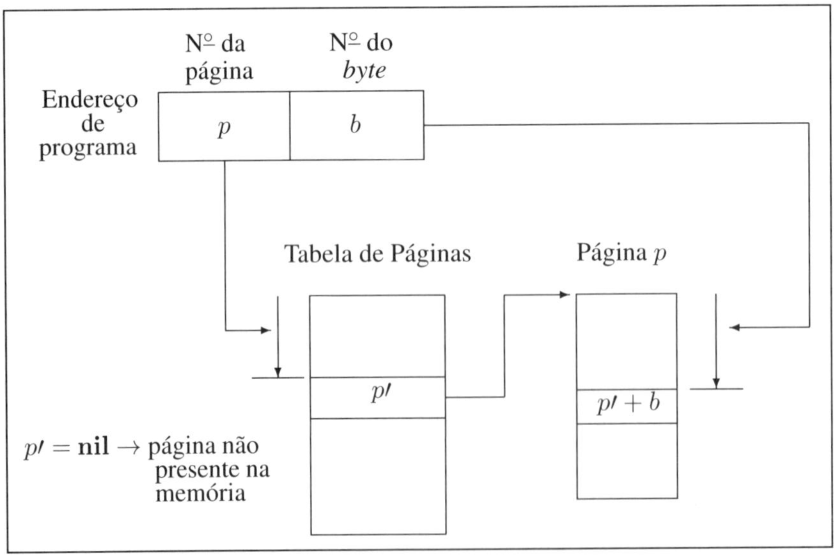

Figura 6.1 *Mapeamento de endereços para paginação.*

A Tabela de Páginas pode ser um arranjo do tamanho do número de páginas possíveis. Quando acontecer de o programa endereçar um número de página que não esteja na memória principal, a entrada correspondente estará vazia ($p' =$ **nil**) na Tabela de Páginas e a página correspondente terá de ser trazida da memória secundária para a memória primária, atualizando a Tabela de Páginas.

Se não existir uma Moldura de Página vazia no momento de trazer uma nova página do disco, então alguma outra página tem de ser removida da memória principal para abrir espaço para a nova página. O ideal é remover a página que não será referenciada pelo período de tempo mais longo no futuro. Entretanto, não há meios de prever o futuro. O que normalmente é feito é tentar inferir o futuro a partir do comportamento passado. Existem vários algoritmos propostos na literatura para a escolha da página a ser removida. Os mais comuns são:

- Menos Recentemente Utilizada (LRU). Um dos algoritmos mais utilizados é o LRU (*Least Recently Used*), o qual remove a página menos recentemente utilizada, partindo do princípio de que o comportamento futuro deve seguir o passado recente. Nesse caso, temos de registrar a sequência de acesso a todas as páginas.

  Uma forma possível de implementar a política LRU para sistemas paginados é pelo uso de uma fila de Molduras de Páginas, conforme ilustrado na Figura 6.2. Toda vez que uma página é utilizada (para leitura apenas, para leitura e escrita ou para escrita apenas), ela é removida para o **fim** da fila (o que implica a alteração de cinco apontadores). A página que está na moldura do **início** da fila é a página LRU. Quando uma nova página tem de ser trazida da memória secundária, ela deve ser colocada na moldura que contém a página LRU.

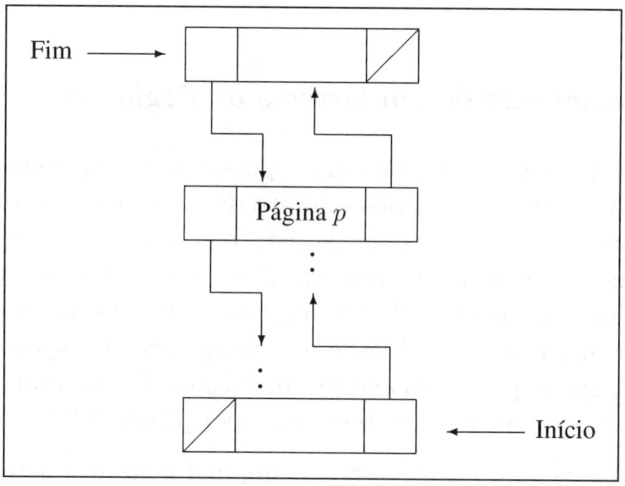

Figura 6.2 *Fila de Molduras de Páginas.*

- Menos Frequentemente Utilizada (LFU). O algoritmo LFU (*Least Frequently Used*) remove a página menos frequentemente utilizada. A justificativa é semelhante ao caso anterior, e o custo é o de registrar o número de acessos a todas as páginas. Um inconveniente é que uma página recentemente trazida da memória secundária tem um baixo número de acessos registrados e, por isso, pode ser removida.

- Ordem de Chegada (FIFO). O algoritmo FIFO (*First In First Out*) remove a página que está residente há mais tempo. Esse algoritmo é o mais simples e o mais barato de manter. A desvantagem é que ele ignora o fato de que a página mais antiga pode ser a mais referenciada.

Toda informação necessária ao algoritmo escolhido para remoção de páginas pode ser armazenada em cada Moldura de Página. Para registrar o fato de que uma página sofreu alteração no seu conteúdo (para sabermos se ela terá de ser reescrita na memória secundária), basta manter um *bit* na Moldura de Página correspondente.

Resumindo, em um sistema de memória virtual, o programador pode endereçar grandes quantidades de dados, deixando para o sistema a responsabilidade de transferir o dado endereçado da memória secundária para a memória principal. Essa estratégia funciona muito bem para os algoritmos que possuem uma **localidade de referência espacial** pequena, isto é, cada referência a uma localidade de memória tem grande chance de ocorrer em uma área que é relativamente próxima de outras áreas que foram recentemente referenciadas. Isso faz com que o número de transferências de páginas entre a memória principal e a memória secundária diminua muito. Por exemplo, a maioria das referências a dados no Quicksort ocorre perto de um dos dois apontadores que realizam a partição do conjunto, o que pode fazer com que esse algoritmo de ordenação interna funcione muito bem em um ambiente de memória virtual para uma ordenação externa.

6.1.2 Implementação de um Sistema de Paginação

A seguir, vamos descrever uma das formas possíveis de implementar um sistema de paginação. A estrutura de dados é mostrada no Programa 6.1. O Programa apresenta também a estrutura de dados para representar uma árvore binária de pesquisa, em que um apontador para um nó da árvore é representado pelo par: número da página (p) e posição dentro da página (b). Assumindo que a chave é constituída por um inteiro de 2 *bytes* e o endereço ocupa 2 *bytes* para p e 1 *byte* para b, o total ocupado por nó da árvore é de 8 *bytes*. Como o tamanho da página é de 512 *bytes*, então o número de itens (nós) por página é 64.

Em alguns casos pode ser necessário manipular mais de um arquivo ao mesmo tempo. Quando isso ocorre, uma página pode ser definida como no Programa 6.2, em que o usuário pode declarar até três tipos diferentes de páginas. Se o tipo TipoPaginaA for declarado

type TipoPaginaA = **array**[1..ItensPorPagina] **of** ItemTipo;

e a variável Pagina for declarada

var Pagina: TipoPagina;

então é possível a seguinte atribuição:

Pagina.Pa[1].Reg.Chave := 10;

Programa 6.1 *Estrutura de dados para o sistema de paginação*

```
const TAMANHODAPAGINA = 512;
      ITENSPORPAGINA = 64; { TamanhodaPagina/TamanhodoItem }
type Registro = record
                  Chave: TipoChave;
                  { outros componentes }
                end;
     TipoEndereco = record
                      p: integer;
                      b: 1..ITENSPORPAGINA;
                    end;
     TipoItem = record
                  Reg: TipoRegistro;
                  Esq, Dir: TipoEndereco;
                end;
     TipoPagina = array [1..ITENSPORPAGINA] of TipoItem;
```

Programa 6.2 *Diferentes tipos de páginas para o sistema de paginação*

```
type TipoPagina = record
                    case byte of
                    0 : (Pa : TipoPaginaA);
                    1 : (Pb : TipoPaginaB);
                    2 : (Pc : TipoPaginaC);
                  end;
```

A Tabela de Páginas para cada arquivo poderá ser declarada separadamente, mas a Fila de Molduras é única, bastando para isso ter em cada moldura a indicação do arquivo a que se refere aquela página.

A comunicação com o sistema de paginação poderá ser realizada com o uso dos seguintes procedimentos:

1. ObtemRegistro: Torna disponível um registro de um arquivo. O parâmetro de entrada é o endereço virtual $< p, b >$ e o parâmetro de saída é o apontador para a Moldura de Página ($< p\prime, b >$ na Figura 6.1).

2. EscreveRegistro: Permite criar ou alterar o conteúdo de um registro. O procedimento possui dois parâmetros de entrada: o registro e seu endereço virtual $< p, b >$.

3. DescarregaPaginas: Permite varrer a Fila de Molduras para atualizar na memória secundária todas as páginas que porventura tenham sofrido qualquer alteração no seu conteúdo (bit de alteração = **true**).

O diagrama da Figura 6.3 mostra a transformação do endereço virtual para o endereço real de memória do sistema de paginação, tornando disponível na memória principal o registro endereçado pelo programador. Os quadrados representam resultados de processos ou arquivos, e os retângulos representam os processos transformadores de informação.

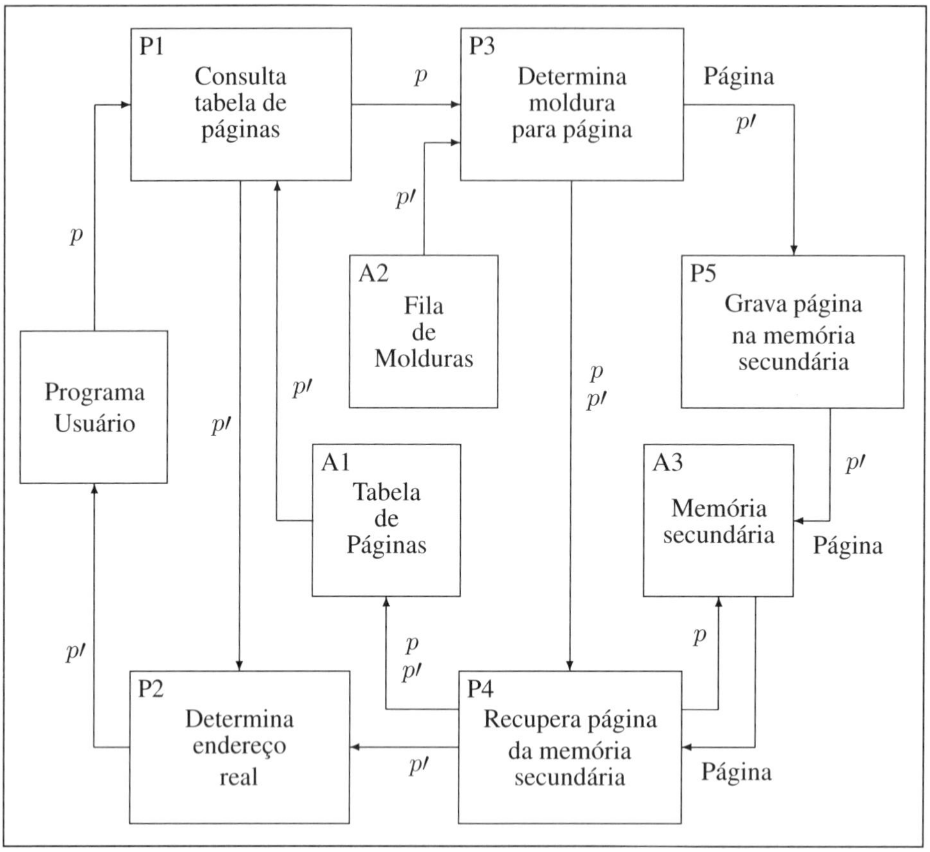

Figura 6.3 *Endereçamento no sistema de paginação.*

A partir do endereço p, o processo P1 verifica se a página que contém o registro solicitado se encontra na memória principal. Caso a página esteja na memória principal, o processo P2 simplesmente retorna essa informação para o programa usuário. Se a página está ausente, o processo P3 determina uma moldura para receber a página solicitada que deverá ser trazida da memória secundária. Caso não haja nenhuma moldura disponível, alguma página deverá ser removida da memória principal para ceder lugar à nova página, de acordo com o algoritmo adotado para remoção de páginas.

Nesse caso, estamos assumindo o algoritmo mais simples de ser implementado, o FIFO, em que a página a ser removida é aquela que está na cabeça da fila de Molduras de Páginas. Se a página a ser substituída sofreu algum tipo de alteração no seu conteúdo, ela deverá ser gravada de volta na memória secundária pelo processo P5. O processo P4 lê da memória secundária a página solicitada, coloca-a na moldura determinada pelo processo P3 e atualiza a Tabela de Páginas.

6.2 Acesso Sequencial Indexado

O método de acesso **sequencial indexado** utiliza o princípio da pesquisa sequencial: a partir do primeiro, cada registro é lido sequencialmente até encontrar uma chave maior ou igual à chave de pesquisa. Para aumentar a eficiência, evitando que todos os registros tenham de ser lidos sequencialmente do disco, duas providências são necessárias: (i) o arquivo deve ser mantido ordenado pelo campo chave do registro, (ii) um arquivo de *índices* contendo pares de valores $< x, p >$ deve ser criado, no qual x representa uma chave e p representa o endereço da página em que o primeiro registro contém a chave x.

A Figura 6.4 mostra um exemplo da estrutura de um arquivo sequencial indexado para um conjunto de 15 registros. No exemplo, cada página tem capacidade para armazenar quatro registros do arquivo de dados, e cada entrada do índice de páginas armazena a chave do primeiro registro de cada página e o endereço da página no disco. Por exemplo, o índice relativo à primeira página informa que ela contém registros com chaves entre 3 e 14 (14 não incluída), o índice relativo à segunda página informa que ela contém registros com chaves entre 14 e 25 (25 não incluída), e assim por diante.

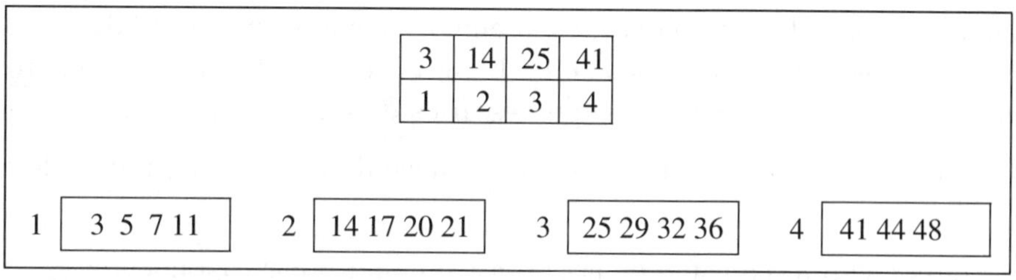

Figura 6.4 *Estrutura de um arquivo sequencial indexado.*

Em um **disco magnético** várias superfícies de gravação são utilizadas, conforme ilustra a Figura 6.5. O disco magnético é dividido em círculos concêntricos chamados **trilhas**. Quando o mecanismo de acesso está posicionado em determinada trilha, todas as trilhas que estão verticalmente alinhadas e possuem mesmo diâmetro formam um **cilindro**. Nesse caso, uma referência a um registro que se encontre em uma página de qualquer trilha do cilindro não requer o deslocamento do mecanismo de acesso, e o único tempo necessário é o de **latência rotacional**, que é o tempo necessário para que o início do bloco que contém o registro a ser lido passe pela cabeça de leitura/gravação. A necessidade de deslocamento do mecanismo de acesso de uma trilha para outra é responsável pela parte maior do custo para acessar os dados e esse custo é chamado **tempo de busca** (***seek time***).

Pelo fato de combinar acesso indexado com a organização sequencial, o método é chamado acesso sequencial indexado. Para aproveitar as características do

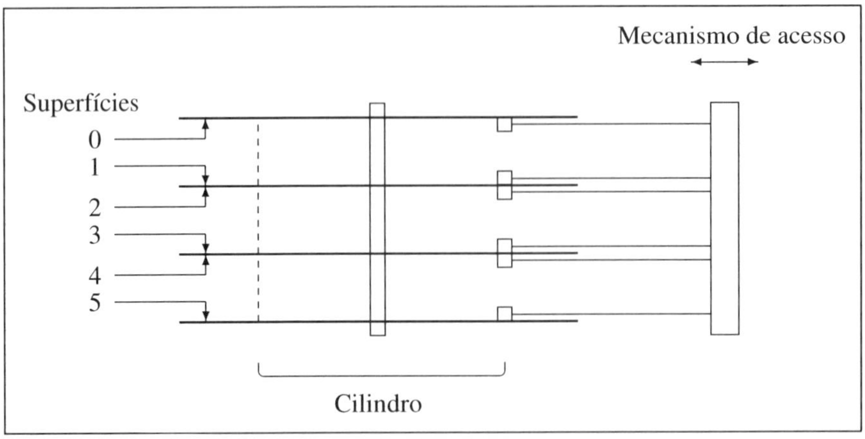

Figura 6.5 *Disco magnético.*

disco magnético e procurar minimizar o número de deslocamentos do mecanismo de acesso, utiliza-se um esquema de índices de cilindros e de páginas. Dependendo do tamanho do arquivo e da capacidade da memória principal disponível, é possível acessar qualquer registro do arquivo de dados realizando apenas um deslocamento do mecanismo de acesso. Para tanto, um índice de cilindros contendo o valor de chave mais alto dentre os registros de cada cilindro é mantido na memória principal. Por sua vez, cada cilindro contém um índice de blocos ou índice de páginas, conforme mostrado na Figura 6.4. Para localizar o registro que contenha uma chave de pesquisa são necessários os seguintes passos:

1. localize o cilindro correspondente à chave de pesquisa no índice de cilindros;
2. desloque o mecanismo de acesso até o cilindro correspondente;
3. leia a página que contém o índice de páginas daquele cilindro;
4. leia a página de dados que contém o registro desejado.

Dessa forma, o método de acesso sequencial indexado possibilita tanto o acesso sequencial quanto o acesso randômico. Entretanto, esse método é adequado apenas para aplicações nas quais as operações de inserção e de retirada ocorrem com baixa frequência. Sua grande vantagem é a garantia de acesso aos dados com apenas um deslocamento do mecanismo de acesso do disco magnético. Sua grande desvantagem é a inflexibilidade: em um ambiente muito dinâmico, com muitas operações de inserção e retirada, os dados têm de sofrer reorganizações frequentes. Por exemplo, a adição de um registro com a chave 6 provoca um rearranjo em todos os registros do arquivo da Figura 6.4.

Para contornar esse problema é necessário criar **áreas de armazenamento** (ou áreas de *overflow*) para receber esses registros adicionais até que a próxima reorganização de todo o arquivo seja realizada. Normalmente, uma área de armazenamento é reservada em cada cilindro, além de uma grande área comum para ser utilizada quando alguma área de algum cilindro também transbordar. Assim, em ambientes realmente dinâmicos, os tempos de acesso se deterioram rapidamente. Entretanto, em ambientes em que apenas a leitura de dados é necessária, como no caso dos discos ópticos de apenas-leitura, o método de acesso sequencial indexado é bastante eficiente e adequado, conforme veremos na seção seguinte.

6.2.1 Discos Ópticos de Apenas-Leitura

Os discos ópticos de apenas-leitura, conhecidos como CD-ROM (*Compact Disk — Read Only Memory*), têm sido largamente utilizados para distribuição de grandes arquivos de dados. O interesse crescente nos discos CD-ROM se deve tanto à sua capacidade de armazenamento (600 *Megabytes*) quanto ao baixo custo para o usuário final. As principais diferenças entre o disco CD-ROM e o disco magnético são:

1. o CD-ROM é um meio de apenas-leitura e, portanto, a estrutura da informação armazenada é estática;
2. a eficiência na recuperação dos dados é afetada pela localização destes no disco e pela sequência com que são acessados;
3. em razão da velocidade linear constante, as trilhas possuem capacidade variável, e o tempo de latência rotacional varia de trilha para trilha.

Ao contrário dos discos magnéticos, a **trilha** no disco CD-ROM tem a forma de uma espiral contínua, embora, para efeito de estudo analítico, cada volta da espiral possa ser considerada como uma trilha. Ele possui cerca de 300.000 setores de tamanho fixo de 2 *Kbytes*, distribuídos em aproximadamente 20.000 trilhas. Como a velocidade linear de leitura é constante, o tempo de latência rotacional varia de cerca de 60 milissegundos para as trilhas mais internas até 138 milissegundos para as trilhas mais externas. Em contrapartida, o número de setores por trilha aumenta de 9 para a trilha mais interna até 20 para a trilha mais externa.

No CD-ROM, o **tempo de busca** (***seek time***) para acesso a trilhas mais distantes é maior que no disco magnético, pela necessidade de deslocamento do mecanismo de acesso e mudanças na rotação do disco. Entretanto, é possível acessar um conjunto de trilhas vizinhas sem nenhum deslocamento do mecanismo de leitura. Essa característica dos discos CD-ROM é denominada **varredura estática**. Nos discos atuais, a amplitude de varredura estática pode atingir até 60 trilhas (± 30 trilhas a partir da trilha corrente). O acesso a trilhas dentro da amplitude da varredura estática consome um milissegundo por trilha adicional, sendo realizado por um pequeno deslocamento angular do **feixe de laser** a partir da trilha corrente, chamada **ponto de âncora**. Nesse caso, o tempo de procura é desprezível se comparado ao tempo de latência rotacional. Para acessar trilhas fora da varredura estática, o tempo de procura varia de 200 até 600 milissegundos.

Conforme mostrado na seção anterior, a estrutura sequencial indexada permite tanto o acesso sequencial quanto o acesso randômico aos dados, e nos discos magnéticos ela é implementada mantendo-se um índice de cilindros na memória principal. Nos discos magnéticos, a estrutura sequencial indexada é implementada mantendo-se um índice de cilindros na memória principal. Nesse caso, cada acesso demanda apenas um deslocamento do mecanismo de acesso, desde que cada cilindro contenha um índice de páginas com o maior valor de chave em cada página daquele cilindro. Entretanto, para aplicações dinâmicas, essa condição não pode ser mantida se um número grande de registros tiver de ser adicionado ao arquivo. No caso dos discos CD-ROM, essa organização é particularmente interessante devido à natureza estática da informação.

O conceito de **cilindro em discos magnéticos** pode ser estendido para os discos CD-ROM. Barbosa e Ziviani (1992) denominaram o conjunto de trilhas cobertas por uma varredura estática de **cilindro óptico**. O cilindro óptico difere do cilindro de um disco magnético em dois aspectos: (i) as trilhas de uma varredura estática que compõem um cilindro óptico podem sobrepor-se a trilhas de outro cilindro óptico com ponto de âncora próximo; (ii) como as trilhas têm capacidade variável, os cilindros ópticos com ponto de âncora em trilhas mais internas têm capacidade menor do que cilindros ópticos com ponto de âncora em trilhas mais externas.

Em um trabalho analítico sobre discos ópticos, Christodoulakis e Ford (1988) demonstraram que o número de deslocamentos e a distância total percorrida pela cabeça óptica de leitura são minimizados quando (i) as trilhas de duas varreduras estáticas consecutivas não se sobrepõem e (ii) a cabeça de leitura se movimenta apenas em uma direção durante a recuperação de um conjunto de dados.

A estrutura sequencial indexada pode ser implementada eficientemente no CD-ROM considerando a natureza estática da informação e a capacidade de varredura estática do mecanismo de leitura. A partir dessas observações, Barbosa e Ziviani (1992) propuseram uma estrutura sequencial indexada para discos CD-ROM na qual o mecanismo de leitura é posicionado em cilindros ópticos pré-selecionados, com o objetivo de evitar sobreposição de varreduras e minimizar o número de deslocamentos da cabeça de leitura. Para tal, a estrutura de índices é construída de maneira que cada página de índices faça referência ao maior número possível de páginas de dados de um cilindro óptico.

A Figura 6.6 mostra essa organização para um arquivo exemplo de 3 *Megabytes*, alocado a partir da trilha 1.940 do disco, no qual cada página ocupa 2 *Kbytes* (equivalente a um setor do disco). Supondo que o mecanismo de leitura tenha uma amplitude de varredura estática de 8 trilhas, na posição de trilha número 1.940, é possível acessar aproximadamente 78 setores sem deslocamento da cabeça de leitura. Assim sendo, para obter uma organização sequencial indexada para esse arquivo, são necessários os seguintes passos:

1. Alocar o arquivo no disco, determinando a trilha inicial e calculando a trilha final que ele deve ocupar;

2. Computar o número total de cilindros ópticos para cobrir todas as trilhas do arquivo sem que haja sobreposição de trilhas. Determinar os respectivos pontos de âncora;

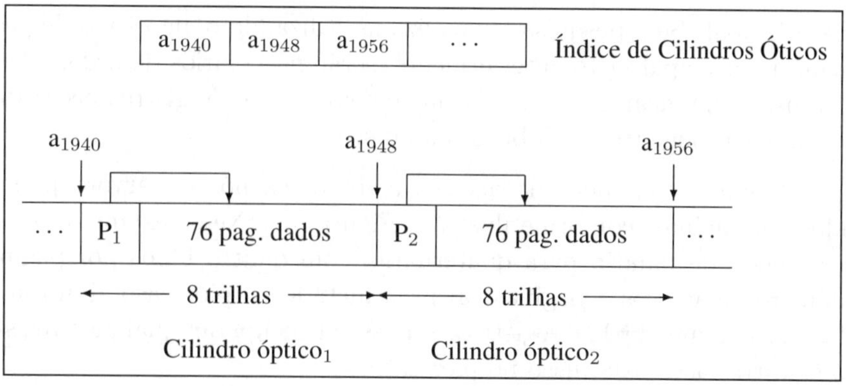

Figura 6.6 *Organização de um arquivo sequencial indexado para o CD-ROM.*

3. Construir um índice de cilindros ópticos, que deverá conter o valor de chave mais alto associado aos registros que estão dentro de cada cilindro óptico. O índice de cilindros ópticos deve ser mantido na memória principal;

4. Construir um índice de páginas para cada cilindro óptico. Esse índice deverá conter o valor de chave mais alto de cada página e deve ser armazenado na trilha central ou ponto de âncora de cada cilindro óptico.

Para recuperar uma dada chave de pesquisa, o primeiro passo é obter o endereço do cilindro óptico que contém a chave consultando o índice de cilindros ópticos na memória principal. O mecanismo de leitura é então deslocado para o ponto de âncora selecionado na única operação de busca necessária. A seguir, o índice de páginas é lido e a página de dados contendo a chave de pesquisa poderá ser encontrada dentro dos limites da varredura estática. Os detalhes para obtenção do número de trilhas que um arquivo deve ocupar a partir de determinada posição no disco, os pontos de âncora dos cilindros ópticos, ou quaisquer outros, podem ser obtidos em Barbosa e Ziviani (1992).

6.3 Árvores de Pesquisa

As árvores binárias de pesquisa introduzidas na Seção 5.3 são estruturas de dados muito eficientes quando se deseja trabalhar com tabelas que caibam inteiramente na memória principal do computador. Elas satisfazem condições e requisitos diversificados e conflitantes, tais como acesso direto e sequencial, facilidade de inserção e retirada de registros e boa utilização de memória.

Vamos agora considerar o problema de recuperar informação em grandes arquivos de dados que estejam armazenados em memória secundária do tipo disco magnético. Uma forma simplista de resolver este problema utilizando árvores binárias de pesquisa é armazenar os nós da árvore no disco, e os apontadores à esquerda e à direita de cada nó se tornam endereços de disco em vez de endereços de memória principal. Se a pesquisa for realizada utilizando o algoritmo de pesquisa para memória principal visto anteriormente, serão necessários da ordem de $\log_2 n$ acessos a disco, significando que um arquivo com $n = 10^6$ registros necessitará de aproximadamente $\log_2 10^6 \approx 20$ buscas no disco.

Para diminuir o número de acessos a disco, os nós da árvore podem ser agrupados em páginas, conforme ilustra a Figura 6.7. Nesse exemplo, o formato da árvore muda de binário para quaternário, com quatro filhos por página, em que o número de acessos a páginas cai para metade no pior caso. Para arquivos divididos em páginas de 127 registros, é possível recuperar qualquer registro do arquivo com três acessos a disco no pior caso.

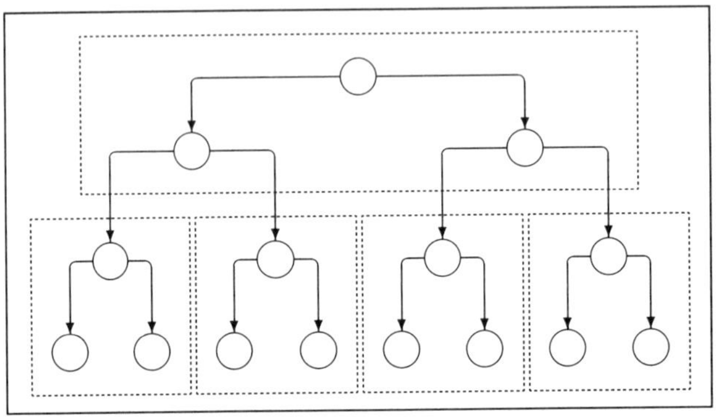

Figura 6.7 *Árvore binária dividida em páginas.*

A forma de organizar os nós da árvore dentro de páginas é muito importante sob o ponto de vista do número esperado de páginas lidas quando se realiza uma pesquisa na árvore. A árvore da Figura 6.7 é ótima sob esse aspecto. Entretanto, a organização ótima é difícil de ser obtida durante a construção da árvore, tornando-se um problema de otimização muito complexo. Um algoritmo bem simples, o da alocação sequencial, armazena os nós em posições consecutivas na página à medida que vão chegando, sem considerar o formato físico da árvore. Esse algoritmo utiliza todo o espaço disponível na página, mas os nós dentro da página estão relacionados pela localidade da ordem de entrada das chaves, e não pela localidade dentro da árvore, o que torna o tempo de pesquisa muito pior do que o tempo da árvore ótima.

Um método de alocação de nós em páginas que leva em consideração a relação de proximidade dos nós dentro da estrutura da árvore foi proposto por Muntz e Uzgalis (1970). No método proposto, o novo nó a ser inserido é sempre colocado na mesma página do nó pai. Se o nó pai estiver em uma página cheia, então uma nova página é criada e o novo nó é colocado no início da nova página. Knuth (1973) mostrou que o número esperado de acessos a páginas em uma pesquisa na árvore é muito próximo do ótimo. Entretanto, a ocupação média das páginas é extremamente baixa, da ordem de 10%, o que torna o algoritmo inviável para aplicações práticas.

Uma solução brilhante para esse problema, simultaneamente a uma proposta para manter equilibrado o crescimento da árvore e permitir inserções e retiradas à vontade, é o assunto da próxima seção.

6.3.1 Árvores B

O objetivo dessa seção é apresentar uma técnica de organização e manutenção de arquivos com o uso de árvores B (Bayer e McCreight, 1972). A origem do nome árvores B nunca foi explicada pelos autores R. Bayer e E. McCreight, cujo trabalho foi desenvolvido no Boeing Scientific Research Labs. Alguns autores sugerem que o "B" se refere a "Boeing", enquanto Comer (1979) acha apropriado pensar em "B-trees" como "Bayer-trees", por causa das contribuições de R. Bayer ao tema. Outras introduções ao assunto podem ser encontradas em Comer (1979), Wirth (1976) e Knuth (1973).

Definição e Algoritmos

Quando uma árvore de pesquisa possui mais de um registro por nó ela deixa de ser binária. Essas árvores são chamadas n-**árias**, pelo fato de possuírem mais de dois descendentes por nó. Nesses casos, os nós são mais comumente chamados de **páginas**.

A árvore B é n-ária. Em uma **árvore B** de ordem m, temos que:

1. cada página contém no mínimo m registros (e $m + 1$ descendentes) e no máximo $2m$ registros (e $2m + 1$ descendentes), exceto a página raiz, que pode conter entre 1 e $2m$ registros;
2. todas as páginas folha aparecem no mesmo nível.

Uma árvore B de ordem $m = 2$ com três níveis pode ser vista na Figura 6.8. Todas as páginas contêm dois, três ou quatro registros, exceto a raiz, que pode conter um registro apenas. Os registros aparecem em ordem crescente da esquerda para a direita. Esse esquema representa uma extensão natural da organização da árvore binária de pesquisa. A Figura 6.9 apresenta a forma geral de uma página de uma árvore B de ordem m.

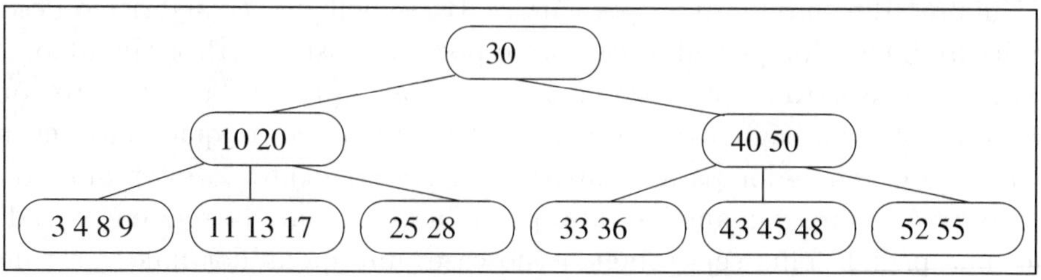

Figura 6.8 Árvore B de ordem 2 com três níveis.

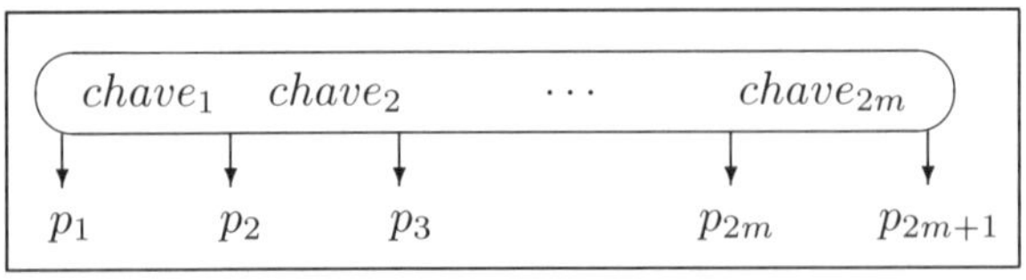

Figura 6.9 *Nó de uma árvore B de ordem m com $2m$ registros.*

A estrutura de dados árvore B será utilizada para implementar o tipo abstrato de dados Dicionario, com as operações Inicializa, Pesquisa, Insere e Retira. A estrutura e a **representação** do TipoDicionario são apresentadas no Programa 6.3, no qual mm significa $2m$. O procedimento Inicializa é extremamente simples, conforme ilustra o Programa 6.4.

Programa 6.3 *Estrutura do dicionário para árvore B*

```
type TipoRegistro   = record
                        Chave: TipoChave;
                        {outros componentes}
                      end;
     TipoApontador = ^TipoPagina;
     TipoPagina    = record
                        n: 0..mm;
                        r: array [1..mm] of TipoRegistro;
                        p: array [0..mm] of TipoApontador
                      end;
     TipoDicionario = TipoApontador;
```

Programa 6.4 *Procedimento para inicializar uma árvore B*

```
procedure Inicializa (var Dicionario: TipoDicionario);
begin
  Dicionario := nil;
end; { Inicializa }
```

Um procedimento Pesquisa para árvore B é semelhante ao algoritmo Pesquisa para árvore binária de pesquisa, conforme pode ser visto no Programa 6.5. Para encontrar um registro x, primeiro compare a chave que rotula o registro com as chaves que estão na página raiz até encontrar o intervalo no qual ela se encaixa. Depois, siga o apontador para a subárvore correspondente ao intervalo citado e repita o processo recursivamente, até que a chave procurada seja encontrada ou então uma página folha seja atingida (no caso, um apontador nulo). Na implementação do Programa 6.5, a localização do intervalo em que a chave se encaixa é obtida por meio de uma pesquisa sequencial. Entretanto, essa etapa pode ser realizada de forma mais eficiente, utilizando-se pesquisa binária (vide Seção 5.2).

Programa 6.5 *Procedimento para pesquisar na árvore B*

```
procedure Pesquisa (var x: TipoRegistro; Ap: TipoApontador);
var i: Integer;
begin
  if Ap = nil
  then writeln ('Registro nao esta presente na arvore')
  else with Ap^ do
       begin
       i := 1;
       while (i < n) and (x.Chave > r[i].Chave) do i := i + 1;
       if x.Chave = r[i].Chave
       then x := r[i]
       else if x.Chave < r[i].Chave
            then Pesquisa (x, p[i-1])
            else Pesquisa (x, p[i])
       end;
end; { Pesquisa }
```

Vamos ver agora como **inserir** novos registros em uma árvore B. Em primeiro lugar, é preciso localizar a página apropriada em que o novo registro deve ser inserido. Se o registro a ser inserido encontra seu lugar em uma página com menos de $2m$ registros, o processo de inserção fica limitado àquela página. Entretanto, quando um registro precisa ser inserido em uma página já cheia (com $2m$ registros), o processo de inserção pode provocar a criação de uma nova página. A Figura 6.10(b) ilustra o que acontece quando o registro contendo a chave 14 é inserido na árvore (a). O processo é composto pelas seguintes etapas:

1. O registro contendo a chave 14 não é encontrado na árvore, e a página 3 (onde o registro contendo a chave 14 deve ser inserido) está cheia.

2. A página 3 é dividida em duas páginas, o que significa que uma nova página 4 é criada.

3. Os $2m + 1$ registros (no caso são cinco registros) são distribuídos igualmente entre as páginas 3 e 4, e o registro do meio (no caso o registro contendo a chave 20) é movido para a página pai no nível.

No esquema de inserção apresentado anteriormente, a página pai tem de acomodar um novo registro. Se a página pai também estiver cheia, então o mesmo processo de divisão tem de ser aplicado de novo. No pior caso, o processo de divisão pode propagar-se até a raiz da árvore e, nesse caso, ela aumenta sua altura em um nível. É interessante observar que uma árvore B somente aumenta sua altura com a divisão da raiz.

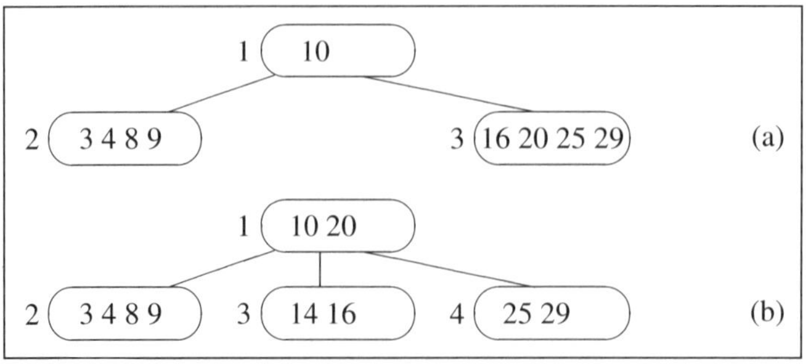

Figura 6.10 *Inserção em uma árvore B de ordem 2.*

Um primeiro refinamento do procedimento Insere pode ser visto no Programa 6.6. O procedimento contém outro procedimento interno recursivo, de nome Ins, de estrutura semelhante ao Programa 6.5. Quando um apontador nulo é encontrado, significa que o ponto de inserção foi localizado. Nesse momento, o parâmetro Cresceu passa a indicar esse fato informando que um registro vai ser passado para cima por meio do parâmetro RegRetorno para ser inserido na próxima página que contenha espaço para acomodá-lo. Se Cresceu = **true** no momento do retorno do procedimento Ins para o procedimento Insere, significa que a página raiz foi dividida e então uma nova página raiz deve ser criada para acomodar o registro emergente, fazendo com que a árvore cresca na altura.

Programa 6.6 *Primeiro refinamento do algoritmo Insere na árvore B*

```
procedure Insere (Reg: Registro; var Ap: Apontador);

  procedure Ins (Reg: Registro; Ap: Apontador;  var Cresceu: Boolean;
                 var RegRetorno: Registro;  var ApRetorno: Apontador);
  var i: integer;
  begin
    if Ap = nil
    then begin
         Cresceu := true;
         Atribui Reg a RegRetorno;
         Atribui nil a ApRetorno;
         end
    else with Ap^ do
         begin
         i := 1;
         while (i < n) and (x.Chave > r[i].Chave) do i := i + 1;
         if x.Chave = r[i].Chave
         then writeln ('Erro: Registro ja esta presente na arvore')
         else if x.Chave < r[i].Chave
              then Ins (x, p[i-1], Cresceu, RegRetorno, ApRetorno)
              else Ins (x, p[i], Cresceu, RegRetorno, ApRetorno);
```

Continuação do Programa 6.6

```
        if Cresceu
        then if (Numero de registros em Ap) < mm
             then Insere na pagina Ap e Cresceu := false
             else begin { Overflow: pagina tem que ser dividida }
                  Cria nova pagina ApTemp;
                  Transfere metade dos registros de Ap para ApTemp;
                  Atribui registro do meio a RegRetorno;
                  Atribui ApTemp a ApRetorno;
                  end;
        end;
    end;

  begin {Insere}
  Ins (Reg, Ap, Cresceu, RegRetorno, ApRetorno);
  if Cresceu then Cria nova pagina raiz para RegRetorno e ApRetorno;
  end;
```

O procedimento Insere utiliza o procedimento auxiliar InsereNaPagina mostrado no Programa 6.7.

Programa 6.7 *Procedimento InsereNaPágina*

```
procedure InsereNaPagina (Ap: TipoApontador;
                          Reg: TipoRegistro; ApDir: TipoApontador);
var NaoAchouPosicao: Boolean;
    k              : Integer;
begin
with Ap^ do
  begin
  k := n;
  NaoAchouPosicao := k > 0;
  while NaoAchouPosicao do
    if Reg.Chave < r[k].Chave
    then begin
         r[k+1] := r[k]; p[k+1] := p[k];
         k := k - 1;
         if k < 1 then NaoAchouPosicao := false;
         end
    else NaoAchouPosicao := false;
  r[k+1] := Reg; p[k+1] := ApDir;
  n := n + 1;
  end;
end; { InsereNaPagina }
```

O Programa 6.8 apresenta o refinamento final do procedimento Insere.

***Programa 6.8** Refinamento final do algoritmo Insere*

```
procedure Insere (Reg: TipoRegistro; var Ap: TipoApontador);
var Cresceu: Boolean; RegRetorno: TipoRegistro;
    ApRetorno, ApTemp: TipoApontador;

procedure Ins(Reg:TipoRegistro; Ap: TipoApontador; var Cresceu:Boolean;
              var RegRetorno:TipoRegistro; var ApRetorno:TipoApontador);
var i, j: Integer; ApTemp: TipoApontador;
begin
  if Ap = nil
  then begin Cresceu := true; RegRetorno := Reg; ApRetorno := nil; end
  else with Ap^ do
    begin
    i := 1;
    while (i < n) and (Reg.Chave > r[i].Chave) do i := i + 1;
    if Reg.Chave = r[i].Chave
    then begin
         writeln (' Erro: Registro ja esta presente'); Cresceu:=false;
         end
    else begin
         if Reg.Chave < r[i].Chave then i := i - 1;
         Ins (Reg, p[i], Cresceu, RegRetorno, ApRetorno);
         if Cresceu
         then if n < mm
              then begin { Pagina tem espaco }
                   InsereNaPagina (Ap, RegRetorno, ApRetorno);
                   Cresceu := false;
                   end
         else begin { Overflow: Pagina tem que ser dividida }
              new (ApTemp);
              ApTemp^.n := 0; ApTemp^.p[0] := nil;
              if i < M + 1
              then begin
                   InsereNaPagina (ApTemp, r[mm], p[mm]);
                   n := n - 1;
                   InsereNaPagina (Ap, RegRetorno, ApRetorno)
                   end
              else InsereNaPagina (ApTemp, RegRetorno, ApRetorno);
              for j := M + 2 to mm do
                InsereNaPagina (ApTemp, r[j], p[j]);
              n := M; ApTemp^.p[0] := p[M+1];
              RegRetorno := r[M+1]; ApRetorno := ApTemp;
              end;
         end;
    end;
end; { Ins }
```

Continuação do Programa 6.8

```
begin
  Ins (Reg, Ap, Cresceu, RegRetorno, ApRetorno);
  if Cresceu
  then begin { Arvore cresce na altura pela raiz }
  new (ApTemp);
  ApTemp^.n := 1;
  ApTemp^.r[1] := RegRetorno;
  ApTemp^.p[1] := ApRetorno;
  ApTemp^.p[0] := Ap; Ap := ApTemp
  end
end; { Insere }
```

A Figura 6.11 mostra o resultado obtido quando se insere uma sequência de chaves em uma árvore B de ordem 2: a árvore da Figura 6.11(a) é obtida após a inserção da chave 20, a árvore (b) é obtida após a inserção das chaves 10, 40, 50 e 30 na árvore (a), a árvore (c) é obtida após a inserção das chaves 55, 3, 11, 4, 28, 36, 33, 52, 17, 25 e 13 na árvore (b) e, finalmente, a árvore da parte (d) é obtida após a inserção das chaves 45, 9, 43, 8 e 48.

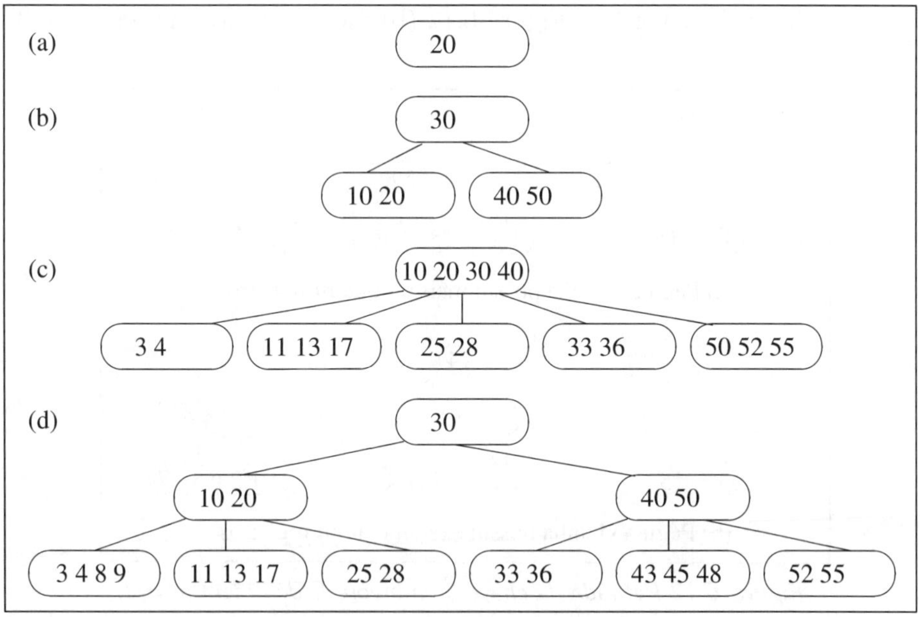

Figura 6.11 *Crescimento de uma árvore B de ordem 2.*

A última operação a ser estudada é de **retirada**. Quando a página que contém o registro a ser retirado é uma página folha, a operação é simples. No caso de não ser uma página folha, o registro a ser retirado deve ser primeiro substituído por um registro contendo uma chave adjacente (antecessora ou sucessora), como no caso da operação de retirada de registros em árvores binárias de pesquisa, conforme mostrado na Seção 5.3. Para localizar uma chave antecessora, basta procurar pela página folha mais à direita na subárvore à esquerda. Por exemplo, a antecessora da chave 30 na árvore da Figura 6.11 (d) é a chave 28.

Tão logo o registro seja retirado da página folha, é necessário verificar se pelo menos m registros passam a ocupar a página. Quando menos de m registros passam a ocupar a página, isso significa que a propriedade árvore B é violada. Para reconstituir a propriedade árvore B, é necessário tomar emprestado um registro da página vizinha. Conforme pode ser verificado na Figura 6.12, existem duas possibilidades:

1. O número de registros na página vizinha é maior do que m: basta tomar um registro emprestado e trazê-lo para a página em questão via página pai. A Figura 6.12 (a) mostra a retirada da chave 3.
2. Não existe um número suficiente de registros na página vizinha (a página vizinha possui exatamente m registros): nesse caso, o número total de registros nas duas páginas é $2m-1$ e, consequentemente, as duas páginas têm de ser fundidas em uma só, tomando emprestado da página pai o registro do meio, o que permite liberar uma das páginas. Esse processo pode propagar-se até a página raiz, e, no caso em que o número de registros da página raiz fica reduzido a zero, ela é eliminada, causando redução na altura da árvore. A Figura 6.12 (b) mostra a retirada da chave 3.

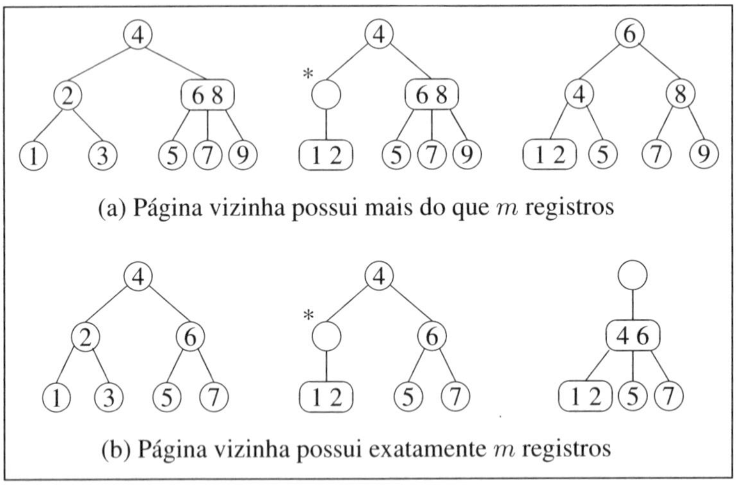

Figura 6.12 *Retirada da chave 3 na árvore B de ordem m = 1.*

O procedimento Retira é apresentado no Programa 6.9 e contém outro procedimento interno recursivo, de nome Ret. No procedimento Ret, quando a página que contém o registro a ser retirado é uma página folha, a operação é simples. No caso de não ser uma página folha, a tarefa de localizar o registro antecessor é realizada pelo procedimento Antecessor. A condição de que menos do que m

registros passam a ocupar a página é sinalizada pelo parâmetro Diminuiu, fazendo que o procedimento Reconstitui seja ativado.

Programa 6.9 *Procedimento Retira*

```
procedure Retira (Ch: TipoChave; var Ap: TipoApontador);
var Diminuiu: Boolean;
    Aux     : TipoApontador;

  procedure Ret(Ch:TipoChave;var Ap:TipoApontador;var Diminuiu:Boolean);
  var Ind, j: Integer;

    procedure Reconstitui (ApPag: TipoApontador; ApPai: TipoApontador;
                           PosPai: Integer; var Diminuiu: Boolean);
    var Aux      : TipoApontador;
        DispAux, j: Integer;
    begin
      if PosPai < ApPai^.n
      then begin { Aux = Pagina a direita de ApPag }
           Aux := ApPai^.p[PosPai+1];
           DispAux := (Aux^.n - M + 1) div 2;
           ApPag^.r[ApPag^.n+1] := ApPai^.r[PosPai+1];
           ApPag^.p[ApPag^.n+1] := Aux^.p[0];
           ApPag^.n := ApPag^.n + 1;
           if DispAux > 0
           then begin { Existe folga: transfere de Aux para ApPag }
                for j := 1 to DispAux - 1 do
                  InsereNaPagina (ApPag, Aux^.r[j], Aux^.p[j]);
                ApPai^.r[PosPai+1] := Aux^.r[DispAux];
                Aux^.n := Aux^.n - DispAux;
                for j := 1 to Aux^.n do Aux^.r[j]:=Aux^.r[j+DispAux];
                for j := 0 to Aux^.n do Aux^.p[j]:=Aux^.p[j+DispAux];
                Diminuiu := false
                end
           else begin { Fusao: intercala Aux em ApPag e libera Aux }
                for j := 1 to M do
                  InsereNaPagina (ApPag, Aux^.r[j], Aux^.p[j]);
                dispose (Aux);
                for j := PosPai + 1 to ApPai^.n - 1 do with ApPai^ do
                  begin
                  r[j] := r[j+1]; p[j] := p[j+1]
                  end;
                ApPai^.n := ApPai^.n - 1;
                if ApPai^.n >=M
                then Diminuiu := false;
                end
           end
```

Continuação do Programa 6.9

```
  else begin { Aux = Pagina a esquerda de ApPag }
       Aux := ApPai^.p[PosPai-1];
       DispAux := (Aux^.n - M + 1) div 2;
       for j := ApPag^.n downto 1 do
         ApPag^.r[j+1] := ApPag^.r[j];
       ApPag^.r[1] := ApPai^.r[PosPai];
       for j := ApPag^.n downto 0 do
         ApPag^.p[j+1] := ApPag^.p[j];
       ApPag^.n := ApPag^.n + 1;
       if DispAux > 0
       then begin { Existe folga: transfere de Aux para ApPag }
            for j := 1 to DispAux - 1 do with Aux^ do
              InsereNaPagina (ApPag, r[Aux^.n+1-j], p[n+1-j]);
            ApPag^.p[0] := Aux^.p[Aux^.n+1-DispAux];
            ApPai^.r[PosPai] := Aux^.r[Aux^.n+1-DispAux];
            Aux^.n := Aux^.n - DispAux;
            Diminuiu := false
            end
       else begin { Fusao: intercala ApPag em Aux e libera ApPag }
            for j := 1 to M do
              InsereNaPagina (Aux, ApPag^.r[j], ApPag^.p[j]);
            dispose (ApPag);
            ApPai^.n := ApPai^.n - 1;
            if ApPai^.n >=M then Diminuiu := false;
            end;
       end;
  end;
end; { Reconstitui }

procedure Antecessor (Ap: TipoApontador; Ind: Integer;
                      ApPai: TipoApontador;
                      var Diminuiu: Boolean);
begin
with ApPai^ do
  begin
  if p[n] <> nil
  then begin
       Antecessor (Ap, Ind, p[n], Diminuiu);
       if Diminuiu then Reconstitui (p[n], ApPai, n, Diminuiu);
       end
  else begin
       Ap^.r[Ind] := r[n];  n := n - 1;
       Diminuiu := n < M;
       end;
  end
end; { Antecessor }
```

Continuação do Programa 6.9

```
  begin { Ret }
    if Ap = nil
    then begin
           writeln ('Erro: registro nao esta na arvore');
           Diminuiu := false;
           end
    else with Ap^ do
           begin
           Ind := 1;
           while (Ind < n) and (Ch > r[Ind].Chave) do Ind := Ind + 1;
           if Ch = r[Ind].Chave
           then if p[Ind-1] = nil
                then begin { Pagina folha }
                     n := n - 1; Diminuiu := n < M;
                     for j := Ind to n do
                       begin
                       r[j] := r[j+1];
                       p[j] := p[j+1];
                       end;
                     end
           else begin { Pagina nao e folha: trocar com antecessor }
                Antecessor (Ap, Ind, p[Ind-1], Diminuiu);
                if Diminuiu
                then Reconstitui (p[Ind-1], Ap, Ind-1, Diminuiu);
                end
           else begin
                if Ch > r[Ind].Chave then Ind := Ind + 1;
                Ret (Ch, p[Ind-1], Diminuiu);
                if Diminuiu
                then Reconstitui (p[Ind-1], Ap, Ind-1, Diminuiu);
                end
           end
  end; { Ret }

begin { Retira }
  Ret (Ch, Ap, Diminuiu);
  if Diminuiu and (Ap^.n = 0)
  then begin { Arvore diminui na altura }
       Aux := Ap; Ap := Aux^.p[0];
       dispose (Aux);
       end
end; { Retira }
```

A Figura 6.13 mostra o resultado obtido quando se retira a seguinte sequência de chaves da árvore B: 45 30 28; 50 8 10 4 20 40 55 17 33 11 36; 3 9 52. Cada ponto e vírgula corresponde a um salto de uma árvore para outra no desenho da Figura 6.13.

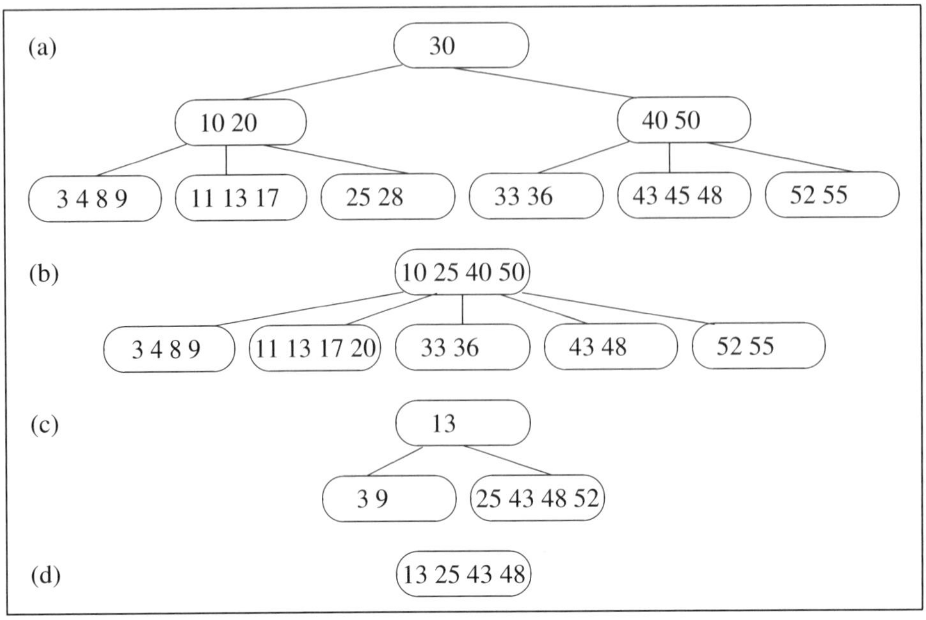

Figura 6.13 *Decomposição de uma árvore B de ordem 2.*

*6.3.2 Árvores B**

Existem várias alternativas para implementação da árvore B original. Uma delas é a árvore $B^\star$. Em uma **árvore $B^\star$**, todos os registros são armazenados no último nível (páginas folha). Os níveis acima do último nível constituem um índice cuja organização é a organização de uma árvore B.

A Figura 6.14 mostra a separação lógica entre o índice e os registros que constituem o arquivo propriamente dito. No índice só aparecem as chaves, sem nenhuma informação associada, enquanto nas páginas folha estão todos os registros do arquivo. As páginas folha são conectadas da esquerda para a direita, o que permite um acesso sequencial mais eficiente do que o acesso via índice. Além do acesso sequencial mais eficiente, as árvores $B^\star$ apresentam outras vantagens sobre as árvores B, como a de facilitar o acesso concorrente ao arquivo, conforme veremos adiante.

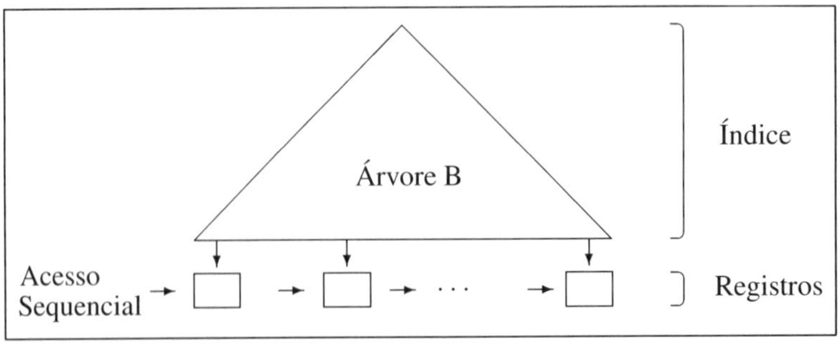

Figura 6.14 *Estrutura de uma árvore $B^\star$.*

Para recuperar um registro, o processo de pesquisa inicia-se na raiz da árvore e continua até uma página folha. Como todos os registros residem nas folhas, a pesquisa não para se a chave procurada for encontrada em uma página do índice. Nesse caso, o apontador à direita é seguido até que uma página folha seja encontrada. Esta característica pode ser vista na árvore B* da Figura 6.15, em que as chaves 29, 60 e 75 aparecem no índice e em registros do arquivo. Os valores encontrados ao longo do caminho são irrelevantes desde que eles conduzam à página folha correta.

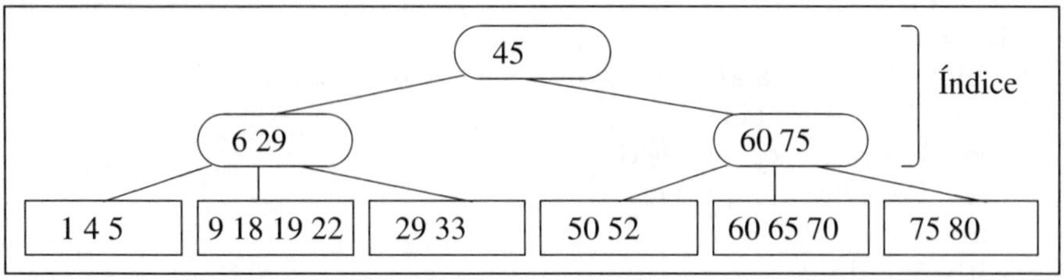

Figura 6.15 *Exemplo de uma árvore B*.*

Como não há necessidade do uso de apontadores nas páginas folha, é possível utilizar esse espaço para armazenar uma quantidade maior de registros em cada página folha. Para isso, devemos utilizar um valor de m diferente para as páginas folha. Isto não cria nenhum problema para os algoritmos de inserção, pois as metades de uma página que está sendo particionada permanecem no mesmo nível da página original antes da partição (algo semelhante acontece com a retirada de registros).

A estrutura de dados árvore B* é apresentada no Programa 6.10.

Programa 6.10 *Estrutura do dicionário para árvore B**

```
type
  TipoRegistro   = record
                     Chave: TipoChave;
                     { outros componentes }
                   end;
  TipoApontador = ^TipoPagina;
  TipoIntExt     = (Interna, Externa);
  TipoPagina     = record
                     case Pt: TipoIntExt of
                       Interna: (ni: 0..mm;
                                 ri: array [1..mm] of TipoChave;
                                 pi: array [0..mm] of TipoApontador);
                       Externa: (ne: 0..mm2;
                                 re: array [1..mm2] of TipoRegistro);
                   end;
  TipoDicionario = TipoApontador;
```

O procedimento Pesquisa deve ser implementado como no Programa 6.11.

Programa 6.11 *Procedimento para pesquisar na árvore B★*

```
procedure Pesquisa (var x: TipoRegistro; var Ap: TipoApontador);
var i: integer;
begin
  if Ap^.Pt = Interna
  then with Ap^ do
      begin
        i := 1;
        while (i < ni) and (x.Chave > ri[i]) do i := i + 1;
        if x.Chave < ri[i]
        then Pesquisa(x, pi[i−1])
        else Pesquisa(x, pi[i])
      end
  else with Ap^ do
      begin
        i := 1;
        while (i < ne) and (x.Chave > re[i].Chave) do i := i + 1;
        if x.Chave = re[i].Chave
        then x := re[i]
        else writeln('Registro nao esta presente na arvore');
      end;
end;
```

A operação de **Inserção** de um registro em uma árvore B★ é essencialmente igual à inserção de um registro em uma árvore B. A única diferença é que, quando uma folha é dividida em duas, o algoritmo promove uma cópia da chave que pertence ao registro do meio para a página pai no nível anterior, retendo o registro do meio na página folha da direita.

A operação de **Retirada** em uma árvore B★ é relativamente mais simples do que em uma árvore B. O registro a ser retirado reside sempre em uma página folha, o que torna sua remoção simples, não havendo necessidade de utilização do procedimento para localizar a chave antecessora (vide procedimento Antecessor do Programa 6.9). Desde que a página folha fique pelo menos com metade dos registros, as páginas do índice não precisam ser modificadas, mesmo que uma cópia da chave que pertence ao registro a ser retirado esteja no índice. A Figura 6.16 mostra a árvore B★ resultante quando a seguinte sequência de chaves é retirada da árvore B★ da Figura 6.15: 5 19 22 60. Observe que a retirada da chave 9 da árvore da Figura 6.16(a) provoca a redução da árvore.

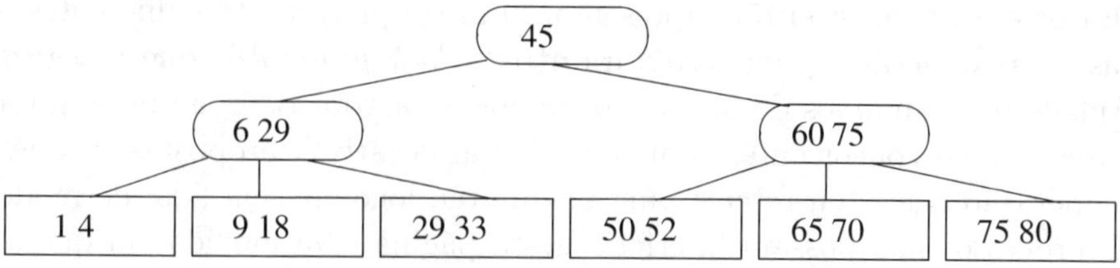

(a) Retirada dos registros 5, 19, 22, 60 da árvore da Figura 6.15

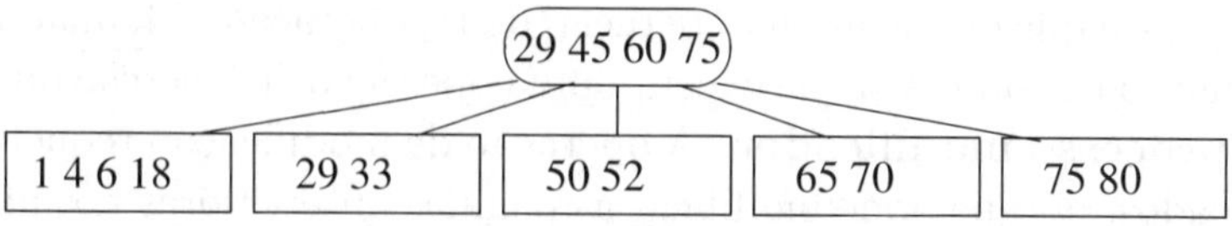

(b) Retirada do registro 9 em (a): a estrutura do índice é modificada

Figura 6.16 *Retirada de registros em árvores B*.*

6.3.3 Acesso Concorrente em Árvores B*

Em muitas aplicações, o acesso simultâneo ao banco de dados por mais de um usuário é um fator importante. Nesses casos, permitir acesso para apenas um processo de cada vez pode criar um gargalo inaceitável para o sistema de banco de dados. A concorrência é então introduzida para aumentar a utilização e melhorar o tempo de resposta do sistema. Desse modo, o uso de árvores B* em tais sistemas deve permitir o processamento simultâneo de várias solicitações diferentes.

Entretanto, existe a necessidade de criar mecanismos chamados **protocolos** para garantir a integridade tanto dos dados quanto da estrutura. Considere a situação em que dois processos estejam simultaneamente acessando o banco de dados. Em determinado momento, um dos processos está percorrendo uma página para localizar o intervalo no qual a chave de pesquisa se encaixa e seguir o apontador para a subárvore correspondente, enquanto o outro processo está inserindo um novo registro que provoca divisões de páginas no mesmo caminho da árvore. Pode acontecer de o processo que está percorrendo a página obtenha um apontador para uma subárvore errada ou para um endereço inexistente.

Uma página é chamada **segura** quando se sabe que não existe possibilidade de modificações na estrutura da árvore, como consequência de uma operação de inserção ou de retirada naquela página. Cabe lembrar que a operação de recuperação não altera a estrutura da árvore, ao contrário das operações de inserção ou retirada, que podem provocar modificações na sua estrutura. No caso de operações de inserção, uma página é considerada segura se o número atual de chaves naquela página é menor do que $2m$. No caso de operações de retirada, uma página é considerada segura quando o número de chaves na página é maior do que m. Os algoritmos para acesso concorrente fazem uso desses fatos para aumentar o nível de concorrência em uma árvore B*.

Bayer e Schkolnick (1977) apresentam um conjunto de três diferentes alternativas de **protocolos para travamentos**[1] (*lock protocols*), que asseguram a integridade dos caminhos de acesso aos dados da árvore B* e, ao mesmo tempo, permitem acesso concorrente. Em uma das alternativas propostas, a operação de recuperação trava (ou retém) uma página tão logo ela seja lida, de modo que outros processos não possam interferir nessa página. Na medida em que a pesquisa continua em direção ao nível seguinte da árvore, a trava aplicada na página antecessora é liberada, permitindo a leitura das páginas por outros processos.

Um processo que executa uma operação de recuperação é chamado **processo leitor**, enquanto um processo que executa uma operação de inserção ou de retirada é chamado **processo modificador**. A operação de modificação requer protocolos mais sofisticados, porque pode modificar as páginas antecessoras nos níveis acima. Em uma das alternativas apresentadas por Bayer e Schkolnick (1977), o processo modificador coloca um travamento exclusivo em cada página acessada, podendo mais tarde liberar o travamento, caso a página seja segura.

Vamos apresentar a seguir o **protocolo para processos leitores** e o **protocolo para processos modificadores** relativos à alternativa mais simples dentre as três alternativas apresentadas por Bayer e Schkolnick (1977). Esses protocolos utilizam dois tipos de travamento:

1. o *travamento-para-leitura*, que permite a um ou mais leitores acessar os dados, mas não permite inserção ou retirada de chaves;
2. o *travamento-exclusivo*, que permite qualquer tipo de operação na página (quando um processo recebe este tipo de travamento, nenhum outro processo pode operar na página).

O protocolo para processos leitores é:

(0) Coloque um travamento-para-leitura na raiz;
(1) Leia a página raiz e faça-a página corrente;
(2) Enquanto a página corrente não é uma página folha, faça
{o número de travamentos-para-leitura mantidos pelo processo é $= 1$ }
(3) Coloque um travamento-para-leitura no descendente apropriado;
(4) Libere o travamento-para-leitura na página corrente;
(5) Leia a descendente da página corrente e faça-a página corrente.

O protocolo para processos modificadores é:

(0) Coloque um travamento-exclusivo na raiz;
(1) Leia a página raiz e faça-a página corrente;
(2) Enquanto a página corrente não é uma página folha, faça
{o número de travamentos-exclusivos mantidos pelo processo é ≥ 1 }
(3) Coloque um travamento-exclusivo no descendente apropriado;

[1] Um protocolo para travamento é um mecanismo que assegura a modificação de apenas uma página de cada vez na árvore.

(4) Leia a descendente da página corrente e faça-a página corrente;
(5) Se a página corrente é segura, então libere todos os travamentos mantidos sobre as páginas antecessoras da página corrente.

Para exemplificar o funcionamento do modelo do protocolo para processos modificadores, considere a modificação da página γ da árvore B* apresentada na Figura 6.17. Assuma que as páginas α, β e δ são seguras, e a página γ não é segura. Antes da execução do anel principal (passos 2 a 5 do algoritmo), um travamento-exclusivo é colocado na página raiz, e a página é lida e examinada. Logo após, a sequência de eventos ocorre:

- Passo 3: Um travamento-exclusivo sobre a página β é solicitado;
- Passo 4: Após receber o travamento-exclusivo, a página β é lida;
- Passo 5: Desde que a página β é segura, o travamento-exclusivo sobre a página α é liberado, permitindo o acesso à página α para outros processos;
- Passo 3: Um travamento-exclusivo sobre a página γ é solicitado;
- Passo 4: Após receber o travamento-exclusivo, a página γ é lida;
- Passo 5: Desde que a página γ não é segura, o travamento-exclusivo sobre a página β é mantido;
- Passo 3: Um travamento-exclusivo sobre a página δ é solicitado;
- Passo 4: Após receber o travamento-exclusivo, a página δ é lida;
- Passo 5: Desde que a página δ é segura, os travamentos-exclusivos sobre as páginas β e γ podem ser liberados.

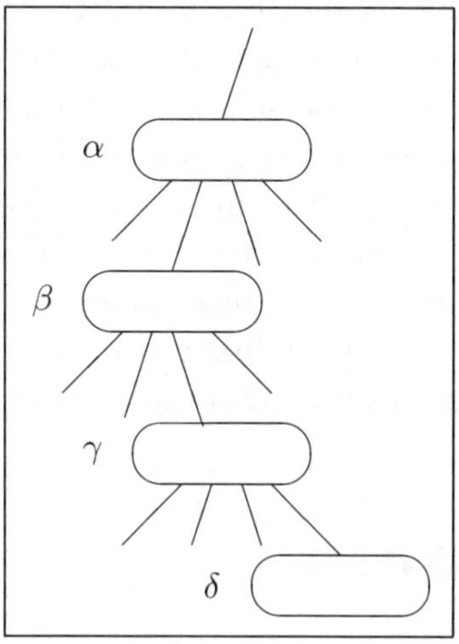

Figura 6.17 *Parte de uma árvore B*.*

A solução apresentada acima requer um protocolo bem simples e ainda assim permite um nível razoável de concorrência. Essa solução pode ser melhorada em relação ao nível de concorrência com a utilização de protocolos mais sofisticados. Por exemplo, o processo modificador pode fazer uma "reserva" em cada página acessada e mais tarde modificar a reserva para travamento-exclusivo, caso o processo modificador verifique que as modificações a serem realizadas na estrutura da árvore deverão se propagar até a página com reserva. Essa solução aumenta o nível de concorrência, desde que as páginas com reserva possam ser lidas por outros processos.

Os tipos de travamentos referidos aqui são aplicados ao nível físico do banco de dados. Em um banco de dados cujo acesso aos dados é realizado por meio de uma árvore $B^\star$, a unidade de transferência dos dados da memória secundária para a memória principal é a página. Desse modo, os protocolos de travamento são aplicados nesse nível.

A implementação dos travamentos descritos acima pode ser obtida usando **semáforos**. De acordo com Dijkstra (1965), um semáforo é um inteiro não negativo que pode ser modificado somente pelas operações *wait* e *signal*, assim descritas: *wait* (s): **when** $s > 0$ **do** $s := s - 1$; e *signal* (s): $s := s + 1$. A operação $s := s + 1$ é indivisível, isto é, somente um processo consegue realizá-la de cada vez. Por exemplo, se dois processos A e B quiserem realizar *signal* (s) ao mesmo tempo para $s = 3$, ao final $s = 5$. Se a operação $s := s + 1$ não é indivisível e as duas operações atribuem o resultado 4 a s, o resultado final pode ser 4 (e não 5). Outra referência sobre semáforos, bem como sua aplicação para sincronizar processos concorrentes, pode ser encontrada em Lister (1975).

Outro importante aspecto a ser considerado em um ambiente de processamento concorrente é o problema de **deadlock**. O *deadlock* ocorre quando dois processos estão inserindo um registro cada um em páginas adjacentes que estejam cheias. Nesse caso, cada um dos processos fica esperando pelo outro eternamente. Lister (1975) mostra que o *deadlock* pode ser evitado pela eliminação de dependências circulares entre processos e recursos. Essa condição pode ser satisfeita com o uso da estrutura em árvore para ordenar todas as solicitações para acessar o banco de dados. Basta que os algoritmos usem as operações de travamento de cima para baixo, isto é, da página raiz para as páginas folha. Bayer e Schkolnick (1977) provaram que as soluções apresentadas são livres de *deadlock*.

6.3.4 Considerações Práticas

A árvore B é simples, de fácil manutenção, eficiente e versátil. A árvore B permite acesso sequencial eficiente, e o custo para recuperar, inserir e retirar registros do arquivo é logarítmico. O espaço utilizado pelos dados é no mínimo 50% do espaço reservado para o arquivo. O espaço utilizado varia com a aquisição e liberação da área utilizada, na medida em que o arquivo cresce ou diminui de tamanho. As árvores B crescem e diminuem automaticamente, e nunca existe necessidade de uma reorganização completa do banco de dados. O emprego de árvores B em ambientes nos quais o acesso concorrente ao banco de dados é necessário é viável e relativamente simples de ser implementado.

Um bom exemplo de utilização prática de árvores B* é o método de acesso a arquivos da IBM, chamado VSAM (Keehn e Lacy, 1974; Wagner, 1973). VSAM é um método de acesso a arquivos de aplicação geral que permite tanto o acesso sequencial eficiente bem como as operações de inserção, retirada e recuperação em tempo logarítmico. Comparado à organização **sequencial indexado**, o método VSAM oferece as vantagens da **alocação dinâmica** de memória, garantia de utilização de no mínimo 50% da memória reservada ao arquivo e nenhuma necessidade de reorganização periódica de todo o arquivo. O VSAM é considerado uma evolução do antigo ISAM, que utiliza o método sequencial indexado (vide Seção 6.2).

Análise Pelo que foi visto anteriormente, as operações de inserção e retirada de registros em uma árvore B sempre deixam a árvore balanceada. Além do mais, o caminho mais longo em uma árvore B de ordem m com N registros contém no máximo cerca de $log_{m+1}N$ páginas. De fato, Bayer e McCreight (1972) provaram que os limites para as alturas máxima e mínima de uma árvore B de ordem m contendo N registros são:

$$\log_{2m+1}(N+1) \leq altura \leq 1 + \log_{m+1}\left(\frac{N+1}{2}\right).$$

O custo para processar uma operação de recuperação de um registro cresce com o logaritmo base m do tamanho do arquivo. Para ter uma ideia do significado da fórmula acima, considere a Tabela 6.1. Uma árvore B de ordem 50, representando um índice de um arquivo de um milhão de registros, permite a recuperação de qualquer registro com quatro acessos ao disco, no pior caso. Na realidade, o número de acessos no caso médio é três.

***Tabela 6.1** Número de acessos a disco, no pior caso, para tamanhos variados de páginas e arquivos usando árvore B*

Tamanho	Tamanho do arquivo				
da página	1.000	10.000	100.000	1.000.000	10.000.000
10	3	4	5	6	7
50	2	3	3	4	4
100	2	2	3	3	4
150	2	2	3	3	4

A altura esperada de uma árvore B não é conhecida analiticamente, pois ninguém foi capaz de apresentar um resultado analítico. A partir do cálculo analítico do número esperado de páginas para os quatro primeiros níveis, contados das páginas folha em direção à página raiz de uma **árvore 2-3** (ou árvore B de ordem $m = 1$), obtido por Eisenbarth, Ziviani, Gonnet, Mehlhorn e Wood (1982, p. 159), esses autores propuseram a seguinte conjetura: a altura esperada de uma árvore 2-3 **randômica** (vide definição de árvore de pesquisa randômica na Seção 5.3) com N chaves é:

$$\overline{h}(N) \approx \log_{7/3}(N + 1).$$

Outras medidas de complexidade relevantes para árvores B randômicas são:

1. A utilização de memória é cerca de $\ln 2$ para o algoritmo original proposto por Bayer e McCreight (1972). Isso significa que as páginas têm uma ocupação de aproximadamente 69% da área reservada após N inserções randômicas em uma árvore B inicialmente vazia.

2. No momento da inserção, a operação mais cara é a partição da página quando ela passa a ter mais do que $2m$ chaves, desde que a operação envolva a criação de uma nova página, o rearranjo das chaves e a inserção da chave do meio na página pai localizada no nível acima. Uma medida de complexidade de interesse é $Pr\{\text{j partições}\}$, que corresponde à probabilidade de que j partições ocorram durante a N-ésima inserção randômica. No caso da árvore 2-3:

$$Pr\{0 \text{ partições}\} = \frac{4}{7},$$

$$Pr\{1 \text{ ou mais partições}\} = \frac{3}{7}.$$

No caso da árvore B de ordem m:

$$Pr\{0 \text{ partições}\} = 1 - \frac{1}{(2 \ln 2)m} + O(m^{-2}),$$

$$Pr\{1 \text{ ou mais partições}\} = \frac{1}{(2 \ln 2)m} + O(m^{-2}).$$

No caso de uma árvore B de ordem $m = 70$, $Pr\{1 \text{ ou mais partições}\} \approx 0,01$. Em outras palavras, em 99% das vezes nada acontece em termos de partições durante uma inserção.

3. Considere o acesso concorrente em árvores B. Bayer e Schkolnick (1977) propuseram a técnica de aplicar um travamento na *página segura mais profunda* (Psmp) no caminho de inserção. De acordo com o que foi mostrado na Seção 6.3.3, uma página é **segura** se ela contiver menos do que $2m$ chaves. Uma página segura é a mais profunda de um caminho de inserção se não existir outra página segura abaixo dela.

Já que o travamento da página impede o acesso de outros processos, é interessante saber qual é a probabilidade de que a página segura mais profunda esteja no primeiro nível. Essas medidas estão relacionadas às do item anterior. No caso da árvore 2-3:

$$Pr\{\text{Psmp esteja no } 1^{\underline{o}} \text{ nível}\} = \frac{4}{7},$$

$$Pr\{\text{Psmp esteja acima do } 1^{\underline{o}} \text{ nível}\} = \frac{3}{7}.$$

No caso da árvore B de ordem m:

$$Pr\{\text{Psmp esteja no } 1^{\underline{o}} \text{ nível}\} = 1 - \frac{1}{(2\ln 2)m} + O(m^{-2}),$$

$$Pr\{\text{Psmp esteja acima do } 1^{\underline{o}} \text{ nível}\} = \frac{3}{7} = \frac{1}{(2\ln 2)m} + O(m^{-2}).$$

Novamente, no caso de uma árvore B de ordem $m = 70$, em 99% das vezes a Psmp está localizada em uma página folha, o que permite um alto grau de concorrência para processos modificadores. Esses resultados mostram que soluções muito complicadas para permitir o uso de concorrência de operações em árvores B não trazem grandes benefícios porque, na maioria das vezes, o travamento ocorrerá em páginas folha, o que permite alto grau de concorrência mesmo para os protocolos mais simples.

Mais detalhes sobre os resultados analíticos apresentados acima podem ser obtidos em Eisenbarth *et al.* (1982).

Observações Finais

Existem inúmeras variações sobre o algoritmo original da árvore B. Uma delas é a árvore B*, tratada na Seção 6.3.2.

Outra importante modificação é a **técnica de transbordamento** (ou técnica de **overflow**) proposta por Bayer e McCreight (1972) e Knuth (1973). A idéia é a seguinte: assuma que um registro tenha de ser inserido em uma página cheia que contenha $2m$ registros. Em vez de particioná-la, olhamos primeiro para a página irmã à direita. Se a página irmã possui menos do que $2m$ registros, um simples rearranjo de chaves torna a partição desnecessária. Se a página à direita também estiver cheia ou não existir, olhamos para a página irmã à esquerda. Se ambas estiverem cheias, então a partição terá de ser realizada. O efeito dessa modificação é o de produzir uma árvore com melhor utilização de memória e uma altura esperada menor. Essa alteração produz uma utilização de memória de cerca de 83% para uma árvore B randômica.

Qual é a influência de um sistema de **paginação** no comportamento de uma árvore B? Como o número de níveis de uma árvore B é muito pequeno (apenas três ou quatro) se comparado ao número de molduras de páginas, o sistema de paginação garante que a página raiz esteja sempre presente na memória principal, desde que a política de reposição de páginas adotada seja a política LRU. O esquema LRU faz também que as páginas a serem particionadas em uma inserção estejam automaticamente disponíveis na memória principal.

Finalmente, é importante observar que a escolha do tamanho adequado da ordem m da árvore B é geralmente feita levando em conta as características de cada computador. Por exemplo, em um computador com memória virtual paginada, o tamanho ideal da página da árvore corresponde ao tamanho da página do sistema, e a transferência de dados da memória secundária para a memória principal e vice-versa é realizada pelo sistema operacional. Esses tamanhos variam entre 512 *bytes* e 4.096 *bytes*, em múltiplos de 512 *bytes*.

Notas Bibliográficas

O material utilizado na Seção 6.1 sobre um modelo de computação para memória secundária veio de Lister (1975). As árvores B foram introduzidas por Bayer e McCreight (1972). Comer (1979) discute árvores B sob um ponto de vista mais prático. Wirth (1976) apresenta uma implementação dos algoritmos de inserção e de retirada; Gonnet e Baeza-Yates (1991) apresentam uma implementação do algoritmo de inserção. A principal referência utilizada no item concorrência em árvores B veio de Bayer e Schkolnick (1977).

Exercícios

1. Memória Virtual

a) Um sistema de memória virtual pode ser usado eficientemente como mecanismo de ordenação de arquivos que não caibam inteiramente na memória principal? Justifique sua resposta.

b) Um sistema de memória virtual melhora ou não o desempenho de um algoritmo de pesquisa em uma árvore B? Por quê?

2. Localidade de Referência (Meira Jr., 2008).

a) Conceitue **localidade de referência espacial**.

b) Descreva uma estratégia de medição de localidade de referência espacial.

c) Conceitue **localidade de referência temporal**.

d) Descreva uma estratégia de medição de localidade de referência temporal.

e) Apresente um trecho de programa que tenha localidade de referência ruim (temporal e/ou espacial) e explique porque ele exibe esse comportamento.

f) Discuta o que pode ser feito para melhorar a localidade de referência do trecho de programa apresentado e como a sua estratégia de medição auxilia para detectar o problema e indicar uma solução.

3. Árvore B

a) Construa uma árvore B de ordem $m = 1$ para as seguintes chaves: 15, 10, 30, 40, 5, 20, 12.

b) Retire a chave 15 e depois a chave 20 da árvore obtida no primeiro item.

c) Considere acesso concorrente. Explique como se processa a retirada da chave 15 no item anterior usando um protocolo para processos modificadores.

4. Árvore B (Meira Jr., 2008).

Considere uma árvore B em que cada folha pode conter até 4 registros. Seja M o dia do seu nascimento. Na retirada de registros que estejam em nós internos, considere apenas o antecessor. A árvore inicial é:

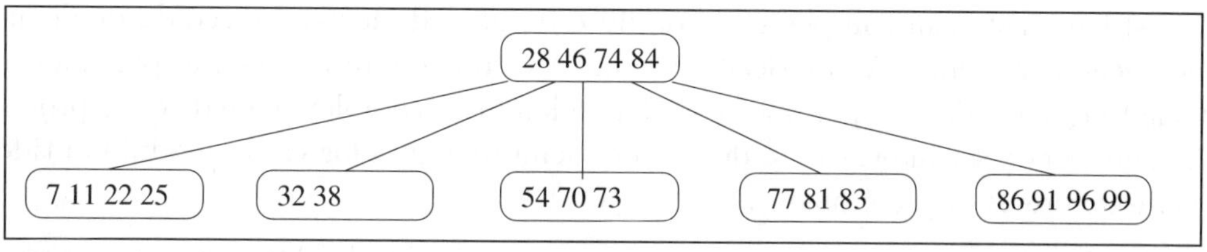

a) Mostre a árvore após serem inseridos os seguintes registros: M, 61, 71, 65 e 55, nessa ordem.

b) Insira as chaves 58, 60, 2 e 4 na árvore criada no item anterior e mostre a árvore resultante.

c) Retire as chaves M, 54, 32 e 28 da árvore criada no item anterior e mostre a árvore resultante.

d) Retire as chaves 4, 11, 38 e 22 da árvore criada no item anterior e mostre a árvore resultante.

5. Árvore B.

a) Obtenha analiticamente o valor da altura h de uma árvore 2-3 para o melhor e o pior caso.

b) Obtenha empiricamente os resultados a seguir. Utilize um gerador de números aleatórios para gerar as chaves. Repita o experimento para valores diferentes de n. Para cada valor de n, repita o experimento um certo número de vezes para que a média seja representativa.

i) A altura esperada h de uma árvore 2-3 randômica com n chaves. Assuma que a altura esperada é aproximadamente $\log_x n + 1$. Determine empiricamento o valor de x.

ii) A probabilidade de que a página segura mais profunda esteja no primeiro nível da árvore.

iii) O valor da taxa de utilização de memória.

6. Neste trabalho você deve apresentar uma implementação do conjunto de procedimentos para criação de um ambiente de memória virtual paginada em Pascal, conforme descrito na Seção 6.1.2.

O conjunto de procedimentos deverá permitir ao usuário incorporar facilmente um ambiente de memória virtual ao seu programa para poder organizar o fluxo de dados entre a memória primária e a memória secundária. Para isso, procure colocar todos os procedimentos e declarações de tipos em um único arquivo chamado SMV.PAS. Esse arquivo poderá ser incorporado a qualquer programa escrito em Pascal, o qual deverá aparecer antes das declarações de variáveis do usuário.

O tamanho máximo de cada estrutura de dados utilizada pelo sistema deverá ser definido por meio de constantes que poderão facilmente ser ajustadas pelos usuários diretamente no arquivo SMV.PAS, de acordo com suas conveniências.

O que cada aluno deve fornecer:

a) Uma listagem completa do conjunto de procedimentos precedida de documentação pertinente. A descrição de cada procedimento deverá conter pelo menos a sua função e a de seus parâmetros. Dependendo da complexidade de cada procedimento, pode ser interessante descrever sucintamente a lógica do módulo obtido (evite descrever o que é óbvio).

b) Uma listagem de um programa de demonstração (DEMO) que mostre claramente ao usuário como utilizar o pacote SMV.PAS. O programa DEMO deve servir também para mostrar toda a flexibilidade e potencial do SMV.PAS.

c) Teste do Sistema.

Para testar os vários módulos do sistema de paginação, você deve gerar um arquivo em disco contendo algumas páginas (para fins de teste você pode utilizar uma página de tamanho pequeno, digamos 32 *bytes*). O arquivo de teste em disco deverá conter as páginas de uma árvore binária de pesquisa sem balanceamento, conforme mostrado no Programa 6.1.

É importante criar procedimentos para mostrar o conteúdo de todas as páginas em disco, da fila de Moldura de Páginas e da Tabela de Páginas. Esses procedimentos devem ser chamados pelo programa de teste nos momentos mais interessantes para se verificar o comportamento do sistema (talvez seja interessante realizar uma adaptação do programa DEMO para fins de testar o SMV conforme descrito anteriormente). A impressão de todos esses momentos deve ser fornecida junto à listagem do programa de teste.

7. O objetivo deste trabalho é projetar e implementar um sistema de programas para recuperar, inserir e retirar registros de um arquivo que pode conter milhões de registros. A aplicação que utiliza o arquivo é bastante dinâmica, existindo um grande número de consultas e atualizações (inserções, retiradas e alterações de registros). Além do mais, a aplicação requer periodicamente a recuperação total ou parcial dos registros na ordem lexicográfica das chaves. Essas características sugerem fortemente a utilização de **árvore B** como estrutura de dados. O que fazer:

a) Para implementar os algoritmos de pesquisa, inserção e retirada em uma árvore B de ordem m, utilize o pacote SMV.PAS proposto em exercício anterior, para criar um ambiente de memória virtual e resolver o problema de fluxo de dados entre as memórias primária e secundária.

b) Para testar o seu sistema de programas para uma árvore B de ordem $m = 2$, utilize a seguinte sequência de chaves:

Inserção:

20; 10 40 50 30; 55 3 11 4 28; 36; 33 52 17 25 13; 45 9 43 8 48;

A cada ponto e vírgula você deverá imprimir a árvore.

Retirada:

45 30 28; 50 8; 10 4 20 40 55; 17 33 11 36; 3 11 52;

A cada ponto e vírgula você deverá imprimir a árvore.

c) Para ter uma ideia da eficiência do método de acesso construído, faça a medida do tempo de execução para:

i) Construir árvores B de tamanhos 1.000, 10.000 e 50.000 chaves geradas randomicamente por meio de um gerador de números aleatórios. A medida de tempo deve ser tomada de forma independente para cada uma das três árvores. A ordem m das árvores deve ser tal que o tamanho da página seja igual a ou menor do que 512 *bytes*.

ii) Para a maior das três árvores que você conseguiu construir, gere aleatoriamente um conjunto de 200 chaves e realize uma pesquisa na árvore para cada chave. Caso haja chaves que não estejam presentes no arquivo, informe quantas pesquisas foram com sucesso e quantas foram sem sucesso. Com essa medida podemos ter uma ideia do tempo aproximado para pesquisar um registro no arquivo.

Atenção: procure interpretar os resultados obtidos. Por exemplo, você deve informar qual foi o número de Molduras de Páginas utilizadas para os experimentos acima (com 256 *Kbytes* de memória real disponível é possível manter cerca de 120 molduras na memória principal). Quaisquer outras observações relevantes devem ser relatadas.

Observações:

a) A pesquisa da chave de um registro dentro de uma página da árvore B pode ser feita por meio de uma pesquisa sequencial.

b) A decisão sobre a documentação a ser apresentada fica por conta do aluno.

8. Modifique a implementação do procedimento original apresentado no Programa 6.5 para que a pesquisa da chave dentro de uma página da árvore B seja realizada por meio de uma pesquisa binária.

9. Desejamos informatizar o sistema de apoio ao serviço de auxílio à lista fornecido por uma empresa prestadora de serviços telefônicos. Neste sistema, devemos especificar um programa que gerenciará o acesso ao arquivo em disco magnético que contém informações sobre assinantes. Em uma consulta típica, o cliente fornece o nome de um assinante (ou parte dele) à telefonista que, usando este programa, consulta o arquivo em disco. A chave de acesso para esse arquivo é formada pelo primeiro nome e o último sobrenome de cada assinante. Como assinantes diferentes podem ter a mesma chave, o programa fornece uma lista com os dados de todos os assinantes cuja chave é igual à fornecida pelo cliente. De posse desta lista e consultando verbalmente o cliente, a telefonista determina o assinante que está sendo procurado e fornece o seu número do telefone.

Vamos comparar duas diferentes propostas de organização do arquivo com os dados dos assinantes. Supor que sejam 1.000.000 de assinantes e cada registro tenha 200 *bytes*, incluindo a chave (o nome e o sobrenome do assinante), que tem 20 *bytes*. Suponha que a unidade de disco tenha um bloco com 1.024 *bytes* e que para endereçar cada bloco sejam necessários 11 *bytes*.

Devemos decidir qual a melhor organização de arquivo a ser adotada entre a sequencial, indexada, árvore B ou árvore B^*.

a) Faça um esboço de cada uma destas organizações.

b) Qual o número esperado de acessos a disco para uma pesquisa típica em cada uma destas alternativas? Por quê?

c) Qual a alternativa que você sugeriria? Por quê?

d) Ordene estas opções (da melhor para a pior), considerando cada um dos seguintes aspectos e justifique:

i) a rapidez de acesso a determinado registro;

ii) a rapidez de acesso a uma lista de registros cujas chaves sejam iguais;

iii) a facilidade de atualização.

Capítulo 7

Algoritmos em Grafos

Muitas aplicações em computação necessitam considerar um conjunto de conexões entre pares de objetos. Os relacionamentos derivados dessas conexões podem ser usados para responder a questões tais como: existe um caminho para ir de um objeto a outro seguindo as conexões? Qual é a menor distância entre um objeto e outro? Quantos outros objetos podem ser alcançados a partir de um determinado objeto? Existe um tipo abstrato chamado grafo que é usado para modelar tais situações. Entre centenas de problemas práticos que podem ser resolvidos por meio de uma modelagem em grafos, podemos citar alguns, a saber:

- Quando navegamos na Web, encontramos documentos que contêm referências a outros documentos, e o usuário da rede move-se de um documento para outro ao seguir as referências. A Web pode ser modelada como um imenso grafo no qual os objetos são documentos e as conexões são elos (do inglês *links*). Algoritmos para processamento de grafos constituem componentes importantes das máquinas de busca que ajudam os usuários a localizar informação relevante na Web.
- Pessoas concorrem ao processo seletivo em escolas, universidades ou algum tipo de emprego. Nesse caso, objetos são pessoas e instituições, e as conexões são as inscrições. Existem algoritmos em grafos para descobrir os melhores casamentos (do inglês *matching*) entre pessoas interessadas e posições disponíveis.
- Em um planejamento para visitar cidades de uma região turística, uma quer saber qual é o caminho mais curto para realizar o roteiro. Nesse caso, os objetos são cidades, e as conexões são as distâncias entre as cidades.

Algoritmos para a manipulação de grafos têm enorme importância na ciência da computação e os algoritmos para trabalhar com eles são fundamentais para a área. Neste capítulo apresentamos os algoritmos básicos para lidar com alguns dos problemas mais importantes relacionados aos grafos.

7.1 Definições Básicas

Um **grafo** é constituído de um conjunto de vértices e um conjunto de arestas conectando pares de vértices. Um vértice é um objeto simples que pode ter nome e outros atributos. Para um grafo contendo $|V|$ vértices, os nomes dos vértices terão valores entre 0 e $|V|-1$. Quando os vértices têm nomes arbitrários, para os algoritmos apresentados neste capítulo é necessário criar um mapeamento $1-1$ entre os nomes arbitrários e os $|V|$ inteiros entre 0 e $|V|-1$.

Um **grafo direcionado** G é um par (V, A), em que V é um conjunto finito de vértices e A é um conjunto de arestas com uma relação binária em V. A Figura 7.1(a) apresenta um grafo direcionado sobre o conjunto de vértices $V = \{0, 1, 2, 3, 4, 5\}$ e de arestas $A = \{(0,1), (0,3), (1,2), (1,3), (2,2), (2,3), (3,0), (5,4)\}$. Vértices são representados por círculos e arestas são representadas por setas. Em grafos direcionados podem existir arestas de um vértice para si mesmo, chamadas ***self-loops***.

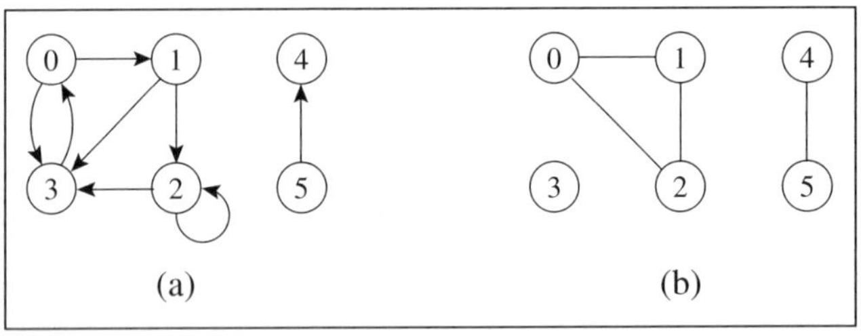

Figura 7.1 *(a) Grafo direcionado; (b) Grafo não direcionado.*

Um **grafo não direcionado** G é um par (V, A), em que o conjunto de arestas A é constituído de pares de vértices não ordenados. As arestas (u, v) e (v, u) são consideradas como uma única aresta. Em um grafo não direcionado, *self-loops* não são permitidos. A Figura 7.1(b) apresenta um grafo não direcionado sobre o conjunto de vértices $V = \{0, 1, 2, 3, 4, 5\}$ e de arestas $A = \{(0,1), (0,2), (1,2), (4,5)\}$.

Em um grafo direcionado, a aresta (u, v) sai do vértice u e entra no vértice v. Por exemplo, na Figura 7.1(a) os arcos que saem do vértice 2 são $(2,2)$ e $(2,3)$, e os arcos que incidem sobre o vértice 2 são $(1,2)$ e $(2,2)$. Se (u, v) é uma aresta no grafo $G = (V, A)$, o vértice v é **adjacente** ao vértice u. Quando o grafo é não direcionado, a relação de adjacência é simétrica. Em grafos direcionados, a relação de adjacência não é necessariamente simétrica. Nas partes (a) e (b) da Figura 7.1 o vértice 1 é adjacente ao vértice 0, uma vez que a aresta $(0,1)$ pertence aos dois grafos. Entretanto, o vértice 0 não é adjacente ao vértice 1 na Figura 7.1(a), uma vez que a aresta $(1,0)$ não pertence ao grafo.

Importante observar que a notação utilizada no decorrer do livro para representar uma aresta é a mesma para grafos direcionados e grafos não direcionados. Assim, a aresta direcionada $(0,1)$ na Figura 7.1(a) é diferente da aresta não direcionada $(0,1)$ na Figura 7.1(b), apesar da notação ser igual para os dois casos.

O **grau de um vértice** em um grafo não direcionado é o número de arestas que incidem nele. Por exemplo, o vértice 1 na Figura 7.1(b) tem grau 2. Um vértice de grau 0, tal como o vértice 3 na Figura 7.1(b), é dito **isolado** ou **não conectado**. Em um grafo direcionado, o grau de um vértice corresponde ao número de arestas que saem do vértice (***out-degree***) mais o número de arestas que chegam ao vértice (***in-degree***). Por exemplo, o vértice 2 da Figura 7.1(a) tem *in-degree* 2, *out-degree* 2 e grau 4.

Um **caminho** de **comprimento** k de um vértice x a um vértice y em um grafo $G = (V, A)$ é uma sequência de vértices $(v_0, v_1, v_2, \ldots, v_k)$ tal que $x = v_0$, $y = v_k$ e $(v_{i-1}, v_i) \in A$ para $i = 1, 2, \ldots, k$. O **comprimento** de um caminho é o número de arestas nele, isto é, o caminho contém os vértices $v_0, v_1, v_2, \ldots, v_k$ e as arestas $(v_0, v_1), (v_1, v_2), \ldots, (v_{k-1}, v_k)$. Se existir um caminho c de x a y, então y é **alcançável** a partir de x via c, o qual algumas vezes escrevemos como $u \overset{c}{\rightsquigarrow} v$ se G for direcionado. Um caminho é **simples** se todos os vértices do caminho forem distintos. Na Figura 7.1(a), o caminho $(0, 1, 2, 3)$ é simples e tem comprimento 3. O caminho $(1, 3, 0, 3)$ não é simples.

Em um grafo direcionado, um caminho $(v_0, v_1, \ldots, v_k)$ forma um **ciclo** se $v_0 = v_k$ e o caminho contém pelo menos uma aresta. O ciclo é **simples** se os vértices $v_1, v_2, \ldots, v_k$ são distintos. O *self-loop* é um ciclo de tamanho 1. Na Figura 7.1(a), o caminho $(0, 1, 2, 3, 0)$ forma um ciclo. Dois caminhos $(v_0, v_1, \ldots, v_k)$ e $(v'_0, v'_1, \ldots, v'_k)$ formam o mesmo ciclo se existir um inteiro j tal que $v'_i = v_{(i+j) \bmod k}$ para $i = 0, 1, \ldots, k-1$. Na Figura 7.1(a), o caminho $(0, 1, 3, 0)$ forma o mesmo ciclo que os caminhos $(1, 3, 0, 1)$ e $(3, 0, 1, 3)$. Em um grafo não direcionado, um caminho $(v_0, v_1, \ldots, v_k)$ forma um **ciclo** se $v_0 = v_k$ e o caminho contiver pelo menos três arestas. O ciclo é **simples** se os vértices $v_1, v_2, \ldots, v_k$ forem distintos. Por exemplo, na Figura 7.1(b) o caminho $(0, 1, 2, 0)$ é um ciclo. Um grafo sem ciclos é um grafo **acíclico**.

Um grafo não direcionado é **conectado** se cada par de vértices estiver conectado por um caminho. Os **componentes conectados** são conjuntos de vértices sob a relação "é alcançável a partir de", isto é, são porções conectadas de um grafo. O grafo na Figura 7.1(b) tem três componentes: $\{0, 1, 2\}$, $\{4, 5\}$ e $\{3\}$. Um grafo não direcionado é conectado se ele tiver exatamente um componente conectado, isto é, cada vértice for alcançável a partir de qualquer outro vértice.

Um grafo direcionado $G = (V, A)$ é **fortemente conectado** se cada dois vértices quaisquer forem alcançáveis a partir um do outro. Os **componentes fortemente conectados** de um grafo direcionado são as classes de equivalência de vértices sob a relação "são mutuamente alcançáveis". O grafo na Figura 7.1(a) tem três componentes fortemente conectados: $\{0, 1, 2, 3\}$, $\{4\}$ e $\{5\}$. Todos os pares em $\{0, 1, 2, 3\}$ são mutuamente alcançáveis, e os vértices $\{4, 5\}$ não formam um componente fortemente conectado porque o vértice 5 não é alcançável a partir do vértice 4. Um **grafo direcionado fortemente conectado** tem apenas um componente fortemente conectado.

Dois grafos $G = (V, A)$ e $G' = (V', A')$ são **isomorfos** se existir uma bijeção $f : V \to V'$, tal que $(u, v) \in A$ se e somente se $(f(u), f(v)) \in A'$. Em outras palavras, é possível re-rotular os vértices de G para serem rótulos de G' mantendo as arestas correspondentes em G e G'. A Figura 7.2 mostra dois grafos isomorfos G e G' com conjuntos de vértices $V = \{0,1,2,3,4,5,6,7\}$ e $V' = \{s,t,u,v,w,x,y,z\}$, respectivamente.

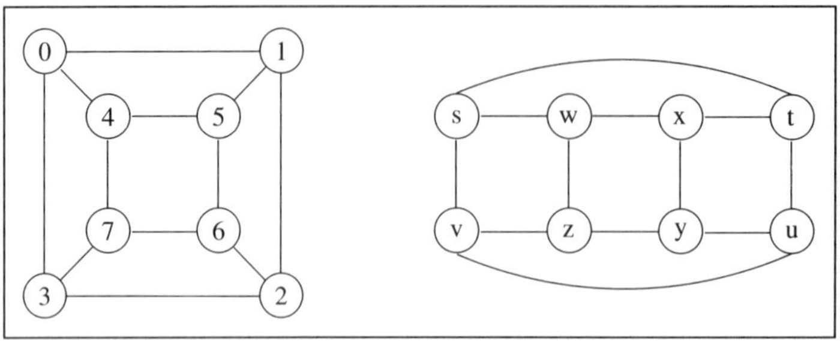

Figura 7.2 *Dois grafos isomorfos.*

Um grafo $G' = (V', A')$ é um **subgrafo** de $G = (V, A)$ se $V' \subseteq V$ e $A' \subseteq A$. Dado um conjunto $V' \subseteq V$, o subgrafo induzido por V' é o grafo $G' = (V', A')$, em que $A' = \{(u,v) \in A | u,v \in V'\}$. O subgrafo induzido pelo conjunto de vértices $\{1,2,4,5\}$ na Figura 7.1(a) é mostrado na Figura 7.3 e possui o conjunto de arestas $\{(1,2),(2,2),(5,4)\}$.

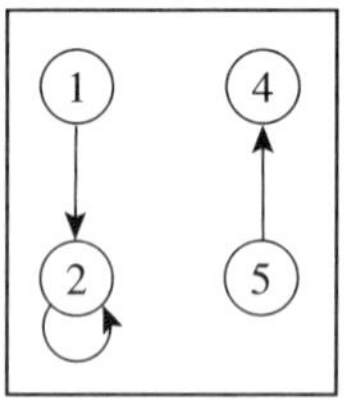

Figura 7.3 *Subgrafo do grafo da Figura 7.1(a) induzido pelo conjunto de vértices* $\{1,2,4,5\}$.

A versão direcionada de um grafo não direcionado $G = (V, A)$ é um grafo direcionado $G' = (V', A')$, em que $(u,v) \in A'$ se e somente se $(u,v) \in A$. Ou seja, cada aresta não direcionada (u,v) em G é substituída por duas arestas direcionadas (u,v) e (v,u), conforme ilustra a Figura 7.4.

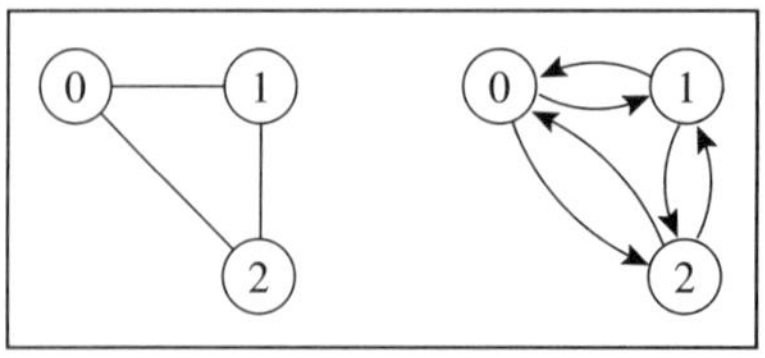

Figura 7.4 *Versão direcionada de um grafo não direcionado.*

A versão não direcionada de um grafo direcionado $G = (V, A)$ é um grafo não direcionado $G' = (V', A')$, no qual $(u, v) \in A'$ se e somente se $u \neq v$ e $(u, v) \in A$ ou $(v, u) \in A$. Ou seja, a versão não direcionada contém as arestas de G sem a direção e sem os *self-loops*. A Figura 7.5 apresenta a versão não direcionada do grafo direcionado apresentado na Figura 7.1(a). Em um grafo direcionado $G = (V, A)$, um **vizinho** de um vértice u é qualquer vértice adjacente a u na versão não direcionada de G. Em um grafo não direcionado, u e v são vizinhos se eles forem adjacentes.

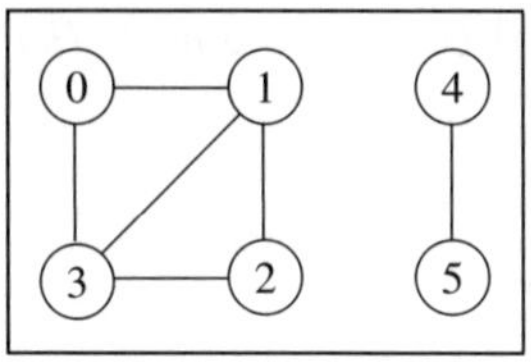

***Figura 7.5** Versão não direcionada do grafo direcionado apresentado na Figura 7.1(a).*

Um **grafo ponderado** possui pesos associados às suas arestas. Esses pesos podem representar, por exemplo, custos ou distâncias. Um **grafo bipartido** é um grafo não direcionado $G = (V, A)$, no qual V pode ser particionado em dois conjuntos V_1 e V_2 tal que $(u, v) \in A$ implica que $u \in V_1$ e $v \in V_2$ ou $u \in V_2$ e $v \in V_1$, isto é, todas as arestas ligam os dois conjuntos V_1 e V_2.

Um **hipergrafo** é como um grafo não direcionado em que cada aresta conecta um número arbitrário de vértices, em vez de conectar dois vértices apenas. Hipergrafos são utilizados na Seção 5.5.4 sobre ***hashing* perfeito**. Na Seção 7.10 é apresentada uma estrutura de dados mais adequada para representar um hipergrafo.

Um **grafo completo** é um grafo não direcionado no qual todos os pares de vértices são adjacentes, isto é, possui arestas ligando todos os vértices entre si. Como um grafo direcionado pode ter no máximo $|V|^2$ arestas, então o grafo completo possui $(|V|^2 - |V|)/2 = |V|(|V| - 1)/2$ arestas, pois do total de $|V|^2$ pares possíveis de vértices devemos subtrair $|V|$ *self-loops* e dividir por 2, já que cada aresta ligando dois vértices é contada duas vezes no grafo direcionado. O número total de **grafos diferentes** com $|V|$ vértices é $2^{|V|(|V|-1)/2}$, valor que corresponde ao número de maneiras diferentes de escolher um subconjunto a partir de $|V|(|V| - 1)/2$ possíveis arestas.

Uma **árvore livre** é um grafo não direcionado acíclico e conectado. É comum omitir-se o adjetivo "livre" quando dizemos que o grafo é uma árvore. Uma **floresta** é um grafo não direcionado acíclico, podendo ou não ser conectado. A Figura 7.6(a) mostra uma árvore livre e a Figura 7.6(b) mostra uma floresta. Na literatura é comum chamar um **grafo direcionado acíclico** de *dag* (do inglês *directed acyclic graph*). Uma **árvore geradora** de um grafo conectado $G = (V, A)$ é um subgrafo que contém todos os vértices de G e forma uma árvore, conforme mostra a Figura 7.16(b) na Seção 7.8. Uma **floresta geradora** de um grafo $G = (V, A)$ é um subgrafo que contém todos os vértices de G e forma uma floresta.

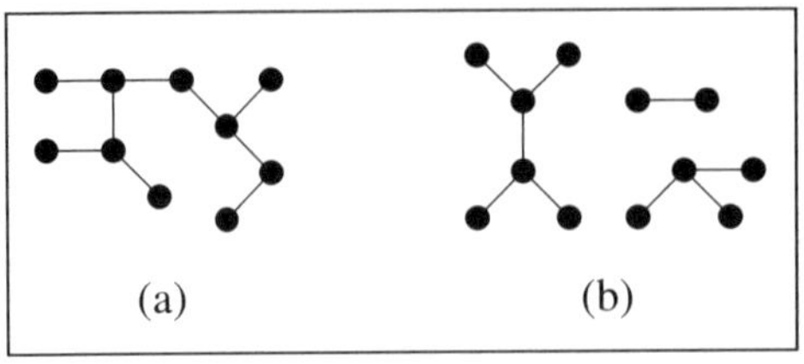

Figura 7.6 (a) Uma árvore livre; (b) Uma floresta.

7.2 O Tipo Abstrato de Dados Grafo

É importante considerar os algoritmos em grafos como **tipos abstratos de dados**, com um conjunto de operações associado a uma estrutura de dados, de tal forma que haja uma independência de implementação para as operações. Algumas das operações mais comuns incluem:

1. FGVazio(Grafo): Cria um grafo vazio. O procedimento retorna em Grafo um grafo contendo $|V|$ vértices e nenhuma aresta.
2. InsereAresta(V_1,V_2,Peso,Grafo): Insere uma aresta no grafo. O procedimento recebe a aresta (V_1, V_2) e seu Peso para serem inseridos em Grafo.
3. ExisteAresta(V_1,V_2,Grafo): Verifica se existe uma determinada aresta. A função retorna *true* se a aresta (V_1, V_2) está presente em Grafo, senão retorna *false*.
4. Obtém a lista de vértices adjacentes a um determinado vértice. Esta operação aparece na maioria dos algoritmos em grafos e, pela sua importância, será tratada separadamente logo a seguir.
5. RetiraAresta(V_1,V_2,Peso,Grafo): Retira uma aresta do grafo. O procedimento retira a aresta (V_1, V_2) de Grafo, retornando o peso da aresta na variável Peso.
6. LiberaGrafo(Grafo): Libera o espaço ocupado por um grafo. O procedimento libera toda a memória alocada para o grafo quando houve alocação dinâmica de memória, como no caso do uso de listas encadeadas.
7. ImprimeGrafo(Grafo): Imprime um grafo.
8. GrafoTransposto(Grafo,GrafoT): Obtém o transposto de um grafo direcionado. O procedimento é apresentado na Seção 7.7.
9. RetiraMin(A): Obtém a aresta de menor peso de um grafo. A função retira a aresta de menor peso dentre as arestas armazenadas no vetor A.

Uma operação que aparece com frequência é a de obter a lista de vértices adjacentes a um determinado vértice. Para implementar este operador de forma independente da representação escolhida para a aplicação em pauta, precisamos de três operações sobre grafos, a saber:

1. ListaAdjVazia(v, Grafo) é uma função que retorna *true* se a lista de adjacentes de v está vazia, senão retorna *false*.
2. PrimeiroListaAdj(v, Grafo) é uma função que retorna o endereço do primeiro vértice na lista de adjacentes de v.
3. ProxAdj(v, Grafo, u, Peso, Aux, FimListaAdj) é um procedimento que retorna o vértice u (apontado por Aux) da lista de adjacentes de v, bem como o peso relacionado à aresta (v, u). Ao retornar, Aux aponta para o próximo vértice da lista de adjacentes de v, e a variável booleana FimListaAdj retorna *true* se o final da lista de adjacentes for encontrado, senão retorna *false*.

Assim, em algoritmos sobre grafos é comum encontrar um pseudocomando do tipo:

for u ∈ ListaAdjacentes (v) **do** { faz algo com u }

O Programa 7.1 apresenta um possível refinamento do pseudocomando.

Programa 7.1 *Trecho de programa para obter lista de adjacentes de um vértice de um grafo*

```
if not ListaAdjVazia (v, Grafo)
then begin
       Aux := PrimeiroListaAdj (v, Grafo);
       FimListaAdj := false;
       while not FimListaAdj do
         ProxAdj (v, Grafo, u, Peso, Aux, FimListaAdj);
     end;
```

Existem duas representações usuais para grafos: as matrizes de adjacência e as listas de adjacência. A Seção 7.2.1 apresenta a implementação de matrizes de adjacência usando arranjos. A Seção 7.2.2 apresenta a implementação de listas de adjacência usando apontadores, e a Seção 7.2.3 apresenta a implementação de listas de adjacência usando arranjos. Qualquer uma dessas representações pode ser usada tanto para grafos direcionados quanto para grafos não direcionados.

7.2.1 Implementação por meio de Matrizes de Adjacência

A **matriz de adjacência** de um grafo $G = (V, A)$ contendo n vértices é uma matriz $n \times n$ de *bits*, em que $A[i, j]$ é 1 (ou verdadeiro, no caso de booleanos) se e somente se existir um arco do vértice i para o vértice j. Para grafos ponderados,

$A[i, j]$ contém o rótulo ou peso associado à aresta e, nesse caso, a matriz não é de *bits*. Se não existir uma aresta de i para j, então é necessário utilizar um valor que não possa ser usado como rótulo ou peso, tal como o valor 0 ou branco, conforme ilustra a Figura 7.7.

	0	1	2	3	4	5
0		1		1		
1			1	1		
2			1	1		
3	1					
4						
5					1	

(a)

	0	1	2	3	4	5
0		1	1			
1	1		1			
2	1	1				
3						
4						1
5					1	

(b)

Figura 7.7 *Representação por matrizes de adjacência. (a) Representação para o grafo direcionado da Figura 7.1(a); (b) Representação para o grafo não direcionado da Figura 7.1(b).*

A representação por matrizes de adjacência deve ser utilizada para grafos **densos**, em que $|A|$ é próximo de $|V|^2$. Nessa representação, o tempo necessário para acessar um elemento é independente de $|V|$ ou $|A|$. Logo, essa representação é muito útil para algoritmos em que necessitamos saber com rapidez se existe uma aresta ligando dois vértices. A maior desvantagem de usar matrizes de adjacência para representar grafos é que a matriz necessita $\Omega(|V|^2)$ de espaço. Isso significa que simplesmente ler ou examinar a matriz tem complexidade de tempo $O(|V|^2)$.

Em um tipo estruturado arranjo de duas dimensões, os itens são armazenados em posições contíguas de memória, e a inserção de um novo vértice ou retirada de um vértice já existente pode ser realizada com custo constante. O campo Mat é o principal componente do registro TipoGrafo mostrado no Programa 7.2. Os itens são armazenados em um **array** de duas dimensões de tamanho suficiente para armazenar o grafo. As constantes MaxNumVertices e MaxNumArestas definem o maior número de vértices e de arestas que o grafo pode ter.

Programa 7.2 *Estrutura do tipo grafo implementado como matriz de adjacência*

```
const MAXNUMVERTICES = 100;
      MAXNUMARESTAS  = 4500;
type
  TipoValorVertice = 0..MAXNUMVERTICES;
  TipoPeso         = integer;
  TipoGrafo        = record
                       Mat: array[TipoValorVertice,TipoValorVertice]
                            of TipoPeso;
                       NumVertices: 0..MAXNUMVERTICES;
                       NumArestas : 0..MAXNUMARESTAS;
                     end;
  TipoApontador    = TipoValorVertice;
```

Uma possível implementação para as primeiras sete operações definidas anteriormente é mostrada no Programa 7.3.

Programa 7.3 *Operadores sobre grafos implementados como matrizes de adjacência*

```
procedure FGVazio (var Grafo: TipoGrafo);
var i, j: integer;
begin
  for i := 0 to Grafo.NumVertices do
    for j := 0 to Grafo.NumVertices do
      Grafo.mat[i, j] := 0;
end;

procedure InsereAresta (V1, V2: TipoValorVertice;
                        Peso  : TipoPeso; var Grafo : TipoGrafo);
begin
  Grafo.Mat[V1, V2] := peso;
end;

function ExisteAresta (Vertice1, Vertice2: TipoValorVertice;
                       var Grafo: TipoGrafo): boolean;
begin
  ExisteAresta := Grafo.Mat[Vertice1, Vertice2] > 0;
end; { ExisteAresta }

{-- Operadores para obter a lista de adjacentes --}
function ListaAdjVazia (Vertice: TipoValorVertice;
                        var Grafo: TipoGrafo): boolean;
var Aux: TipoApontador;  ListaVazia: boolean;
begin
  ListaVazia := true;  Aux := 0;
  while (Aux < Grafo.NumVertices) and ListaVazia do
    if Grafo.Mat[Vertice, Aux] > 0
    then ListaVazia := false
    else Aux := Aux + 1;
  ListaAdjVazia := ListaVazia = true;
end; { ListaAdjVazia }

function PrimeiroListaAdj (Vertice: TipoValorVertice;
                           var Grafo: TipoGrafo): TipoApontador;
var Aux: TipoApontador;  ListaVazia: boolean;
begin
  ListaVazia := true;  Aux := 0;
  while (Aux < Grafo.NumVertices) and ListaVazia do
    if Grafo.Mat[Vertice, Aux] > 0
    then begin PrimeiroListaAdj := Aux; ListaVazia := false; end
    else Aux := Aux + 1;
  if Aux = Grafo.NumVertices
  then writeln ('Erro: Lista adjacencia vazia (PrimeiroListaAdj)');
end; { PrimeiroListaAdj }
```

Continuação do Programa 7.3

```
procedure ProxAdj (Vertice          : TipoValorVertice;
                   var Grafo        : TipoGrafo;
                   var Adj          : TipoValorVertice;
                   var Peso         : TipoPeso;
                   var Prox         : TipoApontador;
                   var FimListaAdj  : boolean);
{—Retorna Adj apontado por Prox—}
begin
  Adj := Prox; Peso := Grafo.Mat[Vertice, Prox]; Prox := Prox + 1;
  while (Prox < Grafo.NumVertices) and (Grafo.Mat[Vertice,Prox] = 0) do
    Prox := Prox + 1;
  if Prox = Grafo.NumVertices then FimListaAdj := true;
end; { ProxAdj }

procedure RetiraAresta (V1, V2: TipoValorVertice;
                        var Peso: TipoPeso; var Grafo: TipoGrafo);
begin
  if Grafo.Mat[V1, V2] = 0
  then writeln ('Aresta nao existe')
  else begin Peso := Grafo.Mat[V1, V2]; Grafo.Mat[V1, V2] := 0; end;
end; { RetiraAresta }

procedure LiberaGrafo (var Grafo: TipoGrafo);
begin
  { Nao faz nada no caso de matrizes de adjacencia }
end; { LiberaGrafo }

procedure ImprimeGrafo (var Grafo : TipoGrafo);
var i, j: integer;
begin
  write ('    ');
  for i := 0 to Grafo.NumVertices-1 do write (i:3);
  writeln;
  for i := 0 to Grafo.NumVertices-1 do
    begin
    write (i:3);
    for j := 0 to Grafo.NumVertices-1 do write (Grafo.mat[i, j]:3);
    writeln;
    end;
end; { ImprimeGrafo }
```

7.2.2 Implementação por meio de Listas de Adjacência Usando Apontadores

A representação de um grafo $G = (V, A)$ por **listas de adjacência** consiste de um arranjo *Adj* de $|V|$ listas, uma para cada vértice em V. Para cada $u \in V$, a lista de adjacentes $Adj[u]$ contém todos os vértices v tal que existe uma aresta $(u, v) \in A$, isto é, $Adj[u]$ contém todos os vértices adjacentes a u em G. Os vértices de uma lista de adjacência são em geral armazenados em uma ordem arbitrária. A representação por listas de adjacências possui uma complexidade de espaço $O(|V|+|A|)$, sendo pois indicada para grafos **esparsos**, em que $|A|$ é muito menor do que $|V|^2$. Essa representação é compacta e geralmente utilizada na maioria das aplicações. Entretanto, a principal desvantagem dessa representação é que ela pode ter tempo $O(|V|)$ para determinar se existe uma aresta entre o vértice i e o vértice j, uma vez que podem existir $O(|V|)$ vértices na lista de adjacentes do vértice i.

A implementação de listas de adjacências pode ser realizada por meio das duas estruturas de dados usuais para representar listas lineares: apontadores e posições contíguas de memória. Esta seção apresenta a implementação de listas de adjacência usando apontadores, e a próxima apresenta a implementação de listas de adjacência usando posições contíguas de memória mediante arranjos.

As Figuras 7.8(a) e 7.8(b) apresentam a representação para listas de adjacência usando apontadores para um grafo direcionado contendo quatro vértices e três arestas e para um grafo não direcionado contendo quatro vértices e duas arestas, respectivamente. Note que cada aresta é representada duas vezes no grafo não direcionado.

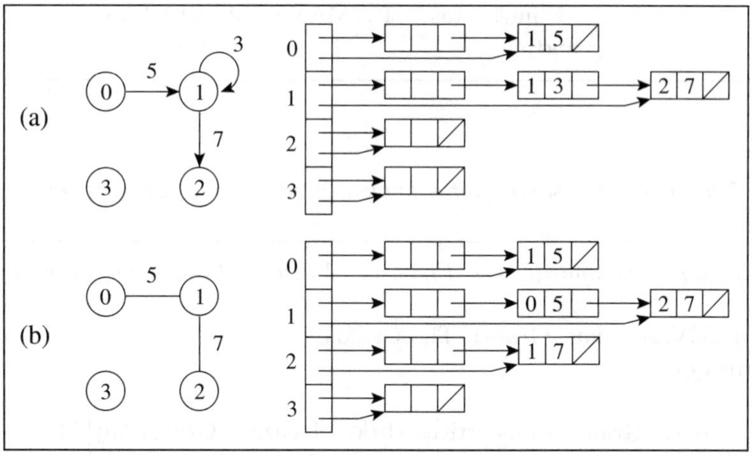

Figura 7.8 *Representação para listas de adjacência usando apontadores. (a) Grafo direcionado; (b) Grafo não direcionado.*

No uso de apontadores, a lista é constituída de células, em que cada célula contém um item da lista e um apontador para a célula seguinte. O registro TipoLista contém um apontador para a célula cabeça e um apontador para a última célula da lista, conforme mostra o Programa 7.4.

Uma possível implementação para as operações definidas anteriormente é mostrada no Programa 7.5.

Programa 7.4 *Estrutura do tipo grafo implementado como listas encadeadas usando apontadores*

```
const MAXNUMVERTICES = 100;
      MAXNUMARESTAS  = 4500;
type
  TipoValorVertice = 0..MAXNUMVERTICES;
  TipoPeso         = integer;
  TipoItem         = record
                       Vertice: TipoValorVertice;
                       Peso   : TipoPeso;
                     end;
  TipoApontador    = ^TipoCelula;
  TipoCelula       = record
                       Item: TipoItem;
                       Prox: TipoApontador;
                     end;
  TipoLista        = record
                       Primeiro: TipoApontador;
                       Ultimo: TipoApontador;
                     end;
  TipoGrafo        = record
                      Adj        : array[TipoValorVertice] of TipoLista;
                      NumVertices: TipoValorVertice;
                      NumArestas : 0..MAXNUMARESTAS;
                     end;
```

Programa 7.5 *Operadores sobre grafos implementados como listas de adjacência usando apontadores*

```
{-- Entram aqui os operadores FLVazia, Vazia e Insere do Programa 3.4 --}

procedure FGVazio (var Grafo: TipoGrafo);
var i: integer;
begin
  for i := 0 to Grafo.NumVertices-1 do FLVazia (Grafo.Adj[i]);
end; { FGVazio }

procedure InsereAresta (V1, V2     : TipoValorVertice;
                        Peso       : TipoPeso;
                        var Grafo: TipoGrafo);
var x      : TipoItem;
begin
  x.Vertice := V2;
  x.Peso    := Peso;
  Insere (x, Grafo.Adj[V1]);
end; { InsereAresta }
```

Continuação do Programa 7.5

```
function ExisteAresta (Vertice1, Vertice2: TipoValorVertice;
                       var Grafo: TipoGrafo): boolean;
var Aux: TipoApontador; EncontrouAresta: boolean;
begin
  Aux := Grafo.Adj[Vertice1].Primeiro^.Prox;
  EncontrouAresta := false;
  while (Aux <> nil) and (EncontrouAresta = false) do
    begin
    if Vertice2 = Aux^.Item.Vertice then EncontrouAresta := true;
    Aux := Aux^.Prox;
    end;
  ExisteAresta := EncontrouAresta;
end; { ExisteAresta }

{-- Operadores para obter a lista de adjacentes --}
function ListaAdjVazia (Vertice: TipoValorVertice;
                        var Grafo: TipoGrafo): boolean;
begin
  ListaAdjVazia := Grafo.Adj[Vertice].Primeiro =
                   Grafo.Adj[Vertice].Ultimo;
end; { ListaAdjVazia }

function PrimeiroListaAdj (Vertice: TipoValorVertice;
                           var Grafo: TipoGrafo): TipoApontador;
begin
  PrimeiroListaAdj := Grafo.Adj[Vertice].Primeiro^.Prox;
end; { PrimeiroListaAdj }

procedure ProxAdj (Vertice          : TipoValorVertice;
                   var Grafo        : TipoGrafo;
                   var Adj          : TipoValorVertice;
                   var Peso         : TipoPeso;
                   var Prox         : TipoApontador;
                   var FimListaAdj  : boolean);
{--Retorna Adj e Peso do Item apontado por Prox--}
begin
  Adj   := Prox^.Item.Vertice;
  Peso  := Prox^.Item.Peso;
  Prox  := Prox^.Prox;
  if Prox = nil then FimListaAdj := true;
end; { ProxAdj- }

procedure RetiraAresta (V1, V2: TipoValorVertice;
                        var Peso : TipoPeso; var Grafo : TipoGrafo);
var AuxAnterior, Aux: TipoApontador;
    EncontrouAresta: boolean; x: TipoItem;

{-- Entra aqui o operador Retira do Programa 3.4 --}
```

Continuação do Programa 7.5

```
begin { RetiraAresta }
  AuxAnterior := Grafo.Adj[V1].Primeiro;
  Aux := Grafo.Adj[V1].Primeiro^.Prox;
  EncontrouAresta := false;
  while (Aux <> nil) and (EncontrouAresta = false) do
    begin
    if V2 = Aux^.Item.Vertice
    then begin
         Retira (AuxAnterior, Grafo.Adj[V1], x);
         Grafo.NumArestas := Grafo.NumArestas - 1;
         EncontrouAresta := true;
         end;
    AuxAnterior := Aux;  Aux := Aux^.Prox;
    end;
end; { RetiraAresta }

procedure LiberaGrafo (var Grafo: TipoGrafo);
var AuxAnterior, Aux: TipoApontador;
begin
for i:= 0 to Grafo.NumVertices-1 do
  begin
  Aux := Grafo.Adj[i].Primeiro^.Prox;
  dispose (Grafo.Adj[i].Primeiro); {Libera celula cabeca}
  while Aux <> nil do
    begin
    AuxAnterior := Aux; Aux := Aux^.Prox; dispose (AuxAnterior);
    end;
  end;
end; { LiberaGrafo }

procedure ImprimeGrafo (var Grafo : TipoGrafo);
var i: integer;  Aux: TipoApontador;
begin
  for i:= 0 to Grafo.NumVertices-1 do
    begin
    write ('Vertice', i:2,':');
    if not Vazia (Grafo.Adj[i])
    then begin
         Aux := Grafo.Adj[i].Primeiro^.Prox;
         while Aux <> nil do
           begin
           write (Aux^.Item.Vertice:3,' (',Aux^.Item.Peso,')');
           Aux := Aux^.Prox;
           end;
         end;
    writeln;
    end;
end; { ImprimeGrafo }
```

7.2.3 Implementação por meio de Listas de Adjacência Usando Arranjos

As Figuras 7.9(a) e 7.9(b) apresentam a representação para listas de adjacência usando arranjos para um grafo direcionado contendo quatro vértices e três arestas e para um grafo não direcionado contendo quatro vértices e duas arestas, respectivamente. Note que cada aresta é representada duas vezes no grafo não direcionado.

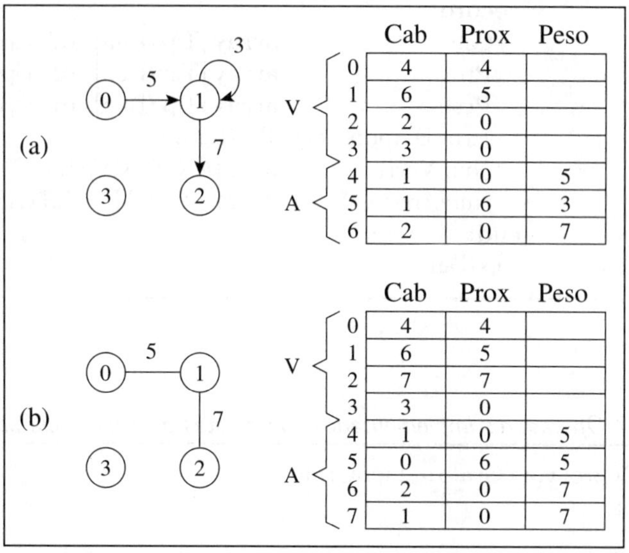

(a)

	Cab	Prox	Peso
0	4	4	
1	6	5	
2	2	0	
3	3	0	
4	1	0	5
5	1	6	3
6	2	0	7

(b)

	Cab	Prox	Peso
0	4	4	
1	6	5	
2	7	7	
3	3	0	
4	1	0	5
5	0	6	5
6	2	0	7
7	1	0	7

Figura 7.9 *Representação para listas de adjacência usando arranjos. (a) Grafo direcionado; (b) Grafo não direcionado.*

O Programa 7.6 mostra a estrutura de dados usada. O registro TipoGrafo contém três arranjos de dimensões entre 0 e $|V| + 2 \times |A|$ cada um: (i) o arranjo Cab, cujas $|V|$ primeiras posições contêm os endereços do último item da lista de adjacentes de cada vértice e as $|A|$ últimas posições contêm os vértices propriamente ditos, (ii) o arranjo Prox, que contém o endereço do próximo item da lista de adjacentes e (iii) o arranjo Peso, o qual contém, nas últimas $|A|$ posições, o valor do peso de cada aresta do grafo. A variável ProxDisponivel contém a próxima posição disponível para inserção de uma nova aresta. As duas variáveis seguintes, NumVertices e NumArestas, contêm o número de vértices e o número de arestas do grafo, respectivamente.

Uma possível implementação para as operações definidas anteriormente é mostrada no Programa 7.7.

Programa 7.6 *Estrutura do tipo grafo implementado como listas de adjacência usando arranjos*

```
const MAXNUMVERTICES = 100;
      MAXNUMARESTAS  = 4500;
      MAXTAM         = MAXNUMVERTICES + 2 * MAXNUMARESTAS;
type
  TipoValorVertice = 0..MAXNUMVERTICES;
  TipoPeso         = integer;
  TipoTam          = 0..MAXTAM;
  TipoGrafo        = record
                       Cab             : array[TipoTam] of TipoTam;
                       Prox            : array[TipoTam] of TipoTam;
                       Peso            : array[TipoTam] of TipoTam;
                       ProxDisponivel: TipoTam;
                       NumVertices     : 0..MAXNUMVERTICES;
                       NumArestas      : 0..MAXNUMARESTAS;
                     end;
  TipoApontador    = TipoTam;
```

Programa 7.7 *Operadores implementados como listas de adjacência usando arranjos*

```
procedure FGVazio(var Grafo: TipoGrafo);
var i: integer;
begin
  for i := 0 to Grafo.NumVertices do
    begin
    Grafo.Prox[i] := 0;  Grafo.Cab[i] := i;
    Grafo.ProxDisponivel := Grafo.NumVertices;
    end;
end;

procedure InsereAresta (V1, V2: TipoValorVertice;
                        Peso  : TipoPeso;
                        var Grafo : TipoGrafo);
var Pos: integer;
begin
  Pos:= Grafo.ProxDisponivel;
  if Grafo.ProxDisponivel = MAXTAM
  then writeln('nao ha espaco disponivel para a aresta')
  else begin
       Grafo.ProxDisponivel := Grafo.ProxDisponivel + 1;
       Grafo.Prox[Grafo.Cab[V1]] := Pos;
       Grafo.Cab[Pos]:= V2;    Grafo.Cab[V1] := Pos;
       Grafo.Prox[Pos] := 0;   Grafo.Peso[Pos] := Peso;
       end;
end; {InsereAresta}
```

Continuação do Programa 7.7

```
function ExisteAresta (Vertice1, Vertice2: TipoValorVertice;
                       var Grafo: TipoGrafo): boolean;
var Aux: TipoApontador; EncontrouAresta: boolean;
begin
  Aux := Grafo.Prox[Vertice1]; EncontrouAresta := false;
  while (Aux <> 0) and (EncontrouAresta = false) do
    begin
    if Vertice2 = Grafo.Cab[Aux] then EncontrouAresta := true;
    Aux := Grafo.Prox[Aux];
    end;
  ExisteAresta := EncontrouAresta;
end; { ExisteAresta }

{-- Operadores para obter a lista de adjacentes --}
function ListaAdjVazia (Vertice: TipoValorVertice;
                        var Grafo: TipoGrafo): boolean;
begin ListaAdjVazia := Grafo.Prox[Vertice] = 0; end;

function PrimeiroListaAdj (Vertice: TipoValorVertice;
                           var Grafo: TipoGrafo): TipoApontador;
begin PrimeiroListaAdj := Grafo.Prox[Vertice]; end;

procedure ProxAdj (Vertice: TipoValorVertice; var Grafo: TipoGrafo;
                   var Adj: TipoValorVertice; var Peso: TipoPeso;
                   var Prox: TipoApontador; var FimListaAdj: boolean);
{--Retorna Adj apontado por Prox--}
begin
  Adj   := Grafo.Cab[Prox];
  Peso  := Grafo.Peso[Prox];
  Prox  := Grafo.Prox[Prox];
  if Prox = 0 then FimListaAdj := true;
end; { ProxAdj- }

procedure RetiraAresta (V1, V2: TipoValorVertice;
                        var Peso: TipoPeso; var Grafo: TipoGrafo);
var Aux, AuxAnterior: TipoApontador; EncontrouAresta : boolean;
begin
  AuxAnterior := V1; Aux := Grafo.Prox[V1]; EncontrouAresta := false;
  while (Aux <> 0) and (EncontrouAresta = false) do
    begin
    if V2 = Grafo.Cab[Aux]
    then EncontrouAresta := true
    else begin AuxAnterior := Aux; Aux := Grafo.Prox[Aux]; end;
    end;
  if EncontrouAresta {-- Apenas marca como retirado --}
  then Grafo.Cab[Aux] := MAXNUMVERTICES + 2*MAXNUMARESTAS
  else writeln('Aresta nao existe');
end; { RetiraAresta }
```

Continuação do Programa 7.7

```
procedure LiberaGrafo (var Grafo: TipoGrafo);
begin
  { Nao faz nada no caso de posicoes contiguas }
end; { LiberaGrafo }

procedure ImprimeGrafo (var Grafo: TipoGrafo);
var i: integer;
begin
  writeln('    Cab Prox Peso');
  for i := 0 to Grafo.NumVertices+2*Grafo.NumArestas-1 do
    writeln(i:2,Grafo.Cab[i]:4,Grafo.Prox[i]:4, Grafo.Peso[i]:4);
end; { ImprimeGrafo }
```

7.2.4 Programa Teste para as Três Implementações

O programa para testar os operadores do tipo abstrato de dados pode ser visto no Programa 7.8. Qualquer uma das três implementações apresentadas nas Seções 7.2.1, 7.2.2 ou 7.2.3 pode ser usada com este programa. Observe que o procedimento que implementa o operador InsereAresta pode ser usado para criar grafos direcionados ou não direcionados. A inserção de uma aresta contendo os vértices v e u em um grafo não direcionado pode ser realizada por meio de duas chamadas de InsereAresta, uma para a aresta (v, u) e outra para a aresta (u, v), como ilustra o Programa 7.8.

Programa 7.8 *Programa teste para operadores do tipo abstrato de dados grafo*

```
program TestaOperadoresTADGrafo;

{-- Entra aqui a estrutura do tipo grafo do Programa 7.2  --}
{-- ou do Programa 7.4 ou do Programa 7.6                 --}

var
  Aux          : TipoApontador;
  i            : integer;
  V1, V2, Adj  : TipoValorVertice;
  Peso         : TipoPeso;
  Grafo,Grafot : TipoGrafo;
  NVertices    : TipoValorVertice;
  NArestas     : 0..MAXNUMARESTAS;
  FimListaAdj  : boolean;

{-- Entram aqui os operadores correspondentes do Programa 7.3 --}
{-- ou do Programa 7.5 ou do Programa 7.7                     --}
```

Continuação do Programa 7.8

```
begin {-- Programa principal --}
{ -- NumVertices: definido antes da leitura das arestas --}
{ -- NumArestas: inicializado com zero e incrementado a --}
{ -- cada chamada de InsereAresta                      --}
  write ('No. vertices:'); readln (NVertices);
  write ('No. arestas:'); readln (NArestas);
  Grafo.NumVertices := NVertices; Grafo.NumArestas := 0;
  FGVazio (Grafo);
  for i := 0 to NArestas - 1 do
    begin
    write ('Insere V1 -- V2 -- Peso:'); readln (V1, V2, Peso);
    Grafo.NumArestas := Grafo.NumArestas + 1;
    InsereAresta (V1, V2, Peso, Grafo); { 1 chamada g-direcionado   }
    InsereAresta (V2, V1, Peso, Grafo); { 2 chamadas g-naodirecionado}
    end;
  ImprimeGrafo (Grafo); readln;
  write ('Insere V1 -- V2 -- Peso:'); readln (V1, V2, Peso);
  if ExisteAresta (V1, V2, Grafo)
  then writeln ('Aresta ja existe')
  else begin
       Grafo.NumArestas := Grafo.NumArestas + 1;
       InsereAresta (V1, V2, Peso, Grafo);
       InsereAresta (V2, V1, Peso, Grafo);
       end;
  ImprimeGrafo (Grafo); readln;
  write ('Lista adjacentes de: '); read (V1);
  if not ListaAdjVazia (V1, Grafo)
  then begin
       Aux := PrimeiroListaAdj (V1, Grafo); FimListaAdj := false;
       while not FimListaAdj do
         begin
         ProxAdj (V1, Grafo, Adj, Peso, Aux, FimListaAdj);
         write (Adj:2, ' (', Peso, ')');
         end;
       writeln; readln;
       end;
  write ('Retira aresta V1 -- V2:'); readln (V1, V2);
  if ExisteAresta (V1, V2, Grafo)
  then begin
       Grafo.NumArestas := Grafo.NumArestas - 1;
       RetiraAresta (V1, V2, Peso, Grafo);
       RetiraAresta (V2, V1, Peso, Grafo);
       end
  else writeln ('Aresta nao existe');
  ImprimeGrafo (Grafo); readln;
  write ('Existe aresta V1 -- V2:'); readln (V1, V2);
  if ExisteAresta(V1,V2,Grafo) then writeln('Sim') else writeln('Nao');
  LiberaGrafo (Grafo);
end.
```

7.3 Busca em Profundidade

A **busca em profundidade** (do inglês ***depth-first search***) é um algoritmo para caminhar no grafo. A estratégia seguida pelo algoritmo é a de buscar, sempre que possível, o mais profundo no grafo. Na busca em profundidade, as arestas são exploradas a partir do vértice v mais recentemente descoberto que ainda possui arestas não exploradas saindo dele. Quando todas as arestas adjacentes a v tiverem sido exploradas, a busca anda para trás (do inglês *backtrack*) para explorar vértices que saem do vértice do qual v foi descoberto. O processo continua até que sejam descobertos todos os vértices alcançáveis a partir do vértice original. O algoritmo é a base para muitos outros algoritmos importantes, tais como verificação de grafos acíclicos (Seção 7.4), ordenação topológica (Seção 7.6) e componentes fortemente conectados (Seção 7.7).

Sempre que um vértice v é descoberto durante a leitura da lista de adjacentes de um vértice u já descoberto, a busca em profundidade registra esse evento atribuindo u a Antecessor[v]. Para acompanhar o progresso do algoritmo, cada vértice é colorido de branco, cinza ou preto. Todos os vértices são inicializados brancos e podem posteriormente se tornar cinza e, finalmente pretos. Quando um vértice é descoberto pela primeira vez durante a busca, ele torna-se cinza, e muda para preto depois que sua lista de adjacentes é completamente examinada.

A busca em profundidade registra em $d[v]$ o tempo (ou momento) em que o vértice é descoberto (e tornado cinza), e em $t[v]$ o tempo em que a busca termina o exame da lista de adjacentes de v (e tornado preto). A razão de usar os tempos de descoberta e de término é que eles são empregados em muitos algoritmos para grafos, além de serem úteis para acompanhar o comportamento da busca em profundidade. Esses registros são inteiros entre 1 e $2|V|$, pois existe um evento de descoberta e um evento de término para cada um dos $|V|$ vértices. O Programa 7.9 implementa a busca em profundidade. O grafo $G(V, A)$ pode ser direcionado ou não direcionado. A variável Tempo é usada para marcar o tempo de descoberta e de término.

O procedimento BuscaEmProfundidade funciona como se segue. Na primeira linha, a variável global Tempo, usada para registrar os tempos de descoberta e de término, é inicializada com zero. O primeiro anel logo a seguir colore todos os vértices de branco e inicializa os seus antecessores para -1 na variável Antecessor. O anel seguinte verifica cada vértice em V e, quando um vértice branco é encontrado, visita-o usando VisitaDfs. Nesse caso, toda vez que VisitaDfs(u) é chamado, o vértice u torna-se a raiz de uma nova **árvore de busca em profundidade**, e o conjunto de árvores forma uma **floresta** de árvores de busca.

Em cada chamada VisitaDfs(u), o vértice u é inicialmente branco. Na primeira linha, u é tornado cinza, a variável Tempo é incrementada, e o novo valor de Tempo é registrado como o tempo de descoberta $d[u]$. O comando **if** seguinte examina a lista de vértices v adjacentes a u e visita recursivamente v se ele for branco. Quando VisitaDfs retorna, cada vértice u possui um tempo de descoberta $d[u]$ e um tempo de término $t[u]$.

***Programa 7.9** Busca em profundidade*

```
procedure BuscaEmProfundidade (var Grafo: TipoGrafo);
var
  Tempo      : TipoValorTempo;
  x          : TipoValorVertice;
  d, t       : array[TipoValorVertice] of TipoValorTempo;
  Cor        : array[TipoValorVertice] of TipoCor;
  Antecessor: array[TipoValorVertice] of integer;

   procedure VisitaDfs (u:TipoValorVertice);
   var FimListaAdj: boolean;
         Peso      : TipoValorAresta;
         Aux       : TipoApontador;
         v         : TipoValorVertice;
   begin
     Cor[u] := cinza;
     Tempo := Tempo + 1;
     d[u] := Tempo;
     writeln('Visita',u:2,' Tempo descoberta:',d[u]:2,' cinza'); readln;
     if not ListaAdjVazia (u, Grafo)
     then begin
          Aux := PrimeiroListaAdj (u, Grafo);
          FimListaAdj := false;
          while not FimListaAdj do
            begin
            ProxAdj (u, v, Peso, Aux, FimListaAdj);
            if Cor[v] = branco
            then begin
                 Antecessor[v] := u;  VisitaDfs (v);
                 end;
            end;
          end;
     Cor[u] := preto;
     Tempo := Tempo + 1;  t[u] := Tempo;
     writeln ('Visita',u:2,' Tempo termino:',t[u]:2,' preto'); readln;
   end; { VisitaDfs }

begin
  Tempo := 0;
  for x := 0 to Grafo.NumVertices-1 do
    begin Cor[x] := branco;  Antecessor[x] := -1;  end;
  for x := 0 to Grafo.Numvertices-1 do
    if Cor[x] = branco then VisitaDfs (x);
end; { BuscaEmProfundidade }
```

A Figura 7.10 mostra o progresso da busca em profundidade no grafo direcionado da Figura 7.10(a). Ao lado de cada vértice é mostrada a cor branca, cinza ou preta (b, c ou p), e entre parênteses tempo-de-descoberta/tempo-de-término.

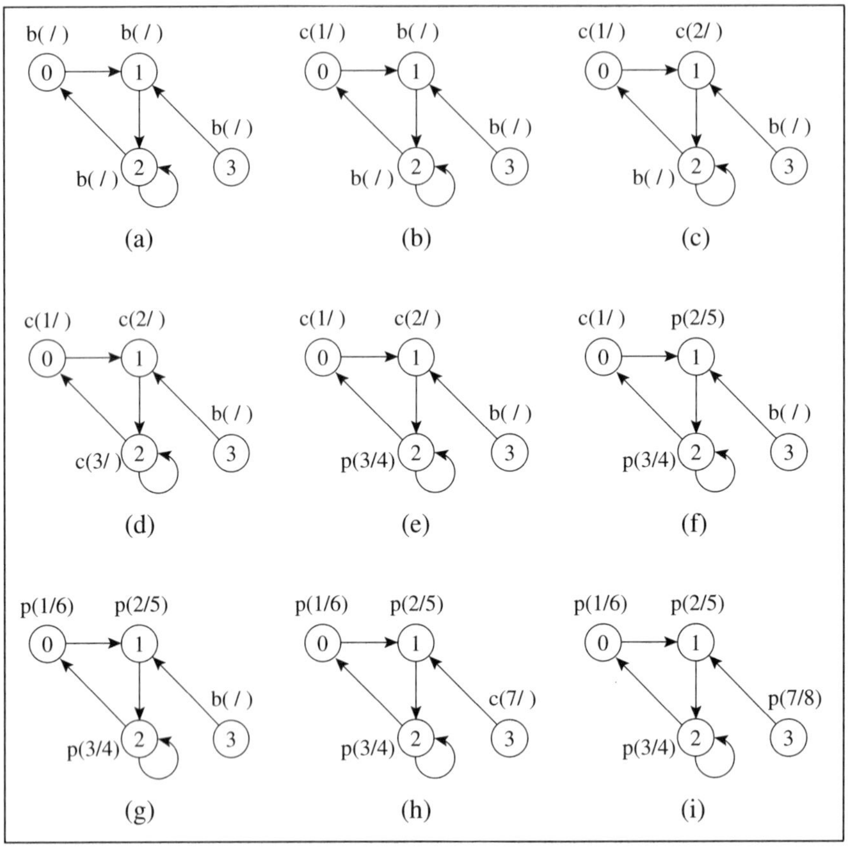

Figura 7.10 *Progresso da busca em profundidade em um grafo direcionado.*

Análise Os dois anéis da BuscaEmProfundidade têm custo $O(|V|)$ cada um, a menos da chamada do procedimento VisitaDfs(u) no segundo anel. O procedimento VisitaDfs é chamado exatamente uma vez para cada vértice $u \in V$, desde que VisitaDfs seja chamado apenas para vértices brancos e a primeira ação é pintar o vértice de cinza. Durante a execução de VisitaDfs(u), o anel principal é executado $|Adj[u]|$ vezes. Desde que

$$\sum_{u \in V} |Adj[u]| = O(|A|),$$

o tempo total de execução de VisitaDfs é $O(|A|)$. Logo, a complexidade total da BuscaEmProfundidade é $O(|V| + |A|)$.

Classificação de Arestas

Outra propriedade importante da busca em profundidade é que ela pode ser usada para a **classificação de arestas** do grafo de entrada $G = (V, A)$. Esse tipo de informação pode ser útil para derivar outros algoritmos, como aquele para verificar se um grafo direcionado é acíclico, mostrado na próxima seção.

Podemos definir quatro tipos de arestas a partir do efeito da busca em profundidade em G, a saber:

1. **Arestas de árvore** são arestas de uma árvore de busca em profundidade. A aresta (u, v) é uma aresta de árvore se v foi descoberto pela primeira vez ao percorrer a aresta (u, v).
2. **Arestas de retorno** são arestas (u, v) que conectam um vértice u com um antecessor v em uma árvore de busca em profundidade. As arestas *self-loops* são consideradas arestas de retorno.
3. **Arestas de avanço** são arestas (u, v) que não pertencem à árvore de busca em profundidade, mas conectam um vértice u a um descendente v que pertence à árvore de busca em profundidade.
4. **Arestas de cruzamento** são todas as outras arestas, que podem conectar vértices na mesma árvore de busca em profundidade ou em duas árvores de busca em profundidade diferentes.

Na busca em profundidade cada aresta pode ser classificada no momento em que a aresta é percorrida. Cada aresta (u, v) pode ser classificada pela cor do vértice v alcançado quando a aresta é percorrida pela primeira vez:

1. Branco indica uma **aresta de árvore**. Esse caso é imediato a partir da especificação do algoritmo.
2. Cinza indica uma **aresta de retorno**. Nesse caso, basta observar que vértices cinza sempre formam uma cadeia linear de descendentes que correspondem à pilha de chamadas recursivas a VisitaDfs que estão ativas: o número de vértices cinza é um a mais do que a profundidade do vértice mais recentemente descoberto na árvore de busca. O caminhamento prossegue sempre a partir do vértice cinza mais profundo, logo uma aresta que atinge um vértice cinza atinge um antecessor que forma assim uma aresta de retorno.
3. Preto indica uma **aresta de avanço** ou uma **aresta de cruzamento**. Uma aresta (u, v) é de avanço quando $d[u] < d[v]$ e de cruzamento quando $d[u] > d[v]$.

A Figura 7.11 apresenta um grafo direcionado. Ao lado de cada aresta é mostrado se o tipo de aresta é de árvore, de retorno, de avanço ou de cruzamento (arv, ret, avan ou cruz).

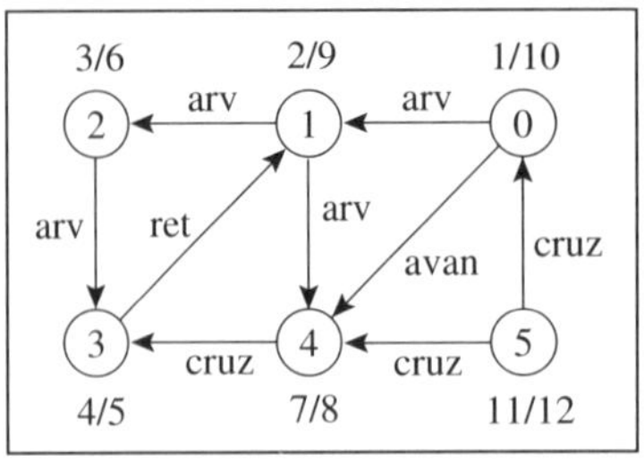

Figura 7.11 *Classificação das arestas na busca em profundidade em um grafo direcionado.*

7.4 Teste para Verificar se Grafo é Acíclico

Existem várias situações em que o teste para verificar se um grafo é acíclico é importante. As duas seções a seguir apresentam dois algoritmos bem distintos para verificar se um grafo é acíclico.

7.4.1 *Usando Busca em Profundidade*

O Programa 7.9 para realizar busca em profundidade pode ser usado para verificar se um grafo $G = (V, A)$ é acíclico ou contém um ou mais ciclos. Se uma **aresta de retorno** é encontrada durante a busca em profundidade em G, então o grafo tem **ciclo**. Igualmente, se um grafo tem um ciclo, então uma aresta de retorno será sempre encontrada em qualquer busca em profundidade em G.

Assim, um grafo direcionado G é acíclico se e somente se a busca em profundidade em G não apresentar arestas de retorno. Como vimos na seção anterior, o algoritmo BuscaEmProfundidade pode ser alterado para descobrir arestas de retorno. Para isso, basta verificar se um vértice v adjacente a um vértice u apresenta a cor cinza na primeira vez que a aresta (u, v) é percorrida. Isso deve ser feito no momento em que a lista de adjacentes de u estiver sendo percorrida. Logo, a BuscaEmProfundidade é um algoritmo de custo linear no número de vértices e de arestas de um grafo $G = (V, A)$ que pode ser utilizado para verificar se G é **acíclico**.

7.4.2 *Usando o Tipo Abstrato de Dados Hipergrafo*

Esta seção apresenta um algoritmo para verificar se um **hipergrafo ou r−grafo** $G_r(V, A)$ é acíclico. Hipergrafos são apresentados na Seção 7.10. A forma mais adequada para representar um hipergrafo é por meio de estruturas de dados orientadas a arestas em que para cada vértice v do grafo é mantida uma lista das arestas que incidem sobre o vértice v.

Existem duas representações usuais para hipergrafos: **matrizes de incidência** e **listas de incidência**. Aqui utilizaremos a implementação de listas de incidência usando arranjos apresentada na Seção 7.10.2.

O Programa 7.10 utiliza a seguinte propriedade de r-grafos:

> Um r-grafo é **acíclico** se e somente se a remoção repetida de arestas contendo apenas vértices de grau 1 (isto é, vértices sobre os quais incide apenas uma aresta) elimina todas as arestas do grafo.

O procedimento GrafoAciclico recebe o grafo e retorna no vetor L as arestas retiradas do grafo na ordem em foram retiradas. O procedimento primeiro procura os vértices de grau 1 e os coloca em uma fila. A seguir, enquanto a fila não estiver vazia, desenfileira um vértice e retira a aresta incidente ao vértice. Se a aresta retirada tinha algum outro vértice de grau 2, então esse vértice muda para grau 1 e é enfileirado. Se ao final não restar nenhuma aresta, então o grafo é acíclico. O custo do procedimento GrafoAciclico é $O(|V| + |A|)$.

Programa 7.10 *Teste para verificar se um hipergrafo é acíclico usando arranjos*

```
program GrafoAciclico;
{-- Entram aqui os tipos do Programa 3.17 (ou do Programa 3.19) --}
{-- Entram aqui tipos do Programa 7.25                          --}
var
  i, j      : integer;
  Aresta    : TipoAresta;
  Grafo     : TipoGrafo;
  L         : TipoArranjoArestas;
  GAciclico : boolean;
{-- Entram aqui os operadores FFVazia, Vazia, Enfileira e          --}
{-- Desenfileira do Programa 3.18 (ou do Programa 3.20)            --}
{-- Entram aqui os operadores ArestasIguais, FGVazio,              --}
{-- InsereAresta, RetiraAresta e ImprimeGrafo do Programa 7.26     --}

function VerticeGrauUm (V: TipoValorVertice;
                        var Grafo: TipoGrafo): Boolean;
begin
  VerticeGrauUm := (Grafo.Prim[V] >= 0) and
    (Grafo.Prox[Grafo.Prim[V]] = INDEFINIDO);
end;

procedure GrafoAciclico (var Grafo     : TipoGrafo;
                         var L         : TipoArranjoArestas;
                         var GAciclico : boolean);
var
  j         : TipoValorVertice;
  A1        : TipoValorAresta;
  x         : TipoItem;
  Fila      : TipoFila;
  NArestas  : TipoValorAresta;
  Aresta    : TipoAresta;
```

Continuação do Programa 7.10

```
begin
  NArestas := Grafo.NumArestas;  FFVazia (Fila);  j := 0;
  while j < Grafo.NumVertices do
    begin
    if VerticeGrauUm (j, Grafo)
    then begin x.Chave := j;  Enfileira (x, Fila); end;
    j := j + 1;
    end;
  while not Vazia (Fila) and (NArestas > 0) do
  begin
  Desenfileira (Fila, x);
  if Grafo.Prim[x.Chave] >= 0
  then begin
       A1 := Grafo.Prim[x.Chave] mod Grafo.NumArestas;
       Aresta := RetiraAresta (Grafo.Arestas[A1], Grafo);
       L[Grafo.NumArestas - NArestas] := Aresta;
       NArestas := NArestas - 1;
       if NArestas > 0
       then for j := 0 to Grafo.r - 1 do
              if VerticeGrauUm (Aresta.Vertices[j], Grafo)
              then begin
                   x.Chave := Aresta.Vertices[j];
                   Enfileira (x, Fila);
                   end;
       end;
  end;
  { else writeln ('Nao ha vertices de grau 1 no grafo'); }
  GAciclico := NArestas = 0;
end; { GrafoAciclico }
```

7.5 Busca em Largura

A **busca em largura** (do inglês ***breadth-first search***) é assim chamada porque ela expande a fronteira entre vértices descobertos e não descobertos uniformemente por meio da largura da fronteira, como se fossem círculos concêntricos gerados por uma pedra que se deixa cair em uma superfície de água completamente parada. O algoritmo é a base para muitos algoritmos em grafos importantes, tais como o algoritmo de Prim para obter a árvore geradora mínima (Seção 7.8.2) e o algoritmo de Dijkstra para obter o caminho mais curto de um vértice a todos os outros vértices (Seção 7.9). Dados um grafo $G = (V, A)$ e um vértice origem, o algoritmo de busca em largura descobre todos os vértices a uma distância k do vértice origem antes de descobrir qualquer vértice a uma distância $k + 1$. O grafo $G = (V, A)$ pode ser direcionado ou não direcionado.

Dado um grafo $G(V, A)$ e um vértice origem u, a busca em largura explora sistematicamente as arestas de G com o objetivo de descobrir todos os vértices que são alcançáveis a partir de u. Para acompanhar o progresso do algoritmo, cada vértice é colorido de branco, cinza ou preto. Todos os vértices são inicializados brancos, podem posteriormente se tornar cinza e, finalmente, pretos. Quando um vértice é *descoberto* pela primeira vez durante a busca, ele se torna cinza. Assim, vértices cinza e pretos já foram descobertos, mas a busca em largura distingue entre eles para assegurar que a busca ocorra em largura. Se $(u, v) \in A$ e o vértice u é preto, então o vértice v tem de ser cinza ou preto, o que significa que todos os vértices adjacentes a vértices pretos já foram descobertos. Vértices cinza podem ter alguns vértices adjacentes brancos, e eles representam a fronteira entre vértices descobertos e não descobertos.

O Programa 7.11 implementa a busca em largura. O algoritmo VisitaBfs obtém o menor número de arestas entre o vértice origem u e todo vértice que possa ser alcançado. O grafo de entrada G pode ser direcionado ou não direcionado. O algoritmo usa uma fila do tipo "primeiro-que-chega, primeiro-atendido" para gerenciar o conjunto de vértices cinza.

Programa 7.11 *Busca em largura*

```
{-- Entram aqui os operadores FFVazia, Vazia, Enfileira e--}
{-- Desenfileira do Programa 3.18 ou do Programa 3.20,    --}
{-- dependendo da implementação da busca em largura usar  --}
{-- arranjos ou apontadores, respectivamente              --}

procedure BuscaEmLargura (var Grafo: TipoGrafo);
var x          : TipoValorVertice;
    Dist       : array[TipoValorVertice] of integer;
    Cor        : array[TipoValorVertice] of TipoCor;
    Antecessor : array[TipoValorVertice] of integer;
  procedure VisitaBfs (u:TipoValorVertice);
  var v           : TipoValorVertice;
      Aux         : TipoApontador;
      FimListaAdj : boolean;
      Peso        : TipoPeso;
      Item        : TipoItem;
      Fila        : TipoFila;
  begin
    Cor[u] := cinza;
    Dist[u] := 0;
    FFVazia (Fila);
    Item.Vertice := u;
    Enfileira (Item, Fila);
    write ('Visita origem',u:2,' cor: cinza F:');
    ImprimeFila (Fila); readln;
    while not FilaVazia (Fila) do
      begin
      Desenfileira (Fila, Item);  u := Item.vertice;
```

Continuação do Programa 7.11

```
      if not ListaAdjVazia (u, Grafo)
      then begin
           Aux := PrimeiroListaAdj (u,Grafo); FimListaAdj := false;
           while FimListaAdj = false do
             begin
             ProxAdj (u, v, Peso, Aux, FimListaAdj);
             if Cor[v] = branco
             then begin
                  Cor[v] := cinza; Dist[v] := Dist[u] + 1;
                  Antecessor[v] := u;
                  Item.Vertice := v; Item.Peso := Peso;
                  Enfileira (Item, Fila);
                  end;
             end;
           end;
      Cor[u] := preto;
      write ('Visita', u:2,' Dist',Dist[u]:2,' cor: preto F:');
      ImprimeFila (Fila); readln;
      end;
  end; { VisitaBfs }

begin { BuscaEmLargura }
  for x := 0 to Grafo.NumVertices-1 do
    begin
    Cor[x] := branco; Dist[x] := INFINITO; Antecessor[x] := -1;
    end;
  for x := 0 to Grafo.NumVertices-1 do
    if Cor[x] = branco then VisitaBfs (x);
end; { BuscaEmLargura }
```

O procedimento BuscaEmLargura funciona como se segue. O primeiro anel **for** colore todos os vértices de branco, inicializa a distância $Dist[u]$ do vértice origem até o vértice u para o valor infinito, e inicializa os seus antecessores para -1 (*nil*) na variável Antecessor. Se u não tem antecessor, como nos casos em que u corresponde ao vértice origem ou u ainda não foi descoberto, então a variável Antecessor $= -1$. O anel seguinte **for** verifica cada vértice em V e, quando um vértice branco for encontrado, visita-o usando VisitaBfs. Nesse caso, toda vez que VisitaBfs(u) é chamado, o vértice u se torna a raiz de uma nova **árvore de busca em largura**, e o conjunto de árvores forma uma **floresta** de árvores de busca.

Dentro do procedimento VisitaBfs, o vértice u é considerado como origem da nova árvore e é pintado de cinza, uma vez que ele é considerado descoberto quando o procedimento inicia. O algoritmo usa uma **fila** do tipo "primeiro-que-chega, primeiro-atendido" (veja Seção 3.3) para gerenciar o conjunto de vértices cinza. A seguir $Dist[u]$ é inicializado como 0 e a Fila é inicializada com o vértice origem u. O primeiro anel **while** é executado enquanto houver vértices cinza, que formam o conjunto de vértices descobertos que ainda não tiveram suas listas de adjacentes totalmente examinadas. Assim, no teste do **while**, a Fila contém o conjunto de vértices cinza. Antes da primeira iteração do anel, o único vértice na Fila é o vértice origem u. No primeiro comando dentro do anel, o vértice cinza u que está no início da Fila é desenfileirado. O comando **if** seguinte examina a lista de vértices v adjacentes a u e visita v se ele for branco. Nesse momento, v é tornado cinza, a distância de v a u é registrada fazendo $Dist[v] = Dist[u]+1$, u é atribuído a Antecessor[v], e o novo vértice cinza é enfileirado em Fila. Finalmente, depois que toda a lista de adjacentes de u é percorrida, o vértice u é pintado de preto.

A Figura 7.12 mostra o progresso da busca em largura no grafo não direcionado da Figura 7.5. Arestas de árvore são mostradas em negrito na medida em que são criadas pela busca em largura. Ao lado de cada vértice é mostrada a cor branca, cinza ou preta (b, c ou p), e entre parênteses a distância $Dist[u]$. A fila F é mostrada no final de cada iteração do anel **while** do procedimento VisitaBfs no Programa 7.11.

Análise A análise é válida para quando a implementação utilizar listas de adjacência para representar o grafo (veja Seção 7.2.2). O custo de inicialização do primeiro anel em BuscaEmLargura é $O(|V|)$ cada um. Para o segundo anel, o custo é também $O(|V|)$, a menos da chamada do procedimento VisitaBfs(u). Dentro do procedimento VisitaBfs, nenhum vértice é tornado branco, o que garante que cada vértice é tornado cinza no máximo uma vez, enfileirado também no máximo uma vez, e assim desenfileirado também no máximo uma vez. Como as operações de enfileirar e desenfileirar têm custo $O(1)$ cada uma, as operações com a fila têm custo total $O(|V|)$. A lista de adjacentes de cada vértice é percorrida apenas quando o vértice é desenfileirado, logo, cada lista de adjacentes é percorrida no máximo uma vez. Já que a soma de todas as listas de adjacentes é $O(|A|)$, o tempo total gasto com as listas de adjacentes é $O(|A|)$. Logo, o procedimento BuscaEmLargura possui complexidade de tempo total igual a $O(|V| + |A|)$.

Caminhos mais Curtos

O procedimento VisitaBfs do Programa 7.11 obtém a distância do vértice origem $u \in V$ para cada vértice alcançável $v \in V$ em um grafo $G = (V, A)$. De fato, a busca em largura obtém o **caminho mais curto** de u até v. Como mostra a Figura 7.12, o procedimento VisitaBfs constrói uma árvore de busca em largura durante a busca no grafo armazenada na variável Antecessor.

O Programa 7.12 imprime os vértices do caminho mais curto entre o vértice origem e outro vértice qualquer do grafo, a partir do vetor Antecessor obtido após a execução do Programa 7.11. O procedimento ImprimeCaminho tem custo linear no número de vértices do caminho impresso, uma vez que cada chamada recursiva ocorre para um caminho que tem um vértice a menos que a chamada anterior.

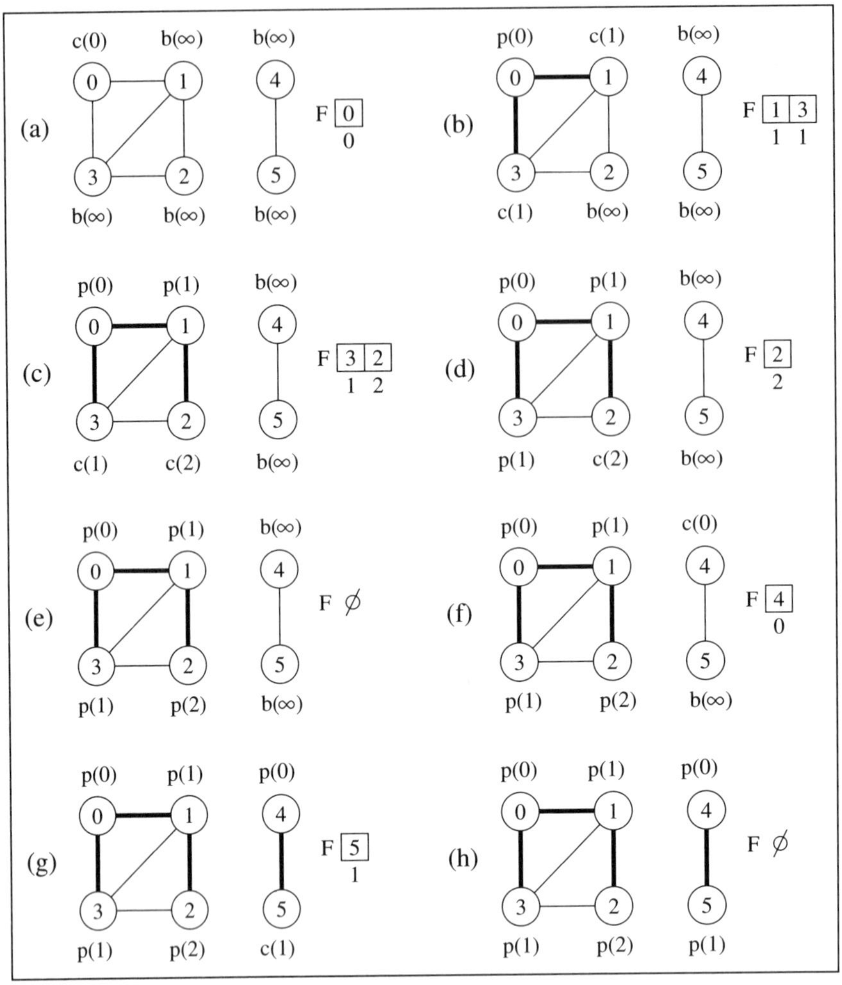

Figura 7.12 *Progresso da busca em largura do grafo não direcionado da Figura 7.5.*

Programa 7.12 *Imprime os vértices do caminho mais curto entre o vértice origem e outro vértice qualquer do grafo*

```
procedure ImprimeCaminho (Origem, v: TipovalorVertice);
begin
  if Origem = v
  then write (Origem:3)
  else if Antecessor[v] = -1
       then write ('Nao existe caminho de',Origem:3,' ate',v:3)
       else begin
            Imprimecaminho (Origem, Antecessor[v]);
            write (v:3);
            end;
end; { ImprimeCaminho }
```

7.6 Ordenação Topológica

O Programa 7.9 para realizar busca em profundidade pode ser usado para obter a ordenação topológica de um **grafo direcionado acíclico**. A **ordenação topológica** de um grafo direcionado acíclico $G = (V, A)$ é uma ordenação linear de todos os seu vértices tal que se G contém uma aresta (u, v), então u aparece antes de v. A ordenação topológica é diferente da ordenação estudada no Capítulo 4. A ordenação topológica de um grafo pode ser vista como uma ordenação de seus vértices ao longo de uma linha horizontal, de tal forma que todas as arestas estão direcionadas da esquerda para a direita.

Os grafos direcionados acíclicos são usados para indicar precedências entre eventos. A Figura 7.13(a) mostra um exemplo de um grafo direcionado acíclico. Esse grafo exemplo pode ser usado para modelar um conjunto de atividades, em que cada atividade está representada por um vértice do grafo. Algumas atividades têm de ser processadas após o término de outras atividades. Uma aresta direcionada (u, v) no grafo direcionado acíclico da Figura 7.13(a) indica que a atividade u tem de ser realizada antes da atividade v. Assim, a atividade 3 (representada pelo vértice 3) somente pode ser iniciada após o término das atividades 0 e 2. Outras atividades podem ser realizadas em qualquer ordem, como no caso da atividade 9. Assim, uma ordenação topológica do grafo fornece a ordem em que as atividades devem ser processadas. O tempo de descoberta e o tempo de término de uma busca em profundidade são mostrados ao lado de cada vértice. A Figura 7.13(b) mostra a ordenação topológica do grafo da Figura 7.13(a), na qual os vértices aparecem ao longo de uma linha horizontal de modo que todas as arestas direcionadas vão da esquerda para a direita.

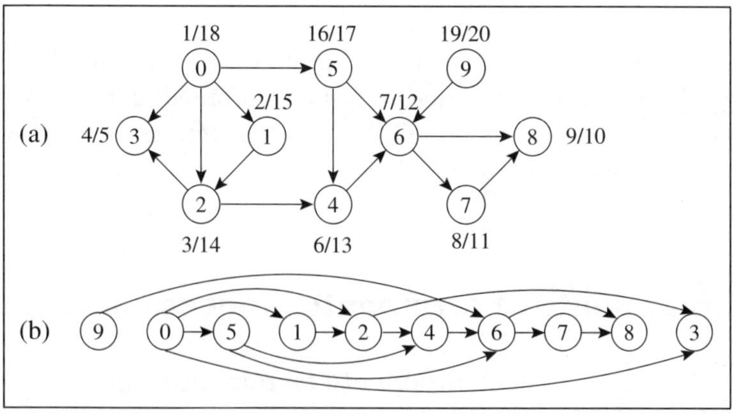

***Figura 7.13** (a) Grafo direcionado acíclico; (b) O mesmo grafo após a ordenação topológica.*

O pseudocódigo mostrado a seguir apresenta o algoritmo para ordenar topologicamente um grafo direcionado acíclico $G = (V, A)$:

1. Chama BuscaEmProfundidade(G) para obter os tempos de término $t[u]$ para cada vértice u.

2. Ao término de cada vértice, insira-o na frente de uma lista linear encadeada.

3. Retorna a lista encadeada de vértices.

O Programa 7.9 para realizar busca em profundidade pode ser facilmente modificado para obter a ordenação topológica de um grafo direcionado acíclico $G = (V, A)$. Para obter a lista ordenada de vértices basta inserir uma chamada para o procedimento InsLista do Programa 7.13 no procedimento BuscaDfs do Programa 7.9. O local a ser inserido deve ser logo após o momento em que o tempo de término $t[u]$ é obtido e o vértice é pintado de preto. Ao final da execução do Programa 7.9, basta retornar a lista obtida (ou imprimi-la usando o procedimento Imprime do Programa 3.4).

Programa 7.13 *Insere em uma lista encadeada antes do primeiro item da lista*

```
procedure InsLista (var Item: TipoItem; var Lista: TipoLista);
{-- Insere antes do primeiro item da lista --}
var Aux: TipoApontador;
begin
  Aux := Lista.Primeiro^.Prox;
  new (Lista.Primeiro^.Prox);
  Lista.Primeiro^.Prox^.Item := Item;
  Lista.Primeiro^.Prox^.Prox := Aux;
end;
```

Análise A ordenação topológica de um grafo direcionado acíclico $G = (V, A)$ tem custo $O(|V| + |A|)$, uma vez que a busca em profundidade tem complexidade de tempo $O(|V| + |A|)$ e o custo para inserir cada um dos $|V|$ vértices na frente da lista linear encadeada custa $O(1)$.

7.7 Componentes Fortemente Conectados

Recordando da Seção 7.1, um **componente fortemente conectado** de um grafo direcionado $G = (V, A)$ é um conjunto maximal de vértices $C \subseteq V$ tal que, para todo par de vértices u e v em C, u e v são mutuamente alcançáveis a partir de cada um deles. A Figura 7.14 mostra um exemplo de um grafo direcionado G e seus componentes fortemente conectados. A Figura 7.14(c) mostra o grafo reduzido acíclico obtido pela contração de todas as arestas de cada componente fortemente conectado de G da Figura 7.14(b), de tal forma que um único vértice é obtido para cada componente.

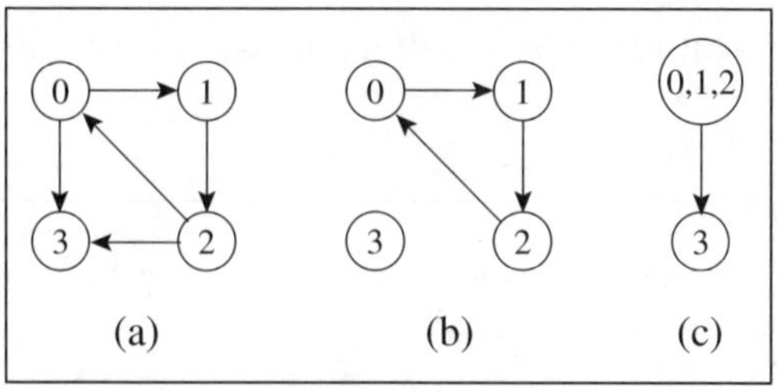

***Figura 7.14** (a) Grafo direcionado G; (b) Componentes fortemente conectados de G; (c) Grafo reduzido acíclico.*

O algoritmo para obter os componentes fortemente conectados de um grafo direcionado $G = (V, A)$ usa o **transposto** de G, definido como sendo o grafo $G^T = (V, A^T)$, em que $A^T = \{(u, v) : (v, u) \in A\}$, isto é, A^T consiste das arestas de G com suas direções invertidas. No caso, G e G^T possuem os mesmos componentes fortemente conectados, isto é, u e v são mutuamente alcançáveis a partir de cada um em G se e somente se u e v são mutuamente alcançáveis a partir de cada um em G^T.

O pseudocódigo mostrado a seguir apresenta o algoritmo para obter os componentes fortemente conectados de um grafo direcionado $G = (V, A)$:

1. Chama BuscaEmProfundidade(G) para obter os tempos de término $t[u]$ para cada vértice u.
2. Obtém G^T.
3. Chama BuscaEmProfundidade(G^T), realizando a busca a partir do vértice de maior $t[u]$ obtido na linha 1. Se a busca em profundidade não alcançar todos os vértices, inicie uma nova busca em profundidade a partir do vértice de maior $t[u]$ dentre os vértices restantes.
4. Retorne os vértices de cada árvore da floresta obtida na busca em profundidade na linha 3 como um componente fortemente conectado separado.

A Figura 7.15(a) apresenta o exemplo de um grafo direcionado $G = (V, A)$. A execução do algoritmo em G inicia no vértice 0 e prossegue primeiro para o vértice 1, e os tempos de descoberta $d[u]$ e de término $t[u]$ são mostrados ao lado de cada vértice. Após a execução da linha 2 para obter G^T do grafo direcionado da Figura 7.14(a), obtemos o grafo transposto mostrado na Figura 7.15(b). A Figura 7.15(b) apresenta o resultado da busca em profundidade em G^T, mostrando os tempos de descoberta e de término indicados ao lado de cada vértice, e com a indicação de cada tipo de aresta (aresta de árvore, de retorno e de cruzamento) ao lado de cada aresta. A busca em profundidade em G^T resulta na floresta de duas árvores mostrada na Figura 7.15(c), com a indicação do tipo de aresta ao lado de cada aresta. A busca em profundidade em G^T inicia pelo vértice 0 porque 0 tem o maior $t[u]$. A partir da raiz 0, é possível atingir o vértice 2 e depois o vértice 1. A próxima árvore da floresta tem como raiz o vértice 3, uma vez que ele possui o maior tempo de término dentre os vértices restantes (na realidade, é o único vértice restante do exemplo). Cada árvore nessa floresta forma um componente fortemente conectado.

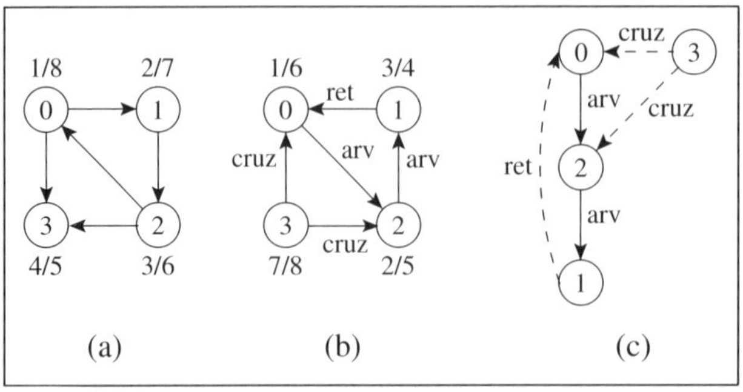

Figura 7.15 *(a) Grafo direcionado G; (b) Grafo transposto G^T; (c) Floresta constituída de duas árvores de busca em profundidade.*

Dado um grafo direcionado $G = (u, v)$, o Programa 7.14 obtém o grafo transposto G^T. A implementação para obter o grafo transposto, como nos casos anteriores, é independente da estrutura de dados utilizada. Qualquer uma das três implementações apresentadas nas Seções 7.2.1, 7.2.2 ou 7.2.3 pode ser usada com o programa.

Programa 7.14 *Obtém o grafo transposto G^T a partir de um grafo G*

```
procedure GrafoTransposto (var Grafo, var GrafoT: TipoGrafo);
var v, Adj: TipoValorVertice;   i: integer;
    Peso: TipoPeso;   Aux: TipoApontador;
begin
  FGVazio (GrafoT);
  GrafoT.NumVertices := Grafo.NumVertices;
  GrafoT.NumArestas  := Grafo.NumArestas;
  for i := 0 to Grafo.NumVertices-1 do
    begin
    v := i;
    if not ListaAdjVazia (v, Grafo)
    then begin
         Aux := PrimeiroListaAdj (v, Grafo);   FimListaAdj := false;
         while not FimListaAdj do
           begin
           ProxAdj (v, Grafo, Adj, Peso, Aux, FimListaAdj);
           InsereAresta (Adj, v, Peso, GrafoT);
           end;
         end;
    end;
end; { GrafoTransposto }
```

Depois de obter os tempos de término $t[u]$ utilizando o Programa 7.9 e obter G^T a partir de G com o emprego do Programa 7.14, o passo seguinte é realizar uma busca em profundidade em G^T a partir do vértice de maior $t[u]$. No Programa 7.15, a ordem de processamento dos vértices tem início a partir do vértice de maior tempo de término e prossegue na ordem decrescente de tempo de busca enquanto existirem vértices remanescentes.

Programa 7.15 *Busca em profundidade no grafo transposto* G^T

```
procedure BuscaEmProfundidadeCfc (var Grafo: TipoGrafo;
                                  var TT    : TipoTempoTermino);
var
  Tempo      : TipoValorTempo;
  x, VRaiz   : TipoValorVertice;
  d, t       : array[TipoValorVertice] of TipoValorTempo;
  Cor        : array[TipoValorVertice] of TipoCor;
  Antecessor: array[TipoValorVertice] of integer;

  procedure VisitaDfs (u:TipoValorVertice);
  var FimListaAdj: boolean; Peso: TipoPeso;
      Aux: TipoApontador; v: TipoValorVertice;
  begin
    Cor[u] := cinza; Tempo := Tempo + 1; d[u] := Tempo;
    TT.Restantes[u] := false; TT.NumRestantes := TT.NumRestantes-1;
    writeln('Visita',u:2,' Tempo descoberta:',d[u]:2,' cinza'); readln;
    if not ListaAdjVazia (u, Grafo)
    then begin
         Aux := PrimeiroListaAdj (u, Grafo); FimListaAdj := false;
         while not FimListaAdj do
           begin
           ProxAdj (u, Grafo, v, Peso, Aux, FimListaAdj);
           if Cor[v] = branco
           then begin Antecessor[v] := u; VisitaDfs (v); end;
           end;
         end;
    Cor[u] := preto; Tempo := Tempo + 1; t[u] := Tempo;
    writeln ('Visita',u:2,' Tempo termino:',t[u]:2,' preto'); readln;
  end; { VisitaDfs }

begin
  Tempo := 0;
  for x := 0 to Grafo.NumVertices-1 do
    begin Cor[x] := branco; Antecessor[x] := -1; end;
  TT.NumRestantes := Grafo.NumVertices;
  for x := 0 to Grafo.NumVertices-1 do TT.Restantes[x] := true;
  while TT.NumRestantes > 0 do
    begin
    VRaiz := MaxTT (TT); writeln('Raiz da proxima arvore:',VRaiz:2);
    VisitaDfs (VRaiz);
    end;
end; { BuscaEmProfundidadeCfc }
```

O Programa 7.15 utiliza a função MaxTT para obter o vértice de maior $t[u]$ dentre os vértices restantes u ainda não visitados por VisitaDfs. A função MaxTT e o TipoTempoTermino estão no Programa 7.16.

Programa 7.16 *Função para obter o vértice de maior tempo de término dentre os vértices restantes ainda não visitados por VisitaDfs*

```
type TipoTempoTermino = record
                          t: array[TipoValorVertice] of TipoValorTempo;
                          Restantes: array[TipoValorVertice] of boolean;
                          NumRestantes: TipoValorVertice;
                        end;

function MaxTT (var TT: TipoTempoTermino): TipoValorVertice;
var i, Temp: integer;
begin
  i:=0;
  while not TT.Restantes[i] do i := i + 1;
  Temp := TT.t[i];
  MaxTT := i;
  for i := 0 to Grafo.NumVertices-1 do
    if TT.Restantes[i]
    then if Temp < TT.t[i]
         then begin
              Temp := TT.t[i];
              MaxTT := i;
              end;
end; { MaxTT }
```

Análise O algoritmo para obter os componentes fortemente conectados de um grafo direcionado $G = (V, A)$ utiliza o algoritmo BuscaEmProfundidade para realizar duas buscas em profundidade, uma em G e outra em G^T. Logo, a complexidade total de ComponentesFortementeConectados é $O(|V| + |A|)$.

7.8 Árvore Geradora Mínima

Esta seção trata o problema de obter a árvore geradora mínima de um grafo não direcionado $G = (V, A)$. Uma aplicação típica para árvores geradoras mínimas ocorre no projeto de redes de comunicações conectando diversas localidades. Para conectar um conjunto de n localidades podemos usar um arranjo de $n-1$ conexões, cada uma conectando duas localidades. Assumindo que as conexões sejam realizadas por meio de cabos de transmissão, de todas as possibilidades de conexões, aquela que usa a menor quantidade de cabos é geralmente a mais desejável.

Esse problema pode ser modelado utilizando um grafo conectado, não direcionado $G = (V, A)$, em que V é o conjunto de cidades, A é o conjunto de possíveis conexões entre pares de localidades e, para cada aresta $(u, v) \in A$, existe um peso $p(u, v)$ especificando o custo (total de cabo necessário) para conectar u a v. Agora, o problema é encontrar um subconjunto $T \subseteq A$ que conecte todos os vértices de G e cujo peso total

$$p(T) = \sum_{(u,v)\in T} p(u, v)$$

seja minimizado. Uma vez que $G' = (V, T)$ é acíclico e conecta todos os vértices, T forma uma árvore chamada **árvore geradora** de G uma vez que T "gera" o grafo G. O problema de obter a árvore T é conhecido como **árvore geradora mínima**. A Figura 7.16(a) mostra o exemplo de um grafo não direcionado G com os pesos mostrados ao lado de cada aresta. A Figura 7.16(b) mostra a árvore geradora mínima T cujo peso total é 12. T não é única, pois a substituição da aresta $(3, 5)$ pela aresta $(2, 5)$ produz outra árvore geradora de custo 12.

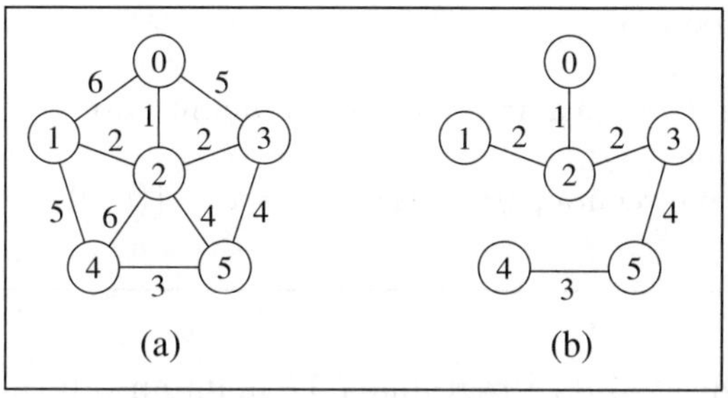

Figura 7.16 *(a) Grafo não direcionado G; (b) Árvore geradora mínima T de peso total 12.*

Nesta seção, vamos estudar dois algoritmos para obter a árvore geradora mínima de um grafo: algoritmo de Prim (1957) e algoritmo de Kruskal (1956). Os dois algoritmos são **algoritmos gulosos**. Conforme mostrado na Seção 2.7, a cada passo do algoritmo guloso, uma escolha tem de ser feita dentre várias possíveis. A estratégia gulosa sempre faz a escolha melhor em cada momento. Por isso, tal estratégia nem sempre garante encontrar a solução ótima global para os problemas. Entretanto, para o problema da árvore geradora mínima, existem estratégias gulosas que obtêm a árvore geradora de peso total mínimo.

A Seção 7.8.1 introduz um algoritmo genérico para obter a árvore geradora mínima de um grafo por meio da adição de uma aresta de cada vez. Essa forma de obter a árvore geradora mínima de um grafo é mostrada em maiores detalhes em Cormen, Leiserson, Rivest e Stein (2001). As Seções 7.8.2 e 7.8.3 apresentam duas maneiras de implementar o algoritmo genérico: algoritmo de Prim e algoritmo de Kruskal, respectivamente.

7.8.1 Algoritmo Genérico para Obter a Árvore Geradora Mínima

O algoritmo genérico apresenta uma estratégia gulosa que permite obter a árvore geradora mínima adicionando-se uma aresta de cada vez. O algoritmo gerencia um subconjunto S de arestas, mantendo o seguinte invariante para o anel:

> Antes de cada iteração, S é um subconjunto de uma árvore geradora mínima.

A cada passo determinamos uma aresta (u, v) que possa ser adicionada a S sem violar este invariante, já que $S \cup \{(u, v)\}$ é também um subconjunto de uma árvore geradora mínima. Tal aresta é chamada uma **aresta segura** para o subconjunto S, uma vez que ela pode ser adicionada a S e manter o invariante.

O Programa 7.17 apresenta o algoritmo genérico para obter uma árvore geradora mínima, de acordo com o algoritmo guloso genérico apresentado pelo Programa 2.11.

Programa 7.17 *Algoritmo genérico para obter a árvore geradora mínima*

```
  procedure GenericoAGM;
1 S := ∅;
2 while S não constitui uma árvore geradora mínima do
3   (u, v) := seleciona(A);
4   if aresta (u, v) é segura para S then S := S + {(u, v)}
5 return S;
```

O anel nas linhas 2-4 do Programa 7.17 mantém o invariante já que apenas arestas seguras são adicionadas a S. A parte importante é encontrar uma aresta segura na linha 3. Dentro do corpo do anel **while**, S tem de ser um subconjunto próprio da árvore geradora mínima T, e assim tem de existir uma aresta $(u, v) \in T$ tal que $(u, v) \notin S$ e (u, v) seja seguro para S.

Antes de apresentar uma regra para reconhecer arestas seguras, precisamos de algumas definições. Um **corte** $(V', V - V')$ de um grafo não direcionado $G = (V, A)$ é uma partição de V, conforme ilustra a Figura 7.17. Uma aresta $(u, v) \in A$ *cruza* o corte $(V', V - V')$ se um de seus vértices pertence a V' e o outro vértice pertence a $V - V'$. Ao lado de cada vértice é mostrada a cor branca ou preta (b ou p). Os vértices em V' são vértices pretos e os vértices em $V - V'$ são vértices brancos. As arestas cruzando o corte são aquelas que conectam vértices brancos a vértices pretos. Um corte *respeita* um conjunto S de arestas se não existirem arestas em S que cruzem o corte. Uma aresta que tenha custo mínimo sobre todas as arestas cruzando o corte é uma *aresta leve*. Note que pode haver mais de uma aresta leve cruzando um corte. De modo geral, uma aresta satisfazendo determinada propriedade é leve se tiver peso mínimo sobre qualquer aresta que satisfaça a propriedade.

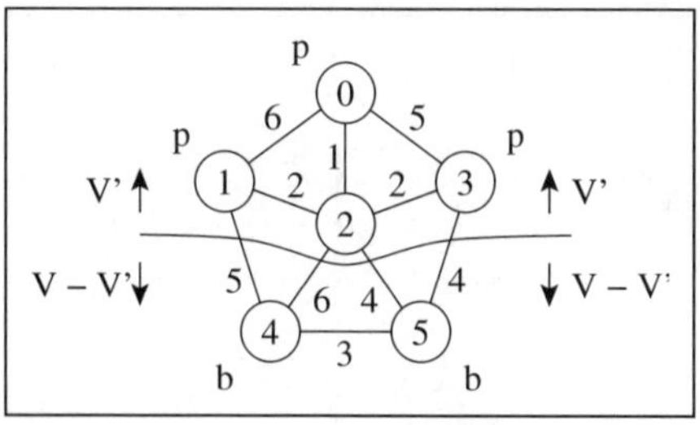

Figura 7.17 *Um corte* $(V', V - V')$ *do grafo* $G = (V, A)$ *da Figura 7.16(a).*

O teorema a seguir apresenta uma regra para reconhecer arestas seguras. A prova do teorema pode ser encontrada em Cormen, Leiserson, Rivest e Stein (2001, p. 563).

Teorema 7.8.1: Considere $G = (V, A)$ um grafo conectado, não direcionado e com pesos p sobre as arestas V. Considere S um subconjunto de V incluído em alguma árvore geradora mínima para G, considere $(V', V - V')$ um corte qualquer que respeita S, e considere (u, v) uma aresta leve cruzando $(V', V - V')$. Logo, a aresta (u, v) é uma aresta segura para S.

7.8.2 Algoritmo de Prim

O algoritmo de Prim para obter uma árvore geradora mínima pode ser derivado do algoritmo genérico apresentado no Programa 7.17. Ele utiliza uma regra específica para determinar uma aresta segura na linha 3 do Programa 7.17. Nesse caso, o subconjunto S forma uma única árvore, e a aresta segura adicionada a S é sempre uma aresta de peso mínimo conectando a árvore a um vértice que não esteja na árvore. De acordo com o Teorema 7.8.1, apenas arestas seguras para S são adicionadas, o que significa que, quando o algoritmo termina, as arestas em S formam uma árvore geradora mínima.

A Figura 7.18 ilustra a execução do algoritmo de Prim sobre o grafo da Figura 7.16(a). No início do processamento, todos os vértices são iniciados com peso igual a infinito. Arestas em negrito pertencem à árvore sendo construída. A cada passo do algoritmo, os vértices na árvore determinam o corte no grafo, e uma aresta leve cruzando o corte é adicionada à árvore S, conectando S a um vértice de $G_S = (V, S)$. A árvore começa pelo vértice 0. Na realidade, o algoritmo poderia começar por um vértice arbitrário Raiz qualquer. Ao escolher o vértice 0 para iniciar a árvore, o corte separa esse vértice dos vértices 1, 2 e 3, cujos pesos passam a ser 6, 1 e 5, respectivamente. Conforme ilustra Figura 7.18(b), a árvore cresce a partir do vértice 0 ao escolher a aresta de menor peso cruzando o corte, no caso a aresta $(0, 2)$. Essa etapa é repetida até que a árvore "gere" todos os vértices em V. No segundo passo do algoritmo, mostrado na Figura 7.18(c), existe a escolha de adicionar a aresta $(2, 1)$ ou a aresta $(2, 3)$ à árvore, uma vez que ambas são arestas leves cruzando o corte.

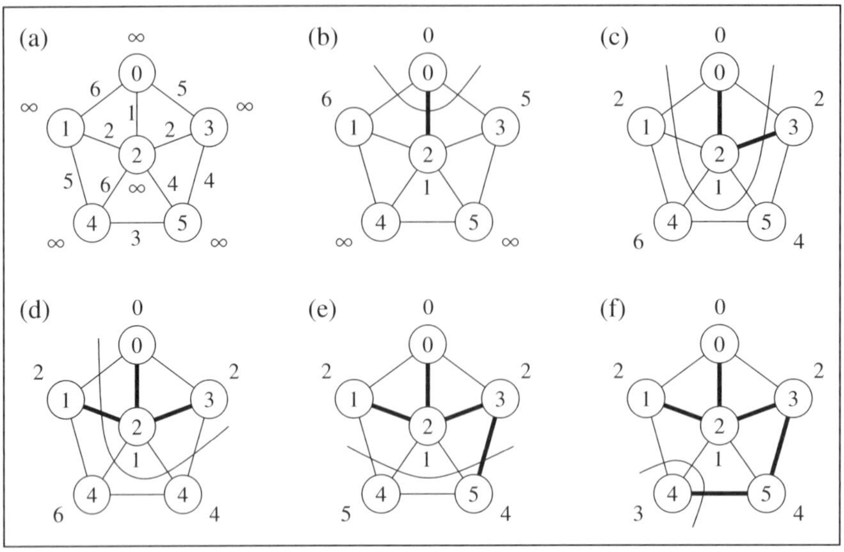

Figura 7.18 *Execução do algoritmo de Prim sobre o grafo da Figura 7.16(a).*

Para obter uma boa implementação para o algoritmo de Prim, é preciso realizar de forma eficiente a seleção de uma nova aresta a ser adicionada à árvore formada pelas arestas em S. Durante a execução do algoritmo, todos os vértices que não estão na árvore geradora mínima residem em uma fila de prioridades A baseada no campo p e implementada como um *heap* (vide Seção 4.1.5). Assim, para cada vértice v, $p[v]$ é a aresta de menor peso conectando v a um vértice na árvore. Como o *heap* utilizado mantém na árvore os vértices, mas a condição do *heap* é mantida pelo peso da aresta por meio do arranjo $p[v]$, o *heap* é indireto, conforme pode ser observado no procedimento RefazInd do Programa 7.18. O arranjo $Pos[v]$ fornece a posição do vértice v dentro do *heap* A, permitindo assim que o vértice v possa ser acessado a um custo $O(1)$. O acesso ao vértice v é necessário para a operação DiminuiChaveInd, operação similar à operação AumentaChave realizada pelo Programa 4.12 na Seção 4.1.5.

O Programa 7.19 implementa o algoritmo de Prim. O procedimento AgmPrim recebe como entrada o grafo G e o vértice $Raiz$. O campo Antecessor[v] armazena o antecessor de v na árvore. Durante a execução do algoritmo, o subconjunto S do algoritmo GenericoAgm do Programa 7.17 é mantido de forma implícita como

$$S = \{(v, Antecessor[v]) : v \in V - \{Raiz\} - A\}.$$

Quando o algoritmo termina, a fila de prioridades A está vazia, e a árvore geradora mínima S para G é

$$S = \{(v, Antecessor[v]) : v \in V - \{Raiz\}\}.$$

Programa 7.18 *Operadores para manter o heap indireto*

```
{-- Entra aqui o operador Constroi da Seção 4.1.5 (Programa 4.10)    --}
{-- Trocando a chamada Refaz (Esq, n , A) por RefazInd (Esq, n, A) --}
procedure RefazInd (Esq, Dir: TipoIndice; var A: TipoVetor);
label 999;
var i: TipoIndice;  j: integer;  x: TipoItem;
begin
  i := Esq;  j := 2 * i;  x := A[i];
  while j <= Dir do
    begin
    if j < Dir
    then if p[A[j].Chave] > p[A[j + 1].Chave] then j := j + 1;
    if p[x.Chave] <= p[A[j].Chave] then goto 999;
    A[i] := A[j];  Pos[A[j].Chave] := i;  i := j;  j := 2 * i;
    end;
  999: A[i] := x;  Pos[x.Chave] := i;
end; { RefazInd }

function RetiraMinInd (var A: TipoVetor): TipoItem;
begin
  if n < 1
  then writeln ('Erro: heap vazio')
  else begin
       RetiraMinInd := A[1];  A[1] := A[n];
       Pos[A[n].chave] := 1;
       n := n - 1;
       RefazInd (1, n, A);
       end;
end; { RetiraMinInd }

procedure DiminuiChaveInd (i: TipoIndice; ChaveNova: TipoPeso;
                           var A: TipoVetor);
var x: TipoItem;
begin
  if ChaveNova > p[A[i].Chave]
  then writeln ('Erro: ChaveNova maior que a chave atual')
  else begin
       p[A[i].Chave] := ChaveNova;
       while (i>1) and (p[A[i div 2].Chave] > p[A[i].Chave]) do
         begin
         x := A[i div 2];
         A[i div 2] := A[i];
         Pos[A[i].Chave] := i div 2;
         A[i] := x;
         Pos[x.Chave] := i;
         i := i div 2;
         end;
       end;
end; { DiminuiChaveInd }
```

Programa 7.19 *Implementação do algoritmo de Prim para obter a árvore geradora mínima*

```
procedure AgmPrim (var Grafo: TipoGrafo; var Raiz: TipoValorVertice);
var Antecessor: array[TipoValorVertice] of integer;
    P         : array[TipoValorVertice] of TipoPeso;
    Itensheap : array[TipoValorVertice] of boolean;
    Pos       : array[TipoValorVertice] of TipoValorVertice;
    A         : TipoVetor;
    u, v      : TipovalorVertice;

{-- Entram aqui os operadores do tipo grafo do Programa 7.3   --}
{-- ou do Programa 7.5 ou do Programa 7.7, e os operadores    --}
{-- RefazInd, RetiraMinInd e DiminuiChaveInd do Programa 7.18 --}

begin { AgmPrim }
  for u := 0 to Grafo.NumVertices do
    begin {Constroi o heap com todos os valores igual a INFINITO}
    Antecessor[u] := -1;
    p[u] := INFINITO;
    A[u+1].Chave := u; {Heap a ser construido}
    ItensHeap[u] := true;
    Pos[u] := u+1;
    end;
  n := Grafo.NumVertices;
  p[Raiz] := 0;
  Constroi (A);
  while n >= 1 do {enquanto heap nao estiver vazio}
    begin
    u := RetiraMinInd(A).Chave;
    ItensHeap[u] := false;
    if (u <> Raiz)
    then write ('Aresta de arvore: v[',u,'] v[',Antecessor[u],']');
    readln;
    if not ListaAdjVazia (u,Grafo)
       then begin
            Aux := PrimeiroListaAdj (u,Grafo);
            FimListaAdj := false;
            while not FimListaAdj do
              begin
              ProxAdj (u, Grafo, v, Peso, Aux, FimListaAdj);
              if ItensHeap[v] and (Peso < p[v])
              then begin
                   Antecessor[v] := u;
                   DiminuiChaveInd (Pos[v],Peso,A);
                   end
              end;
            end;
    end;
end; { AgmPrim }
```

Análise O desempenho do algoritmo de Prim depende da forma como a **fila de prioridades** é implementada. Se a fila de prioridades é implementada como um ***heap*** (veja Seção 4.1.5), podemos usar o procedimento Constroi do Programa 4.10 para a inicialização de A no Programa 7.19. O corpo do anel **while** é executado $|V|$ vezes, e, desde que o procedimento Refaz tem custo $O(\log |V|)$, o tempo total para executar a operação retira o item com menor peso é $O(|V| \log |V|)$. O **while** mais interno para percorrer a lista de adjacentes é executado $O(|A|)$ vezes ao todo, uma vez que a soma dos comprimentos de todas as listas de adjacência é $2|A|$. Dentro desse anel, o teste para verificar se o vértice v pertence ao *heap* A tem custo $O(1)$ pelo fato de o teste ser implementado mediante uma consulta a um arranjo de *bits*. O arranjo ItensHeap de *bits* é atualizado quando o vértice é retirado do *heap* (*ItensHeap*$[v]$ é tornado *false*). Após testar se v pertence ao *heap* A e o peso da aresta (u, v) é menor do que $p[v]$, o antecessor de v é armazenado em Antecessor e uma operação DiminuiChave é realizada sobre o *heap* A na posição $Pos[v]$, a qual tem custo $O(\log |V|)$. Logo, o tempo total para executar o algoritmo de Prim é $O(|V| \log |V| + |A| \log |V|) = O(|A| \log |V|)$.

7.8.3 Algoritmo de Kruskal

Assim como o algoritmo de Prim, o algoritmo de Kruskal para obter uma árvore geradora mínima pode ser derivado do algoritmo genérico apresentado no Programa 7.17. No algoritmo de Kruskal, o conjunto S é uma floresta e a aresta segura adicionada a S é sempre uma aresta de menor peso que conecta dois componentes distintos. A Figura 7.19 ilustra a execução do algoritmo de Kruskal sobre o grafo da Figura 7.16(a). Arestas em negrito pertencem à floresta sendo construída.

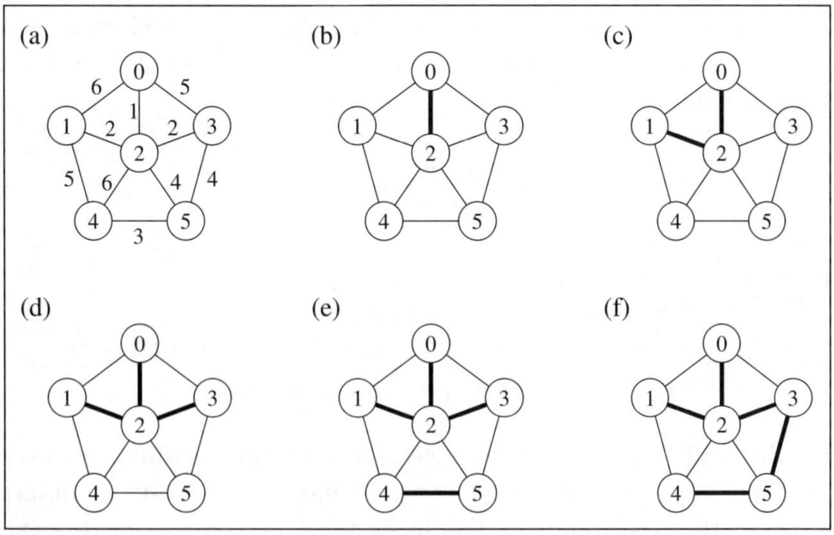

Figura 7.19 *Execução do algoritmo de Kruskal sobre o grafo da Figura 7.16(a).*

Como ilustrado na Figura 7.19, o algoritmo considera as arestas do grafo ordenadas pelo peso. Considere C_1 e C_2 duas árvores conectadas por (u, v). Uma vez que (u, v) tem de ser uma aresta leve conectando C_1 com alguma outra árvore, então (u, v) é uma aresta segura para C_1. O algoritmo de Kruskal é um algoritmo guloso porque, a cada passo, ele adiciona à floresta uma aresta de menor peso. Em outras palavras, o algoritmo de Kruskal obtém uma árvore geradora mínima adicionando uma aresta de cada vez à floresta e, a cada passo, usa a aresta de menor peso que não forma um ciclo. O algoritmo inicia com uma floresta de $|V|$ árvores de um vértice: em $|V|$ passos, une duas árvores até que exista apenas uma árvore na floresta.

A implementação do algoritmo de Kruskal não é apresentada aqui. Mais detalhes podem ser obtidos no Exercício 7.20.

7.9 Caminhos mais Curtos

Esta seção trata do problema de encontrar o caminho mais curto entre dois vértices de um grafo direcionado ponderado $G = (V, A)$. Uma aplicação para este problema ocorre quando um motorista deseja obter o caminho mais curto entre Diamantina e Ouro Preto, duas cidades históricas de Minas Gerais. Dado um mapa do Estado de Minas Gerais contendo as distâncias entre cada par de interseções adjacentes, como obter o caminho mais curto entre as duas cidades? Nesse caso nós podemos modelar o mapa rodoviário como um grafo em que vértices representam interseções, arestas representam segmentos de estrada entre interseções, e o peso de cada aresta, a distância entre interseções.

O problema descrito no parágrafo anterior é equivalente a obter os caminhos mais curtos a partir de uma única origem. Dado um grafo direcionado ponderado $G = (V, A)$, o **peso** de um caminho $c = (v_0, v_1, \ldots, v_k)$ é a soma de todos os pesos das arestas do caminho:

$$p(c) = \sum_{i=1}^{k} p(v_{i-1}, v_i).$$

O caminho mais curto é definido por:

$$\delta(u, v) = \begin{cases} min\left\{p(c) : u \overset{c}{\rightsquigarrow} v\right\}, & \text{se existir um caminho de } u \text{ a } v, \\ \infty, & \text{caso contrário.} \end{cases}$$

Um **caminho mais curto** do vértice u ao vértice v é então definido como qualquer caminho c com peso $p(c) = \delta(u, v)$. O peso das arestas pode ser interpretado como outras métricas diferentes de distância, tais como tempo, custo, penalidade, perdas, ou qualquer quantidade acumulada através do caminho que se deseja minimizar.

O procedimento VisitaBfs do Programa 7.11 para realizar a busca em largura em um grafo $G = (V, A)$ obtém a distância do vértice origem $u \in V$ para cada vértice alcançável $v \in V$. De fato, a busca em largura obtém o **caminho mais curto** de u até v, onde os pesos das arestas são todos iguais (vide Seção 7.5).

Nesta seção, vamos tratar do problema de obter os **caminhos mais curtos a partir de uma origem**: dado um grafo ponderado $G = (V, A)$, desejamos obter o caminho mais curto a partir de um dado vértice origem $s \in V$ até cada $v \in V$. Muitos outros problemas podem ser resolvidos pelo algoritmo para o problema origem única, como as seguintes variações:

- **Caminhos mais curtos com destino único**: Encontrar um caminho mais curto para um vértice destino t a partir de cada $v \in V$. Este problema pode ser reduzido ao problema origem única invertendo a direção de cada aresta do grafo, o que pode ser realizado pelo Programa 7.14 para obter o grafo transposto G^T de um grafo G.
- **Caminhos mais curtos entre um par de vértices**: O algoritmo para resolver o problema origem única resolve também este problema, sendo a melhor opção conhecida para ele.
- **Caminhos mais curtos entre todos os pares de vértices**: Este problema pode ser resolvido pela aplicação do algoritmo origem única $|V|$ vezes, uma vez para cada vértice origem. Existem outras opções de algoritmos para o caso todos-os-pares que podem ser mais eficientes quando o grafo for denso, mas que não serão tratados aqui, pois fogem ao escopo deste livro (vide Aho, Hopcroft e Ullman, 1983; Cormen, Leiserson, Rivest e Stein, 2001).

Um caminho mais curto em um grafo $G = (V, A)$ não pode conter ciclo nenhum, uma vez que a remoção do ciclo do caminho produz um caminho com os mesmos vértices origem e destino e um caminho de menor peso. Assim, podemos assumir que caminhos mais curtos não possuem ciclos. Uma vez que qualquer caminho acíclico em G contém no máximo $|V|$ vértices, então o caminho também contém no máximo $|V| - 1$ arestas.

A representação de caminhos mais curtos em um grafo $G = (V, A)$ pode ser realizada pela variável Antecessor. Para cada vértice $v \in V$, o $Antecessor[v]$ é um outro vértice $u \in V$ ou *nil* (-1). O algoritmo para obter caminhos mais curtos atribui a Antecessor os rótulos de vértices de uma cadeia de antecessores com origem em um vértice v e que anda para trás ao longo de um caminho mais curto até o vértice origem s. Assim, dado um vértice v no qual $Antecessor[v] \neq nil$, o procedimento ImprimeCaminho do Programa 7.12 pode ser usado para imprimir o caminho mais curto de s até v.

Ao contrário do que ocorre durante a execução do algoritmo de busca em largura, durante a execução do algoritmo para obter caminhos mais curtos, os valores em $Antecessor[v]$ não necessariamente indicam caminhos mais curtos. Entretanto, ao final do processamento, Antecessor conterá, de fato, uma árvore de caminhos mais curtos. Essa árvore de caminhos mais curtos é como a árvore de busca em largura da Seção 7.5, só que ela conterá caminhos mais curtos que são definidos em termos dos pesos de cada aresta de G em vez do número de arestas. Assim como as árvores de busca em largura, caminhos mais curtos não são necessariamente únicos, podendo haver mais de um caminho de peso mínimo.

A **árvore de caminhos mais curtos** com raiz em $u \in V$ é um subgrafo direcionado $G' = (V', A')$, em que $V' \subseteq V$ e $A' \subseteq A$, tal que:

1. V' é o conjunto de vértices alcançáveis a partir de $s \in G$;
2. G' forma uma árvore de raiz s;
3. para todos os vértices $v \in V'$, o caminho simples de s até v é um caminho mais curto de s até v em G.

O algoritmo que vamos apresentar nesta seção é conhecido como algoritmo de Dijkstra (1959). O algoritmo mantém um conjunto S de vértices cujos caminhos mais curtos até um vértice origem já são conhecidos. Ao final de sua execução, o algoritmo produz uma árvore de caminhos mais curtos de um vértice origem s para todos os vértices alcançáveis a partir de s.

Relaxamento

O algoritmo de Dijkstra utiliza a técnica de relaxamento. Para cada vértice $v \in V$, o atributo $p[v]$ é um limite superior do peso de um caminho mais curto do vértice origem s até v. O vetor $p[v]$ contém uma estimativa de um caminho mais curto. O primeiro passo do algoritmo é inicializar os antecessores e as estimativas de caminhos mais curtos. Após o passo de inicialização, $Antecessor[v] = nil$ para todo vértice $v \in V$, $p[u] = 0$ para o vértice origem s, e $p[v] = \infty$ para $v \in V - \{s\}$.

O processo de **relaxamento** de uma aresta (u, v) consiste em verificar se é possível melhorar o melhor caminho obtido até o momento até v se passarmos por u. Se isso acontecer, então $p[v]$ e $Antecessor[v]$ devem ser atualizados. Em outras palavras, o passo de relaxamento pode decrementar o valor da estimativa de caminho mais curto $p[v]$ e atualizar o antecessor de v em $Antecessor[v]$. O pseudocódigo do Programa 7.20 mostra como a operação de relaxamento deve ser implementada.

Programa 7.20 *Relaxamento de uma aresta*

```
if p[v] > p[u] + peso da aresta (u,v)
then p[v] = p[u] + peso da aresta (u,v)
     Antecessor[v] := u
```

O primeiro refinamento do algoritmo de Dijkstra pode ser visto no Programa 7.21. As linhas 1-3 realizam a inicialização dos antecessores e das estimativas de caminhos mais curtos. A linha 4 inicializa a distância do vértice raiz a ele mesmo como sendo zero. A linha 5 constrói o *heap* sobre todos os vértices do grafo, e a linha 6 inicializa o conjunto solução S como vazio. A linha 7 é um anel que executa enquanto o *heap* for diferente de vazio. O algoritmo mantém o invariante seguinte: o número de elementos do *heap* é igual a $V - S$ no início do anel **while** na linha 7. Desde que $S = \emptyset$ no início do anel, então o invariante é verdadeiro. A cada iteração do anel nas linhas 8-13 um vértice u é extraído do *heap* e adicionado ao conjunto S, mantendo assim o invariante. Na linha 8 a operação RetiraMin obtém o vértice u que contém o caminho mais curto estimado até aquele momento e o adiciona ao conjunto solução S. A seguir, no anel da linha 10, a operação de relaxamento é realizada sobre cada aresta (u, v) adjacente ao vértice u, atualizando o caminho estimado $p[v]$ e o $Antecessor[v]$ se o caminho mais curto para v puder ser melhorado usando o caminho por meio de u.

***Programa 7.21** Primeiro refinamento do algoritmo de Dijkstra*

```
    procedure Dijkstra (Grafo, Raiz);
1    for v := 0 to Grafo.NumVertices−1 do
2      p[v] := INFINITO;
3      Antecessor[v] := −1;
4    p[Raiz] := 0;
5    Constroi heap no vetor A;
6    S := ∅;
7    While heap > 1 do
8      u := RetiraMin(A);
9      S := S + u
10     for v ∈ ListaAdjacentes[u] do
11       if p[v] > p[u] + peso da aresta (u,v)
12       then p[v] = p[u] + peso da aresta (u,v)
13            Antecessor[v] := u
```

A Figura 7.20 mostra o funcionamento do algorimo de Dijkstra. Como ilustrado na figura, a árvore começa pelo vértice 0. A cada passo, um vértice é adicionado à árvore S de caminhos mais curtos. Arestas em negrito pertencem à árvore de caminhos mais curtos sendo construída. Essa estratégia é **gulosa**, uma vez que a árvore é aumentada a cada passo com uma aresta que contribui com o mínimo possível para o custo (peso) total de cada caminho.

A Tabela 7.1 mostra os valores de S e $p[v]$, $v = 0, 1, 2, 3, 4$, a cada iteração do algoritmo de Dijkstra.

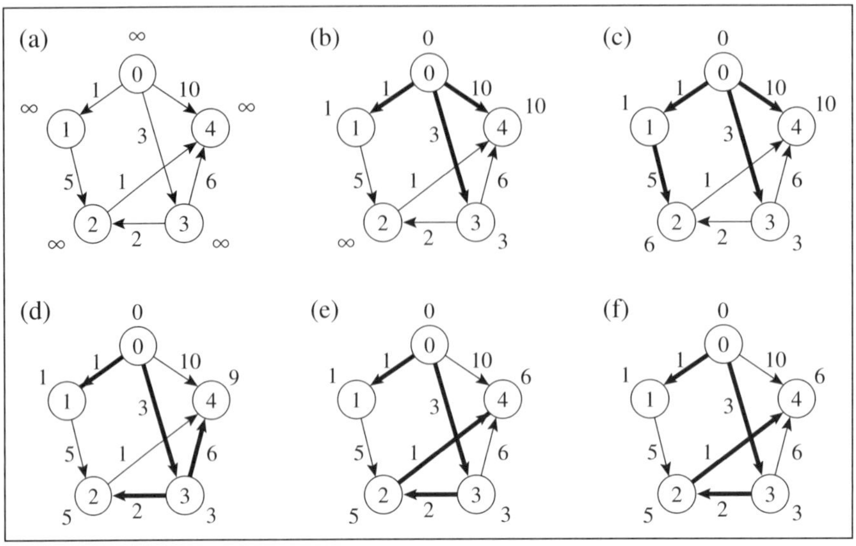

Figura 7.20 *Execução do algoritmo de Dijkstra.*

Tabela 7.1 *Valores das variáveis na execução do algoritmo de Dijkstra*

Iteração	S	p[0]	p[1]	p[2]	p[3]	p[4]
(a)	$\emptyset$	∞	∞	∞	∞	∞
(b)	$\{0\}$	0	1	∞	3	10
(c)	$\{0, 1\}$	0	1	6	3	10
(d)	$\{0, 1, 3\}$	0	1	5	3	9
(e)	$\{0, 1, 3, 2\}$	0	1	5	3	6
(f)	$\{0, 1, 3, 2, 4\}$	0	1	5	3	6

Assim como no algoritmo de Prim (vide Seção 7.8.2), para obter uma boa implementação para o algoritmo de Dijkstra, é preciso realizar de forma eficiente a seleção de uma nova aresta a ser adicionada à árvore formada pelas arestas em S. Durante a execução do algoritmo, todos os vértices que não estão na árvore de caminhos mais curtos residem na fila de prioridades A baseada no campo p e implementada como um *heap*, conforme mostra o Programa 7.18. Assim, para cada vértice v, $p[v]$ é o caminho mais curto obtido até o momento, de v até o vértice raiz. Como o *heap* utilizado mantém no vetor A os vértices, mas a condição do *heap* é mantida pelo caminho mais curto estimado até o momento mediante o arranjo $p[v]$, o *heap* é indireto, e o procedimento RefazInd do Programa 7.18 pode ser utilizado. Novamente, o arranjo $Pos[v]$ fornece a posição do vértice v dentro do *heap* A, permitindo assim que o vértice v possa ser acessado a um custo $O(1)$ para a operação DiminuiChaveInd.

O refinamento final do algoritmo de Dijkstra pode ser visto no Programa 7.22. O programa obtém a menor distância de um vértice origem de um grafo G a todos os outros vértices de G.

Programa 7.22 *Implementação do algoritmo de Dijkstra*

```
procedure Dijkstra (var Grafo: TipoGrafo; var Raiz: TipoValorVertice);
var Antecessor: array[TipoValorVertice] of integer;
    P         : array[TipoValorVertice] of TipoPeso;
    Itensheap : array[TipoValorVertice] of boolean;
    Pos       : array[TipoValorVertice] of TipoValorVertice;
    A         : TipoVetor;
    u, v      : TipovalorVertice;

{-- Entram aqui os operadores do tipo grafo do Programa 7.3  --}
{-- ou do Programa 7.5 ou do Programa 7.7, e os operadores   --}
{-- RefazInd, RetiraMinInd e DiminuiChaveInd do Programa 7.18--}

begin { Dijkstra }
  for u := 0 to Grafo.NumVertices do
    begin {Constroi o heap com todos os valores igual a INFINITO}
    Antecessor[u] := -1;
    p[u] := INFINITO;
    A[u+1].Chave := u; {Heap a ser construido}
    ItensHeap[u] := true;
    Pos[u] := u+1;
    end;
  n := Grafo.NumVertices;
  p[Raiz] := 0;
  Constroi (A);
  while n >= 1 do {enquanto heap nao vazio}
    begin
    u := RetiraMinInd(A).Chave;
    ItensHeap[u] := false;
    if not ListaAdjVazia (u,Grafo)
       then begin
            Aux := PrimeiroListaAdj (u,Grafo);
            FimListaAdj := false;
            while not FimListaAdj do
              begin
              ProxAdj (u, Grafo, v, Peso, Aux, FimListaAdj);
              if p[v] > p[u] + Peso
              then begin
                   p[v] := p[u] + Peso;
                   Antecessor[v] := u;
                   DiminuiChaveInd (Pos[v],p[v],A);
                   write ('Caminho: v[',v,'] v[',Antecessor[v],']',
                          ' d[',p[v],']');readln;
                   end;
              end;
            end;
    end;
end; { Dijkstra }
```

Análise O desempenho do algoritmo de Dijkstra depende da forma como a **fila de prioridades** é implementada. Se a fila de prioridades é implementada como um ***heap*** (veja Seção 4.1.5), podemos usar, a um custo $O(|V|)$, o procedimento Constroi do Programa 4.10 para a inicialização de A no Programa 7.22. O corpo do anel **while** é executado $|V|$ vezes e, desde que o procedimento Refaz tem custo $O(\log |V|)$, o tempo total para executar a operação retira o item com menor peso é $O(|V| \log |V|)$. O **while** mais interno para percorrer a lista de adjacentes é executado $O(|A|)$ vezes ao todo, uma vez que a soma dos comprimentos de todas as listas de adjacência é $2|A|$. A operação DiminuiChave é executada sobre o *heap* A na posição $Pos[v]$, a um custo $O(\log |V|)$. Logo, o tempo total para executar o algoritmo de Dijkstra é $O(|V| \log |V| + |A| \log |V|) = O(|A| \log |V|)$.

Por que o Algoritmo de Dijkstra Funciona

Pelo fato de o algoritmo de Dijkstra sempre escolher o vértice mais leve (ou o mais perto) em $V - S$ para adicionar ao conjunto solução S, o algoritmo usa uma estratégia gulosa. Apesar de estratégias gulosas nem sempre levarem a resultados ótimos, o algorimo de Dijkstra sempre obtém os caminhos mais curtos. Isso é verdade porque cada vez que um vértice é adicionado ao conjunto S, temos que $p[u] = \delta(Raiz, u)$.

7.10 O Tipo Abstrato de Dados Hipergrafo

Um **hipergrafo ou** $r-$**grafo** é um grafo não direcionado $G_r = (V, A)$ no qual cada aresta $a \in A$ conecta r vértices, sendo r a ordem do hipergrafo. Os grafos estudados até agora são 2-grafos (ou hipergrafos de ordem 2). Hipergrafos são utilizados na Seção 5.5.4 sobre ***hashing*** **perfeito**.

A Figura 7.21 apresenta um 3-grafo contendo os vértices $\{0, 1, 2, 3, 4, 5\}$, as arestas $\{(1, 2, 4), (1, 3, 5), (0, 2, 5)\}$ e os pesos 7, 8 e 9, respectivamente.

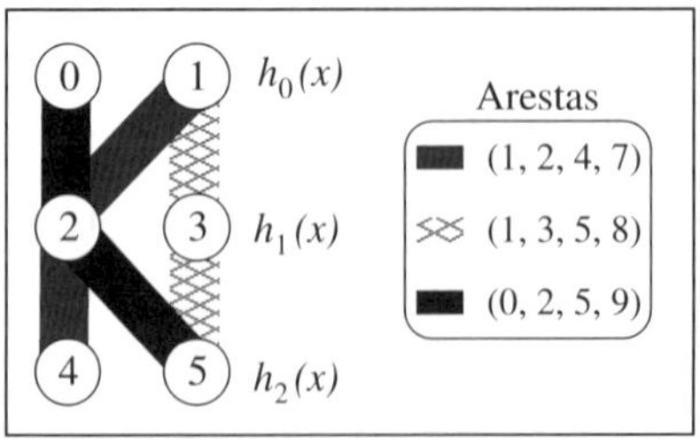

Figura 7.21 *Hipergrafo de grau $r = 3$ contendo 6 vértices e 3 arestas.*

As operações de um tipo abstrato de dados hipergrafo são praticamente as mesmas definidas para o tipo abstrato de dados grafo, a saber:

1. Criar um hipergrafo vazio. A operação retorna um hipergrafo contendo $|V|$ vértices e nenhuma aresta.
2. Inserir uma aresta no hipergrafo. Recebe a aresta $(V_1, V_2, \ldots, V_r)$ e seu peso para serem inseridos no hipergrafo.
3. Verificar se existe determinada aresta no hipergrafo. A operação retorna *true* se a aresta $(V_1, V_2, \ldots, V_r)$ estiver presente, senão retorna *false*.
4. Obter a lista de arestas incidentes em determinado vértice. Essa operação aparece na maioria dos algoritmos que utilizam um hipergrafo e, pela sua importância, será tratada separadamente logo a seguir.
5. Retirar uma aresta do hipergrafo. Retira a aresta $(V_1, V_2, \ldots, V_r)$ do hipergrafo e a retorna.
6. Imprimir um hipergrafo.
7. Obter a aresta de menor peso de um hipergrafo. A operação retira a aresta de menor peso dentre as arestas do hipergrafo e a retorna.

Uma operação que aparece com frequência é a de obter a lista de arestas incidentes em determinado vértice. Para implementar esse operador de forma independente da representação escolhida para a aplicação em pauta, precisamos de três operações sobre hipergrafos, a saber:

1. Verificar se a lista de arestas incidentes em um vértice v está vazia. A operação retorna *true* se a lista estiver vazia, senão retorna *false*.
2. Obter a primeira aresta incidente a um vértice v, caso exista.
3. Obter a próxima aresta incidente a um vértice v, caso exista.

A forma mais adequada para representar um hipergrafo é por meio de estruturas de dados em que para cada vértice v do grafo é mantida uma lista das arestas que incidem sobre o vértice v, o que implica a representação explícita de cada aresta do hipergrafo. Essa é uma estrutura orientada a arestas e não a vértices como as representações apresentadas nas Seções 7.2.1, 7.2.2 e 7.2.3.

Existem duas representações usuais para hipergrafos: as matrizes de incidência e as listas de incidência. A Seção 7.10.1 apresenta a implementação de matrizes de incidência usando arranjos. A Seção 7.10.2 apresenta a implementação de listas de incidência usando arranjos.

7.10.1 Implementação por meio de Matrizes de Incidência

A **matriz de incidência** de um hipergrafo $G_r = (V, A)$ contendo n vértices e m arestas é uma matriz $n \times m$ de *bits*, em que $A[i, j] = 1$ se e somente se o vértice i participar da aresta j. Para hipergrafos ponderados, $A[i, j]$ contém o rótulo ou peso associado à aresta e a matriz não é de *bits*. Se o vértice i não participar da aresta j, então é necessário utilizar um valor que não possa ser usado como rótulo ou peso, tal como 0 ou branco, conforme ilustra a Figura 7.22.

	0	1	2
0			9
1	7	8	
2	7		9
3		8	
4	7		
5		8	9

Figura 7.22 *Representação por matrizes de incidência para o hipergrafo da Figura 7.21.*

A representação por matrizes de incidência demanda muita memória para hipergrafos **densos**, em que $|A|$ é próximo de $|V|^2$. Nessa representação, o tempo necessário para acessar um elemento é independente de $|V|$ ou $|A|$. Logo, essa representação é muito útil para algoritmos em que necessitamos saber com rapidez se um vértice participa de determinada aresta. A maior desvantagem é que a matriz necessita $\Omega(|V|^3)$ de espaço. Isso significa que simplesmente ler ou examinar a matriz tem complexidade de tempo $O(|V|^3)$.

O Programa 7.23 apresenta a estrutura de dados do **tipo abstrato de dados hipergrafo** utilizando matriz de incidência. O campo Mat é o principal componente do registro TipoGrafo, em que os itens são armazenados em um **array** de duas dimensões de tamanho suficiente para armazenar o grafo. As constantes MaxNumVertices e MaxNumArestas definem o maior número de vértices e de arestas que o grafo pode ter e r define o número de vértices de cada aresta.

Programa 7.23 *Estrutura do tipo hipergrafo implementado como matriz de incidência*

```
const MAXNUMVERTICES = 100;
      MAXNUMARESTAS  = 4500;
      MAXR           = 5;
type TipoValorVertice    = 0..MAXNUMVERTICES;
     TipoValorAresta     = 0..MAXNUMARESTAS;
     Tipor               = 0..MAXR;
     TipoPesoAresta      = integer;
     TipoArranjoVertices = array[Tipor] of TipoValorVertice;
     TipoAresta          = record
                             Vertices: TipoArranjoVertices;
                             Peso    : TipoPesoAresta;
                           end;
     TipoGrafo = record
                   Mat: array[TipoValorVertice, TipoValorAresta]
                        of TipoPesoAresta;
                   NumVertices   : TipoValorVertice;
                   NumArestas    : TipoValorAresta;
                   ProxDisponivel: TipoValorAresta;
                   r             : Tipor;
                 end;
     TipoApontador = TipoValorAresta;
```

Uma possível implementação para as primeiras seis operações definidas anteriormente é mostrada no Programa 7.24. O procedimento ArestasIguais permite a comparação de duas arestas, a um custo $O(r)$. O procedimento InsereAresta tem custo $O(r)$ e os procedimentos ExisteAresta e RetiraAresta têm custo $r \times |A|$, o que pode ser considerado $O(|A|)$ porque r é geralmente uma constante pequena.

Programa 7.24 *Operadores sobre hipergrafos implementados como matrizes de incidência*

```
function ArestasIguais (var Vertices: TipoArranjoVertices;
                            NumAresta  : TipoValorAresta;
                            var Grafo  : TipoGrafo): boolean;
var Aux: boolean; v: Tipor;
begin
  Aux := true; v := 0;
  while (v < Grafo.r) and Aux do
    begin
    if Grafo.Mat[Vertices[v], NumAresta] <= 0 then Aux := false;
    v := v + 1;
    end;
  ArestasIguais := Aux;
end; { ArestasIguais }

procedure FGVazio (var Grafo: TipoGrafo);
var i, j: integer;
begin
  Grafo.ProxDisponivel := 0;
  for i := 0 to Grafo.NumVertices do
    for j := 0 to Grafo.NumArestas do Grafo.Mat[i, j] := 0;
end; { FGVazio }

procedure InsereAresta (var Aresta: TipoAresta;
                        var Grafo : TipoGrafo);
var i: integer;
begin
  if Grafo.ProxDisponivel = MAXNUMARESTAS + 1
  then writeln ('Nao ha espaco disponivel para a aresta')
  else begin
       for i := 0 to Grafo.r - 1 do
       Grafo.Mat[Aresta.Vertices[i],Grafo.ProxDisponivel]:=Aresta.Peso;
       Grafo.ProxDisponivel := Grafo.ProxDisponivel + 1;
       end;
end; { InsereAresta }

function ExisteAresta (var Aresta: TipoAresta;
                       var Grafo : TipoGrafo): boolean;
var ArestaAtual: TipoValorAresta; EncontrouAresta: boolean;
begin
  EncontrouAresta := false; ArestaAtual := 0;
  while (ArestaAtual < Grafo.NumArestas) and not EncontrouAresta do
    begin
    if ArestasIguais(Aresta.Vertices, ArestaAtual, Grafo)
```

Continuação do Programa 7.24

```
    then EncontrouAresta := true;
    ArestaAtual := ArestaAtual + 1;
    end;
  ExisteAresta := EncontrouAresta;
end; { ExisteAresta }

function RetiraAresta (var Aresta: TipoAresta;
                       var Grafo : TipoGrafo): TipoAresta;
var ArestaAtual: TipoValorAresta;
    i: integer;
    EncontrouAresta: boolean;
begin
  EncontrouAresta := false;  ArestaAtual := 0;
  while (ArestaAtual < Grafo.NumArestas) and not EncontrouAresta do
    begin
    if ArestasIguais (Aresta.Vertices, ArestaAtual, Grafo)
    then begin
         EncontrouAresta := true;
         Aresta.Peso := Grafo.Mat[Aresta.Vertices[0], ArestaAtual];
         for i := 0 to Grafo.r - 1 do
           Grafo.Mat[Aresta.Vertices[i], ArestaAtual] := -1;
         end;
    ArestaAtual := ArestaAtual + 1;
    end;
  RetiraAresta := Aresta;
end; { RetiraAresta }

procedure ImprimeGrafo (var Grafo : TipoGrafo);
var i, j: integer;
begin
  write ('    ');
  for i := 0 to Grafo.NumArestas-1 do write (i:3);  writeln;
  for i := 0 to Grafo.NumVertices-1 do
    begin
    write (i:3);
    for j := 0 to Grafo.NumArestas-1 do write (Grafo.mat[i,j]:3);
    writeln;
    end;
end; { ImprimeGrafo }

function ListaIncVazia (var Vertice: TipoValorVertice;
                        var Grafo  : TipoGrafo): boolean;
var ArestaAtual: TipoApontador;  ListaVazia: boolean;
begin
  ListaVazia := true;  ArestaAtual := 0;
```

Continuação do Programa 7.24

```
  while (ArestaAtual < Grafo.NumArestas) and ListaVazia do
    if Grafo.Mat[Vertice, ArestaAtual] > 0
    then ListaVazia := false
    else ArestaAtual := ArestaAtual + 1;
  ListaIncVazia := ListaVazia = true;
end; { ListaIncVazia }

function PrimeiroListaInc (var Vertice: TipoValorVertice;
                           var Grafo: TipoGrafo): TipoApontador;
var ArestaAtual: TipoApontador; ListaVazia: boolean;
begin
  ListaVazia := true; ArestaAtual := 0;
  while (ArestaAtual < Grafo.NumArestas) and ListaVazia do
    if Grafo.Mat[Vertice, ArestaAtual] > 0
    then begin PrimeiroListaInc := ArestaAtual; ListaVazia := false; end
    else ArestaAtual := ArestaAtual + 1;
  if ArestaAtual = Grafo.NumArestas
  then writeln ('Erro: Lista incidencia vazia');
end; { PrimeiroListaInc }

procedure ProxArestaInc (var Vertice    : TipoValorVertice;
                         var Grafo      : TipoGrafo;
                         var Inc        : TipoValorAresta;
                         var Peso       : TipoPesoAresta;
                         var Prox       : TipoApontador;
                         var FimListaAdj: boolean);
{--Retorna proxima aresta Inc apontada por Prox--}
begin
  Inc := Prox; Peso := Grafo.Mat[Vertice,Prox]; Prox := Prox + 1;
  while (Prox < Grafo.NumArestas) and (Grafo.Mat[Vertice, Prox] = 0) do
    Prox := Prox + 1;
  FimListaAdj := (Prox = Grafo.NumArestas);
end; { ProxArestaInc }
```

7.10.2 Implementação por meio de Listas de Incidência Usando Arranjos

A estrutura de dados usada para representar um hipergrafo $G_r = (V, A)$ por meio de **listas de incidência** foi proposta por Ebert (1987). A estrutura usa arranjos para armazenar as arestas e as listas de arestas incidentes a cada vértice. A Figura 7.23(a) mostra o mesmo 3-grafo de 6 vértices e 3 arestas da Figura 7.21, e a Figura 7.23(b), a sua representação por listas de incidência.

As arestas são armazenadas em um arranjo chamado *Arestas*. Em cada posição a do arranjo *Arestas*, são armazenados os r vértices da aresta a e o seu *Peso*. As listas de arestas incidentes nos vértices do hipergrafo são armazenadas nos arranjos *Prim* e *Prox*. O elemento $Prim[v]$ define o ponto de entrada para a lista de arestas incidentes no vértice v, enquanto $Prox[Prim[v]]$, $Prox[Prox[Prim[v]]]$ e

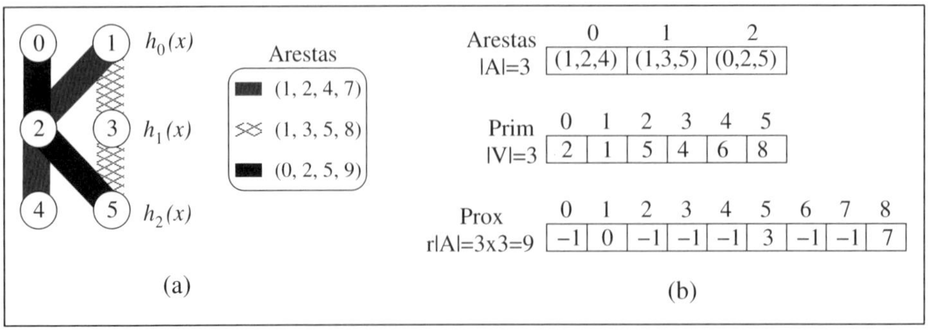

Figura 7.23 *(a) 3-grafo com 6 vértices e 3 arestas; (b) Representação do 3-grafo.*

assim por diante definem as arestas subsequentes que contêm v. O arranjo *Prim* deve possuir $|V|$ entradas, uma para cada vértice. O arranjo *Prox* deve possuir $r|A|$ entradas, pois cada aresta a é armazenada na lista de arestas incidentes a cada um de seus r vértices. Assim, a representação por listas de incidências possui uma complexidade de espaço $O(|V| + |A|)$, pois *Arestas* tem tamanho $O(|A|)$, *Prim* tem tamanho $O(|V|)$ e *Prox* tem tamanho $r \times |A|$, o que pode ser considerado $O(|A|)$ porque r é geralmente uma constante pequena.

Para descobrir quais são as arestas que contêm determinado vértice v, é preciso percorrer a lista de arestas que inicia em $Prim[v]$ e termina quando $Prox[\ldots Prim[v] \ldots] = -1$. Assim, para se ter acesso a uma aresta a armazenada em $Arestas[a]$, é preciso tomar os valores armazenados nos arranjos *Prim* e *Prox* módulo $|A|$. O valor -1 é utilizado para finalizar a lista. Por exemplo, ao se percorrer a lista das arestas do vértice 2, os valores $\{5, 3\}$ são obtidos, os quais representam as arestas que contêm o vértice 2 (arestas 2 e 0), ou seja, $\{5 \bmod 3 = 2, 3 \bmod 3 = 0\}$.

Os valores armazenados nos arranjos *Prim* e *Prox* são obtidos pela equação $i = a + j|A|$, sendo $0 \leq j \leq r - 1$ e a um índice de uma aresta no arranjo *Arestas*. Inicialmente as entradas do arranjo *Prim* são iniciadas com -1. Ao inserir a aresta $a = 0$ contendo os vértices $(1, 2, 4)$, temos que: $i = 0 + 0 \times 3 = 0$, $Prox[i = 0] = Prim[1] = -1$ e $Prim[1] = i = 0$, $i = 0 + 1 \times 3 = 3$, $Prox[i = 3] = Prim[2] = -1$ e $Prim[2] = i = 3$, $i = 0 + 2 \times 3 = 6$, $Prox[i = 6] = Prim[4] = -1$ e $Prim[4] = i = 6$. Ao inserir a aresta $a = 1$ contendo os vértices $(1, 3, 5)$ temos que: $i = 1 + 0 \times 3 = 1$, $Prox[i = 1] = Prim[1] = 0$ e $Prim[1] = i = 1$, $i = 1 + 1 \times 3 = 4$, $Prox[i = 4] = Prim[3] = -1$ e $Prim[3] = i = 4$, $i = 1 + 2 \times 3 = 7$, $Prox[i = 7] = Prim[5] = -1$ e $Prim[5] = i = 7$. Finalmente, ao inserir a aresta $a = 2$ contendo os vértices $(0, 2, 5)$ temos que: $i = 2 + 0 \times 3 = 2$, $Prox[i = 2] = Prim[0] = -1$ e $Prim[0] = i = 2$, $i = 2 + 1 \times 3 = 5$, $Prox[i = 5] = Prim[2] = 3$ e $Prim[2] = i = 5$, $i = 2 + 2 \times 3 = 8$, $Prox[i = 8] = Prim[5] = 7$ e $Prim[5] = i = 8$.

O Programa 7.25 apresenta a estrutura de dados do **tipo abstrato de dados hipergrafo** utilizando listas de incidência implementadas por meio de arranjos. A estrutura de dados contém os três arranjos necessários para representar um hipergrafo, como ilustrado na Figura 7.23. A variável r é utilizada para armazenar a ordem do hipergrafo, a variável NumVertices contém o número de vértices do hipergrafo, a variável NumArestas contém o número de arestas do hipergrafo e a variável ProxDisponivel contém a próxima posição disponível para inserção de uma nova aresta.

Programa 7.25 *Estrutura do tipo hipergrafo implementado como listas de adjacência usando arranjos*

```
const
  MAXNUMVERTICES = 100;
  MAXNUMARESTAS  = 4500;
  MAXR           = 5;
  MAXTAMPROX     = MAXR * MAXNUMARESTAS;
  INDEFINIDO     = -1;
type
  TipoValorVertice     = -1..MAXNUMVERTICES;
  TipoValorAresta      = 0..MAXNUMARESTAS;
  Tipor                = 0..MAXR;
  TipoMaxTamProx       = -1..MAXTAMPROX;
  TipoPesoAresta       = integer;
  TipoArranjoVertices  = array[Tipor] of TipoValorVertice;
  TipoAresta           = record
                           Vertices: TipoArranjoVertices;
                           Peso    : TipoPesoAresta;
                         end;
  TipoArranjoArestas   = array[TipoValorAresta] of TipoAresta;
  TipoGrafo =
    record
      Arestas        : TipoArranjoArestas;
      Prim           : array[TipoValorVertice] of TipoMaxTamProx;
      Prox           : array[TipoMaxTamProx] of TipoMaxTamProx;
      ProxDisponivel : TipoMaxTamProx;
      NumVertices    : TipoValorVertice;
      NumArestas     : TipoValorAresta;
      r              : Tipor;
    end;
  TipoApontador = integer;
```

Uma possível implementação para as primeiras seis operações definidas anteriormente é mostrada no Programa 7.26. O procedimento ArestasIguais permite a comparação de duas arestas cujos vértices podem estar em qualquer ordem. Assim, o custo do procedimento ArestasIguais é $O(r^2)$. O procedimento InsereAresta insere uma aresta no grafo a um custo $O(r)$. O procedimento ExisteAresta verifica se uma aresta está presente no grafo, a um custo equivalente ao **grau** de cada vértice da aresta no grafo. O procedimento RetiraAresta primeiro localiza a aresta no grafo, retira a mesma da lista de arestas incidentes a cada vértice em Prim e Prox e marca a aresta como removida no arranjo Arestas. Cabe ressaltar que a aresta marcada no arranjo Arestas não é reutilizada, pois não estamos mantendo uma lista de posições vazias.

Programa 7.26 *Operadores sobre grafos implementados como listas de incidência usando arranjos*

```
function ArestasIguais (var V1        : TipoArranjoVertices;
                        var NumAresta: TipoValorAresta;
                        var Grafo     : TipoGrafo): boolean;
var i, j: Tipor;
    Aux : boolean;
begin
  Aux := true;
  i := 0;
  while (i < Grafo.r) and Aux do
    begin
    j := 0;
    while (V1[i] <> Grafo.Arestas[NumAresta].Vertices[j]) and
      (j < Grafo.r) do j := j + 1;
    if j = Grafo.r then Aux := false;
    i := i + 1;
    end;
  ArestasIguais := Aux;
end; { ArestasIguais }

procedure FGVazio (var Grafo: TipoGrafo);
var i: integer;
begin
  Grafo.ProxDisponivel := 0;
  for i := 0 to Grafo.NumVertices - 1 do Grafo.Prim[i] := -1;
end; { FGVazio }

procedure InsereAresta (var Aresta: TipoAresta;
                        var Grafo : TipoGrafo);
var i, Ind: integer;
begin
if Grafo.ProxDisponivel = MAXNUMARESTAS + 1
then writeln ('Nao ha espaco disponivel para a aresta')
else begin
      Grafo.Arestas[Grafo.ProxDisponivel] := Aresta;
      for i := 0 to Grafo.r - 1 do
        begin
        Ind := Grafo.ProxDisponivel + i * Grafo.NumArestas;
        Grafo.Prox[Ind] :=
          Grafo.Prim[Grafo.Arestas[Grafo.ProxDisponivel].Vertices[i]];
        Grafo.Prim[Grafo.Arestas[Grafo.ProxDisponivel].Vertices[i]]:=Ind;
        end;
      end;
      Grafo.ProxDisponivel := Grafo.ProxDisponivel + 1;
end; { InsereAresta }

function ExisteAresta (var Aresta: TipoAresta;
                       var Grafo : TipoGrafo): boolean;
```

Continuação do Programa 7.26

```
var v              : Tipor;
    A1             : TipoValorAresta;
    Aux            : integer;
    EncontrouAresta: boolean;
begin
  EncontrouAresta := false;
  for v := 0 to Grafo.r - 1 do
    begin
    Aux := Grafo.Prim[Aresta.Vertices[v]];
    while (Aux <> -1) and not EncontrouAresta do
      begin
      A1 := Aux mod Grafo.NumArestas;
      if ArestasIguais (Aresta.Vertices, A1, Grafo)
      then EncontrouAresta := true;
      Aux := Grafo.Prox[Aux];
      end;
    end;
  ExisteAresta := EncontrouAresta;
end; { ExisteAresta }

function RetiraAresta (var Aresta: TipoAresta;
                       var Grafo : TipoGrafo): TipoAresta;
var Aux, Prev, i: integer;
    A1          : TipoValorAresta;
    v           : Tipor;
begin
  for v := 0 to Grafo.r - 1 do
    begin
    Prev := INDEFINIDO;
    Aux := Grafo.Prim[Aresta.Vertices[v]];
    A1 := Aux mod Grafo.NumArestas;
    while (Aux >= 0) and
      not ArestasIguais (Aresta.Vertices, A1, Grafo) do
      begin
      Prev := Aux;
      Aux := Grafo.Prox[Aux];
      A1 := Aux mod Grafo.NumArestas;
      end;
    if Aux >= 0
    then begin  { Achou }
         if Prev = INDEFINIDO
         then Grafo.Prim[Aresta.vertices[v]] := Grafo.Prox[Aux]
         else Grafo.Prox[Prev] := Grafo.Prox[Aux];
         end;
  { else writeln ('Nao existe aresta ou foi retirada antes'); }
  end;
  RetiraAresta := Grafo.Arestas[A1];
  for i := 0 to Grafo.r-1 do Grafo.Arestas[A1].Vertices[i]:=INDEFINIDO;
  Grafo.Arestas[A1].Peso := INDEFINIDO;
end; { RetiraAresta }
```

Continuação do Programa 7.26

```
procedure ImprimeGrafo (var Grafo : TipoGrafo);
var i, j: integer;
begin
  writeln (' Arestas: Num Aresta, Vertices, Peso ');
  for i := 0 to Grafo.NumArestas - 1 do
    begin
    write (i:2);
    for j := 0 to Grafo.r - 1 do write (Grafo.Arestas[i].Vertices[j]:3);
    writeln (Grafo.Arestas[i].Peso:3);
    end;
  writeln ('Lista arestas incidentes a cada vertice: ');
  for i := 0 to Grafo.NumVertices - 1 do
    begin
    write (i:2);
    j := Grafo.Prim[i];
    while j <> INDEFINIDO do
      begin
      write (j mod Grafo.NumArestas:3);
      j := Grafo.Prox[j];
      end;
    writeln;
    end;
end; { ImprimeGrafo }

{—Operadores para obter a lista de arestas incidentes a um vertice—}
function ListaIncVazia (var Vertice: TipoValorVertice;
                        var Grafo: TipoGrafo): boolean;
begin
  ListaIncVazia := Grafo.Prim[Vertice] = -1;
end;

function PrimeiroListaInc (var Vertice: TipoValorVertice;
                           var Grafo: TipoGrafo): TipoApontador;
begin
  PrimeiroListaInc := Grafo.Prim[Vertice];
end;

procedure ProxArestaInc (var Vertice: TipoValorVertice;
                         var Grafo: TipoGrafo;
                         var Inc: TipoValorAresta;
                         var Peso: TipoPesoAresta;
                         var Prox: TipoApontador;
                         var FimListaInc: boolean);
{—Retorna Inc apontado por Prox—}
begin
  Inc := Prox mod Grafo.NumArestas;
  Peso := Grafo.Arestas[Inc].Peso;
  if Grafo.Prox[Prox] = INDEFINIDO
  then FimListaInc := true
  else Prox := Grafo.Prox[Prox];
end; { ProxArestaInc }
```

O programa para testar os operadores do tipo abstrato de dados hipergrafo pode ser visto no Programa 7.27. Observe que o procedimento InsereAresta agora é chamado apenas uma vez para inserir uma aresta no grafo não direcionado em vez de duas vezes, como nas Seções 7.2.1, 7.2.2 e 7.2.3.

Programa 7.27 *Programa teste para operadores do tipo abstrato de dados hipergrafo*

```
program TestaOperadoresTADHipergrafo;
{-- Entram aqui tipos do Programa 7.23 ou do Programa 7.25 --}
var
  Ap          : TipoApontador;
  i, j        : integer;
  Inc         : TipoValorAresta;
  A1          : TipoValorAresta;
  V1          : TipoValorVertice;
  Aresta      : TipoAresta;
  Peso        : TipoPesoAresta;
  Grafo       : TipoGrafo;
  FimListaInc : boolean;
{-- Entram aqui operadores do Programa 7.24 ou do Programa 7.26 --}
begin {-- Programa principal --}
  write ('Hipergrafo r: '); readln (Grafo.r);
  write ('No. vertices: '); readln (Grafo.NumVertices);
  write ('No. arestas: ');  readln (Grafo.NumArestas);
  FGVazio (Grafo);
  for i := 0 to Grafo.NumArestas-1 do
    begin
    write ('Insere Aresta e Peso: ');
    for j := 0 to Grafo.r - 1 do read (Aresta.Vertices[j]);
    readln (Aresta.Peso);
    InsereAresta (Aresta, Grafo);
    end;
  ImprimeGrafo (Grafo);
  readln;
  write ('Lista arestas incidentes ao vertice: '); read (V1);
  if not ListaIncVazia (V1, Grafo)
  then begin
       Ap := PrimeiroListaInc (V1, Grafo);
       FimListaInc := false;
       while not FimListaInc do
         begin
         ProxArestaInc (V1, Grafo, Inc, Peso, Ap, FimListaInc);
         write (Inc mod Grafo.NumArestas:2, ' (', Peso, ')');
         end;
       writeln; readln;
       end
  else writeln ('Lista vazia');
  write ('Existe aresta: ');
  for j := 0 to Grafo.r - 1 do read (Aresta.Vertices[j]);
  readln;
```

Continuação do Programa 7.27

```
  if ExisteAresta (Aresta,Grafo)
  then writeln ('Sim')
  else writeln ('Nao');
  write ('Retira aresta: ');
  for j := 0 to Grafo.r - 1 do read (Aresta.Vertices[j]); readln;
  if ExisteAresta (Aresta, Grafo)
  then begin
       Aresta := RetiraAresta (Aresta, Grafo);
       write ('Aresta retirada:');
       for i := 0 to Grafo.r - 1 do write (Aresta.Vertices[i]:3);
       writeln (Aresta.Peso:4);
       end
  else writeln ('Aresta nao existe');
  ImprimeGrafo (Grafo);
end.
```

Notas Bibliográficas

A descrição dos principais algoritmos, em especial os algoritmos de busca em profundidade e de busca em largura, segue as propostas de Cormen, Leiserson, Rivest e Stein (2001). Uma boa referência introdutória sobre grafos e algoritmos computacionais é a de Szwarcfiter (1989). Outras referências incluem Aho, Hopcroft e Ullman (1983) e Sedgewick (2002).

Exercícios

1. Dada uma representação por listas de adjacência de um grafo direcionado, qual é o custo para obter o número de arestas que incidem nele (***in-degree***)? E o número de arestas que saem dele (***out-degree***)?

2. Implemente um algoritmo linear para verificar se um grafo é **acíclico**, conforme descrito na Seção 7.4. Use o algoritmo para realizar **busca em profundidade**, alterando o Programa 7.9.

3. Você foi chamado para projetar a rede de computadores de uma biblioteca. A planta física da biblioteca mostra os locais onde N máquinas deverão ser instaladas (Almeida, 2010). A planta apresenta as possibilidades de conexão direta entre pares de máquinas por meio de cabos. Para cada par de máquinas, a planta especifica a distância em metros e o tempo gasto para transferir uma mensagem de tamanho M entre duas máquinas. Cada máquina se comunica com cada uma das outras $N-1$ máquinas. Considerando que o metro do cabo de conexão custa C reais, qual o custo mínimo de compra de cabos?

a) Modele o problema para determinar o custo mínimo de cabos utilizando grafos.

b) Apresente um algoritmo eficiente para determinar o custo mínimo na compra de cabos. O algoritmo é ótimo?

c) Considerando que uma das N máquinas vai atuar como servidor de conteúdo digital que poderá ser acessado a partir dos demais $N - 1$ computadores, altere o projeto da rede de modo a minimizar o tempo gasto para transferir dados do servidor a qualquer uma das demais máquinas.

d) Apresente um algoritmo eficiente para projetar a rede conforme a nova restrição imposta. O algoritmo é ótimo? Qual a ordem de complexidade da sua solução?

e) Altere o projeto para considerar que as distâncias entre máquinas diretamente conectadas são pequenas e o tempo de transferência de uma mensagem de tamanho padrão é o mesmo entre quaisquer duas máquinas diretamente conectadas. Apresente um algoritmo mais eficiente, em termos de ordem de complexidade, que o apresentado no item anterior para projetar a rede de computadores conforme restrição imposta no item c). Apresente a ordem de complexidade do algoritmo.

4. Altere o procedimento BuscaEmProfundidade (Programa 7.9) para classificar cada **tipo de aresta** em uma busca em profundidade em um grafo $G = (V, A)$, conforme a classificação apresentada na Seção 7.3.

5. O grafo **transposto** de um grafo direcionado $G = (V, A)$ é definido como sendo o grafo $G^T = (V, A^T)$, em que $A^T = \{(u, v) : (v, u) \in A\}$, isto é, A^T consiste das arestas de G com suas direções invertidas. Discuta a complexidade do Programa 7.14 considerando as três representações para grafos apresentadas nas Seções 7.2.1 (matrizes de adjacência usando arranjos), 7.2.2 (listas de adjacência usando apontadores) e a 7.2.3 (listas de adjacência usando arranjos).

6. Apresente a implementação de um algoritmo para determinar se um grafo não direcionado $G = (V, A)$ contém um ciclo, cuja complexidade seja $O(|V|)$, independente de $|A|$.

7. Mostre como a busca em profundidade funciona para o grafo da Figura 7.24.

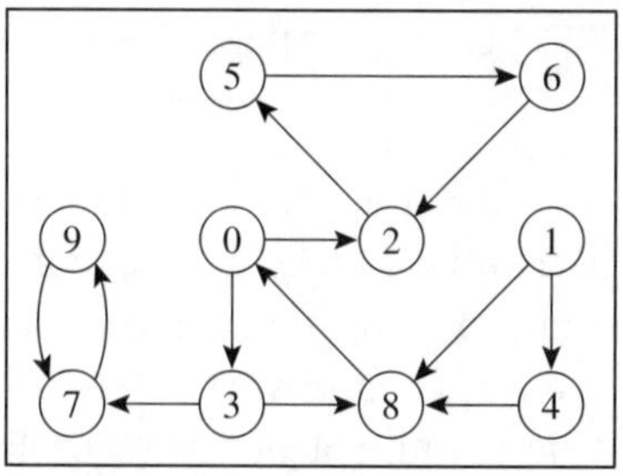

Figura 7.24 *Grafo direcionado.*

8. Reescreva o procedimento de busca em profundidade do Programa 7.9 usando uma pilha para eliminar a recursividade.

9. Apresente um contra-exemplo para a conjectura sobre a existência de um caminho de u a v em um grafo direcionado G, e se $d[u] < d[v]$ em uma busca em profundidade de G, então v é um descendente de u na busca em profundidade produzida.

10. Apresente um contra-exemplo para a conjectura que, se existe um caminho de u a v em um grafo direcionado, então qualquer busca em profundidade tem de resultar em $d[v] \leq t[u]$.

11. Mostre a ordem dos vértices produzidos pela ordenação topológica quando o algoritmo executa sobre o grafo direcionado acíclico da Figura 7.25.

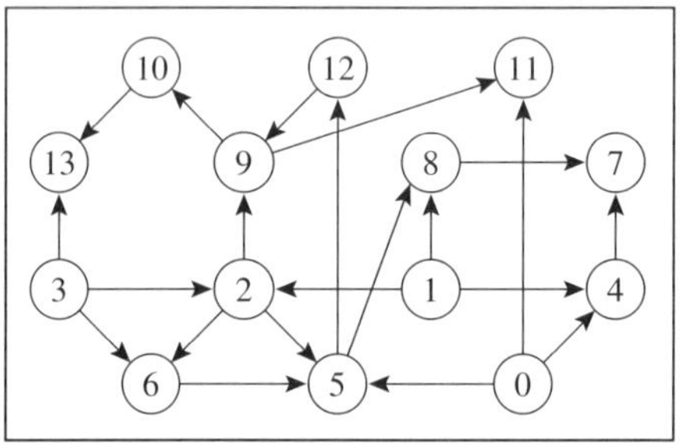

Figura 7.25 *Grafo direcionado acíclico.*

12. Modifique o procedimento de busca em profundidade do Programa 7.9 para imprimir cada aresta de um grafo direcionado G juntamente com o seu tipo de aresta. Mostre as modificações, se existirem, que precisam ser realizadas se G for não direcionado.

13. Apresente o tempo de execução do algoritmo de busca em largura para a representação de grafos usando matrizes de adjacência.

14. Como o número de componentes fortemente conectados de um grafo muda se uma nova aresta é inserida?

15. Mostre como o procedimento para obter os componentes fortemente conectados funciona para o grafo da Figura 7.24. Assuma que os vértices são processados em ordem alfabética e que as listas de adjacência também estão em ordem alfabética.

16. Você foi contratado por uma rede de televisão para planejar a expansão e utilização dos canais de distribuição de sinal da companhia (Meira Jr., 2008). Após um estudo do problema, você verificou que ele pode ser resolvido por uma **árvore geradora mínima** em que cada vértice representa um replicador e cada aresta representa um canal de comunicação entre replicadores. Entretanto, você descobriu que os pesos do grafo mudam diariamente em virtude da entrada e saída de assinantes e o algoritmo não pode ser reexecutado na mesma taxa, pois isso é inviável computacionalmente. Dados o grafo $G = (V, A)$ a partir do qual a AGM $T = (V, A')$ é calculada e um peso $w(a)$ associado a uma aresta $a \in A$ modificado para o valor $w'(a)$, descreva quatro algoritmos eficientes para atualizar a AGM conforme cada um dos casos abaixo:

a) $a \notin A'$ e $w'(a) > w(a)$

b) $a \notin A'$ e $w'(a) < w(a)$

c) $a \in A'$ e $w'(a) > w(a)$

d) $a \in A'$ e $w'(a) < w(a)$

17. Um dos maiores problemas na distribuição de hortifrutigranjeiros é a degeneração que pode estar associada ao transporte (Almeida, 2010). Um solução é usar uma frota de caminhões com climatização que permita a realização dos estágios finais de amadurecimento durante o transporte, ou seja, os hortifrutigranjeiros são colhidos antecipadamente e amadurecem durante o transporte, chegando aos consumidores no ponto de amadurecimento ótimo. O problema consiste em implementar o sistema de controle da frota. O ponto de partida é um mapa das n cidades que estão na área a ser coberta das estradas que as conectam. Assim, uma rota conectando as cidades u e v tem distância $d(u, v)$ e um custo adicional $c(v)$ para pernoitar em uma cidade v.

Alguém interessado em amadurecer enquanto transporta os seus hortifrutigranjeiros provê as seguintes informações para o cálculo do frete:

a) Uma cidade origem s;

b) Uma cidade destino t;

c) Por quanto tempo (m dias) as mercadorias devem ser transportadas;

d) Uma distância máxima a ser percorrida por dia, $u(k)$, em que $k \in [1, m]$, pois parte do processo de amadurecimento dos hortifrutigranjeiros demanda períodos variáveis de "descanso".

O seu trabalho é planejar um roteiro que tome exatamente m dias, de tal forma que as mercadorias não fiquem na mesma cidade duas noites consecutivas e não exceda a distância máxima diária. As mercadorias podem passar por várias cidades em um mesmo dia, ou seja, não é necessário que haja uma rota direta entre as cidades. Mais ainda, você deve procurar minimizar o custo de estadias durante o roteiro proposto.

a) Modele o problema com grafos.

b) Descreva um algoritmo que resolva o problema do roteiro logístico.

c) Qual a complexidade do algoritmo?

d) O algoritmo é ótimo? Por quê?

18. Considere uma ampliação de uma rede de distribuição de água (Almeida, 2010). Foram definidas as distâncias entre os pontos de armazenamento e quais pontos de armazenamento serão conectados fisicamente. De modo a suportar situações de contingência, deverá haver rotas entre todos os pontos de armazenamento e as rotas serão compostas de dois tubos, de modo que o fluxo de água ocorra em ambas as direções. Por motivos de eficiência de distribuição, deseja-se minimizar a distância percorrida pela água distribuída.

a) Modele o problema utilizando grafos.

b) Descreva um algoritmo que determine quais pontos devem ser conectados fisicamente.

c) Qual a complexidade do algoritmo?

19. Marcelo e Alice estão em duas cidades diferentes. Marcelo deseja enviar certa quantia de dinheiro para Alice utilizando uma cadeia de agentes certificados (Almeida, 2010). Cada agente tem uma lista de pares de cidades onde atua, cobrando um valor fixo para realizar o transporte, que depende do agente e das cidades de origem e destino. Logo, a quantia de dinheiro diminui na medida em que é transportada pela cadeia de agentes. Marcelo precisa decidir quais agentes e o respectivo trajeto que ele deverá contratar visando maximizar a quantia de dinheiro que efetivamente chegará até Alice. A fim de manter o controle, Marcelo decide que qualquer solução válida deverá garantir que o dinheiro a ser transferido esteja nas mãos de apenas um agente em qualquer instante, embora múltiplos agentes possam ser utilizados ao longo do trajeto.

a) Modele o problema utilizando grafos.

b) Apresente um algoritmo que resolva o problema. Ele é ótimo?

20. Apresente uma implementação eficiente para o **algoritmo de Kruskal** (vide Seção 7.8.3). O algoritmo de Kruskal obtém uma árvore geradora mínima de um grafo $G = (V, A)$ adicionando à floresta, a cada passo, uma aresta de menor peso que não forma um ciclo. O algoritmo inicia com uma floresta de $|V|$ árvores de um vértice: em $|V|$ passos, une duas árvores até que exista apenas uma árvore na floresta.

Para obter uma implementação eficiente do algoritmo de Kruskal é necessário:

a) utilizar uma fila de prioridades para obter as arestas em ordem crescente de pesos, mesmo porque pode não ser necessário utilizar todas as arestas do grafo;

b) testar se uma dada aresta adicionada ao conjunto solução S forma um ciclo.

No segundo passo, a maneira mais eficiente de verificar se uma dada aresta forma um ciclo é mediante a utilização de estruturas dinâmicas para tratar **conjuntos disjuntos**. Nesse caso, os elementos de um conjunto são representados por um objeto. Tendo em vista que x denota um objeto, considere as seguintes operações:

a) CriaConjunto (x): cria um novo conjunto cujo único membro é x, o qual passa a ser seu representante. Para que os conjuntos sejam disjuntos, é necessário que x não pertença a outro conjunto.

b) União (x, y): une os conjuntos dinâmicos que contêm x e y, digamos C_x e C_y, em um novo conjunto que é a união desses dois conjuntos. O representante do novo conjunto pode ser x ou y. Uma vez que os conjuntos na coleção devem ser disjuntos, os conjuntos C_x e C_y são destruídos.

c) EncontreConjunto (x): retorna um apontador para o representante do conjunto (único) contendo x.

Um primeiro refinamento do algoritmo de Kruskal pode ser visto no Programa 7.28.

Programa 7.28 *Primeiro refinamento do algoritmo de Kruskal*

```
  procedure Kruskal;
1   S := ∅;
2   for v := 0 to Grafo.NumVertices−1 do CriaConjunto (v);
3   Ordena as arestas de A pelo peso;
4   for cada (u, v) de A tomadas em ordem ascendente de peso do
5     if EncontreConjunto (u) <> EncontreConjunto (v)
      then begin
6          S := S + {(u, v)};
7          Uniao (u, v);
           end;
```

A implementação das operações Uniao e EncontraConjunto deve ser realizada de forma eficiente. Esse problema é conhecido na literatura como **União-EncontraConjunto** (do inglês ***Union-find***). O tempo de execução do Programa 7.28 é como se segue. A inicialização do conjunto S tem custo $O(1)$ e ordenar as arestas na linha 3 custa $O(|A| \log |A|)$. A linha 2 realiza $|V|$ operações CriaConjunto, e o anel envolvendo as linhas 4-7 realiza $O(|A|)$ operações EncontreConjunto e Uniao, a um custo $O((|V| + |A|)\alpha(|V|))$ onde $\alpha(|V|)$ é uma função que cresce tão lentamente que $\alpha(|V|) < 4$ (Cormen, Leiserson, Rivest e Stein, 2001, p. 453.) O limite inferior para construir uma estrutura dinâmica envolvendo m operações EncontreConjunto e Uniao e n operações CriaConjunto é $m\alpha(n)$. Como G é conectado, temos que $|A| \geq |V| - 1$, e assim as operações sobre conjuntos disjuntos custam $O(|A|\alpha(|V|)$. Como $\alpha(|V|) = O(\log |A|) = O(\log |V|)$, o tempo total do algoritmo de Kruskal é $O(|A| \log |A|)$. Como $|A| < |V|^2$, então $\log |A| = O(\log |V|)$, e o custo do algoritmo de Kruskal é também $O(|A| \log |V|)$.

21. Apresente uma implementação das operações sobre o **tipo abstrato de dados hipergrafo** da Seção 7.10.2 por meio de **listas de incidência** usando apontadores.

Capítulo 8

Processamento de Cadeias de Caracteres

Uma cadeia de caracteres é uma sequência qualquer de elementos. As cadeias aparecem no processamento de textos em linguagem natural, códigos, dicionários, sequenciamento de DNA em biologia computacional, representação de imagens por meio de *bitmaps*, entre outros. Este capítulo apresenta algoritmos para duas classes de problemas que envolvem a manipulação de cadeias. Os problemas da primeira classe abrangem algoritmos para casamento de cadeias, para os quais apresentamos algoritmos para pesquisa exata e pesquisa aproximada. Os problemas da segunda classe estão relacionados a algoritmos para compressão de cadeias.

8.1 Casamento de Cadeias

Uma cadeia corresponde a uma sequência de elementos denominados caracteres. Os caracteres são escolhidos de um conjunto denominado **alfabeto**. Por exemplo, em uma cadeia de *bits*, o alfabeto é $\{0, 1\}$. A pesquisa em cadeias de caracteres é um componente importante em diversos problemas computacionais, tais como edição de texto, recuperação de informação e estudo de sequências de DNA em biologia computacional. No caso de programas editores de texto, o usuário pode estar interessado em buscar todas as ocorrências de um padrão (uma palavra particular) no texto que está sendo editado. Esse problema é conhecido como casamento de cadeias de caracteres ou casamento de padrão (do inglês, *pattern matching*).

O problema de **casamento de cadeias** ou **casamento de padrão** pode ser formalizado como se segue. O texto é um arranjo $T[1..n]$ de tamanho n e o padrão é um arranjo $P[1..m]$ de tamanho $m \leq n$. Os elementos de P e T são escolhidos de um alfabeto finito Σ de tamanho c. Por exemplo, podemos ter $\Sigma = \{0, 1\}$ ou $\Sigma = \{a, b, \ldots, z\}$. Dadas duas cadeias P (padrão) de comprimento $|P| = m$ e T (texto) de comprimento $|T| = n$, em que $n \gg m$, deseja-se saber as ocorrências de P em T.

A estrutura de dados utilizada pelos algoritmos para casamento de cadeias de caracteres é mostrada no Programa 8.1.

Programa 8.1 *Estruturas de dados para texto e padrão*

```
const
  MAXTAMTEXTO   = 1000;
  MAXTAMPADRAO = 10;
  MAXCHAR        = 256;
type
  TipoTexto = array [1..MAXTAMTEXTO] of char;
  TipoPadrao= array [1..MAXTAMPADRAO] of char;
```

Considerando os dados de entrada como sendo o texto T e o padrão P, temos as seguintes categorias de algoritmos:

- *Padrão e texto não são pré-processados*: Os algoritmos são do tipo sequencial, *on-line* e de tempo-real, pois tanto o padrão quanto o texto não são conhecidos *a priori*. Os algoritmos têm complexidade de tempo $O(mn)$ e de espaço $O(1)$, para o pior caso. Um exemplo é o algoritmo força bruta apresentado no Programa 8.2.
- *Padrão pré-processado*: Os algoritmos são do tipo sequencial e o padrão é conhecido anteriormente, o que permite o seu pré-processamento. Os algoritmos têm complexidade de tempo $O(n)$ e complexidade de espaço $O(m + c)$, no pior caso. Representantes típicos desta categoria são os programas para edição de textos. Os algoritmos mais conhecidos nesta categoria são o Knuth-Morris e Pratt, o Boyer-Moore e o Shif-And, os dois primeiros apresentados na Seção 8.1.1 e o último, nas Seções 8.1.1 e 8.1.2.
- *Padrão e texto são pré-processados*: Os algoritmos constroem um **índice** para permitir uma complexidade de tempo $O(\log n)$ ou menos, mas a complexidade de espaço é $O(n)$. O tempo de pré-processamento do texto para obter o índice pode ser tão grande quanto $O(n)$ ou $O(n \log n)$, mas esse tempo é compensado por muitas operações de pesquisa no texto. Nesse caso, existe um compromisso entre espaço e tempo. Vale a pena construir um índice quando a base de dados é grande e **semiestática**. Coleções semiestáticas podem ser atualizadas a intervalos regulares (por exemplo, diariamente), mas não recebem milhares de inserções de novas palavras por segundo. Esse é o caso de bancos de dados constituídos de texto em linguagem natural, como bibliotecas digitais e máquinas de busca na Web.

Dentro da última categoria, os tipos de índices mais conhecidos são os arquivos invertidos, árvores *trie* e Patricia, e arranjos de sufixos. O arquivo invertido será visto logo a seguir. A **árvore *trie*** e a **árvore Patricia** são tratadas na Seção 5.4. O **arranjo de sufixos** é apresentado no Exercício 26 do Capítulo 5.

Um **arquivo invertido** é constituído de duas partes: **vocabulário** e **ocorrências**. O vocabulário é o conjunto de todas as palavras distintas no texto. Para cada palavra distinta, uma lista de posições onde ela ocorre no texto é armazenada. O conjunto das listas é chamado ocorrências. As posições podem referir-se a palavras ou caracteres. A Figura 8.1 apresenta um exemplo. Outro exemplo pode ser visto no Exercício 19 do Capítulo 5.

```
1    7        16    22  26        36       45      53
Texto exemplo. Texto tem palavras. Palavras exercem fascínio.

                     exemplo     7
                     exercem     45
                     fascínio    53
                     palavras    26 36
                     tem         22
                     texto       1 16
```

Figura 8.1 *Texto exemplo e seu arquivo invertido. As ocorrências apontam para posições dos caracteres no texto.*

O vocabulário ocupa pouco espaço. A previsão sobre o crescimento do tamanho do vocabulário é dada pela **lei de Heaps**, a qual diz que o vocabulário de um texto em linguagem natural contendo n palavras tem tamanho $V = Kn^\beta = O(n^\beta)$, em que K e β dependem das características de cada texto. K geralmente assume valores entre 10 e 100, e β é uma constante entre 0 e 1, na prática ficando entre 0,4 e 0,6. Logo, o vocabulário cresce sublinearmente com o tamanho do texto, em uma proporção perto de sua raiz quadrada.

Por exemplo, para aproximadamente 250 *megabytes* de texto do *Wall Street Journal*, o vocabulário ocupa aproximadamente 1,5 *megabyte*, cerca de 0,6% (vide Tabela 8.8 na página 394). As ocorrências ocupam muito mais espaço. Como cada palavra do texto é referenciada uma vez na lista de ocorrências, o espaço necessário é $O(n)$. Na prática, o espaço para a lista de ocorrências fica entre 30% e 40% do tamanho do texto.

A pesquisa em um arquivo invertido tem geralmente três passos:

- *Pesquisa no vocabulário*: As palavras e padrões presentes na consulta são isoladas e pesquisadas no vocabulário.
- *Recuperação das ocorrências*: As listas de ocorrências de todas as palavras encontradas no vocabulário são recuperadas.
- *Manipulação das ocorrências*: As listas de ocorrências são processadas para resolver frases, proximidade ou operações booleanas.

Logo, pesquisar em um arquivo invertido sempre começa pelo vocabulário, sendo pois interessante mantê-lo em um arquivo separado. Na maioria das vezes, esse arquivo cabe na memória principal.

A pesquisa de palavras simples pode ser realizada usando qualquer estrutura de dados que torne a busca eficiente, como *hashing*, árvore *trie* ou árvore B. As duas primeiras têm custo $O(m)$, em que m é o tamanho da consulta (independentemente do tamanho do texto). Entretanto, armazenar as palavras na ordem lexicográfica, como no exemplo da Figura 8.1, é barato em termos de espaço e muito competitivo em desempenho, já que a pesquisa binária pode ser empregada com custo $O(\log n)$, sendo n o número de palavras.

A pesquisa por frases usando índices é mais difícil de resolver. Cada elemento da frase tem de ser pesquisado separadamente e suas listas de ocorrências recuperadas. A seguir, as listas têm de ser percorridas de forma sicronizada para encontrar as posições nas quais todas as palavras aparecem em sequência.

A construção de um arquivo invertido usando uma **árvore *trie*** para o texto exemplo da Figura 8.1 pode ser vista na Figura 8.2. O vocabulário lido até o momento é colocado em uma árvore *trie*, armazenando uma lista de ocorrências para cada palavra. Cada nova palavra lida do texto é pesquisada na *trie*: se a pesquisa é sem sucesso, então a palavra é inserida na árvore e uma lista de ocorrências é inicializada com a posição da nova palavra no texto. Senão, uma vez que a palavra já se encontra na árvore, a nova posição é inserida ao final da lista de ocorrências.

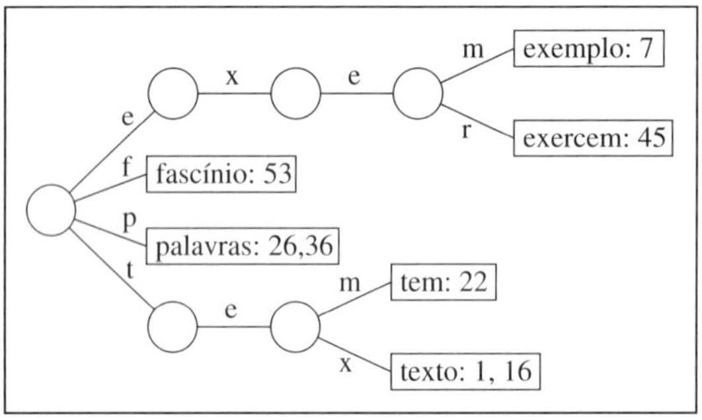

***Figura 8.2** Construção de um arquivo invertido usando a árvore* trie *para armazenar o vocabulário.*

8.1.1 Casamento Exato

No casamento de padrão, o problema básico consiste em obter todas as ocorrências **exatas** do padrão no texto. A Figura 8.3 mostra uma ocorrência exata do padrão `teste` em um texto exemplo.

Os algoritmos para o casamento exato de cadeias serão apresentados de acordo com dois enfoques, dependendo da forma como o padrão é pesquisado no texto. O primeiro enfoque consiste em ler os caracteres do texto um a um e, a cada passo, algumas variáveis são atualizadas de forma a identificar uma ocorrência possível. Os algoritmos nesse enfoque, que serão estudados nas próximas

```
    teste
os testes testam estes alunos ...
```

Figura 8.3 *Exemplo de casamento exato.*

seções, são o de força bruta, o Knuth-Morris-Pratt e o Shift-And. O segundo enfoque consiste em pesquisar o padrão P em uma janela que desliza ao longo do texto T. Para cada posição desta janela, o algoritmo faz uma pesquisa por um sufixo da janela que casa com um sufixo de P, mediante comparações realizadas no sentido da direita para a esquerda. Os algoritmos a serem estudados nesse enfoque são o de Boyer-Moore e uma de suas versões simplificadas, o de Boyer-Moore-Horspool.

Algoritmo Força Bruta

O algoritmo **força bruta** é o algoritmo mais simples para casamento de cadeias. A ideia consiste em tentar casar qualquer subcadeia no texto de comprimento m com o padrão. O Programa 8.2 mostra a implementação do algoritmo força bruta.

Programa 8.2 *Algoritmo força bruta*

```
procedure ForcaBruta (var T: TipoTexto; n: integer;
                      var P: TipoPadrao; m: integer);
{-- Pesquisa P[1..m] em T[1..n] --}
var i, j, k: Integer;
begin
  for i := 1 to n - m + 1 do
    begin
    k := i;  j:= 1;
    while (T[k] = P[j]) and (j <=m) do
      begin j := j + 1;  k := k + 1; end;
    if j > m then writeln (' Casamento na posicao', i:3);
    end;
end; { ForcaBruta }
```

Análise O pior caso do algoritmo força bruta é:

$$C_n = m \times n,$$

situação que ocorre, por exemplo, quando $P =$ `aab` e $T =$ `aaaaaaaaa`.

O caso esperado é dado por Baeza-Yates (1992) como sendo:

$$\overline{C_n} = \frac{c}{c-1}\left(1 - \frac{1}{c^m}\right)(n - m + 1) + O(1),$$

que é muito melhor do que o pior caso. Em um experimento realizado por Baeza-Yates (1992), para um texto randômico e um alfabeto de tamanho $c = 4$, o número esperado de comparações por caractere do texto é aproximadamente igual a 1,3.

Uso de Autômato

Um autômato é um modelo de computação muito simples. Um **autômato finito** é definido por uma tupla $(Q, I, F, \Sigma, \mathcal{T})$, na qual Q é um conjunto finito de estados, entre os quais existe um estado inicial $I \in Q$, e alguns são estados finais ou estados de término $F \subseteq Q$. As transições entre estados são rotuladas por elementos de $\Sigma \cup \{\epsilon\}$, em que Σ é o alfabeto finito de entrada e ϵ é a transição vazia. As transições são formalmente definidas por uma função de transição $\mathcal{T}$, a qual associa a cada estado $q \in Q$ um conjunto $\{q_1, q_2, \ldots, q_k\}$ de estados de Q para cada $\alpha \in \Sigma \cup \{\epsilon\}$.

Na prática existem dois tipos de autômatos, dependendo da forma da função de transição $\mathcal{T}$. Se $\mathcal{T}$ é tal que existe um estado q associado a um dado caractere α para mais de um estado, digamos $\mathcal{T}(q, \alpha) = \{q_1, q_2, \ldots, q_k\}$, $k > 1$, ou existe alguma transição rotulada por ϵ, então o autômato é chamado **autômato finito não determinista**. Nesse caso, a função de transição $\mathcal{T}$ é definida pelo conjunto de triplas $\Delta = (q, \alpha, q')$, no qual $q \in Q$, $\alpha \in \Sigma \cup \{\epsilon\}$, e $q' \in \mathcal{T}(q, \alpha)$. Senão, o autômato é chamado **autômato finito determinista**, e a função de transição $\mathcal{T}$ é definida pela função $\delta = Q \times \Sigma \cup \epsilon \rightarrow Q$. Nesse caso, se $\mathcal{T}(q, \alpha) = \{q'\}$, então $\delta(q, \alpha) = q'$.

A Figura 8.4 mostra um exemplo dos dois tipos de autômatos. O autômato da Figura 8.4(a) é um autômato finito não determinista, uma vez que, a partir do estado 0, por meio do caractere de transição a, é possível atingir os estados 2 e 3. O autômato da Figura 8.4(b) é um autômato finito determinista, uma vez que para cada caractere de transição todos os estados levam a um único estado.

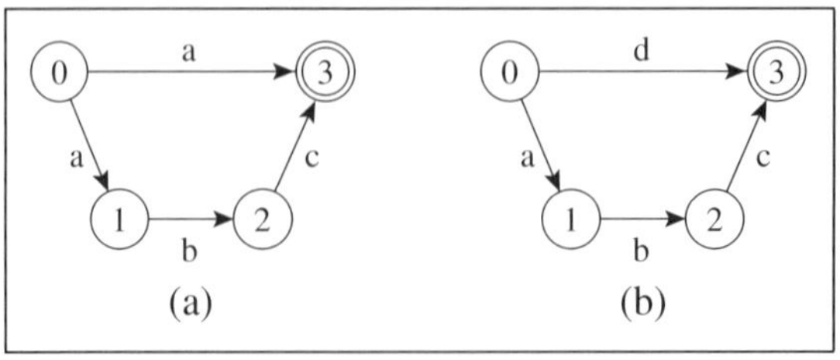

Figura 8.4 *Dois autômatos, em que o estado 0 é inicial e o estado 3 com dois cículos concêntricos é final. (a) Autômato finito não determinista; (b) Autômato finito determinista.*

Uma cadeia é **reconhecida** por $(Q, I, F, \Sigma, \Delta)$ ou $(Q, I, F, \Sigma, \delta)$ se qualquer um dos autômatos rotula um caminho que vai de um estado inicial até um estado final. A **linguagem reconhecida** por um autômato é o conjunto de cadeias que o autômato é capaz de reconhecer. Por exemplo, a linguagem reconhecida pelo autômato da Figura 8.4(a) é o conjunto de cadeias $\{a\}$ e $\{abc\}$ no estado 3.

Em autômatos não deterministas, transições podem ser rotuladas com uma cadeia vazia ϵ, e são chamadas **transições-ϵ** ou **transições vazias**. O significado de uma transição vazia é que não há necessidade de ler um caractere para caminhar pela transição, isto é, se estamos no estado origem da transição-ϵ, simplesmente saltamos para o estado destino. Essas transições muitas vezes simplificam a construção do autômato, mas sempre existe um autômato equivalente que reconhece a mesma linguagem sem transições-ϵ.

Em um autômato, seja ele determinista, seja não determinista, se uma cadeia x rotula um caminho de I até um estado q, então o estado q é considerado ativo depois de ler x. Um autômato finito determinista tem no máximo um estado ativo em um determinado instante, enquanto um autômato finito não determinista pode ter vários. O algoritmo para casamento aproximado de cadeias a ser estudado na Seção 8.1.2 é baseado em autômatos finitos não deterministas.

Os dois autômatos da Figura 8.4 são **acíclicos** porque as transições não formam ciclos. Entretanto, os **autômatos finitos cíclicos**, sejam deterministas, sejam não deterministas, são úteis para **casamento de expressões regulares**. A linguagem reconhecida por um autômato cíclico pode ser infinita. O autômato da Figura 8.5 reconhece `ba`, mas também reconhece `bba`, `bbba`, `bbbba` etc.

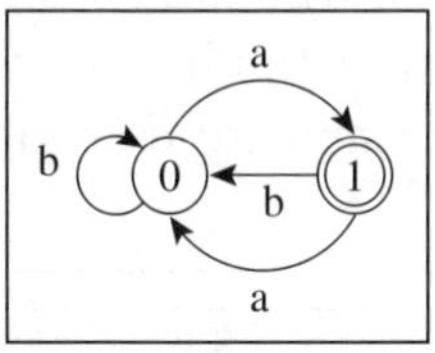

Figura 8.5 *Autômato finito determinista cíclico.*

A Figura 8.6 mostra o autômato que reconhece o padrão P = `aabc`. A pesquisa de P sobre um texto T com alfabeto Σ = `a, b, c` pode ser vista como a simulação do autômato na pesquisa de P sobre T. No início da computação, somente o estado inicial 0 está ativo. Para cada caractere lido do texto, a aresta correspondente é seguida, ativando o estado destino. Se o estado 3 estiver ativo e um caractere `c` for lido, o estado final 4 se torna ativo, resultando em um casamento de `aabc` com o texto. Como cada caractere do texto é lido uma vez, o algoritmo tem complexidade de tempo $O(n)$, e complexidade de espaço $m + 1$ para vértices e $|\Sigma| \times m$ para arestas.

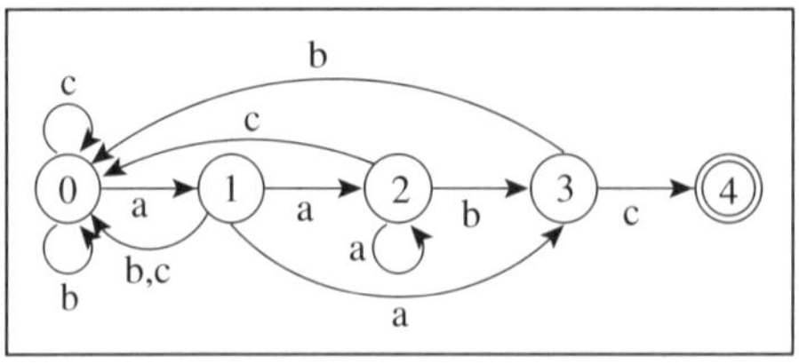

Figura 8.6 *Autômato finito determinista cíclico para reconhecer* aabc.

Algoritmo Knuth-Morris-Pratt

O algoritmo Knuth-Morris-Pratt (KMP) é o primeiro algoritmo cujo pior caso tem complexidade de tempo linear no tamanho do texto. O KMP, um dos algoritmos mais famosos para resolver o problema de casamento de cadeias, é criação de Knuth, Morris e Pratt (1977). Como esse algoritmo tem uma implementação complicada, e na prática perde em eficiência para os outros dois algoritmos que estudaremos nas seções seguintes, o Shift-And e o Boyer-Moore-Horspool, não vamos apresentá-lo.

Entretanto, sob o ponto de vista histórico, existe um fato interessante sobre como surgiu o algoritmo KMP. Até 1971, o limite inferior conhecido para busca exata de padrões era $O(mn)$. Em 1971, Cook provou que qualquer problema que puder ser resolvido por um autômato determinista de dois caminhos com memória de pilha (do inglês, *Two-way Deterministic Pushdown Store Automaton* — 2DPDA) pode ser resolvido em tempo linear por uma máquina RAM (*Random Access Machine*). O 2DPDA é constituído de uma fita apenas para leitura, uma pilha de dados (memória temporária) e um controle de estado que permite mover a fita para a esquerda ou a direita, empilhar ou desempilhar símbolos e mudar de estado. A Figura 8.7 mostra o casamento de cadeias no 2DPDA.

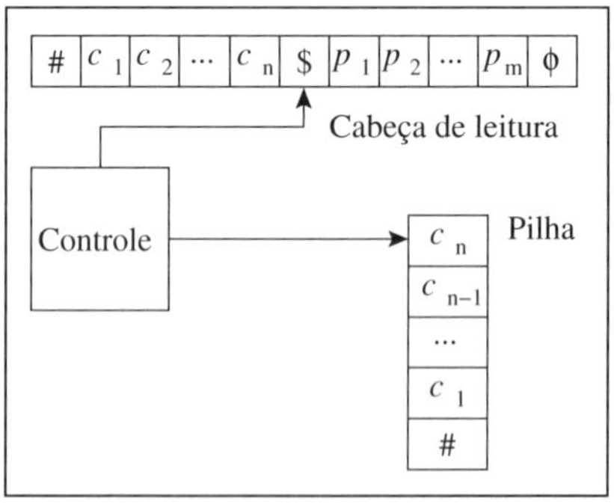

Figura 8.7 *Casamento de cadeias no 2DPDA.*

No autômato da Figura 8.7, a entrada é constituída pela cadeia

$$\#c_1c_2\cdots c_n\$p_1p_2\cdots p_m\phi.$$

A partir de #, todos os caracteres são empilhados até encontrar o caractere \$. A leitura cotinua até encontrar o caractere ϕ. A seguir, a leitura é realizada no sentido contrário, iniciando por p_m, que deve ser comparado ao último caractere empilhado, no caso c_n. Essa operação é repetida para os caracteres seguintes, e, se o caractere \$ for atingido, então as duas cadeias são iguais. Embora o autômato 2DPDA possa levar tempo $O(n^2)$ para reconhecer o padrão, existe uma simulação em que uma máquina RAM pode reproduzir o comportamento do 2DPDA em $O(n)$ para qualquer entrada de tamanho n.

Knuth e Pratt (1971) trabalharam na simulação linear que Cook obteve para o 2DPDA para conseguir a primeira versão do algoritmo KMP (como Morris tinha um algoritmo similar, eles reuniram seus algoritmos). O KMP obtém um mecanismo para computar o sufixo mais longo no texto, que é também prefixo de P. Quando o comprimento do sufixo no texto é igual a $|P|$, ocorre um casamento. O pré-processamento de P permite que nenhum caractere seja reexaminado e o apontador para o texto nunca é decrementado. Na realidade, o pré-processamento de P pode ser visto como a construção econômica de um autômato determinista que depois é usado para pesquisar o padrão no texto.

Algoritmo Shift-And

O algoritmo Shift-And foi proposto por Baeza-Yates e Gonnet (1989). Ele é aproximadamente duas vezes mais rápido e muito mais simples do que o algoritmo KMP. Além disso, na Seção 8.1.2 veremos como estender o algoritmo Shift-And para permitir casamento aproximado de cadeias de caracteres.

O algoritmo usa o conceito de **paralelismo de bit** (do inglês, *bit parallelism*), uma técnica que tira proveito do paralelismo intrínseco das operações sobre *bits* dentro de uma palavra de computador. Nesse caso, é possível empacotar muitos valores em uma única palavra e atualizar todos eles em uma única operação. Pelo fato de tirar proveito do paralelismo de *bit*, o número de operações que um algoritmo realiza pode ser reduzido por um fator de até w, em que w é o número de *bits* da palavra do computador. Considerando que nas arquiteturas atuais w é 32 ou 64, o ganho na prática pode ser muito grande.

Antes de continuar a descrever o algoritmo Shift-And vamos utilizar a notação usada em Navarro e Raffinot (2002) para descrever as operações usando paralelismo de *bit*. Para denotar **repetição de *bit*** é usada exponenciação: $01^3 = 0111$. Uma sequência de *bits* $b_1 \ldots b_c$ é chamada **máscara de *bits*** de comprimento c, a qual é armazenada em alguma posição de uma palavra w do computador. Para as operações sobre os *bits* da palavra do computador, "|" é a operação *or*, "&" é a operação *and*, "∼" complementa todos os *bits*, e ">>" move os *bits* para a direita e entra com zeros à esquerda (por exemplo, $b_1, b_2, \ldots, b_{c-1}, b_c >> 2 = 00b_3, \ldots, b_{c-2}$). Da mesma maneira, "<<" move os *bits* para a esquerda e entra com zeros à direita.

O algoritmo mantém um conjunto de todos os prefixos de P que casam com o texto já lido e utiliza o paralelismo de *bit* para atualizar o conjunto a cada caractere lido do texto. Este conjunto é representado por uma máscara de *bits* $R = (b_1, b_2, \ldots, b_m)$. Assim como o algoritmo KMP, o algoritmo Shift-And pode ser visto como a simulação de um autômato que pesquisa o padrão no texto. A diferença entre o KMP e o Shift-And é que o KMP usa um autômato determinista, enquanto o Shift-And usa um autômato não determinista para simular o paralelismo de *bit*.

A Figura 8.8 mostra um autômato não determinista capaz de reconhecer todos os prefixos do padrão P = `teste`. O *self-loop* no vértice 0 significa que o estado permanece ativo durante todo o processamento, permitindo que um casamento possa se iniciar na posição corrente do texto. Nesse caso, mais de um estado pode estar ativo em um determinado instante.

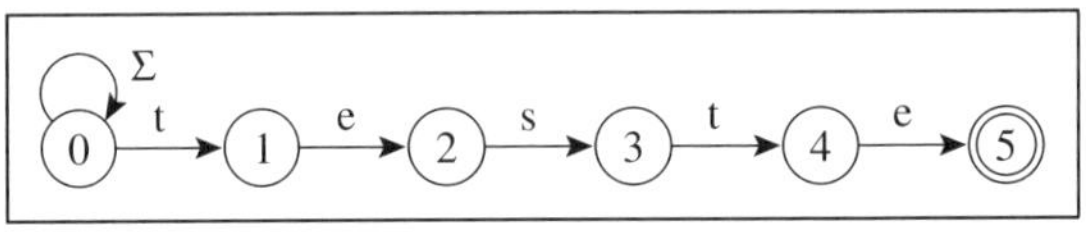

Figura 8.8 *Autômato não determinista que reconhece todos os prefixos de P =* `teste`.

O funcionamento do algoritmo Shift-And é explicado a seguir. O valor 1 é colocado na j-ésima posição de $R = (b_1, b_2, \ldots, b_m)$ se e somente se $p_1 \ldots p_j$ é um sufixo de $t_1 \ldots t_i$, em que i corresponde à posição corrente no texto. Diz-se que a j-ésima posição de R está *ativa* e um casamento ocorre sempre que b_m fica ativo.

Na leitura do próximo caractere t_{i+1}, o novo valor do conjunto R é calculado, o qual chamaremos de R'. A posição $j+1$ no conjunto R' ficará ativa se e somente se a posição j estiver ativa em R e t_{i+1} casar com p_{i+1}. Em outras palavras, $p_1 \ldots p_j$ era um sufixo de $t_1 \ldots t_i$ e t_{i+1} casa com p_{j+1}. Com o uso de paralelismo de *bit*, é possível computar o novo conjunto com custo $O(1)$ em uma linguagem de programação que realize com eficiência as operações *and*, *or*, deslocamento à direita e complemento. Além disso, se o tamanho do padrão m for menor do que a palavra w do computador, então o conjunto R pode ser implementado em um arranjo de *bits* que cabe em um registrador do computador.

O primeiro passo do algoritmo é a construção de uma tabela M para armazenar uma máscara de *bits* $b_1 \ldots, b_m$ para cada caractere. A Tabela 8.1 apresenta as máscaras de *bits* para os caracteres presentes em P = `teste`. A máscara em M[`t`] é 10010, pois o caractere `t` aparece nas posições 1 e 4 de P.

Tabela 8.1 *Máscara relativa a P =* `teste`

	1	2	3	4	5
M[t]	1	0	0	1	0
M[e]	0	1	0	0	1
M[s]	0	0	1	0	0

Na fase de pesquisa de P em T, o valor do conjunto é inicializado como $R = 0^m$ (0^m significa 0 repetido m vezes). Para cada novo caractere t_{i+1} lido do texto, o valor do conjunto R' é atualizado de acordo com a seguinte fórmula:

$$R' = ((R >> 1) \mid 10^{m-1}) \;\&\; M[T[i]] \tag{8.1}$$

Intuitivamente, a operação ">>" desloca todas as posições para a direita no passo $i+1$ para marcar quais posições de P eram sufixos no passo i. A cadeia vazia ϵ também é marcada como um sufixo por meio da operação *or* entre o conjunto obtido após a operação ">>" e 10^{m-1}. Essa operação permite que um casamento possa iniciar na posição corrente do texto, o que corresponde ao *self-loop* no início do autômato da Figura 8.8. Do conjunto obtido até o momento são mantidas apenas as posições em que t_{i+1} casa com p_{j+1}, o que é alcançado por meio da operação *and* desse conjunto de posições com o conjunto $M[t_{i+1}]$ de posições de t_{i+1} em P.

A Tabela 8.2 mostra o funcionamento do algoritmo Shift-And para pesquisar o padrão P = `teste` no texto T = `os testes` ..., parte inicial do exemplo da Figura 8.3.

***Tabela 8.2** Exemplo de funcionamento do algoritmo Shift-And. O **1** na última coluna significa que o estado final está ativo, indicando casamento de P =* `teste` *no texto*

Texto	$(R >> 1)\|10^{m-1}$					R'				
`o`	1	0	0	0	0	0	0	0	0	0
`s`	1	0	0	0	0	0	0	0	0	0
	1	0	0	0	0	0	0	0	0	0
`t`	1	0	0	0	0	1	0	0	0	0
`e`	1	1	0	0	0	0	1	0	0	0
`s`	1	0	1	0	0	0	0	1	0	0
`t`	1	0	0	1	0	1	0	0	1	0
`e`	1	1	0	0	1	0	1	0	0	***1***
`s`	1	0	1	0	0	0	0	1	0	0
	1	0	0	1	0	0	0	0	0	0

O Programa 8.3 mostra um primeiro refinamento do algoritmo Shift-And.

Infelizmente, as operações deslocamento à direita e à esquerda a serem realizadas sobre o conjunto R não podem ser efetuadas com eficiência na linguagem Pascal padrão. Logo, é necessário utilizar um compilador que implemente essas operações tão eficientemente quanto na linguagem C. O compilador utilizado é o Gnu Pascal (2003), o qual implementa eficientemente os comandos shr e shl para deslocamento à direita e à esquerda, respectivamente. O Programa 8.4 mostra a implementação do algoritmo Shift-And. O procedimento ShifAndExato recebe um texto de tamanho n em T e um padrão de tamanho m em P. A constante 127 é adicionada à representação ASCII de cada caractere para considerar caracteres especiais no texto e no padrão, tais como acentos na língua portuguesa (vide tabela ASCII no Apêndice K.)

Programa 8.3 *Primeiro refinamento do algoritmo Shift-And*

```
Shift-And (P = p1p2...pm, T = t1t2...tn);
  {-- Pré-processamento --}
  for c ∈ Σ do M[c] := 0^m;
  for j := 1 to m do M[pj] := M[pj] | 0^(j-1)10^(m-j);
  {-- Pesquisa --}
  R := 0^m;
  for i := 1 to n do
    R = ((R >> 1) | 10^(m-1)) & M[T[i]];
    if R & 0^(m-1)1 ≠ 0^m then 'Casamento na posicao i - m + 1';
```

Programa 8.4 *Implementação do algoritmo Shift-And para casamento exato de cadeias*

```
procedure ShiftAndExato (var T: TipoTexto; n: Integer;
                         var P: TipoPadrao; m: Integer);
var Masc: array[0..MAXCHAR - 1] of Integer;
    i, R:  Integer;
begin
  R := 0;
  { Pre-processamento padrao }
  for i := 0 to MAXCHAR - 1 do Masc[i] := 0;
  for i := 1 to  m do
    Masc[ord(P[i]) + 127] := Masc[ord(P[i]) + 127] or (1 shl (m - i));
  { Pesquisa }
  for i := 0 to n - 1 do
    begin
    R := ((R shr 1) or (1 shl (m - 1))) and Masc[ord(T[i + 1]) + 127];
    if (R and 1) <> 0
    then writeln( ' Casamento na posicao ', i - m + 2 );
    end;
end; { ShiftAndExato }
```

Análise O custo do algoritmo Shift-And é $O(n)$, desde que as operações na Eq. (8.1) possam ser realizadas em $O(1)$ e o padrão caiba em umas poucas palavras do computador.

Algoritmo Boyer-Moore-Horspool

Assim como o algoritmo KMP apresentado em 1977, outro algoritmo clássico foi publicado por Boyer e Moore (1977), ficando conhecido como **Boyer-Moore** (BM). A ideia é pesquisar o padrão no sentido da direita para a esquerda, o que torna o algoritmo muito rápido. Em 1980, Horspool (1980) apresentou uma simplificação importante no algoritmo original, tão eficiente quanto o algoritmo original, ficando conhecida como **Boyer-Moore-Horspool** (BMH). Considerando sua extrema simplicidade de implementação, bem como sua comprovada eficiência, o algoritmo BMH deve ser o escolhido em aplicações de uso geral que necessitam realizar casamento exato de cadeias.

O enfoque dos algoritmos BM e BMH consiste em pesquisar o padrão P em uma janela que desliza ao longo do texto T. Para cada posição desta janela, o algoritmo faz uma pesquisa por um sufixo da janela que casa com um sufixo de P por meio de comparações realizadas no sentido da direita para a esquerda. Se não ocorreu uma desigualdade, então uma ocorrência de P em T foi encontrada. Senão, o algoritmo calcula um deslocamento em que o padrão deve ser deslizado para a direita antes que uma nova tentativa de casamento se inicie.

O algoritmo BM original propõe duas heurísticas para calcular o deslocamento:

- Heurística ocorrência (do inglês, *ocurrence*): alinha a posição no texto que causou a colisão com o primeiro caractere no padrão que casar com ele;
- Heurística casamento (do inglês, *match*): ao mover o padrão para a direita, ele casa com o pedaço do texto anteriormente casado.

A Figura 8.9 mostra o funcionamento da heurística ocorrência para o padrão P = `cacbac` no texto T = `aabcaccacbac`. A partir da posição 6, da direita para a esquerda, existe uma colisão na posição 4 de T, entre o caractere `b` do padrão e o caractere `c` do texto. Consequentemente, o padrão deve ser deslocado para a direita até o primeiro caractere no padrão que casar com `c`. O processo é repetido e o caractere no texto que causou a colisão é o caractere `c` na posição 6. Assim, o padrão deve ser novamente deslocado para a direita até o primeiro caractere no padrão que casar com `c`. O processo é repetido até encontrar um casamento a partir da posição 7 de T.

```
1 2 3 4 5 6 7 8 9 0 1 2
c a c b a c
a a b c a c c a c b a c
  c a c b a c
      c a c b a c
        c a c b a c
            c a c b a c
```

***Figura 8.9** Funcionamento da heurística ocorrência.*

A Figura 8.10 mostra o funcionamento da heurística casamento para o mesmo padrão P ={`cacbac`} no texto T ={`aabcaccacbac`}. Novamente, a partir da posição 6, da direita para a esquerda, existe uma colisão na posição 4 de T, entre o caractere `b` do padrão e o caractere `c` do texto. Nesse caso, o padrão deve ser deslocado para a direita até casar com o pedaço do texto anteriormente casado, no caso ac, deslocando o padrão três posições à direita. O processo é repetido mais uma vez e o casamento entre P e T ocorre.

```
1 2 3 4 5 6 7 8 9 0 1 2
c a c b a c
a a b c a c c a c b a c
    c a c b a c
        c a c b a c
```

Figura 8.10 *Funcionamento da heurística casamento.*

O algoritmo BM decide qual das duas heurísticas deve usar escolhendo a que provoca o maior deslocamento do padrão. Entretanto, essa escolha implica realizar uma comparação entre dois inteiros para cada caractere lido do texto, penalizando o desempenho do algoritmo com relação ao tempo de processamento. A partir dessa observação, várias propostas de simplificação ocorreram ao longo dos anos, e os melhores resultados são os que consideram apenas a heurística ocorrência. A simplificação que estudaremos a seguir acompanha essa linha.

A simplificação mais importante é obra de Horspool (1980), conhecida como Boyer-Moore-Horspool (BMH), que executa mais rápido do que o algoritmo BM original. Horspool observou que qualquer caractere já lido do texto a partir do último deslocamento pode ser usado para endereçar a tabela de deslocamentos. Baseado nesse fato, Horspool propôs endereçar a tabela com o caractere no texto correspondente ao último caractere do padrão.

Para pré-computar o padrão, o valor inicial de todas as entradas na tabela de deslocamentos é feito igual a m. A seguir, apenas os $m-1$ primeiros caracteres do padrão são usados para obter os outros valores da tabela. Formalmente,

$$d[x] = \min\{j \text{ tal que } j = m \mid (1 \leq j < m \ \& \ P[m-j] = x)\}.$$

Para o padrão $P =$ teste, os valores de d são $d[\texttt{t}] = 1$, $d[\texttt{e}] = 3$, $d[\texttt{s}] = 2$, e todos os outros valores são iguais ao valor de $|P|$, nesse caso $m = 5$.

Uma implementação simples e eficiente para o algoritmo BMH pode ser vista no Programa 8.5. O pré-processamento do padrão para obter a tabela de deslocamentos d ocorre nas duas primeiras linhas do código. A fase de pesquisa é constituída por um anel em que i varia de m até n, com incrementos d[ord(T[i])], o que equivale ao endereço na tabela d do caractere que está na i-ésima posição no texto, a qual corresponde à posição do último caractere de P.

Outra simplificação importante para o algoritmo BM, conhecida como **Boyer-Moore-Horspool-Sunday** (BMHS), foi apresentada por Sunday (1990). É uma variante do algoritmo BMH. Sunday propôs endereçar a tabela com o caractere no texto correspondente ao próximo caractere após o último caractere do padrão, em vez de deslocar o padrão usando o último caractere, como no algoritmo BMH.

Programa 8.5 *Algoritmo Boyer-Moore-Horspool*

```
procedure BMH (var T: TipoTexto; n: integer;
                  var P: TipoPadrao; m: integer);
var i, j, k: Integer;
    d: array[0..MAXCHAR] of integer;
begin
  {-- Pre-processamento do padrao --}
  for j := 0 to MAXCHAR do d[j] := m;
  for j := 1 to m - 1 do d[ord(P[j])] := m - j;
  i := m;
  while i <= n do {-- Pesquisa --}
    begin
    k := i;  j := m;
    while (j>0) and (T[k] = P[j]) do
      begin
      k := k - 1;  j := j - 1;
      end;
    if j = 0 then writeln(' Casamento na posicao: ', k + 1:3);
    i := i + d[ord(T[i])];
    end;
end; { BMH }
```

Para pré-computar o padrão, o valor inicial de todas as entradas na tabela de deslocamentos é feito igual a $m + 1$. A seguir, os m primeiros caracteres do padrão são usados para obter os outros valores da tabela. Formalmente,

$$d[x] = min\{j \text{ tal que } j = m \mid (1 \leq j \leq m \;\&\; P[m + 1 - j] = x)\}.$$

Para o padrão $P =$ `teste`, os valores de d são $d[\texttt{t}] = 2$, $d[\texttt{e}] = 1$, $d[\texttt{s}] = 3$, e todos os outros valores são iguais ao valor de $|P| + 1$.

Uma implementação para o algoritmo BMHS pode ser vista no Programa 8.6. O pré-processamento do padrão para obter a tabela de deslocamentos d ocorre nas duas primeiras linhas do código. A fase de pesquisa é constituída por um anel em que i varia de m até n, com incrementos d[ord(T[i+1])], o que equivale ao endereço na tabela d do caractere que está na $i + 1$-ésima posição no texto, a qual corresponde à posição do último caractere de P. Importante observar que o String T deve ter tamanho $n + 1$, pois a posição n será acessada no último comando do Programa 8.6 quando houver casamento envolvendo a posição $n - 1$.

Análise Para o algoritmo original BM, os dois tipos de deslocamento (ocorrência e casamento) podem ser pré-computados com base apenas no padrão e no alfabeto. Assim, a complexidade de tempo e de espaço para essa fase é $O(m + c)$. Obtidas as duas funções de deslocamento, a cada caractere lido, o algoritmo escolhe o valor que proporciona o maior deslocamento. O pior caso do algoritmo é $O(nm)$. O melhor caso e o caso médio para o algoritmo é $O(n/m)$, um resultado excelente, pois executa em tempo sublinear.

Programa 8.6 *Algoritmo Boyer-Moore-Horspool-Sunday*

```
procedure BMHS (var T: TipoTexto; n: integer;
                var P: TipoPadrao; m: integer);
var i, j, k: Integer;
    d: array[0..MAXCHAR] of integer;
begin
  {-- Pre-processamento do padrao --}
  for j := 0 to MAXCHAR do d[j] := m + 1;
  for j := 1 to m do d[ord(P[j])] := m + 1 - j;
  i := m;
  while i <= n do {-- Pesquisa --}
    begin
    k := i;  j := m;
    while (j>0) and (T[k] = P[j]) do
      begin
      k := k - 1; j := j - 1;
      end;
    if j = 0 then writeln(' Casamento na posicao: ', k + 1:3);
    i := i + d[ord(T[i+1])];
    end;
end; { BMHS }
```

Para o algoritmo BMH, o deslocamento ocorrência também pode ser pré-computado com base apenas no padrão e no alfabeto, e a complexidade de tempo e de espaço para essa fase é $O(m + c)$. Para a fase de pesquisa, o pior caso do algoritmo é $O(nm)$, o melhor caso é $O(n/m)$ e o caso esperado é $O(n/m)$, se c não for pequeno e m não for muito grande.

Na variante BMHS, seu comportamento assintótico é igual ao do algoritmo BMH. Entretanto, os deslocamentos são mais longos (podendo ser iguais a $m+1$), levando a saltos relativamente maiores para padrões curtos. Por exemplo, para um padrão de tamanho $m = 1$, o deslocamento é igual a $2m$ quando não há casamento.

8.1.2 Casamento Aproximado

Existem variações com relação ao casamento exato de cadeias, sendo a mais importante aquela que permite operações de inserção, de substituição e de retirada de caracteres do padrão. A Figura 8.11 mostra três ocorrências do padrão `teste` em que os casos de inserção, de substituição e de retirada de caracteres no padrão acontecem, a saber: no primeiro, um espaço é inserido entre o terceiro e quarto caracteres do padrão; no segundo, o último caractere do padrão é substituído pelo caractere `a`; e, no terceiro, o primeiro caractere do padrão é retirado.

```
          tes te
              testa
                     este
    os testes testam estes alunos ...
```

Figura 8.11 *Exemplo de casamento aproximado do padrão* `teste`.

O número k de operações de inserção, de substituição e de retirada de caracteres necessário para transformar uma cadeia x em outra cadeia y é conhecido na literatura como **distância de edição** (Levenshtein, 1965). Assim, a distância de edição entre duas cadeias x e y, $ed(x, y)$ é o menor número de operações necessárias para converter x em y, ou vice-versa. Por exemplo, $ed(\texttt{teste}, \texttt{estende}) = 4$, valor obtido por meio de uma retirada do primeiro `t` de P e a inserção dos três caracteres `nde` ao final de P. O problema do casamento aproximado de cadeias é o de encontrar todas as ocorrências em T de cada P' que satisfaz $ed(P, P') \leq k$.

O problema da busca aproximada somente faz sentido para $0 < k < m$, porque, no caso de $k = m$, toda subcadeia de comprimento m pode ser convertida em P por meio da substituição de m caracteres. O caso em que $k = 0$ corresponde ao casamento exato de cadeias. O nível de erro $\alpha = k/m$ fornece uma medida da fração do padrão que pode ser alterado. Em geral, $\alpha < 1/2$ para a maioria dos casos de interesse.

O casamento aproximado de cadeias, também conhecido como **casamento de cadeias permitindo erros**, é o problema de encontrar um padrão P em um texto T quando um número limitado k de operações (erros) de inserção, de substituição e de retirada é permitido entre P e suas ocorrências em T.

A seguir, vamos mostrar como lidar com o problema de casamento aproximado de cadeias por meio de um autômato não determinista.

Algoritmos Baseados em Autômatos

Conforme mostrado em Navarro e Raffinot (2002), uma maneira de tratar o problema do casamento aproximado de cadeias é modelar a pesquisa por um autômato não determinista. Assim como o algoritmo Shift-And para casamento exato de cadeias apresentado na Seção 8.1.1, o algoritmo que vamos apresentar também usa o **paralelismo de *bit***, o qual simula o funcionamento de um autômato não determinista.

A Figura 8.12 apresenta três autômatos não deterministas para casamento aproximado do padrão $P =$ `teste`. A primeira linha de cada autômato representa casamento exato e a segunda linha representa casamento aproximado com um erro. A Figura 8.12(a) mostra o autômato que permite a inserção de um caractere em qualquer posição de P, a Figura 8.12(b) mostra o autômato que permite a substituição de um caractere em qualquer posição de P, e a Figura 8.12(c) mostra o autômato que permite a retirada de um caractere de qualquer posição de P.

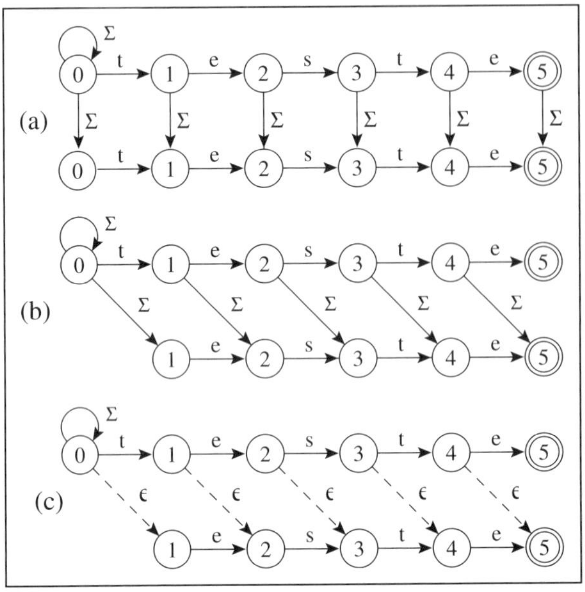

Figura 8.12 *Autômatos para casamento aproximado permitindo um erro. (a) Erro de inserção de caractere; (b) Erro de substituição de um caractere; (c) Erro de retirada de um caractere.*

Em qualquer dos três autômatos da Figura 8.12, uma aresta horizontal representa o casamento de um caractere, isto é, se os caracteres do padrão e do texto casam, então avançamos em P e T. Uma aresta vertical na Figura 8.12(a) insere um caractere no padrão, o que significa que avançamos em T, mas não em P. Uma aresta diagonal sólida na Figura 8.12(b) substitui um caractere, o que significa que avançamos em T e P. Uma aresta diagonal tracejada na Figura 8.12(c) retira um caractere de P, o que significa que avançamos em P, mas não em T, o que equivale a uma **transição-**ϵ. O *self-loop* inicial em cada autômato permite que uma ocorrência se inicie em qualquer posição em T. Cada autômato sinaliza uma ocorrência sempre que o estado final mais à direita se torna ativo.

A Figura 8.13 apresenta um autômato que permite casamento aproximado com $k = 2$ erros para $P =$ `teste`. Nesse caso, as três operações de distância de edição estão juntas em um único autômato. A linha 1 representa casamento exato ($k = 0$), a linha 2 representa casamento aproximado, permitindo um erro ($k = 1$), e a linha 3 representa casamento aproximado, permitindo dois erros ($k = 2$). Uma vez que um estado no autômato está ativo, todos os estados nas linhas seguintes na mesma coluna também estão ativos.

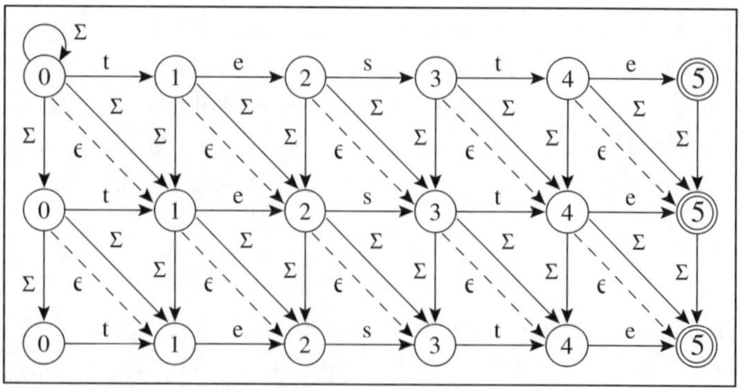

Figura 8.13 *Autômato para casamento aproximado permitindo até dois erros, podendo ser de inserção, de substituição ou de retirada de um caractere.*

Shift-And para Casamento Aproximado

Os melhores algoritmos para casamento aproximado de cadeias utilizam **paralelismo de *bit*.** O algoritmo Shift-And para o casamento aproximado de cadeias também simula um autômato não determinista, como o autômato mostrado na Figura 8.13. O algoritmo que vamos estudar a seguir é uma extensão do algoritmo Shift-And para casamento exato de cadeias apresentado na Seção 8.1.1.

O algoritmo Shift-And para casamento aproximado de cadeias foi proposto por Wu e Manber (1992). O algoritmo empacota cada linha j $(0 < j \leq k)$ do autômato não determinista em uma palavra R_j diferente do computador. A cada novo caractere lido do texto, todas as transições do autômato são simuladas usando operações entre as $k+1$ máscaras de *bits*. Todas as $k+1$ máscaras de *bits* têm a mesma estrutura e assim o mesmo *bit* é alinhado à mesma posição no texto.

Na posição i do texto, os novos valores R'_j, $0 < j \leq k$ são obtidos a partir dos valores correntes R_j, a saber:

$$
\begin{aligned}
R'_0 &= ((R_0 >> 1) \mid 10^{m-1}) \,\&\, M[T[i]] \quad \text{e} \\
R'_j &= ((R_j >> 1) \,\&\, M[T[i]]) \mid R_{j-1} \mid (R_{j-1} >> 1) \mid (R'_{j-1} >> 1) \mid 10^{m-1},
\end{aligned}
$$

em que M é a tabela do algoritmo Shift-And para casamento exato da Seção 8.1.1. A pesquisa inicia com $R_j = 1^j 0^{m-j}$. Conforme esperado, R_0 equivale ao algoritmo Shift-And para casamento exato, e as outras linhas R_j recebem 1s (estados ativos) também de linhas anteriores. Considerando a Figura 8.13, a fórmula para R' expressa arestas horizontais, indicando casamento de um caractere; arestas verticais, indicando inserção (R_{j-1}); arestas diagonais cheias, indicando substituição $(R_{j-1} >> 1)$; e arestas diagonais tracejadas, indicando retirada $((R'_{j-1} >> 1) \mid 10^{m-1})$.

A Tabela 8.3 mostra o funcionamento do algoritmo Shift-And-Aproximado para pesquisar o padrão $P =$ `teste` no texto $T =$ `os testes testam`, permitindo um erro $(k = 1)$ de inserção. Existem uma ocorrência exata na leitura do oitavo caractere (letra "`e`") e duas ocorrências permitindo uma inserção nas posições 9 e 12 (letras "`s`" e "`e`", respectivamente).

A Tabela 8.4 mostra o funcionamento do algoritmo Shift-And-Aproximado para pesquisar o padrão P = `teste` no texto T = `os testes testam`, permitindo um erro de inserção, um de retirada e um de substituição. Existe uma ocorrência exata na leitura do caractere da posição 8 (letra "e") e cinco ocorrências, permitindo um erro nas posições 7, 9, 12, 14 e 15 (letras "`t`", "`s`", "`e`", "`t`" e "`a`", respectivamente).

Tabela 8.3 *Exemplo de funcionamento do algoritmo Shift-And-Aproximado, permitindo um erro de inserção* $R'_0 = (R_0 >> 1)|10^{m-1}\&M[T[i]]$ *e* $R'_1 = (R_1 >> 1)\&M[T[i]]|R_0|(10^{m-1})$

Texto	$(R_0 >> 1)\|10^{m-1}$					R'_0					$R_1 >> 1$					R'_1				
o	1	0	0	0	0	0	0	0	0	0	0	1	0	0	0	1	0	0	0	0
s	1	0	0	0	0	0	0	0	0	0	0	1	0	0	0	1	0	0	0	0
	1	0	0	0	0	0	0	0	0	0	0	1	0	0	0	1	0	0	0	0
t	1	0	0	0	0	1	0	0	0	0	0	1	0	0	0	1	0	0	0	0
e	1	1	0	0	0	0	1	0	0	0	0	1	0	0	0	1	1	0	0	0
s	1	0	1	0	0	0	0	1	0	0	0	1	1	0	0	1	1	1	0	0
t	1	0	0	1	0	1	0	0	1	0	0	1	1	1	0	1	0	1	1	0
e	1	1	0	0	1	0	1	0	0	***1***	0	1	0	1	1	1	1	0	1	***1***
s	1	0	1	0	0	0	0	1	0	0	0	1	1	0	1	1	1	1	0	***1***
	1	0	0	0	0	0	0	0	0	0	0	1	1	1	0	1	0	1	0	0
t	1	0	0	0	0	1	0	0	0	0	0	1	0	1	0	1	0	0	1	0
e	1	1	0	0	0	0	1	0	0	0	0	1	0	0	1	1	1	0	0	***1***
s	1	0	1	0	0	0	0	1	0	0	0	1	1	0	0	1	1	1	0	0
t	1	0	0	1	0	1	0	0	1	0	0	1	1	1	0	1	0	1	1	0
a	1	1	0	0	1	0	0	0	0	0	0	1	0	1	1	1	0	0	1	0
m	1	0	0	0	0	0	0	0	0	0	0	1	0	0	1	1	0	0	0	0

Tabela 8.4 *Exemplo de funcionamento do algoritmo Shift-And-Aproximado, permitindo um erro de inserção, um de retirada e um de substituição* $R'_0 = (R_0 >> 1)|10^{m-1}\&M[T[i]]$ *e* $R'_1 = (R_1 >> 1)\&M[T[i]]|R_0|(R'_0 >> 1)|(R_0 >> 1)|(10^{m-1})$

Texto	$(R_0 >> 1)\|10^{m-1}$					R'_0					$R_1 >> 1$					R'_1				
o	1	0	0	0	0	0	0	0	0	0	0	1	0	0	0	1	0	0	0	0
s	1	0	0	0	0	0	0	0	0	0	0	1	0	0	0	1	0	0	0	0
	1	0	0	0	0	0	0	0	0	0	0	1	0	0	0	1	0	0	0	0
t	1	0	0	0	0	1	0	0	0	0	0	1	0	0	0	1	1	0	0	0
e	1	1	0	0	0	0	1	0	0	0	0	1	1	0	0	1	1	1	0	0
s	1	0	1	0	0	0	0	1	0	0	0	1	1	1	0	1	1	1	1	0
t	1	0	0	1	0	1	0	0	1	0	0	1	1	1	1	1	1	1	1	***1***
e	1	1	0	0	1	0	1	0	0	***1***	0	1	1	1	1	1	1	1	1	***1***
s	1	0	1	0	0	0	0	1	0	0	0	1	1	1	1	1	1	1	1	***1***
	1	0	0	0	0	0	0	0	0	0	0	1	1	1	1	1	0	1	1	0
t	1	0	0	0	0	1	0	0	0	0	0	1	0	1	1	1	1	0	1	0
e	1	1	0	0	0	0	1	0	0	0	0	1	1	0	1	1	1	1	0	***1***
s	1	0	1	0	0	0	0	1	0	0	0	1	1	1	0	1	1	1	1	0
t	1	0	0	1	0	1	0	0	1	0	0	1	1	1	1	1	1	1	1	***1***
a	1	1	0	0	1	0	0	0	0	0	0	1	1	1	1	1	1	0	1	***1***
m	1	0	0	0	0	0	0	0	0	0	0	1	1	0	1	1	0	0	0	0

O Programa 8.7 apresenta um primeiro refinamento do algoritmo Shift-And para casamento aproximado de cadeias.

Programa 8.7 *Primeiro refinamento do algoritmo Shift-And para casamento aproximado de cadeias*

```
Shift-And-Aproximado (P = p1p2...pm, T = t1t2...tn, k);
  {-- Pre-processamento --}
  for c ∈ Σ do M[c] := 0^m;
  for j := 1 to m do M[pj] := M[pj] | 0^(j-1)10^(m-j);
  {-- Pesquisa --}
  for j := 0 to k do Rj := 1^j0^(m-j);
  for i := 1 to n do
    Rant := R0;
    Rnovo := ((Rant >> 1) | 10^(m-1)) & M[T[i]];
    R0 := Rnovo;
    for j := 1 to k do
      Rnovo := ((Rj >> 1 & M[T[i]]) | Rant | ((Rant | Rnovo) >> 1);
      Rant := Rj;
      Rj := Rnovo | 10^(m-1);
    if Rnovo & 0^(m-1)1 ≠ 0^m then 'Casamento na posicao i';
```

Infelizmente, como no caso do algoritmo Shift-And para casamento exato de cadeias, as operações deslocamento à direita e à esquerda a serem feitas sobre o conjunto R não podem ser realizadas com eficiência na linguagem Pascal padrão. De novo, o compilador utilizado é o Gnu Pascal (2003), o qual implementa eficientemente os comandos shr e shl para deslocamento à direita e à esquerda, respectivamente. O Programa 8.8 mostra a implementação do algoritmo Shift-And-Aproximado. Novamente, a constante 127 é adicionada à representação ASCII de cada caractere para considerar caracteres especiais no texto e no padrão, tais como acentos na língua portuguesa (vide tabela ASCII no Apêndice K). Cabe ressaltar que o programa indica casamento na posição correspondente ao último caractere do padrão.

Análise O custo da simulação do autômato é $O(k\lceil m/w \rceil n)$ no pior caso e no caso médio, o que equivale a $O(kn)$ para padrões típicos na pesquisa em textos (isto é, $m \leq w$).

Baeza-Yates e Navarro (1999) apresentam uma fórmula para o paralelismo de *bits* que realiza a paralelização por intermédio da diagonal do autômato, obtendo um algoritmo cujo pior caso é $O(n)$. Uma explicação didática sobre esse algoritmo pode ser obtida em Navarro e Raffinot (2002).

Programa 8.8 *Implementação do algoritmo Shift-And para casamento aproximado de cadeias*

```
procedure ShiftAndAproximado (var T: TipoTexto;
                                  n  : Integer;
                              var P: TipoPadrao;
                                  m, k : Integer);
var
  Masc: array[0..MAXCHAR - 1] of Integer;
  i, j, Ri, Rant, Rnovo: Integer;
  R: array[0..NUMMAXERROS] of Integer;
begin
  { Pre-processamento padrao }
  for i := 0 to MAXCHAR - 1 do Masc[i] := 0;
  for i := 1 to m do
    Masc[ord(P[i]) + 127] := Masc[ord(P[i]) + 127] or (1 shl (m - i));
  { Pesquisa }
  R[0] := 0;
  Ri := 1 shl (m - 1);
  for j := 1 to k do R[j] := (1 shl (m-j)) or R[j - 1];
  for i := 0 to n - 1 do
    begin
    Rant := R[0];
    Rnovo := ((Rant shr 1) or Ri) and Masc[ord(T[i + 1]) + 127];
    R[0] := Rnovo;
    for j := 1 to k do
      begin
      Rnovo := ((R[j] shr 1) and Masc[ord(T[i + 1]) + 127]) or
               Rant or ((Rant or Rnovo) shr 1);
      Rant := R[j];
      R[j] := Rnovo or Ri;
      end;
    if (Rnovo and 1) <> 0
    then writeln ( ' Casamento na posicao ', i + 1 );
    end;
end; { ShiftAndAproximado }
```

8.2 Compressão

O uso de bibliotecas digitais, sistemas de automação de escritórios, bancos de dados de documentos e, mais recentemente, da World Wide Web tem levado a uma explosão de informação textual disponível *on-line*. Somente a Web tem hoje bilhões de páginas estáticas disponíveis, cada bilhão de páginas ocupando aproximadamente 10 *terabytes* de texto corrido. Um *terabyte* tem pouco mais de um milhão de milhões de *bytes*, espaço suficiente para armazenar o texto de um milhão de livros. Em setembro de 2003, a ferramenta de busca Google (*www.google.com.br*)

dizia ter mais de 3,5 bilhões de páginas estáticas em seu banco de dados. O armazenamento e o acesso a tal quantidade de texto apresentam um grande desafio. Assim, vamos dar ênfase a cadeias de caracteres que sejam textos em linguagem natural.

Nesta seção, vamos apresentar técnicas de compressão de textos em linguagem natural que permitam acesso direto ao texto comprimido, permitindo melhorar a eficiência de sistemas de recuperação de informação. Tradicionalmente, técnicas de compressão não têm sido usadas em sistemas de recuperação de informação porque o texto comprimido não permitia acesso rápido. Entretanto, métodos recentes de compressão têm permitido (i) pesquisar diretamente o texto comprimido de forma mais rápida do que o texto original, (ii) obter maior compressão em relação a métodos tradicionais, gerando maior economia de espaço, (iii) acessar diretamente qualquer parte do texto comprimido sem necessidade de descomprimir todo o texto desde o início (Moura (1999); Moura, Navarro, Ziviani e Baeza-Yates, 2000; Ziviani, Moura, Navarro e Baeza-Yates, 2000). Esse é um caso raro em que não existe compromisso entre espaço e tempo, levando a uma situação do tipo *vencer-vencer.*

8.2.1 Por Que Usar Compressão

Compressão de texto está relacionada a maneiras de representar o texto original em menos espaço. Para isso, basta substituir os símbolos do texto por outros que possam ser representados usando um número menor de *bits* ou *bytes.* O ganho obtido com a compressão é que o texto comprimido ocupa menos espaço de armazenamento, leva menos tempo para ser lido do disco ou ser transmitido por um canal de comunicação e para ser pesquisado. O preço a pagar é o custo computacional para codificar e decodificar o texto. Esse custo, entretanto, está se tornando cada vez menos significativo à medida que a tecnologia avança. De acordo com Patterson e Hennessy (1995), em 20 anos, o tempo de acesso a discos magnéticos tem se mantido praticamente constante, enquanto a velocidade de processamento aumentou aproximadamente 2 mil vezes. À medida que o tempo passa, investir mais poder de computação em compressão em troca de menos espaço em disco ou menor tempo de transmissão se torna uma opção extremamente vantajosa.

O ganho em espaço obtido por um método de compressão pode ser medido pela **razão de compressão**, definida pela porcentagem que o arquivo comprimido representa em relação ao tamanho do arquivo não comprimido. Por exemplo, se o arquivo não comprimido possuir 100 *bytes* e o arquivo comprimido resultante possuir 30 *bytes*, então a razão de compressão é de 30%.

Além da economia de espaço, existem outros importantes aspectos a considerar:

- Velocidade de compressão e de descompressão. Em muitas situações a velocidade de descompressão é mais importante do que a velocidade de compressão. Esse é o caso de bancos de dados textuais e sistemas de documentação, nos quais é comum comprimir o texto uma vez e fazer muitas leituras do disco.

- Possibilidade de realizar **casamento de cadeias** diretamente no texto comprimido. Nesse caso, a busca sequencial pode ser muito mais eficiente por meio da compressão da cadeia a ser pesquisada em vez de descomprimir o texto a ser pesquisado. Consequentemente, a pesquisa no texto comprimido é muito mais rápida porque menos *bytes* têm de ser lidos.

- Permitir acesso direto a qualquer parte do texto comprimido e iniciar a descompressão a partir da parte acessada. O acesso eficiente a grandes coleções de texto exige técnicas especializadas de indexação, como as mostradas na Seção 8.1. Um sistema de recuperação de informação para grandes coleções de documentos que estejam comprimidos necessita de acesso direto a qualquer ponto do texto comprimido.

A seguir, vamos apresentar um método de compressão que atende a todos os requisitos acima.

8.2.2 Compressão de Textos em Linguagem Natural

Um dos métodos de codificação mais conhecidos é o de **Huffman** (1952). A ideia do método é atribuir códigos mais curtos a símbolos com frequências altas. Um código único, de tamanho variável, é atribuído a cada símbolo diferente do texto. As implementações tradicionais do método de Huffman consideram caracteres como símbolos. Uma forma melhor de aliar as necessidades dos algoritmos de compressão às necessidades dos sistemas de recuperação de informação apontadas anteriormente é considerar palavras como símbolos a serem codificados, e não caracteres. Métodos de Huffman baseados em caracteres comprimem o texto para aproximadamente 60%, enquanto os métodos de Huffman baseados em palavras comprimem o texto para valores pouco acima de 25%.

Métodos de Huffman baseados em palavras permitem acesso randômico a palavras dentro do texto comprimido, um aspecto crítico para sistemas de recuperação de informação. Como veremos adiante, considerar palavras como símbolos significa dizer que a tabela de símbolos do codificador é exatamente o vocabulário do texto, o que permite uma integração natural entre o método de compressão e o arquivo invertido, o tipo de índice mais utilizado em sistemas de recuperação de informação para documentos ou páginas da Web.

Outra importante família de métodos de compressão, chamada **Ziv-Lempel**, substitui uma sequência de símbolos por um apontador para uma ocorrência anterior àquela sequência. A compressão é obtida porque os apontadores ocupam menos espaço do que a sequência de símbolos que eles substituem. Os métodos Ziv-Lempel são populares pela sua velocidade, economia de memória e generalidade, pois são eficazes para qualquer tipo de cadeia de caracteres, enquanto o método de Huffman baseado em palavras é muito bom quando a cadeia de caracteres constitui texto em linguagem natural. Entretanto, os métodos Ziv-Lempel apresentam desvantagens importantes em um ambiente de recuperação de informação. Primeiro, é necessário iniciar a decodificação desde o início do arquivo comprimido, o que torna o acesso randômico muito caro. Segundo, é muito difícil pesquisar no arquivo comprimido sem descomprimir. Uma possível vantagem do método Ziv-Lempel é o fato de não ser necesário armazenar a tabela de símbolos da maneira como o método de Huffman precisa, mas isso tem pouca importância em um ambiente de recuperação de informação, já que se necessita do vocabulário do texto para criar o índice e permitir a pesquisa eficiente.

8.2.3 Codificação de Huffman Usando Palavras

Para textos em linguagem natural, a técnica de compressão mais eficaz é a codificação de Huffman baseada em palavras. O método considera cada palavra diferente do texto como um símbolo, conta suas frequências e gera um código de Huffman para as palavras. A seguir, comprime o texto substituindo cada palavra pelo seu código. Assim, a compressão é realizada em duas passadas sobre o texto. O codificador realiza uma primeira passada sobre o texto para obter a frequência de cada palavra diferente e faz a compressão em uma segunda passada.

Um texto em linguagem natural é constituído de palavras e de separadores. Separadores são caracteres que aparecem entre palavras, tais como espaço, vírgula, ponto, ponto e vírgula, interrogação, e assim por diante. Como a maioria dos separadores é o espaço simples entre palavras, uma forma eficiente de lidar com palavras e separadores é representar o espaço simples de forma implícita no texto comprimido. Nesse modelo, se uma palavra é seguida de um espaço, então, somente a palavra é codificada. Senão, a palavra e o separador são codificados separadamente. No momento da decodificação, supõe-se que um espaço simples segue cada palavra, a não ser que o próximo símbolo corresponda a um separador.

A Figura 8.14 ilustra, passo a passo, o funcionamento do algoritmo de Huffman para a frase "`para cada rosa rosa, uma rosa é uma rosa`", na qual o conjunto de símbolos representando o vocabulário é dado por {"`para`", "`cada`", "`rosa`", "`,␣`", "`uma`", "`é`"}, e as frequências são 1, 1, 4, 1, 2, 1, respectivamente. O caractere ␣ representa um espaço.

O algoritmo de Huffman é uma abordagem **gulosa** que constrói uma árvore de codificação partindo de baixo para cima. No início, há um conjunto de n folhas representando as palavras do vocabulário e suas respectivas frequências. A cada iteração, as duas árvores com as menores frequências são combinadas em uma única árvore, e a soma de suas frequências é associada ao nó raiz. Ao final das

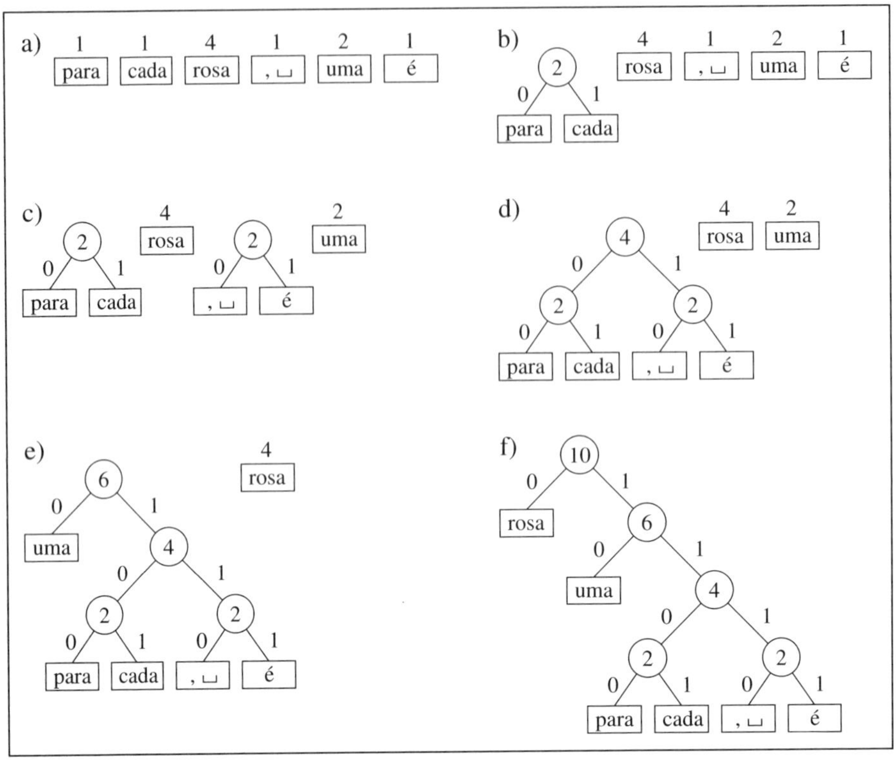

Figura 8.14 *Compressão usando codificação de Huffman.*

$n - 1$ iterações, obtém-se a árvore de codificação, na qual os códigos associados a cada palavra são representados pela sequência dos rótulos das arestas que levam da raiz à folha que a representa. Por exemplo, o código da palavra "`para`" é "`1100`".

O exemplo também mostra como os códigos são organizados na **árvore de Huffman**. A palavra mais frequente, no caso "`rosa`", recebe o código mais curto, no caso "`0`". O método de Huffman produz a árvore de codificação que minimiza o comprimento do arquivo comprimido. Existem diversas árvores que produzem a mesma compressão. Por exemplo, trocar o filho à esquerda de um nó por um filho à direita leva a uma árvore de codificação alternativa com a mesma razão de compressão. Entretanto, a escolha preferencial para a maioria das aplicações é a **árvore canônica**. Uma árvore de Huffman é canônica quando a altura da subárvore à direita de qualquer nó nunca é menor que a altura da subárvore à esquerda. A árvore da Figura 8.14(f) é canônica.

A representação do código na forma de árvore é interessante, sob o aspecto de facilitar a visualização, além de sugerir métodos de codificação e decodificação triviais: para codificar, a árvore é percorrida emitindo *bits* ao longo de suas arestas; para decodificar, os *bits* de entrada são usados para selecionar as arestas. No entanto, essa abordagem é ineficiente tanto em termos de espaço quanto em termos de tempo. A seguir, apresentamos um algoritmo baseado na **codificação canônica**, cujo comportamento é linear em tempo e em espaço.

Comprimento dos Códigos

O algoritmo é atribuído a Moffat e Katajainen (1995) e também é descrito em Moffat e Turpin (2002). Ele calcula os comprimentos dos códigos em vez dos códigos propriamente ditos, uma vez que a compressão atingida é a mesma, independentemente dos códigos utilizados. Além disso, é possível gerar o código canônico de uma palavra com elegância e eficiência a partir dos comprimentos dos códigos obtidos pelo algoritmo. O mesmo é verdade para a decodificação. Os algoritmos para a codificação e decodificação de textos são apresentados nos Programas 8.13 e 8.14, respectivamente.

A entrada do algoritmo é um vetor A contendo as frequências das palavras em ordem não crescente. A Figura 8.15 mostra as frequências relativas à frase exemplo "`para cada rosa rosa, uma rosa é uma rosa`" da Figura 8.14. O algoritmo divide-se em três fases distintas. Na primeira, é feita a construção da árvore de Huffman, em um processo similar ao descrito na Figura 8.14; na segunda fase, calculamos as profundidades dos nós internos da árvore; na terceira fase, calculamos as profundidades dos nós folhas da árvore a partir da profundidade dos nós internos. As profundidades dos nós folhas são então utilizadas para a obtenção do código de Huffman canônico para cada palavra de nossa frase exemplo.

4	2	1	1	1	1

Figura 8.15 *Vetor A com as frequências ordenadas.*

A Figura 8.16 ilustra o processo de combinação de nós da primeira fase, onde, inicialmente, cada palavra é representada por um nó folha da árvore de Huffman.

A Figura 8.16(a) mostra a situação inicial do vetor, que contém as frequências dos nós folhas em ordem não crescente. Em seguida, o algoritmo realiza a combinação dos nós da árvore, começando pelos nós menos frequentes, assim como na Figura 8.14. Quando dois nós são combinados, um novo nó pai é gerado contendo a soma da frequência dos seus dois filhos. Nesse momento não precisamos mais manter a frequência dos dois nós filhos no vetor A, e utilizamos essas células livres para guardar o estado intermediário e o resultado final da primeira fase.

A Figura 8.16(b) mostra o processamento intermediário. O vetor é dividido em 4 porções logicamente distintas:

1. as frequências dos nós folhas ainda não precessados;
2. as posições deixadas para trás por nós folhas já processados;

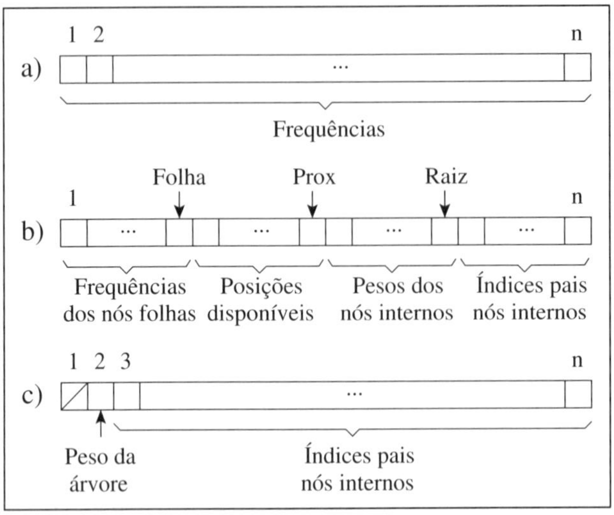

Figura 8.16 *Primeira fase. (a) Início; (b) Processamento intermediário; (c) Resultado final.*

3. a frequência de cada nó interno, gerada a partir da soma das frequências dos seus dois nós filhos;
4. os apontadores dos nós internos da árvore, que representam a árvore de Huffman em formação.

Não precisamos manter os apontadores para os pais dos nós folha, uma vez que nós filhos podem ser inferidos a partir dos nós internos; por exemplo, nós internos nas profundidades $[0, 1, 2, 3, 3]$ teriam nós folhas nas profundidades $[1, 2, 4, 4, 4, 4]$. Essa propriedade advém do fato de que a árvore de Huffman é binária. Ainda na Figura 8.16(b), Raiz indica o próximo nó interno a ser processado; Prox indica a próxima posição disponível para ser usada como nó interno; e a variável Folha indica o próximo nó folha a ser processado.

Na Figura 8.16(c), é mostrada a situação alcançada ao final do processamento da primeira fase.

Ao final da primeira fase, a posição $A[1]$ não é utilizada, pois, em uma árvore com n nós folhas, são necessários $n - 1$ nós internos para representar a árvore. A posição $A[\text{Raiz}]$, na qual Raiz é igual a dois, armazena o peso da árvore de codificação. As posições $A[3 \dots n]$ armazenam os índices para os pais dos nós internos.

O Programa 8.9 mostra um pseudocódigo para essa fase do processamento. O anel **for** do programa possui dois **if**s internos. O primeiro **if** encontra o nó de menor frequência (apontado por Folha ou Raiz) e move sua frequência para Prox. Caso o nó de menor frequência seja um nó interno (apontado por Raiz), criamos uma nova raiz e um apontador entre o nó interno e a nova raiz. Caso o nó de menor frequência seja um nó folha, apenas guardamos a sua frequência em Prox. No segundo **if**, encontramos o segundo nó de menor frequência e somamos sua frequência em Prox. Novamente, se o nó de menor frequência for um nó interno, criamos uma nova raiz e um apontador entre o nó interno e a nova raiz.

Programa 8.9 *Pseudocodigo para a primeira fase do processamento*

```
procedure PrimeiraFase (A, n);
begin
  Raiz := n;
  Folha := n;
  for Prox := n downto 2 do
    begin
    { Procura Posicao }
    if ((nao existe Folha) or ((Raiz > Prox) and (A[Raiz] <= A[Folha])))
    then begin { No interno }
           A[Prox] := A[Raiz];
           A[Raiz] := Prox;
           Raiz:= Raiz - 1;
           end
    else begin { No folha }
           A[Prox] := A[Folha];
           Folha := Folha - 1;
           end;
    { Atualiza Frequencias }
    if ((nao existe Folha) or ((Raiz > Prox) and (A[Raiz] <= A[Folha])))
    then begin { No interno }
           A[Prox] := A[Prox] + A[Raiz];
           A[Raiz] := Prox;
           Raiz := Raiz - 1;
           end
    else begin { No folha }
           A[Prox] := A[Prox] + A[Folha];
           Folha := Folha - 1;
           end;
    end;
end;
```

A Figura 8.17 ilustra o processamento da primeira fase para o vetor de frequências A mostrado na Figura 8.15. A linha (c) foi gerada ao se combinar os nós folhas $A[5]$ e $A[6]$, cujo resultado é colocado em $A[6]$. A linha (e) foi gerada ao se combinar os nós folhas $A[3]$ e $A[4]$, cujo resultado é colocado em $A[5]$. A linha (g) foi gerada ao se combinar os nós internos $A[5]$ e $A[6]$, cujo resultado é colocado em $A[4]$, sendo atribuído a $A[5]$ e $A[6]$ o valor 4, que indica o índice do pai desses dois nós combinados. A linha (i) foi gerada ao se combinar o nó interno $A[4]$ e o nó folha $A[2]$, cujo resultado é colocado em $A[3]$, sendo atribuído a $A[4]$ o valor 3, que indica o índice do pai desses dois nós combinados. A linha (k) foi gerada ao se combinar o nó interno $A[3]$ e o nó folha $A[1]$, cujo resultado é colocado em $A[2]$, sendo atribuído a $A[3]$ o valor 2, que indica o índice do pai desses dois nós combinados. $A[2]$ armazena o peso da árvore de Huffman obtida.

	1	2	3	4	5	6	Prox	Raiz	Folha
a)	4	2	1	1	1	1	6	6	6
b)	4	2	1	1	1	1	6	6	5
c)	4	2	1	1	1	2	5	6	4
d)	4	2	1	1	1	2	5	6	3
e)	4	2	1	1	2	2	4	6	2
f)	4	2	1	2	2	4	4	5	2
g)	4	2	1	4	4	4	3	4	2
h)	4	2	2	4	4	4	3	4	1
i)	4	2	6	3	4	4	2	3	1
j)	4	4	6	3	4	4	2	3	0
k)	/	10	2	3	4	4	1	2	0

Figura 8.17 *Exemplo de processamento da primeira fase.*

A Figura 8.18 ilustra a segunda fase, em que A é convertido, da esquerda para a direita, na profundidade dos nós internos. Em (a) está a saída da primeira fase, conforme ilustra a Figura 8.16. Em (b) a raiz da árvore é representada pela posição $A[2]$. Cada posição seguinte aponta para seu pai, que está à sua esquerda. Fazendo $A[2] = 0$ e $A[\text{Prox}]$ ser uma unidade maior que seu pai ($A[A[\text{Prox}]] + 1$), com Prox variando de 3 até n, chega-se ao ponto em que A armazena as profundidades dos nós internos. Em (c) é mostrada a situação alcançada ao final do processamento da segunda fase.

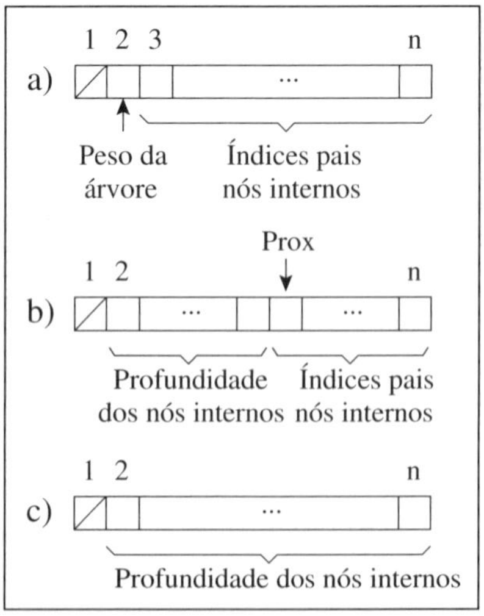

Figura 8.18 *Segunda fase. (a) Início; (b) Processamento intermediário; (c) Resultado final.*

O Programa 8.10 mostra um pseudocódigo para a segunda fase do processamento.

Programa 8.10 *Segunda fase do processamento*

```
procedure SegundaFase (A, n);
begin
  A[2] := 0;
  for Prox := 3 to n do A[Prox] := A[A[Prox]] + 1;
end;
```

A Figura 8.19 mostra a profundidade dos nós internos, obtidos a partir da Figura 8.17(k).

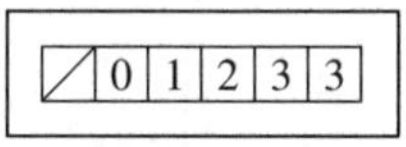

Figura 8.19 *Resultado da segunda fase.*

A Figura 8.20 ilustra a terceira fase, na qual são calculadas as profundidades dos nós folhas, os quais representam os comprimentos dos códigos. Em (a) está a saída da segunda fase, conforme ilustrado na Figura 8.18. Em (b) é mostrado o processamento intermediário, em que o vetor A é percorrido da esquerda para a direita e são manipuladas três listas: (i) uma lista com o comprimento dos códigos que é o resultado dessa fase, (ii) uma lista de posições disponíveis e (iii) uma lista com as profundidades dos nós internos que ainda não foram processados. Em (b), a variável Prox indica a posição na qual o próximo comprimento de código deve ser armazenado, e a variável Raiz indica o próximo nó a ser processado. Em (c) é mostrada a situação alcançada ao final do processamento da fase.

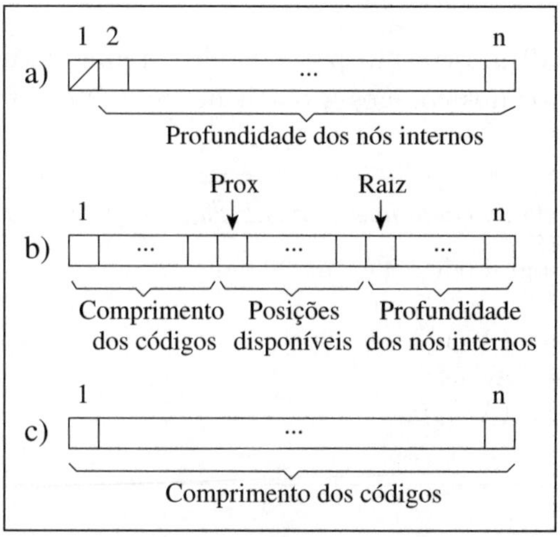

Figura 8.20 *Terceira fase. (a) Início; (b) Processamento intermediário; (c) Resultado final.*

O Programa 8.11 mostra um pseudocódigo para a terceira fase do processamento. O algoritmo percorre a árvore binária contando quantos nós folhas existem em cada nível; para cada nó folha, o algoritmo armazena o nível correspondente no vetor. A variável Disp é utilizada para armazenar quantos nós estão disponíveis no nível h da árvore e a variável u, para indicar quantos nós nesse nível foram utilizados como nós internos.

Programa 8.11 *Terceira fase do processamento*

```
procedure TerceiraFase (A, n);
begin
  Disp := 1; u := 0; h := 0; Raiz := 2; Prox := 1;
  while Disp > 0 do
    begin
    while (Raiz <= n) and (A[Raiz] = h) do
      begin u := u + 1; Raiz := Raiz + 1 end;
    while Disp > u do
      begin A[Prox] := h; Prox := Prox + 1; Disp := Disp - 1; end;
    Disp := 2 * u; h := h + 1; u := 0;
    end;
end;
```

Aplicando-se o Programa 8.11 sobre o vetor da Figura 8.19, os comprimentos dos códigos em número de *bits* são obtidos e mostrados na Figura 8.21. Nela, a posição 1 indica código de comprimento 1, a posição 2 indica código de comprimento 2 e as posições 3, 4, 5 e 6 indicam códigos de comprimento 4.

1	2	4	4	4	4

Figura 8.21 *Resultado da terceira fase.*

O Programa 8.12 mostra um pseudocódigo reunindo as três fases para calcular os comprimentos dos códigos a partir de um certo vetor A de frequências.

Programa 8.12 *Cálculo do comprimento dos códigos a partir de um vertor de frequências*

```
procedure CalculaCompCodigo (A, n);
begin
  A := PrimeiraFase (A, n);
  A := SegundaFase (A, n);
  A := TerceiraFase (A, n);
end;
```

Codificação e Decodificação por meio do Código Canônico

O **código canônico** possui as seguintes propriedades: (i) os comprimentos dos códigos obedecem ao algoritmo de Huffman e (ii) códigos de mesmo comprimento são inteiros consecutivos. A partir dos comprimentos obtidos, o cálculo dos códigos propriamente dito é trivial: o primeiro código é composto apenas por zeros e, para os demais, adiciona-se 1 ao código anterior e faz-se um deslocamento à esquerda para obter-se o comprimento adequado quando necessário. A Tabela 8.5 apresenta a codificação canônica para o exemplo da Figura 8.15.

Tabela 8.5 *Codificação canônica*

i	Símbolo	Código Canônico
1	`rosa`	`0`
2	`uma`	`10`
3	`para`	`1100`
4	`cada`	`1101`
5	`,␣`	`1110`
6	`é`	`1111`

O fato de que na árvore canônica os códigos de mesmo comprimento são inteiros consecutivos permite a elaboração de algoritmos eficientes, tanto para a codificação quanto para a decodificação. Os algoritmos são baseados no uso dos vetores Base e Offset com MaxCompCod elementos cada um, sendo MaxCompCod o comprimento do maior código. O vetor Base indica o valor inteiro do primeiro código com comprimento c, calculado pela relação:

$$\text{Base}[c] = \begin{cases} 0 & \text{se } c = 1, \\ 2 \times (\text{Base}[c-1] + w_{c-1}) & \text{caso contrário,} \end{cases}$$

na qual w_c indica o número de códigos com comprimento c. O vetor Offset indica o índice no vocabulário da primeira palavra de cada comprimento de código c. A Tabela 8.6 mostra os vetores Base e Offset para os códigos da Tabela 8.5.

Tabela 8.6 *Vetores Base e Offset*

c	Base[c]	Offset[c]
1	0 (0)	1
2	2 (10)	2
3	6 (110)	2
4	12 (1100)	3

O algoritmo de codificação recebe como parâmetros os vetores Base e Offset, o índice i do símbolo a ser codificado (vide Tabela 8.5) e o comprimento MaxComp-

Cod dos vetores Base e Offset. Primeiramente, é feito o cálculo do comprimento c de código a ser utilizado, conforme mostrado no anel **while** do Programa 8.13. A seguir, basta saber qual a ordem do código para o comprimento c (i – Offset[c]) e somar esse valor à Base[c], e assim o código é obtido. Por exemplo, para a palavra $i = 4$ ("`cada`"), verifica-se que é um código de comprimento 4 e é o segundo código com esse comprimento. Assim, seu código é 13 (4 – Offset[4] + Base[4]), o que corresponde a "`1101`" em binário.

***Programa 8.13** Pseudocódigo para codificação*

```
procedure Codifica (Base, Offset, i, MaxCompCod);
begin
  c := 1;
  while ( i >= Offset[c + 1] ) and (c + 1 <= MaxCompCod ) do c := c + 1;
  Codigo := i - Offset[c] + Base[c];
end;
```

O Programa 8.14 ilustra o processo de decodificação. O programa recebe como parâmetros os vetores Base e Offset, o arquivo comprimido e o comprimento MaxCompCod dos vetores Base e Offset.

***Programa 8.14** Pseudocódigo para decodificação*

```
procedure Decodifica (Base, Offset, ArqComprimido, MaxCompCod);
begin
  c := 1;
  Codigo := LeBit (ArqComprimido);
  while ( Codigo << 1 ) >= Base[c + 1]) and ( c + 1 <= MaxCompCod ) do
    begin
    Codigo := (Codigo << 1) or LeBit (ArqComprimido);
    c := c + 1;
    end;
  i := Codigo - Base[c] + Offset[c];
end;
```

Na decodificação, o arquivo de entrada é lido *bit* a *bit*, adicionando-se os *bits* lidos ao código e comparando-o com o vetor Base. O anel **while** do Programa 8.14 mostra como identificar o código a partir de uma posição do arquivo comprimido. A tabela 8.7 mostra os valores das variáveis do pseudocódigo para a sequência de *bits* "`1101`". A primeira linha da tabela representa o estado inicial do anel **while**, quando já foi lido o primeiro *bit* da sequência, o qual foi atribuído à variável Codigo. A linha dois e seguintes representam a situação do anel **while** após cada respectiva iteração. No caso da linha dois da tabela, o segundo *bit* da sequência foi lido (*bit* "1") e a variável Codigo recebe o código anterior deslocado à esquerda de um *bit* seguido da operação *or* com o *bit* lido. De posse do código, Base e Offset são usados para identificar qual o índice i da palavra no vocabulário, sendo $i = \text{Codigo} - \text{Base}[c] + \text{Offset}[c]$.

Tabela 8.7 *Valores das variáveis no processo de decodificação*

c	LeBit	Codigo	Codigo << 1	Base[$c+1$]
1	1	1	-	-
2	1	10 **or** 1 = 11	10	10
3	0	110 **or** 0 = 110	110	110
4	1	1100 **or** 1 = 1101	1100	1100

Algoritmo de Compressão

O Programa 8.15 mostra três etapas para realizar a compressão, tendo como entrada um arquivo texto e como saída um arquivo comprimido.

Programa 8.15 *Pseudocódigo para realizar a compressão*

```
procedure Compressao (ArqTexto, ArqComprimido);
begin
  { Primeira etapa }
  while not Eof (ArqTexto) do
    begin
    Palavra := ExtraiProximaPalavra (ArqTexto);
    Pos := Pesquisa (Palavra, Vocabulario);
    if Pos é uma posicao valida
    then Vocabulario[Pos].Freq := Vocabulario[Pos].Freq + 1
    else Insere (Palavra, Vocabulario);
    end;
  { Segunda etapa }
  Vocabulario := OrdenaPorFrequencia (Vocabulario);
  Vocabulario := CalculaCompCodigo (Vocabulario, n);
  ConstroiVetores (Base, Offset, ArqComprimido);
  Grava (Vocabulario, ArqComprimido);
  LeVocabulario (Vocabulario, ArqComprimido);
  { Terceira etapa }
  PosicionaPrimeiraPosicao (ArqTexto);
  while not Eof (ArqTexto) do
    begin
    Palavra := ExtraiProximaPalavra (ArqTexto);
    Pos := Pesquisa (Palavra, Vocabulario);
    Codigo := Codifica(Base,Offset,Vocabulario[Pos].Ordem,MaxCompCod);
    Escreve (ArqComprimido, Codigo);
    end;
end;
```

Na primeira etapa, o arquivo texto é lido e o vocabulário é extraído juntamente à frequência de cada palavra no texto. Uma tabela *hash* com tratamento de colisão por endereçamento aberto é utilizada para que as operações de inserção e pesquisa no vetor contendo o vocabulário sejam realizadas com custo $O(1)$.

Na segunda etapa, (i) o vetor em que as palavras foram espalhadas pela função *hash* é ordenado de forma não crescente pelo campo que armazena as frequências das palavras no texto; (ii) o Programa 8.12 calcula o comprimento dos códigos, tendo como entrada o vetor ordenado; (iii) os vetores Base e Offset são construídos e gravados no início do arquivo comprimido; e (iv) o vocabulário é gravado no arquivo comprimido logo após os vetores Base e Offset.

Como preparação para a terceira etapa, cada posição da tabela *hash* contém, além da palavra e de sua respectiva frequência, a posição relativa de cada palavra na ordem de frequência de ocorrência no texto. Na terceira etapa, o arquivo texto é novamente percorrido, suas palavras são extraídas, codificadas e os códigos são gravados no arquivo comprimido.

Algoritmo de Descompressão

O Programa 8.16 mostra um pseudocódigo para realizar a descompressão, o qual tem como entrada um arquivo comprimido pelo Programa 8.15. O processo de descompressão é mais simples do que o de compressão, pois basta ler os vetores Base, Offset e Vocabulario gravados no início do arquivo comprimido e em seguida ler os códigos, decodificá-los e obter novamente o arquivo texto.

Programa 8.16 *Pseudocódigo para realizar a descompressão*

```
procedure Descompressao (ArqTexto, ArqComprimido);
begin
  LerVetores (Base, Offset, ArqComprimido);
  LeVocabulario (Vocabulario, ArqComprimido);
  while not Eof (ArqComprimido) do
    begin
    i := Decodifica (Base, Offset, ArqComprimido, MaxCompCod);
    Grava (Vocabulario[i], ArqTexto);
    end;
end;
```

Análise O algoritmo proposto por Moffat e Katajainen (1995) para obter a codificação canônica calcula os comprimentos dos códigos. Isso é feito *in situ* a partir de um vetor A contendo as frequências das palavras em ordem não crescente a um custo $O(n)$ em tempo e em espaço.

A partir dos comprimentos obtidos, a geração da codificação canônica é simples e muito eficiente. O algoritmo requer apenas os dois vetores Base e Offset de tamanho MaxCompCod, sendo MaxCompCod o comprimento do maior código. A decodificação é também muito eficiente pois apenas os vetores *base* e *offset* são consultados. Importante ressaltar que não há necessidade de realizar a decodificação *bit* a *bit*, como na árvore de Huffman. O mecanismo da árvore de Huffman é útil para entender o algoritmo, mas não é usado na prática.

8.2.4 *Codificação de Huffman Usando* Bytes

O método original proposto por Huffman (1952) tem sido usado como um código binário. Moura, Navarro, Ziviani e Baeza-Yates (2000) modificaram a atribuição de códigos de tal forma que uma sequência de *bytes* é associada a cada palavra do texto. Consequentemente, o grau de cada nó passa de 2 para 256. Essa versão é chamada de *código de Huffman pleno.* Outra possibilidade é utilizar apenas 7 dos 8 *bits* de cada *byte* para a codificação, e a árvore passa então a ter grau 128. Nesse caso, o oitavo *bit* é usado para marcar o primeiro *byte* do código da palavra, sendo chamado de *código de Huffman com marcação.* Como veremos mais adiante, o código de Huffman com marcação ajuda na pesquisa sobre o texto comprimido, e será o que adotaremos. Por exemplo, um código pleno para a palavra "`uma`" poderia ser o código de 3 *bytes* "`47 81 8`", e o código com marcação poderia ser "`175 81 8`", em que o primeiro *byte* é $175 = 47 + 128$. Assim, no código com marcação, o oitavo *bit* é 1 quando o *byte* é o primeiro do código, senão ele é 0.

A construção da árvore de Huffman orientada a *bytes* pode ocasionar o aparecimento de nós internos não totalmente preenchidos quando a árvore não for binária, conforme ilustra a Figura 8.22(a). Nesse caso a árvore de Huffman não é ótima, pois o tamanho médio dos códigos é maior do que o necessário. Nesse exemplo, o alfabeto possui 512 símbolos (nós folhas), todos com a mesma frequência de ocorrência. O segundo nível tem 254 espaços vazios que poderiam ser ocupados com símbolos, mudando o comprimento de seus códigos de 2 para 1 *byte*.

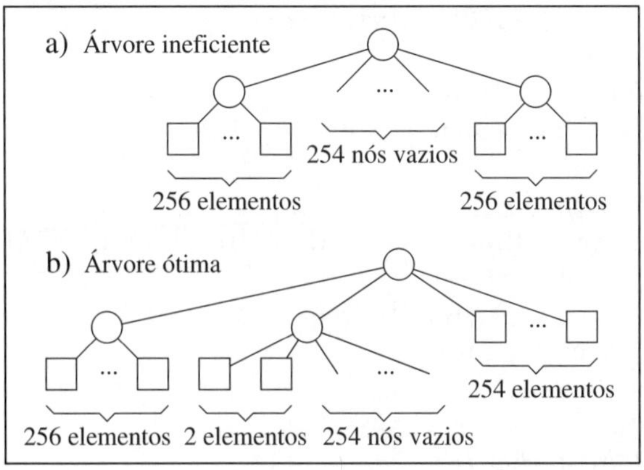

Figura 8.22 *Exemplo de árvores de codificação em* byte *Huffman pleno.*

Um meio de assegurar que nós vazios sempre ocupem o nível mais baixo da árvore é combiná-los com os nós de menores frequências, com o objetivo de movê-los para o nível mais profundo da árvore. Para isso, devemos selecionar o número de símbolos que serão combinados com os nós vazios. Essa seleção é dada pela equação $1+((n-\text{BaseNum}) \mod (\text{BaseNum}-1))$, que no caso da Figura 8.22 é igual a $1+((512-256) \mod 255) = 2$. Na Figura 8.22(b) é mostrado o resultado após os nós vazios da árvore mostrada na Figura 8.22(a) serem movidos para o nível mais baixo da árvore, em troca de 254 símbolos que são movidos para o nível acima.

São necessárias algumas pequenas alterações nos pseudocódigos dos Programas 8.9, 8.10, 8.11 e 8.12 para obter uma codificação orientada a *bytes*. O Programa 8.17 mostra como são calculados os comprimentos dos códigos de Huffman orientados a *bytes* (código de Huffman pleno e código de Huffman com marcação.) A constante BaseNum pode ser usada para trabalharmos com quaisquer bases numéricas menores ou iguais a um *byte*. Por exemplo, para a codificação plena, o valor é BaseNum = 256, e, para a codificação com marcação, o valor é BaseNum = 128.

Programa 8.17 *Generalização do cálculo dos comprimentos dos códigos*

```
procedure CalculaCompCodigo (var A: TipoDicionario; n: integer);
var u,      { Nodos internos usados }
    h,      { Altura da arvore }
    NoInt,  { Numero de nodos internos }
    Prox, Raiz, Folha, Disp, x, Resto: integer;
begin
  if n > (BASENUM - 1)
  then begin
       Resto := 1 + ((n - BASENUM) mod (BASENUM - 1));
       if Resto < 2 then Resto := BASENUM;
       end
  else Resto := n - 1;
  NoInt := 1 + ((n - Resto) div (BASENUM - 1));
  for x := (n - 1) downto (n - Resto + 1) do
    A[n].Freq := A[n].Freq + A[x].Freq;
  { Primeira Fase }
  Raiz := n;  Folha := n - Resto;
  for Prox := n - 1 downto (n - NoInt + 1) do
    begin
    { Procura Posicao }
    if ((Folha<1) or ((Raiz>Prox) and (A[Raiz].Freq<=A[Folha].Freq)))
    then begin { No interno }
         A[Prox].Freq := A[Raiz].Freq;
         A[Raiz].Freq := Prox;
         Raiz := Raiz-1;
         end
    else begin { No-folha }
         A[Prox].Freq := A[Folha].Freq;
         Folha := Folha - 1;
         end;
```

Continuação do Programa 8.17

```
    { Atualiza Frequencias }
    for x := 1 to (BASENUM - 1) do
      begin
      if ((Folha<1) or ((Raiz>Prox) and (A[Raiz].Freq<=A[Folha].Freq)))
      then begin { No interno }
           A[Prox].Freq := A[Prox].Freq + A[Raiz].Freq;
           A[Raiz].Freq := Prox; Raiz := Raiz - 1;
           end
      else begin { No-folha }
           A[Prox].Freq := A[Prox].Freq+A[Folha].Freq;
           Folha := Folha - 1;
           end;
      end;
    end;
  { Segunda Fase }
  A[Raiz].Freq := 0;
  for Prox := Raiz + 1 to n do A[Prox].Freq:=A[A[Prox].Freq].Freq + 1;
  { Terceira Fase }
  Disp := 1;  u := 0;  h := 0; Prox := 1;
  while Disp > 0 do
    begin
    while (Raiz <= n) and (A[Raiz].Freq = h) do
      begin
      u := u + 1; Raiz := Raiz + 1
      end;
    while Disp > u do
      begin
      A[Prox].Freq := h; Prox := Prox + 1; Disp := Disp - 1;
      if Prox > n then begin u := 0; break end
      end;
    Disp := BASENUM * u; h := h + 1; u := 0;
    end;
end;
```

A mudança mais sensível está no código inserido antes da primeira fase, o qual tem como função eliminar o problema causado por nós internos da árvore não totalmente preenchidos, como mostrado na Figura 8.22. Na primeira fase, as BaseNum árvores de menor custo são combinadas a cada passo, em vez de duas como no caso da codificação binária. No Programa 8.17 isso é feito pelo anel **for** introduzido na parte que atualiza frequências na primeira fase. A segunda fase não sofre alterações. A terceira fase é alterada para indicar quantos nós estão disponíveis em cada nível, o que é representado pela variável Disp.

O Programa 8.18 mostra a implementação do processo de codificação, o qual não requer nenhuma alteração em relação à codificação usando *bits*, apresentada pelo Programa 8.13.

Programa 8.18 *Codificação orientada a* bytes

```
function Codifica (var VetoresBaseOffset: TipoVetoresBO; Ordem: integer;
                   var c: integer; MaxCompCod: integer): integer;
begin
  c := 1;
  while (Ordem >= VetoresBaseOffset[c + 1].Offset) and
        (c + 1 <= MaxCompCod) do c := c + 1;
  Codifica := Ordem - VetoresBaseOffset[c].Offset +
              VetoresBaseOffset[c].Base;
end;
```

O Programa 8.19 mostra a implementação do processo de decodificação. Ele requer duas pequenas alterações em relação ao Programa 8.14. A primeira é para permitir a leitura *byte* a *byte* do arquivo comprimido, em vez de *bit* a *bit*. A segunda alteração é em relação ao número de *bits* que devem ser deslocados à esquerda para se encontrar o comprimento *c* do código, o qual indexa os vetores Base e Offset. O anel **while** do Programa 8.19 mostra como calcular o número de *bits* que devem ser deslocados à esquerda na decodificação. Genericamente, o número de *bits* é calculado por $\log_2$ BaseNum, que no caso do Huffman pleno são 8 *bits* e no caso de Huffman com marcação são 7 *bits*.

Programa 8.19 *Decodificação orientada a* bytes

```
function Decodifica (var VetoresBaseOffset: TipoVetoresBO;
                     var ArqComprimido: TipoArqResult;
                     MaxCompCod: integer): integer;
var c, Codigo, CodigoTmp, LogBase2: integer;
begin
  LogBase2 := Round (Ln(BASENUM)/Ln(2)); c := 1;
  read(ArqComprimido, Codigo);
  if (LogBase2 = 7)
  then Codigo := Codigo - 128; { remove o bit de marcacao }
  while ((c + 1) <= MaxCompCod) and
        ((Codigo shl LogBase2) >= VetoresBaseOffset[c+1].Base) do
    begin
    read(ArqComprimido, CodigoTmp);
    Codigo := (Codigo shl LogBase2) or CodigoTmp;
    c := c + 1;
    end;
  Decodifica := Codigo - VetoresBaseOffset[c].Base +
                VetoresBaseOffset[c].Offset
end;
```

O cálculo do vetor Offset não requer alteração alguma. Para generalizar o cálculo do vetor Base, basta substituir o fator 2 por BaseNum, como na relação abaixo:

$$\text{Base}[c] = \begin{cases} 0 & \text{se } c = 1, \\ \text{BaseNum} \times (\text{Base}[c-1] + w_{c-1}) & \text{caso contrário.} \end{cases}$$

O Programa 8.20 mostra como construir os vetores Base e Offset, os quais são gravados no disco ao final do processamento.

***Programa 8.20** Construção dos vetores Base e Offset*

```
function ConstroiVetores (var VetoresBaseOffset: TipoVetoresBO;
                          var Vocabulario: TipoDicionario; n: integer;
                          var ArqComprimido: TipoArqResult): integer;
var Wcs: array[1..MAXTAMVETORESBO] of integer;
    i, MaxCompCod: integer;
begin
  MaxCompCod := Vocabulario[n].Freq;
  for i := 1 to MaxCompCod do Wcs[i] := 0;
  for i := 1 to n do
    begin
    Wcs[Vocabulario[i].Freq] := Wcs[Vocabulario[i].Freq] + 1;
    VetoresBaseOffset[Vocabulario[i].Freq].Offset :=
      i - Wcs[Vocabulario[i].Freq] + 1;
    end;
  VetoresBaseOffset[1].Base := 0;
  for i := 2 to MaxCompCod do
  begin
    VetoresBaseOffset[i].Base :=
      BASENUM*(VetoresBaseOffset[i-1].Base + Wcs[i-1]);
    if VetoresBaseOffset[i].Offset = 0
    then VetoresBaseOffset[i].Offset := VetoresBaseOffset[i-1].Offset
  end;
  { Salvando as tabelas em disco }
  GravaNumInt (ArqComprimido, MaxCompCod);
  for i:= 1 to MaxCompCod do
    begin
    GravaNumInt(ArqComprimido, VetoresBaseOffset[i].Base);
    GravaNumInt(ArqComprimido, VetoresBaseOffset[i].Offset);
    end;
  ConstroiVetores := MaxCompCod;
end;
```

O Programa 8.21 mostra os procedimentos GravaNumInt e LeNumInt utilizados nos Programas 8.20 e 8.30, respectivamente. GravaNumInt grava no disco cada *byte* (da esquerda para a direita) do número inteiro passado como parâmetro e LeNumInt lê do disco cada *byte* de um número inteiro e o recompõe.

Programa 8.21 *Procedimentos para ler e para escrever números inteiros em um arquivo de* bytes

```
function LeNumInt (var ArqComprimido: TipoArqResult): integer;
var i, Num, NumResp: integer;
begin
  NumResp := 0;
  for i := sizeof (integer) - 1 downto 0 do
    begin
    read (ArqComprimido, Num); Num := Num shl (i * 8);
    NumResp := NumResp or Num;
    end;
  LeNumInt := NumResp;
end;

procedure GravaNumInt (var ArqComprimido: TipoArqResult; Num: integer);
var i: integer;
begin
  for i := sizeof (integer) - 1 downto 0 do
    write (ArqComprimido, Num shr (i * 8));
end;
```

Os procedimentos mostrados no Programa 8.21 são necessários em razão de a variável ArqComprimido, passada como parâmetro, ter sido declarada como um arquivo de *bytes* (vide Programa 8.33 na página 397). Isso faz com que o procedimento **write** (**read**) do Pascal escreva (leia) do disco o *byte* mais à direita do número. Por exemplo, considere o número 300 representado em 4 *bytes*, como mostra a Figura 8.23. Caso fosse utilizado o procedimento **write**, seria gravado o número 44 em disco, que é o número representado no *byte* mais à direita da Figura 8.23. Um problema análogo ocorre ao se utlizar o procedimento **read** para ler do disco um número inteiro representado em mais de um *byte*.

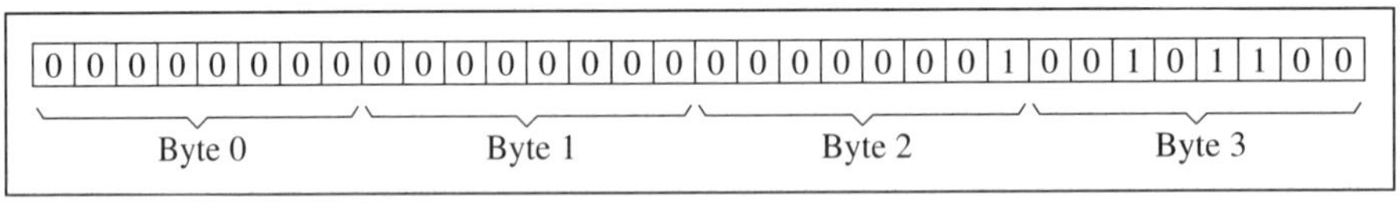

Figura 8.23 *Representação em 4* bytes *do número 300.*

O programa que realiza a compressão de um texto, apresentado mais adiante, necessita extrair as palavras do texto a ser comprimido, conforme mostra o Programa 8.22. O procedimento DefineAlfabeto lê de um arquivo "alfabeto.txt" todos o caracteres que serão utilizados para compor palavras. Os caracteres são colocados sem nenhum separador em uma única linha do arquivo "alfabeto.txt" e ao lê-los, o procedimento DefineAlfabeto atribui **true** para a entrada do vetor Alfabeto (passado como parâmetro) que representa o caractere lido. O procedimento ExtraiProximaPalavra retorna o próximo símbolo do arquivo a ser codificado.

Programa 8.22 *Extração do próximo símbolo a ser codificado*

```
procedure DefineAlfabeto (var Alfabeto: TipoAlfabeto; var ArqAlf: text);
var Simbolos: String[MAXALFABETO];
    i: integer;
begin { Os Simbolos devem estar juntos em uma linha no arquivo }
  for i := 0 to MAXALFABETO do Alfabeto[i] := false;
  readln(ArqAlf, Simbolos);
  for i:=1 to length(Simbolos) do Alfabeto[ord(Simbolos[i])] := true;
  Alfabeto[0] := false; { caractere de codigo zero: separador }
end;

function ExtraiProximaPalavra (var Indice: integer;
                               var Linha: String;
                               var ArqTxt: text;
                               var Alfabeto: TipoAlfabeto): TipoPalavra;
var FimPalavra, Aux: boolean;
    Result : TipoPalavra;
begin
  FimPalavra := False;
  Aux := False;
  Result := '';
  if Indice = Length(Linha)
  then if eof(ArqTxt)
       then begin
            Linha := char (0);
            FimPalavra := True
            end
       else begin
            readln (ArqTxt, Linha);
            { Coloca o caractere de fim de linha em Linha }
            Linha := Linha + char(10) + char(0); Indice := 1
            end;
  while (Indice <= length(Linha)) and not FimPalavra do
    begin
    if Alfabeto[ord (Linha[Indice])]
    then begin Result := Result + Linha[Indice];
    Aux := true;
    end
    else begin
         if Aux
         then begin if Linha[Indice]<>char(0) then Indice:=Indice-1 end
         else Result := Result + Linha[Indice];
         FimPalavra := True;
         end;
    Indice := Indice + 1;
    end;
    ExtraiProximaPalavra := Result;
end;
```

O Programa 8.23 mostra o refinamento final do processo de compressão exibido no Programa 8.15. Além dos procedimentos DefineAlfabeto e ExtraiProximaPalavra (usado dentro do Programa 8.24), ele utiliza o procedimento Inicializa do Programa 5.29 e o procedimento GeraPesos do Programa 5.22, utilizados na manipulação de tabelas *hash*. Os procedimentos PrimeiraEtapa, SegundaEtapa e TerceiraEtapa são mostrados em seguida.

Programa 8.23 *Código para fazer a compressão*

```
procedure Compressao (var ArqTxt, ArqAlf: text;
                      var ArqComprimido: TipoArqResult);
var Alfabeto          : TipoAlfabeto;
    Palavra, Linha    : TipoPalavra;
    Ind               : integer;
    MaxCompCod        : integer;
    Vocabulario       : TipoDicionario;
    p                 : TipoPesos;
    VetoresBaseOffset: TipoVetoresBO;

begin
  { Inicializacao do Alfabeto }
  DefineAlfabeto(Alfabeto, ArqAlf); { Le alfabeto definido em arquivo }
  Ind := 0;
  Linha := '';
  {Inicializacao do Vocabulario }
  Inicializa (Vocabulario);
  GeraPesos (p);

  { Inicio da Compressao }
  PrimeiraEtapa(ArqTxt, Alfabeto, Ind, Palavra, Linha, Vocabulario, p);
  MaxCompCod := SegundaEtapa (Vocabulario, VetoresBaseOffset,
                              p, ArqComprimido);
  Seek (ArqTxt, 0); { Coloca o cursor de leitura no inicio do arquivo}
  Ind := 0;
  Linha := '';
  TerceiraEtapa (ArqTxt, Alfabeto, Ind, Palavra, Linha, Vocabulario, p,
                 VetoresBaseOffset, ArqComprimido, MaxCompCod);
end;
```

O Programa 8.24 mostra a implementação da primeira etapa do processo de compressão, na qual as palavras são extraídas do texto a ser comprimido e suas respectivas frequências são contabilizadas. Aqui, se uma palavra é seguida de um espaço apenas, somente a palavra é codificada, e o espaço simples é representado de forma implícita no texto comprimido. O programa utiliza os procedimentos Insere e Pesquisa do Programa 5.29, utilizados na manipulação de tabelas *hash*.

***Programa 8.24** Primeira etapa da compressão*

```
procedure PrimeiraEtapa(var ArqTxt: text;var Alfabeto: TipoAlfabeto;
                        var Indice: integer; var Palavra, Linha: String;
                        var Vocabulario: TipoDicionario; p: TipoPesos);
var Elemento: TipoItem;
    i: integer;
begin
  repeat
    Palavra := ExtraiProximaPalavra (Indice,Linha,ArqTxt,Alfabeto);
    Elemento.Chave := Palavra + char(0);
    Elemento.Freq := 1;
    if Palavra <> ''
    then begin
         i := Pesquisa (Elemento.Chave, p, Vocabulario);
         if i < M
         then Vocabulario[i].Freq := Vocabulario[i].Freq + 1
         else Insere (Elemento, p, Vocabulario);
         repeat
           Palavra:=ExtraiProximaPalavra (Indice,Linha,ArqTxt,Alfabeto);
           Elemento.Chave := Palavra + char(0);
           { O primeiro espaco depois da palavra nao e codificado }
           if (Trim (Palavra) <> '') and (Trim (Palavra) <> char(0))
           then begin
                i := Pesquisa (Elemento.Chave, p, Vocabulario);
                if i < M
                then Vocabulario[i].Freq := Vocabulario[i].Freq + 1
                else Insere (Elemento, p, Vocabulario);
                end
         until Trim (Palavra) = '';
         end
  until Palavra = '';
end;
```

O Programa 8.25 mostra a implementação da segunda etapa do processo de compressão, na qual são gerados os vetores Base e Offset, os quais são gravados no arquivo comprimido seguidamente do vocabulário. Para delimitar os símbolos do vocabulário no disco, cada um deles é separado pelo caractere zero. O procedimento OrdenaPorFrequencia é descrito a seguir.

***Programa 8.25** Segunda etapa da compressão*

```
function SegundaEtapa (var Vocabulario      : TipoDicionario;
                       var VetoresBaseOffset: TipoVetoresBO;
                       var p                : TipoPesos;
                       var ArqComprimido    : TipoArqResult): integer;
var
  i, j, NumNodosFolhas, PosArq: integer;  Ch: Char;
  Elemento: TipoItem;  Palavra: TipoPalavra;
```

Continuação do Programa 8.25

```
begin
  NumNodosFolhas := OrdenaPorFrequencia (Vocabulario);
  CalculaCompCodigo (Vocabulario, NumNodosFolhas);
  SegundaEtapa := ConstroiVetores (VetoresBaseOffset, Vocabulario,
                                   NumNodosFolhas, ArqComprimido);
  { Grava Vocabulario }
  GravaNumInt (ArqComprimido, NumNodosFolhas);
  PosArq := FilePos(ArqComprimido);
  for i := 1 to NumNodosFolhas do
    begin
    j := 1;
    while Vocabulario[i].Chave[j] <> char(0) do
      begin
      write(ArqComprimido, Byte(Vocabulario[i].Chave[j])); j := j + 1;
      end;
    write(ArqComprimido, Byte(char(0)));
    end;
  { Le e reconstroi a condicao de hash no vetor contendo vocabulario }
  Seek(ArqComprimido, PosArq); Inicializa (Vocabulario);
  for i := 1 to NumNodosFolhas do
    begin
    Palavra := '';
    repeat
      read(ArqComprimido, Byte(Ch));
      if Ch <> char(0)
      then Palavra := Palavra + Ch;
    until Ch = char(0);
    Elemento.Chave := Palavra + char(0); Elemento.Ordem := i;
    j := Pesquisa (Elemento.Chave, p, Vocabulario);
    if j >=M
    then Insere (Elemento, p, Vocabulario);
    end;
end;
```

O Programa 8.26 mostra a implementação da função OrdenaPorFrequencia utilizada no Programa 8.25. O objetivo dessa função é ordenar *in situ* o vetor Vocabulario, utilizando a própria tabela *hash*. Para isso, os símbolos do vetor Vocabulario são copiados para as posições de 1 a n no próprio vetor (n é o número de símbolos presentes no vocabulário) e ordenados de forma não crescente por suas respectivas frequências de ocorrência. O algoritmo de ordenação usado foi o Quicksort do Programa 4.7, alterado para (i) receber como parâmetro uma variável definida como TipoDicionario, (ii) mudar a condição de ordenação para não crescente e (iii) fazer com que a chave de ordenação seja o campo que representa as frequências dos símbolos no arquivo texto. A função OrdenaPorFrequencia retorna o número de símbolos presentes no vocabulário.

Programa 8.26 *Função para ordenar o vocabulário por frequência*

```
function OrdenaPorFrequencia(var Vocabulario:TipoDicionario):TipoIndice;
var i, n: TipoIndice; Item: TipoItem;
begin
  n := 1; Item := Vocabulario[1];
  for i := 0 to M - 1 do
    if Vocabulario[i].Chave <> VAZIO
    then if i <> 1
         then begin Vocabulario[n] := Vocabulario[i]; n := n + 1; end;
  if Item.Chave <> VAZIO
  then Vocabulario[n] := Item else n := n - 1;
  Quicksort (Vocabulario, n);
  OrdenaPorFrequencia := n;
end;
```

O Programa 8.27 mostra a implementação da terceira etapa do processo de compressão, na qual o arquivo texto é percorrido pela segunda vez, sendo seus símbolos novamente extraídos, codificados usando o Programa 8.18 e gravados no arquivo comprimido. O procedimento Escreve é descrito a seguir.

Programa 8.27 *Terceira etapa da compressão*

```
procedure TerceiraEtapa(var ArqTxt: text; var Alfabeto: TipoAlfabeto;
                        var Indice: integer; var Palavra, Linha: String;
                        var Vocabulario:TipoDicionario; var p:TipoPesos;
                        var VetoresBaseOffset: TipoVetoresBO;
                        var ArqComprimido: TipoArqResult;
                        MaxCompCod: integer);
var Pos: TipoApontador; Chave: TipoChave; Codigo, c: integer;
begin
repeat
  Palavra := ExtraiProximaPalavra (Indice,Linha,ArqTxt,Alfabeto);
  Chave := Palavra + char(0);
  if Palavra <> ''
  then begin
       Pos := Pesquisa (Chave, p, Vocabulario);
       Codigo := Codifica (VetoresBaseOffset, Vocabulario[Pos].Ordem,
                           c, MaxCompCod);
       Escreve(ArqComprimido, Codigo, c);
       repeat
         Palavra:=ExtraiProximaPalavra (Indice,Linha,ArqTxt,Alfabeto);
         { O primeiro espaco depois da palavra nao e codificado }
         if (Trim (Palavra) <> '') and (Trim (Palavra) <> char(0))
         then begin
              Chave := Palavra + char(0);
              Pos := Pesquisa (Chave, p, Vocabulario);
              Codigo:=Codifica(VetoresBaseOffset,Vocabulario[Pos].Ordem,
                               c, MaxCompCod);
```

Continuação do Programa 8.27

```
                Escreve(ArqComprimido, Codigo, c);
                end;
        until Trim (Palavra) = '';
        end
until Palavra = '';
end;
```

O Programa 8.28 mostra a implementação do procedimento Escreve utilizado no Programa 8.27. O procedimento Escreve recebe o código e seu comprimento c. O código é representado por um inteiro de no máximo 4 *bytes* em um compilador que usa 4 *bytes* para representar inteiros. O procedimento extrai o primeiro *byte* e, caso o código de Huffman utilizado seja o de marcação (BaseNum = 128), coloca a marcação no oitavo *bit*, fazendo uma operação *or* do *byte* com a constante 128 (que em hexadecimal é 80). Esse *byte* é então colocado na primeira posição do vetor Saida. No anel **while**, caso o comprimento c do código seja maior do que um, os demais *bytes* são extraídos e armazenados em Saida[i], em que $2 \leq i \leq c$. Por fim, o vetor de *bytes* Saida é gravado em disco no anel **for**.

Programa 8.28 *Escreve o código no arquivo comprimido*

```
procedure Escreve(var ArqComprimido:TipoArqResult; var Codigo,c:integer);
var Saida:array[1..MAXTAMVETORESBO] of byte;
    i,cTmp,LogBase2,Mask:integer;
begin
  LogBase2 := Round (Ln(BASENUM)/Ln(2));
  Mask := Round(2**logBase2 - 1); i := 1; cTmp := c;
  Saida[i] := (Codigo shr (LogBase2*(c - 1)));
  if (LogBase2 = 7) then Saida[i] := Saida[i] or $80;
  i := i + 1; c := c - 1;
  while c > 0 do
    begin
    Saida[i]:=(Codigo shr (LogBase2*(c-1))) and Mask; i:=i+1; c:=c-1;
    end;
  for i:= 1 to cTmp do write(ArqComprimido, Saida[i]);
end;
```

O Programa 8.29 mostra o refinamento final do processo de descompressão mostrado no Programa 8.16. O primeiro passo é recuperar o modelo usado na compressão. Para isso, lê o alfabeto, o vetor Base, o vetor Offset e o vetor Vocab. Em seguida, inicia a decodificação, tomando o cuidado de adicionar um espaço em branco entre dois símbolos que sejam palavras. O processo de decodificação termina quando o arquivo comprimido é totalmente percorrido.

***Programa 8.29** Código para fazer a descompressão*

```
procedure Descompressao (var ArqComprimido: TipoArqResult;
                        var ArqTxt, ArqAlf: text);
var Alfabeto         : TipoAlfabeto;
    Ind, MaxCompCod  : integer;
    Vocab            : TipoVetorPalavra;
    VetoresBaseOffset: TipoVetoresBO;
    PalavraAnt       : TipoPalavra;
begin
  DefineAlfabeto (Alfabeto, ArqAlf); { Le alfabeto em arquivo }
  MaxCompCod := LeVetores (ArqComprimido, VetoresBaseOffset);
  Ind := LeVocabulario (ArqComprimido, Vocab);
  Ind := Decodifica (VetoresBaseOffset, ArqComprimido, MaxCompCod);
  PalavraAnt := '\n';
  write (ArqTxt, Vocab[Ind]);
  while not Eof (ArqComprimido) do
    begin
    Ind := Decodifica (VetoresBaseOffset, ArqComprimido, MaxCompCod);
    if (Alfabeto [Ord(Vocab[Ind][1])])
    then if (PalavraAnt[1] <> char(10)) then write (ArqTxt, ' ');
    PalavraAnt := Vocab[Ind]; write (ArqTxt, Vocab[Ind]);
    end;
end;
```

O Programa 8.30 mostra a implementação das funções responsáveis pela leitura dos vetores Base, Offset e Vocabulario. Observe que na descompressão, o vocabuário é representado por um vetor de símbolos do tipo TipoVetorPalavra.

***Programa 8.30** Procedimentos auxiliares da descompressão*

```
function LeVetores (var ArqComprimido: TipoArqResult;
                    var VetoresBaseOffset: TipoVetoresBO): integer;
var MaxCompCod, i: integer;
begin
  MaxCompCod := LeNumInt (ArqComprimido);
  for i := 1 to MaxCompCod do
    begin
    VetoresBaseOffset[i].Base   := LeNumInt (ArqComprimido);
    VetoresBaseOffset[i].Offset := LeNumInt (ArqComprimido);
    end;
  LeVetores := MaxCompCod;
end;

function LeVocabulario (var ArqComprimido: TipoArqResult;
                        var Vocab        : TipoVetorPalavra): integer;
var NumNodosFolhas, i: integer;
    Palavra: TipoPalavra;
    Ch: Char;
```

Continuação do Programa 8.30

```
begin
  NumNodosFolhas := LeNumInt (ArqComprimido);
  for i := 1 to NumNodosFolhas do
    begin
    Palavra := '';
    repeat
      read(ArqComprimido, Byte(Ch));
      if Ch <> char(0) { As palavras estao separadas pelo caratere 0 }
      then Palavra := Palavra + Ch;
    until Ch = char(0);
    Vocab[i] := Palavra;
    end;
  LeVocabulario := NumNodosFolhas;
end;
```

Resultados experimentais mostram que não existe grande degradação na razão de compressão na utilização de *bytes* em vez de *bits* na codificação das palavras de um vocabulário. Por outro lado, tanto a descompressão quanto a pesquisa são muito mais rápidas com uma codificação de Huffman usando *bytes* do que uma codificação de Huffman usando *bits*, isso porque deslocamentos de *bits* e operações usando máscaras não são necessários. A Tabela 8.8 apresenta o arquivo WSJ-*Wall Street Journal* (1987, 1988, 1989) usado nos experimentos. O arquivo WSJ tem 250 *megabytes* de texto, quase 43 milhões de palavras e perto de 200 mil palavras diferentes que constituem o vocabulário. Os experimentos foram realizados em uma máquina PC Pentium de 200 MHz com 128 *megabytes* de *RAM*.

Tabela 8.8 *Dados sobre o arquivo WSJ usado nos experimentos*

Texto		Vocabulário		Vocab./Texto	
Tam (bytes)	#Palavras	Tam (bytes)	#Palavras	Tamanho	#Palavras
262.757.554	42.710.250	1.549.131	208.005	0,59%	0,48%

A Tabela 8.9 mostra a razão de compressão e os tempos de compressão e descompressão para Huffman binário, Huffman pleno, Huffman com marcação, Gzip e Unix Compress para o arquivo WSJ. A razão de compressão degrada pouco pelo uso de *bytes* em vez de *bits*. O aumento na razão de compressão do código de Huffman com marcação é aproximadamente 3 pontos acima do código de Huffman pleno, consequência do espaço extra alocado para o *bit* de marcação em cada *byte*. O tempo de compressão é de duas a três vezes menor que o do Gzip e apenas 17% maior que o do Compress. Não existe melhoria significativa no tempo de descompressão com o uso de *bytes* em vez de *bits*. Por outro lado, tanto Huffman pleno quanto Huffman com marcação são mais de 20% mais rápidos do que Gzip e três vezes mais rápidos do que Compress.

Tabela 8.9 *Comparação das técnicas de compressão sobre o arquivo WSJ*

Método	Razão de Compressão	Tempo (min) de Compressão	Tempo (min) de Descompressão
Huffman binário	27,13	8,77	3,08
Huffman pleno	30,60	8,67	1,95
Huffman com marcação	33,70	8,90	2,02
Gzip	37,53	25,43	2,68
Compress	42,94	7,60	6,78

8.2.5 Pesquisa em Texto Comprimido

Uma das propriedades mais atraentes do método de Huffman usando *bytes* em vez de *bits* é que o texto comprimido pode ser pesquisado exatamente como qualquer texto não comprimido. Para isso, basta comprimir o padrão e realizar uma pesquisa diretamente no arquivo comprimido. Isso é possível porque o código de Huffman usa *bytes* em vez de *bits*; de outra maneira, o método seria complicado ou mesmo impossível de ser implementado.

Casamento Exato

Para pesquisar um padrão contendo uma palavra no texto comprimido, o algoritmo de pesquisa deve primeiro realizar uma busca da palavra no vocabulário, podendo usar busca binária nessa fase. Se a palavra for localizada no vocabulário, então o código de Huffman com marcação é obtido, senão a palavra não existe no texto comprimido. A seguir, o código é pesquisado no texto comprimido usando qualquer algoritmo para casamento exato de padrão apresentado na Seção 8.1.1. Para pesquisar um padrão contendo mais de uma palavra, o primeiro passo é verificar a existência de cada palavra do padrão no vocabulário e obter o seu código. Se qualquer das palavras do padrão não existir no vocabulário, então o padrão não existirá no texto comprimido, senão basta coletar todos os códigos obtidos e realizar a pesquisa no texto comprimido.

O Programa 8.31 mostra como fazer busca no arquivo comprimido utilizando o algoritmo BMH do Programa 8.5. Para isso, o arquivo comprimido é lido e considerado como sendo o texto em que serão realizadas as buscas. O código é obtido para a chave de busca e utilizado como padrão a ser pesquisado.

Programa 8.31 *Procedimento para realizar busca no arquivo comprimido*

```
procedure Busca (var ArqComprimido: TipoArqResult; var ArqAlf: text);
var
  Alfabeto: TipoAlfabeto;                Ind, Codigo, i: integer;
  MaxCompCod: integer;                   Vocab: TipoVetorPalavra;
  VetoresBaseOffset: TipoVetoresBO;      PalavraAnt, p: TipoPalavra;
  c, Ord, NumNodosFolhas: integer;       T: TipoTexto;
  Padrao: TipoPadrao;                    n: integer;
```

Continuação do Programa 8.31

```
begin
DefineAlfabeto (Alfabeto, ArqAlf); {Le o alfabeto definido em arquivo}
MaxCompCod := LeVetores (ArqComprimido, VetoresBaseOffset);
NumNodosFolhas := LeVocabulario (ArqComprimido, Vocab); n := 1;
while not Eof (ArqComprimido) do
  begin read(ArqComprimido, Byte(T[n])); n := n + 1 end;
while true do
  begin
  write('Padrao (digite s para terminar):'); readln(p);
  if p = 's' then break; Ind := 1;
  while Ind <= NumNodosFolhas do
    begin if Vocab[Ind]=p then begin Ord:=Ind; break end; Ind:=Ind+1;
    end;
  if (Ind = NumNodosFolhas+1)
  then begin writeln('Padrao: ',p,' nao encontrado');continue; end;
  Codigo := Codifica (VetoresBaseOffset, Ord, c, MaxCompCod);
  Atribui(Padrao, Codigo, c);
  BMH (T, n, Padrao, c);
  end
end;
```

O Programa 8.32 mostra a implementação do procedimento Atribui utilizado no Programa 8.31. O procedimento preenche o vetor P com os *bytes* do código. A sua implementação é muito semelhante ao procedimento Escreve do Programa 8.28.

Programa 8.32 *Procedimento para atribuir o código ao padrão*

```
procedure Atribui (var P: TipoPadrao; Codigo, c: integer);
var i, cTmp: integer;
begin
  i := 1; cTmp := c;
  P[i] := Char((Codigo shr (7*(c - 1))) or $80);
  i := i + 1; c := c - 1;
  while c > 0 do
    begin
    P[i] := Char((Codigo shr (7*(c - 1))) and 127);
    i := i + 1; c := c - 1;
    end;
end;
```

O Programa 8.33 mostra a implementação de um programa para testar o funcionamento dos procedimentos de compressão, descompressão e busca exata em texto comprimido. No TipoItem do Programa 5.28 é necessário (i) incluir os campos inteiros Freq e Ordem e (ii) alterar o tipo Indice para aceitar valores de zero a M.

Programa 8.33 *Teste de compressão, descompressão e busca exata em texto comprimido*

```
program Huffman;
{ Programa aceita como entrada: caracteres alfanumericos (acentuados
  ou nao) e sinais de pontuacao ".", "!", "...", "," , etc. }
{-- Entram aqui os tipos do Programa 5.28--}
{-- Entram aqui os tipos do Programa 8.1 --}
const BASENUM = 128; { Base numerica que o algoritmo trabalha }
      MAXALFABETO = 255; { Utilizada em ExtraiProximaPalavra }
      MAXTAMVETORESBO = 10;
type TipoAlfabeto   = array [0..MAXALFABETO] of boolean;
     TipoBaseOffset = record
                        Base  : integer;
                        Offset: integer;
                      end;
     TipoVetoresBO  = array[1..MAXTAMVETORESBO] of TipoBaseOffset;
     TipoArqResult  = File of Byte;
     TipoPalavra    = String [255];
     TipoVetorPalavra= array [1..M] of TipoPalavra;
{-- Entra aqui o procedimento GeraPeso do Programa 5.22--}
{-- Entra aqui a função de transformação do Programa 5.23--}
{-- Entram aqui os operadores apresentados no Programa 5.29--}
{-- Entram aqui os procedimentos Particao e--}
{-- Quicksort dos Programas 4.6 e 4.7--}
var ArqTxt, ArqAlf: text; ArqComprimido: TipoArqResult;
    NomeArqTxt, Opcao, NomeArqComp: TipoPalavra;
begin
while Opcao <> 't' do
begin
  writeln ('*******************************************************');
  writeln ('*                        Opcoes                       *');
  writeln ('*-----------------------------------------------------*');
  writeln ('* (c) Compressao                                      *');
  writeln ('* (d) Descompressao                                   *');
  writeln ('* (p) Pesquisa no texto comprimido                    *');
  writeln ('* (t) Termina                                         *');
  writeln ('*******************************************************');
  write ('* Opcao: '); readln (Opcao);
  Assign (ArqAlf, 'alfabeto.txt'); reset (ArqAlf);
  if Opcao = 'c'
  then begin
       write ('Arquivo texto a ser comprimido: '); readln (NomeArqTxt);
       write ('Arquivo comprimido a ser gerado: ');readln (NomeArqComp);
       Assign(ArqTxt, NomeArqTxt); Assign(ArqComprimido, NomeArqComp);
       reset (ArqTxt); Rewrite (ArqComprimido);
       Compressao (ArqTxt, ArqAlf, ArqComprimido);
       close (ArqTxt); close (ArqComprimido);
       end
```

Continuação do Programa 8.33

```
else if Opcao = 'd'
     then begin
          write ('Arquivo comprimido a ser descomprimido:');
          readln (NomeArqComp);write ('Arquivo texto a ser gerado:');
          readln (NomeArqTxt); Assign (ArqTxt, NomeArqTxt);
          Assign (ArqComprimido, NomeArqComp); Rewrite (ArqTxt);
          Reset (ArqComprimido);
          Descompressao (ArqComprimido, ArqTxt, ArqAlf);
          close (ArqTxt); close (ArqComprimido);
          end
     else if Opcao = 'p'
          then begin
               write ('Arquivo comprimido para ser pesquisado:');
               readln(NomeArqComp); Assign(ArqComprimido,NomeArqComp);
               reset (ArqComprimido); Busca (ArqComprimido, ArqAlf);
               close (ArqComprimido);
               end;
  close (ArqAlf);
end;
end.
```

Casamento Aproximado

Uma maneira de realizar pesquisa de padrões complexos permitindo erros é utilizar um esquema que funciona tanto para o código de Huffman pleno quanto para o código de Huffman com marcação. O algoritmo inicia realizando uma pesquisa no vocabulário. Para facilitar o entendimento, vamos considerar primeiramente o algoritmo para padrões contendo apenas uma palavra. Nesse caso, podemos ter:

- Casamento exato, que pode ser uma **pesquisa binária** no vocabulário, e, uma vez que a palavra tenha sido encontrada, a folha correspondente na árvore de Huffman é marcada.
- Casamento aproximado, que pode ser por meio de pesquisa sequencial no vocabulário usando o algoritmo Shift-And do Programa 8.8. Nesse caso, as palavras encontradas no vocabulário são marcadas nas folhas correspondentes na árvore de Huffman, como mostrado na Figura 8.24.

A seguir, o arquivo comprimido é lido *byte* a *byte*, ao mesmo tempo que a árvore de decodificação de Huffman é percorrida sincronizadamente. Ao atingir uma folha da árvore, se ela estiver marcada, então existe casamento com a palavra do padrão. Seja uma folha marcada ou não, o caminhamento na árvore volta à raiz ao mesmo tempo que a leitura do texto comprimido continua.

A Figura 8.24 ilustra o método para a palavra "`uma`" permitindo 1 erro. Nesse caso, além da palavra "`uma`", as palavras "`puma`", "`ama`" e "`umas`" fazem parte da resposta. Cada vez que uma sequência de *bytes* correspondente ao código de uma

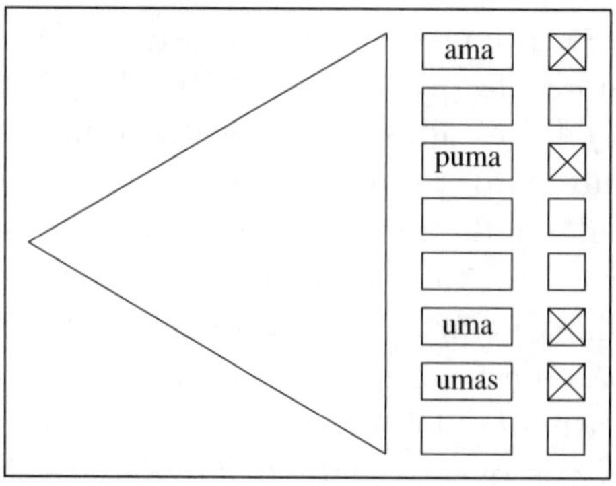

Figura 8.24 Esquema geral de pesquisa para a palavra "uma" permitindo 1 erro.

das quatro palavras é lida do texto comprimido, a folha correspondente na árvore de Huffman também é atingida, relatando uma ocorrência.

O esquema simples da Figura 8.24 pode ser estendido para lidar com frases constituídas de padrões complexos. Esse caso é um pouco mais difícil de lidar e será explicado a seguir. Uma frase é uma sequência de padrões (palavras), em que cada padrão pode ser desde uma palavra simples até uma expressão regular complexa permitindo erros. Se uma frase tem j palavras, então uma máscara de j *bits* é colocada junto a cada palavra do vocabulário (folha da árvore de Huffman). Para uma palavra x da frase, o i-ésimo *bit* da máscara é feito igual a 1 se x for a i-ésima palavra da frase. Assim, cada palavra i da frase é pesquisada no vocabulário e a i-ésima posição da máscara é marcada quando a palavra for encontrada no vocabulário.

A Figura 8.25 ilustra as máscaras para a frase "`uma ro* rosa`" permitindo um erro por palavra, em que "`ro*`" significa qualquer palavra começando por "`ro`" (representa pesquisa por prefixo). As palavras "`rosa`" e "`rosas`" no vocabulário casam com a frase na segunda e terceira posições, e a máscara de cada uma é "`011`". A máscara para a palavra "`roupa`" é "`010`", uma vez que ela casa com a segunda palavra da frase. A máscara para a palavra "`uma`" é "`100`", uma vez que ela casa com a primeira palavra da frase. A máscara para a palavra "`azul`" é "`000`", uma vez que ela não casa com nenhuma palavra da frase.

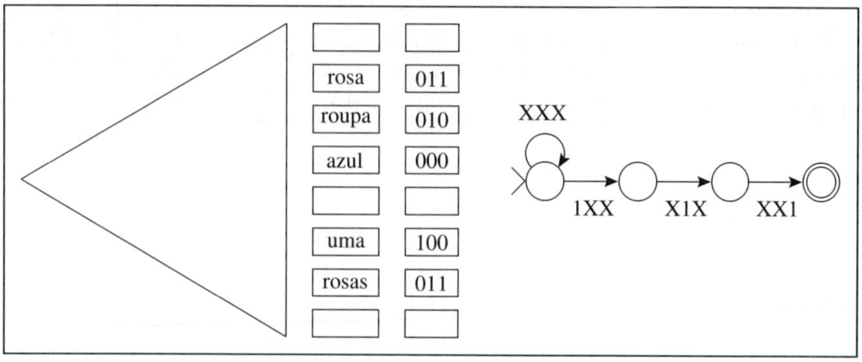

Figura 8.25 Esquema geral de pesquisa para a frase "`uma ro* rosa`".

Depois que a fase de pré-processamento é realizada, o texto comprimido é lido como antes. O estado da pesquisa é controlado por um **autômato finito não determinista** de $j + 1$ estados, como mostrado na Figura 8.25 para a frase "`uma ro* rosa`". O autômato permite mover do estado i para o estado $i + 1$ sempre que a i-ésima palavra da frase for reconhecida. O estado zero está sempre ativo, e uma ocorrência é relatada quando o estado j é ativado. Os *bytes* do texto comprimido são lidos e a árvore de Huffman é percorrida como antes. Cada vez que uma folha da árvore for atingida, sua máscara de *bits* é enviada para o autômato. Um estado ativo $i - 1$ irá ativar o estado i apenas se o i-ésimo *bit* da máscara estiver ativo. Consequentemente, o autômato realiza uma transição para cada palavra do texto. O autômato pode ser implementado eficientemente por meio do algoritmo Shift-And do Programa 8.4.

Importante ressaltar que separadores podem ser ignorados na pesquisa de frases de tal forma que a frase é encontrada mesmo que existam dois espaços entre palavras em vez de um. Da mesma maneira, os artigos, preposições etc. também podem ser ignorados se for conveniente. Nesse caso, basta ignorar as folhas correspondentes na árvore de Huffman quando a pesquisa chega a elas. É raro encontrar essa probabilidade em sistemas de pesquisa *on-line*.

A Tabela 8.10 apresenta os tempos de pesquisas exata ($k = 0$) e aproximada ($k = 1, 2, 3$) para o arquivo WSJ usando o programa Agrep (Wu e Manber, 1992), pesquisa direta sobre Huffman com marcação e a pesquisa com autômato usando Huffman pleno. Podemos observar na tabela que os algoritmos pesquisa direta e pesquisa com autômato são praticamente insensíveis ao número de erros permitidos na frase, ao contrário do Agrep. A tabela também mostra que ambos algoritmos de pesquisa sobre texto comprimido são mais rápidos que o Agrep, cerca de 50% mais rápidos para pesquisa exata e perto de oito vezes para pesquisa aproximada. Observe que a pesquisa com autômato permite a pesquisa de frases complexas a um mesmo custo. Entretanto, a pesquisa com autômato é sempre mais lenta do que a pesquisa direta, devendo ser usada para pesquisa complexa, como descrito anteriormente.

Tabela 8.10 *Tempos de pesquisa (em segundos) para o arquivo WSJ, com intervalo de confiança de 99%.*

Algoritmo	$k = 0$	$k = 1$	$k = 2$	$k = 3$
Agrep	23,8 ± 0,38	117,9 ± 0,14	146,1 ± 0,13	174,6 ± 0,16
Pesquisa direta	14,1 ± 0,18	15,0 ± 0,33	17,0 ± 0,71	22,7 ± 2,23
Pesquisa com autômato	22,1 ± 0,09	23,1 ± 0,14	24,7 ± 0,21	25,0 ± 0,49

Notas Bibliográficas

Navarro e Raffinot (2002) têm um dos melhores livros que existem atualmente sobre casamento de cadeias de caracteres. O livro enfatiza algoritmos e implementações que apresentam o melhor desempenho na prática, incluindo todos os principais desenvolvimentos recentes em casamento complexo de cadeias, desde o casamento simples, múltiplo e estendido de cadeias até o casamento exato e aproximado de expressões regulares. Dois outros livros com enfoque bastante teórico são o de Crochemore e Rytter (1994) e Apostolico e Galil (1997).

O algoritmo Boyer-Moore foi proposto por Boyer e Moore (1977), e o algoritmo Shift-And foi proposto por Baeza-Yates e Gonnet (1989). Outras referências são Baeza-Yates (1992) e Baeza-Yates e Régnier (1992).

Com relação à compressão, Moffat e Turpin (2002) tratam de algoritmos de compressão e codificação, e o algoritmo para obter a árvore de Huffman canônica usado aqui foi obtido dessa referência. A compressão de textos baseada em palavras foi estudada em Moffat (1989).

O código de Huffman foi originalmente proposto em Huffman (1952). Códigos canônicos foram primeiramente apresentados em Schwartz e Kallick (1964). O uso da codificação de Huffman empregando *bytes* foi proposto em Moura (1999) e Moura, Navarro, Ziviani e Baeza-Yates (1998). Outras referências sobre o tema são Ziviani, Moura, Navarro e Baeza-Yates (2000) e Moura, Navarro, Ziviani e Baeza-Yates (2000). O algoritmo apresentado em Moura (1999) (i) obtem maior compressão em relação a métodos tradicionais, (ii) permite comprimir o padrão e pesquisar diretamente o texto comprimido, e (iii) acessar diretamente qualquer parte do texto comprimido sem necessidade de descomprimir o texto desde o início.

Exercícios

1. Altere o procedimento ForcaBruta mostrado no Programa 8.2 para pesquisar um padrão em um texto permitindo a pesquisa aproximada para k erros. Compare o desempenho da sua implementação com a implementação do algoritmo Shift-And para busca aproximada.

2. Faça um estudo comparativo dos algoritmos força bruta, BMH, BMHS e Shift-And para pesquisa exata em cadeias de caracteres.

3. Algoritmo Boyer-Moore.

a) Mostre as diferenças entre o algoritmo original **Boyer-Moore** (BM) de 1977, o algoritmo **Boyer-Moore-Horspool** (BMH) e o algoritmo **Boyer-Moore-Horspool-Sunday** (BMHS), considerando aspectos relacionados com as heurísticas de deslocamento do padrão, caso médio e pior caso dos algoritmos.

b) Preencha a tabela de deslocamento $d[\,]$ do algoritmo BMH e do algoritmo BMHS para o padrão MOORE, para um texto contendo o vocabulário $\sum = \{B, E, M, O, R, Y\}$.

c) Mostre os passos intermediários para obter a ocorrência do padrão MOORE no texto BOYERMOORE para os algoritmos BMH e BMHS.

d) Qual é o pior caso e o caso esperado para o algoritmo BM? Em que situação ocorre o caso esperado?

4. Algoritmo KMP (Meira Jr., 2008).

Considere o texto `aiaiioiueeaaaeioaaaie` e o padrão composto pelas 7 primeiras vogais do seu nome completo. No caso de seu nome completo não ter 7 vogais, utilize as vogais `aeiou` nessa sequência. Por exemplo, meu nome gera o padrão `iioiiai`.

a) Calcule o vetor prefixo do algoritmo KMP.

b) Mostre os passos de execução do algoritmo KMP. Um passo de execução corresponde ao posicionamento do padrão em relação ao texto e a comparação dos seus caracteres com os do texto. Indique se houve casamento.

c) Quantas comparações o KMP realiza para o texto dado?

5. Considerando o algoritmo Shift-And para o casamento exato ou aproximado de padrões:

a) Escreva um autômato de busca que reconhece o padrão MOORE permitindo uma inserção ou uma retirada.

b) Mostre como o autômato de busca que reconhece o padrão MOORE de forma exata pode ser representado por meio de registradores.

c) Mostre os passos intermediários para obter a ocorrência exata do padrão MOORE no texto MOORMOORE.

6. O objetivo deste trabalho é projetar e implementar um sistema de programas para recuperar ocorrências de padrões em arquivos constituídos de documentos, utilizando algoritmos lineares de busca sequencial.

O sistema de programas recebe do usuário uma cadeia de caracteres, se a busca é exata ($k = 0$) ou aproximada ($0 < k < m$), e imprime todas as ocorrências do padrão no texto. Nesta parte do trabalho você deverá utilizar os seguintes algoritmos:

- Algoritmo de Boyer-Moore-Horspool (BMH) para casamento exato de padrões;
- Algoritmo Shift-And para casamento exato de padrões;
- Algoritmo Shift-And para casamento aproximado de padrões.

O que deve ser entregue:

- Explicação sucinta dos algoritmos e estruturas de dados utilizados para resolver o problema.

- Análise de complexidade dos principais algoritmos implementados.
- Listagem dos programas implementados. O código deve ser bem comentado e organizado.
- Resultados de experimentos para avaliar empiricamente o desempenho dos algoritmos, usando tempo de relógio.

7. Considere a cadeia de caracteres "ABRACADABRA". Cada caractere é representado por 8 *bits*.

a) Mostre o processo para obter códigos binários para os caracteres da cadeia utilizando o algoritmo de Huffman.

b) Determine a razão de compressão obtida com o método utilizado.

8. Considere T uma árvore de Huffman tal que o nó folha do símbolo a está mais distante da raiz do que o nó folha do símbolo b. Prove que a frequência do símbolo b não é menor que a frequência do símbolo a.

9. Uma **árvore estritamente binária** é uma árvore binária em que todo nó não folha possui dois filhos. Prove que uma árvore que não seja estritamente binária não pode gerar código de prefixo mínimo.

10. Sejam s_i símbolos com frequências f_i, $1 \leq i \leq n$, para $n > 1$, tal que f_1 e f_2 contenham as menores frequências. Mostre que existe uma **árvore de Huffman** para esses símbolos em que os nós correspondentes a s_1 e a s_2 são irmãos localizados no último nível da árvore.

11. Seja T a árvore construída pelo algoritmo de **Huffman** para as frequências $f_1, \ldots, f_n$, para $n > 1$. Mostre que T é mínima.[1]

12. Implemente o processo de compressão mostrado no Programa 8.15 para a codificação de Huffman usando *bits*.

13. Implemente o processo de descompressão mostrado no Programa 8.16 para a codificação de Huffman usando *bits*.

14. Faça um estudo comparativo da razão de compressão obtida com o código de Huffman binário, código de Huffman pleno e código de Huffman com marcação. Utilize pelo menos três tamanhos de arquivos (por exemplo 10, 50 e 100 *megabytes*.)

15. Mostre os passos intermediários para obter as ocorrências do padrão `''rosa''` no texto `''para cada rosa rosa, uma rosa é uma rosa''` para os algoritmos BMH e BMHS. O texto e o padrão estão comprimidos mediante o código de Huffman com marcação. Considere o texto comprimido como sendo a sequência de *bits* 10000101 10000100 10000000 10000000 10000110 10000001 10000000 10000011 10000001 10000000.

---

[1] A **árvore binária de prefixo** é uma árvore de codificação binária em que nenhum código é prefixo de outro. Uma árvore binária de prefixo que, para um dado texto, produz uma sequência binária de comprimento mínimo é denominada **mínima**. A árvore de codificação utilizada no algoritmo de Huffman é uma árvore binária de prefixo mínima.

Capítulo 9

Problemas $\mathcal{NP}$-Completo e Algoritmos Aproximados

Neste capítulo, vamos aprender a distinguir entre problemas que podem ser resolvidos e problemas que não podem ser resolvidos por um computador. Problemas considerados intratáveis ou difíceis são muito comuns na natureza e nas diversas áreas do conhecimento. Problemas que podem ser resolvidos por algoritmos polinomiais são considerados "fáceis", enquanto problemas que somente possuem algoritmos exponenciais para resolvê-los são considerados "difíceis".

A maioria dos problemas que conhecemos e estudamos possui complexidade de tempo que pode ser classificada em dois dos grupos seguintes. O primeiro grupo é composto pelos **algoritmos polinomiais** no tempo de execução, cuja função de complexidade é $O(p(n))$, em que $p(n)$ é um polinômio. Vários exemplos vistos anteriormente incluem pesquisa binária cujo custo é $O(\log n)$, pesquisa sequencial cujo custo é $O(n)$, ordenação por inserção cujo custo é $O(n^2)$, e multiplicação de matrizes cujo custo é $O(n^3)$.

O segundo grupo é composto pelos **algoritmos exponenciais** no tempo de execução, cuja função de complexidade é $O(c^n)$, $c > 1$. O grupo contém problemas cujos melhores algoritmos conhecidos são não polinomiais. Um exemplo visto na Seção 1.3.2 é o **problema do caixeiro-viajante**, cuja complexidade de tempo é $O(n!)$. Conforme mostrado em Horowitz e Sahni (1978), essa complexidade pode ser reduzida para $O(n^2 2^n)$ usando **programação dinâmica**, mas com uma complexidade de espaço $O(n2^n)$. Algoritmos com complexidade de tempo não polinomial demandam tal quantidade de tempo para executar que mesmo problemas de tamanho pequeno a moderado não podem ser resolvidos.

9.1 Problemas $\mathcal{NP}$-Completo

A teoria de complexidade apresentada nesta seção não fornece um método para obter algoritmos polinomiais para problemas que demandam algoritmos exponenciais, como também não é capaz de afirmar que algoritmos polinomiais não existem. Entretanto, é possível mostrar que os problemas para os quais não existe nenhum algoritmo polinomial conhecido são computacionalmente relacionados. Esses problemas formam uma classe conhecida como $\mathcal{NP}$. Um problema da classe $\mathcal{NP}$ tem a propriedade de que ele poderá ser resolvido em tempo polinomial se e somente se todos os outros problemas em $\mathcal{NP}$ puderem também ser resolvidos em tempo polinomial. Esse fato é um indício forte de que dificilmente alguém será capaz de encontrar um algoritmo eficiente para um problema da classe $\mathcal{NP}$.

Para o estudo teórico da complexidade de algoritmos é conveniente considerar problemas cujo resultado da computação seja "sim" ou "não". Para exemplificar, considere novamente o problema do caixeiro-viajante. A versão do problema do caixeiro-viajante cujo resultado seja do tipo "sim/não" pode ser formulada da seguinte maneira:

- *Dados*: Um conjunto de cidades $C = \{c_1, c_2, \cdots, c_n\}$, uma distância $d(c_i, c_j)$ para cada par de cidades $c_i, c_j \in C$, e uma constante k.
- *Questão*: Existe um "roteiro" para todas as cidades em C cujo comprimento total seja menor ou igual a k?

Uma característica da classe $\mathcal{NP}$ é o fato de ser uma classe de problemas "sim/não" para os quais uma dada solução pode ser verificada facilmente. A solução em si pode ser muito difícil ou muitas vezes impossível de ser obtida, mas uma vez conhecida ela pode ser verificada em tempo polinomial. Antes de formalizar a discussão sobre a classe $\mathcal{NP}$, vamos apresentar outros exemplos de problemas do tipo "sim/não" que servem para ilustrar a fronteira entre problemas "fáceis" e problemas "difíceis".

Exemplo: Caminho em um grafo com peso nas arestas. Considere um grafo com peso nas arestas, dois vértices i, j e um inteiro $k > 0$, conforme ilustra a Figura 9.1.

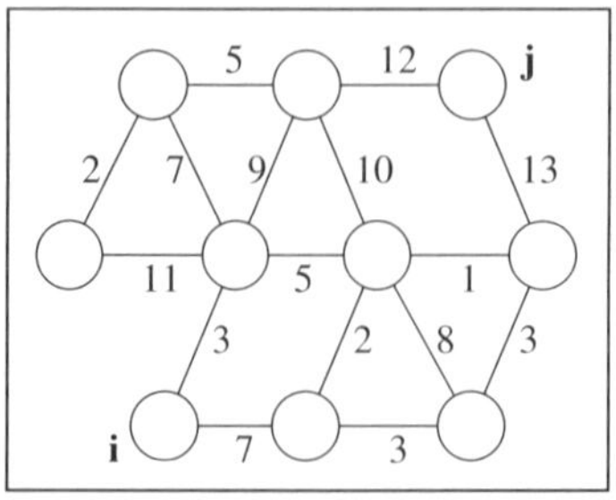

Figura 9.1 *Grafo com peso nas arestas.*

- *Fácil:* Existe um caminho de i até j com peso $\leq k$?
- *Difícil:* Existe um caminho de i até j com peso $\geq k$?

Para o primeiro problema existe um algoritmo eficiente cuja complexidade de tempo é $O(A \log V)$, em que A corresponde ao número de arestas e V corresponde ao número de vértices do grafo, conhecido como algoritmo de Dijkstra, apresentado na Seção 7.9. Para o segundo problema não existe algoritmo eficiente, sendo esse problema equivalente ao problema do caixeiro-viajante em termos de complexidade (vide Exercício 9.22).

Exemplo: Uma **coloração de um grafo** $G = (V, A)$ é um mapeamento $C : V \leftarrow S$, em que S é um conjunto finito de cores tal que se $\overline{vw} \in A$ então $c(v) \neq c(w)$ (vértices adjacentes possuem cores distintas). O número cromático $X(G)$ de G é o menor número de cores necessário para colorir G, isto é, o menor k para o qual existe uma coloração C para G e $|C(V)| = k$. O problema é produzir uma coloração ótima, que é a que usa apenas $X(G)$ cores.

Na formulação do tipo "sim/não", dados G e um inteiro positivo k, existe uma coloração de G usando k cores?

- *Fácil:* $k = 2$.
- *Difícil:* $k > 2$.

O problema da coloração de um grafo pode ser utilizado para modelar problemas de agrupamento (do inglês *clustering*) e problemas de horário (do inglês *scheduling*). A aplicação canônica para coloração de grafos é na área de otimização de compiladores, em que é necessário escalonar o uso de um número finito de registradores (idealmente com o número mínimo de registradores). Em um fragmento de programa a ser otimizado, cada variável tem intervalos de tempo durante os quais seu valor tem de permanecer inalterado, por exemplo, depois de inicializada e antes de seu uso final. Quaisquer duas variáveis cujos tempos de vida útil tenham uma interseção não podem ocupar o mesmo registrador. Para modelar o problema basta construir um grafo em que cada vértice representa uma variável do programa e cada aresta liga duas variáveis cujos tempos de vida tenham uma interseção. Uma coloração dos vértices desse grafo atribui cada variável a um agrupamento (ou classe) tal que duas variáveis com a mesma cor não colidam e assim possam ser atribuídas ao mesmo registrador.

Evidentemente, não existe conflito se cada vértice do grafo for colorido com uma cor distinta. Entretanto, nosso objetivo é encontrar uma coloração usando um número mínimo de cores, mesmo porque os computadores têm um número limitado de registradores. O menor número de cores que são suficientes para colorir um grafo é conhecido como **número cromático**.

Em outro exemplo, suponha que os exames finais de um curso tenham de ser realizados em uma única semana. Algumas disciplinas têm alunos de cursos diferentes e assim os exames dessas disciplinas têm de ser marcados em horários diferentes. Dadas uma lista de todos os cursos e outra lista de todas as disciplinas cujos exames não podem ser marcados no mesmo horário, o problema em questão pode ser modelado como um problema de coloração de grafos.

Exemplo: Um **ciclo de Hamilton** em um grafo é um **ciclo simples** (que passa por todos os vértices uma única vez). No grafo da Figura 9.2 o ciclo 0 1 4 2 3 0 é um ciclo de Hamilton. Um **caminho de Hamilton** em um grafo é um **caminho simples** que passa por todos os vértices uma única vez. No grafo da Figura 9.2, o caminho 0 1 4 2 3 é um caminho de Hamilton.

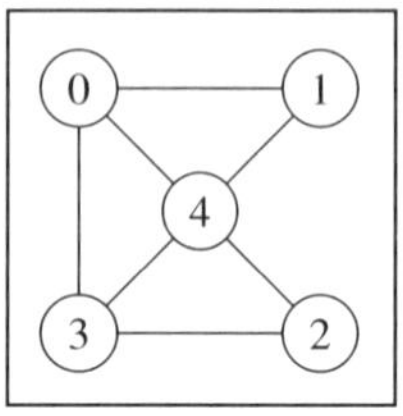

Figura 9.2 *Grafo contendo ciclo de Hamilton 0 1 4 2 3 0 e caminho de Hamilton 0 1 4 2 3.*

Dado um grafo G, existe um ciclo de Hamilton em G?

- *Fácil*: Grafos com grau máximo $= 2$ (vértices com no máximo duas arestas incidentes).
- *Difícil*: Grafos com grau > 2.

O problema de encontrar um ciclo de Hamilton ou um caminho de Hamilton em um grafo é um caso especial do problema do caixeiro-viajante, no qual cada par de vértices com uma aresta entre eles tem distância 1, enquanto pares de vértices sem aresta entre eles são separados por uma distância infinita.

Exemplo: Uma **cobertura de arestas** de um grafo $G = (V, A)$ é um subconjunto $A' \subset A$ de k arestas, tal que todo $v \in V$ é parte de pelo menos uma aresta de A'. Na Figura 9.3, o conjunto resposta para $k = 4$ é $A' = \{(03), (23), (46), (15)\}$.

Uma **cobertura de vértices** é um subconjunto $V' \subset V$, tal que se $(u, v) \in A$ então $u \in V'$ ou $v \in V'$, isto é, cada aresta do grafo é incidente em um dos vértices de V'. No exemplo da Figura 9.3 o conjunto resposta é $V' = \{3, 4, 5\}$, para $k = 3$.

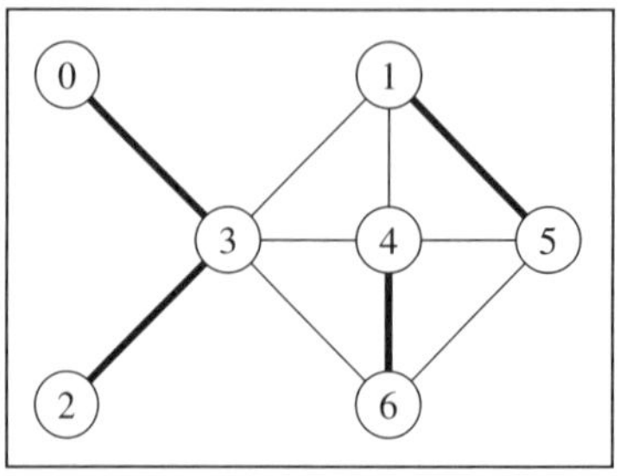

Figura 9.3 *Cobertura de arestas e de vértices em um grafo.*

Dados um grafo e um inteiro $k > 0$

- *Fácil*: Existe uma cobertura de arestas $\leq k$?
- *Difícil*: Existe uma cobertura de vértices $\leq k$?

9.1.1 Algoritmos Não Deterministas

A noção de algoritmo que temos usado até agora tem a propriedade de que o resultado de cada operação é definido de forma única. Algoritmos com essa propriedade são chamados **algoritmos deterministas**. Entretanto, em um arcabouço teórico, é possível remover a restrição de que o resultado de cada operação é único. Apesar de parecer irreal, esse é um conceito importante e geralmente utilizado para definir a classe $\mathcal{NP}$, como, por exemplo, em Horowitz e Sahni (1978). Nesse caso, os algoritmos podem conter operações cujo resultado não é definido de forma única, levando ao conceito de algoritmo não determinista.

Um **algorimo não determinista** é capaz de escolher uma dentre as várias alternativas possíveis a cada passo. Em outras palavras, algoritmos não deterministas contêm operações cujo resultado não é unicamente definido, ainda que limitado a um conjunto especificado de possibilidades. Eles utilizam uma nova função, a saber:

- *escolhe(C)*: escolhe um dos elementos do conjunto C de forma arbitrária.

O comando de atribuição X $\leftarrow$ *escolhe* (1:n) pode resultar na atribuição a X de qualquer dos inteiros no intervalo $[1, n]$. A complexidade de tempo para cada chamada da função *escolhe* é $O(1)$. Nesse caso, não existe nenhuma regra que especifique como a escolha é realizada. Se existir um conjunto de possibilidades que levem a uma resposta, então esse conjunto é sempre escolhido e o algoritmo terminará com sucesso. Em contrapartida, um algoritmo não determinista termina sem sucesso se e somente se não existir um conjunto de escolhas que indique sucesso.

Algoritmos não deterministas utilizam também dois comandos, a saber:

- *insucesso*: indica término sem sucesso.
- *sucesso*: indica término com sucesso.

Os comandos *insucesso* e *sucesso* são usados para definir uma execução do algoritmo, sendo equivalentes a um comando de parada de um algoritmo determinista. Os comandos *insucesso* e *sucesso* também têm complexidade de tempo $O(1)$.

Uma máquina capaz de executar a função *escolhe* admite a capacidade de **computação não determinista**. Uma máquina não determinista é capaz de produzir cópias de si mesma quando diante de duas ou mais alternativas, e continuar a computação independentemente para cada alternativa. A máquina não determinista que acabamos de definir não existe na prática, mas ainda assim fornece fortes evidências de que certos problemas não podem ser resolvidos por algoritmos deterministas em tempo polinomial, conforme mostrado na definição da classe $\mathcal{NP}$-completo apresentada adiante.

A seguir, vamos apresentar alguns exemplos de algoritmos não deterministas.

Exemplo: Pesquisar o elemento x em um conjunto de elementos $A[1 : n]$, $n \geq 1$. O algoritmo PesquisaND(A,1,n) apresentado no programa 9.1 determina um índice j tal que $A[j] = x$ para um término com sucesso ou então insucesso quando x não está presente em A. O algoritmo tem complexidade não determinista $O(1)$. Para um algoritmo determinista a complexidade é $O(n)$.

Programa 9.1 *Algoritmo não determinista para pesquisar elemento em um conjunto*

```
procedure PesquisaND (A, 1, n);
begin
  j ← escolhe(A,1,n)
  if A[j] = x then sucesso else insucesso;
end;
```

Exemplo: Ordenar um conjunto $A[1:n]$ contendo n inteiros positivos, $n \geq 1$. O algoritmo não determinista OrdenaND(A,1,n) do Programa 9.2 ordena os números em ordem crescente. Um vetor auxiliar $B[1 : n]$ é utilizado. Ao final, B contém o conjunto ordenado. A posição correta em B de cada inteiro de A é obtida de forma não determinista pela função escolhe. Na linha seguinte, o comando de decisão verifica se a posição $B[j]$ ainda não foi utilizada. A complexidade é $O(n)$. Para um algoritmo determinista a complexidade é $O(n \log n)$.

Programa 9.2 *Algoritmo não determinista para ordenar um conjunto*

```
procedure OrdenaND (A, 1, n);
begin
  for i := 1 to n do B[i] := 0;
  for i := 1 to n do
    begin
    j ← escolhe(A,1,n);
    if B[j] = 0 then B[j] := A[i] else insucesso;
    end;
end;
```

Exemplo: Problema da *satisfabilidade* (do inglês *satisfiability*). Considere um conjunto de **variáveis booleanas** $x_1, x_2, \cdots, x_n$, no qual cada variável pode assumir valores lógicos *verdadeiro* ou *falso*. A negação de x_i é representada por $\overline{x_i}$. Uma expressão booleana é constituída de variáveis booleanas e das operações **ou**

(dita também operação de adição, indicada por $\vee$) e **e** (dita também operação de multiplicação, indicada por $\wedge$). Diz-se que uma expressão booleana E contendo um produto de adições de variáveis booleanas está na **forma normal conjuntiva**.

Dada uma expressão booleana E na forma normal conjuntiva, com variáveis $x_i, 1 \leq i \leq n$, existe uma atribuição de valores lógicos verdadeiro ou falso às variáveis que torne E verdadeira ("satisfaça")? A expressão $E_1 = (x_1 \vee x_2) \wedge (x_1 \vee \overline{x_3} \vee x_2) \wedge (x_3)$ é *satisfatível*, pois os valores $x_1 = F$, $x_2 = V$, $x_3 = V$ satisfazem E_1. A expressão $E_2 = x_1 \wedge \overline{x_1}$ não é *satisfatível*.

O algoritmo AvalND(E,n) do programa 9.3 verifica se uma expressão E na forma normal conjuntiva, com variáveis $x_i, 1 \leq i \leq n$, é *satisfatível*. O algoritmo obtém uma das 2^n atribuições possíveis de forma não determinista em $O(n)$. O melhor algoritmo determinista conhecido tem custo $O(2^n)$.

***Programa 9.3** Algoritmo não determinista para o problema da* satisfabilidade

```
procedure AvalND (E, n);
begin
  for i:= 1 to n do
    begin
    x_i ← escolhe(true, false);
    if E(x_1, x_2, ··· , x_n) = true then sucesso else insucesso;
    end;
end;
```

O problema da *satisfabilidade* pode ser usado na definição de circuitos elétricos combinatórios que produzam valores lógicos como saída e sejam constituídos de portas lógicas **e**, **ou** e **não**. Nesse caso, o mapeamento é direto, pois o circuito pode ser descrito por uma expressão lógica na forma normal conjuntiva.

9.1.2 As Classes $\mathcal{NP}$-Completo e $\mathcal{NP}$-Difícil

Nesse ponto, podemos caracterizar de forma precisa as classes $\mathcal{P}$ e $\mathcal{NP}$, por meio dos conceitos de algoritmos determinísticos e algoritmos não determinísticos, a saber:

- $\mathcal{P}$: Conjunto de todos os problemas de decisão que podem ser resolvidos por *algoritmos deterministas* em tempo *polinomial*.
- $\mathcal{NP}$: Conjunto de todos os problemas de decisão que podem ser resolvidos por *algoritmos não deterministas* em tempo *polinomial*.

Para mostrar que determinado problema está em $\mathcal{NP}$, basta apresentar um algoritmo não determinista que execute em tempo polinomial para resolver o problema. Equivalentemente, outra maneira de mostrar que determinado problema está em $\mathcal{NP}$ é encontrar um algoritmo determinista polinomial para verificar que uma dada solução é válida.

Uma vez que algoritmos deterministas são apenas um caso especial de algoritmos não deterministas, podemos concluir que $\mathcal{P} \subseteq \mathcal{NP}$. O que não sabemos é se $\mathcal{P} = \mathcal{NP}$ ou $\mathcal{P} \neq \mathcal{NP}$. Essa questão é o problema não resolvido mais famoso que existe na área de ciência da computação.

Será que existem algoritmos polinomiais deterministas para todos os problemas em $\mathcal{NP}$? Se a resposta for positiva então $\mathcal{P} = \mathcal{NP}$. Em contrapartida, a prova de que $\mathcal{P} \neq \mathcal{NP}$ parece exigir técnicas ainda desconhecidas. A Figura 9.4 apresenta uma descrição tentativa do mundo $\mathcal{NP}$. Acredita-se que $\mathcal{NP}$ é muito maior do que $\mathcal{P}$, porque, para muitos problemas em $\mathcal{NP}$, não existem algoritmos polinomiais conhecidos, como também nenhum **limite inferior não polinomial** foi provado para qualquer desses problemas.

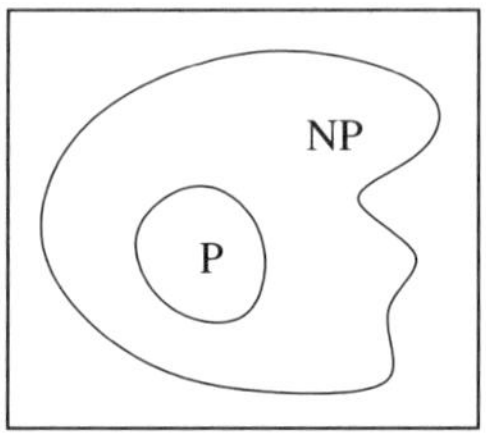

Figura 9.4 *Descrição tentativa do mundo $\mathcal{NP}$.*

O fato de que não se sabe se $\mathcal{NP} \supset \mathcal{P}$ ou $\mathcal{NP} = \mathcal{P}$ traz as seguintes consequências:

- Existem muitos problemas práticos em $\mathcal{NP}$ que podem ou não pertencer a $\mathcal{P}$ (não conhecemos nenhum algoritmo determinista eficiente para tais problemas).
- Se conseguirmos provar que um problema não pertence a $\mathcal{P}$, então temos um indício de que esse problema pertence a $\mathcal{NP}$ e que esse problema é tão difícil de ser resolvido quanto outros problemas $\mathcal{NP}$.
- Como não existe tal prova, sempre há esperança de que alguém descubra um algoritmo eficiente.
- Quase ninguém acredita que $\mathcal{NP} = \mathcal{P}$. Existe um esforço considerável para provar o contrário, mas a questão continua em aberto!

Transformação Polinomial

O conceito de **transformação polinomial** é importante para definir a classe $\mathcal{NP}$-completo, apresentada adiante. A maneira como o conceito é apresentado a seguir foi baseada em Szwarcfiter (1984). Considere Π_1 e Π_2 dois problemas "sim/não", conforme mostrado na Figura 9.5. Suponha que exista um algoritmo A_2 para resolver Π_2. Se for possível transformar Π_1 em Π_2 e sendo conhecido um processo de transformar a solução de Π_2 em uma solução de Π_1, então o algoritmo A_2 pode ser utilizado para resolver Π_1. Se as transformações nos dois sentidos puderem ser realizadas em tempo polinomial, então Π_1 é *polinomialmente transformável* em Π_2.

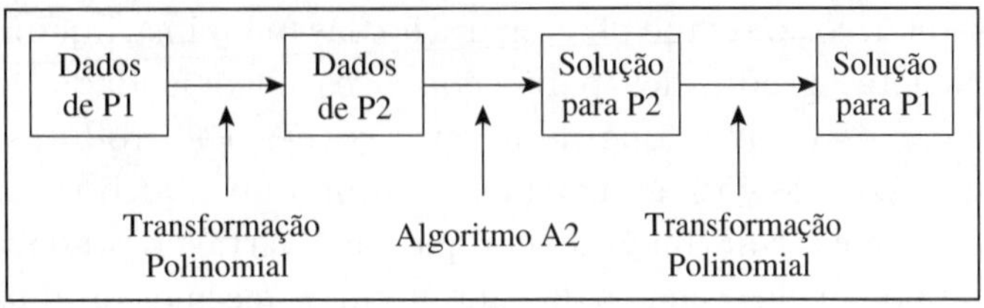

Figura 9.5 *Transformação polinomial do problema Π_1 no problema Π_2.*

Para apresentar um exemplo de transformação polinomial vamos necessitar das definições de conjunto independente de vértices e clique de um grafo.

O **conjunto independente de vértices** de um grafo $G = (V, A)$ é constituído do subconjunto $V' \subseteq V$, tal que $v, w \in V' \Rightarrow (v, w) \notin A$, isto é, todo par de vértices de V' é não adjacente (V' é um subgrafo totalmente desconectado). No grafo da Figura 9.6, $V' = \{0, 2, 1, 6\}$ é um exemplo de cardinalidade 4.

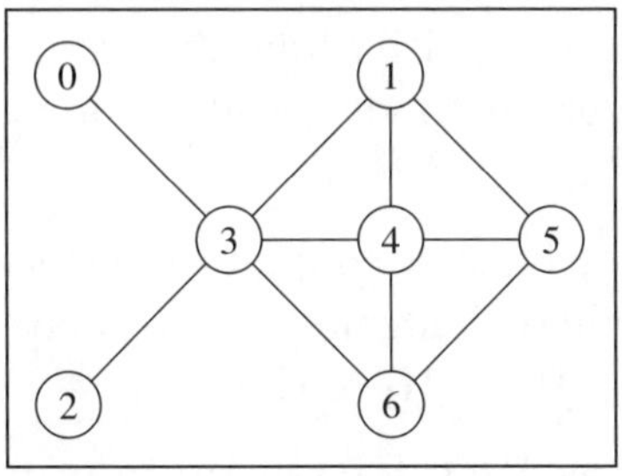

Figura 9.6 *Exemplo de conjunto independente de vértices e clique em um grafo.*

A necessidade de encontrar grandes conjuntos independentes de vértices ocorre em problemas de dispersão, nos quais se procura um conjunto de pontos mutuamente separados. Por exemplo, suponha que se queira identificar localizações para instalação de franquias tal que duas localizações não estejam perto o suficiente para competir entre si. Basta construir um grafo em que possíveis localizações são representadas por vértices, e arestas são criadas entre duas localizações que estão próximas o suficiente para interferir. O maior conjunto independente fornece o maior número de franquias que podem ser concedidas sem prejudicar as vendas. Em geral, cunjuntos independentes evitam conflitos entre elementos.

Clique de um grafo $G = (V, A)$ é constituído do subconjunto $V' \subseteq V$, tal que $v, w \in V' \Rightarrow (v, w) \in A$, isto é, todo par de vértices de V' é adjacente (V' é um subgrafo completo). No grafo da Figura 9.6, $V' = \{3, 1, 4\}$ é um exemplo de cardinalidade 3.

O problema de identificar agrupamentos de objetos relacionados frequentemente se reduz a encontrar grandes cliques em grafos. Considere uma empresa de fabricação de peças por meio de injeção plástica que forneça para diversas outras empresas montadoras de determinado parque industrial. Uma forma de reduzir o custo relativo ao tempo de preparação das máquinas injetoras é aumentar o tamanho dos lotes produzidos para cada peça encomendada. Para tanto, é preciso identificar os clientes que adquirem os mesmos produtos, para que se possa negociar prazos de entrega comuns e assim aumentar o tamanho dos lotes produzidos. Basta construir um grafo em que cada vértice representa um cliente e uma aresta ligando aqueles clientes que adquirem os mesmos produtos. Um clique no grafo representa o conjunto de clientes que adquirem os mesmos produtos.

Para ilustrar o processo de transformação polinomial, considere Π_1 o problema clique e Π_2 o problema conjunto independente de vértices. A instância I de clique consiste de um grafo $G = (V, A)$ e um inteiro $k > 0$. A instância $f(I)$ de conjunto independente pode ser obtida considerando-se o grafo complementar $\overline{G}$ de G e o mesmo inteiro k. A função $f(I)$ é uma transformação polinomial porque:

1. $\overline{G}$ pode ser obtido a partir de G em tempo polinomial.
2. G possui clique de tamanho $\geq k$ se e somente se $\overline{G}$ possui conjunto independente de vértices de tamanho $\geq k$.

Portanto, se existir um algoritmo que resolve o conjunto independente em tempo polinomial, esse algoritmo pode ser utilizado para resolver clique também em tempo polinomial.

Nesse caso, diz-se que clique $\propto$ conjunto independente. Denota-se $\Pi_1 \propto \Pi_2$ para indicar que Π_1 é polinomialmente transformável em Π_2. A relação $\propto$ é transitiva ($\Pi_1 \propto \Pi_2$ e $\Pi_2 \propto \Pi_3 \Rightarrow \Pi_1 \propto \Pi_3$).

Definição: Dois problemas Π_1 e Π_2 são **polinomialmente equivalentes** se e somente se $\Pi_1 \propto \Pi_2$ e $\Pi_2 \propto \Pi_1$. Considere, por exemplo, o **problema da *satisfabilidade*** (SAT). Se $SAT \propto \Pi_1$ e $\Pi_1 \propto \Pi_2$, então $SAT \propto \Pi_2$.

Definição: Um problema Π é $\mathcal{NP}$-difícil se e somente se $SAT \propto \Pi$ (*satisfabilidade* é redutível a Π).

Definição: Um problema de decisão Π é denominado **$\mathcal{NP}$-completo** quando:

1. $\Pi \in NP$.
2. Todo problema de decisão $\Pi' \in \mathcal{NP}$-completo satisfaz $\Pi' \propto \Pi$.

Logo, um problema de decisão Π que seja $\mathcal{NP}$-difícil pode ser mostrado como $\mathcal{NP}$-completo exibindo um algoritmo não determinista polinomial para Π.

Apenas problemas de decisão ("sim/não") podem ser $\mathcal{NP}$-completo. Problemas de otimização podem ser $\mathcal{NP}$-difícil, mas, geralmente, se Π_1 é um problema de decisão e Π_2 um problema de otimização, então é bem possível que $\Pi_1 \propto \Pi_2$. A dificuldade de um problema $\mathcal{NP}$-difícil não é menor do que a dificuldade de um problema $\mathcal{NP}$-completo.

Um exemplo de problema $\mathcal{NP}$-difícil que não é $\mathcal{NP}$-completo é o **problema da parada** (em inglês, *halting problem*). O problema da parada consiste em determinar, para um algoritmo determinista qualquer A com entrada de dados E, se o algoritmo A termina (ou entra em um *loop* infinito). Esse problema é **indecidível**, isto é, não existe algoritmo de qualquer complexidade para resolvê-lo (Sudkamp, 1997, p. 325).

Vamos mostrar que $SAT \propto$ problema da parada. Considere o algoritmo A cuja entrada é uma expressão booleana E na forma normal conjuntiva com n variáveis. Basta tentar 2^n possibilidades e verificar se a expressão E é *satisfatível*. Se for A para, senão, entra em *loop*. Logo, o problema da parada é $\mathcal{NP}$-difícil, mas não é $\mathcal{NP}$-completo.

Teorema de Cook

Cook (1971a) formulou a seguinte questão: existe algum problema em $\mathcal{NP}$ tal que se ele for mostrado estar em $\mathcal{P}$ então esse fato implicaria que $\mathcal{P} = \mathcal{NP}$? Cook procurou por um problema em $\mathcal{NP}$ tal que, se existisse um algoritmo polinomial determinista para ele, então todos os problemas em $\mathcal{NP}$ poderiam ser resolvidos em tempo polinomial.

Teorema de Cook: *Satisfabilidade* (SAT) está em $\mathcal{P}$ se e somente se $\mathcal{P} = \mathcal{NP}$.

Em outras palavras, se existisse um algoritmo polinomial determinista para *satisfabilidade*, então todos os problemas em $\mathcal{NP}$ poderiam ser resolvidos em tempo polinomial. A prova do teorema considera os dois sentidos, a saber:

1. SAT está em $\mathcal{NP}$ (basta apresentar um algoritmo não determinista que execute em tempo polinomial). Logo, se $\mathcal{P} = \mathcal{NP}$, então SAT está em $\mathcal{P}$.
2. Se SAT está em $\mathcal{P}$, então $\mathcal{P} = \mathcal{NP}$. A prova descreve como obter de qualquer algoritmo polinomial não determinista de decisão A, com entrada E, uma fórmula $Q(A, E)$ de modo que Q é *satisfatível* se e somente se A terminar com sucesso para a entrada E. O tempo necessário para construir Q é $O(p^3(n)\log(n))$, em que n é o tamanho de E e $p(n)$ é a complexidade de A.

A prova, bastante longa, é apresentada em Horowitz e Sahni (1978, p. 513-521), a qual mostra como construir Q a partir de A e E. A expressão booleana Q é longa, mas pode ser construída em tempo polinomial no tamanho de E. A prova usa uma definição matemática de uma máquina capaz de resolver qualquer problema em $\mathcal{NP}$ (**Máquina de Turing não determinista**), incluindo uma descrição da máquina e de como instruções são executadas em termos de fórmulas booleanas. Assim, uma correspondência é estabelecida entre todo problema em $\mathcal{NP}$ e alguma instância de *satisfabilidade*, em que o problema é expresso por um programa na **Máquina de Turing não determinista**. Uma instância de SAT corresponde à tradução do programa em uma fórmula booleana. Logo, a solução do problema da *satisfabilidade* corresponde à simulação da máquina executando o programa em cima da fórmula obtida, o que produz uma solução para uma instância do problema inicial dado.

Para **provar que um problema é $\mathcal{NP}$-completo**, são necessários os seguintes passos:

1. Mostre que o problema está em $\mathcal{NP}$.
2. Mostre que um problema $\mathcal{NP}$-completo conhecido pode ser polinomialmente transformado para ele.

Isso é possível porque Cook apresentou uma prova direta de que SAT é $\mathcal{NP}$-completo, além do fato de que a redução polinomial é transitiva ($SAT \propto \Pi_1$ & $\Pi_1 \propto \Pi_2 \Rightarrow SAT \propto \Pi_2$).

Para ilustrar como um problema Π pode ser provado ser $\mathcal{NP}$-completo, basta considerar um problema já provado ser $\mathcal{NP}$-completo e apresentar uma redução polinomial desse problema para Π. Como exemplo, vamos provar que o **problema do caixeiro-viajante** é $\mathcal{NP}$-completo a partir do problema **ciclo de Hamilton**, definido anteriormente. O ciclo de Hamilton foi um dos primeiros a ser provado ser um problema $\mathcal{NP}$-completo.

A primeira parte da prova é mostrar que o problema está em $\mathcal{NP}$. Isso pode ser feito apresentando um algoritmo não determinista polinomial para o problema do caixeiro-viajante, como o algoritmo mostrado no Programa 9.4, ou então mostrar que, a partir de uma dada solução para o problema do caixeiro-viajante, ela pode ser verificada em tempo polinomial.

Programa 9.4 *Algoritmo não determinista polinomial para o problema do caixeiro-viajante*

```
procedure PCVND;
begin
  i := 1;
  for t := 1 to v do
    begin
    j := escolhe(i, lista-adj(i));
    antecessor[j] := i;
    end;
end;
```

A segunda parte da prova consiste em apresentar uma redução polinomial do ciclo de Hamilton para o problema do caixeiro-viajante. A redução pode ser feita conforme o exemplo mostrado na Figura 9.7. Dado um grafo representando uma instância do ciclo de Hamilton, construa uma instância do problema do caixeiro-viajante como se segue:

1. Para cidades use os vértices.
2. Para distâncias use 1 se existir um arco no grafo original e 2 se não existir.

A seguir, use o problema do caixeiro-viajante para achar um roteiro menor ou igual a V. O roteiro é o ciclo de Hamilton.

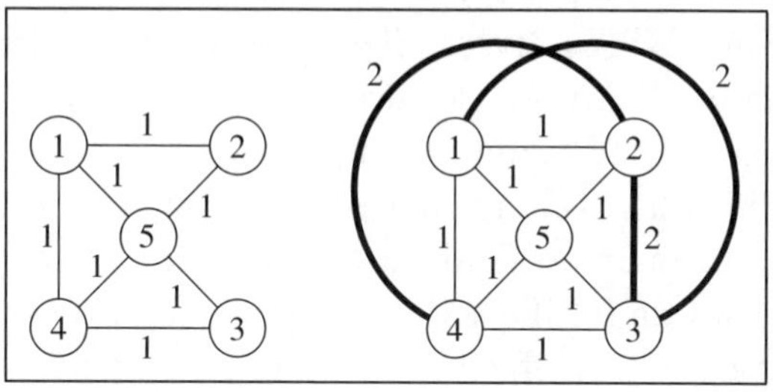

Figura 9.7 *Redução polinomial do ciclo de Hamilton para o problema do caixeiro-viajante.*

Resumindo, $\mathcal{NP}$-completo é a classe de problemas que pertencem a $\mathcal{NP}$, mas que podem ou não pertencer a $\mathcal{P}$. Eles possuem a seguinte propriedade: se qualquer um dos problemas da classe $\mathcal{NP}$-completo puder ser resolvido em tempo polinomial por uma máquina determinista, então todos os problemas da classe podem, isto é, $\mathcal{P} = \mathcal{NP}$. A falha coletiva de todos os pesquisadores para encontrar algoritmos eficientes para esses problemas pode ser vista como uma dificuldade para provar que $\mathcal{P} = \mathcal{NP}$.

A Figura 9.8 apresenta uma segunda descrição tentativa do mundo $\mathcal{NP}$, novamente assumindo $\mathcal{P} \neq \mathcal{NP}$. Existe na figura uma classe intermediária entre $\mathcal{P}$ e $\mathcal{NP}$ chamada $\mathcal{NPI}$, constituída de problemas nos quais ninguém conseguiu uma redução polinomial de um problema $\mathcal{NP}$-completo para eles, em que $\mathcal{NPI} = \mathcal{NP}$ - ($\mathcal{P} \cup \mathcal{NP}$-completo).

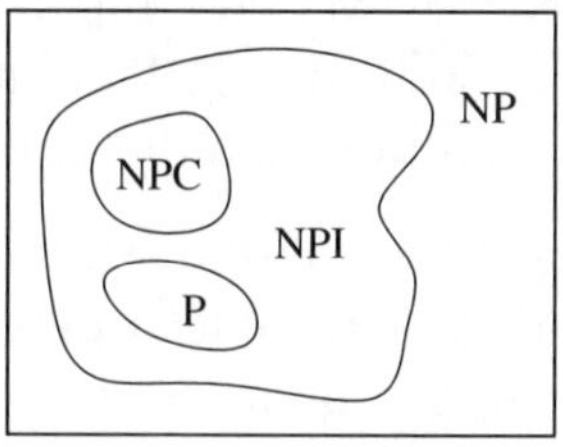

Figura 9.8 *Descrição tentativa do mundo $\mathcal{NP}$. A classe $\mathcal{NPI}$ é intermediária entre $\mathcal{P}$ e $\mathcal{NP}$.*

Dois membros potenciais de $\mathcal{NPI}$ são:

- **Isomorfismo de grafos:** Dados $G = (V, E)$ e $G' = (V, E')$, existe uma função $f : V \rightarrow V$, tal que $(u, v) \in E \Leftrightarrow (f(u), f(v)) \in E'$?

  Isomorfismo é o problema de testar se dois grafos são o mesmo. Suponha que seja dado um conjunto de grafos e que alguma operação tenha de ser realizada sobre cada grafo. Se pudermos identificar quais grafos são duplicatas, eles poderiam ser descartados para evitar trabalho redundante.

- **Números compostos:** Dado um inteiro positivo k, existem inteiros $m, n > 1$, tais que $k = mn$?

Um dos sistemas de **criptografia** mais conhecidos é o sistema de chave-pública conhecido como RSA (Rivest, Shamir e Adleman, 1978). Um sistema de criptografia de chave-pública pode ser usado para encriptar mensagens enviadas por uma rede pública, de tal forma que um espião que capture a mensagem não seja capaz de decodificá-la. Tal sistema permite também que a parte que envia a mensagem possa adicionar ao final do documento eletrônico uma **assinatura digital** que seja à prova de falsificação. O sistema RSA de criptografia é baseado na diferença dramática entre a facilidade de encontrar números primos grandes (números primos com uma grande quantidade de dígitos) e a dificuldade de fatorar o produto de dois números primos grandes.

Resumindo, qual é a contribuição prática da teoria de $\mathcal{NP}$-completo? Ela fornece um mecanismo que permite descobrir se um novo problema é "fácil" ou "difícil". Se encontrarmos um algoritmo eficiente para o problema, então não há dificuldade. Senão, uma prova de que o problema é $\mathcal{NP}$-completo nos diz que o problema é tão "difícil" quanto todos os outros problemas "difíceis" que constituem a classe $\mathcal{NP}$-completo.

9.2 Heurísticas e Algoritmos Aproximados

A lista de problemas $\mathcal{NP}$-completo não para de crescer e milhares deles estão descritos na literatura. Mais importante, muitos problemas de otimização têm enorme importância prática, sendo desejável resolver instâncias grandes destes problemas em uma quantidade razoável de tempo. Entretanto, os melhores algoritmos conhecidos para resolver problemas $\mathcal{NP}$-completo têm um comportamento de pior caso que é exponencial no tamanho da entrada.

Para contextualizar a discussão sobre o significado do fato de um algoritmo levar tempo exponencial para obter a solução para um problema, considere um algoritmo que execute em tempo proporcional a 2^N. Isso significa que não é garantido que o algoritmo possa obter a resposta para todos os problemas de tamanho $N = 100$ ou maior, porque ninguém poderia esperar por um algoritmo que leva 2^{100} passos para terminar sua tarefa, independente da velocidade do computador. É possível que um supercomputador consiga resolver um problema de tamanho $N = 50$ em uma hora, ou um problema de tamanho $N = 51$ em duas horas, ou um problema de tamanho $N = 59$ em um ano. Entretanto, mesmo um computador paralelo contendo um milhão de processadores, sendo cada processador um milhão de vezes mais rápido que o melhor processador que possa existir, não seria suficiente para chegar a $N = 100$.

O que fazer então quando necessitamos resolver um problema desse tipo? Existem pelo menos três enfoques possíveis:

- Trabalhar com algoritmos exponenciais "eficientes", usando técnicas de tentativa e erro. Tais algoritmos serão apresentados na próxima seção.
- Encontrar um algoritmo eficiente que ache uma resposta que pode não ser a solução ótima, mas que é garantido ser próxima da solução ótima. Algoritmos desse tipo são conhecidos como algoritmos aproximados e serão apresentados na Seção 9.2.3.
- Outra possibilidade é concentrar no caso médio e procurar por algoritmos que são melhores que outros nesse quesito e funcionem bem para as entradas de dados que ocorrem usualmente na prática. Existem poucos algoritmos exponenciais muito úteis na prática. Por exemplo, o algoritmo Simplex para programação linear possui complexidade de tempo exponencial para o pior caso (Garey e Johnson, 1979), mas executa muito rápido na prática. Infelizmente, exemplos como o do algoritmo Simplex não ocorrem com frequência, e a grande maioria dos algoritmos exponenciais conhecidos não é muito útil.

9.2.1 *Algoritmos Exponenciais Usando Tentativa e Erro*

Embora aparentemente não existam algoritmos polinomiais para problemas $\mathcal{NP}$-completo, pode haver espaço para trabalhar com algoritmos exponenciais "eficientes" usando técnicas de tentativa e erro, como discutido na Seção 2.3. Dependendo do problema a ser resolvido, o conjunto de caminhos possíveis pode ser "podado", levando a resolver determinadas instâncias do problema. Nesta seção, vamos apresentar um exemplo de uso de algoritmos tentativa e erro com técnicas de poda para resolver instâncias de problemas $\mathcal{NP}$-completo.

Vamos considerar o problema de encontrar um **ciclo de Hamilton** em um grafo (vide definição na Seção 9.1). Considere um grafo exemplo e sua representação usando matriz de adjacência, conforme mostrado na Figura 9.9. Para obter um algoritmo tentativa e erro que resolva o problema do ciclo de Hamilton, considere o algoritmo para caminhamento em um grafo, mostrado no Programa 9.5. O algoritmo é o mesmo apresentado na Seção 7.3, mas com uma implementação mais simples do que a do Programa 7.9. Essa implementação também faz uma busca em profundidade no grafo em tempo linear. O procedimento Visita, quando aplicado ao grafo da Figura 9.9 a partir do vértice 0, obtém o caminho 0 1 2 4 3 5 6, o qual não é um ciclo simples.

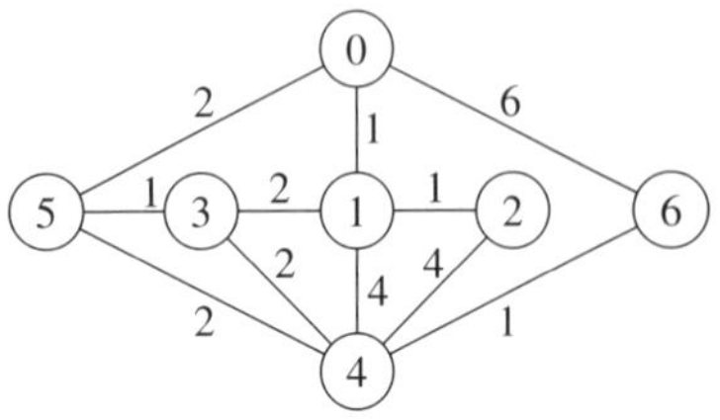

	1	2	3	4	5	6
0	1				2	6
1		1	2	4		
2				4		
3				2	1	
4					2	1
5						

Figura 9.9 *Grafo e sua representação.*

Programa 9.5 *Algoritmo de busca em profundidade para caminhamento em grafos*

```
procedure Dfs (Grafo: TipoGrafo);
var Tempo, i: integer;
    d: array[0..MAXNUMVERTICES] of integer;

  procedure Visita (k:integer);
  var j: integer;
  begin
    Tempo := Tempo + 1; d[k]  := Tempo;
    for j := 0 to Grafo.NumVertices - 1 do
      if Grafo.Mat[k,j] > 0
      then if d[j] = 0 then Visita (j);
  end;

begin
  Tempo := 0;
  for i := 0 to Grafo.NumVertices-1 do d[i] := 0;
  i := 0;
  Visita (i);
end;
```

Para encontrar um ciclo de Hamilton, caso exista, devemos visitar os vértices do grafo de outras maneiras. A rigor, o melhor algoritmo conhecido resolve o problema tentando todos os caminhos possíveis. Para tentar todas as possibilidades, vamos alterar o procedimento Visita, conforme indicado no Programa 9.6. A alteração simplesmente desmarca o vértice que já foi visitado no caminho anterior, para permitir que seja visitado novamente em outra tentativa do algoritmo.

A Figura 9.10 mostra a árvore de caminhamento para todas as tentativas de caminho no grafo da Figura 9.9. Pode-se notar que existem duas respostas representadas pelos caminhos 0 5 3 1 2 4 6 0 e 0 6 4 2 1 3 5 0.

O custo é proporcional ao número de chamadas para o procedimento Visita. Para um grafo completo, isto é, um grafo contendo arestas ligando todos os pares de nós, existem $N!$ ciclos simples, equivalentes a $N!$ permutações dos nós. Logo, o

Programa 9.6 *Algoritmo tentativa e erro para caminhamento em grafos*

```
procedure Visita (k:integer);
var j: integer;
begin
  Tempo := Tempo + 1; d[k]  := Tempo;
  for j := 0 to Grafo.NumVertices - 1 do
    if Grafo.Mat[k,j] > 0
    then if d[j] = 0
         then Visita (j);
  Tempo := Tempo - 1;
  d[k] := 0;
end;
```

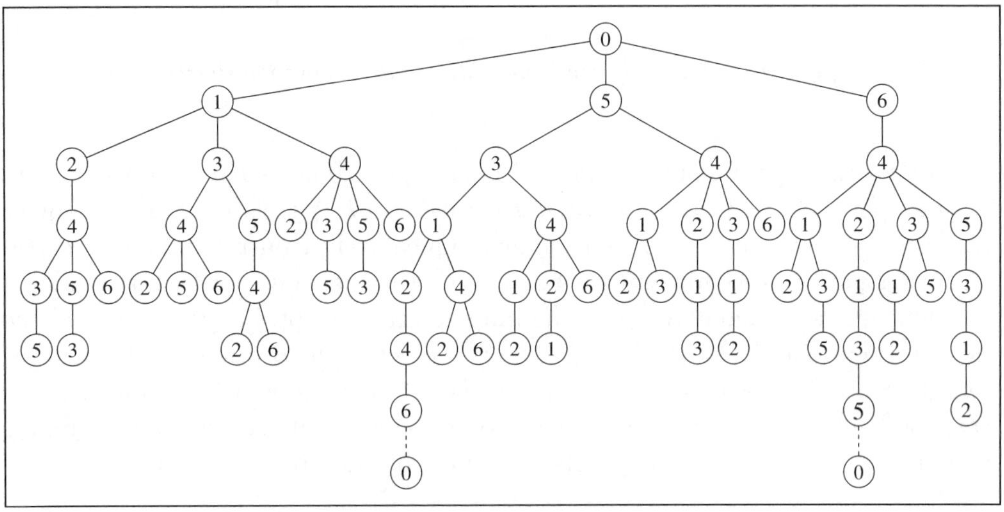

Figura 9.10 *Árvore de caminhamento para todas as tentativas.*

custo é proibitivo. Uma possível saída para diminuir o número de chamadas para o procedimento Visita é por meio do uso de técnicas para reduzir o número de visitas a certos nós. Isso equivale a "**podar**" a árvore de caminhamento, cortando alguns ramos com tudo conectado a eles.

No exemplo da Figura 9.9, cada ciclo é obtido duas vezes, caminhando em ambas as direções. Logo, se insistirmos que o nó 2 apareça antes do 0 e do 1, não precisamos chamar Visita para o nó 1 a não ser que o nó 2 já esteja no caminho. A Figura 9.11 mostra a árvore de caminhamento obtida. Entretanto, essa técnica não é sempre possível de ser aplicada. Suponha que se queira um caminho de custo mínimo que não seja um ciclo e passe por todos os vértices 0 6 4 5 3 1 2 é uma solução. Nesse caso, a técnica de eliminar simetrias não funciona, porque não sabemos *a priori* se um caminho leva a um ciclo ou não.

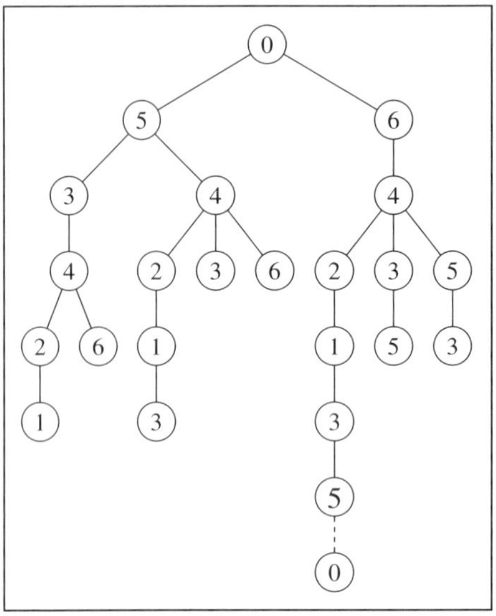

Figura 9.11 *Árvore de caminhamento obtida removendo simetrias.*

Outra saída para tentar diminuir o número de chamadas para o procedimento Visita é por meio da técnica de ***branch-and-bound***. A ideia é cortar a pesquisa tão logo se saiba que não levará a uma solução. Em outras palavras, cortar chamadas para o procedimento Visita tão logo se chegue a um custo para qualquer caminho que seja maior que um caminho solução já obtido. Por exemplo, no momento em que encontramos 0 5 3 1 2 4 6 , cujo custo é igual a 11, não faz sentido continuarmos no caminho 0 6 4 1 , cujo custo é igual a 11 também. Nesse caso, podemos evitar chamadas para o procedimento Visita se o custo do caminho corrente for maior ou igual ao melhor caminho obtido até o momento.

9.2.2 Heurísticas para Problemas $\mathcal{NP}$-Completo

Uma **heurística** é um algoritmo que pode produzir um bom resultado, ou até mesmo obter a solução ótima, mas pode também não gerar solução alguma ou uma solução distante da solução ótima. Uma heurística pode ser determinista ou probabilística. A principal diferença entre uma heurística probabilística e um **algoritmo Monte Carlo** é que o algoritmo Monte Carlo tem de encontrar uma solução correta com uma certa probabilidade (de preferência alta) para qualquer instância do problema. Em contrapartida, pode haver instâncias em que uma heurística, seja probabilística ou não, nunca vai encontrar uma solução.

Heurística para o Problema do Caixeiro-Viajante

Uma heurística **gulosa** muito simples para obter uma solução para o problema do caixeiro-viajante é como se segue:

1. Inicie com um vértice arbitrário.
2. Procure o vértice mais próximo do último vértice adicionado que não esteja no caminho e adicione ao caminho a aresta que liga esses dois vértices.
3. Quando todos os vértices estiverem no caminho, adicione uma aresta conectando o vértice inicial e o último vértice adicionado.

A complexidade do algoritmo do vizinho mais próximo é $O(n^2)$, em que n representa o número de cidades, ou $O(d)$, em que d representa o conjunto de distâncias entre cidades. Um aspecto negativo óbvio desse algoritmo é o fato de que, embora todas as arestas escolhidas sejam localmente mínimas, a aresta final pode ser bastante longa.

Considere o grafo da Figura 9.12. Para essa instância do problema do caixeiro-viajante, o caminho ótimo tem comprimento 58, relativo ao caminho 0 1 2 5 3 4 0. Para a heurística descrita anteriormente, se iniciarmos pelo vértice 0, então o vértice mais próximo é o vértice 1, com distância 3. A partir do vértice 1, o vértice mais próximo é o 2; a partir do vértice 2, o vértice mais próximo é o 4; a partir do vértice 4, o vértice mais próximo é o 3; a partir do vértice 3, restam os vértices 5 e 0. O comprimento do caminho 0 1 2 4 3 5 0 é 60. Embora o algoritmo guloso não encontre a solução ótima, a solução obtida está bem próxima do ótimo.

Entretanto, é possível encontrar instâncias em que a solução obtida pode ser muito ruim, podendo mesmo ser arbitrariamente ruim, uma vez que a aresta final pode ser muito longa. É possível achar um algoritmo que garanta encontrar uma solução que seja razoavelmente boa no pior caso? A resposta é sim, desde que a classe de instâncias consideradas seja restrita, como veremos na seção seguinte.

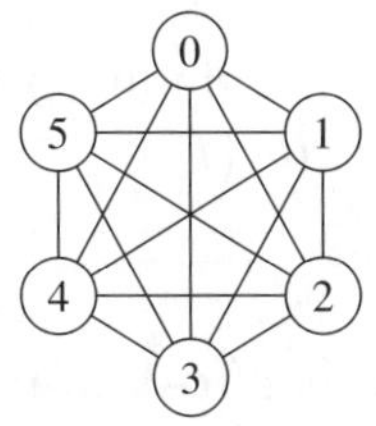

	1	2	3	4	5
0	3	10	11	7	25
1		8	12	9	26
2			9	4	20
3				5	15
4					18

Figura 9.12 *Grafo com seis cidades e sua representação.*

9.2.3 Algoritmos Aproximados para Problemas $\mathcal{NP}$-Completo

Para projetar algoritmos polinomiais com o objetivo de "resolver" um problema de otimização $\mathcal{NP}$-completo, é necessário "relaxar" o significado de resolver. Primeiro, devemos remover a exigência de que o algoritmo tenha sempre de obter a solução ótima. Nesse caso, procuramos por algoritmos eficientes que não garantem a obtenção da solução ótima, mas sempre obtêm uma solução que é próxima da solução ótima. Uma solução possível com valor próximo da solução ótima é chamada solução aproximada. Um **algoritmo aproximado** para um problema Π é um algoritmo que gera **soluções aproximadas** para Π. Para ser útil, é importante obter um limite para a razão entre a solução ótima e a produzida pelo algoritmo aproximado, conforme mostrado na próxima seção.

Medindo a Qualidade da Aproximação

O comportamento de algoritmos aproximados sob o ponto de vista da qualidade dos resultados (não o tempo necessário para obter o resultado) tem de ser monitorado. Considere I uma instância de um problema Π e $S^*(I)$ o valor da solução ótima para I. Um algoritmo aproximado gera uma solução possível para I cujo valor $S(I)$ é maior (pior) do que o valor ótimo $S^*(I)$.

Dependendo do problema, a solução a ser obtida pode minimizar ou maximizar $S(I)$. No caso do problema do caixeiro-viajante, podemos estar interessados em um algoritmo aproximado que minimize $S(I)$, isto é, o valor obtido é o mais próximo possível de $S^*(I)$. No caso de o algoritmo aproximado obter a solução ótima, então $S(I) = S^*(I)$.

Assim, um algoritmo aproximado para um problema Π é um algoritmo polinomial que produz uma solução $S(I)$ para uma instância I de Π. O comportamento do algoritmo A é descrito pela **razão de aproximação**:

$$R_A(I) = \frac{S(I)}{S^*(I)},$$

que representa um problema de minimização (no caso de um problema de maximização, a razão é invertida). Em ambos os casos, $R_A(I) \geq 1$.

Algoritmos Aproximados para o Problema do Caixeiro-Viajante

Em vista do custo computacional para obter a solução ótima, vamos estudar algoritmos eficientes, mas que não necessariamente produzem a solução ótima. Novamente, vamos considerar o problema do caixeiro-viajante: dado um conjunto de N cidades, encontre o caminho mais curto ligando todas elas, sem visitar nenhuma cidade duas vezes.

Mais formalmente, considere um grafo $G = (V, A)$ não direcionado, completo, especificado por um par (N, d), em que N representa o conjunto de vértices do grafo (cada vértice representa na verdade uma cidade), d representa a função distância que mapeia as arestas em números reais, em que d satisfaz:

1. $d(i, j) = d(j, i)\ \forall i, j \in N$;
2. $d(i, j) > 0\ \forall i, j \in N$;
3. $d(i, j) + d(j, k) \geq d(i, k)\ \forall i, j, k \in N$ (desigualdade triangular).

A primeira propriedade nos diz que a distância de uma cidade i até a cidade adjacente j é igual à distância da cidade j até a cidade i. Quando isso não acontece, temos um problema diferente, conhecido como o **problema do caixeiro-viajante assimétrico** (Cirasella, Johnson, McGeoch e Zhang, 2001) (vide Exercício 9.19). A segunda propriedade permite apenas distâncias positivas. A terceira propriedade é conhecida como **desigualdade triangular**, a qual diz que a distância de i até j somada à distância de j até k deve ser maior do que a distância de i até k. Quando o problema exige distâncias não restritas à desigualdade triangular, basta adicionar uma constante k a cada distância. Por exemplo, se as três distâncias envolvidas são 2, 3 e 10, as quais não obedecem à desigualdade triangular pois $2 + 3 < 10$, adicionando $k = 10$ às três distâncias obtemos 12, 13 e 20, que agora satisfazem a desigualdade triangular. Nesse caso, o problema alterado terá a mesma solução ótima que o problema anterior, apenas com o comprimento da rota ótima diferindo de $n \times k$.

Finalmente, cabe observar que o problema do caixeiro-viajante equivale a encontrar no grafo $G = (V, A)$ um **ciclo de Hamilton** de custo mínimo.

Limite Inferior para a Solução do PCV a partir da Árvore Geradora Mínima

Dado um grafo $G = (V, A)$, onde V representa as n cidades e A representa as distâncias entre cidades, uma árvore geradora é uma coleção de $n - 1$ arestas que ligam todas as cidades por meio de um subgrafo conectado único, e a **árvore geradora mínima** corresponde à árvore geradora de custo mínimo. A Seção 7.8 apresenta algoritmos polinomiais de custo $O(|A| \log |V|)$ para obter a árvore geradora mínima quando o grafo de entrada é dado na forma de uma matriz de adjacência. A Figura 9.13 mostra uma árvore geradora mínima relativa ao grafo da Figura 9.9. A partir da árvore geradora mínima, podemos derivar o limite inferior para o problema do caixeiro-viajante, como se segue.

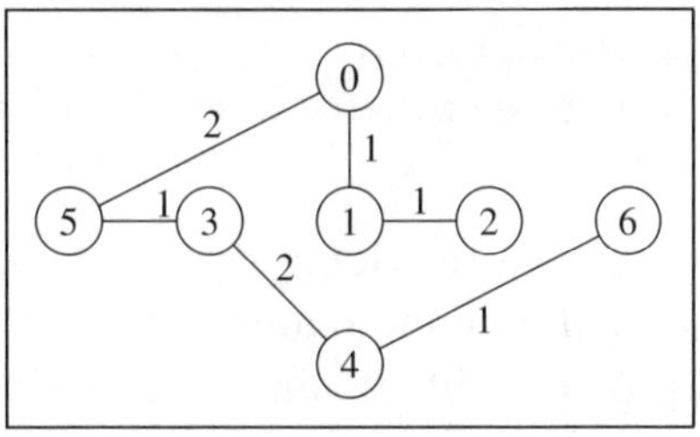

Figura 9.13 *Árvore geradora mínima de custo igual a 8 relativa ao grafo da Figura 9.9.*

Considere uma aresta (x_1, x_2) do caminho ótimo do problema do caixeiro-viajante. Remova a aresta e ache um caminho iniciando em x_1 e terminando em x_2. Ao retirar uma aresta do caminho ótimo, temos uma árvore geradora que consiste de um caminho que visita todas as cidades. Logo, o caminho ótimo para o problema do caixeiro-viajante é necessariamente maior que o comprimento da árvore geradora mínima. O **limite inferior** para o custo desse caminho é a árvore geradora mínima. Logo,

$$Otimo_{PCV} > AGM.$$

Limite Superior de Aproximação para o Problema do Caixeiro-Viajante

Vamos ver agora como a desigualdade triangular permite utilizar a árvore geradora mínima para obter um **limite superior** para a razão de aproximação com relação ao comprimento do caminho ótimo.

Vamos considerar um algoritmo que visita todas as cidades, mas pode usar somente as arestas da árvore geradora mínima, conforme pode ser visto nas Figuras 9.14(a) e 9.14(b). Uma possibilidade é iniciar em um vértice folha da árvore (vértice de grau 1) e usar a seguinte estratégia: se houver alguma aresta ainda não visitada saindo do vértice corrente, siga essa aresta para um novo vértice. Se todas as arestas a partir do vértice corrente tiverem sido visitadas, volte para o vértice adjacente pela aresta por meio da qual o vértice corrente foi inicialmente alcançado. Termine quando retornar para o vértice inicial.

O algoritmo que acabamos de descrever é o Programa 7.9 que realiza busca em profundidade, apresentado na Seção 7.3, no caso aplicado à árvore geradora mínima. É fácil verificar que (i) o algoritmo visita todos os vértices e (ii) que nenhuma aresta é visitada mais do que duas vezes. Logo, o algoritmo obtém um caminho que visita todas as cidades cujo custo é menor ou igual a duas vezes o custo da árvore geradora mínima. Como o caminho ótimo é maior que o custo da árvore geradora mínima, então o caminho obtido pelo algoritmo é no máximo duas vezes o custo do caminho ótimo, isto é, $Caminho_{PCV} < 2Otimo_{PCV}$.

A única restrição ao algoritmo que acabamos de descrever é o fato de que algumas cidades são visitadas mais de uma vez. Para contornar esse problema podemos usar a desigualdade triangular a fim de evitar cidades repetidas. Isso pode ser feito introduzindo curtos-circuitos que nunca aumentam o comprimento total do caminho.

Novamente, inicie em um vértice folha da árvore geradora mínima. Entretanto, sempre que a busca em profundidade for voltar para uma cidade que já foi visitada, salte para a próxima cidade ainda não visitada. Observe que a rota direta não é maior do que a rota anterior indireta, em razão da desigualdade triangular. Se todas as cidades tiverem sido visitadas, volte para o ponto de partida. Veja a Figura 9.14(c). Agora, o algoritmo constrói um caminho solução para o problema do caixeiro-viajante porque cada cidade é visitada apenas uma vez, exceto a cidade de partida. Além disso, o caminho obtido não é maior do que o caminho obtido em uma busca em profundidade, cujo comprimento é no máximo duas vezes o do caminho ótimo.

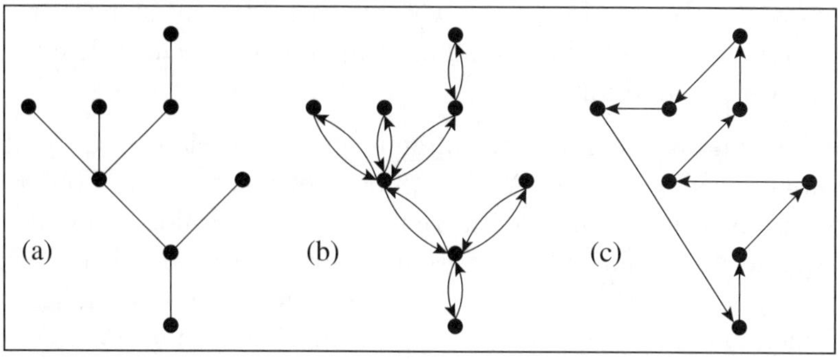

Figura 9.14 *Algoritmo aproximado a partir da árvore geradora mínima. (a) Uma árvore geradora mínima T; (b) Busca em profundidade em T (duas vezes a AGM de (a)); (c) Busca em profundidade em T com curto-circuito.*

Os principais passos do algoritmo são:

1. Obtenha a árvore geradora mínima para o conjunto de n cidades, com custo $O(n^2)$.
2. Aplique o algoritmo de busca em profundidade na árvore geradora mínima obtida com custo $O(n)$, a saber:
   - ❑ Inicie em uma folha (grau 1).
   - ❑ Siga uma aresta não utilizada.
   - ❑ Toda vez que tivermos de retornar para uma cidade que já foi visitada, salte no caminhamento para a próxima cidade ainda não visitada (a rota direta é menor que a indireta pela desigualdade triangular).
   - ❑ Se todas as cidades tiverem sido visitadas, volte à cidade de origem.

Assim, obtivemos um algoritmo polinomial de custo $O(n^2)$, com uma razão de aproximação garantida para o pior caso de $R_A \leq 2$.

Como Melhorar o Limite Superior a Partir da Árvore Geradora Mínima

O algoritmo apresentado na última seção utiliza o fato básico de que um caminho para o caixeiro-viajante pode ser obtido dobrando os arcos da árvore geradora mínima, o que leva a um pior caso para a razão de aproximação no máximo igual a 2. Para melhorar a garantia de um fator 2 para o pior caso, vamos utilizar o conceito de grafo Euleriano.

Um **grafo Euleriano** é um grafo conectado no qual todo vértice tem grau par. É fácil mostrar que um grafo Euleriano possui um **caminho Euleriano**, isto é, um ciclo que passe por todas as arestas exatamente uma vez. Além disso, dado um grafo Euleriano, o caminho Euleriano pode ser obtido em tempo $O(n)$, usando o algoritmo de busca em profundidade. Vamos mostrar como obter um caminho para o problema do caixeiro-viajante a partir de uma árvore geradora mínima, mas dessa vez usando o caminho Euleriano e a técnica de curto-circuito empregada na seção anterior.

Suponha uma árvore geradora mínima que tenha cidades do problema do caixeiro-viajante como vértices. A seguir, dobre suas arestas para obter um grafo Euleriano, encontre um caminho Euleriano para esse grafo, e então converta-o em um caminho do caixeiro-viajante usando curtos-circuitos. Pela desigualdade triangular, o caminho do caixeiro-viajante não pode ser mais longo do que o caminho Euleriano e, consequentemente, de comprimento no máximo duas vezes o comprimento da árvore geradora mínima.

Christofides (1975) propôs uma melhoria do algoritmo acima que utiliza o conceito de **casamento mínimo com pesos** (*minimum weight matching*) em grafos. Dado um conjunto contendo um número par de cidades, um casamento é uma coleção de arestas M, tal que cada cidade é a extremidade de exatamente um arco em M. Um casamento mínimo é aquele para o qual o comprimento total das arestas é mínimo. Um exemplo de casamento pode ser visto na Figura 9.15. Se considerarmos cada aresta com peso igual a um, então o conjunto M de cinco arestas representadas na figura de forma mais espessa forma um casamento mínimo. Note que todo vértice é parte de exatamente uma aresta do conjunto M. Tal casamento pode ser encontrado com custo $O(n^3)$.

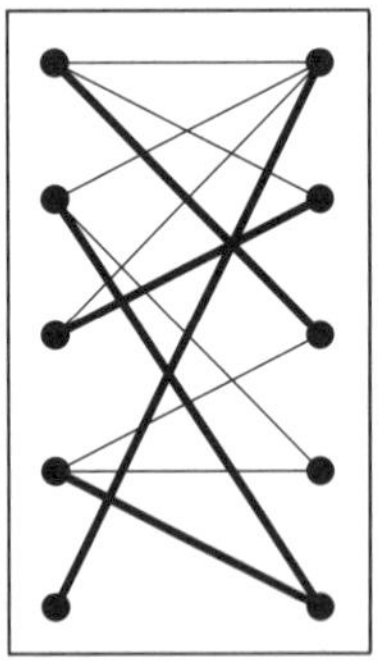

Figura 9.15 *Exemplo de casamento (*matching*).*

Como o conceito de casamento pode ser usado para melhorar o algoritmo descrito anteriormente? Considere novamente a árvore geradora mínima T de um grafo. Note que alguns dos vértices em T já possuem grau par e assim não precisariam receber mais arestas se quisermos transformar a árvore em um grafo Euleriano. De fato, os únicos vértices com que temos de nos preocupar são os vértices de grau ímpar. Mais ainda, existe sempre um número par de vértices de grau ímpar, desde que a soma dos graus de todos os vértices tenha de ser par porque cada aresta é contada exatamente uma vez. Logo, uma maneira de construir um grafo Euleriano que inclua T é simplesmente obter um casamento para os vértices de grau ímpar. Conforme pode ser visto na Figura 9.16, isso aumenta de um o grau de cada vértice de grau ímpar, enquanto os vértices de grau par permanecem como estavam. Assim, se adicionarmos em T um casamento mínimo para os vértices de grau ímpar, nós obteremos um grafo Euleriano que terá comprimento mínimo dentre aqueles que contêm T.

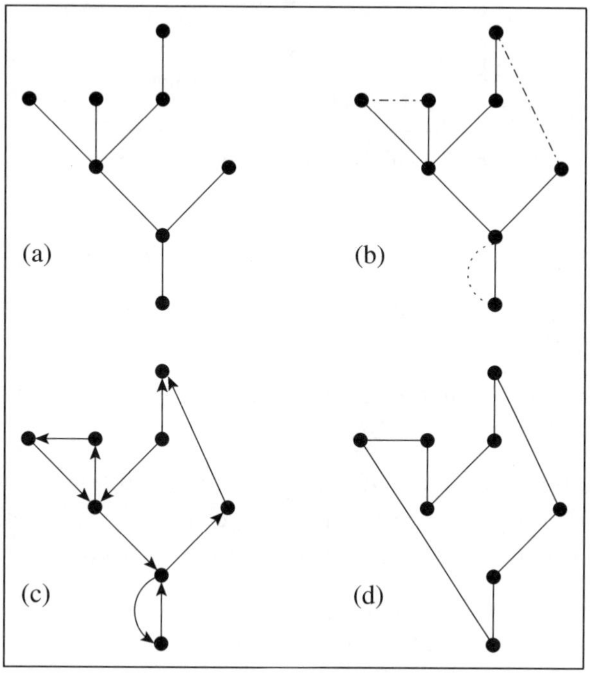

Figura 9.16 *Algoritmo melhorado de Christofides. (a) Uma árvore geradora mínima T; (b) T mais um casamento mínimo dos vértices de grau ímpar; (c) Caminho de Euler em (b); (d) Busca em profundidade com curto-circuito.*

Basta agora determinar o comprimento do grafo de Euler. A Figura 9.17 mostra um caminho do caixeiro-viajante em que podem ser vistas seis cidades correspondentes aos vértices de grau ímpar enfatizadas. O caminho determina dois casamentos M e M', indicados por linhas espessas e linhas finas, respectivamente. Considere I uma instância do problema do caixeiro-viajante, e sejam $Comp(T)$, $Comp(M)$ e $Comp(M')$ a soma dos comprimentos de T, M e M', respectivamente. Pela desigualdade triangular devemos ter que:

$$Comp(M) + Comp(M') \leq Otimo(I),$$

e assim ou M ou M' tem de ter comprimento menor ou igual a $Otimo(I)/2$. Logo, o comprimento de um casamento mínimo para os vértices de grau ímpar de T tem também de ter comprimento no máximo $Otimo(I)/2$. Desde que o comprimento de M é menor do que o caminho do caixeiro-viajante ótimo, podemos concluir que o comprimento do grafo Euleriano construído é:

$$Comp(I) < \frac{3}{2} Otimo(I).$$

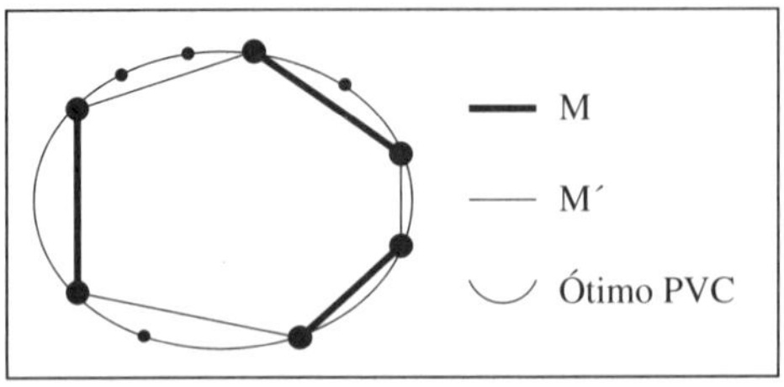

Figura 9.17 *Comprimento do grafo de Euler.*

Os principais passos do algoritmo de Christofides são:

1. Obtenha a árvore geradora mínima T para o conjunto de n cidades, com custo $O(n^2)$.
2. Construa um casamento mínimo M para o conjunto de vértices de grau ímpar em T, com custo $O(n^3)$.
3. Encontre um caminho de Euler para o grafo Euleriano obtido com a união de T e M, e converta o caminho de Euler em um caminho do caixeiro-viajante usando curtos-circuitos, com um custo de $O(n)$.

Assim obtivemos um algoritmo polinomial de custo $O(n^3)$, com uma razão de aproximação garantida para o pior caso de $R_A < 3/2$.

Vamos concluir este capítulo apresentando um exemplo de pior caso do algoritmo de Christofides, conforme pode ser visto na Figura 9.18.

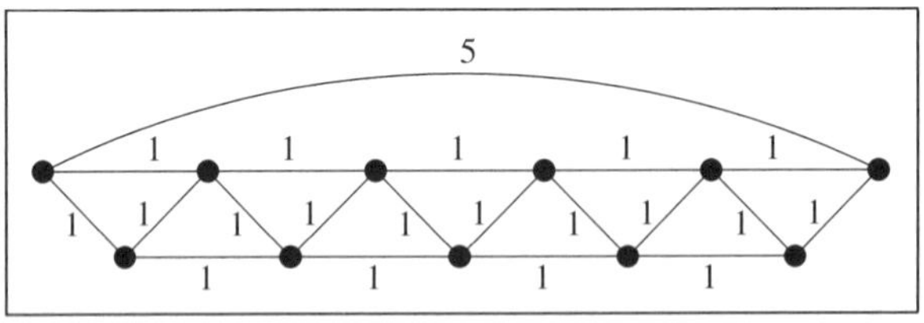

Figura 9.18 *Exemplo de pior caso.*

A árvore geradora mínima e o caminho ótimo relativos ao grafo da Figura 9.18 podem ser vistos na Figura 9.19. Nesse caso, para uma instância I:

$$C(I) = \frac{3}{2}[Otimo(I) - 1],$$

em que o $Otimo(I) = 11$, $C(I) = 15$, e $AGM = 10$.

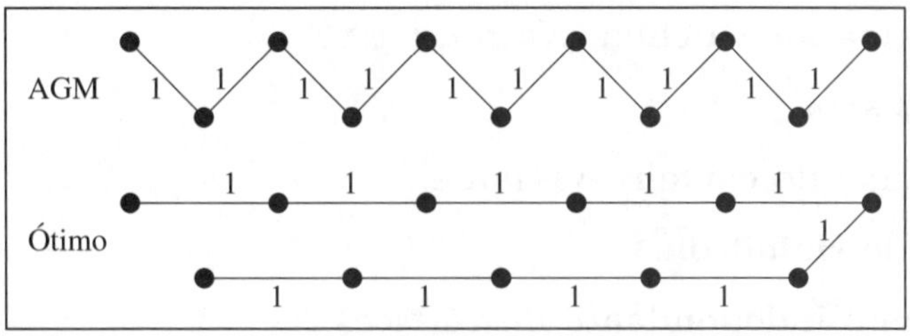

Figura 9.19 *Árvore geradora mínima e caminho ótimo relativos ao exemplo de pior caso do algoritmo de Christofides.*

Notas Bibliográficas

Garey e Johnson (1979) são uma das referências mais completas sobre $\mathcal{NP}$-completo, apresentando uma discussão completa sobre a teoria, além de fornecer um catálago de muitos problemas que eram conhecidos ser $\mathcal{NP}$-completo em 1979. Aho, Hopcroft e Ullman (1974) também cobrem $\mathcal{NP}$-completo e fornecem várias reduções. A maneira como apresentamos a teoria por meio do conceito de computação não determinista foi baseada no Capítulo 11 de Horowitz e Sahni (1978).

As classes $\mathcal{P}$ e $\mathcal{NP}$ foram introduzidas por Edmonds (1965), que também apresentou a conjectura de que $\mathcal{P} \neq \mathcal{NP}$. A noção da classe $\mathcal{NP}$-completo foi introduzida por Cook (1971), que apresentou uma prova direta do primeiro problema $\mathcal{NP}$-completo, que é o **problema da *satisfabilidade***. Karp (1972) introduziu uma metodologia para reduções polinomiais e mostrou a grande variedade dos problemas $\mathcal{NP}$-completo, apresentando as primeiras provas de que os problemas do **clique**, de **cobertura de vértices** e do **ciclo de Hamilton** são problemas $\mathcal{NP}$-completo.

A literatura sobre algoritmos de aproximação é enorme. Garey e Johnson (1979) estão entre os primeiros a tratar do assunto. Papadimitriou e Steiglitz (1982) têm uma excelente apresentação de algoritmos de aproximação. O livro de Lawler, Lenstra, Rinnooy e Shmoys (1985) apresenta um estudo extenso do problema do caixeiro-viajante. Algoritmos aproximados para o problema do caixeiro-viajante são apresentados no excelente artigo de Rosenkrantz, Stearns e Lewis (1977).

Exercícios

1. Apresente pelo menos um exemplo prático (e não mais do que três) que possa ser modelado por meio dos seguintes problemas:

a) ***Bin packing***.

b) **Cobertura de vértices**.

c) **Problema da Mochila** (*Knapsack problem*).

d) ***Subset sum***.

e) **Problema do caixeiro-viajante**.

f) **Ciclo de Hamilton**.

g) **Conjunto independente de vértices**.

h) **Clique**.

i) **Coloração de grafos**.

j) ***Satisfabilidade***.

2. É possível existir um algoritmo que resolve um problema $\mathcal{NP}$-completo que execute em um tempo aceitável para muitos problemas práticos? Explique sua resposta (Carvalho, 1992).

3. Suponha que dois problemas sejam $\mathcal{NP}$-completos. Isso implica que existe uma redução polinomial no tempo de um problema para outro se $\mathcal{P} \neq \mathcal{NP}$?

4. A fómula lógica $(x_1 + x_3 + x_5) * (x_1 + \overline{x_2} + x_4) * (\overline{x_3} + x_4 + x_5) * (x_2 + \overline{x_3} + x_5)$ é *satisfatível*?

5. Considere uma versão restrita do problema da *satisfabilidade* na qual as fórmulas podem conter no máximo k ocorrências de cada variável, em que k é fixo.

a) Mostre que o problema é $\mathcal{NP}$-completo se $k \geq 3$.

b) Mostre que o problema pode ser resolvido em tempo polinomial se $k \leq 2$.

6. Indique se as afirmativas a seguir são verdadeiras ou falsas e justifique a sua resposta (Carvalho, 1992).

a) Se $L_1 \propto L_2$ e $L_1 \in P$, então $L_2 \in P$.

b) Se $L_1 \propto L_2$ e $L_2 \in P$, então $L_1 \in P$.

c) Se $L_1 \in \mathcal{NP}$, então $SAT \propto L_1$.

d) $2SAT \propto 3SAT$.

e) Se $P = \mathcal{NP}$, então algoritmos nãodeterministas não são mais poderosos que algoritmos tradicionais (deterministas).

f) Assumindo que $P \neq \mathcal{NP}$, não é possível ter uma heurística de custo polinomial para um problema $\mathcal{NP}$-completo que, para qualquer dado de entrada, calcule uma resposta cujo valor seja exatamente 10% pior que o valor da solução ótima.

g) Existe um algoritmo de ***branch-and-bound*** aplicado ao problema da mochila que possui ordem de complexidade $O(n^2)$, em que n corresponde ao número de itens.

7. Problema da mochila (Carvalho, 1992).

Um escoteiro-mirim prepara-se para acampar e, nesse momento, em fase final de preparativos, ele vai colocar os embrulhos dentro de sua mochila. Mal ele começa, já nota que deverá deixar alguns itens para trás, pois, como vai caminhar muito, o peso de sua mochila não deverá exceder um limite de L quilos. Para auxiliar no processo de decidir quais itens levar, ele atribui a cada um deles um valor que representa a sua utilidade. O **problema da mochila** é então o problema de decidir, em decorrência das suas utilidades, quais itens levar de modo a não sobrecarregar a mochila.

Enunciando este problema em termos mais formais: é dado um conjunto C_n de n itens, representado por $C_n = \{1, 2, \ldots, n\}$, em que cada item $i \in C_n$ tem um peso p_i e utilidade u_i ($p_i > 0, u_i > 0$). Desejamos determinar um subconjunto S dos itens, tal que a soma dos pesos dos elementos de S seja menor ou igual à capacidade da mochila L e que a utilidade total dos elementos de S seja a maior possível. Matematicamente:

$$\text{máximo} \sum_{i \in S} u_i,$$

$$\text{sujeito a} \sum_{i \in S} p_i \leq L,$$

$$S \subseteq C_n.$$

O que fazer:

a) Prove que este problema é $\mathcal{NP}$-Completo.

b) Implemente um algoritmo com complexidade de espaço linear capaz de obter a solução ótima para o problema.

Informe o tamanho do maior problema em que você conseguiu obter a solução ótima. Comente o resultado, indicando o motivo da limitação e faça uma estimativa do tempo necessário no caso de termos uma entrada dez vezes maior que a do maior problema que você resolveu.

c) Solução por programação dinâmica.

Uma maneira eficiente de resolver esse problema é por meio de uma técnica conhecida por **programação dinâmica**. Conforme mostra a Seção 2.6, essa técnica consiste em resolver o problema via decomposição em subproblemas, solução desses subproblemas e a posterior combinação das respostas obtidas. Um exemplo conhecido dessa técnica é o algoritmo Quicksort, que ordena um conjunto fazendo sua decomposição em subconjuntos, que serão posteriormente ordenados pelo mesmo algoritmo aplicado recursivamente.

Considere $UT_j(M)$ o valor máximo de utilidade total que pode ser obtido resolvendo-se um problema da mochila, sendo dados os itens $C_j = \{1, 2, \ldots, j\}$ e uma mochila de capacidade M. Pelo **princípio da otimalidade** da programação dinâmica, temos que:

$$UT_j(M) = \max\{UT_{j-1}(M),\ u_j + UT_{j-1}(M - p_j)\}.$$

Ou seja, podemos resolver um problema em j itens e capacidade M, combinando as respostas de dois outros problemas em $j - 1$ itens, um com capacidade M e outro com capacidade $M - p_j$. Essa fórmula pode ser aplicada recursivamente até que cheguemos a um problema cuja solução é trivial. Como em $UT_0(M) = 0$ para todo valor $M \geq 0$ e $UT_j(M) = -\infty$ para $M < 0$ e para todo j.

A solução do problema original em n itens e mochila com capacidade L é dada por $UT_n(L)$. Por exemplo, seja o seguinte problema da mochila cuja capacidade é 6 e 4 itens: $p_1 = 1, p_2 = 2, p_3 = 4$ e $p_4 = 5$, $u_1 = 2, u_2 = 3, u_3 = 3$ e $u_4 = 4$.

A solução será dada por $UT_4(6)$. Uma forma prática de representar esse cálculo é por meio do quadro a seguir, preenchido por colunas (valores crescentes de j), e, dentro das colunas, por linhas (valores crescentes de M). Esse algoritmo requer, para resolver um problema com n itens e capacidade L, uma matriz que ocupa $O(n \times L)$ posições. Logo, o valor ótimo (que maximiza a utilidade) é 6 (no canto inferior direito).

		j			
		1	2	3	4
	1	2	2	2	2
	2	2	3	3	3
M	3	2	5	5	5
	4	2	5	5	5
	5	2	5	5	5
	6	2	5	6	6

A solução por programação dinâmica sugerida anteriormente fornece apenas o *valor* da solução ótima e não fornece quais os itens selecionados para formar tal solução. Implemente a solução por programação dinâmica sugerida, mas fazendo com que o programa informe também os itens que compõem a solução ótima.

d) Implemente um algoritmo aproximado que resolva esse problema eficientemente e produza "boas" soluções sob o ponto de vista prático.

e) Apresente análise de complexidade de tempo e espaço para os algoritmos apresentados nos itens b, c e d.

f) Apresente uma análise indicando o quanto a solução aproximada fornecida se aproxima do resultado ótimo. (Você pode explicar resultados encontrados na literatura ou ainda apresentar sua própria demonstração.)

g) Realize testes com entradas escolhidas aleatoriamente e compare os resultados com a análise de eficiência apresentada no item anterior. Comente os resultados obtidos e discuta o quanto a análise teórica está próxima da realidade.

Observações adicionais:

Os itens b, c e d devem apresentar a listagem do programa e uma descrição detalhada dos algoritmos e das estruturas de dados utilizados. Além do funcionamento da implementação, serão considerados na avaliação: clareza e comentários descritivos nos códigos.

8. O garoto do Exercício 7 conseguiu a ajuda de n amigos, e cada um deles também pode carregar L quilos. Apesar disso, ao somar a quantidade de peso extra que seus amigos podem carregar, o garoto percebeu que ainda pode não ter condições de levar todos os itens. Considere que o garoto ainda deseja maximizar a utilidade e apresente uma prova de que este novo problema é $\mathcal{NP}$-Completo.

9. Considere o algoritmo seguinte para determinar se um grafo tem um **clique** de tamanho k:

a) Obtenha todos os subconjuntos de vértices do grafo contendo exatamente k vértices. Existem $O(n^k)$ subconjuntos com k vértices.

b) Verifique se qualquer dos subgrafos gerados pelos subconjuntos é completo.

Esse algoritmo é polinomial para o problema do clique? Por quê?

10. Cobertura de vértices (Meira Jr., 2008).

Prove que o problema de **cobertura de vértices** é $\mathcal{NP}$-completo.

11. Prove que o problema de **cobertura de vértices** para os grafos em que todos os vértices têm grau par é $\mathcal{NP}$-completo.

12. Um órgão de governo deseja definir onde devem ser posicionadas novas escolas de educação de jóvens e adultos (Meira Jr., 2008). Existem duas restrições: (i) cada escola deve estar em uma cidade e (ii) nenhum aluno deve ter que viajar mais do que 30 quilômetros para ir à aula. O problema é determinar o número mínimo de escolas que deverão ser instaladas.

a) Apresente um modelo para o problema, considerando que você tem um mapa das cidades onde as escolas podem ser instaladas.

b) Esse problema é NP-Completo? Prove ou apresente um algoritmo polinomial ótimo.

c) Apresente um algoritmo aproximado para o problema.

d) Qual é a **razão de aproximação** do seu algoritmo?

13. Dado um grafo G = (V, A), um conjunto independente de vértices é um subconjunto $V' \subseteq V$, tal que todo par de vértices de V' não é adjacente (isto é, se $x, y \in V'$, então a aresta $x, y \notin A$).

Um **conjunto independente maximal**[1] é máximo se todos os outros conjuntos independentes têm cardinalidade menor ou igual. O conjunto $\{2,3\}$ na Figura 9.20 não é um conjunto independente maximal, enquanto os conjuntos $\{0,1\}$ e $\{2,3,4\}$ são conjuntos independentes maximais, sendo que o conjunto $\{2,3,4\}$ é um conjunto independente máximo.

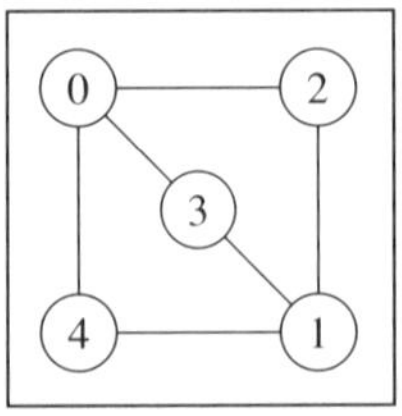

Figura 9.20 *Exemplo de conjunto independente maximal.*

Esse problema tem várias aplicações práticas. Exemplos:

a) Suponhamos que você queira realizar uma reunião envolvendo o maior número possível de pessoas do seu círculo de amizades que não se conhecem. Dentre as pessoas que poderiam ser convidadas, você traça um grafo contendo uma aresta ligando duas pessoas que se conhecem. O conjunto independente máximo representa o maior conjunto de pessoas que não se conhecem.

b) Considere um grafo cujos vértices representam projetos que podem ser executados em uma unidade de tempo. Todo projeto que utiliza recursos comuns a um outro projeto é interligado por uma aresta. O conjunto independente máximo representa o conjunto maximal de projetos que podem ser executados em paralelo (simultaneamente) em um único período de tempo.

c) **Problema das oito rainhas**: Oito rainhas são colocadas em um tabuleiro de xadrez de tal forma que nenhuma rainha possa atacar diretamente outra rainha. Esse problema foi investigado por C. F. Gauss em 1850, que não conseguiu resolvê-lo inteiramente. O problema pode ser generalizado para um tabuleiro qualquer de tamanho $n \times n$. Considere um grafo cujos vértices representam as posições de um tabuleiro. Para cada posição do tabuleiro, interligar por uma aresta todas as posições que possam ser atingidas pela rainha a partir dela. O conjunto independente máximo representa a solução para o problema das n rainhas.

O que fazer:

a) Prove que o problema de encontrar o conjunto independente máximo de um grafo é $\mathcal{NP}$-Completo.

b) Implemente um algoritmo capaz de obter a solução ótima para esse problema. Informe o tamanho do maior problema que você conseguiu obter a solução ótima. Comente o resultado indicando o motivo da limitação e faça uma estima-

[1]Um conjunto independente é *maximal* quando não existe nenhum outro conjunto independente que o contenha, isto é, um conjunto que não pode ser completado.

tiva do tempo necessário no caso de termos uma entrada dez vezes maior que a do maior problema que você resolveu.

c) Implemente um algoritmo polinomial para obter uma redução, tal que você consiga resolver o problema do clique utilizando o algoritmo implementado no item anterior. Mostre o funcionamento do seu algoritmo para o exemplo acima.

d) Implemente um algoritmo aproximado que resolva este problema eficientemente e produza "boas" soluções sob o ponto de vista prático. Apresente uma análise de complexidade de tempo do seu algoritmo aproximado.

e) Apresente uma análise indicando o quanto a solução aproximada fornecida se aproxima do resultado ótimo. (Você pode explicar resultados encontrados na literatura ou ainda apresentar sua própria demonstração.)

f) Realize testes com entradas escolhidas aleatoriamente e compare os resultados com a análise de eficiência apresentada no item anterior. Comente os resultados obtidos e discuta o quão próxima a análise teórica está da realidade.

As referências principais para este exercício são Christofides (1975, Capítulo 3, p. 30–35), Bron e Kerbosch (1973) e Brélaz (1979).

14. A rede de uma distribuidora de água foi implantada de modo que vários reservatórios estejam conectados via aquedutos a uma fonte (Almeida, 2010; Meira Jr., 2010). Em outras palavras, alguns reservatórios podem estar indiretamente conectados à fonte por meio de conexões com outros reservatórios. Entretanto, cada reservatório está conectado à fonte por um único caminho. Caso falte água em algum reservatório, ele pode ser atendido por outro diretamente conectado a ele. A distribuidora de água deseja identificar o **conjunto maximal de reservatórios críticos**, isto é, o maior subconjunto I de reservatórios tal que não exista conexão direta entre nenhum par de reservatórios em I na rede de distribuição. O que fazer:

a) Modele o problema de determinar o conjunto maximal de reservatórios críticos usando grafos.

b) Apresente um algoritmo baseado em **programação dinâmica** que resolva o problema.

c) Qual a ordem de complexidade do algoritmo?

d) Apresente um algoritmo **guloso** para resolver o problema.

e) Como você adaptaria a solução de programação dinâmica apresentada no item b) para resolver esse novo problema?

15. Conjunto dominante (Almeida, 2010).

Considere o problema de decisão do **conjunto dominante**:[2] Dado um grafo $G = (V, A)$ e um inteiro k, G contém um conjunto dominante de tamanho no

[2]Um conjunto dominante é um subconjunto $S \subseteq V$ tal que cada vértice de V ou está em S ou tem pelo menos um vizinho em S.

máximo k? Sabendo que o problema da **cobertura de vértices** é $\mathcal{NP}$-completo, prove que o conjunto dominante é $\mathcal{NP}$-Completo.

16. Cobertura de vértices (Almeida, 2010).

Considere o problema de decisão: Dado um grafo $G = (V, A)$ e um inteiro k, G contém uma **cobertura de vértices** de no máximo k? Prove que esse problema é $\mathcal{NP}$-Completo. Para tanto, você deve assumir que os problemas conhecidos como $\mathcal{NP}$-Completo são apenas os seguintes: CIRCUIT-SAT, SAT, 3-CNF SAT e clique. Em outras palavras, não serão aceitas reduções a partir de outros problemas.

17. ***Bin packing***

Considere $C = (s_1, s_2, \ldots, s_n)$, em que $0 < s_i \leq 1$ para $1 \leq i \leq n$. O problema consiste em empacotar $s_1, s_2, \ldots, s_n$ objetos dentro do menor número possível de caixas, sendo que cada caixa tem capacidade para acomodar qualquer subconjunto de objetos cujo tamanho total não seja maior do que 1.

Esse problema, conhecido na literatura como ***bin packing***, está relacionado ao empacotamento de objetos de diferentes tamanhos em várias caixas de mesmo tamanho, usando o menor número possível de caixas.

Exemplos:

a) Poderíamos querer realizar uma mudança do conteúdo de um prédio, fazendo o menor número possível de viagens, procurando carregar o caminhão o mais densamente possível em cada viagem (ou utilizar vários caminhões iguais de uma só vez).

b) Nós poderíamos considerar as caixas como disquetes de 1,4 *megabytes* e os objetos como arquivos de diversos tamanhos armazenados no disco rígido. O problema é determinar uma sequência de armazenamento dos arquivos nos discos flexíveis de modo a utilizar o menor número possível de discos.

O que fazer:

a) Prove que este problema é $\mathcal{NP}$-Completo (sugestão: utilize uma redução a partir do problema ***subset sum***).

b) O algoritmo aproximado ***first-fit*** pega cada objeto e o coloca na primeira caixa que o possa acomodar. Considere $S = \sum_{i=1}^{n} s_i$.

i) Apresente argumentos mostrando que o número de caixas necessárias é pelo menos $\lceil S \rceil$.

ii) Apresente argumentos mostrando que no máximo uma caixa fica com menos da metade de ocupação.

iii) Prove que o número de caixas usadas pelo algoritmo aproximado *first-fit* nunca é maior do que $\lceil 2S \rceil$.

18. Considere $S = \{s_1, s_2, \ldots, s_n\}$ um conjunto, tal que $S \subseteq N$ e um valor $t \in N$. O problema consiste em saber se existe um subconjunto $S' \subseteq S$, cujos elementos somam t. Esse problema é $\mathcal{NP}$-completo (vide Cormen, Leiserson, Rivest e Stein (2001)) e é conhecido como ***subset sum***. Em outras palavras, $Subsetsum = \{< S, t >$: existe um subconjunto $S' \subseteq S$ tal que $t = \sum_{s \in S'} S\}$. Por exemplo, se $S = \{1, 4, 16, 64, 256, 1.040, 1.041, 1.093, 1.284, 1.344\}$ e $t = 3.754$, então $S' = \{1, 16, 64, 256, 1.040, 1.093, 1.284\}$ é uma solução.

O problema de otimização associado a esse problema de decisão aparece em várias aplicações práticas. No problema de otimização, desejamos encontrar um subconjunto de $\{x_1, x_2, \ldots, x_n\}$, cuja soma é a maior possível, mas não superior a t. Por exemplo, nós podemos ter um caminhão com capacidade máxima de carga de t toneladas, e n caixas diferentes para transportar, em que a i-ésima caixa pesa x_i toneladas. Desejamos encher o caminhão tanto quanto possível sem exceder a capacidade máxima de carga.

O que fazer:

a) Apresente mais dois exemplos práticos desse problema.

b) Implemente um algoritmo capaz de obter a solução ótima para esse problema. Informe o tamanho do maior problema em que você conseguiu obter a solução ótima.

c) Implemente um algoritmo aproximado que resolva esse problema eficientemente e produza "boas" soluções do ponto de vista prático. Apresente um estudo da complexidade do seu algoritmo aproximado.

19. Dados um conjunto de cidades $C = \{c_1, c_2, \cdots, c_n\}$ e uma distância $d(c_i, c_j)$ para cada par de cidades $c_i, c_j \in C$, encontre o "roteiro" para todas as cidades em C, cujo comprimento total seja o menor possível.

Esse problema é conhecido na literatura como o problema do caixeiro-viajante (PCV). Uma versão um pouco diferente é o **problema do caixeiro-viajante assimétrico** (PCVA), que pode ser descrito como: dados um conjunto de n cidades e distâncias para cada par de cidades, encontre um roteiro de comprimento mínimo visitando cada cidade exatamente uma vez. No caso do PCVA, a distância da cidade i para a cidade j e a distância da cidade j para a cidade i podem ser diferentes.

O que fazer:

a) Prove que esse problema é $\mathcal{NP}$-Completo.

b) Implemente um algoritmo capaz de obter a solução ótima para esse problema. Informe o tamanho do maior problema em que você conseguiu obter a solução ótima. Comente o resultado indicando o motivo da limitação e faça uma estimativa do tempo necessário no caso de termos uma entrada dez vezes maior que a do maior problema que você resolveu.

c) Implemente um algoritmo aproximado que resolva esse problema eficientemente e produza "boas" soluções sob o ponto de vista prático. Apresente uma análise de complexidade de tempo do seu algoritmo aproximado. Imprima o caminho obtido e seu custo.

d) Apresente uma análise indicando o quanto a solução do algoritmo aproximado aproxima-se do resultado ótimo. (Você pode explicar resultados encontrados na literatura ou ainda apresentar sua própria demonstração.)

e) Realize testes com entradas escolhidas aleatoriamente e compare os resultados com a análise de eficiência apresentada no item anterior. Comente os resultados obtidos e discuta o quão próxima a análise teórica está da realidade.

f) Submeta eletronicamente a implementação da solução ótima utilizando como entrada de dados a seguinte matriz:

-	3	5	48	48	8	8
3	-	3	48	48	8	8
5	3	-	72	72	48	48
48	48	74	-	0	6	6
48	48	74	0	-	6	6
8	8	50	6	6	-	0
8	8	50	6	6	0	-

g) Apresente a documentação das implementações realizadas.

As principais referências para este trabalho são Cirasella, Johnson, McGeoch, e Zhang (2001), Lawler, Lenstra, Rinnooy e Shmoys (1985), Cormen, Leiserson, Rivest e Stein (2001) e Garey e Johnson (1979).

20. Indique se as afirmativas seguintes são verdadeiras ou falsas e justifique a sua resposta.

a) Se existir um algoritmo de custo polinomial para um problema $\mathcal{NP}$-Completo implica que $\mathcal{P} = \mathcal{NP}$?

b) O estudo de problemas $\mathcal{NP}$ e $\mathcal{NP}$-Completo, apesar de baseado no modelo teórico de algoritmos não deterministas, tem aplicação prática.

21. A solução do problema da mochila, utilizando programação dinâmica, obtém a solução ótima (vide Exercício 9.7(c)). Essa solução é descrita a seguir. Considere $UT_j(M)$ o valor máximo de utilidade total que pode ser obtido resolvendo-se um problema da mochila, sendo dados os itens $C_j = \{1, 2, \ldots, j\}$ e uma mochila de capacidade M. Pelo princípio da otimalidade da programação dinâmica, temos:

$$UT_j(M) = \max\{UT_{j-1}(M),\ u_j + UT_{j-1}(M - p_j)\}.$$

Ou seja, podemos resolver um problema em j itens e capacidade M combinando as respostas de dois outros problemas em $j - 1$ itens, um com capacidade M e outro com capacidade $M - p_j$. Essa fórmula pode ser aplicada recursivamente até que cheguemos a um problema cuja solução é trivial. Como em $UT_0(M) = 0$ para todo valor $M \geq 0$ e $UT_j(M) = -\infty$ para $M < 0$ e para todo j. A solução do problema original em n itens e mochila com capacidade L é dado por $UT_n(L)$. Esse algoritmo requer uma matriz que ocupa $O(n \times L)$ posições.

a) Esse algoritmo tem custo polinomial no tamanho da entrada?

b) Qual é a complexidade do algoritmo? Justifique.

22. Suponha que você assine um contrato de consultoria para uma empresa aérea que o obrigue a visitar n cidades. Como as passagens serão fornecidas pela própria empresa aérea, o custo de passagem não é relevante. Assim como a maioria das empresas operando no Brasil, a empresa aérea em questão oferece como prêmio à assiduidade uma passagem para qualquer cidade servida pela companhia para os passageiros que acumularem 20.000 milhas de vôo. Com o objetivo de usufruir desse benefício, você deseja maximizar o comprimento total da viagem relacionada com seu contrato de consultoria.

a) Apresente o algoritmo determinista mais eficiente que você conseguir para resolver o problema acima.

b) Apresente a análise da complexidade do algoritmo. O seu algoritmo é ótimo?

c) Caso o seu algoritmo não seja polinomial, você acha que existe um algoritmo determinista polinomial para o problema acima? Apresente uma prova de sua resposta, seja mostrando um algoritmo determinista polinomial seja provando que esse problema é $\mathcal{NP}$-Completo.

23. Considere o problema do caixeiro-viajante (PCV) em um grafo $G = (V, A)$ completo em que a **desigualdade triangular** é válida. Apresente um algoritmo aproximado que consiga obter uma solução que não seja pior do que duas vezes a solução ótima.

a) Descreva os principais passos do algoritmo aproximado. Apresente também um pequeno grafo G que possa ilustrar cada passo.

b) Apresente a complexidade de cada passo.

c) Mostre por que seu algoritmo aproximado não é pior do que duas vezes a solução ótima.

24. O problema de **coloração de um grafo** corresponde a verificar se os vértices de um grafo podem ser coloridos com c cores tal que dois vértices adjacentes nunca tenham a mesma cor.

a) Prove que o problema de verificar se um dado grafo G admite uma coloração que utiliza no máximo c cores é $\mathcal{NP}$-completo.

b) Descreva um algoritmo para resolver o problema em questão e apresente uma análise de complexidade do algoritmo.

c) Proponha uma solução aproximada para resolver o problema em tempo polinomial.

25. Considere um grafo não direcionado $G(V, A)$ e dois vértices distintos x e y de G. Existe um algoritmo determinista polinomial para determinar se G contém um caminho de x até y sem passar duas vezes por um mesmo vértice? Apresente uma prova de sua resposta, seja mostrando um algoritmo seja provando que esse problema é $\mathcal{NP}$-Completo.

26. Considere um grafo não direcionado $G = (V, A)$ e dois vértices distintos x e y de G. Existe um algoritmo polinomial para determinar se G contém um **caminho de Hamilton** cujos vértices iniciais e finais são x e y? Apresente uma prova de sua resposta, seja mostrando o algoritmo seja provando que ele não existe.

27. Coloração de grafos (Almeida, 2003; Meira Jr., 2003).

a) Implemente um algoritmo capaz de obter a solução ótima para esse problema, isto é, determinar o número mínimo k de cores para colorir um dado grafo de entrada. Informe o tamanho do maior problema para o qual você conseguiu obter a solução ótima. Comente o resultado, indicando o motivo da limitação, e faça uma estimativa do tempo necessário no caso de termos uma entrada 10 vezes maior que a do maior problema que você resolveu.

b) Implemente um algoritmo aproximado que resolva esse problema eficientemente e produza "boas" soluções do ponto de vista prático.

c) Apresente uma análise de complexidade de tempo do seu algoritmo aproximado.

d) Discuta os resultados obtidos para grafos de vários tamanhos. Apresente gráficos e tabelas comparando o tempo de execução e a qualidade da solução encontrada pelo seu algoritmo aproximado com o algoritmo ótimo, para grafos cuja solução ótima foi obtida.

Apêndice A

Programas em C do Capítulo 1

Programa A.1 *Função para obter o maior elemento de um conjunto*

```
int Max(TipoVetor A)
{ int i, Temp;
  Temp = A[0];
  for (i = 1; i < N; i++) if (Temp < A[i]) Temp = A[i];
  return Temp;
}
```

Programa A.2 *Implementação direta para obter o máximo e o mínimo*

```
void MaxMin1(TipoVetor A, int *Max, int *Min)
{ int i;
  *Max = A[0]; *Min = A[0];
  for (i = 1; i < N; i++)
    { if (A[i] > *Max) *Max = A[i];
      if (A[i] < *Min) *Min = A[i];
    }
}
```

Programa A.3 *Implementação melhorada para obter o máximo e o mínimo*

```
void MaxMin2(TipoVetor A, int *Max, int *Min)
{ int i;
  *Max = A[0]; *Min = A[0];
  for (i = 1; i < N; i++)
    { if (A[i] > *Max) *Max = A[i];
      else if (A[i] < *Min) *Min = A[i];
    }
}
```

Programa A.4 *Outra implementação para obter o máximo e o mínimo*

```
void MaxMin3(TipoVetor A, int *Max, int *Min)
{ int i , FimDoAnel;
  if ((N & 1) > 0)
  { A[N] = A[N - 1]; FimDoAnel = N;
  }
  else FimDoAnel = N - 1;
  if (A[0] > A[1])
  { *Max = A[0]; *Min = A[1]; }
  else { *Max = A[1]; *Min = A[0]; }
  i = 3;
  while (i <= FimDoAnel)
    { if (A[i - 1] > A[i])
      { if (A[i - 1] > *Max) *Max = A[i - 1];
        if (A[i] < *Min) *Min = A[i];
      }
      else { if (A[i - 1] < *Min) *Min = A[i - 1];
             if (A[i] > *Max) *Max = A[i];
           }
      i += 2;
    }
}
```

Programa A.5 *Programa para ordenar*

```
void Ordena(TipoVetor A)
{ /*ordena o vetor A em ordem ascendente*/
  int i, j, min,x;
  for (i = 1; i < n; i++)
    { min = i;
      for (j = i + 1; j <= n; j++)
      if ( A[j - 1] < A[min - 1] ) min = j;
      /*troca A[min] e A[i]*/
      x = A[min - 1];
      A[min - 1] = A[i - 1];
      A[i - 1] = x;
    }
}
```

Programa A.6 *Algoritmo recursivo*

```
    Pesquisa(n);
(1) if (n ≤ 1)
(2) 'inspecione elemento' e termine
    else{
(3)      para cada um dos n elementos 'inspecione elemento';
(4)      Pesquisa(n/3);
        }
```

Programa A.7 Programa para copiar arquivo

```
/* copia o arquivo Velho no arquivo Novo */
#define N 30
typedef char TipoAlfa[N];
typedef struct { int Dia; int Mes;} TipoData;
typedef struct {
  TipoAlfa Sobrenome, PrimeiroNome;
  TipoData Aniversario;
  enum { Mas, Fem } Sexo;
} Pessoa;

int main(int argc, char* argv[])
{ FILE *Velho, *Novo;
  Pessoa Registro;
  if( (Velho = fopen(argv[1],"r")) == NULL )
  { printf("arquivo nao pode ser aberto\n");exit(1); }
  if( (Novo = fopen(argv[2],"w")) == NULL)
  { printf("arquivo nao pode ser aberto\n");exit(1); }
  while (fread(&Registro, sizeof(Pessoa), 1, Velho) > 0)
    fwrite(&Registro, sizeof(Pessoa), 1, Novo);
  fclose(Velho); fclose(Novo);
  return (0);
}
```

Programa A.8 Exemplo de passagem de parâmetro por valor e por variável

```
void SomaUm(int x, int*y)
{ x = x+1;
  *y = (*y)+1;
  printf("Funcao SomaUm: %d %d\n", x,*y);
}

int main()
{ int a=0, b=0;
  SomaUm(a,&b);
  printf("Programa principal: %d %d\n", a,b);
  return(0);
}
```

Apêndice B

Programas em C do Capítulo 2

Programa B.1 *Estrutura de dados para árvores binárias de pesquisa*

```
typedef struct TipoRegistro {
  int Chave;
}TipoRegistro;
typedef struct TipoNo* TipoApontador;
typedef struct TipoNo {
  TipoRegistro  Reg;
  TipoApontador Esq, Dir;
}TipoNo;
```

Programa B.2 *Caminhamento Central*

```
void Central(TipoApontador p)
{ if (p == NULL)
  return;
  Central(p -> Esq);
  printf("%ld\n", p -> Reg.Chave);
  Central(p -> Dir);
}
```

Programa B.3 *Função recursiva para calcular a sequência de Fibonacci*

```
unsigned int FibRec(unsigned int n)
{ if (n < 2)
  return n;
  else return (FibRec(n - 1) + FibRec(n - 2));
}
```

Programa B.4 *Função iterativa para calcular números de Fibonacci*

```
unsigned int FibIter(unsigned int n)
{ unsigned int i = 1, k, F = 0;
  for (k = 1; k <= n; k++)
    { F += i; i = F - i;
    }
  return F;
}
```

Programa B.5 *Tenta um próximo movimento*

```
void Tenta()
{ inicializa selecao de movimentos;
  do
    { seleciona proximo candidato ao movimento;
      if (aceitavel)
      { registra movimento;
        if (tabuleiro nao esta cheio)
        { tenta novo movimento;
          if (nao sucedido) apaga registro anterior;
        }
      }
    } while( !((movimento bem sucedido)
                ou (acabaram-se os candidatos a movimento)));
}
```

Programa B.6 *Tenta um próximo movimento*

```
void Tenta(int i, int x, int y, short *q)
{ int u, v; int k = -1; short q1;
  /* inicializa selecao de movimentos */
  do
    { ++k; q1 = FALSE;
      u = x + a[k]; v = y + b[k];
      if (u >= 0 && u < N && v >= 0 && v < N)
      if (t[u][v] == 0)
      { t[u][v] = i;
        if (i < N * N)
        { /* tabuleiro nao esta cheio */
          Tenta(i + 1, u, v, &q1);   /* tenta novo movimento */
          if (!q1)
          t[u][v] = 0;   /* nao sucedido apaga registro anterior */
        }
        else q1 = TRUE;
      }
    } while (!(q1 || k == 7));
    /* nao existem mais casas a visitar a partir de x,y */
  *q = q1;
}
```

Programa B.7 *Passeio do cavalo no tabuleiro de xadrez*

```
#define N 8   /* Tamanho do lado do tabuleiro */
#define FALSE 0
#define TRUE 1

int   i, j;
int   t[N][N];
short q;
int   a[N], b[N];

/* -- Entra aqui a funcao Tenta do programa B.6 -- */
int main(int argc, char *argv[])
{ /* programa principal */
  a[0] = 2; a[1] = 1; a[2] = -1; a[3] = -2;
  b[0] = 1; b[1] = 2; b[2] = 2; b[3] = 1;
  a[4] = -2; a[5] = -1; a[6] = 1; a[7] = 2;
  b[4] = -1; b[5] = -2; b[6] = -2; b[7] = -1;
  for (i = 0; i < N; i++) for (j = 0; j < N; j++) t[i][j] = 0;
  t[0][0] = 1;   /* escolhemos uma casa do tabuleiro */
  Tenta(2, 0, 0, &q);
  if (!q)
  { printf("Sem solucao\n"); return 0;
  }
  for (i = 0; i < N; i++)
    { for (j = 0; j < N; j++) printf(" %4d", t[i][j]); putchar('\n');
    }
  return 0;
}
```

Programa B.8 *Versão recursiva para obter o máximo e o mínimo*

```
void MaxMin4(int Linf, int Lsup, int *Max, int *Min)
{ int Max1, Max2, Min1, Min2, Meio;
  if (Lsup - Linf <= 1)
  { if (A[Linf - 1] < A[Lsup - 1])
    { *Max = A[Lsup - 1]; *Min = A[Linf - 1]; }
    else { *Max = A[Linf - 1]; *Min = A[Lsup - 1]; }
    return;
  }
  Meio = (Linf + Lsup) / 2;
  MaxMin4(Linf, Meio, &Max1, &Min1);
  MaxMin4(Meio + 1, Lsup, &Max2, &Min2);
  if (Max1 > Max2) *Max = Max1;  else *Max = Max2;
  if (Min1 < Min2) *Min = Min1;  else *Min = Min2;
}
```

Programa B.9 Mergesort

```
void Mergesort(int *A, int i, int j)
{ int m;
  if (i < j)
  { m = (i + j) / 2;
    Mergesort(A, i, m); Mergesort(A, m + 1, j);
    Merge(A, i, m, j); /*Intercala A[i..m] e A[m + 1..j] em A[i..j] */
  }
}
```

Programa B.10 Obtém a ordem de multiplicação de n matrizes utilizando programação dinâmica

```
#define MAXN 10
int main(int argc, char *argv[])
{ int  i, j, k, h, n, temp;
  int d[MAXN + 1];
  int m[MAXN][MAXN];
  printf("Numero de matrizes n:"); scanf("%d%*[^\n]", &n);
  printf("Dimensoes das matrizes:");
  for (i = 0; i <= n; i++) scanf("%d", &d[i]);
  for (i = 0; i < n; i++) m[i][i] = 0;
  for (h = 1; h <= n - 1; h++)
    { for (i = 1; i <= n - h; i++)
      { j = i + h;
          m[i-1][j-1] = INT_MAX;
          for (k = i; k <= j - 1; k++)
          { temp = m[i-1][k-1] + m[k][j - 1] + d[i - 1] * d[k] * d[j];
            if (temp < m[i-1][j-1]) m[i - 1][j - 1] = temp;
          }
          printf(" m[ %d, %d]= %d", i - 1, j - 1, m[i - 1][j - 1]);
        }
      putchar('\n');
    }
  return 0;
}
```

Programa B.11 Algoritmo guloso genérico

```
Conjunto Guloso(Conjunto C)
/* C: conjunto de candidatos */
{ S = ∅; /* S contem conjunto solucao */
  while((C != ∅) && !( solucao(S)))
    { x = seleciona (C);
      C = C - x;
      if viavel (S + x) S = S + x;
    }
  if solucao(S) return(S) else return('Nao existe solucao');
}
```

Apêndice C

Programas em C do Capítulo 3

Programa C.1 *Estrutura da lista usando arranjo*

```
#define INICIOARRANJO 1
#define MAXTAM 1000

typedef int TipoApontador;
typedef int TipoChave;
typedef struct {
  TipoChave Chave;
  /* --- outros componentes --- */
} TipoItem;
typedef struct {
  TipoItem Item[MAXTAM];
  TipoApontador Primeiro, Ultimo;
} TipoLista;
```

Programa C.2 *Operações sobre listas usando posições contíguas de memória*

```
void FLVazia(TipoLista *Lista)
{ Lista->Primeiro = INICIOARRANJO; Lista->Ultimo = Lista->Primeiro; }

int Vazia(TipoLista Lista)
{ return (Lista.Primeiro == Lista.Ultimo); }  /* Vazia */

void Insere(TipoItem x, TipoLista *Lista)
{ if (Lista -> Ultimo > MAXTAM)
    printf("Lista esta cheia\n");
  else { Lista -> Item[Lista -> Ultimo - 1] = x;
         Lista -> Ultimo++;
       }
} /* Insere */
```

Continuação do Programa C.2

```
void Retira(TipoApontador p, TipoLista *Lista, TipoItem *Item)
{ int Aux;
  if (Vazia(*Lista) || p >= Lista -> Ultimo)
  { printf("Erro: Posicao nao existe\n");
    return;
  }
  *Item = Lista -> Item[p - 1];
  Lista -> Ultimo--;
  for (Aux = p; Aux < Lista -> Ultimo; Aux++)
    Lista -> Item[Aux - 1] = Lista -> Item[Aux];
} /* Retira */
void Imprime(TipoLista Lista)
{ int Aux;
  for (Aux = Lista.Primeiro - 1; Aux <= (Lista.Ultimo - 2); Aux++)
    printf("%d\n", Lista.Item[Aux].Chave);
} /* Imprime */
```

Programa C.3 *Estrutura da lista usando apontadores*

```
typedef int TipoChave;
typedef struct {
  TipoChave Chave;
  /* outros componentes */
} TipoItem;
typedef struct TipoCelula *TipoApontador;
typedef struct TipoCelula {
  TipoItem Item;
  TipoApontador Prox;
} TipoCelula;

typedef struct {
  TipoApontador Primeiro, Ultimo;
} TipoLista;
```

Programa C.4 *Operações sobre listas usando apontadores*

```
void FLVazia(TipoLista *Lista)
{ Lista->Primeiro = (TipoApontador) malloc(sizeof(TipoCelula));
  Lista->Ultimo = Lista->Primeiro; Lista->Primeiro->Prox = NULL;
}

int Vazia(TipoLista Lista)
{ return (Lista.Primeiro == Lista.Ultimo); }

void Insere(TipoItem x, TipoLista *Lista)
{ Lista->Ultimo->Prox = (TipoApontador) malloc(sizeof(TipoCelula));
  Lista->Ultimo = Lista->Ultimo->Prox; Lista->Ultimo->Item = x;
  Lista->Ultimo->Prox = NULL;
}
```

Continuação do Programa C.4

```
void Retira(TipoApontador p, TipoLista *Lista, TipoItem *Item)
{ /*-- O item a ser retirado e o seguinte ao apontado por p --*/
  TipoApontador q;
  if (Vazia(*Lista) || p == NULL || p->Prox == NULL)
  { printf(" Erro: Lista vazia ou posicao nao existe\n");
    return;
  }
  q = p->Prox; *Item = q->Item;
  p->Prox = q->Prox;
  if (p->Prox == NULL) Lista->Ultimo = p;
  free(q);
}
void Imprime(TipoLista Lista)
{ TipoApontador Aux;
  Aux = Lista.Primeiro->Prox;
  while (Aux != NULL)
    { printf("%d\n", Aux->Item.Chave); Aux = Aux->Prox; }
}
```

Programa C.5 *Campos do registro de um candidato*

```
int Chave;     /* variando de 0 a 999 */
int NotaFinal; /* variando de 0 a 10  */
int Opcao[3];  /* variando de 1 a 7   */
```

Programa C.6 *Primeiro refinamento do programa Vestibular*

```
/* programa Vestibular */
void main()
{ int Nota;
  ordena os registros pelo campo NotaFinal;
  for (Nota = 10; Nota >= 0; Nota--)
    { while houver registro com mesma nota
        { if  existe vaga em um dos cursos de opção do candidato
          {insere registro no conjunto de aprovados}
          else insere registro no conjunto de reprovados;
        }
    }
  imprime aprovados por curso;
  imprime reprovados;
}
```

Programa C.7 *Segundo refinamento do programa Vestibular*

```
/* program Vestibular */
int main()
{ int Nota;
  TipoChave Chave;
  lê número de vagas para cada curso;
  inicializa listas de classificação, de aprovados e de reprovados;
  lê registro;
  {-- vide formato no Programa ?? --}
  while ( Chave != 0 )
    { insere registro nas listas de classificação, conforme nota final;
      lê registro;
    }
  for ( Nota= 10; Nota>= 0; Nota-- )
    { while ( houver próximo registro com mesma NotaFinal )
        { retira registro da lista;
          if existe vaga em um dos cursos de opção do candidato
          { insere registro na lista de aprovados;
            decrementa o número de vagas para aquele curso;
          }
          else { insere registro na lista de reprovados; }
          obtém próximo registro;
        }
    }
    imprime aprovados por curso;
    imprime reprovados;
}
```

Programa C.8 *Estrutura da lista*

```
#define NOPCOES        3
#define NCURSOS        7

typedef short TipoChave;
typedef struct TipoItem {
  TipoChave Chave;
  int NotaFinal;
  int Opcao[NOPCOES];
} TipoItem;
typedef struct TipoCelula* TipoApontador;
typedef struct TipoCelula {
  TipoItem Item;
  TipoApontador Prox;
} TipoCelula;
typedef struct TipoLista {
  TipoApontador Primeiro, Ultimo;
} TipoLista;
```

Programa C.9 *Lê o registro de cada candidato*

```
void LeRegistro(TipoItem *Registro)
{ /*——os valores lidos devem estar separados por brancos——*/
  long i;
  scanf("%hd%d", &Registro -> Chave, &Registro -> NotaFinal);
  for (i = 0; i < NOPCOES; i++) scanf("%d", &Registro -> Opcao[i]);
}
```

Programa C.10 *Refinamento final do programa Vestibular*

```
#define NOPCOES      3
#define NCURSOS      7
#define FALSE        0
#define TRUE         1
/*--- Entram aqui os tipos do Programa C.8 --- */
TipoItem Registro;
TipoLista Classificacao[11];
TipoLista Aprovados[NCURSOS];
TipoLista Reprovados;
long Vagas[NCURSOS];
short Passou;
long i, Nota;
/*--- Entram aqui os operadores do Programa C.4     --- */
/*--- Entra aqui a Função LeRegistro do Programa C.9 --- */
{ /*——Programa principal——*/
  for (i = 1; i <= NCURSOS; i++) scanf("%ld", &Vagas[i-1]);
  scanf("%*[^\n]"); getchar();
  for (i = 0; i <= 10; i++) FLVazia(&Classificacao[i]);
  for (i = 1; i <= NCURSOS; i++) FLVazia(&Aprovados[i-1]);
  FLVazia(&Reprovados); LeRegistro(&Registro);
  while (Registro.Chave != 0)
    { Insere(Registro, &Classificacao[Registro.NotaFinal]);
      LeRegistro(&Registro);
    }
  for (Nota = 10; Nota >= 0; Nota--)
    { while (!Vazia(Classificacao[Nota]))
        { Retira(Classificacao[Nota].Primeiro,
                 &Classificacao[Nota], &Registro);
          i = 1; Passou = FALSE;
          while (i <= NOPCOES && !Passou)
            { if (Vagas[Registro.Opcao[i-1] - 1] > 0)
              { Insere(Registro, &Aprovados[Registro.Opcao[i-1] - 1]);
                Vagas[Registro.Opcao[i-1] - 1]--; Passou = TRUE;
              }
              i++;
            }
          if (!Passou) Insere(Registro, &Reprovados);
        }
    }
```

Continuação do Programa C.10

```
  for (i = 1; i <= NCURSOS; i++)
    { printf("Relacao dos aprovados no Curso%ld\n", i);
      Imprime(Aprovados[i - 1]);
    }
  printf("Relacao dos reprovados\n");
  Imprime(Reprovados);
  return 0;
}
```

Programa C.11 *Estrutura da pilha usando arranjo*

```
#define MAXTAM 1000

typedef int TipoApontador;
typedef int TipoChave;
typedef struct {
  TipoChave Chave;
  /*--- outros componentes ---*/
} TipoItem;
typedef struct {
  TipoItem Item[MAXTAM];
  TipoApontador Topo;
} TipoPilha;
```

Programa C.12 *Operações sobre pilhas usando arranjos*

```
void FPVazia(TipoPilha *Pilha)
{ Pilha->Topo = 0; }

int Vazia(TipoPilha Pilha)
{ return (Pilha.Topo == 0); }

void Empilha(TipoItem x, TipoPilha *Pilha)
{ if (Pilha->Topo == MaxTam)
  printf("Erro: pilha esta cheia\n");
  else { Pilha->Topo++; Pilha->Item[Pilha->Topo - 1] = x; }
}

void Desempilha(TipoPilha *Pilha, TipoItem *Item)
{ if (Vazia(*Pilha))
  printf("Erro: pilha esta vazia\n");
  else { *Item = Pilha->Item[Pilha->Topo - 1]; Pilha->Topo--; }
}

int Tamanho(TipoPilha Pilha)
{ return (Pilha.Topo); }
```

Programa C.13 *Estrutura da pilha usando apontadores*

```
typedef int TipoChave;
typedef struct {
  int Chave;
  /* outros componentes */
} TipoItem;
typedef struct TipoCelula *TipoApontador;
typedef struct TipoCelula {
  TipoItem Item;
  TipoApontador Prox;
} TipoCelula;
typedef struct {
  TipoApontador Fundo, Topo;
  int Tamanho;
} TipoPilha;
```

Programa C.14 *Operações sobre pilhas usando apontadores*

```
void FPVazia(TipoPilha *Pilha)
{ Pilha->Topo = (TipoApontador) malloc(sizeof(TipoCelula));
  Pilha->Fundo = Pilha->Topo;
  Pilha->Topo->Prox = NULL;
  Pilha->Tamanho = 0;
}

int Vazia(TipoPilha Pilha)
{ return (Pilha.Topo == Pilha.Fundo); }

void Empilha(TipoItem x, TipoPilha *Pilha)
{ TipoApontador Aux;
  Aux = (TipoApontador) malloc(sizeof(TipoCelula));
  Pilha->Topo->Item = x;
  Aux->Prox = Pilha->Topo;
  Pilha->Topo = Aux;
  Pilha->Tamanho++;
}

void Desempilha(TipoPilha *Pilha, TipoItem *Item)
{ TipoApontador q;
  if (Vazia(*Pilha)) { printf("Erro: lista vazia\n"); return; }
  q = Pilha->Topo;
  Pilha->Topo = q->Prox;
  *Item = q->Prox->Item;
  free(q); Pilha->Tamanho--;
}

int Tamanho(TipoPilha Pilha)
{ return (Pilha.Tamanho); }
```

Programa C.15 *Implementação do ET*

```
#define MAXTAM 70
#define CANCELACARATER '#'
#define CANCELALINHA '\\'
#define SALTALINHA '*'
#define MARCAEOF '~'
typedef char TipoChave;
/*-- Entram aqui os tipos do Programa C.11          --*/
/*-- Entram aqui os operadores do Programa C.12     --*/
/*-- Entra aqui a função Imprime do Programa C.16 --*/
int main(int argc, char *argv[])
{ TipoPilha Pilha;
  TipoItem x;
  FPVazia(&Pilha);
  x.Chave = getchar();
  if (x.Chave == '\n') x.Chave = ' ';
  while (x.Chave != MARCAEOF)
  { if (x.Chave == CANCELACARATER)
    { if (!Vazia(Pilha)) Desempilha(&Pilha, &x);
    }
    else if (x.Chave == CANCELALINHA)
         FPVazia(&Pilha);
         else if (x.Chave == SALTALINHA)
              Imprime(&Pilha);
              else { if (Tamanho(Pilha) == MAXTAM) Imprime(&Pilha);
                     Empilha(x, &Pilha);
                   }
    x.Chave = getchar();
    if (x.Chave == '\n') x.Chave = ' ';
  }
  if (!Vazia(Pilha)) Imprime(&Pilha);
  return 0;
}
```

Programa C.16 *Função Imprime utilizada no programa ET*

```
void Imprime(TipoPilha *Pilha)
{ TipoPilha Pilhaux;
  TipoItem x;
  FPVazia(&Pilhaux);
  while (!Vazia(*Pilha))
    { Desempilha(Pilha, &x); Empilha(x, &Pilhaux);
    }
  while (!Vazia(Pilhaux))
    { Desempilha(&Pilhaux, &x); putchar(x.Chave);
    }
  putchar('\n');
}
```

Programa C.17 *Estrutura da fila usando arranjo*

```
#define MAXTAM 1000

typedef int TipoApontador;
typedef int TipoChave;
typedef struct {
  TipoChave Chave;
  /* outros componentes */
} TipoItem;
typedef struct {
  TipoItem Item[MAXTAM];
  TipoApontador Frente, Tras;
} TipoFila;
```

Programa C.18 *Operações sobre filas usando posições contíguas de memória*

```
void FFVazia(TipoFila *Fila)
{ Fila->Frente = 1;
  Fila->Tras = Fila->Frente;
}

int Vazia(TipoFila Fila)
{ return (Fila.Frente == Fila.Tras); }

void Enfileira(TipoItem x, TipoFila *Fila)
{ if (Fila->Tras % MAXTAM + 1 == Fila->Frente)
  printf(" Erro   fila est   a  cheia\n");
  else { Fila->Item[Fila->Tras - 1] = x;
         Fila->Tras = Fila->Tras % MAXTAM + 1;
       }
}

void Desenfileira(TipoFila *Fila, TipoItem *Item)
{ if (Vazia(*Fila))
  printf("Erro fila esta vazia\n");
  else { *Item = Fila->Item[Fila->Frente - 1];
         Fila->Frente = Fila->Frente % MAXTAM + 1;
       }
}
```

Programa C.19 *Estrutura da fila usando apontadores*

```
typedef struct TipoCelula *TipoApontador;
typedef int TipoChave;
typedef struct TipoItem {
  TipoChave Chave;
  /* outros componentes */
} TipoItem;
```

Continuação do Programa C.19

```
typedef struct TipoCelula {
  TipoItem Item;
  TipoApontador Prox;
} TipoCelula;
typedef struct TipoFila {
  TipoApontador Frente, Tras;
} TipoFila;
```

Programa C.20 *Operações sobre filas usando apontadores*

```
void FFVazia(TipoFila *Fila)
{ Fila->Frente = (TipoApontador) malloc(sizeof(TipoCelula));
  Fila->Tras = Fila->Frente;
  Fila->Frente->Prox = NULL;
}

int Vazia(TipoFila Fila)
{ return (Fila.Frente == Fila.Tras); }

void Enfileira(TipoItem x, TipoFila *Fila)
{ Fila->Tras->Prox = (TipoApontador) malloc(sizeof(TipoCelula));
  Fila->Tras = Fila->Tras->Prox;
  Fila->Tras->Item = x;
  Fila->Tras->Prox = NULL;
}

void Desenfileira(TipoFila *Fila, TipoItem *Item)
{ TipoApontador q;
  if (Vazia(*Fila)) { printf("Erro fila esta vazia\n"); return; }
  q = Fila->Frente;
  Fila->Frente = Fila->Frente->Prox;
  *Item = Fila->Frente->Item;
  free(q);
}
```

Programa C.21 *Estrutura da célula da matriz esparsa*

```
typedef struct TipoCelula* TipoApontador;
typedef struct TipoCelula {
  TipoApontador Direita, Abaixo;
  long Linha, Coluna;
  double Valor;
} TipoCelula;
```

Programa C.22 *Testa matrizes esparsas*

```
main(int argc, char *argv[])
{ ...
  ...
  LeMatriz (A); ImprmeMatriz (A);
  LeMatriz (B); ImprmeMatriz (B);
  SomaMatriz (A, B, C); ImprimeMatriz (C); ApagaMatriz (C);
  MultiplicaMatriz (A, B, C); ImprimeMatriz (C);
  ApagaMatriz (B); ApagaMatriz (C);
  LeMatriz (B);
  ImprimeMatriz (A); ImprimeMatriz(B);
  SomaMatriz (A, B, C); ImprimeMatriz(C);
  MultiplicaMatriz (A, B, C); ImprimeMatriz(C);
  MultiplicaMatriz (B, B, C);
  ImprimeMatriz (B); ImprimeMatriz (B); ImprimeMatriz(C);
  ApagaMatriz (A); ApagaMatriz (B); ApagaMatriz(C);
  ...
}
```

Programa C.23 *Declaração do tipo abstrato de dados área*

```
#define TAMAREA 100;

typedef int TipoApontador;
typedef int TipoChave;
typedef struct TipoItem {
  TipoChave Chave;
  /* Outros Componentes */
} TipoItem;
typedef struct TipoCelula {
  TipoItem Item;
  TipoApontador Prox, Ant;
} TipoCelula;
typedef struct TipoArea {
  TipoCelula Itens[TAMAREA];
  TipoApontador CelulasDisp, Primeiro, Ultimo;
  int NumCelOcupadas;
} TipoArea;
```

Apêndice D

Programas em C do Capítulo 4

Programa D.1 *Estrutura de um item do arquivo*

```
typedef long TipoChave;
typedef struct TipoItem {
  TipoChave Chave;
  /* outros componentes */
} TipoItem;
```

Programa D.2 *Tipos utilizados na implementação dos algoritmos*

```
typedef int TipoIndice;
typedef TipoItem TipoVetor[MAXTAM + 1];
/* MAXTAM + 1 por causa da sentinela em Insercao */
TipoVetor A;
```

Programa D.3 *Ordenação por seleção*

```
void Selecao(TipoItem *A, TipoIndice n)
{ TipoIndice i, j, Min;
  TipoItem x;
  for (i = 1; i <= n - 1; i++)
    { Min = i;
      for (j = i + 1; j <= n; j++)
        if (A[j].Chave < A[Min].Chave) Min = j;
      x = A[Min]; A[Min] = A[i]; A[i] = x;
    }
}
```

Programa D.4 *Ordenação por inserção*

```
void Insercao(TipoItem *A, TipoIndice n)
{ TipoIndice i, j;
  TipoItem x;
  for (i = 2; i <= n; i++)
    { x = A[i]; j = i - 1;
      A[0] = x; /* sentinela */
      while (x.Chave < A[j].Chave)
        { A[j+1] = A[j]; j--;
        }
      A[j+1] = x;
    }
}
```

Programa D.5 *Shellsort*

```
void Shellsort(TipoItem *A, TipoIndice n)
{ int i, j; int h = 1;
  TipoItem x;
  do h = h * 3 + 1; while (h < n);
  do
    { h /= 3;
      for (i = h + 1; i <= n; i++)
        { x = A[i]; j = i;
          while (A[j - h].Chave > x.Chave)
            { A[j] = A[j - h]; j -= h;
              if (j <= h) goto L999;
            }
            L999: A[j] = x;
        }
    } while (h != 1);
}
```

Programa D.6 *Procedimento Partição*

```
void Particao(TipoIndice Esq, TipoIndice Dir,
              TipoIndice *i, TipoIndice *j, TipoItem *A)
{ TipoItem x, w;
  *i = Esq; *j = Dir;
  x = A[(*i + *j) / 2]; /* obtem o pivo x */
  do
    { while (x.Chave > A[*i].Chave) (*i)++;
      while (x.Chave < A[*j].Chave) (*j)--;
      if (*i <= *j)
      { w = A[*i]; A[*i] = A[*j]; A[*j] = w;
        (*i)++; (*j)--;
      }
    } while (*i <= *j);
}
```

Programa D.7 Quicksort

```
/*-- Entra aqui o procedimento Particao do Programa D.6 --*/
void Ordena(TipoIndice Esq, TipoIndice Dir, TipoItem *A)
{ TipoIndice i, j;
  Particao(Esq, Dir, &i, &j, A);
  if (Esq < j) Ordena(Esq, j, A);
  if (i < Dir) Ordena(i, Dir, A);
}

void QuickSort(TipoItem *A, TipoIndice n)
{ Ordena(1, n, A); }
```

Programa D.8 Informa o item com maior chave

```
TipoItem Max(TipoItem *A)
{ return (A[1]); }
```

Programa D.9 Procedimento para refazer o heap

```
void Refaz(TipoIndice Esq, TipoIndice Dir, TipoItem *A)
{ TipoIndice i = Esq;
  int j;
  TipoItem x;
  j = i * 2;
  x = A[i];
  while (j <= Dir)
    { if (j < Dir)
      { if (A[j].Chave < A[j+1].Chave)
        j++;
      }
      if (x.Chave >= A[j].Chave) goto L999;
      A[i] = A[j];
      i = j;  j = i * 2;
    }
  L999: A[i] = x;
}
```

Programa D.10 Procedimento para construir o heap

```
void Constroi(TipoItem *A, TipoIndice n)
{ TipoIndice Esq;
  Esq = n / 2 + 1;
  while (Esq > 1)
    { Esq--;
      Refaz(Esq, n, A);
    }
}
```

Programa D.11 *Retira o item com maior chave*

```
TipoItem RetiraMax(TipoItem *A, TipoIndice *n)
{ TipoItem Maximo;
  if (*n < 1)
  printf("Erro: heap vazio\n");
  else { Maximo = A[1]; A[1] = A[*n]; (*n)--;
         Refaz(1, *n, A);
       }
  return Maximo;
}
```

Programa D.12 *Aumenta valor da chave do item na posição* i

```
void AumentaChave(TipoIndice i, TipoChave ChaveNova, TipoItem *A)
{ TipoItem x;
  if (ChaveNova < A[i].Chave)
  { printf("Erro: ChaveNova menor que a chave atual\n");
    return;
  }
  A[i].Chave = ChaveNova;
  while (i > 1 && A[i / 2].Chave < A[i].Chave)
    { x = A[i / 2]; A[i / 2] = A[i]; A[i] = x;
      i /= 2;
    }
}
```

Programa D.13 *Insere um novo item no* heap

```
void Insere(TipoItem *x, TipoItem *A, TipoIndice *n)
{(*n)++; A[*n] = *x; A[*n].Chave = INT_MIN;
  AumentaChave(*n, x->Chave, A);
}
```

Programa D.14 *Heapsort*

```
/* -- Entra aqui a função Refaz do Programa D.9      -- */
/* -- Entra aqui a função Constroi do Programa D.10 -- */
void Heapsort(TipoItem *A, TipoIndice n)
{ TipoIndice Esq, Dir;
  TipoItem x;
  Constroi(A, n); /* constroi o heap */
  Esq = 1; Dir = n;
  while (Dir > 1)
    { /* ordena o vetor */
      x = A[1]; A[1] = A[Dir]; A[Dir] = x; Dir--;
      Refaz(Esq, Dir, A);
    }
}
```

Programa D.15 *Ordenação parcial por seleção*

```
void SelecaoParcial(TipoVetor A, TipoIndice n, TipoIndice k)
{ TipoIndice i, j, Min;  TipoItem x;
  for (i = 1; i <= k; i++)
    { Min = i;
      for (j = i + 1; j <= n; j++)
        if (A[j].Chave < A[Min].Chave) Min = j;
      x = A[Min]; A[Min] = A[i]; A[i] = x;
    }
}
```

Programa D.16 *Ordenação parcial por inserção*

```
void InsercaoParcial(TipoVetor A, TipoIndice n, TipoIndice k)
{ /*-- Nao preserva o restante do vetor --*/
  TipoIndice i, j;  TipoItem x;
  for (i = 2; i <= n; i++)
    { x = A[i];
      if (i > k) j = k; else j = i - 1;
      A[0] = x;   /* sentinela */
      while (x.Chave < A[j].Chave)
        { A[j+1] = A[j];
          j--;
        }
      A[j+1] = x;
    }
}
```

Programa D.17 *Ordenação parcial por inserção que preserva todos os itens do vetor*

```
void InsercaoParcial2(TipoVetor A, TipoIndice n, TipoIndice k)
{ /*-- Preserva o restante do vetor --*/
  TipoIndice i, j;  TipoItem x;
  for (i = 2; i <= n; i++)
    { x = A[i];
      if (i > k)
      { j = k;
        if (x.Chave < A[k].Chave) A[i] = A[k];
      }
      else j = i - 1;
      A[0] = x;   /* sentinela */
      while (x.Chave < A[j].Chave)
        { if (j < k) {A[j+1] = A[j];}
          j--;
        }
      if (j < k) A[j+1] = x;
    }
}
```

Programa D.18 *Ordenação parcial usando heapsort*

```
/*-- Entram aqui as funções Refaz e Constroi do Programa ?? --*/
/*-- Coloca menor em A[n], segundo menor em A[n-1], ...,      --*/
/*-- k-ésimo em A[n-k]                                        --*/
void HeapsortParcial(TipoItem *A, TipoIndice n, TipoIndice k)
{ TipoIndice Esq = 1; TipoIndice Dir;
  TipoItem x; long Aux = 0;
  Constroi(A, n);   /* constroi o heap */
  Dir = n;
  while (Aux < k)
    { /* ordena o vetor */
      x = A[1];
      A[1] = A[n - Aux];
      A[n - Aux] = x;
      Dir--;
      Aux++;
      Refaz(Esq, Dir, A);
    }
}
```

Programa D.19 *Ordenação parcial usando quicksort*

```
/*-- Entra aqui a função Partição do Programa D.6 --*/
void Ordena(TipoVetor A, TipoIndice Esq, TipoIndice Dir, TipoIndice k)
{ TipoIndice i, j;
  Particao(A, Esq, Dir, &i, &j);
  if (j - Esq >= k - 1) { if (Esq < j) Ordena(A, Esq, j, k); return; }
  if (Esq < j) Ordena(A, Esq, j, k);
  if (i < Dir) Ordena(A, i, Dir, k);
}

void QuickSortParcial(TipoVetor A, TipoIndice n, TipoIndice k)
{ Ordena(A, 1, n, k); }
```

Programa D.20 *Ordenação por contagem*

```
void Contagem(TipoItem *A, TipoIndice n, int k)
{ int i;
  for (i = 0; i <= k; i++) C[i] = 0;
  for (i = 1; i <= n; i++) C[A[i].Chave] = C[A[i].Chave] + 1;
  for (i = 1; i <= k; i++) C[i] = C[i] + C[i-1];
  for (i = n; i > 0; i--)
    { B[C[A[i].Chave]] = A[i];
      C[A[i].Chave] = C[A[i].Chave] - 1;
    }
  for (i = 1; i <= n; i++)
    A[i] = B[i];
}
```

Programa D.21 *Radixsort para números inteiros*

```
#define BASE 256
#define M 8
#define NBITS 32
RadixsortInt(TipoItem *A, TipoIndice n)
{ for (i = 0; i < NBITS / M; i++)
 Ordena A sobre o dígito i menos significativo usando um algoritmo estável;
}
```

Programa D.22 *Ordenação por contagem para ordenar sobre os m bits da chave*

```
#define GetBits(x,k,j) (x >> k) & ~((~0) << j)

void ContagemInt(TipoItem *A, TipoIndice n, int Pass)
{ int i, j;
  for (i = 0; i <= BASE - 1; i++)C[i] = 0;
  for (i = 1; i <= n; i++)
    { j = GetBits(A[i].Chave, Pass * M, M);
      C[j] = C[j] + 1;
    }
  if (C[0] == n) return;
  for (i = 1; i <= BASE - 1; i++)C[i] = C[i] + C[i-1];
  for (i = n; i > 0; i--)
    { j = GetBits(A[i].Chave, Pass * M, M);
      B[C[j]] = A[i];
      C[j] = C[j] - 1;
    }
  for (i = 1; i <= n; i++)A[i] = B[i];
}
```

Programa D.23 *Radixsort para números inteiros*

```
void RadixsortInt(TipoItem *A, TipoIndice n)
{ int i;
  for (i = 0; i < NBITS / M; i++) ContagemInt(A, n, i);
}
```

Programa D.24 *Ordenação por contagem para ordenar sobre o caractere k da chave*

```
void ContagemCar(TipoItem *A, TipoIndice n, int k)
{ int i, j;
  for ( i = 0; i <= BASE - 1; i++)C[i] = 0;
  for ( i = 1; i <= n; i++)
    { j = (int) A[i].Chave[k];
      C[j] = C[j] + 1;
    }
  if (C[0] == n) return;
  for (i = 1; i <= BASE - 1; i++)C[i] = C[i] + C[i-1];
```

Continuação do Programa D.24

```
  for (i = n; i > 0; i--)
    { j = (int) A[i].Chave[k];
      B[C[j]] = A[i];
      C[j] = C[j] - 1;
    }
  for (i = 1; i <= n; i++) A[i] = B[i];
}
```

Programa D.25 *Radixsort para cadeias de caracteres*

```
void RadixsortCar(TipoItem *A, TipoIndice n)
{ int i;
  for (i = TAMCHAVE - 1; i >= 0; i--) ContagemCar (A, n, i);
}
```

Programa D.26 *QuicksortExterno*

```
void QuicksortExterno(FILE **ArqLi, FILE **ArqEi, FILE **ArqLEs,
                      int Esq, int Dir)
{ int i, j;
  TipoArea Area;  /* Area de armazenamento interna*/
  if (Dir - Esq < 1) return;
  FAVazia(&Area);
  Particao(ArqLi, ArqEi, ArqLEs, Area, Esq, Dir, &i, &j);
  if (i - Esq < Dir - j)
  { /* ordene primeiro o subarquivo menor */
    QuicksortExterno(ArqLi, ArqEi, ArqLEs, Esq, i);
    QuicksortExterno(ArqLi, ArqEi, ArqLEs, j, Dir);
  }
  else
  { QuicksortExterno(ArqLi, ArqEi, ArqLEs, j, Dir);
    QuicksortExterno(ArqLi, ArqEi, ArqLEs, Esq, i);
  }
}
```

Programa D.27 *Procedimentos auxiliares utilizadas pela função Particao*

```
void LeSup(FILE **ArqLEs, TipoRegistro *UltLido, int *Ls, short *OndeLer)
{ fseek(*ArqLEs, (*Ls - 1) * sizeof(TipoRegistro), SEEK_SET );
  fread(UltLido, sizeof(TipoRegistro), 1, *ArqLEs);
  (*Ls)--; *OndeLer = FALSE;
}

void LeInf(FILE **ArqLi, TipoRegistro *UltLido, int *Li, short *OndeLer)
{ fread(UltLido, sizeof(TipoRegistro), 1, *ArqLi);
  (*Li)++; *OndeLer = TRUE;
}
```

Continuação do Programa D.27

```
void InserirArea(TipoArea *Area, TipoRegistro *UltLido, int *NRArea)
{ /*Insere UltLido de forma ordenada na Area*/
  InsereItem(*UltLido, Area); *NRArea = ObterNumCelOcupadas(Area);
}

void EscreveMax(FILE **ArqLEs, TipoRegistro R, int *Es)
{ fseek(*ArqLEs, (*Es - 1) * sizeof(TipoRegistro),SEEK_SET );
  fwrite(&R, sizeof(TipoRegistro), 1, *ArqLEs); (*Es)--;
}

void EscreveMin(FILE **ArqEi, TipoRegistro R, int *Ei)
{ fwrite(&R, sizeof(TipoRegistro), 1, *ArqEi); (*Ei)++; }

void RetiraMax(TipoArea *Area, TipoRegistro *R, int *NRArea)
{ RetiraUltimo(Area, R); *NRArea = ObterNumCelOcupadas(Area); }

void RetiraMin(TipoArea *Area, TipoRegistro *R, int *NRArea)
{ RetiraPrimeiro(Area, R); *NRArea = ObterNumCelOcupadas(Area); }
```

Programa D.28 *Procedimento Particao*

```
void Particao(FILE **ArqLi, FILE **ArqEi, FILE **ArqLEs,
              TipoArea Area, int Esq, int Dir, int *i, int *j)
{ int Ls = Dir, Es = Dir, Li = Esq, Ei = Esq,
      NRArea = 0, Linf = INT_MIN, Lsup = INT_MAX;
  short OndeLer = TRUE; TipoRegistro UltLido, R;
  fseek (*ArqLi, (Li - 1)* sizeof(TipoRegistro), SEEK_SET );
  fseek (*ArqEi, (Ei - 1)* sizeof(TipoRegistro), SEEK_SET );
  *i = Esq - 1; *j = Dir + 1;
  while (Ls >= Li)
    { if (NRArea < TAMAREA - 1)
      { if (OndeLer)
        LeSup(ArqLEs, &UltLido, &Ls, &OndeLer);
        else LeInf(ArqLi, &UltLido, &Li, &OndeLer);
        InserirArea(&Area, &UltLido, &NRArea);
        continue;
      }
      if (Ls == Es)
      LeSup(ArqLEs, &UltLido, &Ls, &OndeLer);
      else if (Li == Ei) LeInf(ArqLi, &UltLido, &Li, &OndeLer);
           else if (OndeLer) LeSup(ArqLEs, &UltLido, &Ls, &OndeLer);
                else LeInf(ArqLi, &UltLido, &Li, &OndeLer);
      if (UltLido.Chave > Lsup)
      { *j = Es;
        EscreveMax(ArqLEs, UltLido, &Es);
        continue;
      }
```

Continuação do Programa D.28

```
        if (UltLido.Chave < Linf)
        { *i = Ei;
          EscreveMin(ArqEi, UltLido, &Ei);
          continue;
        }
        InserirArea(&Area, &UltLido, &NRArea);
        if (Ei - Esq < Dir - Es)
        { RetiraMin(&Area, &R, &NRArea);
          EscreveMin(ArqEi, R, &Ei);
          Linf = R.Chave;
        }
        else { RetiraMax(&Area, &R, &NRArea);
               EscreveMax(ArqLEs, R, &Es);
               Lsup = R.Chave;
             }
      }
    while (Ei <= Es)
      { RetiraMin(&Area, &R, &NRArea);
        EscreveMin(ArqEi, R, &Ei);
      }
}
```

Programa D.29 *Programa de teste do QuicksortExterno*

```
#define TAMAREA 100
#define TRUE 1
#define FALSE 0

typedef int TipoApontador;
/*—Entra aqui o Programa C.23 ——*/
typedef TipoItem TipoRegistro;
/*Declaracao dos tipos utilizados pelo quicksort externo*/
FILE *ArqLEs;    /* Gerencia o Ls e o Es */
FILE *ArqLi;     /* Gerencia o Li */
FILE *ArqEi;     /* Gerencia o Ei */
TipoItem R;
/*—Entram aqui os Programas J.4, D.26, D.27 e D.28 ——*/
int main(int argc, char *argv[])
{ ArqLi = fopen ("teste.dat", "wb");
  if(ArqLi == NULL){printf("Arquivo nao pode ser aberto\n"); exit(1);}
  R.Chave = 5;  fwrite(&R, sizeof(TipoRegistro), 1, ArqLi);
  R.Chave = 3;  fwrite(&R, sizeof(TipoRegistro), 1, ArqLi);
  R.Chave = 10; fwrite(&R, sizeof(TipoRegistro), 1, ArqLi);
  R.Chave = 6;  fwrite(&R, sizeof(TipoRegistro), 1, ArqLi);
  R.Chave = 1;  fwrite(&R, sizeof(TipoRegistro), 1, ArqLi);
  R.Chave = 7;  fwrite(&R, sizeof(TipoRegistro), 1, ArqLi);
  R.Chave = 4;  fwrite(&R, sizeof(TipoRegistro), 1, ArqLi);
  fclose(ArqLi);
```

Continuação do Programa D.29

```
    ArqLi = fopen ("teste.dat", "r+b");
    if (ArqLi == NULL){printf("Arquivo nao pode ser aberto\n"); exit(1);}
    ArqEi = fopen ("teste.dat", "r+b");
    if (ArqEi == NULL){printf("Arquivo nao pode ser aberto\n"); exit(1);}
    ArqLEs = fopen ("teste.dat", "r+b");
    if (ArqLEs == NULL)
    { printf("Arquivo nao pode ser aberto\n"); exit(1);
    }
    QuicksortExterno(&ArqLi, &ArqEi, &ArqLEs, 1, 7);
    fflush(ArqLi); fclose(ArqEi); fclose(ArqLEs);
    fseek(ArqLi,0, SEEK_SET);
    while(fread(&R, sizeof(TipoRegistro), 1, ArqLi))
      { printf("Registro=%d\n", R.Chave);
      }
    fclose(ArqLi);
    return 0;
}
```

Programa D.30 *Permutação randômica*

```
typedef long TipoVetor[20];
TipoVetor A; int n, i;
double rand0a1()
{ double resultado= (double) rand()/ RAND_MAX;
  if(resultado>1.0) resultado= 1.0;
  return resultado;
}
void Permut(TipoVetor A, int n)
{ /* Obtem permutacao randomica dos numeros entre 1 e n */
  int i, j, b;
  for (i = n; i >= 1; i--)
    { j = (long)(i * rand0a1() + 1);
      b = A[i-1]; A[i-1] = A[j-1]; A[j-1] = b;
    }
}
int main(int argc, char *argv[])
{ struct timeval semente;
  /* utilizar o tempo como semente para a funcao srand() */
  gettimeofday(&semente,NULL);
  srand((int)(semente.tv_sec + 1000000*semente.tv_usec));
  n = 10;
  for (i = 1; i <=n; i++)A[i-1] = i;
  Permut(A, n);
  for (i = 1; i <=n; i++) printf("%ld ", A[i-1]);
  putchar('\n');
  return 0;
}
```

Programa D.31 *Primeiro Refinamento da função OrdeneExterno*

```
#define ORDEMINTERCAL 2
void OrdeneExterno()
{ int NBlocos = 0;
  ArqEntradaTipo ArqEntrada, ArqSaida;
  ArqEntradaTipo[ORDEMINTERCAL] ArrArqEnt;
  short Fim;
  int Low, High, Lim;
  NBlocos = 0;
  ArqEntrada = abrir arquivo a ser ordenado;
  do   /*Formacao inicial dos NBlocos ordenados */
    { NBlocos++;
      Fim = EnchePaginas(NBlocos, ArqEntrada);
      OrdeneInterno;
      ArqSaida = AbreArqSaida(NBlocos);
      DescarregaPaginas(ArqSaida);
      fclose(ArqSaida);
    } while (!Fim);
  fclose(ArqEntrada);  Low = 0;  High = NBlocos-1;
  while (Low < High) /* Intercalacao dos NBlocos ordenados */
    { Lim = Minimo(Low + ORDEMINTERCAL - 1, High);
      AbreArqEntrada(ArrArqEnt, Low, Lim);
      High++;
      ArqSaida = AbreArqSaida(High);
      Intercale(ArrArqEnt, Low, Lim, ArqSaida);
      fclose(ArqSaida);
      for(i=Low; i < Lim; i++)
        { fclose(ArrArqEnt[i]);
          Apague_Arquivo(ArrArqEnt[i]);
        }
      Low += ORDEMINTERCAL;
    }
  Mudar o nome do arquivo High para o nome fornecido pelo usuario;
}
```

Apêndice E

Programas em C do Capítulo 5

Programa E.1 *Estrutura do tipo dicionário implementado como arranjo*

```
#define MAXN 10
typedef long TipoChave;
typedef struct TipoRegistro {
  TipoChave Chave;
  /* outros componentes */
} TipoRegistro;
typedef int TipoIndice;
typedef struct TipoTabela {
  TipoRegistro Item[MAXN + 1];
  TipoIndice n;
} TipoTabela;
```

Programa E.2 *Implementação das operações usando arranjo*

```
void Inicializa(TipoTabela *T)
{ T->n = 0; }

TipoIndice Pesquisa(TipoChave x, TipoTabela *T)
{ int i;
  T->Item[0].Chave = x;  i = T->n + 1;
  do {i--;} while (T->Item[i].Chave != x);
  return i;
}

void Insere(TipoRegistro Reg, TipoTabela *T)
{ if (T->n == MAXN)
  printf("Erro : tabela cheia\n");
  else { T->n++; T->Item[T->n] = Reg; }
}
```

Programa E.3 *Pesquisa binária*

```
TipoIndice Binaria(TipoChave x, TipoTabela *T)
{ TipoIndice i, Esq, Dir;
  if (T->n == 0)
  return 0;
  else
  { Esq = 1;
    Dir = T->n;
    do
      { i = (Esq + Dir) / 2;
        if (x > T->Item[i].Chave)
        Esq = i + 1;
        else Dir = i - 1;
      } while (x != T->Item[i].Chave && Esq <= Dir);
    if (x == T->Item[i].Chave) return i; else return 0;
  }
}
```

Programa E.4 *Estrutura do dicionário para árvores sem balanceamento*

```
typedef long TipoChave;
typedef struct TipoRegistro {
  TipoChave Chave;
  /* outros componentes */
} TipoRegistro;
typedef struct TipoNo * TipoApontador;
typedef struct TipoNo {
  TipoRegistro Reg;
  TipoApontador Esq, Dir;
} TipoNo;
typedef TipoApontador TipoDicionario;
```

Programa E.5 *Procedimento para pesquisar na árvore*

```
void Pesquisa(TipoRegistro *x, TipoApontador *p)
{ if (*p == NULL)
  { printf("Erro: Registro nao esta presente na arvore\n");
    return;
  }
  if (x->Chave < (*p)->Reg.Chave)
  { Pesquisa(x, &(*p)->Esq);
    return;
  }
  if (x->Chave > (*p)->Reg.Chave)
  Pesquisa(x, &(*p)->Dir);
  else *x = (*p)->Reg;
}
```

Programa E.6 *Procedimento para inicializar*

```
void Inicializa(TipoApontador *Dicionario)
{ *Dicionario = NULL; }
```

Programa E.7 *Procedimento para inserir na árvore*

```
void Insere(TipoRegistro x, TipoApontador *p)
{ if (*p == NULL)
  { *p = (TipoApontador)malloc(sizeof(TipoNo));
    (*p)->Reg = x;
    (*p)->Esq = NULL;
    (*p)->Dir = NULL;
    return;
  }
  if (x.Chave < (*p)->Reg.Chave)
  { Insere(x, &(*p)->Esq);
    return;
  }
  if (x.Chave > (*p)->Reg.Chave)
  Insere(x, &(*p)->Dir);
  else printf("Erro : Registro ja existe na arvore\n");
}
```

Programa E.8 *Programa para criar árvore*

```
/*-- Entra aqui a definicao dos tipos do Programa E.4 --*/
/*-- Entram aqui os Programas E.6 e E.7              --*/
int main(int argc, char *argv[])
{ TipoDicionario Dicionario; TipoRegistro x;
  Inicializa(&Dicionario);
  scanf("%d%*[^\n]", &x.Chave);
  while(x.Chave > 0)
    { Insere(x,&Dicionario);
      scanf("%d%*[^\n]", &x.Chave);
    }
}
```

Programa E.9 *Procedimentos para retirar x da árvore*

```
void Antecessor(TipoApontador q, TipoApontador *r)
{ if ((*r)->Dir != NULL)
  { Antecessor(q, &(*r)->Dir);
    return;
  }
  q->Reg = (*r)->Reg;
  q = *r;
  *r = (*r)->Esq;
  free(q);
}
```

Continuação do Programa E.9

```
void Retira(TipoRegistro x, TipoApontador *p)
{ TipoApontador Aux;
  if (*p == NULL)
  { printf("Erro : Registro nao esta na arvore\n");
    return;
  }
  if (x.Chave < (*p)->Reg.Chave) { Retira(x, &(*p)->Esq); return; }
  if (x.Chave > (*p)->Reg.Chave) { Retira(x, &(*p)->Dir); return; }
  if ((*p)->Dir == NULL)
  { Aux = *p; *p = (*p)->Esq;
    free(Aux);
    return;
  }
  if ((*p)->Esq != NULL)
  { Antecessor(*p, &(*p)->Esq);
    return;
  }
  Aux = *p; *p = (*p)->Dir;
  free(Aux);
}
```

Programa E.10 *Caminhamento central*

```
void Central(TipoApontador p)
{ if (p == NULL) return;
  Central(p->Esq);
  printf("%ld\n", p->Reg.Chave);
  Central(p->Dir);
}
```

Programa E.11 *Estrutura do dicionário para árvores SBB*

```
typedef int TipoChave;
typedef struct TipoRegistro {
  /* outros componentes */
  TipoChave Chave;
} TipoRegistro;
typedef enum {
  Vertical, Horizontal
} TipoInclinacao;
typedef struct TipoNo* TipoApontador;
typedef struct TipoNo {
  TipoRegistro Reg;
  TipoApontador Esq, Dir;
  TipoInclinacao BitE, BitD;
} TipoNo;
```

Programa E.12 *Procedimentos auxiliares para árvores SBB*

```
void EE(TipoApontador *Ap)
{ TipoApontador Ap1;
  Ap1 = (*Ap)->Esq; (*Ap)->Esq = Ap1->Dir; Ap1->Dir = *Ap;
  Ap1->BitE = Vertical; (*Ap)->BitE = Vertical; *Ap = Ap1;
}
void ED(TipoApontador *Ap)
{ TipoApontador Ap1, Ap2;
  Ap1 = (*Ap)->Esq; Ap2 = Ap1->Dir; Ap1->BitD = Vertical;
  (*Ap)->BitE = Vertical; Ap1->Dir = Ap2->Esq; Ap2->Esq = Ap1;
  (*Ap)->Esq = Ap2->Dir; Ap2->Dir = *Ap; *Ap = Ap2;
}
void DD(TipoApontador *Ap)
{ TipoApontador Ap1;
  Ap1 = (*Ap)->Dir; (*Ap)->Dir = Ap1->Esq; Ap1->Esq = *Ap;
  Ap1->BitD = Vertical; (*Ap)->BitD = Vertical; *Ap = Ap1;
}
void DE(TipoApontador *Ap)
{ TipoApontador Ap1, Ap2;
  Ap1 = (*Ap)->Dir; Ap2 = Ap1->Esq; Ap1->BitE = Vertical;
  (*Ap)->BitD = Vertical; Ap1->Esq = Ap2->Dir; Ap2->Dir = Ap1;
  (*Ap)->Dir = Ap2->Esq; Ap2->Esq = *Ap; *Ap = Ap2;
}
```

Programa E.13 *Procedimento para inserir na árvore SBB*

```
void IInsere(TipoRegistro x, TipoApontador *Ap,
             TipoInclinacao *IAp, short *Fim)
{ if (*Ap == NULL)
  { *Ap = (TipoApontador)malloc(sizeof(TipoNo));
    *IAp = Horizontal;  (*Ap)->Reg = x;
    (*Ap)->BitE = Vertical;  (*Ap)->BitD = Vertical;
    (*Ap)->Esq = NULL; (*Ap)->Dir = NULL; *Fim = FALSE;
    return;
  }
  if (x.Chave < (*Ap)->Reg.Chave)
  { IInsere(x, &(*Ap)->Esq, &(*Ap)->BitE, Fim);
    if (*Fim) return;
    if ((*Ap)->BitE != Horizontal) { *Fim = TRUE; return; }
    if ((*Ap)->Esq->BitE == Horizontal)
    { EE(Ap); *IAp = Horizontal; return; }
    if ((*Ap)->Esq->BitD == Horizontal) { ED(Ap); *IAp = Horizontal; }
    return;
  }
  if (x.Chave <= (*Ap)->Reg.Chave)
  { printf("Erro: Chave ja esta na arvore\n");
    *Fim = TRUE;
    return;
  }
```

Continuação do Programa E.13

```
  IInsere(x, &(*Ap)->Dir, &(*Ap)->BitD, Fim);
  if (*Fim) return;
  if ((*Ap)->BitD != Horizontal) { *Fim = TRUE;  return; }
  if ((*Ap)->Dir->BitD == Horizontal)
  { DD(Ap); *IAp = Horizontal; return;}
  if ((*Ap)->Dir->BitE == Horizontal) { DE(Ap); *IAp = Horizontal; }
}

void Insere(TipoRegistro x, TipoApontador *Ap)
{ short Fim;  TipoInclinacao IAp;
  IInsere(x, Ap, &IAp, &Fim);
}
```

Programa E.14 *Procedimento para inicializar a árvore SBB*

```
void Inicializa(TipoApontador *Dicionario)
{ *Dicionario = NULL; }
```

Programa E.15 *Procedimento para retirar da árvore SBB*

```
void EsqCurto(TipoApontador *Ap, short *Fim)
{ /* Folha esquerda retirada => arvore curta na altura esquerda */
  TipoApontador Ap1;
  if ((*Ap)->BitE == Horizontal)
  { (*Ap)->BitE = Vertical; *Fim = TRUE; return; }
  if ((*Ap)->BitD == Horizontal)
  { Ap1 = (*Ap)->Dir; (*Ap)->Dir = Ap1->Esq; Ap1->Esq = *Ap; *Ap = Ap1;
    if ((*Ap)->Esq->Dir->BitE == Horizontal)
    { DE(&(*Ap)->Esq); (*Ap)->BitE = Horizontal;}
    else if ((*Ap)->Esq->Dir->BitD == Horizontal)
         { DD(&(*Ap)->Esq); (*Ap)->BitE = Horizontal; }
    *Fim = TRUE;  return;
  }
  (*Ap)->BitD = Horizontal;
  if ((*Ap)->Dir->BitE == Horizontal) { DE(Ap); *Fim = TRUE; return; }
  if ((*Ap)->Dir->BitD == Horizontal) { DD(Ap); *Fim = TRUE; }
}

void DirCurto(TipoApontador *Ap, short *Fim)
{ /* Folha direita retirada => arvore curta na altura direita */
  TipoApontador Ap1;
  if ((*Ap)->BitD == Horizontal)
  { (*Ap)->BitD = Vertical; *Fim = TRUE; return; }
  if ((*Ap)->BitE == Horizontal)
  { Ap1 = (*Ap)->Esq; (*Ap)->Esq = Ap1->Dir; Ap1->Dir = *Ap; *Ap = Ap1;
    if ((*Ap)->Dir->Esq->BitD == Horizontal)
    { ED(&(*Ap)->Dir); (*Ap)->BitD = Horizontal; }
```

Continuação do Programa E.15

```
      else if ((*Ap)->Dir->Esq->BitE == Horizontal)
             { EE(&(*Ap)->Dir); (*Ap)->BitD = Horizontal;}
      *Fim = TRUE; return;
    }
    (*Ap)->BitE = Horizontal;
    if ((*Ap)->Esq->BitD == Horizontal) { ED(Ap); *Fim = TRUE; return; }
    if ((*Ap)->Esq->BitE == Horizontal) { EE(Ap); *Fim = TRUE; }
}

void Antecessor(TipoApontador q, TipoApontador *r, short *Fim)
{ if ((*r)->Dir != NULL)
    { Antecessor(q, &(*r)->Dir, Fim);
      if (!*Fim) DirCurto(r, Fim); return;
    }
    q->Reg = (*r)->Reg; q = *r; *r = (*r)->Esq; free(q);
    if (*r != NULL) *Fim = TRUE;
}

void IRetira(TipoRegistro x, TipoApontador *Ap, short *Fim)
{ TipoNo *Aux;
  if (*Ap == NULL)
  { printf("Chave nao esta na arvore\n"); *Fim = TRUE; return; }
  if (x.Chave < (*Ap)->Reg.Chave)
  { IRetira(x, &(*Ap)->Esq, Fim);
    if (!*Fim) EsqCurto(Ap, Fim); return;
  }
  if (x.Chave > (*Ap)->Reg.Chave)
  { IRetira(x, &(*Ap)->Dir, Fim);
    if (!*Fim) DirCurto(Ap, Fim); return;
  }
  *Fim = FALSE; Aux = *Ap;
  if (Aux->Dir == NULL)
  { *Ap = Aux->Esq; free(Aux);
    if (*Ap != NULL) *Fim = TRUE; return;
  }
  if (Aux->Esq == NULL)
  { *Ap = Aux->Dir; free(Aux);
    if (*Ap != NULL) *Fim = TRUE; return;
  }
  Antecessor(Aux, &Aux->Esq, Fim);
  if (!*Fim) EsqCurto(Ap, Fim); /* Encontrou chave */
}
void Retira(TipoRegistro x, TipoApontador *Ap)
{ short Fim;
  IRetira(x, Ap, &Fim);
}
```

Programa E.16 Estrutura de dados

```
#define D 8    /* depende de TipoChave */

typedef unsigned char TipoChave; /* a definir, depende da aplicacao */
typedef unsigned char TipoIndexAmp;
typedef unsigned char TipoDib;
typedef enum {
  Interno, Externo
} TipoNo;
typedef struct TipoPatNo* TipoArvore;
typedef struct TipoPatNo {
  TipoNo nt;
  union {
    struct {
      TipoIndexAmp Index;
      TipoArvore Esq, Dir;
    } NInterno ;
    TipoChave Chave;
  } NO;
} TipoPatNo;
```

Programa E.17 Funções auxiliares

```
TipoDib Bit(TipoIndexAmp i, TipoChave k)
{ /* Retorna o i-esimo bit da chave k a partir da esquerda */
  int  c, j;
  if (i == 0)
  return 0;
  else { c = k;
          for (j = 1; j <= D - i; j++) c /= 2;
          return (c & 1);
        }
}

short EExterno(TipoArvore p)
{ /* Verifica se p^ e nodo externo */
  return (p->nt == Externo);
}
```

Programa E.18 Procedimento para criar nó interno

```
TipoArvore CriaNoInt(int i, TipoArvore *Esq,  TipoArvore *Dir)
{ TipoArvore p;
  p = (TipoArvore)malloc(sizeof(TipoPatNo));
  p->nt = Interno; p->NO.NInterno.Esq = *Esq;
  p->NO.NInterno.Dir = *Dir; p->NO.NInterno.Index = i;
  return p;
}
```

Programa E.19 *Procedimento para criar nó externo*

```
TipoArvore CriaNoExt(TipoChave k)
{ TipoArvore p;
  p = (TipoArvore)malloc(sizeof(TipoPatNo));
  p->nt = Externo; p->NO.Chave = k; return p;
}
```

Programa E.20 *Algoritmo de pesquisa*

```
void Pesquisa(TipoChave k, TipoArvore t)
{ if (EExterno(t))
  { if (k == t->NO.Chave)
    printf("Elemento encontrado\n");
    else printf("Elemento nao encontrado\n");
    return;
  }
  if (Bit(t->NO.NInterno.Index, k) == 0)
  Pesquisa(k, t->NO.NInterno.Esq);
  else Pesquisa(k, t->NO.NInterno.Dir);
}
```

Programa E.21 *Algoritmo de inserção*

```
TipoArvore InsereEntre(TipoChave k, TipoArvore *t, int i)
{ TipoArvore p;
  if (EExterno(*t) || i < (*t)->NO.NInterno.Index)
  { /* cria um novo no externo */
    p = CriaNoExt(k);
    if (Bit(i, k) == 1)
    return (CriaNoInt(i, t, &p));
    else return (CriaNoInt(i, &p, t));
  }
  else
  { if (Bit((*t)->NO.NInterno.Index, k) == 1)
    (*t)->NO.NInterno.Dir = InsereEntre(k,&(*t)->NO.NInterno.Dir,i);
    else
    (*t)->NO.NInterno.Esq = InsereEntre(k,&(*t)->NO.NInterno.Esq,i);
    return (*t);
  }
}

TipoArvore Insere(TipoChave k, TipoArvore *t)
{ TipoArvore p;
  int i;
  if (*t == NULL)
  return (CriaNoExt(k));
  else
  { p = *t;
```

Continuação do Programa E.21

```
    while (!EExterno(p))
      { if (Bit(p->NO.NInterno.Index, k) == 1)
        p = p->NO.NInterno.Dir;
        else p = p->NO.NInterno.Esq;
      }
    /* acha o primeiro bit diferente */
    i = 1;
    while ((i <= D) & (Bit((int)i, k) == Bit((int)i, p->NO.Chave)))
      i++;
    if (i > D)
    { printf("Erro: chave ja esta na arvore\n"); return (*t); }
    else return (InsereEntre(k, t, i));
  }
}
```

Programa E.22 *Geração de pesos para a função de transformação*

```
void GeraPesos(TipoPesos p)
{ int i;
  struct timeval semente;
  /* Utilizar o tempo como semente para a funcao srand() */
  gettimeofday(&semente, NULL);
  srand((int)(semente.tv_sec + 1000000*semente.tv_usec));
  for (i = 0; i < n; i++)
     p[i] = 1+(int) (10000.0*rand()/(RAND_MAX+1.0));
}
```

Programa E.23 *Implementação de função de transformação*

```
typedef char TipoChave[N];

TipoIndice h(TipoChave Chave, TipoPesos p)
{ int i;
  unsigned int Soma = 0;
  int comp = strlen(Chave);
  for (i = 0; i < comp; i++) Soma += (unsigned int)Chave[i] * p[i];
  return (Soma % M);
}
```

Programa E.24 *Geração de pesos para a função de transformação hz*

```
#define TAMALFABETO 256
typedef unsigned TipoPesos[N][TAMALFABETO];

void GeraPesos(TipoPesos p)
{ /* Gera valores randomicos entre 1 e 10.000 */
```

Continuação do Programa E.24

```
  int i, j;
  struct timeval semente;
  /* Utilizar o tempo como semente para a funcao srand() */
  gettimeofday(&semente, NULL);
  srand((int)(semente.tv_sec + 1000000 * semente.tv_usec));
  for (i = 0; i < N; i++)
    for (j = 0; j < TAMALFABETO; j++)
      p[i][j] = 1 + (int)(10000.0 * rand() / (RAND_MAX + 1.0));
}
```

Programa E.25 *Implementação de função de transformação hz*

```
typedef char TipoChave[N];

TipoIndice h(TipoChave Chave, TipoPesos p)
{ int i; unsigned int Soma = 0;
  int comp = strlen(Chave);
  for (i = 0; i < comp; i++) Soma += p[i][(unsigned int)Chave[i]];
  return (Soma % M);
}
```

Programa E.26 *Estrutura do dicionário para listas encadeadas*

```
typedef char TipoChave[N];
typedef unsigned TipoPesos[N][TAMALFABETO];
typedef struct TipoItem {
  /* outros componentes */
  TipoChave Chave;
} TipoItem;
typedef unsigned int TipoIndice;
typedef struct TipoCelula* TipoApontador;
typedef struct TipoCelula {
  TipoItem Item;
  TipoApontador Prox;
} TipoCelula;
typedef struct TipoLista {
  TipoCelula *Primeiro, *Ultimo;
} TipoLista;
typedef TipoLista TipoDicionario[M];
```

Programa E.27 *Operações do Dicionário usando listas encadeadas*

```
void Inicializa(TipoDicionario T)
{ int i;
  for (i = 0; i < M; i++) FLVazia(&T[i]);
}
```

Continuação do Programa E.27

```
TipoApontador Pesquisa(TipoChave Ch, TipoPesos p, TipoDicionario T)
{ /* TipoApontador de retorno aponta para o item anterior da lista */
  TipoIndice i;
  TipoApontador Ap;
  i = h(Ch, p);
  if (Vazia(T[i])) return NULL;  /* Pesquisa sem sucesso */
  else
  { Ap = T[i].Primeiro;
    while (Ap->Prox->Prox != NULL &&
         strncmp(Ch, Ap->Prox->Item.Chave, sizeof(TipoChave)))
      Ap = Ap->Prox;
    if (!strncmp(Ch, Ap->Prox->Item.Chave, sizeof(TipoChave)))
    return Ap;
    else return NULL;  /* Pesquisa sem sucesso */
  }
}
```

Programa E.28 *Estrutura do dicionário usando endereçamento aberto*

```
#define VAZIO   "!!!!!!!!!!"
#define RETIRADO  "**********"
#define M  7
#define N  11   /* Tamanho da chave */

typedef unsigned int TipoApontador;
typedef char TipoChave[N];
typedef unsigned TipoPesos[N];
typedef struct TipoItem {
  /* outros componentes */
  TipoChave Chave;
} TipoItem;
typedef unsigned int TipoIndice;
typedef TipoItem TipoDicionario[M];
```

Programa E.29 *Operações do dicionário usando endereçamento aberto*

```
void Inicializa(TipoDicionario T)
{ int i;
 for (i = 0; i < M; i++) memcpy(T[i].Chave, VAZIO, N);
}

TipoApontador Pesquisa(TipoChave Ch, TipoPesos p, TipoDicionario T)
{ unsigned int  i = 0; unsigned int  Inicial;
  Inicial = h(Ch, p);
  while (strcmp(T[(Inicial + i) % M].Chave,VAZIO) != 0 &&
         strcmp (T[(Inicial + i) % M].Chave, Ch) != 0 && i < M)
    i++;
```

Continuação do Programa E.29

```
  if (strcmp( T[(Inicial + i) %M].Chave, Ch) == 0)
  return ((Inicial + i) %M);
  else return M; /* Pesquisa sem sucesso */
}

void Insere(TipoItem x, TipoPesos p, TipoDicionario T)
{ unsigned int i = 0; unsigned int Inicial;
  if (Pesquisa(x.Chave, p, T) < M)
  { printf("Elemento ja esta presente\n"); return; }
  Inicial = h(x.Chave, p);
  while (strcmp(T[(Inicial + i) %M].Chave,VAZIO) != 0 &&
         strcmp(T[(Inicial + i) %M].Chave, RETIRADO) != 0 && i < M)
     i++;
  if (i < M)
  { strcpy(T[(Inicial + i) %M].Chave, x.Chave);
    /* Copiar os demais campos de x, se existirem */
  }
  else printf(" Tabela cheia\n");
}

void Retira(TipoChave Ch, TipoPesos p, TipoDicionario T)
{ TipoIndice i;
  i = Pesquisa(Ch, p, T);
  if (i < M)
  memcpy(T[i].Chave, RETIRADO , N);
  else printf("Registro nao esta presente\n");
}
```

Programa E.30 *Rotula grafo e atribui valores para o arranjo g*

```
void Atribuig (TipoGrafo *Grafo,
               TipoArranjoArestas L,
               Tipog g)
{ int i, u, Soma;
  TipoValorVertice v; TipoAresta a;
  for (i = Grafo->NumVertices - 1; i >= 0; i--) g[i] = INDEFINIDO;
  for (i = Grafo->NumArestas - 1; i >= 0; i--)
    { a = L[i]; Soma = 0;
      for (v = Grafo->r - 1; v >= 0; v--)
        { if (g[a.Vertices[v]] == INDEFINIDO)
          { u = a.Vertices[v]; g[u] = Grafo->NumArestas; }
          else Soma += g[a.Vertices[v]];
        }
        g[u] = a.Peso - Soma;
        if (g[u] < 0) g[u] = g[u]+(Grafo->r-1)*Grafo->NumArestas;
    }
}
```

Programa E.31 *Programa para obter função de transformação perfeita*

```
int main()
{ Ler um conjunto de N chaves;
  Escolha um valor para M;
  do
    { Gera os pesos p1[i] e p2[i] para 1 <= i <= MAXTAMCHAVE
      Gera o grafo G = (V, A);
      Atribuig(G, g, GrafoRotulavel);
    } while (!GrafoRotulavel);
  Retorna p1[i] e p2[i] e g;
}
```

Programa E.32 *Estruturas de dados*

```
#define MAXNUMVERTICES 100000 /*—No. maximo de vertices—*/
#define MAXNUMARESTAS 100000 /*—No. maximo de arestas—*/
#define MAXR 5
#define MAXTAMPROX MAXR*MAXNUMARESTAS
#define MAXTAM 1000 /*—Usado Fila—*/
#define MAXTAMCHAVE 6 /*—No. maximo de caracteres da chave—*/
#define MAXNUMCHAVES 100000 /*—No. maximo de chaves lidas—*/
#define INDEFINIDO -1
/*-- Tipos usados em GrafoListaInc do Programa 7.25 --*/
typedef int TipoValorVertice;
typedef int TipoValorAresta;
typedef int Tipor;
typedef int TipoMaxTamProx;
typedef int TipoPesoAresta;
typedef TipoValorVertice TipoArranjoVertices[MAXR];
typedef struct TipoAresta {
  TipoArranjoVertices Vertices;
  TipoPesoAresta Peso;
} TipoAresta;
typedef TipoAresta TipoArranjoArestas[MAXNUMARESTAS];
typedef struct TipoGrafo {
  TipoArranjoArestas Arestas;
  TipoValorVertice Prim[MAXNUMVERTICES];
  TipoMaxTamProx Prox[MAXTAMPROX];
  TipoMaxTamProx ProxDisponivel;
  TipoValorVertice NumVertices;
  TipoValorAresta NumArestas;
  Tipor r;
} TipoGrafo;
/*-- Tipos usados em Fila do Programa 3.17 --*/
typedef int TipoApontador;
typedef struct {
  TipoValorVertice Chave;
  /* outros componentes */
} TipoItem;
```

Continuação do Programa E.32

```
typedef struct {
  TipoItem Item[MAXTAM + 1];
  TipoApontador Frente, Tras;
} TipoFila;
typedef int TipoPesos[MAXTAMCHAVE];
typedef TipoPesos TipoTodosPesos[MAXR];
typedef int Tipog[MAXNUMVERTICES];
typedef char TipoChave[MAXTAMCHAVE];
typedef TipoChave TipoConjChaves[MAXNUMCHAVES];
typedef TipoValorVertice TipoIndice;
static TipoValorVertice M;
static TipoValorAresta N;
```

Programa E.33 *Gera um grafo sem arestas repetidas e sem self-loops*

```
/*—Entram aqui Programa E.22 (GeraPesos), Programa E.23 (funcao h)--*/
/*—Programa G.5(operadores do tipo abstrato de dados Grafo)       —*/
void GeraGrafo (TipoConjChaves    ConjChaves,
                TipoValorAresta   N,
                TipoValorVertice  M,
                Tipor             r,
                TipoTodosPesos    Pesos,
                int               *NGrafosGerados,
                TipoGrafo         *Grafo)
{ /* Gera um grafo sem arestas repetidas e sem self-loops */
  int i, j;  TipoAresta Aresta;  int GrafoValido;

  inline int VerticesIguais (TipoAresta *Aresta)
  { int i, j;
    for (i = 0; i < Grafo->r - 1; i++)
    { for (j = i + 1; j < Grafo->r; j++)
      { if (Aresta->Vertices[i] == Aresta->Vertices[j])
        return TRUE;
      }
    }
    return FALSE;
  }

  do
  { GrafoValido = TRUE; Grafo->NumVertices = M;
    Grafo->NumArestas = N; Grafo->r = r;
    FGVazio (Grafo); *NGrafosGerados = 0;
    for (j = 0; j < Grafo->r; j++) GeraPesos (Pesos[j]);
    for (i = 0; i < Grafo->NumArestas; i++)
      { Aresta.Peso = i;
        for (j = 0; j < Grafo->r; j++)
          Aresta.Vertices[j] = h (ConjChaves[i], Pesos[j]);
```

Continuação do Programa E.33

```
        if (VerticesIguais (&Aresta) || ExisteAresta (&Aresta, Grafo))
        { GrafoValido = FALSE; break; }
        else InsereAresta (&Aresta, Grafo);
      }
    ++(*NGrafosGerados);
  } while(!GrafoValido);
} /* Fim GeraGrafo */
```

Programa E.34 Programa principal

```
/*—— Entram aqui as estruturas de dados do Programa E.32                —*/
/*—— Entram aqui os operadores do Programa C.18                          —*/
/*—— Entram aqui os operadores do Programa E.22                          —*/
/*—— Entra aqui a funcao hash universal do Programa E.23                 —*/
/*—— Entram aqui os operadores do Programa G.26                          —*/
/*—— Entram aqui VerticeGrauUm e GrafoAciclico do Programa G.10——*/
int main(){
    Tipor r;
    TipoGrafo Grafo;
    TipoArranjoArestas L;
    short GAciclico;
    Tipog g;
    TipoTodosPesos Pesos;
    int i, j;
    int NGrafosGerados;
    TipoConjChaves ConjChaves;
    FILE *ArqEntrada;
    FILE *ArqSaida;
    char NomeArq[100];
    printf ("Nome do arquivo com chaves a serem lidas: ");
    scanf("%s*[^\n]", NomeArq);
    printf("NomeArq= %s\n", NomeArq);
    ArqEntrada = fopen(NomeArq, "r");
    printf ("Nome do arquivo para gravar experimento: ");
    scanf("%s*[^\n]", NomeArq);
    printf("NomeArq= %s\n", NomeArq);
    ArqSaida = fopen(NomeArq, "w");
    NGrafosGerados = 0; i = 0;
    fscanf(ArqEntrada, "%d %d %d*[^\n]", &N, &M, &r);
    Ignore(ArqEntrada, '\n');
    printf("N=%d, M=%d, r=%d\n", N, M, r);
    while ((i < N) && (!feof(ArqEntrada)))
    { fscanf(ArqEntrada,"%s*[^\n]", ConjChaves[i]);
      Ignore(ArqEntrada, '\n');
      printf("Chave[%d]=%s\n", i, ConjChaves[i]);
      i++;
    }
```

Continuação do Programa E.34

```
    if (i != N)
    { printf("Erro: entrada com menos do que ', N, ' elementos.\n");
      exit(-1);
    }
    do
      { GeraGrafo (ConjChaves, N, M, r, Pesos, &NGrafosGerados, &Grafo);
        ImprimeGrafo (&Grafo);
        /*—Imprime estrutura de dados—*/
        printf ("prim: ");
        for (i = 0; i < Grafo.NumVertices; i++)
            printf("%3d ", Grafo.Prim[i]);
        printf("\n");  printf ("prox: ");
        for (i = 0; i < Grafo.NumArestas * Grafo.r; i++)
            printf("%3d ", Grafo.Prox[i]);
        printf("\n");
        GrafoAciclico (&Grafo, L, &GAciclico);
      } while (!GAciclico);
    printf ("Grafo aciclico com arestas retiradas:");
    for(i = 0; i < Grafo.NumArestas; i++) printf("%3d ", L[i].Peso);
    printf("\n");
    Atribuig (&Grafo, L, g);
    fprintf(ArqSaida, "%d  (N)\n", N);
    fprintf(ArqSaida, "%d  (M)\n", M);
    fprintf(ArqSaida, "%d  (r)\n", r);
    for (j = 0; j < Grafo.r; j++)
    { for (i = 0; i < MAXTAMCHAVE; i++)
      fprintf(ArqSaida, "%d ", Pesos[j][i]);
      fprintf(ArqSaida, "  (p%d)\n", j);
    }
    for (i = 0; i <M; i++) fprintf(ArqSaida, "%d ", g[i]);
    fprintf(ArqSaida, "  (g)\n");
    fprintf(ArqSaida, "No. grafos gerados por GeraGrafo:%d\n",
            NGrafosGerados);
    fclose (ArqSaida);  fclose (ArqEntrada);  return 0;
}
```

Programa E.35 *Função de transformação perfeita*

```
TipoIndice hp (TipoChave Chave,
               Tipor r,
               TipoTodosPesos Pesos,
               Tipog g)
{ int i, v;
  v = 0;
  for (i = 0; i < r; i++) v += g[h(Chave, Pesos[i])];
  return (v % N);
} /* hp */
```

Programa E.36 *Teste para a função de transformação perfeita*

```
#define MAXNUMVERTICES 100000 /*—No. maximo de vertices—*/
#define MAXNUMARESTAS 100000 /*—No. maximo de arestas—*/
#define MAXR 5
#define MAXTAMCHAVE 6 /*—No. maximo de caracteres da chave—*/
#define MAXNUMCHAVES 100000 /*—No. maximo de chaves lidas—*/
typedef int TipoValorVertice;
typedef int TipoValorAresta;
typedef int Tipor;
typedef int TipoPesos[MAXTAMCHAVE];
typedef TipoPesos TipoTodosPesos[MAXR];
typedef int Tipog[MAXNUMVERTICES];
typedef char TipoChave[MAXTAMCHAVE];
typedef TipoChave TipoConjChaves[MAXNUMCHAVES];
typedef TipoValorVertice TipoIndice;
static TipoValorVertice M;
static TipoValorAresta N;

/*-- Entra aqui a funcao hash universal do Programa E.23--*/
/*-- Entra aqui a funcao hash perfeita do Programa E.35 --*/
int main()
{ Tipor r;
  Tipog g;
  TipoTodosPesos Pesos;
  int i, j;
  TipoConjChaves ConjChaves;
  FILE *ArqChaves;
  FILE *ArqFHPM;
  char NomeArq[100];
  TipoChave Chave;
  inline short VerificaFHPM()
  { short TabelaHash[MAXNUMVERTICES];
    int   i, indiceFHPM;
    for (i = 0; i < N; i++) TabelaHash[i] = FALSE;
    for (i = 0; i < N; i++)
    { indiceFHPM = hp (ConjChaves[i], r, Pesos, g);
      if ((TabelaHash[indiceFHPM])||(indiceFHPM >=N)) return FALSE;
      TabelaHash[indiceFHPM] = TRUE;
    }
    return TRUE;
  }
  printf ("Nome do arquivo com chaves a serem lidas: ");
  scanf("%s*[^\n]", NomeArq);
  printf("NomeArq= %s\n", NomeArq);
  ArqChaves = fopen(NomeArq, "r");
  fscanf(ArqChaves, "%d %d %d*[^\n]", &N, &M, &r);
  Ignore(ArqChaves, '\n');
  printf("N=%d, M=%d, r=%d\n", N, M, r);
  i = 0;
```

Continuação do Programa E.36

```
  while ((i < N) && (!feof(ArqChaves)))
  { fscanf(ArqChaves,"%s*[^\n]", ConjChaves[i]);
    Ignore(ArqChaves, '\n');
    printf("Chave[%d]=%s\n", i, ConjChaves[i]);
    i++;
  }
  if (i != N)
  { printf("Erro: entrada com menos do que ', N, ' elementos.\n");
    exit(-1);
  }
  printf ("Nome do arquivo com a funcao hash perfeita: ");
  scanf("%s*[^\n]", NomeArq);
  printf("NomeArq= %s\n", NomeArq);
  ArqFHPM = fopen(NomeArq, "rb");
  fscanf(ArqFHPM, "%d*[^\n]", &N); Ignore(ArqFHPM, '\n');
  fscanf(ArqFHPM, "%d*[^\n]", &M); Ignore(ArqFHPM, '\n');
  fscanf(ArqFHPM, "%d*[^\n]", &r); Ignore(ArqFHPM, '\n');
  printf("N=%d, M=%d, r=%d\n", N, M, r);
  for (j = 0; j < r; j++)
  { for (i = 0; i < MAXTAMCHAVE; i++)
      fscanf(ArqFHPM, "%d*[^%d\n]", &Pesos[j][i]);
    Ignore(ArqFHPM, '\n');
    printf("\n");
    for (i = 0; i < MAXTAMCHAVE; i++)
      printf("%d ", Pesos[j][i]);
    printf(" (p%d)\n", j);
  }
  for (i = 0; i <M; i++)
    fscanf(ArqFHPM, "%d*[%d\n]", &g[i]);
  Ignore(ArqFHPM, '\n');
  for (i = 0; i <M; i++) printf("%d ", g[i]);
  printf(" (g)\n");
  if (VerificaFHPM())
  printf ("FHPM foi gerada com sucesso\n");
  else printf ("FHPM nao foi gerada corretamente\n");
  printf("Chave: ");
  scanf("%s*[^\n]", Chave);
  while (strcmp(Chave, "aaaaaa") != 0)
  { printf ("FHPM: %d\n", hp(Chave, r, Pesos, g));
    printf("Chave: ");
    scanf("%s*[^\n]", Chave);
  }
  fclose (ArqChaves);
  fclose (ArqFHPM);
  return 0;
}
```

Programa E.37 *Rotula grafo e atribui valores para o arranjo g*

```
void Atribuig (TipoGrafo *Grafo,
               TipoArranjoArestas L,
               Tipog g)
{ int i, j, u, Soma;  TipoValorVertice v;  TipoAresta a;
  unsigned char Visitado[MAXNUMVERTICES];
  for (i = Grafo->NumVertices - 1; i >= 0; i--)
    { g[i] = Grafo->r; Visitado[i] = FALSE; }
  for (i = Grafo->NumArestas - 1; i >= 0; i--)
    { a = L[i];  Soma = 0;
      for (v = Grafo->r - 1; v >= 0; v--)
        { if (!Visitado[a.Vertices[v]])
          { Visitado[a.Vertices[v]] = TRUE;
            u = a.Vertices[v]; j = v;
          }
          else Soma += g[a.Vertices[v]];
        }
      g[u] = (j - Soma) % Grafo->r;
      while (g[u] < 0) g[u] += Grafo->r;
    }
}
```

Programa E.38 *Função de transformação perfeita*

```
TipoIndice hp (TipoChave Chave,
               Tipor r,
               TipoTodosPesos Pesos,
               Tipog g)
{ int i, v = 0; TipoArranjoVertices a;
  for (i = 0; i < r; i++)
  { a[i] = h(Chave, Pesos[i]);
    v += g[a[i]];
  }
  v = v % r;  return a[v];
}
```

Programa E.39 *Rotula grafo e atribui valores para o arranjo g usando 2* bits *por entrada*

```
/* Assume que todas as entradas de 2 bits do vetor */
/* g foram inicializadas com o valor 3             */
void AtribuiValor2Bits (Tipog *g,
                        int Indice,
                        unsigned char Valor)
{ int i, Pos;
  i   = Indice / 4;
  Pos = (Indice % 4);
  Pos = Pos * 2;              /* Cada valor ocupa 2 bits */
  g[i] &= ~(3U << Pos);       /* zera os dois bits a atribuir */
  g[i] |= (Valor << Pos);     /* realiza a atribuicao */
```

Continuação do Programa E.39

```
} /* AtribuiValor2Bits */

char ObtemValor2Bits (Tipog *g, int Indice)
{ int i, Pos;
  i = Indice / 4;
  Pos = (Indice % 4);
  Pos = Pos * 2; /* Cada valor ocupa 2 bits */
  return (g[i] >> Pos) & 3U;
} /* ObtemValor2Bits */

void Atribuig (TipoGrafo *Grafo,
               TipoArranjoArestas L,
               Tipog *g)
{ int i, j, u, Soma; TipoValorVertice v; TipoAresta a;
  unsigned int valorg2bits; unsigned char Visitado[MAXNUMVERTICES];
  if (Grafo->r <= 3)
  { /* valores de 2 bits requerem r <= 3 */
    for (i = Grafo->NumVertices - 1; i >= 0; i--)
    { AtribuiValor2Bits(g, i, Grafo->r);
      Visitado[i] = FALSE;
    }
    for (i = Grafo->NumArestas - 1; i >= 0; i--)
    { a = L[i]; Soma = 0;
      for (v = Grafo->r - 1; v >= 0; v--)
      { if (!Visitado[a.Vertices[v]])
        { Visitado[a.Vertices[v]] = TRUE;
          u = a.Vertices[v];
          j = v;
        }
        else Soma += ObtemValor2Bits(g, a.Vertices[v]);
      }
      valorg2bits = (j - Soma) % Grafo->r;
      while (valorg2bits > Grafo->r) valorg2bits += Grafo->r;
      AtribuiValor2Bits (g, u, valorg2bits);
    }
  }
} /*—Fim Atribuig—*/
```

Programa E.40 *Gera a tabela TabRank*

```
void GeraTabRank (Tipog *g, TipoValorVertice Tamg,
                  TipoK k, TipoTabRank *TabRank)
{ int i, Soma = 0;
  for (i = 0; i < Tamg; i++)
    { if (i % k == 0) TabRank[i / k] = Soma;
      if (ObtemValor2Bits(g, i) != NAOATRIBUIDO) Soma = Soma + 1;
    }
} /* GeraTabRank */
```

Programa E.41 *Gera a tabela T_r*

```
void GeraTr (TipoTr Tr)
{ int i, j, v, Soma = 0;
  for (i = 0; i <= MAXTRVALUE; i++)
  { Soma = 0;  v = i;
    for (j = 1; j <= 4; j++)
      { if ((v & 3) != NAOATRIBUIDO) Soma = Soma + 1;
        v = v >> 2;
      }
    Tr[i] = Soma;
  }
} /* GeraTr */
```

Programa E.42 *Função de transformação perfeita mínima*

```
TipoIndice hpm (TipoChave Chave,
                Tipor r,
                TipoTodosPesos Pesos,
                Tipog * g,
                TipoTr Tr,
                TipoK k,
                TipoTabRank *TabRank)
{ TipoIndice i, j, u, Rank, Byteg;
  u = hp (Chave, r, Pesos, g);
  j = u / k;        Rank = TabRank[j];
  i = j * k;        j  = i;
  Byteg = j / 4;    j = j + 4;
  while (j < u)
  { Rank = Rank + Tr[g[Byteg]];
    j = j + 4;  Byteg = Byteg + 1;
  }
  j = j - 4;
  while (j < u)
  { if (ObtemValor2Bits (g,j) != NAOATRIBUIDO) Rank = Rank+1;
    j = j + 1;
  }
  return Rank;
} /* hpm */
```

Programa E.43 *Procedimento para extrair palavras de um texto*

```
#define MAXALFABETO 255
#define TRUE  1
#define FALSE 0
typedef short  TipoAlfabeto[MAXALFABETO + 1];
FILE *ArqTxt, *ArqAlf;
TipoAlfabeto Alfabeto;
char Palavra[256];  char Linha[256];
int i;  short aux;
```

Continuação do Programa E.43

```
void DefineAlfabeto(short *Alfabeto)
{ char Simbolos[MAXALFABETO + 1];
  int i, CompSimbolos;
  char *TEMP;
  for (i = 0; i <= MAXALFABETO; i++)
    Alfabeto[i] = FALSE;
  fgets(Simbolos, MAXALFABETO + 1, ArqAlf);
  TEMP = strchr(Simbolos, '\n');
  if (TEMP != NULL) *TEMP = 0;
  CompSimbolos = strlen(Simbolos);
  for (i = 0; i < CompSimbolos; i++)
    Alfabeto[Simbolos[i]+127] = TRUE;
  Alfabeto[0] = FALSE;   /* caractere de codigo zero: separador */
}

int main(int argc, char *argv[])
{ ArqTxt = fopen(argv[1], "r");
  ArqAlf = fopen(argv[2], "r");
  DefineAlfabeto(Alfabeto);   /* Le alfabeto definido em arquivo */
  aux = FALSE;
  while (fgets(Linha, 256, ArqTxt) != NULL)
    { for (i = 1; i <= strlen(Linha); i++)
        { if (Alfabeto[Linha[i-1]+127])
            { sprintf(Palavra + strlen(Palavra), "%c", Linha[i-1]);
              aux = TRUE;
            }
          else
          if (aux)
            { puts(Palavra);
              *Palavra = '\0';
              aux = FALSE;
            }
        }
    }
  if (aux)
  { puts(Palavra);
    *Palavra = '\0';
  }
  fclose(ArqTxt);
  fclose(ArqAlf);
  return 0;
}
```

Apêndice F

Programas em C do Capítulo 6

Programa F.1 *Estrutura de dados para o sistema de paginação*

```
#define TAMANHODAPAGINA  512
#define ITENSPORPAGINA    64   /* TamanhodaPagina  / TamanhodoItem */

typedef struct TipoRegisto {
  TipoChave Chave;
  /* outros componentes */
} TipoRegistro;
typedef struct TipoEndereco {
  long p;
  char b;
} TipoEndereco;
typedef struct TipoItem {
  TipoRegistro Reg;
  TipoEndereco Esq, Dir;
} TipoItem;
typedef TipoItem TipoPagina[ItensPorPagina];
```

Programa F.2 *Diferentes tipos de página para o sistema de paginação*

```
typedef struct TipoPagina {
  char tipo; /* armazena o codigo do tipo:0,1,2 */
  union {
    TipoPaginaA Pa;
    TipoPaginaB Pb;
    TipoPaginaC Pc;
  }P;
} TipoPagina;
```

Programa F.3 *Estrutura do dicionário para árvore B*

```
typedef long TipoChave;
typedef struct TipoRegistro {
  TipoChave Chave;
  /*outros componentes*/
} TipoRegistro;
typedef struct TipoPagina* TipoApontador;
typedef struct TipoPagina {
  short n;
  TipoRegistro r[MM];
  TipoApontador p[MM + 1];
} TipoPagina;
```

Programa F.4 *Função para inicializar uma árvore B*

```
void Inicializa(TipoApontador *Dicionario)
{ *Dicionario = NULL; }
```

Programa F.5 *Função para pesquisar na árvore B*

```
void Pesquisa(TipoRegistro *x, TipoApontador Ap)
{ long i = 1;
  if (Ap == NULL)
  { printf("TipoRegistro nao esta presente na arvore\n");
    return;
  }
  while (i < Ap->n && x->Chave > Ap->r[i-1].Chave) i++;
  if (x->Chave == Ap->r[i-1].Chave)
  { *x = Ap->r[i-1];
    return;
  }
  if (x->Chave < Ap->r[i-1].Chave)
  Pesquisa(x, Ap->p[i-1]);
  else Pesquisa(x, Ap->p[i]);
}
```

Programa F.6 *Primeiro refinamento do algoritmo Insere na árvore B*

```
void Ins(TipoRegistro Reg, TipoApontador Ap, short *Cresceu,
         TipoRegistro *RegRetorno,  TipoApontador *ApRetorno)
{ long i = 1; long j;
  TipoApontador ApTemp;
  if (Ap == NULL)
  { *Cresceu = TRUE;
    Atribui Reg a RegRetorno;
    Atribui NULL a ApRetorno;
    return;
  }
  while (i < Ap -> n && Reg.Chave > Ap -> r[i-1].Chave)  i++;
```

Continuação do Programa F.6

```
  if (Reg.Chave == Ap -> r[i-1].Chave)
  { printf(" Erro: Registro ja esta presente\n");
    return;
  }
  if (Reg.Chave < Ap -> r[i-1].Chave)
  Ins(Reg, Ap -> p[i--], Cresceu, RegRetorno, ApRetorno);
  if (!*Cresceu) return;
  if (Numero de registros em Ap < mm)
  { Insere na pagina Ap e *Cresceu = FALSE;
    return;
  }
  /* Overflow: Pagina tem que ser dividida */
  Cria nova pagina ApTemp;
  Transfere metade dos registros de Ap para ApTemp;
  Atribui registro do meio a RegRetorno;
  Atribui ApTemp a ApRetorno;
}

void Insere(TipoRegistro Reg, TipoApontador *Ap)
{ Ins(Reg, *Ap, &Cresceu, &RegRetorno, &ApRetorno);
  if (Cresceu)
  { Cria nova pagina raiz  para RegRetorno e ApRetorno;
  }
}
```

Programa F.7 *Função InsereNaPagina*

```
void InsereNaPagina(TipoApontador Ap,
                    TipoRegistro Reg, TipoApontador ApDir)
{ short NaoAchouPosicao;
  int k;
  k = Ap->n;  NaoAchouPosicao = (k > 0);
  while (NaoAchouPosicao)
    { if (Reg.Chave >= Ap->r[k-1].Chave)
      { NaoAchouPosicao = FALSE;
        break;
      }
      Ap->r[k] = Ap->r[k-1];
      Ap->p[k+1] = Ap->p[k];
      k--;
      if (k < 1) NaoAchouPosicao = FALSE;
    }
  Ap->r[k] = Reg;
  Ap->p[k+1] = ApDir;
  Ap->n++;
}
```

Programa F.8 *Refinamento final do algoritmo Insere*

```
void Ins(TipoRegistro Reg, TipoApontador Ap, short *Cresceu,
         TipoRegistro *RegRetorno,  TipoApontador *ApRetorno)
{ long i = 1; long j;
  TipoApontador ApTemp;
  if (Ap == NULL)
  { *Cresceu = TRUE; (*RegRetorno) = Reg; (*ApRetorno) = NULL;
    return;
  }
  while (i < Ap->n && Reg.Chave > Ap->r[i-1].Chave)  i++;
  if (Reg.Chave == Ap->r[i-1].Chave)
  { printf(" Erro: Registro ja esta presente\n"); *Cresceu = FALSE;
    return;
  }
  if (Reg.Chave < Ap->r[i-1].Chave) i--;
  Ins(Reg, Ap->p[i], Cresceu, RegRetorno, ApRetorno);
  if (!*Cresceu) return;
  if (Ap->n < MM)   /* Pagina tem espaco */
    { InsereNaPagina(Ap, *RegRetorno, *ApRetorno);
      *Cresceu = FALSE;
      return;
    }
  /* Overflow: Pagina tem que ser dividida */
  ApTemp = (TipoApontador)malloc(sizeof(TipoPagina));
  ApTemp->n = 0;  ApTemp->p[0] = NULL;
  if (i < M + 1)
  { InsereNaPagina(ApTemp, Ap->r[MM-1], Ap->p[MM]);
    Ap->n--;
    InsereNaPagina(Ap, *RegRetorno, *ApRetorno);
  }
  else InsereNaPagina(ApTemp, *RegRetorno, *ApRetorno);
  for (j = M + 2; j <= MM; j++)
    InsereNaPagina(ApTemp, Ap->r[j-1], Ap->p[j]);
  Ap->n = M;  ApTemp->p[0] = Ap->p[M+1];
  *RegRetorno = Ap->r[M];  *ApRetorno = ApTemp;
}

void Insere(TipoRegistro Reg, TipoApontador *Ap)
{ short Cresceu;
  TipoRegistro RegRetorno;
  TipoPagina *ApRetorno, *ApTemp;
  Ins(Reg, *Ap, &Cresceu, &RegRetorno, &ApRetorno);
  if (Cresceu)  /* Arvore cresce na altura pela raiz */
  { ApTemp = (TipoPagina *)malloc(sizeof(TipoPagina));
    ApTemp->n = 1;
    ApTemp->r[0] = RegRetorno;
    ApTemp->p[1] = ApRetorno;
    ApTemp->p[0] = *Ap;  *Ap = ApTemp;
  }
}
```

Programa F.9 *Função Retira*

```
void Reconstitui(TipoApontador ApPag, TipoApontador ApPai,
                 int PosPai, short *Diminuiu)
{ TipoPagina *Aux;  long DispAux, j;
  if (PosPai < ApPai->n)  /* Aux = TipoPagina a direita de ApPag */
  { Aux = ApPai->p[PosPai+1];  DispAux = (Aux->n - M + 1) / 2;
    ApPag->r[ApPag->n] = ApPai->r[PosPai];
    ApPag->p[ApPag->n + 1] = Aux->p[0];  ApPag->n++;
    if (DispAux > 0)  /* Existe folga: transfere de Aux para ApPag */
    { for (j = 1; j < DispAux; j++)
        InsereNaPagina(ApPag, Aux->r[j-1], Aux->p[j]);
      ApPai->r[PosPai] = Aux->r[DispAux-1];  Aux->n -= DispAux;
      for (j = 0; j < Aux->n; j++) Aux->r[j] = Aux->r[j + DispAux];
      for (j = 0; j <= Aux->n; j++) Aux->p[j] = Aux->p[j + DispAux];
      *Diminuiu = FALSE;
    }
    else /* Fusao: intercala Aux em ApPag e libera Aux */
      { for (j = 1; j <=M; j++)
          InsereNaPagina(ApPag, Aux->r[j-1], Aux->p[j]);
        free(Aux);
        for (j = PosPai + 1; j < ApPai->n; j++)
          { ApPai->r[j-1] = ApPai->r[j];
            ApPai->p[j] = ApPai->p[j+1];
          }
        ApPai->n--;
        if (ApPai->n >=M) *Diminuiu = FALSE;
      }
  }
  else /* Aux = TipoPagina a esquerda de ApPag */
    { Aux = ApPai->p[PosPai-1]; DispAux = (Aux->n - M + 1) / 2;
      for (j = ApPag->n; j >= 1; j--) ApPag->r[j] = ApPag->r[j-1];
      ApPag->r[0] = ApPai->r[PosPai-1];
      for (j = ApPag->n; j >= 0; j--) ApPag->p[j+1] = ApPag->p[j];
      ApPag->n++;
      if (DispAux > 0) /* Existe folga: transf. de Aux para ApPag */
      { for (j = 1; j < DispAux; j++)
          InsereNaPagina(ApPag, Aux->r[Aux->n - j],
                         Aux->p[Aux->n - j + 1]);
        ApPag->p[0] = Aux->p[Aux->n - DispAux + 1];
        ApPai->r[PosPai-1] = Aux->r[Aux->n - DispAux];
        Aux->n -= DispAux;  *Diminuiu = FALSE;
      }
      else /* Fusao: intercala ApPag em Aux e libera ApPag */
        { for (j = 1; j <=M; j++)
            InsereNaPagina(Aux, ApPag->r[j-1], ApPag->p[j]);
          free(ApPag);  ApPai->n--;
          if (ApPai->n >=M)  *Diminuiu = FALSE;
        }
    }
}
```

Continuação do Programa F.9

```
void Antecessor(TipoApontador Ap, int Ind,
                TipoApontador ApPai, short *Diminuiu)
{ if (ApPai->p[ApPai->n] != NULL)
  { Antecessor(Ap, Ind, ApPai->p[ApPai->n], Diminuiu);
    if (*Diminuiu)
    Reconstitui(ApPai->p[ApPai->n], ApPai, (long)ApPai->n, Diminuiu);
    return;
  }
  Ap->r[Ind-1] = ApPai->r[ApPai->n - 1];
  ApPai->n--;  *Diminuiu = (ApPai->n < M);
}

void Ret(TipoChave Ch, TipoApontador *Ap, short *Diminuiu)
{ long j, Ind = 1;
  TipoApontador Pag;
  if (*Ap == NULL)
  { printf("Erro: registro nao esta na arvore\n"); *Diminuiu = FALSE;
    return;
  }
  Pag = *Ap;
  while (Ind < Pag->n && Ch > Pag->r[Ind-1].Chave) Ind++;
  if (Ch == Pag->r[Ind-1].Chave)
  { if (Pag->p[Ind-1] == NULL)   /* TipoPagina folha */
    { Pag->n--;
      *Diminuiu = (Pag->n < M);
      for (j = Ind; j <= Pag->n; j++)
        { Pag->r[j-1] = Pag->r[j];  Pag->p[j] = Pag->p[j+1]; }
      return;
    }
    /* TipoPagina nao e folha: trocar com antecessor */
    Antecessor(*Ap, Ind, Pag->p[Ind-1], Diminuiu);
    if (*Diminuiu)
    Reconstitui(Pag->p[Ind-1], *Ap, Ind - 1, Diminuiu);
    return;
  }
  if (Ch > Pag->r[Ind-1].Chave) Ind++;
  Ret(Ch, &Pag->p[Ind-1], Diminuiu);
  if (*Diminuiu) Reconstitui(Pag->p[Ind-1], *Ap, Ind - 1, Diminuiu);
}

void Retira(TipoChave Ch, TipoApontador *Ap)
{ short Diminuiu;
  TipoApontador Aux;
  Ret(Ch, Ap, &Diminuiu);
  if (Diminuiu && (*Ap)->n == 0)  /* Arvore diminui na altura */
  { Aux = *Ap;   *Ap = Aux->p[0];
    free(Aux);
  }
}
```

Programa F.10 *Estrutura do dicionário para a árvore B**

```
typedef int TipoChave;
typedef struct TipoRegistro {
  TipoChave Chave;
  /* outros componentes */
} TipoRegistro;
typedef enum {
  Interna, Externa
} TipoIntExt;
typedef struct TipoPagina *TipoApontador;
typedef struct TipoPagina {
  TipoIntExt Pt;
  union {
    struct {
      int ni;
      TipoChave ri[MM];
      TipoApontador pi[MM + 1];
    } U0;
    struct {
      int ne;
      TipoRegistro re[MM2];
    } U1;
  } UU;
} TipoPagina;
```

Programa F.11 *Função para pesquisar na árvore B**

```
void Pesquisa(TipoRegistro *x, TipoApontador *Ap)
{ int i;
  TipoApontador Pag;
  Pag = *Ap;
  if ((*Ap)->Pt == Interna)
  { i = 1;
    while (i < Pag->UU.U0.ni && x->Chave > Pag->UU.U0.ri[i - 1]) i++;
    if (x->Chave < Pag->UU.U0.ri[i - 1])
    Pesquisa(x, &Pag->UU.U0.pi[i - 1]);
    else Pesquisa(x, &Pag->UU.U0.pi[i]);
    return;
  }
  i = 1;
  while (i < Pag->UU.U1.ne && x->Chave > Pag->UU.U1.re[i - 1].Chave)
    i++;
  if (x->Chave == Pag->UU.U1.re[i - 1].Chave)
  *x = Pag->UU.U1.re[i - 1];
  else printf("TipoRegistro nao esta presente na arvore\n");
}
```

Apêndice G

Programas em C do Capítulo 7

Programa G.1 *Trecho de programa para obter lista de adjacentes de um vértice de um grafo*

```
#define FALSE     0
#define TRUE      1
...

if(!ListaAdjVazia(v,Grafo))
{ Aux = PrimeiroListaAdj(v,Grafo);
  FimListaAdj = FALSE;
  while(!FimListaAdj)
    ProxAdj(&v, Grafo, &u, &Peso, &Aux, &FimListaAdj);
}
```

Programa G.2 *Estrutura do tipo grafo implementado como matriz de adjacência*

```
#define MAXNUMVERTICES  100
#define MAXNUMARESTAS  4500

typedef int TipoValorVertice;
typedef int  TipoPeso;
typedef struct TipoGrafo {
  TipoPeso Mat[MAXNUMVERTICES + 1][MAXNUMVERTICES + 1];
  int NumVertices;
  int NumArestas;
} TipoGrafo;
typedef int  TipoApontador;
```

***Programa G.3** Operadores sobre grafos implementados como matrizes de adjacência*

```
void FGVazio(TipoGrafo *Grafo)
{ short i, j;
  for (i = 0; i <= Grafo->NumVertices; i++)
    { for (j = 0; j <=Grafo->NumVertices; j++) Grafo->Mat[i][j] = 0; }
}

void InsereAresta(TipoValorVertice *V1, TipoValorVertice *V2,
                  TipoPeso *Peso, TipoGrafo *Grafo)
{ Grafo->Mat[*V1][*V2] = *Peso; }

short ExisteAresta(TipoValorVertice Vertice1,
                   TipoValorVertice Vertice2, TipoGrafo *Grafo)
{ return (Grafo->Mat[Vertice1][Vertice2] > 0); }

/* Operadores para obter a lista de adjacentes */
short ListaAdjVazia(TipoValorVertice *Vertice, TipoGrafo *Grafo)
{ TipoApontador Aux = 0; short ListaVazia = TRUE;
  while (Aux < Grafo->NumVertices && ListaVazia)
  { if (Grafo->Mat[*Vertice][Aux] > 0)
    ListaVazia = FALSE;
    else Aux++;
  }
  return (ListaVazia == TRUE);
}

TipoApontador PrimeiroListaAdj(TipoValorVertice *Vertice,
                               TipoGrafo *Grafo)
{ TipoValorVertice Result;
  TipoApontador Aux = 0; short ListaVazia = TRUE;
  while (Aux < Grafo->NumVertices && ListaVazia)
    { if (Grafo->Mat[*Vertice][Aux] > 0)
      { Result = Aux; ListaVazia = FALSE; }
      else Aux++;
    }
  if (Aux == Grafo->NumVertices)
    printf("Erro: Lista adjacencia vazia (PrimeiroListaAdj)\n");
  return Result;
}

void ProxAdj(TipoValorVertice *Vertice, TipoGrafo *Grafo,
             TipoValorVertice *Adj, TipoPeso *Peso,
             TipoApontador *Prox, short *FimListaAdj)
{ /* Retorna Adj apontado por Prox */
  *Adj = *Prox; *Peso = Grafo->Mat[*Vertice][*Prox]; (*Prox)++;
  while (*Prox < Grafo->NumVertices &&
         Grafo->Mat[*Vertice][*Prox] == 0) (*Prox)++;
  if (*Prox == Grafo->NumVertices)
  *FimListaAdj = TRUE;
}
```

Continuação do Programa G.3

```
void RetiraAresta(TipoValorVertice *V1, TipoValorVertice *V2,
                  TipoPeso *Peso, TipoGrafo *Grafo)
{ if (Grafo->Mat[*V1][*V2] == 0)
  printf("Aresta nao existe\n");
  else { *Peso = Grafo->Mat[*V1][*V2]; Grafo->Mat[*V1][*V2] = 0; }
}

void LiberaGrafo(TipoGrafo *Grafo)
{ /* Nao faz nada no caso de matrizes de adjacencia */ }

void ImprimeGrafo(TipoGrafo *Grafo)
{ short i, j;
  printf("   ");
  for (i = 0; i <= Grafo->NumVertices - 1; i++) printf("%3d", i);
  printf("\n");
  for (i = 0; i <= Grafo->NumVertices - 1; i++)
    { printf("%3d", i);
      for (j = 0; j <=Grafo->NumVertices - 1; j++)
        printf("%3d", Grafo->Mat[i][j]);
      printf("\n");
    }
}
```

Programa G.4 *Estrutura do grafo com listas encadeadas usando apontadores*

```
#define MAXNUMVERTICES  100
#define MAXNUMARESTAS  4500

typedef int TipoValorVertice;
typedef int TipoPeso;
typedef struct TipoItem {
  TipoValorVertice Vertice;
  TipoPeso Peso;
} TipoItem;
typedef struct TipoCelula *TipoApontador;
struct TipoCelula {
  TipoItem Item;
  TipoApontador Prox;
} TipoCelula;
typedef struct TipoLista {
  TipoApontador Primeiro, Ultimo;
} TipoLista;
typedef struct TipoGrafo {
  TipoLista Adj[MAXNUMVERTICES + 1];
  TipoValorVertice NumVertices;
  short NumArestas;
} TipoGrafo;
```

Programa G.5 *Operadores implementados como listas de adjacência usando apontadores*

```
/*-- Entram aqui os operadores FLVazia, Vazia --*/
/*-- e Insere do Programa C.4                  --*/

void FGVazio(TipoGrafo *Grafo)
{ long i;
  for (i = 0; i < Grafo->NumVertices; i++) FLVazia(&Grafo->Adj[i]);
}

void InsereAresta(TipoValorVertice *V1, TipoValorVertice *V2,
                  TipoPeso *Peso, TipoGrafo *Grafo)
{ TipoItem x;
  x.Vertice = *V2;
  x.Peso = *Peso;
  Insere(&x, &Grafo->Adj[*V1]);
}

short ExisteAresta(TipoValorVertice Vertice1,
                   TipoValorVertice Vertice2,
                   TipoGrafo *Grafo)
{ TipoApontador Aux;
  short EncontrouAresta = FALSE;
  Aux = Grafo->Adj[Vertice1].Primeiro->Prox;
  while (Aux != NULL && EncontrouAresta == FALSE)
    { if (Vertice2 == Aux->Item.Vertice) EncontrouAresta = TRUE;
      Aux = Aux->Prox;
    }
  return EncontrouAresta;
}

/* Operadores para obter a lista de adjacentes */
short ListaAdjVazia(TipoValorVertice *Vertice, TipoGrafo *Grafo)
{ return (Grafo->Adj[*Vertice].Primeiro ==
          Grafo->Adj[*Vertice].Ultimo);
}

TipoApontador PrimeiroListaAdj(TipoValorVertice *Vertice,
                               TipoGrafo *Grafo)
{ return (Grafo->Adj[*Vertice].Primeiro->Prox); }

void ProxAdj(TipoValorVertice *Vertice, TipoGrafo *Grafo,
             TipoValorVertice *Adj, TipoPeso *Peso,
             TipoApontador *Prox, short *FimListaAdj)
{ /* Retorna Adj e Peso do Item apontado por Prox */
  *Adj = (*Prox)->Item.Vertice;
  *Peso = (*Prox)->Item.Peso;
  *Prox = (*Prox)->Prox;
  if (*Prox == NULL) *FimListaAdj = TRUE;
}
```

Continuação do Programa G.5

```
/*-- Entra aqui o operador Retira do Programa C.4 --*/
void RetiraAresta(TipoValorVertice *V1, TipoValorVertice *V2,
                  TipoPeso *Peso, TipoGrafo *Grafo)
{ TipoApontador AuxAnterior, Aux;
  short EncontrouAresta = FALSE;
  TipoItem x;
  AuxAnterior = Grafo->Adj[*V1].Primeiro;
  Aux = Grafo->Adj[*V1].Primeiro->Prox;
  while (Aux != NULL && EncontrouAresta == FALSE)
    { if (*V2 == Aux->Item.Vertice)
      { Retira(AuxAnterior, &Grafo->Adj[*V1], &x);
        Grafo->NumArestas--;
        EncontrouAresta = TRUE;
      }
      AuxAnterior = Aux;
      Aux = Aux->Prox;
    }
}

void LiberaGrafo(TipoGrafo *Grafo)
{ TipoApontador AuxAnterior, Aux;
  for (i = 0; i < GRAfo->NumVertices; i++)
    { Aux = Grafo->Adj[i].Primeiro->Prox;
      free(Grafo->Adj[i].Primeiro);   /*Libera celula cabeca*/
      Grafo->Adj[i].Primeiro=NULL;
      while (Aux != NULL)
        { AuxAnterior = Aux;
          Aux = Aux->Prox;
          free(AuxAnterior);
        }
    }
  Grafo->NumVertices = 0;
}

void ImprimeGrafo(TipoGrafo *Grafo)
{ int i;
  TipoApontador Aux;
  for (i = 0; i < Grafo->NumVertices; i++)
    { printf("Vertice%2d:", i);
      if (!Vazia(Grafo->Adj[i]))
      { Aux = Grafo->Adj[i].Primeiro->Prox;
        while (Aux != NULL)
          { printf("%3d (%d)", Aux->Item.Vertice, Aux->Item.Peso);
            Aux = Aux->Prox;
          }
      }
      putchar('\n');
    }
}
```

Programa G.6 *Estrutura do grafo com listas de adjacência usando arranjos*

```
#define MAXNUMVERTICES 100
#define MAXNUMARESTAS 4500
#define TRUE 1
#define FALSE 0
#define MAXTAM (MAXNUMVERTICES + MAXNUMARESTAS * 2)

typedef int TipoValorVertice;
typedef int TipoPeso;
typedef int  TipoTam;
typedef struct TipoGrafo {
  TipoTam Cab[MAXTAM + 1];
  TipoTam Prox[MAXTAM + 1];
  TipoTam Peso[MAXTAM + 1];
  TipoTam ProxDisponivel;
  char NumVertices;
  short NumArestas;
} TipoGrafo;
typedef short TipoApontador;
```

Programa G.7 *Operadores implementados como lista de adjacência usando arranjos*

```
void FGVazio(TipoGrafo *Grafo)
{ short i;
  for (i = 0; i <= Grafo->NumVertices; i++)
    { Grafo->Prox[i] = 0;  Grafo->Cab[i] = i;
      Grafo->ProxDisponivel = Grafo->NumVertices;
    }
}

void InsereAresta(TipoValorVertice *V1, TipoValorVertice *V2,
                  TipoPeso *Peso, TipoGrafo *Grafo)
{ short Pos;
  Pos = Grafo->ProxDisponivel;
  if (Grafo->ProxDisponivel == MAXTAM)
  { printf("nao ha espaco disponivel para a aresta\n"); return;
  }
  Grafo->ProxDisponivel++;
  Grafo->Prox[Grafo->Cab[*V1]] = Pos;
  Grafo->Cab[Pos] = *V2;  Grafo->Cab[*V1] = Pos;
  Grafo->Prox[Pos] = 0;  Grafo->Peso[Pos] = *Peso;
}

short ExisteAresta(TipoValorVertice Vertice1,
                   TipoValorVertice Vertice2, TipoGrafo *Grafo)
{ TipoApontador Aux;
  short EncontrouAresta = FALSE;
  Aux = Grafo->Prox[Vertice1];
```

Continuação do Programa G.7

```
  while (Aux != 0 && EncontrouAresta == FALSE)
    { if (Vertice2 == Grafo->Cab[Aux])
      EncontrouAresta = TRUE;
      Aux = Grafo->Prox[Aux];
    }
  return EncontrouAresta;
}

/* Operadores para obter a lista de adjacentes */
short ListaAdjVazia(TipoValorVertice *Vertice, TipoGrafo *Grafo)
{ return (Grafo->Prox[*Vertice] == 0); }

TipoApontador PrimeiroListaAdj(TipoValorVertice *Vertice,
                               TipoGrafo *Grafo)
{ return (Grafo->Prox[*Vertice]); }

void ProxAdj(TipoValorVertice *Vertice, TipoGrafo *Grafo,
             TipoValorVertice *Adj, TipoPeso *Peso,
             TipoApontador *Prox, short *FimListaAdj)
{ /* Retorna Adj apontado por Prox */
  *Adj = Grafo->Cab[*Prox];  *Peso = Grafo->Peso[*Prox];
  *Prox = Grafo->Prox[*Prox];
  if (*Prox == 0) *FimListaAdj = TRUE;
}

void RetiraAresta(TipoValorVertice *V1, TipoValorVertice *V2,
                  TipoPeso *Peso, TipoGrafo *Grafo)
{ TipoApontador Aux, AuxAnterior;  short EncontrouAresta = FALSE;
  AuxAnterior = *V1;  Aux = Grafo->Prox[*V1];
  while (Aux != 0 && EncontrouAresta == FALSE)
    { if (*V2 == Grafo->Cab[Aux]) EncontrouAresta = TRUE;
      else { AuxAnterior = Aux; Aux = Grafo->Prox[Aux]; }
    }
  if (EncontrouAresta) /* Apenas marca como retirado */
  { Grafo->Cab[Aux] = MAXNUMVERTICES + MAXNUMARESTAS * 2;
  }
  else printf("Aresta nao existe\n");
}
void LiberaGrafo(TipoGrafo *Grafo)
{  /* Nao faz nada no caso de posicoes contiguas */ }

void ImprimeGrafo(TipoGrafo *Grafo)
{ short i, forlim;
  printf("    Cab Prox Peso\n");
  forlim = Grafo->NumVertices + Grafo->NumArestas * 2;
  for (i = 0; i <= forlim - 1; i++)
    printf("%2d%4d%4d%4d\n", i, Grafo->Cab[i],
           Grafo->Prox[i], Grafo->Peso[i]);
}
```

Programa G.8 *Programa teste para operadores do tipo abstrato de dados grafo*

```
/*-- Entra aqui estrutura do tipo grafo do Programa G.2 --*/
/*-- ou do Programa G.4 ou do Programa G.6              --*/
TipoApontador Aux;
int i;
TipoValorVertice V1, V2, Adj;
TipoPeso Peso;
TipoGrafo Grafo, Grafot;
TipoValorVertice NVertices;
short NArestas;
short FimListaAdj;
/*-- Entram aqui os operadores correspondentes do Programa G.3--*/
/*-- ou do Programa G.5 ou do Programa G.7                     --*/
int main()
{ /*-- Programa principal--*/
  /* -- NumVertices: definido antes da leitura das arestas--*/
  /* -- NumArestas: inicializado com zero e incrementado a--*/
  /* -- cada chamada de InsereAresta                       --*/
  printf("Leitura do grafo\n");
  printf("No. vertices:"); scanf("%d%*[^\n]", &NVertices); getchar();
  printf("No. arestas:"); scanf("%hd%*[^\n]", &NArestas); getchar();
  Grafo.NumVertices = NVertices; Grafo.NumArestas=0; FGVazio(&Grafo);
  for (i = 0; i <= NArestas - 1; i++)
  { printf("Insere V1 -- V2 -- Peso:");
    scanf("%d%d%d%*[^\n]", &V1, &V2, &Peso);  getchar();
    Grafo.NumArestas++;
    InsereAresta(&V1, &V2, &Peso, &Grafo); /* 1 chamada g-direcionado */
    /*InsereAresta(V2, V1, Peso, Grafo);*/ /* 2 g-naodirecionado */
  }
  ImprimeGrafo(&Grafo); getchar();
  printf("Insere V1 -- V2 -- Peso:");
  scanf("%d%d%d%*[^\n]", &V1, &V2, &Peso); getchar();
  if (ExisteAresta(V1, V2, &Grafo))
  printf("Aresta ja existe\n");
  else { Grafo.NumArestas++;
         InsereAresta(&V1, &V2, &Peso, &Grafo);
         /*InsereAresta(V2, V1, Peso, Grafo);*/ /* g nao direcionado */
       }
  ImprimeGrafo(&Grafo); getchar();
  printf("Lista adjacentes de: "); scanf("%d", &V1);
  if (!ListaAdjVazia(&V1, &Grafo))
  { Aux = PrimeiroListaAdj(&V1, &Grafo); FimListaAdj = FALSE;
    while (!FimListaAdj)
      { ProxAdj(&V1, &Grafo, &Adj, &Peso, &Aux, &FimListaAdj);
        printf("%2d (%d)", Adj, Peso);
      }
    putchar('\n'); getchar();
  }
  printf("Retira aresta V1 -- V2:");
  scanf("%d%d%*[^\n]", &V1, &V2); getchar();
```

Continuação do Programa G.8

```
  if (ExisteAresta(V1, V2, &Grafo))
  { Grafo.NumArestas--;
    RetiraAresta(&V1, &V2, &Peso, &Grafo);
    /*RetiraAresta(V2, V1, Peso, Grafo);*/
  }
  else printf("Aresta nao existe\n");
  ImprimeGrafo(&Grafo); getchar();
  printf("Existe aresta V1 -- V2:");
  scanf("%d%d%*[^\n]", &V1, &V2); getchar();
  if (ExisteAresta(V1, V2, &Grafo)) printf(" Sim\n");
  else printf(" Nao\n");
  LiberaGrafo(&Grafo); return 0;
}
```

Programa G.9 *Busca em profundidade*

```
void VisitaDfs(TipoValorVertice u, TipoGrafo *Grafo,
               TipoValorTempo* Tempo, TipoValorTempo* d,
               TipoValorTempo* t, TipoCor* Cor, short* Antecessor)
{ char FimListaAdj; TipoValorAresta Peso; TipoApontador Aux;
  TipoValorVertice v; Cor[u] = cinza; (*Tempo)++; d[u] = (*Tempo);
  printf("Visita%2d Tempo descoberta:%2d cinza\n", u, d[u]); getchar();
  if (!ListaAdjVazia(&u, Grafo))
  { Aux = PrimeiroListaAdj(&u, Grafo);
    FimListaAdj = FALSE;
    while (!FimListaAdj)
      { ProxAdj(&u, &v, &Peso, &Aux, &FimListaAdj);
        if (Cor[v] == branco)
        { Antecessor[v] = u;
          VisitaDfs(v, Grafo, Tempo, d, t, Cor, Antecessor);
        }
      }
  }
  Cor[u] = preto; (*Tempo)++; t[u] = (*Tempo);
  printf("Visita%2d Tempo termino:%2d preto\n", u, t[u]); getchar();
}
void BuscaEmProfundidade(TipoGrafo *Grafo)
{ TipoValorVertice x; TipoValorTempo Tempo;
  TipoValorTempo d[MAXNUMVERTICES + 1],t[MAXNUMVERTICES + 1];
  TipoCor Cor[MAXNUMVERTICES+1];
  short Antecessor[MAXNUMVERTICES+1];
  Tempo = 0;
  for (x = 0; x <= Grafo->NumVertices - 1; x++)
    { Cor[x] = branco; Antecessor[x] = -1; }
  for (x = 0; x <= Grafo->NumVertices - 1; x++)
    { if (Cor[x] == branco)
      VisitaDfs(x, Grafo, &Tempo, d, t, Cor, Antecessor);
    }
}
```

Programa G.10 *Teste para verificar se um hipergrafo é acíclico usando arranjos*

```
{-- Entram aqui os tipos do Programa C.17 (ou do Programa C.19) --}
{-- Entram aqui tipos do Programa G.25                          --}
  int i, j;
  TipoAresta Aresta;
  TipoGrafo Grafo;
  TipoArranjoArestas L;
  short GAciclico;
{-- Entram aqui os operadores FFVazia, Vazia, Enfileira e        --}
{-- Desenfileira do Programa C.18 (ou do Programa C.20)          --}
{-- Entram aqui os operadores ArestasIguais, FGVazio,            --}
{-- InsereAresta, RetiraAresta e ImprimeGrafo do Programa G.26  --}

short VerticeGrauUm(TipoValorVertice *V,
                    TipoGrafo *Grafo)
{ return (Grafo->Prim[*V] >= 0) &&
         (Grafo->Prox[Grafo->Prim[*V]] == INDEFINIDO);
}

void GrafoAciclico (TipoGrafo *Grafo,
                    TipoArranjoArestas L, short *GAciclico)
{ TipoValorVertice j = 0; TipoValorAresta A1;
  TipoItem x; TipoFila Fila; TipoValorAresta NArestas;
  TipoAresta Aresta; NArestas = Grafo->NumArestas;
  FFVazia (&Fila);
  while (j < Grafo->NumVertices)
  { if (VerticeGrauUm (&j, Grafo))
    { x.Chave = j; Enfileira (x, &Fila); }
    j++;
  }
  while (!Vazia(&Fila) && (NArestas > 0))
  { Desenfileira (&Fila, &x);
    if (Grafo->Prim[x.Chave] >= 0)
    { A1 = Grafo->Prim[x.Chave] % Grafo->NumArestas;
      Aresta = RetiraAresta(&Grafo->Arestas[A1], Grafo);
      L[Grafo->NumArestas - NArestas] = Aresta;
      NArestas = NArestas - 1;
      if (NArestas > 0)
      { for (j = 0; j < Grafo->r; j++)
        { if (VerticeGrauUm(&Aresta.Vertices[j], Grafo))
          { x.Chave = Aresta.Vertices[j]; Enfileira (x, &Fila);
          }
        }
      }
    }
  }
  if (NArestas == 0) *GAciclico = TRUE;
  else *GAciclico = FALSE;
}
```

Programa G.11 *Busca em largura*

```
/*-- Entram aqui os operadores FFVazia, Vazia, Enfileira e--*/
/*-- Desenfileira do Programa C.18 ou do Programa C.20     --*/
/*-- dependendo da implementação da bussca em largura usar--*/
/*-- arranjos ou apontadores, respectivamente             --*/

void VisitaBfs(TipoValorVertice u, TipoGrafo *Grafo,
               int *Dist, TipoCor *Cor, int *Antecessor)
{ TipoValorVertice v; Apontador Aux; short FimListaAdj;
  TipoPeso Peso; TipoItem Item; TipoFila Fila;
  Cor[u] = cinza; Dist[u] = 0;
  FFVazia(&Fila);
  Item.Vertice = u; Item.Peso = 0;
  Enfileira(Item, &Fila);
  printf("Visita origem %2d cor: cinza F:", u);
  ImprimeFila(Fila); getchar();
  while (!FilaVazia(Fila))
    { Desenfileira(&Fila, &Item);
      u = Item.Vertice;
      if (!ListaAdjVazia(&u, Grafo))
      { Aux = PrimeiroListaAdj(&u, Grafo);
        FimListaAdj = FALSE;
        while (FimListaAdj == FALSE)
          { ProxAdj(&u, &v, &Peso, &Aux, &FimListaAdj);
            if (Cor[v] != branco) continue;
            Cor[v] = cinza; Dist[v] = Dist[u] + 1;
            Antecessor[v] = u;
            Item.Vertice = v; Item.Peso = Peso;
            Enfileira(Item, &Fila);
          }
      }
      Cor[u] = preto;
      printf("Visita %2d Dist %2d cor: preto F:", u, Dist[u]);
      ImprimeFila(Fila); getchar();
    }
} /* VisitaBfs */

void BuscaEmLargura(TipoGrafo *Grafo)
{ TipoValorVertice x;
  int Dist[MaxNumvertices + 1];
  TipoCor Cor[MaxNumvertices + 1];
  int Antecessor[MaxNumvertices + 1];
  for (x = 0; x <= Grafo -> NumVertices - 1; x++)
    { Cor[x] = branco; Dist[x] = Infinito; Antecessor[x] = -1; }
  for (x = 0; x <= Grafo -> NumVertices - 1; x++)
    { if (Cor[x] == branco)
        VisitaBfs (x, Grafo, Dist, Cor, Antecessor);
    }
}
```

Programa G.12 *Imprime os vértices do caminho mais curto entre o vértice origem e outro vértice qualquer do grafo*

```
void ImprimeCaminho(TipoValorVertice Origem, TipoValorVertice v,
                    TipoGrafo *Grafo, int * Dist, TipoCor *Cor,
                    int *Antecessor)
{ if (Origem == v)
  { printf("%d ", Origem);
    return;
  }
  if (Antecessor[v] == -1)
  printf("Nao existe caminho de %d ate %d", Origem, v);
  else { ImprimeCaminho(Origem, Antecessor[v],
                        Grafo, Dist, Cor, Antecessor);
         printf("%d ", v);
       }
}
```

Programa G.13 *Insere em uma lista encadeada antes do primeiro item da lista*

```
void InsLista (TipoItem *Item, TipoLista *Lista)
{ /*-- Insere antes do primeiro item da lista --*/
  TipoApontador Aux;
  Aux = Lista->Primeiro->Prox;
  Lista->Primeiro->Prox = (TipoApontador)malloc(sizeof(tipoCelula));
  Lista->Primeiro->Prox->Item = Item;
  Lista->Primeiro->Prox->Prox = Aux;
}
```

Programa G.14 *Obtém o grafo transposto G^T a partir de um grafoG*

```
void GrafoTransposto(TipoGrafo *Grafo, TipoGrafo *GrafoT)
{ TipoValorVertice v, Adj;
  TipoPeso Peso;
  TipoApontador Aux;
  FGVazio(GrafoT);
  GrafoT->NumVertices = Grafo->NumVertices;
  GrafoT->NumArestas = Grafo->NumArestas;
  for (v = 0; v <= Grafo->NumVertices - 1; v++)
    { if (!ListaAdjVazia(&v, Grafo))
      { Aux = PrimeiroListaAdj(&v, Grafo);
        FimListaAdj = FALSE;
        while (!FimListaAdj)
          { ProxAdj(&v, Grafo, &Adj, &Peso, &Aux, &FimListaAdj);
            InsereAresta(&Adj, &v, &Peso, GrafoT);
          }
      }
    }
}
```

Programa G.15 *Busca em profundidade no grafo transposto* G^T

```
void VisitaDfs2(TipoValorVertice u, TipoGrafo *Grafo,
                TipoTempoTermino *TT, TipoValorTempo *Tempo,
                TipoValorTempo *d, TipoValorTempo *t,
                TipoCor *Cor, short *Antecessor)
{ short FimListaAdj;
  TipoPeso Peso;
  TipoApontador Aux;
  TipoValorVertice v;
  Cor[u] = cinza;
  (*Tempo)++; d[u] = (*Tempo);
  TT->Restantes[u] = FALSE;
  TT->NumRestantes--;
  printf("Visita%2d Tempo descoberta:%2d cinza\n",u,d[u]);
  getchar();
  if (!ListaAdjVazia(&u, Grafo))
  { Aux = PrimeiroListaAdj(&u, Grafo);
    FimListaAdj = FALSE;
    while (!FimListaAdj)
    { ProxAdj(&u, Grafo, &v, &Peso, &Aux, &FimListaAdj);
      if (Cor[v] == branco)
      { Antecessor[v] = u;
        VisitaDfs2 (v, Grafo, TT, Tempo, d, t, Cor, Antecessor);
      }
    }
  }
  Cor[u] = preto; (*Tempo)++;
  t[u] = (*Tempo);
  printf("Visita%2d Tempo termino:%2d preto\n", u, t[u]);
  getchar();
}

void BuscaEmProfundidadeCfc(TipoGrafo *Grafo, TipoTempoTermino *TT)
{ TipoValorTempo Tempo;
  TipoValorTempo d[MAXNUMVERTICES + 1],t[MAXNUMVERTICES + 1];
  TipoCor Cor[MAXNUMVERTICES + 1];
  short Antecessor[MAXNUMVERTICES + 1];
  TipoValorVertice x, VRaiz; Tempo = 0;
  for (x = 0; x <= Grafo->NumVertices - 1; x++)
    { Cor[x] = branco; Antecessor[x] = -1; }
  TT->NumRestantes = Grafo->NumVertices;
  for (x = 0; x <= Grafo->NumVertices - 1; x++)
    TT->Restantes[x] = TRUE;
  while (TT->NumRestantes > 0)
  { VRaiz = MaxTT(TT, Grafo);
    printf("Raiz da proxima arvore:%2d\n", VRaiz);
    VisitaDfs2 (VRaiz, Grafo, TT, &Tempo,  d, t,Cor, Antecessor );
  }
}
```

Programa G.16 *Função para obter o vértice de maior tempo de término dentre os vértices restantes ainda não visitados por VisitaDFS*

```
typedef struct TipoTempoTermino {
  TipoValorTempo t[MAXNUMVERTICES + 1];
  short Restantes[MAXNUMVERTICES + 1];
  TipoValorVertice NumRestantes;
} TipoTempoTermino;

TipoValorVertice MaxTT(TipoTempoTermino *TT, TipoGrafo *Grafo)
{ TipoValorVertice Result; short i = 0, Temp;
  while (!TT->Restantes[i]) i++;
  Temp = TT->t[i]; Result = i;
  for (i = 0; i <= Grafo->NumVertices - 1; i++)
    { if (TT->Restantes[i])
      { if (Temp < TT->t[i]) { Temp = TT->t[i]; Result = i; }
      }
    }
  return Result;
}
```

Programa G.17 *Algoritmo genérico para obter a árvore geradora mínima*

```
void GenericoAGM()
{
 1 S = ∅;
 2 while(S não constitui uma árvore geradora mínima)
 3   { (u,v) = seleciona(A);
 4     if(aresta (u,v) é segura para S) S = S+ {(u,v)} }
 5 return S;
}
```

Programa G.18 *Operadores para manter o heap indireto*

```
/*—Entra aqui o operador Constroi da Seção 4.1.5 (Programa D.10)   —*/
/*—Trocando a chamada Refaz (Esq, n , A) por RefazInd (Esq, n, A)——*/
void RefazInd(TipoIndice Esq, TipoIndice Dir, TipoItem *A,
              TipoPeso *P, TipoValorVertice *Pos)
{ TipoIndice i = Esq; int j = i * 2; TipoItem x; x = A[i];
  while (j <= Dir)
  { if (j < Dir)
    { if (P[A[j].Chave] > P[A[j+1].Chave]) j++; }
    if (P[x.Chave] <= P[A[j].Chave]) goto L999;
    A[i] = A[j]; Pos[A[j].Chave] = i; i = j;
    j = i * 2;
  }
  L999: A[i] = x;
  Pos[x.Chave] = i;
}
```

Continuação do Programa G.18

```
void Constroi(TipoItem *A, TipoPeso *P, TipoValorVertice *Pos)
{ TipoIndice Esq;
  Esq = n / 2 + 1;
  while (Esq > 1) { Esq--; RefazInd(Esq, n, A, P, Pos); }
}

TipoItem RetiraMinInd(TipoItem *A, TipoPeso *P, TipoValorVertice *Pos)
{ TipoItem Result;
  if (n < 1) { printf("Erro: heap vazio\n"); return Result; }
  Result = A[1]; A[1] = A[n];
  Pos[A[n].Chave] = 1; n--;
  RefazInd(1, n, A, P, Pos );
  return Result;
}

void DiminuiChaveInd(TipoIndice i, TipoPeso ChaveNova, TipoItem *A,
                     TipoPeso *P, TipoValorVertice *Pos)
{ TipoItem x;
  if (ChaveNova > P[A[i].Chave])
  { printf("Erro: ChaveNova maior que a chave atual\n");
    return;
  }
  P[A[i].Chave] = ChaveNova;
  while (i > 1 && P[A[i / 2].Chave] > P[A[i].Chave])
    { x = A[i / 2]; A[i / 2] = A[i];
      Pos[A[i].Chave] = i / 2; A[i] = x;
      Pos[x.Chave] = i; i /= 2;
    }
}
```

Programa G.19 *Algoritmo de Prim para obter a árvore geradora mínima*

```
/*-- Entram aqui os operadores do tipo grafo do Programa G.3    --*/
/*-- ou do Programa G.5 ou do Programa G.7, e os operadores     --*/
/*-- RefazInd, RetiraMinInd e DiminuiChaveInd do Programa G.17--*/

void AgmPrim(TipoGrafo *Grafo, TipoValorVertice *Raiz)
{ int   Antecessor[MAXNUMVERTICES + 1];
  short  Itensheap[MAXNUMVERTICES + 1];
  Vetor A;
  TipoPeso P[MAXNUMVERTICES + 1];
  TipoValorVertice Pos[MAXNUMVERTICES + 1];
  TipoValorVertice u, v;
  TipoItem TEMP;
  for (u = 0; u <= Grafo->NumVertices; u++)
  {  /*Constroi o heap com todos os valores igual a INFINITO*/
     Antecessor[u] = -1; P[u] = INFINITO;
```

Continuação do Programa G.19

```
      A[u+1].Chave = u;    /*Heap a ser construido*/
      Itensheap[u] = TRUE;  Pos[u] = u + 1;
  }
  n = Grafo->NumVertices; P[*Raiz] = 0;
  Constroi(A, P, Pos);
  while (n >= 1) /*enquanto heap nao vazio*/
  { TEMP = RetiraMinInd(A, P, Pos);
    u = TEMP.Chave; Itensheap[u] = FALSE;
    if (u != *Raiz)
    printf("Aresta de arvore: v[%d] v[%d]",u,Antecessor[u]); getchar();
    if (!ListaAdjVazia(&u, Grafo))
    { Aux = PrimeiroListaAdj(&u, Grafo);
      FimListaAdj = FALSE;
      while (!FimListaAdj)
      { ProxAdj(&u, Grafo, &v, &Peso, &Aux, &FimListaAdj);
        if (Itensheap[v] && Peso < P[v])
        { Antecessor[v] = u;
          DiminuiChaveInd(Pos[v], Peso, A, P, Pos);
        }
      }
    }
  }
}
```

Programa G.20 *Relaxamento de uma aresta*

```
if (p[v] > p[u] + peso da aresta (u,v))
{ p[v] = p[u] + peso da aresta (u,v);  Antecessor[v] = u; }
```

Programa G.21 *Primeiro refinamento do algoritmo de Dijkstra*

```
void Dijkstra(Grafo, Raiz)
{
   for(v=0;v < Grafo.NumVertices;v++)
     p[v] = Infinito;
     Antecessor[v] = -1;
   p[Raiz] = 0;
   Constroi heap no vetor A;
   S = ∅;
   while (heap > 1)
     u = RetiraMin(A);
     S = S + u;
     for (v ∈ ListaAdjacentes[u])
       if(p[v] > p[u] + peso da aresta(u,v))
         p[v] = p[u]  + peso da aresta(u,v);
         Antecessor[v] = u;
}
```

Programa G.22 *Implementação do algoritmo de Dijkstra*

```
/*-- Entram aqui os operadores do tipo grafo do Programa G.3    --*/
/*-- ou do Programa G.5 ou do Programa G.7, e os operadores      --*/
/*-- RefazInd, RetiraMinInd e DiminuiChaveInd do Programa G.17--*/

void Dijkstra(TipoGrafo *Grafo, TipoValorVertice *Raiz)
{ TipoPeso P[MAXNUMVERTICES + 1];
  TipoValorVertice Pos[MAXNUMVERTICES + 1];
  long Antecessor[MAXNUMVERTICES + 1];
  short Itensheap[MAXNUMVERTICES + 1];
  TipoVetor A;
  TipoValorVertice u, v;
  TipoItem temp;
  for (u = 0; u <= Grafo->NumVertices; u++)
  { /*Constroi o heap com todos os valores igual a INFINITO*/
    Antecessor[u] = -1; P[u] = INFINITO;
    A[u+1].Chave = u;   /*Heap a ser construido*/
    Itensheap[u] = TRUE;  Pos[u] = u + 1;
  }
  n = Grafo->NumVertices;
  P[*(Raiz)] = 0;
  Constroi(A, P, Pos);
  while (n >= 1)
  { /*enquanto heap nao vazio*/
    temp = RetiraMinInd(A, P, Pos);
    u = temp.Chave; Itensheap[u] = FALSE;
    if (!ListaAdjVazia(&u, Grafo))
    { Aux = PrimeiroListaAdj(&u, Grafo); FimListaAdj = FALSE;
      while (!FimListaAdj)
      { ProxAdj(&u, Grafo, &v, &Peso, &Aux, &FimListaAdj);
        if (P[v] > (P[u] + Peso))
        { P[v] = P[u] + Peso; Antecessor[v] = u;
          DiminuiChaveInd(Pos[v], P[v], A, P, Pos);
          printf("Caminho: v[%d] v[%ld] d[%d]",
                 v, Antecessor[v], P[v]);
          scanf("%*[^\n]");
          getchar();
        }
      }
    }
  }
}
```

Programa G.23 *Estrutura do tipo hipergrafo implementado como matriz de incidência*

```
#define MAXNUMVERTICES 100
#define MAXNUMARESTAS 4500
#define MAXR 5
typedef int TipoValorVertice;
```

Continuação do Programa G.23

```
typedef int TipoValorAresta;
typedef int Tipor;
typedef int TipoPesoAresta;
typedef TipoValorVertice TipoArranjoVertices[MAXR];
typedef struct TipoAresta {
  TipoArranjoVertices Vertices;
  TipoPesoAresta Peso;
} TipoAresta;
typedef struct TipoGrafo {
  TipoPesoAresta Mat[MAXNUMVERTICES][MAXNUMARESTAS];
  TipoValorVertice NumVertices;
  TipoValorAresta NumArestas;
  TipoValorAresta ProxDisponivel;
  Tipor r;
} TipoGrafo;
typedef TipoValorAresta TipoApontador;
```

Programa G.24 *Operadores sobre hipergrafos implementados como matrizes de incidência*

```
short ArestasIguais (TipoArranjoVertices * Vertices,
                     TipoValorAresta NumAresta,
                     TipoGrafo * Grafo)
{ short Aux = TRUE;  Tipor v = 0;
  while (v < Grafo->r && Aux == TRUE)
  { if (Grafo->Mat[(*Vertices)[v]][NumAresta]<=0) Aux = FALSE;
    v = v + 1;
  }
  return Aux;
}

void FGVazio (TipoGrafo * Grafo)
{ int i,j;
  Grafo->ProxDisponivel = 0;
  for (i = 0; i < Grafo->NumVertices; i++)
    for (j = 0; j < Grafo->NumArestas; j++) Grafo->Mat[i][j] = 0;
}

void InsereAresta (TipoAresta * Aresta, TipoGrafo * Grafo)
{ int i;
  if (Grafo->ProxDisponivel == MAXNUMARESTAS)
  printf("Nao ha espaco disponivel para a aresta\n");
  else
  { for (i = 0; i < Grafo->r; i++)
    Grafo->Mat[Aresta->Vertices[i]][Grafo->ProxDisponivel]=Aresta->Peso;
    Grafo->ProxDisponivel = Grafo->ProxDisponivel + 1;
  }
}
```

Continuação do Programa G.24

```
short ExisteAresta (TipoAresta * Aresta, TipoGrafo * Grafo)
{ TipoValorAresta ArestaAtual = 0;
  short EncontrouAresta = FALSE;
  while (ArestaAtual < Grafo->NumArestas &&
         EncontrouAresta == FALSE)
  { EncontrouAresta =
      ArestasIguais(&(Aresta->Vertices), ArestaAtual, Grafo);
    ArestaAtual = ArestaAtual + 1;
  }
  return EncontrouAresta;
}
TipoAresta RetiraAresta (TipoAresta * Aresta, TipoGrafo * Grafo)
{ TipoValorAresta ArestaAtual = 0;
  int i; short EncontrouAresta = FALSE;
  while (ArestaAtual<Grafo->NumArestas& EncontrouAresta == FALSE)
  { if (ArestasIguais(&(Aresta->Vertices), ArestaAtual, Grafo))
    { EncontrouAresta = TRUE;
      Aresta->Peso = Grafo->Mat[Aresta->Vertices[0]][ArestaAtual];
      for (i = 0; i < Grafo->r; i++)
        Grafo->Mat[Aresta->Vertices[i]][ArestaAtual] = -1;
    }
    ArestaAtual = ArestaAtual + 1;
  }
  return *Aresta;
}
void ImprimeGrafo (TipoGrafo * Grafo)
{ int i,j;
  printf("    ");
  for (i = 0; i < Grafo->NumArestas; i++) printf("%3d", i);
  printf("\n");
  for (i = 0; i < Grafo->NumVertices; i++)
    { printf("%3d", i);
      for (j = 0; j < Grafo->NumArestas; j++)
        printf("%3d", Grafo->Mat[i][j]);
      printf("\n");
    }
}
short ListaIncVazia (TipoValorVertice * Vertice, TipoGrafo * Grafo)
{ short ListaVazia = TRUE; TipoApontador ArestaAtual = 0;
  while (ArestaAtual < Grafo->NumArestas && ListaVazia == TRUE)
    { if (Grafo->Mat[*Vertice][ArestaAtual] > 0)
      ListaVazia = FALSE;
      else ArestaAtual = ArestaAtual + 1;
    }
  return ListaVazia;
}
```

Continuação do Programa G.24

```
TipoApontador PrimeiroListaInc(TipoValorVertice * Vertice,
                              TipoGrafo * Grafo)
{ TipoApontador ArestaAtual = 0;
  short Continua = TRUE; TipoApontador Resultado = 0;
  while (ArestaAtual < Grafo->NumArestas && Continua == TRUE)
    { if (Grafo->Mat[*Vertice][ArestaAtual] > 0)
      { Resultado = ArestaAtual; Continua = FALSE; }
      else ArestaAtual = ArestaAtual + 1;
    }
  if (ArestaAtual == Grafo->NumArestas)
  printf("Erro: Lista incidencia vazia\n");
  return Resultado;
}

void ProxArestaInc (TipoValorVertice * Vertice,
                    TipoGrafo * Grafo,
                    TipoValorAresta * Inc,
                    TipoPesoAresta * Peso,
                    TipoApontador * Prox,
                    short * FimListaAdj)
{ *Inc = *Prox;
  *Peso = Grafo->Mat[*Vertice][*Prox];
  *Prox = *Prox + 1;
  while (*Prox < Grafo->NumArestas &&
         Grafo->Mat[*Vertice][*Prox] == 0) *Prox = *Prox + 1;
  *FimListaAdj = (*Prox == Grafo->NumArestas);
}
```

Programa G.25 *Estrutura do tipo hipergrafo com listas de adjacência usando arranjos*

```
#define MAXNUMVERTICES 100
#define MAXNUMARESTAS 4500
#define MAXR 5
#define MAXTAMPROX MAXR * MAXNUMARESTAS
#define INDEFINIDO -1
typedef int TipoValorVertice;
typedef int TipoValorAresta;
typedef int Tipor;
typedef int TipoMaxTamProx;
typedef int TipoPesoAresta;
typedef TipoValorVertice TipoArranjoVertices[MAXR + 1];
typedef struct TipoAresta {
   TipoArranjoVertices Vertices;
   TipoPesoAresta Peso;
} TipoAresta;
typedef TipoAresta TipoArranjoArestas[MAXNUMARESTAS + 1];
```

Continuação do Programa G.25

```
typedef struct TipoGrafo {
  TipoArranjoArestas Arestas;
  TipoValorVertice Prim[MAXNUMARESTAS + 1];
  TipoMaxTamProx Prox[MAXTAMPROX + 2];
  TipoMaxTamProx ProxDisponivel;
  TipoValorVertice NumVertices;
  TipoValorAresta NumArestas;
  Tipor r;
} TipoGrafo;
typedef int TipoApontador;
```

Programa G.26 *Operadores implementados como listas de incidência usando arranjos*

```
short ArestasIguais(TipoArranjoVertices V1,
                    TipoValorAresta *NumAresta, TipoGrafo *Grafo)
{ Tipor i = 0, j;
  short Aux = TRUE;
  while (i < Grafo->r && Aux)
  { j = 0;
    while ((V1[i] != Grafo->Arestas[*NumAresta].Vertices[j]) &&
           (j < Grafo->r)) j++;
    if (j == Grafo->r) Aux = FALSE;
    i++;
  }
  return Aux;
}
void FGVazio(TipoGrafo *Grafo)
{ int i;
  Grafo->ProxDisponivel = 0;
  for (i = 0; i < Grafo->NumVertices; i++) Grafo->Prim[i] = -1;
}
void InsereAresta(TipoAresta *Aresta, TipoGrafo *Grafo)
{ int i, Ind;
  if (Grafo->ProxDisponivel == MAXNUMARESTAS + 1)
  printf ("Nao ha espaco disponivel para a aresta\n");
  else
  { Grafo->Arestas[Grafo->ProxDisponivel] = *Aresta;
    for (i = 0; i < Grafo->r; i++)
    { Ind = Grafo->ProxDisponivel + i * Grafo->NumArestas;
      Grafo->Prox[Ind] =
        Grafo->Prim[Grafo->Arestas[Grafo->ProxDisponivel].Vertices[i]];
      Grafo->Prim[Grafo->Arestas[Grafo->ProxDisponivel].Vertices[i]]=Ind;
    }
  }
  Grafo->ProxDisponivel++;
}
```

Continuação do Programa G.26

```
short ExisteAresta(TipoAresta *Aresta,
                   TipoGrafo *Grafo)
{ Tipor v;
  TipoValorAresta A1;
  int Aux;
  short EncontrouAresta;
  EncontrouAresta = FALSE;
  for(v = 0; v < Grafo->r; v++)
  { Aux = Grafo->Prim[Aresta->Vertices[v]];
    while (Aux != -1 && !EncontrouAresta)
      { A1 = Aux % Grafo->NumArestas;
        if (ArestasIguais(Aresta->Vertices, &A1, Grafo))
        EncontrouAresta = TRUE;
        Aux = Grafo->Prox[Aux];
      }
  }
  return EncontrouAresta;
}

TipoAresta RetiraAresta(TipoAresta *Aresta,
                        TipoGrafo *Grafo)
{ int Aux, Prev, i;
  TipoValorAresta A1;
  Tipor v;
  for (v = 0; v < Grafo->r; v++)
  { Prev = INDEFINIDO;
    Aux = Grafo->Prim[Aresta->Vertices[v]];
    A1 = Aux % Grafo->NumArestas;
    while(Aux >= 0 &&
          !ArestasIguais(Aresta->Vertices, &A1, Grafo))
    { Prev = Aux;
      Aux = Grafo->Prox[Aux];
      A1 = Aux % Grafo->NumArestas;
    }
    if (Aux >= 0)
    { if (Prev == INDEFINIDO)
      Grafo->Prim[Aresta->Vertices[v]] = Grafo->Prox[Aux];
      else Grafo->Prox[Prev] = Grafo->Prox[Aux];
    }
  }
  TipoAresta Resultado = Grafo->Arestas[A1];
  for (i = 0; i < Grafo->r; i++)
    Grafo->Arestas[A1].Vertices[i] = INDEFINIDO;
  Grafo->Arestas[A1].Peso = INDEFINIDO;
  return Resultado;
}
```

Continuação do Programa G.26

```
void ImprimeGrafo(TipoGrafo *Grafo)
{ int i, j;
  printf(" Arestas: Num Aresta, Vertices, Peso \n");
  for (i = 0; i < Grafo->NumArestas; i++)
  { printf ("%2d", i);
    for (j = 0; j < Grafo->r; j++)
      printf ("%3d", Grafo->Arestas[i].Vertices[j]);
    printf ("%3d\n", Grafo->Arestas[i].Peso);
  }
  printf ("Lista arestas incidentes a cada vertice:\n");
  for (i = 0 ; i < Grafo->NumVertices; i++)
  { printf ("%2d", i);
    j = Grafo->Prim[i];
    while (j != INDEFINIDO)
      { printf ("%3d", j % Grafo->NumArestas);
        j = Grafo->Prox[j];
      }
    printf("\n");
  }
}
/* operadores para obter a lista de arestas incidentes a um vertice */
short ListaIncVazia(TipoValorVertice *Vertice,
                    TipoGrafo *Grafo)
{ return Grafo->Prim[*Vertice] == -1; }

TipoApontador PrimeiroListaInc(TipoValorVertice *Vertice,
                               TipoGrafo *Grafo)
{ return Grafo->Prim[*Vertice]; }

void ProxArestaInc(TipoValorVertice *Vertice,
                   TipoGrafo *Grafo,
                   TipoValorAresta *Inc,
                   TipoPesoAresta *Peso,
                   TipoApontador *Prox,
                   short *FimListaInc)
/* Retorna Inc apontado por Prox */
{ *Inc = *Prox % Grafo->NumArestas;
  *Peso = Grafo->Arestas[*Inc].Peso;
  if (Grafo->Prox[*Prox] == INDEFINIDO)
  *FimListaInc = TRUE;
  else *Prox = Grafo->Prox[*Prox];
}
```

Programa G.27 *Programa teste para operadores do tipo abstrato de dados hipergrafo*

```
{-- Entram aqui tipos do Programa G.23 ou do Programa G.25 --}
{-- Entram aqui operadores do Programa G.24 ou do Programa G.26 --}
int main() {
  TipoApontador Ap;
  int i, j;
  TipoValorAresta Inc;
  TipoValorVertice V1;
  TipoAresta Aresta;
  TipoPesoAresta Peso;
  TipoGrafo Grafo;
  short FimListaInc;
  printf ("Hipergrafo r: "); scanf("%d*[^\n]", &Grafo.r);
  printf ("No. vertices: "); scanf("%d*[^\n]", &Grafo.NumVertices);
  printf ("No. arestas: ");  scanf("%d*[^\n]", &Grafo.NumArestas);
  getchar();
  FGVazio (&Grafo);
  for (i = 0; i < Grafo.NumArestas; i++)
  { printf ("Insere Aresta e Peso: ");
    for (j=0; j < Grafo.r; j++) scanf("%d*[^\n]",&Aresta.Vertices[j]);
    scanf("%d*[^\n]", &Aresta.Peso);
    getchar();
    InsereAresta (&Aresta, &Grafo);
  }
  // Imprime estrutura de dados
  printf ("prim: "); for (i = 0; i < Grafo.NumVertices; i++)
  printf ("%3d", Grafo.Prim[i]); printf("\n");
  printf ("prox: "); for (i = 0; i < Grafo.NumArestas * Grafo.r; i++)
  printf ("%3d", Grafo.Prox[i]); printf("\n");
  ImprimeGrafo(&Grafo);
  getchar();
  printf ("Lista arestas incidentes ao vertice: ");
  scanf("%d*[^\n]", &V1);

  if (!ListaIncVazia(&V1, &Grafo))
  { Ap = PrimeiroListaInc(&V1, &Grafo);
    FimListaInc = FALSE;
    while (!FimListaInc)
      { ProxArestaInc (&V1, &Grafo, &Inc, &Peso, &Ap, &FimListaInc);
        printf ("%2d (%d)", Inc % Grafo.NumArestas, Peso);
      }
    printf("\n"); getchar();
  }
  else printf ("Lista vazia\n");

  printf ("Existe aresta: ");
  for (j = 0; j < Grafo.r; j++) scanf("%d*[^\n]", &Aresta.Vertices[j]);
  getchar();
```

Continuação do Programa G.27

```
  if (ExisteAresta(&Aresta, &Grafo))
    printf ("Sim\n");
  else printf ("Nao\n");
  printf ("Retira aresta: ");
  for (j = 0; j < Grafo.r; j++) scanf("%d*[^\n]", &Aresta.Vertices[j]);
  getchar();
  if (ExisteAresta(&Aresta, &Grafo))
  { Aresta = RetiraAresta(&Aresta, &Grafo);
    printf ("Aresta retirada:");
    for (i = 0; i < Grafo.r; i++) printf ("%3d", Aresta.Vertices[i]);
    printf ("%4d\n", Aresta.Peso);
  }
  else printf ("Aresta nao existe\n");
  ImprimeGrafo(&Grafo);
  return 0;
}
```

Programa G.28 *Primeiro refinamento do algoritmo de Kruskal*

```
void Kruskal();
{
1. S = ∅;
2. for(v=0;v < Grafo.NumVertices) CriaConjunto (v);
3. Ordena as arestas de A pelo peso;
4. for (cada (u,v) de A tomadas em ordem ascendente de peso)
5.     if (EncontreConjunto (u) != EncontreConjunto (v) )
6.     { S = S+{(u,v)};
7.       Uniao (u,v);
       }
}
```

Apêndice H

Programas em C do Capítulo 8

Programa H.1 *Estruturas de dados para texto e padrão*

```
#define MAXTAMTEXTO 1000
#define MAXTAMPADRAO 10
#define MAXCHAR 256
#define NUMMAXERROS 10
typedef char TipoTexto[MAXTAMTEXTO];
typedef char TipoPadrao[MAXTAMPADRAO];
```

Programa H.2 *Algoritmo força bruta*

```
void ForcaBruta(TipoTexto T, long n, TipoPadrao P, long m)
{ long i, j, k;
  for (i = 1; i <= (n - m + 1); i++)
    { k = i; j = 1;
      while (T[k-1] == P[j-1] && j <= m) { j++; k++; }
      if (j > m) printf(" Casamento na posicao%3ld\n", i);
    }
}
```

Programa H.3 *Primeiro refinamento do algoritmo Shift-And*

```
Shift-And (P = p1p2···pm, T = t1t2···tn)
{ /*—Préprocessamento—*/
  for (c∈ Σ) M[c] = 0^m;
  for (j = 1; j <=m; j++) M[pj] = M[pj] | 0^(j-1) 1 0^(m-j);
  /*-- Pesquisa --*/
  R = 0^m;
  for (i = 1; i <= n; i++)
    { R = ((R >> 1 | 10^(m-1)) & M[T[i]]);
      if ( R & 0^(m-1) 1 ≠ 0^m) 'Casamento na posicao i - m + 1';
    }
}
```

Programa H.4 *Implementação do algoritmo Shift-And para casamento exato de cadeias*

```
void ShiftAndExato(TipoTexto T, long n, TipoPadrao P, long m)
{ long Masc[MAXCHAR], i, R = 0;
  for (i = 0; i < MAXCHAR; i++)
    Masc[i] = 0;
  for (i = 1; i <= m; i++)
    Masc[P[i-1] + 127] |= 1 << (m - i);
  for (i = 0; i < n; i++)
    { R = ((((unsigned long)R) >> 1) |
          (1 << (m - 1))) & Masc[T[i] + 127];
      if ((R & 1) != 0)
      printf(" Casamento na posicao %3ld\n", i - m + 2);
    }
}
```

Programa H.5 *Algoritmo Boyer-Moore-Horspool*

```
void BMH(TipoTexto T, long n, TipoPadrao P, long m)
{ long i, j, k, d[MAXCHAR + 1];
  for (j = 0; j <= MAXCHAR; j++) d[j] = m;
  for (j = 1; j < m; j++) d[P[j-1]] = m - j;
  i = m;
  while (i <= n)      /*-- Pesquisa --*/
    { k = i;
      j = m;
      while (T[k-1] == P[j-1] && j > 0) { k--; j--; }
      if (j == 0)
      printf(" Casamento na posicao: %3ld\n", k + 1);
      i += d[T[i-1]];
    }
}
```

Programa H.6 *Algoritmo Boyer-Moore-Horspool-Sunday*

```
void BMHS(TipoTexto T, long n, TipoPadrao P, long m)
{ long i, j, k, d[MAXCHAR + 1];
  for (j = 0; j <= MAXCHAR; j++) d[j] = m + 1;
  for (j = 1; j <= m; j++) d[P[j-1]] = m - j + 1;
  i = m;
  while (i <= n) /*-- Pesquisa --*/
    { k = i;
      j = m;
      while (T[k-1] == P[j-1] && j > 0) { k--; j--; }
      if (j == 0)
      printf(" Casamento na posicao: %3ld\n", k + 1);
      i += d[T[i]];
    }
}
```

Programa H.7 *Primeiro refinamento do Shit-And para casamento aproximado de cadeias*

```
void Shift-And-Aproximado (P = p1p2 ... pm, T = t1t2 ... tn, k)
{ /*-- Préprocessamento --*/
  for (c ∈ Σ) M[c] = 0^m;
  for (j = 1; j <=m; j++) M[pj] = M[pj] | 0^(j-1)10^(m-j);
  /*-- Pesquisa --*/
  for (j = 0; j <= k; j++) Rj = 1^j0^(m-j);
  for (i= 1; i <= n; i++)
    { Rant = R0;
      Rnovo = ((Rant >> 1) | 10^(m-1)) & M[T[i]];
      R0 = Rnovo;
      for (j = 1; j <= k; j++)
        { Rnovo = ((Rj >> 1 & M[T[i]]) | Rant | ((Rant | Rnovo) >> 1));
          Rant = Rj;
          Rj = Rnovo | 10^(m-1);
        }
      if (Rnovo & 0^(m-1)1 ≠ 0^m) 'Casamento na posicao i';
    }
}
```

Programa H.8 *Implementação do Shift-And para casamento aproximado de cadeias*

```
void ShiftAndAproximado(TipoTexto T, long n,
                        TipoPadrao P, long m, long k)
{ long Masc[MAXCHAR], i, j, Ri, Rant, Rnovo;
  long R[NUMMAXERROS + 1];
  for (i = 0; i < MAXCHAR; i++) Masc[i] = 0;
  for (i = 1; i <=m; i++)
  { Masc[P[i-1] + 127] |= 1 << (m - i); }
  R[0] = 0;
  Ri = 1 << (m - 1);
  for (j = 1; j <= k; j++)R[j] = (1 << (m - j)) | R[j-1];
  for (i = 0; i < n; i++)
    { Rant = R[0];
      Rnovo = ((((unsigned long)Rant) >> 1) | Ri) & Masc[T[i] + 127];
      R[0] = Rnovo;
      for (j = 1; j <= k; j++)
        { Rnovo = ((((unsigned long)R[j]) >> 1) & Masc[T[i] + 127])
                  | Rant | (((unsigned long)(Rant | Rnovo)) >> 1);
          Rant = R[j];
          R[j] = Rnovo | Ri;
        }
      if ((Rnovo & 1) != 0)
      printf(" Casamento na posicao %12ld\n", i + 1);
    }
}
```

Programa H.9 *Primeira fase do processamento*

```
PrimeiraFase (A, n)
{ Raiz = n; Folha = n;
  for (Prox = n; n >= 2; Prox--)
  { /* Procura Posicao */
    if ((nao existe Folha) || ((Raiz > Prox) && (A[Raiz] <= A[Folha])))
    { /* No interno */
      A[Prox] = A[Raiz]; A[Raiz] = Prox; Raiz = Raiz - 1;
    }
    else { /* No folha */
           A[Prox] = A[Folha]; Folha = Folha - 1;
         }
    /* Atualiza Frequencias */
    if ((nao existe Folha) || ((Raiz > Prox) && (A[Raiz] <= A[Folha])))
    { /* No interno */
      A[Prox] = A[Prox] + A[Raiz]; A[Raiz] = Prox; Raiz = Raiz - 1;
    }
    else { /* No folha */
           A[Prox] = A[Prox] + A[Folha]; Folha = Folha - 1;
         }
  }
}
```

Programa H.10 *Segunda fase do processamento*

```
SegundaFase (A, n)
{ A[2] = 0;
  for (Prox = 3; Prox <= n; Prox++) A[Prox] = A[A[Prox]] + 1;
}
```

Programa H.11 *Terceira fase do processamento*

```
TerceiraFase (A, n)
{ Disp = 1; u = 0; h = 0; Raiz = 2; Prox = 1;
  while (Disp > 0)
  { while (Raiz <= n && A[Raiz] == h) { u = u + 1; Raiz = Raiz + 1; }
    while (Disp > u) { A[Prox] = h; Prox = Prox + 1; Disp = Disp - 1; }
    Disp = 2 * u; h = h + 1; u = 0;
  }
}
```

Programa H.12 *Cálculo do comprimento dos códigos a partir de um vetor de freqüências*

```
CalculaCompCodigo (A, n)
{ A = PrimeiraFase (A, n);
  A = SegundaFase (A, n);
  A = TerceiraFase (A, n);
}
```

***Programa H.13** Pseudocódigo para codificação*

```
Codifica (Base, Offset, i, MaxCompCod)
{ c = 1;
  while ( i >= Offset[c + 1] ) && (c + 1 <= MaxCompCod )
    c = c + 1;
  Codigo = i - Offset[c] + Base[c];
}
```

***Programa H.14** Pseudocódigo para decodificação*

```
Decodifica (Base, Offset, ArqComprimido, MaxCompCod)
{ c = 1;
  Codigo = LeBit (ArqComprimido);
  while ((( Codigo << 1 ) >= Base[c + 1]) && ( c + 1 <= MaxCompCod ))
    { Codigo = (Codigo << 1) || LeBit (ArqComprimido);
      c = c + 1;
    }
  i = Codigo - Base[c] + Offset[c];
}
```

***Programa H.15** Pseudocódigo para realizar a compressão*

```
Compressao (ArqTexto, ArqComprimido)
{ /* Primeira etapa */
  while (!feof (ArqTexto))
    { Palavra = ExtraiProximaPalavra (ArqTexto);
      Pos = Pesquisa (Palavra, Vocabulario);
      if Pos é uma posicao valida
      Vocabulario[Pos].Freq = Vocabulario[Pos].Freq + 1
      else Insere (Palavra, Vocabulario);
    }
  /* Segunda etapa */
  Vocabulario = OrdenaPorFrequencia (Vocabulario);
  Vocabulario = CalculaCompCodigo (Vocabulario, n);
  ConstroiVetores (Base, Offset, ArqComprimido);
  Grava (Vocabulario, ArqComprimido);
  LeVocabulario (Vocabulario, ArqComprimido);
  /* Terceira etapa */
  PosicionaPrimeiraPosicao (ArqTexto);
  while (!feof(ArqTexto))
    { Palavra = ExtraiProximaPalavra (ArqTexto);
      Pos = Pesquisa (Palavra, Vocabulario);
      Codigo = Codifica (Base, Offset,
                        Vocabulario[Pos].Ordem, MaxCompCod);
      Escreve (ArqComprimido, Codigo);
    }
}
```

Programa H.16 *Pseudocódigo para realizar a descompressão*

```
Descompressao (ArqTexto, ArqComprimido)
{ LerVetores (Base, Offset, ArqComprimido);
  LeVocabulario (Vocabulario, ArqComprimido);
  while (!feof(ArqComprimido))
    { i = Decodifica (Base, Offset, ArqComprimido, MaxCompCod);
      Grava (Vocabulario[i], ArqTexto);
    }
}
```

Programa H.17 *Generalização do cálculo dos comprimentos dos códigos*

```
void CalculaCompCodigo(TipoDicionario A, int n)
{ int u = 0;   /* Nodos internos usados */
  int h = 0;   /* Altura da arvore */
  int NoInt;   /* Numero de nodos internos */
  int Prox, Raiz, Folha;
  int Disp = 1;  int x, Resto;
  if (n > BASENUM - 1)
  { Resto = 1 + ((n - BASENUM) % (BASENUM - 1));
    if (Resto < 2) Resto = BASENUM;
  }
  else Resto = n - 1;
  NoInt = 1 + ((n - Resto) / (BASENUM - 1));
  for (x = n - 1; x >= (n - Resto) + 1; x--) A[n].Freq += A[x].Freq;
  /* Primeira Fase */
  Raiz = n;  Folha = n - Resto;
  for (Prox = n - 1; Prox >= (n - NoInt) + 1; Prox--)
  { /* Procura Posicao */
    if ((Folha<1) || ((Raiz > Prox) && (A[Raiz].Freq<=A[Folha].Freq)))
    {  /* No interno */
       A[Prox].Freq = A[Raiz].Freq;  A[Raiz].Freq = Prox;
       Raiz--;
    }
    else { /* No-folha */
           A[Prox].Freq = A[Folha].Freq;  Folha--;
         }
    /* Atualiza Frequencias */
    for (x = 1; x <= BASENUM - 1; x++)
    { if ((Folha<1) || ((Raiz>Prox) && (A[Raiz].Freq<=A[Folha].Freq)))
      {  /* No interno */
         A[Prox].Freq += A[Raiz].Freq;  A[Raiz].Freq = Prox;
         Raiz--;
      }
      else { /* No-folha */
             A[Prox].Freq += A[Folha].Freq;  Folha--;
           }
    }
  }
```

Continuação do Programa H.17

```
  /* Segunda Fase */
  A[Raiz].Freq = 0;
  for (Prox = Raiz + 1; Prox <= n; Prox++)
    A[Prox].Freq = A[A[Prox].Freq].Freq + 1;
  /* Terceira Fase */
  Prox = 1;
  while (Disp > 0)
    { while (Raiz <= n && A[Raiz].Freq == h) { u++; Raiz++; }
      while (Disp > u)
        { A[Prox].Freq = h;  Prox++;  Disp--;
          if (Prox > n) { u = 0; break; }
        }
      Disp = BASENUM * u; h++; u = 0;
    }
}
```

Programa H.18 *Codificação orientada a* bytes

```
int Codifica(TipoVetoresBO VetoresBaseOffset,
             int Ordem, int *c,
             int MaxCompCod)
{ *c = 1;
  while (Ordem >= VetoresBaseOffset[*c + 1].Offset &&
         *c + 1 <= MaxCompCod) (*c)++;
  return (Ordem - VetoresBaseOffset[*c].Offset +
          VetoresBaseOffset[*c].Base);
}
```

Programa H.19 *Decodificação orientada a* bytes

```
int Decodifica(TipoVetoresBO VetoresBaseOffset,
               FILE *ArqComprimido, int MaxCompCod)
{ int c = 1;
  int Codigo = 0, CodigoTmp = 0;
  int LogBase2 = (int)round(log(BASENUM) / log(2.0));
  fread(&Codigo, sizeof(unsigned char), 1, ArqComprimido);
  if (LogBase2 == 7) Codigo -= 128;  /* remove o bit de marcacao */
  while ((c + 1 <= MaxCompCod) &&
     ((Codigo << LogBase2) >= VetoresBaseOffset[c+1].Base))
    { fread(&CodigoTmp, sizeof(unsigned char), 1, ArqComprimido);
      Codigo = (Codigo << LogBase2) | CodigoTmp;
      c++;
    }
  return (Codigo - VetoresBaseOffset[c].Base +
          VetoresBaseOffset[c].Offset);
}
```

Programa H.20 *Construção dos vetores Base e Offset*

```
int ConstroiVetores(TipoVetoresBO VetoresBaseOffset,
                    TipoDicionario Vocabulario,
                    int n, FILE *ArqComprimido)
{ int Wcs[MAXTAMVETORESDO + 1];
  int i, MaxCompCod;
  MaxCompCod = Vocabulario[n].Freq;
  for (i = 1; i <= MaxCompCod; i++)
    { Wcs[i] = 0; VetoresBaseOffset[i].Offset = 0; }
  for (i = 1; i <= n; i++)
    { Wcs[Vocabulario[i].Freq]++;
      VetoresBaseOffset[Vocabulario[i].Freq].Offset =
        i - Wcs[Vocabulario[i].Freq] + 1;
    }
  VetoresBaseOffset[1].Base = 0;
  for (i = 2; i <= MaxCompCod; i++)
    { VetoresBaseOffset[i].Base =
        BASENUM * (VetoresBaseOffset[i-1].Base + Wcs[i-1]);
      if (VetoresBaseOffset[i].Offset == 0)
      VetoresBaseOffset[i].Offset = VetoresBaseOffset[i-1].Offset;
    }
  /* Salvando as tabelas em disco */
  GravaNumInt(ArqComprimido, MaxCompCod);
  for (i = 1; i <= MaxCompCod; i++)
    { GravaNumInt(ArqComprimido, VetoresBaseOffset[i].Base);
      GravaNumInt(ArqComprimido, VetoresBaseOffset[i].Offset);
    }
  return MaxCompCod;
}
```

Programa H.21 *Procedimentos para ler e escrever inteiros em um arquivo de* bytes

```
int LeNumInt(FILE *ArqComprimido)
{ int Num;
  fread(&Num, sizeof(int), 1, ArqComprimido);
  return Num;
}

void GravaNumInt(FILE *ArqComprimido, int Num)
{ fwrite(&Num, sizeof(int), 1, ArqComprimido); }
```

Programa H.22 *Extração do próximo símbolo a ser codificado*

```
void DefineAlfabeto(TipoAlfabeto Alfabeto, FILE *ArqAlf)
{ /* Os Simbolos devem estar juntos em uma linha no arquivo */
  char Simbolos[MAXALFABETO + 1];
  int i;
  char *Temp;
```

Continuação do Programa H.22

```
  for (i = 0; i <= MAXALFABETO; i++) Alfabeto[i] = FALSE;
  fgets(Simbolos, MAXALFABETO + 1, ArqAlf);
  Temp = strchr(Simbolos, '\n');
  if (Temp != NULL) *Temp = 0;
  for (i = 0; i <= strlen(Simbolos) - 1; i++)
    Alfabeto[Simbolos[i] + 127] = TRUE;
  Alfabeto[0] = FALSE;   /* caractere de codigo zero: separador */
}

void ExtraiProximaPalavra (TipoPalavra Result, int *TipoIndice,
                char *Linha, FILE *ArqTxt, TipoAlfabeto Alfabeto)
{ short FimPalavra = FALSE, Aux = FALSE;
  Result[0] = '\0';
  if (*TipoIndice > strlen(Linha))
  { if (fgets(Linha, MAXALFABETO + 1,ArqTxt))
    { /* Coloca um delimitador em Linha */
      sprintf(Linha + strlen(Linha), "%c", (char)0);  *TipoIndice = 1;
    }
    else {sprintf(Linha, "%c", (char)0); FimPalavra = TRUE;}
  }
  while (*TipoIndice <= strlen(Linha) && !FimPalavra)
  { if (Alfabeto[Linha[*TipoIndice - 1] + 127])
    { sprintf(Result + strlen(Result), "%c", Linha[*TipoIndice - 1]);
      Aux = TRUE;
    }
    else { if (Aux)
           { if (Linha[*TipoIndice - 1] != (char)0) (*TipoIndice)--; }
           else { sprintf(Result + strlen(Result), "%c",
                          Linha[*TipoIndice - 1]);
                }
           FimPalavra = TRUE;
         }
    (*TipoIndice)++;
  }
}
```

Programa H.23 *Código para fazer a compressão*

```
void Compressao(FILE *ArqTxt, FILE *ArqAlf, FILE *ArqComprimido)
{ TipoAlfabeto Alfabeto;
  TipoPalavra Palavra, Linha;  int Ind = 1, MaxCompCod;  TipoPesos p;
  TipoDicionario Vocabulario = (TipoDicionario)
                               calloc(M+1, sizeof(TipoItem));
  TipoVetoresBO VetoresBaseOffset = (TipoVetoresBO)
                 calloc(MAXTAMVETORESDO+1, sizeof(TipoBaseOffset));
  fprintf(stderr, "Definindo alfabeto\n");
  DefineAlfabeto(Alfabeto, ArqAlf); /*Le alfabeto def. em arquivo*/
  *Linha = '\0';
```

Continuação do Programa H.23

```
  fprintf(stderr, "Incializando Voc.\n"); Inicializa(Vocabulario);
  fprintf(stderr, "Gerando Pesos\n"); GeraPesos(p);
  fprintf(stderr, "Primeira etapa\n");
  PrimeiraEtapa(ArqTxt, Alfabeto, &Ind,
                Palavra, Linha, Vocabulario, p);
  fprintf(stderr, "Segunda etapa\n");
  MaxCompCod = SegundaEtapa(Vocabulario, VetoresBaseOffset, p,
                ArqComprimido);
  fseek(ArqTxt, 0, SEEK_SET); /* Move cursor para inicio do arquivo*/
  Ind = 1; *Linha = '\0';
  fprintf(stderr, "Terceira etapa\n");
  TerceiraEtapa(ArqTxt, Alfabeto, &Ind, Palavra, Linha, Vocabulario, p,
                VetoresBaseOffset, ArqComprimido, MaxCompCod);
  free (Vocabulario); free (VetoresBaseOffset);
}
```

Programa H.24 *Primeira etapa da compressão*

```
void PrimeiraEtapa(FILE *ArqTxt, TipoAlfabeto Alfabeto, int *TipoIndice,
                   TipoPalavra Palavra, char *Linha,
                   TipoDicionario Vocabulario, TipoPesos p)
{ TipoItem Elemento; int i; char * PalavraTrim = NULL;
  do
  { ExtraiProximaPalavra(Palavra, TipoIndice, Linha, ArqTxt, Alfabeto);
    memcpy(Elemento.Chave, Palavra, sizeof(TipoChave));
    Elemento.Freq = 1;
    if (*Palavra != '\0')
    { i = Pesquisa(Elemento.Chave, p, Vocabulario);
      if (i < M)
      Vocabulario[i].Freq++;
      else Insere(&Elemento, p, Vocabulario);
      do
      { ExtraiProximaPalavra(Palavra, TipoIndice, Linha,
                             ArqTxt, Alfabeto);
        memcpy(Elemento.Chave, Palavra, sizeof(TipoChave));
        /* O primeiro espaco depois da palavra nao e codificado */
        if (PalavraTrim != NULL) free(PalavraTrim);
        PalavraTrim = Trim(Palavra);
        if (strcmp(PalavraTrim, "") && (*PalavraTrim) != (char)0)
        { i = Pesquisa(Elemento.Chave, p, Vocabulario);
          if (i < M) Vocabulario[i].Freq++;
          else Insere(&Elemento, p, Vocabulario);
        }
      } while (strcmp(Palavra, ""));
      if (PalavraTrim != NULL) free(PalavraTrim);
    }
  } while (Palavra[0] != '\0');
}
```

Programa H.25 *Segunda etapa da compressão*

```
int SegundaEtapa(TipoDicionario Vocabulario,
                 TipoVetoresBO VetoresBaseOffset,
                 TipoPesos p,
                 FILE *ArqComprimido)
{
  int Result, i, j, NumNodosFolhas, PosArq;
  TipoItem Elemento;
  char Ch;

  TipoPalavra Palavra;
  NumNodosFolhas = OrdenaPorFrequencia(Vocabulario);
  CalculaCompCodigo(Vocabulario, NumNodosFolhas);
  Result = ConstroiVetores(VetoresBaseOffset, Vocabulario,
                           NumNodosFolhas, ArqComprimido);

  /* Grava Vocabulario */
  GravaNumInt(ArqComprimido, NumNodosFolhas);
  PosArq = ftell(ArqComprimido);
  for (i = 1; i <= NumNodosFolhas; i++)
    {
      j = strlen(Vocabulario[i].Chave);
      fwrite(Vocabulario[i].Chave, sizeof(char), j + 1, ArqComprimido);
    }

  /* Le e reconstroi a condicao de hash
     no vetor que contem o vocabulario */
  fseek(ArqComprimido, PosArq, SEEK_SET);
  Inicializa(Vocabulario);
  for (i = 1; i <= NumNodosFolhas; i++)
    {
      *Palavra = '\0';
      do
        { fread(&Ch, sizeof(char), 1, ArqComprimido);
          if (Ch != (char)0)
          sprintf(Palavra + strlen(Palavra), "%c", Ch);
        } while (Ch != (char)0);
      memcpy(Elemento.Chave, Palavra, sizeof(TipoChave));
      Elemento.Ordem = i;
      j = Pesquisa(Elemento.Chave, p, Vocabulario);
      if (j >=M)
      Insere(&Elemento, p, Vocabulario);
    }
  return Result;
}
```

Programa H.26 *Função para ordenar o vocabulário por freqüência*

```
TipoIndice OrdenaPorFrequencia(TipoDicionario Vocabulario)
{ TipoIndice i; TipoIndice n = 1;
  TipoItem Item;
  Item = Vocabulario[1];
  for (i = 0; i <=M - 1; i++)
    { if (strcmp(Vocabulario[i].Chave, VAZIO))
       { if (i != 1) { Vocabulario[n] = Vocabulario[i]; n++; } }
    }
  if (strcmp(Item.Chave, VAZIO)) Vocabulario[n] = Item;  else n--;
  QuickSort(Vocabulario, &n);
  return n;
}
```

Programa H.27 *Terceira etapa da compressão*

```
void TerceiraEtapa(FILE *ArqTxt, TipoAlfabeto Alfabeto, int *TipoIndice,
                   TipoPalavra Palavra, char *Linha,
                   TipoDicionario Vocabulario, TipoPesos p,
                   TipoVetoresBO VetoresBaseOffset,
                   FILE *ArqComprimido, int MaxCompCod)
{ TipoApontador Pos; TipoChave Chave;
  char * PalavraTrim = NULL;
  int Codigo, c;
  do
  { ExtraiProximaPalavra(Palavra, TipoIndice, Linha, ArqTxt, Alfabeto);
    memcpy(Chave, Palavra, sizeof(TipoChave));
    if (*Palavra != '\0')
    { Pos = Pesquisa(Chave, p, Vocabulario);
      Codigo = Codifica(VetoresBaseOffset, Vocabulario[Pos].Ordem, &c,
                        MaxCompCod);
      Escreve(ArqComprimido, &Codigo, &c);
      do
      { ExtraiProximaPalavra(Palavra,TipoIndice,Linha,ArqTxt,Alfabeto);
        /* O primeiro espaco depois da palavra nao e codificado */
        PalavraTrim = Trim(Palavra);
        if (strcmp(PalavraTrim, "") && (*PalavraTrim) != (char)0)
        { memcpy(Chave, Palavra, sizeof(TipoChave));
          Pos = Pesquisa(Chave, p, Vocabulario);
          Codigo = Codifica(VetoresBaseOffset,
                            Vocabulario[Pos].Ordem, &c, MaxCompCod);
          Escreve(ArqComprimido, &Codigo, &c);
        }
        if (strcmp(PalavraTrim, "")) free(PalavraTrim);
      } while (strcmp(Palavra, ""));
    }
  } while (*Palavra != '\0');
}
```

Programa H.28 *Escreve o código no arquivo comprimido*

```
void Escreve(FILE *ArqComprimido, int *Codigo, int *c)
{ unsigned char Saida[MAXTAMVETORESDO + 1]; int i = 1, cTmp;
  int LogBase2 = (int)round(log(BASENUM) / log(2.0));
  int Mask = (int) pow(2, LogBase2) -1; cTmp = *c;
  Saida[i] = ((unsigned)(*Codigo)) >> ((*c - 1) * LogBase2);
  if (LogBase2 == 7) Saida[i] = Saida[i] | 0x80;
  i++; (*c)--;
  while (*c > 0)
  { Saida[i] = (((unsigned)(*Codigo))>>((*c-1)*LogBase2)) & Mask;
    i++; (*c)--; }
  for (i = 1; i <=cTmp; i++)
    fwrite(&Saida[i], sizeof(unsigned char), 1, ArqComprimido);
}
```

Programa H.29 *Código para fazer a descompressão*

```
void Descompressao(FILE *ArqComprimido, FILE *ArqTxt, FILE *ArqAlf)
{ TipoAlfabeto Alfabeto; int Ind, MaxCompCod;
  TipoVetorPalavra Vocabulario; TipoVetoresBO VetoresBaseOffset;
  TipoPalavra PalavraAnt;
  DefineAlfabeto(Alfabeto, ArqAlf); /* Le alfabeto definido em arq. */
  MaxCompCod = LeVetores(ArqComprimido, VetoresBaseOffset);
  LeVocabulario(ArqComprimido, Vocabulario);
  Ind = Decodifica(VetoresBaseOffset, ArqComprimido, MaxCompCod);
  fputs(Vocabulario[Ind], ArqTxt);
  while (!feof(ArqComprimido))
    {Ind = Decodifica(VetoresBaseOffset, ArqComprimido, MaxCompCod);
     if (Ind > 0)
      {if (Alfabeto[Vocabulario[Ind][0]+127] && PalavraAnt[0] != '\n')
          putc(' ', ArqTxt);
       strcpy(PalavraAnt, Vocabulario[Ind]);
       fputs(Vocabulario[Ind], ArqTxt);
      }
    }
}
```

Programa H.30 *Funções auxiliares da descompressão*

```
int LeVetores(FILE *ArqComprimido, TipoBaseOffset *VetoresBaseOffset)
{ int MaxCompCod, i;
  MaxCompCod = LeNumInt(ArqComprimido);
  for (i = 1; i <=MaxCompCod; i++)
    { VetoresBaseOffset[i].Base = LeNumInt(ArqComprimido);
      VetoresBaseOffset[i].Offset = LeNumInt(ArqComprimido);
    }
  return MaxCompCod;
}
```

Continuação do Programa H.30

```
int LeVocabulario(FILE *ArqComprimido, TipoVetorPalavra Vocabulario)
{ int NumNodosFolhas, i;  TipoPalavra Palavra;
  char Ch;
  NumNodosFolhas = LeNumInt(ArqComprimido);
  for (i = 1; i <= NumNodosFolhas; i++)
  { *Palavra = '\0';
    do
    { fread(&Ch, sizeof(unsigned char), 1, ArqComprimido);
      if (Ch != (char)0) /*Palavras estao separadas pelo caratere 0*/
        sprintf(Palavra + strlen(Palavra), "%c", Ch);
    } while (Ch != (char)0);
    strcpy(Vocabulario[i], Palavra);
  }
  return NumNodosFolhas;
}
```

Programa H.31 *Função para realizar busca no arquivo comprimido*

```
void Busca(FILE *ArqComprimido, FILE *ArqAlf)
{ TipoAlfabeto Alfabeto;
  int Ind, Codigo, MaxCompCod;
  TipoVetorPalavra Vocabulario =
    (TipoVetorPalavra)calloc(M+1,sizeof(TipoPalavra));
  TipoVetoresBO VetoresBaseOffset = (TipoVetoresBO)
    calloc(MAXTAMVETORESDO+1,sizeof(TipoBaseOffset));
  TipoPalavra p;  int c, Ord, NumNodosFolhas;
  TipoTexto T;  TipoPadrao Padrao;
  memset(T, 0, sizeof T);  memset(Padrao, 0, sizeof Padrao);
  int n = 1;
  DefineAlfabeto(Alfabeto,ArqAlf); /*Le alfabeto def. em arquivo*/
  MaxCompCod = LeVetores(ArqComprimido, VetoresBaseOffset);
  NumNodosFolhas = LeVocabulario(ArqComprimido, Vocabulario);
  while (fread(&T[n], sizeof(char), 1, ArqComprimido)) n++;
  while (1)
    { printf("Padrao (digite s para terminar):");
      fgets(p, MAXALFABETO + 1, stdin);
      p[strlen(p) - 1] = '\0';
      if (strcmp(p, "s") == 0) break;
      for (Ind = 1; Ind <= NumNodosFolhas; Ind++)
        if (!strcmp(Vocabulario[Ind], p)) { Ord = Ind; break; }
      if (Ind == NumNodosFolhas+1)
      { printf("Padrao:%s nao encontrado\n", p); continue; }
      Codigo = Codifica(VetoresBaseOffset, Ord, &c, MaxCompCod);
      Atribui(Padrao, Codigo, c);
      BMH(T, n, Padrao, c);
    }
  free (Vocabulario); free (VetoresBaseOffset);
}
```

Programa H.32 *Função para atribuir o código ao padrão*

```
void Atribui(TipoPadrao P, int Codigo, int c)
{ int i = 1;
  P[i] = (char)((Codigo >> ((c - 1) * 7)) | 0x80);
  i++; c--;
  while (c > 0)
    { P[i] = (char)((Codigo >> ((c - 1) * 7)) & 127);
      i++; c--;
    }
}
```

Programa H.33 *Teste dos algoritmos de compressão e busca em arquivo comprimido*

```
#define BASENUM 128  /* Base numerica que o algoritmo trabalha */
#define MAXALFABETO 255 /* Const usada em ExtraiProximaPalavra */
#define MAXTAMVETORESDO  10
#define TRUE  1
#define FALSE 0

/*—Entram aqui os tipos dos Progrma E.26 ——*/
/*—Entram aqui os tipos dos Progrma H.1  —*/
typedef short TipoAlfabeto[MAXALFABETO + 1];
typedef struct TipoBaseOffset {
  int Base, Offset;
} TipoBaseOffset;
typedef TipoBaseOffset* TipoVetoresBO;
typedef char TipoPalavra[256];
typedef TipoPalavra* TipoVetorPalavra;

/*—Entra aqui a função GeraPeso do Programa E.22            —*/
/*—Entra aqui a função de transformação do Programa E.23    —*/
/*—Entram aqui os operadores apresentados no Programa E.27 ——*/
/*—Entram aqui as funções Particao e                        —*/
/*—Quicksort dos Programas D.6 e D.7                        —*/

int main(int argc, char *argv[])
{ FILE *ArqTxt = NULL, *ArqAlf = NULL; FILE *ArqComprimido = NULL;
  TipoPalavra NomeArqTxt, NomeArqAlf, NomeArqComp, Opcao;
  memset(Opcao, 0, sizeof(Opcao));
  while(Opcao[0] != 't')
  { printf("**************************************************\n");
    printf("*                      Opcoes                    *\n");
    printf("* (c) Compressao                                 *\n");
    printf("* (d) Descompressao                              *\n");
    printf("* (p) Pesquisa no texto comprimido               *\n");
    printf("* (t) Termina                                    *\n");
    printf("**************************************************\n");
    printf("* Opcao:");
    fgets(Opcao, MAXALFABETO + 1, stdin);
```

Continuação do Programa H.33

```
    strcpy(NomeArqAlf, "alfabeto.txt");
    ArqAlf = fopen(NomeArqAlf, "r");
    if (Opcao[0] == 'c')
    { printf("Arquivo texto a ser comprimido:");
      fgets(NomeArqTxt, MAXALFABETO + 1, stdin);
      NomeArqTxt[strlen(NomeArqTxt)-1] = '\0';
      printf("Arquivo comprimido a ser gerado:");
      fgets(NomeArqComp, MAXALFABETO + 1, stdin);
      NomeArqComp[strlen(NomeArqComp)-1] = '\0';
      ArqTxt = fopen(NomeArqTxt, "r");
      ArqComprimido = fopen(NomeArqComp, "w+b");
      Compressao(ArqTxt, ArqAlf, ArqComprimido);
      fclose(ArqTxt);
      ArqTxt = NULL;
      fclose(ArqComprimido);
      ArqComprimido = NULL;
    }
    else if (Opcao[0] == 'd')
    { printf("Arquivo comprimido a ser descomprimido:");
      fgets(NomeArqComp, MAXALFABETO + 1, stdin);
      NomeArqComp[strlen(NomeArqComp)-1] = '\0';
      printf("Arquivo texto a ser gerado:");
      fgets(NomeArqTxt, MAXALFABETO + 1, stdin);
      NomeArqTxt[strlen(NomeArqTxt)-1] = '\0';
      ArqTxt = fopen(NomeArqTxt, "w");
      ArqComprimido = fopen(NomeArqComp, "r+b");
      Descompressao(ArqComprimido, ArqTxt, ArqAlf);
      fclose(ArqTxt);
      ArqTxt = NULL;
      fclose(ArqComprimido);
      ArqComprimido = NULL;
    }
    else if (Opcao[0] == 'p')
    { printf("Arquivo comprimido para ser pesquisado:");
      fgets(NomeArqComp, MAXALFABETO + 1, stdin);
      NomeArqComp[strlen(NomeArqComp)-1] = '\0';
      strcpy(NomeArqComp, NomeArqComp);
      ArqComprimido = fopen(NomeArqComp, "r+b");
      Busca(ArqComprimido, ArqAlf);
      fclose(ArqComprimido);
      ArqComprimido = NULL;
    }
  }
  return 0;
}
```

Apêndice I

Programas em C do Capítulo 9

Programa I.1 *Algoritmo não determinista para pesquisar elemento em um conjunto*

```
void PesquisaND(A, 1, n)
{ j ← escolhe(A, 1, n)
  if (A[j] == x) sucesso; else insucesso;
}
```

Programa I.2 *Algoritmo não determinista para ordenar um conjunto*

```
void OrdenaND(A, 1, n);
{ for (i = 1; i <= n; i++) B[i] := 0;
  for (i = 1; i <= n; i++)
    { j ← escolhe(A, 1, n);
      if (B[j] == 0) B[j] := A[i]; else insucesso;
    }
}
```

Programa I.3 *Algoritmo não determinista para o problema da satisfabilidade*

```
void AvalND(E, n);
{ for (i = 1; i <= n; i++)
    { x_i ← escolhe (true, false);
      if (E(x_1, x_2, ··· , x_n) == true) sucesso; else insucesso;
    }
}
```

Programa I.4 *Algoritmo não determinista polinomial para o problema do caixeiro viajante*

```
void PCVND;
{ i = 1;
  for (i = 1; i <= v; i++)
    { j := escolhe(i, lista-adj(i));
      antecessor[j] := i;
    }
}
```

Programa I.5 *Algoritmo DFS para caminhamento em grafos*

```
void Visita(long k, TipoGrafo * Grafo, long * Tempo, long * d)
{ long j;
  (*Tempo)++;
  d[k] = *Tempo;
  for (j = 0; j < Grafo->NumVertices; j++)
    if (Grafo->Mat[k][j] > 0)
      if (d[j] == 0) Visita(j, Grafo, Tempo, d);
}

void Dfs(TipoGrafo * Grafo)
{ long Tempo,i, d[MAXNUMVERTICES + 1];
  Tempo = 0;
  for (i = 0; i < Grafo->NumVertices; i++) d[i] = 0;
  i = 0;
  Visita(i, Grafo, &Tempo, d);
}
```

Programa I.6 *Algoritmo tentativa e erro para caminhamento em grafos*

```
void Visita(long k, TipoGrafo * Grafo, long * Tempo, long * d)
{ long j;
  *Tempo++;
  d[k] = *Tempo;
  for (j = 0; j < Grafo -> NumVertices; j++)
    if (Grafo -> Mat[k][j] > 0)
      if (d[j] == 0) Visita(j, Grafo, Tempo, d);
  *Tempo--;
  d[k] = 0;
}
```

Apêndice J Programas em C do Apêndice K

Programa J.1 *Converte número decimal para binário*

```
void Dec2Bin(int Num)
{ if (Num > 1) Dec2Bin(Num/2);
  printf("%d",Num%2);
}
```

Programa J.2 *Maior subpalíndromo*

```
int MaiorPalindromo (char * A, int n)
{ int max = 1, i, j, li, M[TAMSEQ][TAMSEQ];
  for (i = 0; i < n-1; ++i)
  { M[i][i] = 1;
    if (A[i] == A[i+1])
    { M[i][i+1] = 1; max = 2;
    }
    else M[i][i+1] = 0;
  }
 M[n-1][n-1] = 0;
  for (l = 3; l <= n; ++l)
  { for (i = 0; i < n-l+1; ++i)
    { j = i+l-1;
      if (M[i+1][j-1] == 1 && A[i] == A[j])
      { M[i][j] = 1; max = l;
      }
      else M[i][j] = 0;
    }
  }
  return max;
}
```

Programa J.3 *Algoritmo guloso para determinar o subconjunto de cobertura de tamanho mínimo*

```
#define TAM 100
typedef struct {
  int ini;
  int fim;
} TipoIntervalo;

void Intercala(int a, int m, int b, TipoIntervalo * S)
{ TipoIntervalo temp[TAM];
  int i, aptr, bptr, n;
  n = b - a + 1;
  aptr = a;
  bptr = m + 1;
  for (i = 0; i < n; ++i)
  { if ((aptr > m) ||
         (bptr <= b && S[bptr].ini < S[aptr].ini) ||
         (bptr <= b && S[bptr].ini == S[aptr].ini &&
         S[bptr].fim > S[aptr].fim))
      { temp[i] = S[bptr]; bptr += 1; }
      else { temp[i] = S[aptr]; aptr += 1; }
  }
  for (i = 0; i < n; ++i) S[a+i] = temp[i];
}

void Ordena(int a, int b, TipoIntervalo * S)
{ if (a < b)
  { Ordena(a, (a+b) / 2, S);
    Ordena(((a+b) / 2) + 1, b, S);
    Intercala(a, (a+b) / 2, b, S);
  }
}

int ConjuntoDeCoberturaMinimo(TipoIntervalo * S,
                              int n,
                              TipoIntervalo * C)
{ int i, j, k;
  Ordena(0, n-1, S);
  C[0] = S[0];
  j = 1;
  k = 0;
  for (i = 1; i < n; ++i)
  { if (S[i].fim > S[k].fim)
    { C[j] = S[i]; j += 1; k = i; }
  }
  return j;
}
```

Programa J.4 *Implementação das operações do tipo abstrato de dados* Área

```
/*-- Entra aqui o Programa C.23 --*/

void FAVazia(TipoArea *Area)
{ int i;
  Area->NumCelOcupadas = 0; Area->Primeiro = -1;
  Area->Ultimo = -1;
  Area->TipoCelulasDisp = 0;
  for (i = 0; i < TAMAREA; i++)
  { Area->Itens[i].Ant = -1; Area->Itens[i].Prox = i+1; }
}

int ObterNumCelOcupadas(TipoArea *Area)
{ return (Area->NumCelOcupadas); }

void InsereItem(TipoItem Item,TipoArea *Area)
{ int Pos, Disp, IndiceInsercao;
  if (Area->NumCelOcupadas == TAMAREA)
  { printf("Tentativa de insercao em lista cheia.\n"); return; }
  Disp = Area->TipoCelulasDisp;
  Area->TipoCelulasDisp = Area->Itens[Area->TipoCelulasDisp].Prox;
  Area->Itens[Disp].Item = Item;
  Area->NumCelOcupadas++;
  if (Area->NumCelOcupadas == 1)  /* Insercao do primeiro item */
  { Area->Primeiro = Disp;  Area->Ultimo = Area->Primeiro;
    Area->Itens[Area->Primeiro].Prox = -1;
    Area->Itens[Area->Primeiro].Ant = -1;
    return;
  }
  Pos = Area->Primeiro;
  if (Item.Chave < Area->Itens[Pos].Item.Chave)
  { /* Insercao realizada na primeira posicao */
    Area->Itens[Disp].Ant = -1; Area->Itens[Disp].Prox = Pos;
    Area->Itens[Pos].Ant = Disp; Area->Primeiro = Disp;
    return;
  }
  IndiceInsercao = Area->Itens[Pos].Prox;
  while (IndiceInsercao != -1 &&
   Area->Itens[IndiceInsercao].Item.Chave < Item.Chave)
  { Pos = IndiceInsercao;
    IndiceInsercao = Area->Itens[Pos].Prox;
  }
  if (IndiceInsercao == -1)
  { /*Insercao realizada na ultima posicao*/
    Area->Itens[Disp].Ant = Pos; Area->Itens[Disp].Prox = -1;
    Area->Itens[Pos].Prox = Disp; Area->Ultimo = Disp;
    return;
  }
```

Continuação do Programa J.4

```
  /* Insercao realizada no meio de Area */
  Area->Itens[Disp].Ant = Pos;
  Area->Itens[Disp].Prox = Area->Itens[Pos].Prox;
  Area->Itens[Pos].Prox = Disp; Pos = Area->Itens[Disp].Prox;
  Area->Itens[Pos].Ant = Disp;
}
void RetiraPrimeiro(TipoArea *Area, TipoItem *Item)
{ TipoApontador ProxTmp;
  if (Area->NumCelOcupadas == 0)
  { printf("Erro - Lista vazia\n"); return; }
  *Item = Area->Itens[Area->Primeiro].Item;
  ProxTmp = Area->Itens[Area->Primeiro].Prox;
  Area->Itens[Area->Primeiro].Prox = Area->TipoCelulasDisp;
  Area->TipoCelulasDisp = Area->Primeiro;
  Area->Primeiro = ProxTmp;
  if ((unsigned int)Area->Primeiro < TAMAREA)
  Area->Itens[Area->Primeiro].Ant = -1;
  Area->NumCelOcupadas--;
}
void RetiraUltimo(TipoArea *Area, TipoItem *Item)
{ TipoApontador AntTmp;
  if (Area->NumCelOcupadas == 0)
  { /* Area vazia */
    printf("Erro - Lista vazia\n");
    return;
  }
  *Item = Area->Itens[Area->Ultimo].Item;
  AntTmp = Area->Itens[Area->Ultimo].Ant;
  Area->Itens[Area->Ultimo].Prox = Area->TipoCelulasDisp;
  Area->TipoCelulasDisp = Area->Ultimo;
  Area->Ultimo = AntTmp;
  if ((unsigned int)Area->Ultimo < TAMAREA)
  Area->Itens[Area->Ultimo].Prox = -1;
  Area->NumCelOcupadas--;
}
void ImprimeArea(TipoArea *Area)
{ int Pos;
  if (Area->NumCelOcupadas <= 0)
  { printf("Lista Vazia\n"); return; }
  printf("** LISTA **\n");
  printf("Numero de TipoCelulas Ocupadas = %d\n",
         Area->NumCelOcupadas);
  Pos = Area->Primeiro;
  while (Pos != -1)
  { printf("%d\n", Area->Itens[Pos].Item.Chave);
    Pos = Area->Itens[Pos].Prox;
  }
}
```

Programa J.5 *Ordenação por inserção utilizando busca binária*

```
void OrdenaPorInsercaoComBuscaBinaria (TipoVetor A, TipoIndice n)
{ TipoIndice i, j, Dir, Esq, Meio, Ind;
  TipoItem x;
  for (i = 2; i <= n; i++)
  { x = A[i]; Esq = 1; Dir = i - 1;
    do
    { Meio = (Esq + Dir) / 2;
      if (x.Chave == A[Meio].Chave) break;
      if (x.Chave > A[Meio].Chave)
      Esq = Meio + 1;
      else Dir = Meio - 1;
    } while (Esq <= Dir);
    if (Meio > Esq)
    Ind = Meio;
    else Ind = Esq;
    for (j = i; j >= Ind + 1; j--) A[j] = A[j-1];
    A[Ind] = x;
  }
}
```

Programa J.6 *Funções para refazer e construir o* heap

```
void Refaz(TipoIndice Esq, TipoIndice Dir, TipoVetor A)
{ TipoIndice i = Esq; int j; TipoItem x;
  j = i * 2; x = A[i];
  while (j <= Dir)
  { if (j < Dir)
    { if (A[j].Chave > A[j+1].Chave)   j++; }
    if (x.Chave <= A[j].Chave) goto L999;
    A[i] = A[j];
    i = j; j = i * 2;
  }
  L999: A[i] = x;
}

void Constroi(TipoVetor A, TipoIndice n)
{ TipoIndice Esq;
  Esq = n / 2 + 1;
  while (Esq > 1)
  { Esq--; Refaz(Esq, n, A); }
}
```

Programa J.7 *Informa o item com menor chave*

```
TipoItem Min(TipoVetor A)
{ return (A[1]); }
```

Programa J.8 *Retira o item com menor chave*

```
TipoItem RetiraMin(TipoVetor A, TipoIndice *n)
{ TipoItem Result;
  if (*n < 1)
  { printf("Erro: heap vazio\n"); return Result; }
  Result = A[1]; A[1] = A[*n]; (*n)--; Refaz(1, *n, A);
  return Result;
}
```

Programa J.9 *Insere um novo item no* heap

```
void Insere(TipoItem *x, TipoVetor A, TipoIndice *n)
{ (*n)++; A[*n] = *x; A[*n].Chave = INFINITO;
  DiminuiChave(*n, x->Chave, A);
}
```

Programa J.10 *Diminui valor da chave do item na posição* i

```
void DiminuiChave(TipoIndice i,TipoChave ChaveNova,TipoVetor A)
{ TipoItem x;
  if (ChaveNova > A[i].Chave)
  { printf("Erro: ChaveNova maior que a chave atual\n"); return; }
  A[i].Chave = ChaveNova;
  while (i > 1 && A[i / 2].Chave > A[i].Chave)
  { x = A[i / 2]; A[i / 2] = A[i]; A[i] = x; i /= 2; }
}
```

Programa J.11 *Mergesort*

```
void Mergesort(TipoVetor A, int i, int j)
{ int m; TipoVetor T;
    void Merge(TipoVetor A, int i, int m, int j)
    { /*Intercala os intervalos A[i..m] e A[m+1..j] em A[i..j]*/
      int k, w, x, n;
      n = j - i + 1;
      w = i;      /* w aponta para o primeiro intervalo */
      x = m + 1; /* x aponta para o segundo intervalo  */
      for (k = 0; k < n; k++)
      { if ((w > m) || ((x <= j) && (A[x] < A[w])))
          { T[k] = A[x]; x++; }
          else { T[k] = A[w]; w++; }
      }
      for (k = 0; k < n; k++)A[i+k] = T[k];
    } /* Merge */
  if (i < j)
  { m = (i + j - 1) / 2;
    Mergesort(A, i, m); Mergesort(A, m + 1, j); Merge(A, i, m, j);
  }
}
```

Programa J.12 *Algoritmo EncontraPivo*

```
void EncontraPivo(TipoItem *A, TipoIndice Esq,
                  TipoIndice Dir, TipoIndice k)
{ TipoIndice i, j;
  ParticaoDavisort(A,Esq, Dir, &i, &j);
  if (j >= k) EncontraPivo(A,Esq, j, k);
  if (i <= k) EncontraPivo(A,i, Dir, k);
}
```

Programa J.13 *DavisortParcial*

```
/*-- Entra aqui a função Particao do Programa D.6        --*/
/*-- Entra aqui a função Ordena do Programa D.19         --*/
/*-- Entra aqui a função EncontraPivo do Programa ??  --*/

void DavisortParcial(TipoItem *A, TipoIndice *n, TipoIndice *k)
{ TipoIndice candidatos, pivo, i;  TipoItem x;
  if (*k * 2 >= *n) { OrdenaDavisort(A, 1, *n, *k); goto L999; }
  EncontraPivo(A, 1, *k, *k);
  candidatos = *k;
  pivo = A[*k].Chave;
  for (i = *k + 1; i <= *n; i++)
  { if (A[i].Chave <= pivo)
    { candidatos++; x = A[candidatos];
      A[candidatos] = A[i]; A[i] = x;
    }
    if (candidatos == *k * 2)
    { EncontraPivo(A, 1, candidatos, *k);
      pivo = A[*k].Chave; candidatos = *k + 1;
    }
  }
  OrdenaDavisort(A, 1, candidatos, *k);
  L999: ;
} /* Davisort */
```

Programa J.14 *RadixsortIntEx melhorado*

```
#define GetBits(x,k,j) (x >> k) & ~((~0) << j)

void ContagemIntEx(TipoItem *A, TipoItem *B, TipoIndice n,
                   int Pass, int *TipoVetorA)
{ int i, j;
  for (i = 0; i <= BASE - 1; i++)C[i] = 0;
  for (i = 1; i <= n; i++)
  { j = GetBits(A[i].Chave, Pass * M, M); C[j] = C[j] + 1; }
  if (C[0] == n)
  { if (*TipoVetorA) *TipoVetorA = FALSE; else *TipoVetorA = TRUE;
    return;
  }
```

Continuação do Programa J.14

```
  for (i = 1; i <= BASE - 1; i++)C[i] = C[i] + C[i-1];
  for (i = n; i > 0; i--)
  { j = GetBits(A[i].Chave, Pass * M, M);
    B[C[j]] = A[i]; C[j] = C[j] - 1;
  }
}

void RadixsortIntEx(TipoItem *A, TipoIndice n)
{ int i, Pass, TipoVetorA = TRUE;
  for (i = 0; i < NBITS / M; i++)
    { Pass = i;
      if (TipoVetorA)
      { TipoVetorA = FALSE;
        ContagemIntEx(A, B, n, Pass, &TipoVetorA);
      }
      else
      { TipoVetorA = TRUE;
        ContagemIntEx(B, A, n, Pass, &TipoVetorA);
      }
    }
  if (!TipoVetorA) for (i = 1; i <= n; i++)A[i] = B[i];
}
```

Programa J.15 *Radixsort turbinado na linguagem C*

```
#define GET_BYTE(x,i)   ((x >> (i<<3)) & 0x000000ff)

void RadixsortIntTurbinado(TipoItem *A, int n)
{ int TamChave = sizeof(TipoChave);
  int Cont[TamChave][256];
  int i, j, TipoIndice, Aux1, Aux2, Direcao = TRUE;
  /* Preenche vetores com zeros */
  for(i = 0; i < TamChave; i++)
    for(j = 0; j < 256; j++) Cont[i][j] = 0;
  for(i = 1; i <= n; i++)
    for(j=0; j<TamChave; j++) (Cont[j][GET_BYTE(A[i].Chave,j)])++;
  for(j = 0; j < TamChave; j++)
  { if(Cont[j][0] == n) continue; /* Todos os valores sao iguais */
    /* Calcula as posicoes */
    Aux1 = Cont[j][0];
    Aux2 = Cont[j][0] = 0;
    for(i = 1; i < 256; i++)
    { Aux2 = Cont[j][i];
      Cont[j][i] = Cont[j][i - 1] + Aux1;
      Aux1 = Aux2;
    }
    /* Ordena */
```

Continuação do Programa J.15

```
    for(i = 1; i <= n; i++)
    { if (Direcao == TRUE)
      { TipoIndice = (Cont[j][GET_BYTE(A[i].Chave, j)])++;
        B[TipoIndice + 1] = A[i];
      }
      else { TipoIndice = (Cont[j][GET_BYTE(B[i].Chave, j)])++;
             A[TipoIndice + 1] = B[i];
           }
    }
    if (Direcao == TRUE) Direcao = FALSE; else Direcao = TRUE;
  }
  if (Direcao == FALSE)
  for(i = 1; i <= n; i++)A[i] = B[i];
}
```

Programa J.16 Classificação de arestas

```
/*-- Implementacao TAD Grafo com listas/apontadores        --*/
/*-- Imprime floresta de arvores de busca em profundidade --*/
#define MAXNUMVERTICES 100
#define MAXNUMARESTAS 100
#define TRUE 1
#define FALSE 0
typedef short TipoValorTempo;
typedef enum { branco, cinza, preto } TipoCor;
/*-- Entram aqui os tipos do Programa G.4 --*/
int i, V1, V2, Adj, A;
short FimListaAdj;
TipoGrafo Grafo;
TipoItem x;
TipoValorVertice NVertices;
TipoValorAresta NArestas;
/*-- Entram aqui os tipos do Programa C.4 --*/
/*-- Entram aqui os tipos do Programa G.5 --*/
void VisitaDfs(TipoValorVertice u, TipoGrafo *Grafo,
               TipoValorTempo* Tempo, TipoValorTempo* d,
               TipoValorTempo* t, TipoCor* Cor, short* Antecessor)
{ short FimListaAdj; TipoValorAresta Peso;
  TipoCelula *Aux; TipoValorVertice v;
  Cor[u] = cinza; (*Tempo)++; d[u] = (*Tempo);
  printf("Visita%2d Tempo descoberta:%2d cinza\n", u, d[u]);
  scanf("%*[^\n]"); getchar();
  if (!ListaAdjVazia(&u, Grafo))
  { Aux = PrimeiroListaAdj(&u, Grafo);
    FimListaAdj = FALSE;
    while (!FimListaAdj)
    { ProxAdj(&u, &v, &Peso, &Aux, &FimListaAdj);
```

Continuação do Programa J.16

```
        if (Cor[v] == branco)
        { printf("Aresta arvore:%2d->%2d (branco)\n", u, v);
          Antecessor[v] = u;
          VisitaDfs(v, Grafo, Tempo, d, t, Cor, Antecessor);
        }
        else if (Cor[v] == cinza)
             printf("Aresta de retorno:%2d->%2d (cinza)\n", u, v);
             else if (d[u] > d[v])
                  printf("Aresta de cruzamento:%2d->%2d (preto)\n",u,v);
                  else printf("Aresta de avanco:%2d->%2d (preto)\n",u,v);
      }
    }
  Cor[u] = preto; (*Tempo)++;  t[u] =(*Tempo);
  printf("Visita%2d Tempo termino:%2d preto\n", u, t[u]);
  getchar();
} /* VisitaDfs */

void BuscaEmProfundidade(TipoGrafo *Grafo)
{ TipoValorVertice x; TipoValorTempo Tempo;
  TipoValorTempo d[MAXNUMVERTICES+1], t[MAXNUMVERTICES+1];
  TipoCor Cor[MAXNUMVERTICES + 1];
  short Antecessor[MAXNUMVERTICES + 1];
  Tempo = 0;
  for (x = 0; x <= Grafo->NumVertices - 1; x++)
  { Cor[x] = branco; Antecessor[x] = -1; }
  for (x = 0; x <= Grafo->NumVertices - 1; x++)
  { if (Cor[x] == branco)
    { printf("Raiz arvore:%2d (branco)\n", x);
      VisitaDfs(x, Grafo, &Tempo, d, t, Cor, Antecessor);
    }
  }
} /* BuscaEmProfundidade */

int main(int argc, char *argv[])
{ printf("No. vertices:");
  scanf("%d%*[^\n]", &NVertices);
  printf("No. arestas:");
  scanf("%d%*[^\n]", &NArestas);
  Grafo.NumVertices = NVertices;
  Grafo.NumArestas = 0;
  FGVazio(&Grafo);
  for (i = 0; i <= NArestas - 1; i++)
  { printf("Insere V1 -- V2 -- Aresta:");
    scanf("%d %d %d",&V1, &V2, &A);
    Grafo.NumArestas++;
    InsereAresta(&V1, &V2, &A, &Grafo); /*1 chamada : G direcionado*/
    /*InsereAresta(V2, V1, A, Grafo);*/ /*2: G nao-direcionado*/
  }
  ImprimeGrafo(&Grafo); getchar();
  BuscaEmProfundidade(&Grafo);
  return 0;
}
```

Apêndice I

Respostas para Exercícios Selecionados

Capítulo 1

1.1.

a) Um algoritmo pode ser visto como uma sequência de ações executáveis para a obtenção de uma solução para um determinado tipo de problema. Segundo Dijkstra (1971), um **algoritmo** corresponde a uma descrição de um padrão de comportamento, expresso em termos de um conjunto finito de ações.

b) Caracteriza o conjunto de valores a que uma constante pertence, ou que podem ser assumidos por uma variável ou expressão, ou que podem ser gerados por uma função. Possui uma correspondência direta para um domínio em uma relação matemática.

c) Modelo matemático acompanhado de operações definidas sobre o modelo. Exemplo: conjunto dos números inteiros e as operações de adição, subtração, multiplicação, dentre outras.

1.2. Significa que existem constantes positivas c e m, tais que $g(n) \leq cf(n)$, para todo $n \geq m$.

1.4. $O(1)$ e $O(2)$ diferem apenas no valor da constante. Pela definição da notação O, isso significa que, assintoticamente falando, não há diferença entre $O(1)$ e $O(2)$, ou seja, as duas pertencem à mesma classe de complexidade.

1.5. A resposta depende do tamanho do problema. Para $n < 23$, o tempo de execução de 2^n é melhor. Entretanto, para $n \geq 23$, o tempo de execução n^5 é melhor.

1.7.

a) Verdadeira. Existem constantes positivas c e m tais que $2^{n+1} \leq c2^n$, para todo $n \geq m$. Por exemplo, $c = 3$ e $m = 0$;

b) Falsa. Não existem constantes positivas c e m, tais que $2^{2n} \leq c2^n$, para todo $n \geq m$. Pois, $2^{2n} = 4^n$

c) Falsa. Pois, $c_1.n \leq 2^{n/2} \leq c_2.n$. Isso significa que $c_1 \leq \frac{2^{n/2}}{n}$. Por exemplo, $c_1 = 1/2$ e $n \geq 2$. No entanto, não existe c_2 tal que $c_2 \geq \frac{2^{n/2}}{n}$. Quando n cresce, não existe uma constante c_2 que seja maior que esse valor. Logo, $2^{n/2} \neq \Theta(n)$.

d) Verdadeira. Existem constantes positivas c_1, m_1, c_2, m_2 tais que $f(n) \leq c_1 u(n)\, \forall n \geq m_1$ e $g(n) \leq c_2 v(n)\, \forall n \geq m_2$. Logo, $f(n) + g(n) \leq c_1 u(n) + c_2 v(n)$ para o maior de c_1 e c_2 e para o maior de m_1 e m_2, ou seja, $f(n) + g(n) = O(u(n)) + O(v(n)) = O(max(u(n), v(n))) = O(u(n) + v(n))$. A adição equivale a considerar o máximo das duas funções.

e) Falsa. Pois, $f(n) - g(n) = O(u(n)) - O(v(n)) = O(u(n)) + (-1) \times O(v(n))$, como -1 é uma constante, ela pode ser desprezada. Logo, $f(n) - g(n) = O(u(n)) + O(v(n)) = O(max(u(n), v(n)))$. A notação O corresponde à relação "$\leq$", o que não permite realizar subtração nem divisão.

1.13.

```
procedure Busca (x, i, j);
begin
  if (i <> n) and (j <> i)
  then if (x = A[i,i])
         then retorna (i,j)
         else if (x > A[i,j])
              then Busca (x, i + 1, j)
              else Busca (x, i, j - 1);
  else if (x = A[i,j]) {i = n e j = 1}
         then retorna (i,j)
         else retorna x ∉ A
end;
```

Análise: defina o valor $F = i - j$. Inicialmente, temos $F = 1 - n$. A cada passo, F cresce 1, seja porque $i = i + 1$ ou porque $j = j - 1$. No último passo, $F = n - 1$ (pior caso). Logo, o número de iterações será: $(n - 1) - (1 - n) + 1 = 2n - 1$.

Versão não recursiva:

```
procedure Busca (x, i, j);
begin
  i := 1;
  while (i <= n) and (j >= 1) and (A[i,j] <> x) do
    begin if (x > A[i,j]) then i := i + 1 else j := j - 1;
    end;
  if (x = A[i,j])
  then writeln ('Achou')
  else writeln ('Nao achou');
end;
```

1.15.

a) $T(n) = \lceil \log (n+1) \rceil$

b) Esse problema pode ser representado por uma árvore de decisão que é também uma **árvore binária completa**, em que existem $n+1$ lugares possíveis para inserir um novo elemento. Considere h a profundidade da árvore de decisão. Logo, $n = \sum_{i=0}^{h-1} 2^i = \frac{1-2^{h-1+1}}{1-2} = 2^h - 1$, portanto $h = \lceil \log (n+1) \rceil$.

c) O algoritmo de pesquisa binária do Programa 5.3 corresponde a um algoritmo ótimo e resolve esse problema com uma complexidade $O(\log n)$.

1.16. Unificação de lista.

a) Algoritmo

```
procedure unificacao (var Lista: array[1..n] of integer);
begin
  Prox := 1; Pos := 3;
  for TamLista := n downto 2 do
    begin
    Soma := Lista[Prox] + Lista[Prox + 1];
    while (Pos <= n) and (Soma > Lista[Pos]) do Pos := Pos + 1;
    for i := Prox + 2 to Pos - 1 do Lista[i-1] := Lista[i];
    Lista[Pos - 1] := Soma;
    Prox := Prox + 1;
    end
end
```

Considere $c(n)$ a função de complexidade que conta o número de comparações efetuadas. A função $c(n)$ é definida por $c(n) = f(n) + g(n)$, onde $g(n)$ corresponde ao número de comparações ganhas pela variável *Soma* ao ser comparada com os elementos da lista e $f(n)$ corresponde ao número de comparações perdidas pela variável *Soma*. Sabemos que $g(n) \leq n-2$, pois a variável *Soma* pode apenas ser comparada até o fim da lista original. Sabemos também que $f(n) \leq n-1$, pois o algoritmo efetua $n-1$ iterações, e em cada uma a variável *Soma* perde, no máximo, uma vez com um dos elementos da lista. Logo: $c(n) = n-2+n-1 = 2n-3$, ou seja, o algoritmo é $O(n)$.

b) O problema não tem solução sublinear. Para resolver esse problema é necessário fazer a soma de todos os elementos da lista dois a dois. Para uma lista com n elementos, precisamos de $n-1$ somas.

c) No item anterior mostramos que não existe uma solução sublinear para o problema de unificação das listas. Como existe uma solução linear, essa solução também corresponde ao limite inferior.

1.17.

a) Resultado de uma progressão aritmética: $S_n = \sum_{i=1}^{n} i = \frac{(1+n)n}{2}$.

b) Considere S_n a soma da série, então temos: $S_n = \sum_{i=1}^{n} a^i$. Expandindo essa série, temos: $S_n = a + a^2 + a^3 + \ldots + a^{n-1} + a^n$. Multiplicando cada lado da equação por a, temos: $aS_n = a^2 + a^3 + \ldots + a^n + a^{n+1}$. Realizando a subtração de aS_n por S_n, temos: $aS_n - S_n = a^{n+1} - a$. Colocando S_n em evidência, temos: $S_n(a-1) = a(a^n - 1)$. Isolando o termo S_n, obtemos: $S_n = a\frac{a^n-1}{a-1}$, para o caso em que $a \neq 1$. Já para $a = 1$ temos a solução trivial $S_n = n$, obtida a partir da soma do valor 1 que ocorre n vezes. Vale ressaltar que, para valor de n tendendo a infinito, a série converge para $S_n = \frac{a}{1-a}$, quando $-1 < a < 1$.

c) Considere S_n a soma da série, então temos: $S_n = \sum_{i=1}^{n} ia^i$. Expandindo essa série, temos: $S_n = a + 2a^2 + 3a^3 + \ldots + (n-1)a^{n-1} + na^n$. Multiplicando cada lado da equação por a, temos: $aS_n = a^2 + 2a^3 + 3a^4 + \ldots + (n-1)a^n + na^{n+1}$. Realizando a subtração de S_n por aS_n, temos: $S_n - aS_n = \sum_{i=1}^{n} a^i - na^{n+1}$. Colocando S_n em evidência e utilizando o resultado do Exercício 1.17(b) temos: $S_n(1-a) = a\frac{a^n-1}{a-1} - na^{n+1}$. Isolando o termo S_n e aplicando algumas operações algébricas chegamos em: $S_n = \frac{na^{n+2} - a^{n+1}(n+1) + a}{(1-a)^2}$, $para\ a \neq 1$ e $S_n = \sum_{i=1}^{n} i = \frac{(1+n)n}{2}$, $para\ a = 1$.

d) Considere S_n a soma da série, então: $S_n = \sum_{i=0}^{n} \binom{n}{i}$. Pelo Teorema do Binômio de Newton: $(x+y)^n = \sum_{i=0}^{n} \binom{n}{i} x^i y^{n-i}$. Para $y = 1$, temos: $(x+1)^n = \sum_{i=0}^{n} \binom{n}{i} x^i$. Fazendo $x = 1$, temos: $S_n = \sum_{i=0}^{n} \binom{n}{i} = 2^n$.

e) Considere S_n a soma da série, então: $S_n = \sum_{i=1}^{n} i\binom{n}{i}$. Pelo Teorema do Binômio de Newton: $(x+y)^n = \sum_{i=0}^{n} \binom{n}{i} x^i y^{n-i}$. Para $y = 1$, temos: $(x+1)^n = \sum_{i=0}^{n} \binom{n}{i} x^i$. Logo $n(x+1)^{n-1} = \sum_{i=1}^{n} \binom{n}{i} ix^{i-1}$. Fazendo $x = 1$, temos: $S_n = \sum_{i=1}^{n} \binom{n}{i} i = n2^{n-1}$.

f) Para inteiros positivos n, o n-ésimo número harmônico é: $H_n = 1 + \frac{1}{2} + \frac{1}{3} + \frac{1}{4} + \ldots + \frac{1}{n}$. Essa soma é exatamente o somatório $\sum_{i=1}^{n} \frac{1}{i}$, que gera como resultado: $\ln n + O(1)$. Podemos demonstrar esse resultado usando a técnica de aproximação por integral: $\int_{m}^{n+1} f(x)dx \leq \sum_{i=m}^{n} f(i) \leq \int_{m-1}^{n} f(x)dx$, e $\sum_{i=1}^{n} \frac{1}{i} \geq \int_{m}^{n+1} f(x)dx = \ln(n+1)$. Então devemos resolver as duas equações acima. A aproximação por integral fornece uma estimativa restrita para o n-ésimo número harmônico. Para o limite inferior, obtemos: $\sum_{i=1}^{n} \frac{1}{i} \geq \ln(n+1)$. Para o limite superior, obtemos: $\ln n + 1 \leq \sum_{i=1}^{n} \frac{1}{i}$. Portanto, temos que: $\sum_{i=1}^{n} \frac{1}{i} = \ln n + O(1)$.

g) Considere S_n a soma da série. Logo, $S_n = \sum_{i=1}^{n} \log i = \log 1 + \log 2 + \ldots + \log n$. Utilizando a propriedade de logaritmo $\log a + \log b = \log a \times b$, temos: $S_n = \log 1 \times 2 \times 3 \times \ldots \times n$. Portanto, temos que: $S_n = \log n!$

A **aproximação de Stirling**, $n! = \sqrt{2\pi n}\left(\frac{n}{e}\right)^n \left(1 + \Theta\left(\frac{1}{n}\right)\right)$, onde e é a base do logaritmo natural, fornece um limite superior para o $\log n!$. Tomando o logaritmo da aproximação de Stirling, após simplificações ficamos com o termo de maior ordem, que é $\log\left(\frac{n}{e}\right)^n = \Theta(n \log n)$. Logo, $S_n = \Theta(n \log n)$.

h) Considere S_n a soma da série, então temos: $S_n = \sum_{i=1}^{n} i2^{-i}$. Pelo Exercício 1.17(c), substituindo $\frac{1}{2}$ por a, temos: $S_n = 4 \cdot (n(\frac{1}{2})^{n+2} - (\frac{1}{2})^{n+1}(n+1) + \frac{1}{2})$.

i) Considere S_n a soma da série, então: $S_n = \sum_{i=0}^{n} (\frac{1}{7})^i$. Pelo Exercício 1.17(b), fazendo $a = \frac{1}{7}$, temos: $S_n = a\frac{a^n-1}{a-1} = \frac{1}{7} \cdot \frac{(\frac{1}{7})^n - 1}{\frac{1}{7} - 1} = \frac{1}{6} \cdot (1 - (\frac{1}{7})^n)$

1.18.

a) $T(n) = \begin{cases} T(n-1) + c & \text{para } n > 0, \\ 0 & \text{para } n = 1. \end{cases}$

$$\begin{aligned} T(n) &= T(n-1) + c \\ T(n-1) &= T(n-2) + c \\ T(n-2) &= T(n-3) + c \\ &\vdots \\ T(2) &= T(1) + c \\ T(1) &= 0 \end{aligned}$$

Portanto, foi realizada a expansão do problema até atingir a condição de parada. Adicionando lado a lado e realizando as simplificações, temos: $T(n) = c + c + c + \ldots + c + c = c(n-1)$.

b) $T(n) = \begin{cases} T(n-1) + 2^n & \text{para } n \geq 1, \\ 1 & \text{para } n = 0. \end{cases}$

$$\begin{aligned} T(n) &= T(n-1) + 2^n \\ T(n-1) &= T(n-2) + 2^{n-1} \\ T(n-2) &= T(n-3) + 2^{n-2} \\ &\vdots \\ T(2) &= T(1) + 2^2 \\ T(1) &= T(0) + 2^1 \\ T(0) &= 1 \end{aligned}$$

Portanto, foi realizada a expansão do problema até atingir a condição de parada. Adicionando lado a lado, realizando as simplificações e utilizando o Exercício 1.17(b), temos: $T(n) = \sum_{i=0}^{n} 2^i = 2\frac{2^n - 1}{2-1} = 2^{n+1} - 2$.

c) $T(n) = \begin{cases} cT(n-1) & \text{para } n > 0 \text{ e } c = \text{constante}, \\ k & \text{para } n = 0 \text{ e } k = \text{constante}. \end{cases}$

$$\begin{aligned} T(n) &= cT(n-1) \\ T(n-1) &= cT(n-2) \\ T(n-2) &= cT(n-3) \\ &\vdots \\ T(2) &= cT(1) \\ T(1) &= cT(0) \\ T(0) &= k \end{aligned}$$

Portanto, foi realizada a expansão do problema até atingir a condição de parada. Substituindo os valores das equações de baixo para cima temos: $T(n) = kc^n$.

d) $T(n) = \begin{cases} 3T(n/2) + n & \text{para } n > 1, \\ 1 & \text{para } n = 1. \end{cases}$

Suponha que $n = 2^k$ ou $k = \log n$

$$\begin{array}{rcll} T(2^k) & = & 3T(2^{k-1}) + 2^k & \times 3^0 \\ T(2^{k-1}) & = & 3T(2^{k-2}) + 2^{k-1} & \times 3^1 \\ T(2^{k-2}) & = & 3T(2^{k-3}) + 2^{k-2} & \times 3^2 \\ & \vdots & & \\ T(2) & = & 3T(2^0) + 2^1 & \times 3^{k-1} \\ T(1) & = & 1 & \times 3^k \end{array}$$

Portanto, foi realizada a expansão do problema até atingir a condição de parada. Adicionando lado a lado, temos: $T(n) = 3^k + 2 \cdot 3^{k-1} + 2^2 \cdot 3^{k-2} + \cdots + 2^{k-1} \cdot 3 + 2^k \cdot 3^0 = \sum_{i=0}^{k}(3^{k-i} \cdot 2^i) = 3^k \cdot \sum_{i=0}^{k}(\frac{2}{3})^i$. Utilizando o Exercício 1.17(b) e realizando algumas operações algébricas, obtemos: $T(n) = 3^{k+1} - 2^{k+1} = 3n^{\log 3} - 2n$.

h) $T(n) = \begin{cases} 2T(\lfloor n/2 \rfloor) + 2n\text{log}n & \text{para } n > 2, \\ 4 & \text{para } n = 2 \end{cases}$

Considere n uma potência de dois. Suponha que $T(n) \leq cn(\log n)^2$:

(i) Passo base ($n = 2$): $4 \leq c2(\log 2)^2$, o que é verdade para $c \geq 2$.

(ii)Passo indutivo: será provado que $T(2n) \leq 2cn(\log 2n)^2$, para $c \geq 2$.

$$\begin{array}{rcl} T(2n) & \leq & 2cn(\log 2n)^2 \\ 2T(\lfloor 2n/2 \rfloor) + 2(2n)\text{log}2n & \leq & 2cn(\log 2n)^2 \\ 2T(\lfloor n \rfloor) + 4n\text{log}2n & \leq & 2cn(\log 2n)^2 \\ 2cn(\log n)^2 + 4n\text{log}2n & \leq & 2cn(\log 2n)^2 \\ 2cn(\log n)^2 + 4n\text{log}n + 4n & \leq & 2cn(1 + \log n)^2 \\ 2cn(\log n)^2 + 4n\text{log}n + 4n & \leq & 2cn(1 + 2\log n + (\log n)^2) \\ 2cn(\log n)^2 + 4n\text{log}n + 4n & \leq & 2cn + 4cn\log n + 2cn(\log n)^2 \\ 4n\text{log}n + 4n & \leq & 2cn + 4cn\log n \end{array}$$

1.19.

a) Podemos escrever a fórmula de recorrência analisando o caso base, quando $n = 1$, então $T(1) = 1$ e para o caso $n > 1$, então $T(n) = n + T(3n/5)$. Dessa forma, temos que:

$$T(n) = \begin{cases} n + T(3n/5) & \text{para } n > 1, \\ 1 & \text{para } n = 1. \end{cases}$$

b) Resolvendo a relação obtida na letra **(a)** temos:

$$\begin{array}{rcl} T(n) & = & n + T((3/5)n) \\ T((3/5)n) & = & ((3/5)n) + T((3/5)^2 n) \\ T((3/5)^2 n) & = & ((3/5)^2 n) + T((3/5)^3 n) \\ & \vdots & \\ T((3/5)^k n) & = & (\sum_{i=0}^{k}(3/5)^i n) + T((3/5)^{k+1} n) \end{array}$$

A cada iteração, são descartados $2/5$ de n. No caso de k iterações, temos que a condição de parada é: $(3/5)^k n \leq 1$. Logo:

$$\begin{aligned}(3/5)^k &\leq 1/n\\ k &\leq \log_{3/5} 1/n\\ k &\leq \log_{3/5} 1 - \log_{3/5} n\\ k &\leq -\log_{3/5} n\end{aligned}$$

Somando temos: $T(n) = \sum_{i=0}^{k}(3/5)^i n = n\sum_{i=0}^{k}(3/5)^i$.

c) Utilizando o Exercício 1.17(b), temos: $S_n = \sum_{i=1}^{n} a^i = a\frac{a^n-1}{a-1}$, para o caso em que $a \neq 1$. Fazendo um ajuste no somatório para que i inicie com valor 1 e resolvendo esse somatório, encontramos o seguinte resultado: $T(n) = \frac{5n}{2} - \frac{3}{2}$.

1.20.

a) Sabendo-se que o custo do primeiro *Sort* é $T(n/3)$, o custo do segundo *Sort* é $T(n/3)$, o custo do terceiro *Sort* é $T(n/3)$, e o custo do *Merge* é $(5n/3)-2$ no pior caso, podemos obter a seguinte relação de recorrência:

$$T(n) = \begin{cases} 0 & \text{para } n = 1;\\ 3T(n/3) + (5n/3) - 2 & \text{para } n > 1.\end{cases}$$

b) Resolvendo a equação temos:

$$\begin{aligned}T(n) &= 3T(n/3) + ((5n/3) - 2)\\ 3T(n/3) &= 3^2T(n/3^2) + (3^1 \cdot (5n/3^2) - 2 \cdot 3^1)\\ 3^2T(n/3^2) &= 3^3T(n/3^3) + (3^2 \cdot (5n/3^3) - 2 \cdot 3^2)\\ &\vdots\\ 3^{x-1}T(n/3^{x-1}) &= 3^xT(n/3^x) + (3^{x-1} \cdot (5n/3^x) - 2 \cdot 3^{x-1})\end{aligned}$$

Portanto, foi realizada a expansão do problema até atingir a condição. Adicionando lado a lado e realizando as simplificações, temos:

$$\begin{aligned}T(n) &= (\textstyle\sum_{k=0}^{x-1}(5n/3^{k+1} \cdot 3^k) - 2 \cdot 3^k) + 3^xT(n/3^x)\\ &= (\textstyle\sum_{k=0}^{x-1}(5n/3)) - (\sum_{k=0}^{x-1} 2 \cdot 3^k) + 3^xT(n/3^x)\\ &= (5/3 \cdot \textstyle\sum_{k=0}^{x-1} n) - 2 \cdot (\sum_{k=0}^{x-1} 3^k) + 3^xT(n/3^x)\\ &= (5n/3) \cdot (x) - 2 \cdot (\tfrac{3^x-1}{3-1}) + 3^xT(n/3^x)\\ &= (5n/3) \cdot (x) - (3^x - 1) + 3^xT(n/3^x).\end{aligned}$$

Considerando $n = 3^x$, temos que $x = \log_3 n$. Logo:

$$\begin{aligned}T(n) &= (5n/3) \cdot (x) - (n-1) + n \cdot T(1)\\ &= (5n/3) \cdot (\log_3 n) - (n-1)\\ &= (5n/3) \cdot (\log_3 n) - n + 1.\end{aligned}$$

c) A complexidade dessa relação de recorrência é: $T(n) = O(n \log n)$.

1.21.

a) Temos os casos $T(0) = 1$, $T(1) = 2$ e $T(2) = 4$. Ao acrescentarmos uma terceira linha, o número máximo de regiões que conseguimos dividir é três. Assim temos que $T(3) = 4 + 3 = 7$. Dessa forma, ao acrescentar a n-ésima linha, ela corta no máximo as $n - 1$ linhas em $n - 1$ pontos, o que significa que n novas regiões são acrescentadas. Logo, a equação de recorrência é:

$$\begin{aligned} T(0) &= 0 \\ T(n) &= T(n-1) + n, \qquad \text{para } n > 0 \end{aligned}$$

b) $T(n) = \frac{n(n+1)}{2} + 1$.

1.22.

a) Algoritmo sequencial, $T(n) = O(n)$

b) Para dois ovos, temos uma busca binária e uma sequencial. No pior caso: $\frac{(n/2)+1}{2} = \frac{n}{4} + \frac{1}{2}$, temos: $T_2(n) = p + \frac{n}{p} + O(1)$. Balanceando o trabalho: $k = \frac{n}{p}$ ou $p = \sqrt{n}$, temos: $T_2(n) = 2\sqrt{n} + O(1)$.

c) Generalizando para $k < \log n$ ovos, o último ovo faz busca sequencial em n/p^{k-1}, logo: $T_k(n) = (k-1)p + \frac{n}{p^{k-1}}$. Balanceando o trabalho: $p = n/p^{k-1}$ ou $p = n^{1/k}$, temos: $T_k(n) = kn^{1/k}$. Generalizando para $k = \log n$, temos: $T_k(n) = \log n \times 2^{\log n^{1/k}} = \log n \times 2^{(\log n)/k} = 2 \log n$, resultado próximo de uma pesquisa binária.

1.23.

	A	B	O	o	Ω	ω	Θ
i)	$log^k n$	n^ϵ	S	S	N	N	N
ii)	n^k	c^n	S	S	N	N	N
iii)	$\sqrt{n}$	$n^{\sin n}$	N	N	N	N	N
iv)	2^n	$2^{n/2}$	N	N	S	S	N
v)	$n^{\log m}$	$m^{\log n}$	S	N	S	N	S
(vi)	$\log(n!)$	$\log(n^n)$	S	N	S	N	S

Comentários:

i) Direto da hierarquia: $log^k n \prec n^\epsilon$. Logo $log^k n$ não pode ser Ω, ω ou Θ de n^ϵ. Lembre que se $f(n) = \Theta(g(n))$ então $f(n) = \Omega(g(n))$ e $f(n) = O(g(n))$.

ii) Direto da hierarquia: $n^k \prec c^n$. Mesma explicação de (i).

iii) $\sqrt{n} = n^{\frac{1}{2}}$ e $n^{\sin n} = n^\alpha$, onde α é um valor no intervalo $[-1, 1]$. Logo, $\sqrt{n}$ não é O, o, Ω, ω ou Θ de $n^{\sin n}$.

iv) $2^n \stackrel{?}{=} 2^{n/2}$. Se esta afirmativa é verdadeira então

$$2^n \leq c.2^{n/2} \Rightarrow c \geq 2^{n/2}$$

Quando n cresce não existe nenhuma constante c que seja maior que $2^{n/2}$. Logo, $2^n \neq O(2^{n/2})$. Consequentemente, também não será nem o nem Θ. No entanto, existe uma constante c tal que $c.2^{n/2} \leq 2^n$. Por exemplo, $c = 1$ e $n \geq 2$. Logo,

$2^n = \Omega(2^{n/2})$. Para saber se também é ω basta verificar se o seguinte limite é verdadeiro:

$$\lim_{n\to\infty} \frac{2^{n/2}}{2^n} \stackrel{?}{=} 0.$$

Esse limite é de fato 0, ou seja, $\lim_{n\to\infty} \frac{2^{n/2}}{2^n} = \lim_{n\to\infty} \frac{1}{2^{n/2}} = 0$.

v) Considere $b, (b \geq 2)$ a base do logaritmo usada neste exercício. Considere $\log_n b = c$. Então:

$$n^{\log_b m} = n^{\frac{\log_n m}{\log_n b}} = n^{\frac{1}{c}\cdot \log_n m} = n^{\log_n m^{1/c}} = m^{\frac{1}{c}}$$

Da mesma forma:

$$m^{\log_b n} = m^{\frac{1}{\log_n b}} = m^{\frac{1}{c}}$$

Ou seja, independente da base do logaritmo, $n^{\log m} = m^{\log n}$. Logo, $n^{\log m}$ é O, Ω e Θ de $m^{\log n}$. Consequentemente, não pode ser nem o nem ω.

vi) $\log(n!) = \Theta(n \log n)$ e $\log(n^n) = n \log n$. Logo, $\log(n!)$ é O, Ω e Θ de $\log(n^n)$. Da mesma forma, não pode ser nem o nem ω.

Capítulo 2

2.1. O comportamento da função recursiva pode ser expressa por $f_n = f_{n-1} + f_{n-2}$, $f_0 = 0$ e $f_1 = 1$. Vamos utilizar a técnica da **equação característica** usada na resolução de uma **equação de recorrência linear homogênea** de coeficientes constantes, que é uma equação do tipo:

$$a_0 t_n + a_1 t_{n-1} + \ldots + a_k t_{n-k} = 0, \qquad \text{(K.1)}$$

em que os T_i são os valores que estamos procurando. Essa equação é (i) linear porque não contém termos da forma $t_{n-i}t_{n-j}$ ou t_{n-i}^2; (ii) homogênea porque a combinação linear dos t_{n-i} é igual a zero; e (iii) com coeficientes constantes porque os a_i são constantes.

A função recursiva pode ser reescrita como

$$f_n - f_{n-1} - f_{n-2} = 0, \qquad \text{(K.2)}$$

que é do tipo da Eq. (K.1). Logo, a sequência de Fibonacci corresponde à equação linear homogênea com coeficientes constantes, na qual $k = 2$, $a_0 = 1$, $a_1 = -1$ e $a_2 = -1$. Se tentarmos solucionar alguns exemplos simples de equações de recorrência da forma da Eq. (K.1), veremos que as soluções são da forma $t_n = x^n$, onde x é uma constante desconhecida até o momento. Se tentarmos essa solução para a Eq. (K.1) temos $a_0x^n + a_1x^{n-1} + \ldots + a_kx^{n-k} = 0$. Essa equação é satisfeita se e somente se $a_0x^k + a_1x^{k-1} + \ldots + a_k = 0$. Essa equação de grau k é chamada equação característica da Eq. (K.1), e $p(x) = a_0x^k + a_1x^{k-1} + \ldots + a_k$ é chamado polinômio característico. O teorema fundamental da álgebra diz que qualquer polinômio $p(x)$ de grau k tem exatamente k raízes (não necessariamente distintas), o que significa que ele pode ser fatorado como um produto de k monômios $p(x) = \prod_{i=1}^{k}(x - r_i)$, onde os r_i podem ser números complexos. Mais ainda, os r_i são as únicas soluções da equação $p(x) = 0$.

Considere qualquer raiz r_i do polinômio característico. Desde que $p(r_i) = 0$, então $x = r_i$ é a solução para a equação característica, e r_i^n é a solução para a equação de recorrência. Desde que qualquer combinação linear de soluções também seja uma solução, podemos concluir que $t_n = \sum_{i=1}^{k} c_i r_i^n$ satisfaz a equação de recorrência para qualquer combinação de constantes $c_1, c_2, \ldots, c_k$.

O polinômio característico para a Eq. (K.2) é $x^2 - x - 1 = 0$, cujas raízes são $r_1 = \frac{1+\sqrt{5}}{2}$ e $r_2 = \frac{1-\sqrt{5}}{2}$. A solução geral é da forma

$$f_n = c_1 r_1^n + c_2 r_2^n. \qquad \text{(K.3)}$$

Agora é necessário utilizar as condições iniciais para determinar as constantes c_1 e c_2. Quando $n = 0$, a Eq. (K.3) leva a $f_0 = c_1 + c_2$. Logo, $c_1 + c_2 = 0$. De forma similar, quando $n = 1$, a Eq. (K.3) junto à segunda condição inicial diz que $f_1 = c_1r_1 + c_2r_2 = 1$. Lembrando que os valores de r_1 e r_2 são conhecidos, isso nos leva a duas equações lineares com duas constantes desconhecidas c_1 e c_2, onde

$$\begin{aligned} c_1 + c_2 &= 0 \\ r_1c_1 + r_2c_2 &= 1. \end{aligned}$$

Resolvendo as duas equações, obtemos $c_1 = \frac{1}{\sqrt{5}}$ e $c_2 = -\frac{1}{\sqrt{5}}$. Logo,

$$f_n = \frac{1}{\sqrt{5}}\left[\left(\frac{1+\sqrt{5}}{2}\right)^n - \left(\frac{1-\sqrt{5}}{2}\right)^n\right].$$

2.2. (i) Passo base: para $k = 0$, temos: $T(2k+1) = T(1) = 1$, $T(2k) = T(0) = 1$ e $2^{k+1} - 1 = 2^{0+1} - 1 = 1$. (ii) Hipótese de indução: supondo que $T(2k+1) = T(2k) = 2^{k+1} - 1$, queremos provar que $T(2(k+1)+1) = T(2(k+1)) = 2^{(k+1)+1} - 1$. (iii) Passo indutivo: $T(2(k+1)+1) = T(2k+3)$, por definição, $T(2k+3) = 2T(2k+1)+1$. Pela hipótese de indução $2T(2k+1)+1 = 2^{k+2} - 2 + 1 = 2^{k+2} - 1$. $T(2(k+1)) = T(2k+2)$, por definição, $T(2k+2) = 2T(2k) + 1$, pela hipótese de indução $2T(2k) + 1 = 2(2^{k+1} - 1) + 1 = 2^{k+2} - 1$. Logo, $T(2(k+1)+1) = T(2(k+1)) = 2^{(k+1)+1} - 1$.

2.5.

a) Deve-se usar recursividade quando: (i) o objeto é naturalmente recursivo e o custo pode ser mantido baixo e (ii) não existe uma solução óbvia por iteração.

b) Programas recursivos que correspom ao Esquema 2.2 são facilmente transformáveis em uma versão não recursiva do tipo P = **while** B **do** S.

2.6. A função calcula o valor da seguinte expressão matemática: 2^n.

2.7.

a) ***Programa K.1*** *Converte número decimal para binário*

```
procedure Dec2Bin (Num: integer);
begin
  if Num > 1 then Dec2Bin (Num div 2);
  write (Num mod 2);
end;
```

b) $T(n) = \begin{cases} T(n/2) + 1 & \text{para } n > 0, \\ 1 & \text{para } n = 1. \end{cases}$

c) Quando $n = 2^i$, para algum inteiro positivo i, então:

$$\begin{aligned} T(n) &= T(n/2) + 1 \\ T(n/2) &= T(n/2^2) + 1 \\ &\vdots \\ T(n/2^{i-1}) &= T(n/2^i) + 1 \end{aligned}$$

Adicionando lado a lado, obtemos:

$$T(n) = T(n/2^i) + \sum_{k=1}^{i} 1 = T(1) + i = 1 + \log n.$$

Logo, $T(n) = \log n + 1$.

2.11. O processo pode ser descrito como uma árvore de pesquisa exaustiva, cujos nós correspondem a soluções parciais. Caminhando para as folhas na árvore corresponde a obter soluções parciais na direção da solução final; caminhar em relação à raiz corresponde a ***backtracking*** para alguma solução parcial geral obtida anteriormente, a partir da qual seja interessante prosseguir em direção às folhas novamente. A técnica geral de calcular limites (*bounds*) sobre soluções parciais para limitar o número de soluções completas a serem examinadas é chamada de ***branch and bound***.

2.13 Teorema Mestre. Prova:

$$\begin{aligned} T(n) &= aT(n/b) + cn^k \\ aT(n/b) &= a^2T(n/b^2) + ac(n/b)^k \\ a^2T(n/b^2) &= a^3T(n/b^3) + a^2c(n/b^2)^k \\ \vdots\quad & \quad \vdots \\ a^{i-1}T(n/b^{i-1}) &= a^iT(n/b^i) + a^{i-1}c(n/b^{i-1})^k \end{aligned}$$

Adicionando lado a lado, obtemos:

$$T(n) = a^i T(n/b^i) + c\sum_{j=0}^{i-1} a^j (n/b^j)^k.$$

Substituindo n por b^i, temos:

$$T(n) = a^i T(1) + c\sum_{j=0}^{i-1} a^j b^{k(i-j)} = a^i c + c\sum_{j=0}^{i-1} a^j b^{k(i-j)}.$$

Note que o termo $a^i c$ representa o último termo do somatório, caso seu índice superior fosse i em vez de $i-1$. Fazendo a manipulação desse índice para incluir o termo independente no somatório chegamos em:

$$T(n) = c\sum_{j=0}^{i} a^j b^{k(i-j)} = c\sum_{j=0}^{i} a^{(i-j)} b^{kj} = c\sum_{j=0}^{i} a^i a^{-j} b^{kj} = ca^i \sum_{j=0}^{i} (b^k/a)^j,$$

que é uma série geométrica com razão igual a b^k/a, cuja solução envolve três casos:

a) $a < b^k$: Nesse caso, a razão b^k/a é maior que 1. Aplicando a fórmula para a série geométrica $\sum_{j=0}^{i} x^j = \frac{x^{i+1}-1}{x-1}$, temos:

$$T(n) = ca^i((b^k/a)^{i+1} - 1)/(b^k/a - 1)) = O(a^i (b^k/a)^i) = O(b^{ki}) = O(n^k).$$

b) $a = b^k$: Nesse caso, a razão b^k/a da série geométrica é igual a 1. Logo:

$$T(n) = ca^i \sum_{j=0}^{i} 1 = ca^i(i+1) = O(a^i i) = O(n^k \log n),$$

uma vez que $a = b^k$, temos que $a^i = b^{ki} = n^k$ e $i = \log_b n$.

c) $a > b$: Nesse caso, a razão b^k/a é menor que 1, então a série geométrica converge para uma constante, mesmo que i tenda ao infinito. Logo:

$$T(n) = O(a^i) = O(n^{\log_b a}),$$

uma vez que $i = \log_b n$, temos que $a^i = a^{\log_b n} = n^{\log_b a}$.

2.14. Falso. Temos que $a = 3$, $b = 3$, $f(n) = O(\log n)$, e $n^{\log_b a} = n^{\log_3 3} = n$. O caso 1 se aplica porque $f(n) = O(n^{\log_b a - \epsilon}) = O(n^{1-\epsilon})$, e $f(n) = O(\log n)$ é assintoticamente menor do que $n^{1-\epsilon}$ para qualquer constante $0 < \epsilon < 1$. Logo, a solução é $T(n) = \Theta(n)$.

2.17. Existem $O(n^2)$ subsequências em uma sequência de tamanho n. Assim, podemos calcular cada subsequência e verificar se ela é um **palíndromo**. Como essa verificação é linear, o algoritmo tem custo $O(n^3)$. Entretanto, utilizando **programação dinâmica** o algoritmo pode ser mais eficiente e ter custo $O(n^2)$.

Considere $P[i, j]$ uma variável binária que indica se a subsequência $(i \ldots j)$ é palíndroma. Claramente, $P[i, i] = true$ para $1 \leq i \leq n$. Além disso, $P[i, i+1] = true \Leftrightarrow a_i = a_{i+1}$, para $1 \leq i \leq n-1$. Para subsequências com tamanho maior ou igual a 3, temos:

$$P[i, j] = true \Leftrightarrow (P[i+1, j-1] \wedge a_i = a_j).$$

Precisamos então iniciar as subsequências de tamanhos 1 e 2, uma vez que a recorrência para subsequências de tamanho t se baseia em subsequências de tamanho $t-2$. A partir dessas considerações, obtemos o Programa K.2.

Programa K.2 *Maior subpalíndromo*

```
function MaiorSubPalindromo (var A: TipoVetor; n: integer): integer;
var M: array [1..n, 1..n] of boolean;
    Max, i, j, k: integer;
begin
  Max := 1;
  for i := 1 to n-1 do
    begin
    M[i][i] := true;
    if A[i] = A[i+1]
    then begin M[i][i+1] := true; Max := 2; end
    else M[i][i+1] := false;
    end;
  M[n][n] := true;
  for k := 3 to n do
    for i := 1 to n-k+1 do
      begin
      j := i+k-1;
      if (M[i+1][j-1] = true) and (A[i] = A[j])
      then begin M[i][j] := true; Max := k; end
      else M[i][j] := false;
      end;
  MaiorSubPalindromo := Max;
end;
```

Uma vez que o algoritmo realiza um número constante de operações para cada uma das n^2 subsequências de A, a complexidade do segundo anel é $O(n^2)$.

2.18.

a) Considere $A[j]$ o custo ótimo (ou seja, a soma dos quadrados do número de espaços em branco no fim de cada linha) que se pode atingir formatando as palavras $1 \ldots j$ (ignorando as palavras após j). Podemos expressar $A[j]$ como:

$$A[j] = \min_{i<j; T[j]-T[i] \leq P} A[i] + (P - (T[j] - T[i]))^2$$

onde $T[j] = \sum_{i=1}^{j} l_i$. A tabela de valores $T[1 \dots n]$ pode ser computada com custo linear $O(n)$. A intuição da equação diz que para formatar otimamente a parte do texto que compreende as palavras $(1 \dots j)$, devemos primeiro formatar as palavras $(1 \dots i)$, para $i < j$, e então colocar as últimas palavras restantes $(i + 1 \dots j)$ na linha final.

Usando **programação dinâmica** computamos cada valor $A[j]$ na sequência para $j = 1 \dots n$. Ao final, $A[n]$ vai conter o valor da solução ótima. É possível reconstruir a solução mantendo apontadores para as origens usadas em cada iteração do algoritmo de programação dinâmica, como é feito em outros contextos.

b) O custo de computar cada $A[j]$ é $O(n)$, o que resulta em um custo total de $O(n^2)$.

2.24.

a) Basta enumerar todos os conjuntos possíveis de intervalos. Como são n intervalos, temos 2^n conjuntos possíveis. Verificamos quais são de cobertura e registramos o mínimo.

b) $O(2^n) \times$ CustodeVerificacao. O custo de verificação pode ser linear ou quadrático.

c) Podemos ordenar de maneira crescente os intervalos pelo seu valor inferior, com as seguintes regras de desempate: se $a_i = a_j$, então $[a_i, b_i]$ precede $[a_j, b_j]$ se $b_i > b_j$. Ou seja, empates privilegiam os maiores intervalos.

Uma vez ordenados, os intervalos são verificados nessa ordem. A opção gulosa é selecionar o primeiro intervalo. Considere $[a_k, b_k]$ o último intervalo selecionado. Na i-ésima iteração, o intervalo $[a_i, b_i]$ será descartado se estiver contido em $[a_k, b_k]$, ou selecionado caso contrário.

O Programa K.3 apresenta um algoritmo guloso para obter o subconjunto de cobertura de tamanho mínimo.

Programa K.3 *Algoritmo guloso para determinar o subconjunto de cobertura de tamanho mínimo*

```
const TAM = 10;
type TipoIntervalo  = record
                        Ini, Fim: integer;
                      end;
     TipoIntervalos = array[1..TAM] of TipoIntervalo;
var S, C: TipoIntervalos;
    i, n: integer;

procedure Ordena (a, b: integer; var S: TipoIntervalos);
{ Mergesort tem complexidade O(nlog(n) }
  procedure Intercala (a, m, b: integer; var S: TipoIntervalos);
  var Temp: TipoIntervalos;
  var i, Aptr, Bptr, n:  integer;
```

Continuação do Programa K.3

```
  begin
    n := b-a+1; Aptr := a; Bptr := m+1;
    for i := 1 to n do
    begin
      if (Aptr > m) or
         ((Bptr <= b) and (S[Bptr].Ini < S[Aptr].Ini)) or
         ((Bptr <= b) and (S[Bptr].Ini = S[Aptr].Ini) and
         (S[Bptr].Fim > S[Aptr].Fim))
      then begin Temp[i] := S[Bptr]; Bptr := Bptr + 1; end
      else begin Temp[i] := S[Aptr]; Aptr := Aptr + 1; end;
    end;
    for i := 1 to n do S[a+i-1] := Temp[i];
  end;
begin
  if (a < b)
  then begin
    Ordena(a, (a+b) div 2, S);
    Ordena((a+b) div 2 + 1, b, S);
    Intercala(a, (a+b) div 2, b, S);
  end;
end;

function ConjuntoDeCoberturaMinimo (var S: TipoIntervalos;
                                    n   : integer;
                                    var C: TipoIntervalos): integer;
var i,j,k : integer;
begin
  Ordena(1, n, S);
  C[1] := S[1]; j := 2; k := 1;
  for i := 2 to n do
  begin
    if (S[i].Fim > S[k].Fim)
    then begin C[j] := S[i]; j := j + 1; k := i; end;
  end;
  ConjuntoDeCoberturaMinimo := j-1;
end;
```

d) Sim. Ele é ótimo.

Considere $S = \{[a_1, b_1], [a_2, b_2], \ldots, [a_n, b_n]\}$. Os intervalos em S foram renumerados de forma a contemplar a ordenação pelo intervalo inferior. Considere $C^* = \{[a_1, b_1]\} \cup C'$ o subconjunto mínimo de cobertura para S. O algoritmo explora a seguinte subestrutura: se k for o maior índice para o qual $b_j \leq b_1$, para $1 \leq j \leq k$ (note que $a_j \geq a_1$ também é válido pela ordenação), então C' deve ser a solução ótima para $S' = S - \{[a_j, b_j] | 1 \leq j \leq k\}$.

Para provar tal asserção, vamos primeiro provar que C' é um subconjunto de cobertura para S'. Se $S' = \emptyset$, então C' também é vazio, uma vez que $\{[a_1, b_1]\}$ é um subconjunto de cobertura para S. Se S' não for vazio, então C' deve ser um subconjunto de cobertura para todos os intervalos em S não contidos em $[a_1, b_1]$, uma vez que $C^* = \{a_1, b_1\} \cup C'$ é subconjunto de cobertura. Portanto, C' deve conter $[a_{k+1}, b_{k+1}]$, o qual não é coberto por nenhum outro intervalo em S. Entretanto, S' pode também conter intervalos que são contidos em $[a_1, b_1]$. Considere $[a_s, b_s]$ um desses intervalos. Note que $s > k+1$, uma vez que o intervalo está em S'. Podemos então estabelecer a seguinte cadeia de inequalidades:

$$a_1 \leq a_{k+1} \leq a_s \leq b_s \leq b_1 \leq b_{k+1},$$

o que indica que $[a_s, b_s]$ é coberto por $[a_{k+1}, b_{k+1}] \in C'$. Para finalizar a prova, é suficiente notar que se C' não fosse um subconjunto de cobertura de S' de tamanho mínimo, então C^* não seria um subconjunto mínimo de cobertura de S.

2.25.

Suponha que um peso seja associado a cada triângulo possível. Por exemplo, esse peso pode ser uma função do perímetro do triângulo. O peso total da triangulação é a soma dos pesos dos triângulos. Uma triangulação ótima tem peso mínimo.

a) Um algoritmo tentativa e erro bem simples considera todas as combinações possíveis de $n-3$ segmentos de linha, onde há $\frac{n \times (n-1)}{2}$ potenciais segumentos de linha a serem descartados. Muitas triangulações são inválidas e são descartadas ainda no processo de geração.

b) O número de triangulações possíveis é:

$$\binom{\frac{n \times (n-1)}{2}}{n-3}.$$

Para cada triangulação temos que executar $n-3$ passos de custo $O(n)$. A complexidade é então o resultado da combinação multiplicado por $O(n)$.

c) Uma estratégia **gulosa** simples é: para cada um dos $\frac{n(n-1)}{2}$ segmentos de linha possíveis a serem adicionados, verificar qual é o triângulo de menor peso induzido por esse segmento de linha e registrá-lo como parte da solução. Esses triângulos são ordenados pelo peso e considerados nessa ordem, verificando a sua viabilidade, até que $n-3$ segmentos de linha sejam adicionados.

d) Não (pelo menos a apresentada). Pode haver uma solução ótima que não inclua o segmento adicionado que leve ao triângulo de menor peso.

e) Estratégia de **programação dinâmica**: Assuma que os vértices são rotulados $v_1, v_2, \ldots v_n$ de tal forma que vértices consecutivos são adjacentes e v_1 é adjacente a v_n. Assuma que o lado $v_1 v_n$ faz parte de um triângulo da solução ótima juntamente com v_k. Esse triângulo divide o polígono em dois polígonos menores $(v_1, \ldots, v_k)$ e $(v_{k+1}, \ldots, v_n)$. Mais ainda, a triangulação ótima do polígono original inclui triangulações ótimas desses dois polígonos.

Podemos definir $t[i,j]$, para $1 \leq i < j \leq n$, como o peso de uma triangulação ótima considerando os vértices $(v_i, \ldots, v_j)$. Se $i = j - 1$, então o polígono é degenerado e o seu peso é 0. Se $i < j-1$, então temos um polígono com pelo menos 3 vértices. A triangulação ótima é um dos triângulos $v_i v_k v_j$ em que $i < k < j$. O peso da triangulação para um dado k é a soma dos pesos das triangulações ótimas $t[i,k]$ e $t[k,j]$, e o peso do triângulo $v_i v_k v_j$. Formalmente:

$$t[i,j] = \begin{cases} 0 & \text{se } i = j-1 \\ \min_{i<k<j} t[i,k] + t[k,j] + w(\triangle v_i v_k v_j) & \text{se } i < j-1 \end{cases}$$

f) Ponto Extra: Uma prova simples é por indução. Prove para um triângulo. Prove para um polígono de n vértices. Então prove para um polígono de $n+1$ vértices.

2.26.

a) O algoritmo **tentativa e erro** deve enumerar todos os possíveis agrupamentos de caixas. Assim, a partir do primeiro item, podemos enumerar n sequências $(s_{1,1}, s_{1,2}, \ldots, s_{1,n})$. Para cada sequência de tamanho i, temos $n - i$ possíveis sequências $(s_{i+1,i+1}, s_{i+1,i+2}, \ldots, s_{i+1,n})$, e assim sucessivamente. Em todos os casos, devemos calcular as sequências até atingir o item n, quando calculamos os possíveis custos dos conjuntos de sequências. Note que cada sequência tem, se compatível com os esquemas de empacotamento, uma estratégia (custo ou valor) que é a melhor para aquela sequência, e que deverá ser escolhida.

b) A estratégia **gulosa** tenta armazenar o maior prefixo possível dos itens ainda não armazenados, seja de valor limitado ou peso limitado. O algoritmo avalia os itens sequencialmente, mantendo um contador do valor total e do peso total dos itens avaliados até o momento. Enquanto o valor total for menor que V e/ou o peso total menor que W, os itens encontrados até o momento podem ser colocados em uma caixa. Caso contrário, se encontrarmos um item j cujo valor e peso levem os respectivos contadores a excederem tanto V quanto W, então devemos embalar os itens avaliados até o momento excluindo j e reinicializar os contadores com os valores de j. Uma vez que esse algoritmo tem um custo constante para cada item, o seu custo total é $O(n)$.

c) Uma estratégia de prova da otimalidade da solução é por contradição, ou seja, há uma solução ótima e ela difere da solução gulosa em termos do número de caixas. Considere, entre todas as soluções ótimas, uma na qual uma ou mais caixas, tomadas em sequência, a partir da primeira, sejam idênticas. Examine as sequências de caixas resultantes por ambas as soluções e considere a primeira caixa onde as soluções diferem. A caixa produzida pela solução gulosa inclui os itens $i \ldots j$, enquanto a outra caixa inclui $i \ldots k$, onde $k < j$ (uma vez que o algoritmo guloso sempre coloca o máximo de itens possível em uma caixa). Se removermos da outra solução ótima os itens $k+1 \ldots j$ das suas respectivas caixas e colocá-los na caixa que estamos considerando, a solução tende a se tornar idêntica à gulosa. Ao fazer isso, a solução encontrada é viável e, como o número de caixas não se alterou, deve ser uma solução ótima. Entretanto, ela agora é idêntica a solução gulosa com relação a mais uma caixa, o que pode ser repetido para todas as outras, o que contradiz o fato de que teríamos uma solução ótima que fosse melhor que a solução gulosa.

Capítulo 3

3.1.

```
function EstaNaLista ( Ch: TipoChave; var L: TipoLista ): boolean;
var Encontrou: boolean;  Aux: Apontador;
begin
    Encontrou := false;  Aux := L.Prox;
    while (Aux <> nil and not Encontrou) do
    begin
        if (Aux^.Chave = Ch)  then Encontrou := true;
        Aux := Aux.Prox;
    end
    EstaNaLista := Encontrou;
end
```

Considere $f(n)$ o número de comparações. No pior caso, temos que $f(n) = n$, e no caso médio, $f(n) = 1 \times p_1 + 2 \times p_2 + 3 \times p_3 + \cdots + n \times p_n$. Para $p_i = 1/n, 1 \le i \le n$, o número de comparações é dado por:

$$f(n) = \frac{1}{n}(1 + 2 + 3 + \cdots + n) = \frac{1}{n}\left(\frac{n(n+1)}{2}\right) = \frac{n+1}{2}.$$

3.3.

a) Estrutura de dados

```
type
  Apontador = ^Celula;
  TipoItem  = record
                 Chave: TipoChave;
                 { outros componentes }
              end;
  Celula    = record
                 Item: TipoItem;
                 Prox: Apontador;
                 Ant : Apontador;
              end;
  TipoLista = Apontador;
```

b) Operação *Retira*

```
procedure Retira (p: Apontador; var L: TipoLista);
begin
  if p <> L
  then begin
         p^.Ant^.Prox := p^.Prox;  p^.Prox^.Ant := p^.Ant;  dispose (p);
         end;
  else writeln ('Lista vazia');
end;
```

3.15.

***Programa K.4** Implementação das operações do **tipo abstrato de dados** Area*

```
{-- Entra aqui o Programa 3.23 --}
procedure FAVazia (var Area: TipoArea);
var i: Integer;
begin
  Area.NumCelOcupadas := 0;
  Area.Primeiro       := -1;
  Area.Ultimo         := -1;
  Area.CelulasDisp    := 0;
  for i := 0 to TAMAREA - 1 do
    begin
      Area.Itens[i].Ant  := -1;
      Area.Itens[i].Prox := i + 1;
    end
end;

function ObterNumCelOcupadas (var Area: TipoArea): Integer;
begin ObterNumCelOcupadas := Area.NumCelOcupadas; end;

procedure InsereItem (Item: TipoItem; var Area: TipoArea);
var Pos, Disp, IndiceInsercao: Integer;
begin
  if Area.NumCelOcupadas = TAMAREA
  then writeln('Tentativa de insercao em lista cheia.')
  else begin
         Disp := Area.CelulasDisp;
         Area.CelulasDisp := Area.Itens[Area.CelulasDisp].Prox;
         Area.Itens[Disp].Item := Item;
         Area.NumCelOcupadas := Area.NumCelOcupadas + 1;
         if Area.NumCelOcupadas = 1
         then begin { Insercao do primeiro item }
                Area.Primeiro := Disp;
                Area.Ultimo   := Area.Primeiro;
                Area.Itens[Area.Primeiro].Prox := -1;
                Area.Itens[Area.Primeiro].Ant := -1;
                end
```

Continuação do Programa K.4

```
      else begin
           Pos := Area.Primeiro;
           if Item.Chave < Area.Itens[Pos].Item.Chave
           then begin { Insercao realizada na primeira posicao }
                Area.Itens[Disp].Ant := -1;
                Area.Itens[Disp].Prox := Pos;
                Area.Itens[Pos].Ant := Disp;
                Area.Primeiro := Disp;
                end
           else begin
                IndiceInsercao := Area.Itens[Pos].Prox;
                while (IndiceInsercao <> -1) and
                  (Area.Itens[IndiceInsercao].Item.Chave<Item.Chave) do
                  begin
                  Pos := IndiceInsercao;
                  IndiceInsercao := Area.Itens[Pos].Prox;
                  end;
                if IndiceInsercao = -1
                then begin {Insercao realizada na ultima posicao}
                     Area.Itens[Disp].Ant := Pos;
                     Area.Itens[Disp].Prox := -1;
                     Area.Itens[Pos].Prox := Disp;
                     Area.Ultimo := Disp;
                     end
                else begin { Insercao realizada no meio de Area }
                     Area.Itens[Disp].Ant := Pos;
                     Area.Itens[Disp].Prox := Area.Itens[Pos].Prox;
                     Area.Itens[Pos].Prox := Disp;
                     Pos := Area.Itens[Disp].Prox;
                     Area.Itens[Pos].Ant := Disp;
                     end;
                end;
           end;
      end;
end;

procedure RetiraPrimeiro (var Area: TipoArea; var Item: TipoItem);
var ProxTmp: TipoApontador;
begin
  if Area.NumCelOcupadas = 0 { Area vazia }
  then writeln ('Erro - Lista vazia')
  else begin
       Item := Area.Itens[Area.Primeiro].Item;
       ProxTmp := Area.Itens[Area.Primeiro].Prox;
       Area.Itens[Area.Primeiro].Prox := Area.CelulasDisp;
       Area.CelulasDisp := Area.Primeiro;
```

Continuação do Programa K.4

```
          Area.Primeiro := ProxTmp;
          if (Area.Primeiro >= 0) and (Area.Primeiro < TAMAREA)
          then Area.Itens[Area.Primeiro].Ant := -1;
          Area.NumCelOcupadas := Area.NumCelOcupadas - 1;
          end;
end;

procedure RetiraUltimo (var Area: TipoArea; var Item: TipoItem);
var AntTmp: TipoApontador;
begin
  if Area.NumCelOcupadas = 0 { Area vazia }
  then writeln ('Erro - Lista vazia')
  else begin
          Item := Area.Itens[Area.Ultimo].Item;
          AntTmp := Area.Itens[Area.Ultimo].Ant;
          Area.Itens[Area.Ultimo].Prox := Area.CelulasDisp;
          Area.CelulasDisp := Area.Ultimo;
          Area.Ultimo := AntTmp;
          if (Area.Ultimo >= 0) and (Area.Ultimo < TAMAREA)
          then Area.Itens[Area.Ultimo].Prox := -1;
          Area.NumCelOcupadas := Area.NumCelOcupadas - 1;
          end;
end;

procedure ImprimeArea(var Area: TipoArea);
var Pos: Integer;
begin
  if Area.NumCelOcupadas > 0
  then begin
          writeln ('** LISTA **');
          writeln ('Numero de Celulas Ocupadas = ', Area.NumCelOcupadas);
          Pos := Area.Primeiro;
          while (Pos <> -1) do
            begin
            writeln(Area.Itens[Pos].Item.Chave);
            Pos := Area.Itens[Pos].Prox;
            end;
          end
  else writeln('Lista Vazia');
end;
```

Capítulo 4

4.2.

a_1	a_2	a_3
B	B	A

a) Ache o menor elemento: a_3.

b) Troque com a_1: A_{a_3} B_{a_2} B_{a_1}.

c) Estabilidade violada entre B_{a_1} B_{a_2}.

4.3. Ordenação por inserção utilizando a busca binária

Programa K.5 *Ordenação por inserção utilizando busca binária*

```
procedure OrdenaPorInsercaoComBuscaBinaria (var A: Vetor;
                                            var n: Indice);
var i, j, Dir, Esq, Meio, Ind: Indice;
    x: Item;
begin
  for i := 2 to n do
    begin
    x := A[i];
    Esq := 1;
    Dir := i - 1;
    repeat
      Meio := (Esq + Dir) div 2;
      if (x.Chave = A[Meio].Chave) then break;
      if (x.Chave > A[Meio].Chave)
      then Esq := Meio + 1
      else Dir := Meio - 1;
    until Esq > Dir;
    if (Meio > Esq)
    then Ind := Meio
    else Ind := Esq;
    for j := i downto Ind + 1 do A[j] := A[j-1];
    A[Ind] := x;
    end
end;
```

Para determinar a complexidade $C(n)$, deve-se contar quantas vezes as comparações x.Chave = A[Meio].Chave e x.Chave > A[Meio].Chave são executadas. Assim, considere $C_i(n)$ o número de comparações realizadas para um dado i. As duas instruções mencionadas se encontram dentro do anel que implementa a busca binária a um custo $O(\log k)$, onde k representa o tamanho do espaço de busca. Para um dado i, inicialmente, $Esq = 1$ e $Dir = (i-1)$. Dessa forma, o anel em questão executa $\log(i-1)$ vezes, realizando 2 comparações por iteração. Logo, $C_i(n) = 2\log(i-1)$. Para obtermos $C(n)$, basta somar os valores de $C_i(n)$ com i variando de 2 a n: $C(n) = \sum_{i=2}^{n} C_i(n) = \sum_{i=2}^{n} 2\log(i-1) = 2\log(n-1)!$. Fazendo uso da **aproximação de Stirling**, chega-se a $C(n) = O(n \log n)$.

4.7. Basta alterar o procedimento *Particao* do Programa 4.6 para considerar zero como o pivô. Após a partição, deve-se realizar uma nova passada pelo vetor para garantir que os zeros fiquem entre os números negativos e os positivos. Na nova passada, os elementos vizinhos ao ponto de partição serão trocados pelos zeros encontrados de cada lado do vetor.

4.8. Cada chave poderia ser substituída por um registro contendo dois campos: a chave antiga e um número inteiro com o valor da posição de cada elemento no vetor original. A função de ordenação continua comparando as chaves originais e no caso de chaves iguais, usa-se o campo adicional para determinar a ordem entre os elementos.

4.9.

a) Passo 1: partição para um dos elementos x (o menor); passo 2: partição para outro elemento do arranjo (segundo elemento).

b) Pior caso: $n + n - 1 = 2n - 1$.

c) Caso médio: $n + \frac{2}{3}n = \frac{5}{3}n$.

4.12.

a) Seleção:

UMDOIS	Início
DMUOIS	*D* selecionado
DIUOMS	*I* selecionado
DIMOUS	*M* selecionado
DIMOUS	*O* selecionado
DIMOSU	*S* selecionado

b) Inserção:

UMDOIS	Início, ordem parcial contém *U*
MUDOIS	Ordem parcial *MU*
DMUOIS	Ordem parcial *DMU*
DMOUIS	Ordem parcial *DMOU*
DIMOUS	Ordem parcial *DIMOU*
DIMOSU	

c) Shellsort:

UMDOIS	Início, $h = 5$
SMDOIU	Posições 1 e 6 comparadas, $h = 3$
OIDSMU	trocou 1 e 4, 2 e 5, $h = 1$
IODSMU	Ordem parcial: *IO*
DIOSMU	Ordem parcial: *DIO*
DIOSMU	Ordem parcial: *DIOS*
DIMOSU	Ordem parcial: *DIMOS*

d) Quicksort:

UMDOIS	Início, pivô = *U*
SMDOIU	Partição *SMDOI*, pivô = *S*
IMDOSU	Partição *IMDO*, pivô = *I*
DMIOSU	Partição *MIO*, pivô = *M*
DIMOSU	Partição *MO*, pivô = *M*
DIMOSU	

e) Quicksort:

UMDOIS	Início, pivô na posição 3 ((1+7)/2) = *D*
DMUOIS	Partição *MUOIS*, pivô = *O*
DMIOUS	Partição *MI*, pivô = *M*
DIMOUS	Partição *US*, pivô = *U*
DIMOSU	

f) Heapsort:

UMDOIS	Início, posições 4-6 OK
UMSOID	*D* adicionado ao heap
UOSMID	*M* adicionado
UOSMID	*U* adicionado, heap completo
DOSMIU	*U* removido e trocado com D
SODMIU	heap refeito
IODMSU	*S* removido, trocado com *I*
OMDISU	heap refeito
IMDOSU	*O* removido, trocado com *I*
MIDOSU	heap refeito
DIMOSU	*O* removido, trocado com *D*
IDMOSU	heap refeito
DIMOSU	*I* removido, trocado com *I*

g) Mergesort:

UMDOIS	Início
UM	Ordena *"UM"*
DO	Ordena *"DO"*
DMOU	Combina *"UM"* e *"DO"*
IS	Ordena *"IS"*
DIMOSU	Combina *"DMOU" e "IS"*

4.13.

a)

1	2	3	4	5	6	6
A	*B*	*A*	**B**	*A*	*B*	*A*
A	*A*	*A*	**B**	*A*	*B*	*B*
A	*B*	*A*	*B*	*A*	**B**	*A*

b)

Chaves iniciais:	*Q*	*U*	*I*	*C*	*K*	*S*	*O*	*R*	*T*
1	*K*	*C*	*I*	*U*	*Q*	*S*	*O*	*R*	*T*
2	*C*	*K*	*I*						
3		*I*	*K*						
4				*U*	*Q*	*S*	*O*	*R*	*T*
5				*R*	*Q*	*O*	*S*	*U*	*T*
6				*O*	*Q*	*R*			
7							*S*	*T*	*U*

4.16.

a) Construção do *heap*:

	1	2	3	4	5	6	7	8
Chaves iniciais:	*H*	*E*	*A*	*P*	*S*	*O*	*R*	*T*
Esq = 4	*H*	*E*	*A*	**T**	*S*	*O*	*R*	**P**
Esq = 3	*H*	*E*	**R**	*T*	*S*	*O*	**A**	*P*
Esq = 2	*H*	**T**	*R*	**P**	*S*	*O*	*A*	**E**
Esq = 1	**T**	**S**	*R*	*P*	**H**	*O*	*A*	*E*

b) Três iterações do *Heapsort*:

Heap construído:	*T*	*S*	*R*	*P*	*H*	*O*	*A*	*E*	|
Iteração 1									
Troca:	**E**	*S*	*R*	*P*	*H*	*O*	*A*	|	**T**
Refaz:	**S**	**P**	*R*	**E**	*H*	*O*	*A*	|	*T*
Iteração 2									
Troca:	**A**	*P*	*R*	*E*	*H*	*O*	|	**S**	*T*
Refaz:	**R**	*P*	**O**	*E*	*H*	**A**	|	*S*	*T*
Iteração 3									
Troca:	**A**	*P*	*O*	*E*	*H*	|	**R**	*S*	*T*
Refaz:	**P**	**H**	*O*	*E*	**A**	|	*R*	*S*	*T*

4.19.

a) Constrói uma **fila de prioridades** a partir de um conjunto com n itens:

Programa K.6 *Procedimento para refazer e construir o* heap

```
procedure Refaz (Esq, Dir: Indice; var A: Vetor);
label 999;
var i: Indice; j: integer; x: Item;
begin
  i := Esq;  j := 2 * i;  x := A[i];
  while j <= Dir do
    begin
    if j < Dir then if A[j].Chave > A[j + 1].Chave then j := j + 1;
    if x.Chave <= A[j].Chave then goto 999;
    A[i] := A[j];  i := j;  j := 2 * i;
    end;
  999: A[i] := x;
end;
```

Continuação do Programa K.6

```
procedure Constroi (var A: Vetor; var n: Indice);
var Esq: Indice;
begin
  Esq := n div 2 + 1;
  while Esq > 1 do
    begin
    Esq := Esq - 1
    Refaz (Esq, n, A);
    end;
end;
```

b) Informa qual é o menor item do conjunto:

Programa K.7 *Informa o item com menor chave*

```
function Min (var A: Vetor): Item;
begin  Min := A[1];  end; { Min }
```

c) Retira o item com menor chave:

Programa K.8 *Retira o item com menor chave*

```
function RetiraMin (var A: Vetor; var n: Indice): Item;
begin
  if n < 1
  then writeln('Erro: heap vazio')
  else begin
       RetiraMin := A[1];
       A[1] := A[n];  n := n - 1;
       Refaz (1, n, A);
       end;
end;
```

d) Insere um novo item:

Programa K.9 *Insere um novo item no* heap

```
procedure Insere (var x: Item; var A: Vetor; var n: Indice);
begin
  n := n + 1;
  A[n] := x;
  A[n].Chave := Infinito;
  DiminuiChave(n, x.Chave, A);
end;
```

e) Diminui o valor da chave do item i para um novo valor que é menor do que o valor atual da chave:

Programa K.10 *Diminui valor da chave do item na posição i*

```
procedure DiminuiChave (i: Indice; ChaveNova: ChaveTipo; var A: Vetor);
var j, k: integer;
    x: Item;
begin
  if ChaveNova > A[i].Chave
  then writeln('Erro: ChaveNova maior que a chave atual')
  else begin
       A[i].Chave := ChaveNova;
       while (i>1) and (A[i div 2].Chave > A[i].Chave)
         do begin
            x := A[i div 2];
            A[i div 2] := A[i];
            A[i] := x;
            i := i div 2;
            end;
       end;
end;
```

4.20. Mergesort

a) Implementação

Programa K.11 *Mergesort*

```
procedure Mergesort (var A: Vetor; i, j: integer);
var m: integer;
var T: Vetor;

  procedure Merge(var A: Vetor; i, m, j: integer);
  { Intercala os intervalos A[i..m] e A[m+1..j] }
  var k, w, x, n :  integer;
  begin
    n := j - i + 1;
    w := i;      { w aponta para o primeiro intervalo }
    x := m + 1; { x aponta para o segundo intervalo }
    for k := 1 to n do
    begin
      if (w > m) or ((x <= j) and (A[x] < A[w]))
      then begin
           T[k] := A[x];
           x := x + 1;
           end
      else begin
           T[k] := A[w];
           w := w + 1;
           end;
    end;
    for k := 1 to n do A[i + k - 1] := T[k];
  end; { Merge }
```

Continuação do Programa K.11

```
begin
  if i < j
  then begin
       m := (i + j) div 2;
       Mergesort (A, i, m);
       Mergesort (A, m+1, j);
       Merge (A, i, m, j); { Intercala A[i..m] e A[m+1..j] em A[i..j] }
       end;
end; { Mergesort }
```

b) A Tabela K.1 apresenta um quadro comparativo do tempo total real para ordenar arranjos com 10.000, 100.000, 1.000.000, 5.000.000 e 10.000.000 registros com chaves de 32 *bits* na ordem aleatória. Na tabela, o método que levou menos tempo real para executar recebeu o valor 1 e o outro recebeu valores relativos a ele. Assim, na Tabela 4.6, o Mergesort levou aproximadamente 2 vezes o tempo do Quicksort.

Tabela K.1 *Ordem aleatória dos registros com chaves inteiras de 32* bits

	10^4	10^5	10^6	5×10^6	10^7
Quicksort	1	1	1	1	1
Mergesort	1,9	2	2	2	2

4.21.

a) Primeira etapa: formação dos blocos ordenados

fita 1: *B A L A N C E A D A*
fita 2: *A B L A D E*
fita 3: *A C N A*

Segunda etapa: intercalação

1. fita 1: *A A B C L N A A D E*
   fita 2:
   fita 3:

2. fita 1:
   fita 2: *A A B C L N*
   fita 3: *A A D E*

3. fita 1: *A A A A B C D E L N*
   fita 2:
   fita 3:

b) Foram realizadas quatro passadas: uma para a formação dos blocos ordenados e três para a intercalação de dois caminhos.

4.23.

a) O algoritmo pedido foi denominado ***Davisort* Parcial** (Reis, 2003). A ideia do algoritmo consiste em percorrer o vetor da esquerda para a direita, como é feito no algoritmo da inserção, utilizando as técnicas do *Quicksort* apenas em porções menores do vetor, em que há maior potencial de se encontrar os k menores valores do vetor.

A parte fundamental do algoritmo baseia-se no procedimento que chamaremos *EncontraPivo*. Esse procedimento recebe um vetor de tamanho n' e divide o vetor em duas partições: a primeira, p_1, de tamanho k, e a segunda, p_2, com os elementos restantes do vetor. O último elemento de p_1, o qual chamaremos pivô, deve ser o maior elemento de p_1, e todos elementos em p_2 devem ser maiores ou iguais ao pivô. Esse procedimento pode ser escrito de maneira semelhante ao procedimento *Ordena* do Programa 4.19, que por sua vez utiliza o procedimento *Particao* do Programa 4.6, descartando as partições que se iniciam após k e aquelas que terminam antes de $k - 1$. O Programa K.12 mostra a implementação do algoritmo *EncontraPivo*.

Programa K.12 *Algoritmo EncontraPivo*

```
procedure EncontraPivo(Esq, Dir, k: Indice);
var i, j: Indice;
begin
  Particao(Esq, Dir, i, j);
  if j >= k then EncontraPivo(Esq, j, k);
  if i <= k then EncontraPivo(i, Dir, k);
end;
```

O algoritmo *Davisort* parcial percorre o vetor da esquerda para direita, comparando os elementos ao elemento pivô. Todo elemento menor que o pivô é colocado em uma lista de elementos candidatos, ao lado do elemento pivô. Quando essa lista atinge um tamanho adequado (por exemplo, $2k$), o procedimento *EncontraPivo* é chamado para selecionar os k menores elementos dentre os k elementos já encontrados e a lista de candidatos. O maior elemento do vetor de tamanho k resultante passa a ser o novo pivô. O ciclo continua até que sejam percorridos todos os n elementos do vetor. Ao final, basta ordenar os k elementos no início do vetor. O Programa K.13 mostra a implementação do algoritmo *Davisort* parcial.

Programa K.13 *DavisortParcial*

```
procedure DavisortParcial (var A: Vetor; var n, k: Indice);
var candidatos, pivo: Indice; i: Indice; x: Item;
label 999;
```

Continuação do Programa K.13

```
{-- Entra aqui o procedimento Particao do Programa 4.6        --}
{-- Entra aqui o procedimento Ordena do Programa 4.19          --}
{-- Entra aqui o procedimento EncontraPivo do Programa K.12 --}

begin
  if 2*k >= n
  then begin
       Ordena(1, n, k);
       goto 999;
       end;
  EncontraPivo(1, k, k);
  candidatos := k;
  pivo := A[k].Chave;

for i:= k + 1 to n do
    begin
    if A[i].Chave <= pivo
    then begin
         candidatos := candidatos + 1;
         x := A[candidatos];
         A[candidatos] := A[i];
         A[i] := x;
         end;
    if candidatos = 2*k
    then begin
         EncontraPivo(1, candidatos, k);
         pivo := A[k].Chave;
         candidatos := k + 1;
         end;
    end;

Ordena (1, candidatos, k);
  999:
end; { Davisort }
```

b) A Tabela K.2 mostra como o algoritmo *DaviSortParcial* se compara aos algoritmos da inserção parcial sem preservação do vetor apresentado no Programa 4.16 e o algoritmo *Quicksort* parcial apresentado no Programa 4.19.

4.24.

a) O procedimento ContagemInt do Programa 4.22 é alterado para evitar a cópia do vetor B para o vetor A que ocorre no último **for**. Nesse caso o vetor B é passado como parâmetro para o procedimento ContagemIntEx. A variável booleana VetorA, também passada como parâmetro para o procedimento ContagemIntEx, controla se o vetor que recebe a ordenação final é A ou B.

Tabela K.2 *Comparação do algoritmo* $DaviSortParcial$ *com* $InsercaoParcial$ *e* $QuicksortParcial$*. Ordem aleatória dos registros*

n, k	DavisortParcial	InserçãoParcial	QuicksortParcial
$n : 10^1$ $k : 10^0$	2,3	1	2,5
$n : 10^1$ $k : 10^1$	1,6	1	1,9
$n : 10^2$ $k : 10^0$	1,6	1	2,2
$n : 10^2$ $k : 10^1$	2,1	1	1,7
n: 10^2 k: 10^2	1,5	1	1,5
$n : 10^3$ $k : 10^0$	1	1,1	3,2
$n : 10^3$ $k : 10^1$	1,1	1	2,5
$n : 10^3$ $k : 10^2$	1,2	1,1	1
$n : 10^3$ $k : 10^3$	1	4,4	1,1
$n : 10^5$ $k : 10^0$	1	1,1	2,4
$n : 10^5$ $k : 10^1$	1	1,1	2,1
$n : 10^5$ $k : 10^2$	1	1,1	2,3
$n : 10^5$ $k : 10^3$	1	2,2	1,9
$n : 10^5$ $k : 10^4$	1	42,7	1,2
$n : 10^5$ $k : 10^5$	1	∞	1
$n : 10^6$ $k : 10^0$	1	1,1	3
$n : 10^6$ $k : 10^1$	1	1,1	3,1
$n : 10^6$ $k : 10^2$	1	1,1	2,7
$n : 10^6$ $k : 10^3$	1	1,3	2,8
$n : 10^6$ $k : 10^4$	1	13,5	2,2
$n : 10^6$ $k : 10^5$	1	∞	1,1
$n : 10^6$ $k : 10^6$	1	∞	1
$n : 10^7$ $k : 10^0$	1,2	1	3
$n : 10^7$ $k : 10^1$	1,9	1	2,6
$n : 10^7$ $k : 10^2$	2,6	1	2,8
$n : 10^7$ $k : 10^3$	1	1,1	3,1
$n : 10^7$ $k : 10^4$	1	1,4	1,7
$n : 10^7$ $k : 10^5$	1	∞	1,3
$n : 10^7$ $k : 10^6$	1	∞	1,1
$n : 10^7$ $k : 10^7$	1	∞	1

Programa K.14 *RadixsortIntEx melhorado*

```
procedure ContagemIntEx (var A: Vetor; var B: Vetor;
                         n: Indice; Pass: integer;
                         var VetorA: boolean);
var i, j: integer;
  function GetBits (var x: integer; k: integer; j: integer): integer;
  begin
    GetBits := (x shr k) and not (not 0 shl j);
  end;

begin
  for i:=0 to BASE - 1 do C[i] := 0;
  for i:=1 to n do
    begin j := GetBits(A[i].Chave, Pass * m, m); C[j] := C[j]+1; end;
```

Continuação do Programa K.14

```
    if C[0] = n
    then if VetorA then VetorA := false else VetorA := true
    else begin
         for i := 1 to BASE - 1 do C[i] := C[i]+C[i-1];
         for i := n downto 1 do
           begin
           j := GetBits(A[i].Chave, Pass*m, m);
           B[C[j]] := A[i];  C[j] := C[j] - 1;
           end;
          end;
end; { ContagemIntEx }

procedure RadixsortIntEx (var A: Vetor; n: Indice);
var i, Pass: integer;
VetorA  : boolean;
{var B: Vetor;}
begin
  VetorA := true;
  for i := 0 to (NBITS div m) - 1 do
    begin
    Pass := i;
    if VetorA
    then begin
         VetorA:=false; ContagemIntEx(A, B, n, Pass, VetorA);
         end
    else begin
         VetorA:=true; ContagemIntEx(B, A, n, Pass, VetorA);
         end;
    end;
    if not VetorA then for i := 1 to n do A[i] := B[i];
end; { RadixsortIntEx }
```

b) Radixsort melhorado: a Tabela K.3 mostra um ganho aproximado do RadixsortIntEx de 1,2 em relação ao Radixsort do Programa 4.23 e 3 em relação ao Quicksort do Programa 4.7.

Tabela K.3 *Ordem aleatória dos registros com chaves inteiras de 32* bits

	10^4	10^5	10^6	10^7	10^8
RadixsortMelhorado	1	1	1	1	1
Radixsort	1	1,1	1,2	1,2	1,2
Quicksort	3,2	3,6	2,7	3,1	3,1

c) Codigo C turbinado: o Programa K.15 mostra o procedimento RadixsortTurbinado escrito na linguagem C. O procedimento ContagemIntEx foi trazido para dentro do procedimento RadixsortTurbinado. A cópia entre os vetores A e B também é evitada. A função GetBits é transformada na função GET_BYTE usando o comando **define** da linguagem C, o qual copia o código de GET_BYTE para os lugares em que é referenciada. O compilador Gnu C foi usado com a opção de otimização do código compilado.

***Programa K.15** Radixsort turbinado na linguagem C*

```
#define GET_BYTE(x,i) ((x >> (i<<3)) & 0x000000ff)
#define MAXTAM 100000000
#define TRUE 1
#define FALSE 0
typedef int Indice;
typedef int ChaveTipo;
typedef struct Item { ChaveTipo Chave; } Item;
typedef Item Vetor[MAXTAM + 1];
Vetor A;  Vetor B;

void RadixsortIntTurbinado(Item *A, int n)
{ int TamChave = sizeof(ChaveTipo);
  int Cont[TamChave][256];
  int i, j, Indice, Aux1, Aux2, Direcao = TRUE;
  /* Preenche vetores com zeros */
  for(i = 0; i < TamChave; i++)
    for(j = 0; j < 256; j++) Cont[i][j] = 0;
  for(i = 1; i <= n; i++)
    for(j=0; j<TamChave; j++) (Cont[j][GET_BYTE(A[i].Chave, j)])++;
  for(j = 0; j < TamChave; j++)
  { if(Cont[j][0] == n) continue; /* Todos os valores sao iguais */
    /* Calcula as posicoes */
    Aux1 = Cont[j][0]; Aux2 = Cont[j][0] = 0;
    for(i = 1; i < 256; i++)
    { Aux2 = Cont[j][i];
      Cont[j][i] = Cont[j][i - 1] + Aux1;  Aux1 = Aux2;
    }
    /* Ordena */
    for(i = 1; i <= n; i++)
    { if (Direcao == TRUE)
      { Indice = (Cont[j][GET_BYTE(A[i].Chave, j)])++;
        B[Indice + 1] = A[i];
      }
      else{ Indice = (Cont[j][GET_BYTE(B[i].Chave, j)])++;
            A[Indice + 1] = B[i];
          }
    }
    if (Direcao == TRUE) Direcao = FALSE;
    else Direcao = TRUE;
  }
  if (Direcao == FALSE)
  for(i = 1; i <= n; i++)A[i] = B[i];
}
```

d) Radixsort turbinado em C: a Tabela K.4 mostra um ganho aproximado do RadixsortTurbinado de 1,2 em relação ao RadixsortIntEx em C do Programa J.14, e de 1,5 em relação ao Radixsort em C do Programa D.23. Com relação ao Quicksort em C do Programa D.7, o ganho variou de 3,6 para 10.000 chaves a 4,9 para 100.000.000 de chaves.

***Tabela K.4** Ordem aleatória dos registros com chaves inteiras de 32* bits

	10^4	10^5	10^6	10^7	10^8
RadixsortTurbinado	1	1	1	1	1
RadixsortMelhorado	1,2	1,2	1,2	1,2	1,2
Radixsort	1,3	1,4	1,5	1,5	1,5
Quicksort	3,6	4,2	4,2	4,3	4,9

4.25.

A Tabela K.5 apresenta uma comparação entre o RadixsortCar em C do Programa D.25 e o Quicksort em C do Programa D.7. O compilador Gnu C foi usado com a opção de otimização do código compilado.

***Tabela K.5** Ordem aleatória dos registros com chaves de 1, 2, 4, 8, 12, 16, 20, 24 e 32 caracteres*

	1	2	4	8	12	16	20	24	32
Radixsort	1	1	1	1	1	1	1,6	2,2	3,2
Quicksort	15,2	10,3	6	2,9	1,5	1,1	1	1	1

Capítulo 5

5.1.

a)

	Sequencial	Binária	Hashing
Vantagem	simplicidade	eficiência	eficiência
Desvantagem	custo elevado	arranjo deve estar ordenado	não recupera em ordem alfabética

b)

	Sequencial	Binária	Hashing
Pior caso	$O(n)$	$O(\log n)$	$O(n)$
Caso médio	$O(n)$	$O(\log n)$	$O(1)$

c)

	Sequencial	Binária	Hashing
Memória	boa utilização	boa utilização	$\alpha = \frac{n}{m}$, em geral $\alpha < 80\%$

5.2.

a) Podemos representar o problema por uma **árvore binária de pesquisa** completamente balanceada, na qual o número de nós externos é igual a $n + 1$.

Entretanto, o número de nós externos é $\leq 2^h$, onde h corresponde à altura da árvore. Combinando as equações, temos: $n + 1 \leq 2^h$, ou $h \geq \log n + 1$, ou $h = \lceil \log n + 1 \rceil$.

b) Ponto importante: existem $n + 1$ respostas possíveis. A lista deve ser dividida igualmente em duas sublistas. Repetir o processo em uma das sublistas, até que sobre um elemento. Neste ponto mais uma comparação é necessária para decidir se a chave está presente. Logo, o limite inferior é $h = \lceil \log n + 1 \rceil$.

c) Sim, o Programa 5.3.

5.3. Para cada nó, todos os registros com chaves menores do que a chave que rotula o nó estão na subárvore à esquerda e todos os registros com chaves maiores estão na subárvore à direita.

5.8.

b) O melhor caso ocorre quando os nós estão o mais próximos possíveis da raiz, isto é, quando a árvore binária de pesquisa for uma árvore completa. Neste caso, o número de nós n da árvore será no máximo $2^h - 1$ para a altura (nível) h e no máximo $2^{h-1} - 1$ para a altura $h - 1$. Logo, $2^{h-1} - 1 < n \leq 2^h - 1 \Rightarrow 2^{h-1} < n + 1 \leq 2^h \Rightarrow h - 1 < \log(n+1) \leq h \Rightarrow h = \lceil \log n + 1 \rceil$.

5.14.

a) A tabela *hash* deve ser utilizada quando o objetivo é ter eficiência nas operações de pesquisa, inserção e remoção, desde que o número de inserções e remoções não provoque variações grandes no valor de n. A tabela *hash* também é indicada quando não há a necessidade de considerar a ordem das chaves e de saber a posição da chave de pesquisa em relação a outras chaves.

5.16. Chaves: N I V O Z A P Q R S T U. Usando $A = 1, B = 2, \cdots, Z = 26$.

a)

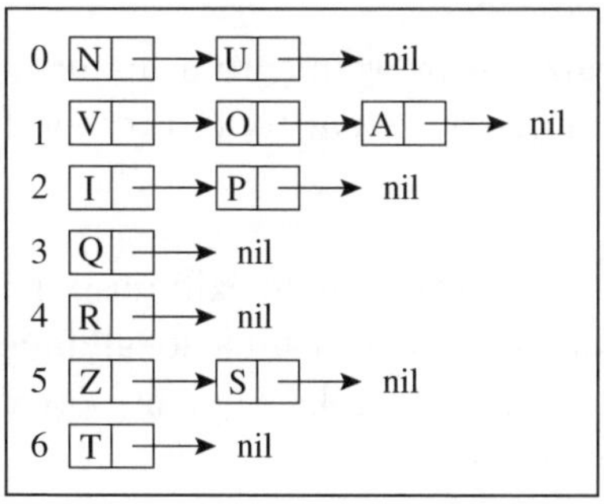

b)

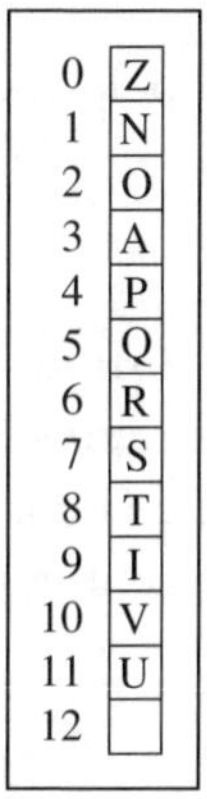

5.24.

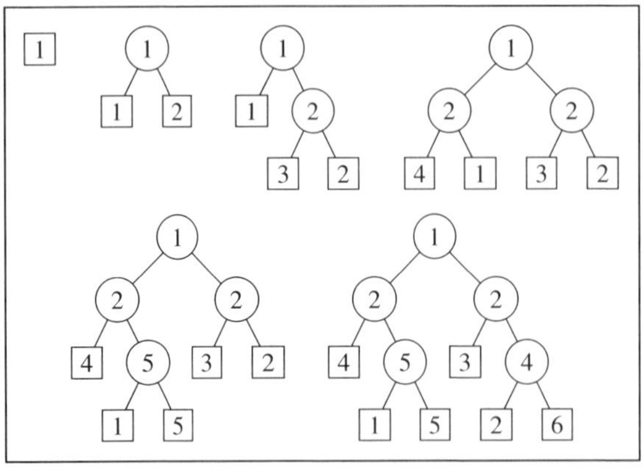

Capítulo 6

6.1.

a) Em um ambiente de **memória virtual** devemos escolher algoritmos que possuam uma **localidade de referência espacial** pequena, isto é, cada referência à memória tem probabilidade alta de ocorrer em uma área relativamente próxima a outras áreas recentemente referenciadas, o que significa que a necessidade de transferir dados da memória externa para a interna é pouco frequente. Como exemplo, o *Quicksort* tem duas localidades de referência, pois a maioria das referências a dados ocorre em um dos dois apontadores utilizados na partição do arquivo. O algoritmo de Inserção deve funcionar razoavelmente, pois um registro é retirado da sequência origem e colocado no lugar apropriado na sequência destino, provocando boa localidade de referência (lembrar, entretanto, que o algoritmo é $O(n^2)$).

b) Sim, melhora porque pelo menos o nó raiz e provavelmente a maioria das páginas filhas da raiz estarão residentes na memória principal todo o tempo.

6.2.

a) **Localidade de referência espacial** é uma propriedade exibida por programas em relação aos seus dados em que cada referência a uma localidade de memória tem grande chance de ocorrer em uma área que é relativamente próxima de outras áreas que foram recentemente referenciadas.

b) A distância entre acessos é a métrica mais tradicional de medição de localidade de referência espacial. Essa métrica pode ser aplicada a contextos mais especÃficos, como uma dada estrutura de dados.

c) **Localidade de referência temporal** é uma propriedade exibida por programas em relação aos seus dados que expressa a probabilidade de um dado ser acessado novamente considerando o momento do seu último acesso.

d) A distância de pilha dos acessos é a métrica mais tradicional de medição de localidade de referência temporal. Essa métrica pode ser aplicada a contextos mais específicos, como uma dada estrutura de dados.

6.3.

a)

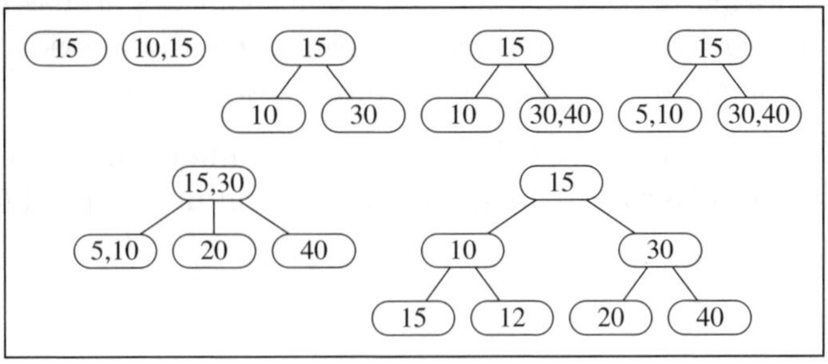

b)

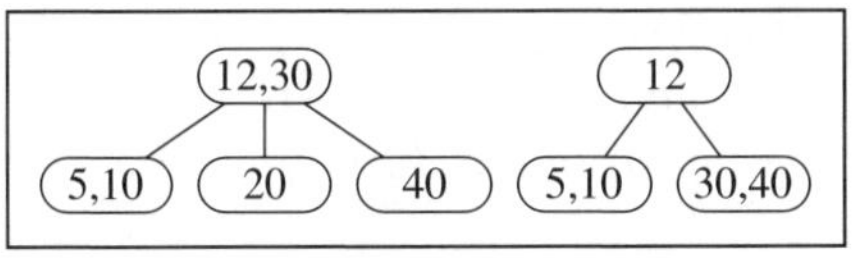

ou

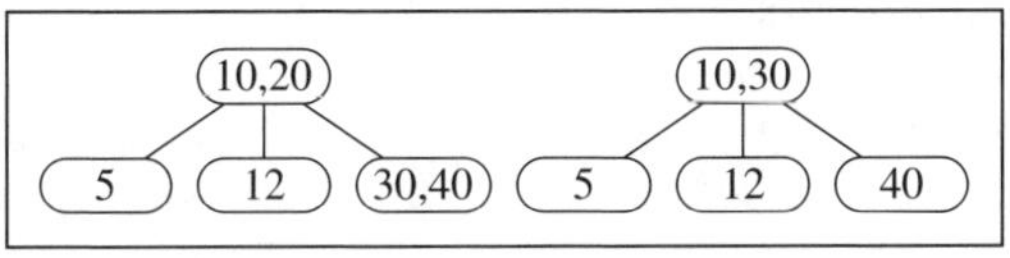

Capítulo 7

7.3.

a) O problema é modelado como um grafo não direcionado ponderado, onde vértices representam as posições onde máquinas deverão ser instaladas e arestas representam conexões diretas entre elas. O peso de cada aresta representa a distância entre elas, ou seja, o tamanho total do cabo necessário para conectá-las diretamente. O que se busca é o custo total de uma **árvore geradora mínima** do grafo.

b) Devemos utilizar o **algoritmo de Prim** ou o **algoritmo de Kruskal** para obter a árvore geradora mínima, modificando-o de forma a contabilizar o peso de cada aresta adicionada a árvore em um contador do peso total. Ao final, basta multiplicar esse contador por C. Tanto o algoritmo de Kruskal quanto o de Prim são ótimos. A modificação realizada não altera a otimalidade pois não afeta as escolhas de arestas.

c) O problema pode ser modelado como um grafo não direcionado, onde os vértices representam as posições onde máquinas deverão ser instaladas e arestas representam conexões diretas entre elas. O peso de cada aresta representa o tempo gasto para transferir uma mensagem de tamanho M entre duas máquinas diretamente conectadas. Devemos utilizar a **árvore de caminhos mais curtos** do servidor a todas as outras máquinas.

d) Devemos utilizar o **algoritmo de Dijkstra**, utilizando como origem a máquina servidora. O algoritmo de Dijkstra sempre produz soluções ótimas pois é um algoritmo guloso num contexto de subestrutura ótima. Sua complexidade é $O(|A| log(|V|))$, sendo $|V|$ o número de vértices e $|A|$ o de arestas.

e) Como todas as arestas têm peso igual, a árvore de caminhos mais curtos pode ser determinada usando **busca em largura**, cuja ordem de complexidade é $O(|V| + |A|)$.

7.4.

Programa K.16 *Classificação de arestas*

```
program BuscaEmProfundidadeListaApClassificaArestas;
{-- Implementacao TAD Grafo com listas/apontadores        --}
{-- Imprime floresta de arvores de busca em profundidade --}
const MaxNumvertices = 100;
      MaxNumArestas  = 100;
type TipoValorTempo = 0..2*MaxNumvertices;
     TipoCor = (branco, cinza, preto);
{-- Entram aqui os tipos do Programa 7.4 --}
var i            : integer;
    V1, V2, Adj: TipoValorVertice;
    A            : TipoValorAresta;
    Grafo        : TipoGrafo;
    x            : TipoItem;
    FimListaAdj: boolean;
    NVertices    : TipoValorVertice;
    NArestas     : TipoValorAresta;
{-- Entram aqui os operadores do Programa 3.4 --}
{-- Entram aqui os operadores do Programa 7.5 --}
procedure BuscaEmProfundidade (var Grafo: TipoGrafo);
var Tempo       : TipoValorTempo;
    x           : TipoValorVertice;
    d, t        : array[TipoValorVertice] of TipoValorTempo;
    Cor         : array[TipoValorVertice] of TipoCor;
    Antecessor : array[TipoValorVertice] of integer;
  procedure VisitaDfs (u:TipoValorVertice);
  var FimListaAdj: boolean;
      Peso        : TipoValorAresta;
      Aux         : Apontador;
      v           : TipoValorVertice;
  begin
    Cor[u] := cinza;
    Tempo := Tempo + 1;  d[u] := Tempo;
    writeln('Visita',u:2,' Tempo descoberta:',d[u]:2,' cinza'); readln;
```

Continuação do Programa K.16

```
      if not ListaAdjVazia (u, Grafo)
      then begin
           Aux := PrimeiroListaAdj (u, Grafo); FimListaAdj := false;
           while not FimListaAdj do
             begin
             ProxAdj (u, v, Peso, Aux, FimListaAdj);
             if Cor[v] = branco
             then begin
                  writeln ('Aresta arvore:',u:2,'->',v:2,' (branco)');
                  Antecessor[v] := u;  VisitaDfs (v);
                  end
             else if cor[v] = cinza
                  then writeln ('Aresta de retorno:',
                                u:2,'->',v:2,' (cinza)')
                  else if d[u] > d[v]
                       then writeln ('Aresta decruzamento:',
                                     u:2,'->',v:2,' (preto)')
                       else writeln ('Aresta de avanco:',
                                     u:2,'->',v:2,' (preto)');
             end;
           end;
      Cor[u] := preto;  Tempo := Tempo + 1;  t[u] := Tempo;
      writeln ('Visita',u:2,' Tempo termino:',t[u]:2,' preto'); readln;
    end;
begin
  Tempo := 0;
  for x := 0 to Grafo.NumVertices-1 do
    begin Cor[x] := branco;  Antecessor[x] := -1;  end;
  for x := 0 to Grafo.Numvertices-1 do
    if Cor[x] = branco
    then begin
         writeln ('Raiz arvore:',x:2,' (branco)');  VisitaDfs (x);
         end;
end;
begin {-- Programa principal --}
  write ('No. vertices:'); readln (NVertices);
  write ('No. arestas:');  readln (NArestas);
  Grafo.NumVertices := NVertices;  Grafo.NumArestas := 0;
  FGVazio (Grafo);
  for i := 0 to NArestas-1 do
    begin
    write ('Insere V1 -- V2 -- Aresta:');  readln (V1, V2, A);
    Grafo.NumArestas := Grafo.NumArestas + 1;
    InsereAresta (V1, V2, A, Grafo); {1 chamada: G direcionado}
   {InsereAresta (V2, V1, A, Grafo);} {2 chamadas: G nao-direcionado}
    end;
  ImprimeGrafo (Grafo);  readln;
  BuscaEmProfundidade (Grafo);  readln;
end.
```

7.16.

a) $a \notin A'$ e $w'(a) > w(a)$.

Não há nada a fazer. Essa aresta não será incorporada à AGM.

b) $a \notin A'$ e $w'(a) < w(a)$.

A aresta é candidata a entrar na AGM. Considerando que a aresta a conecta os vértices i e j, encontramos a maior aresta b no caminho entre i e j definido pela AGM original. Se $w(b) > w'(a)$, então a aresta b pode ser removida e a aresta a entra em seu lugar na AGM.

c) $a \in A'$ e $w'(a) > w(a)$.

A aresta a conectando os vértices i e j é removida da árvore e verificamos qual é a aresta de menor peso que liga as duas árvores resultantes T_i e T_j, que é adicionada, restaurando a AGM. Há $O(v^2)$ arestas possíveis a serem avaliadas.

d) $a \in A'$ e $w'(a) < w(a)$.

Não há nada a fazer. Essa aresta vai continuar na AGM.

7.17.

a) Inicialmente, calcule os caminhos mínimos entre todos os pares de cidades e armazene os valores em uma tabela. O desafio é como incorporar os custos de estadia, uma vez que o nosso objetivo não é minimizar a distância percorrida, mas os custos de estadia. Entretanto, nem todas as rotas são viáveis e o modelo deve refletir isso.

O modelo é um grafo acíclico direcionado H com $n \times (m+1)$ vértices. Os vértices são rotulados como v_{ip} para $i \in \{1, 2, \ldots, u\}$ e $p \in \{0, 1, \ldots, m\}$. Cada nó v_{ip} corresponde a opção de pernoitar na cidade i no dia p.

Para qualquer $i, j \in \{1, 2, \ldots, n\}$ em que $i \neq j$ e $p \in \{1 \ldots m\}$, adicione a aresta $(v_{i(p-1)}, v_{jp})$ no grafo H se $d(i,j) < u(p)$. Isso significa que a mercadoria pode ser transportada da cidade i para a cidade j sem exceder o limite diário. Mais ainda, para cada vértice v_{ip}, atribua o custo c_i ao vértice.

b) O frete de menor custo é o caminho de v_{s0} a v_{tm} em que o custo total dos vértices é mínimo. Se v_{tm} não é alcançável a partir de v_{s0}, nenhum caminho que satisfaz os requisitos existe.

Podemos transformar o problema do caminho de custo mínimo dos vértices em um problema de caminho mínimo. Uma vez que o grafo seja direcionado, para cada aresta (u, v) podemos atribuir o custo do nó v como o peso da sua aresta. Isso reduz o problema em pauta para o problema do caminho mínimo, que pode ser resolvido pelo **algoritmo de Dijkstra**.

c) As distâncias mínimas entre as cidades podem ser calculadas por n execuções do algoritmo de Dijkstra, o que resulta em $O(n^3)$. O grafo H contem $O(nm)$ vértices e $O(n^2m)$ arestas, com custo $O(n^2m)$ para construir o grafo. Uma vez que H é um grafo acíclico não direcionado, o caminho mínimo em H pode ser calculado com custo $O(n^2m)$. Assim, o custo do algoritmo é $O(n^3 + n^2m)$.

d) Um caminho no grafo a partir de v_{s0} até v_{tm} corresponde ao trajeto com m dias de duração. Especificamente, cada aresta $(v_{i(p-1)}, v_{jp})$ ao longo do caminho especifica o transporte entre as cidades i e j no dia p. Note que a aresta somente estará no grafo H se não violar as restrições do problema. Mais ainda, como não há arestas entre $(v_{i(p-1)}, v_{ip}) \forall i, p \in H$, não há estadia na mesma cidade por duas noites consecutivas. A transformação do problema do caminho de menores custos nos nós no problema do caminho mínimo preserva o custo dos caminhos correspondentes. Portanto, o algoritmo de caminho mínimo no grafo transformado calcula o roteiro de melhor frete desejado.

7.18.

a) O problema é modelado como um grafo não direcionado ponderado em que os vértices são os pontos de armazenamento e arestas representam as conexões entre dois pontos de armazenamento. O peso atribuído a cada aresta representa a distância entre dois pontos.

b) Este problema pode ser resolvido por uma árvore geradora mínima. Os pontos de armazenamento deverão ser todos incluídos e não se espera que haja ciclo, logo é uma árvore geradora. Além disso desejamos minimizar a distância percorrida pela água, ou seja, a soma total das arestas. Logo, basta aplicar o algoritmo de Prim ou o algoritmo de Kruskal.

c) $O(A \log V)$ onde A representa o número de arestas e V o de vértices.

7.19.

a) O problema é modelado como um grafo direcionado poderado, em que cada vértice representa uma cidade e uma aresta de u para v representa o transporte do dinheiro entre u e v por algum agente. O peso de uma aresta (u,v) representa o valor cobrado para transferir o dinheiro de u para v. Como múltiplos agentes podem oferecer o transporte entre o mesmo par de cidades, múltiplos pesos podem ser atribuídos a mesma aresta. Visando minimizar a perda final, devemos escolher como peso de uma aresta o menor valor cobrado, rotulando a mesma com um identificador do respectivo agente para construção da solução final. O problema se reduz a determinar o caminho mais curto (menor perda total) entre as cidades onde Marcelo e Alice estão.

b) O problema pode ser resolvido pelo **algoritmo de Dijkstra** para determinar o menor caminho entre os vértices no grafo que correspondem às cidades envolvidas. As arestas selecionadas indicam qual agente será utilizado. O algoritmo é ótimo.

Capítulo 8

8.3.

a) O algoritmo BM original propõe duas heurísticas para calcular o deslocamento: (i) Heurística ocorrência (do inglês *ocurrence*): alinha a posição no texto que causou a colisão com o primeiro caractere no padrão que casa com ele; (ii) Heurística casamento (do inglês *match*): ao mover o padrão para a direita, ele casa com o pedaço do texto anteriormente casado.

A simplificação mais importante é obra de Horspool (1980), conhecida como Boyer-Moore-Horspool (BMH), que executa mais rápido do que o algoritmo BM original. Horspool observou que qualquer caractere já lido do texto a partir do último deslocamento pode ser usado para endereçar a tabela de deslocamentos. Baseado nesse fato, Horspool propôs endereçar a tabela com o caractere no texto correspondente ao último caractere do padrão.

Outra simplificação importante para o algoritmo BM, conhecida como Boyer-Moore-Horspool-Sunday (BMHS), foi apresentada por Sunday (1990). É uma variante do algoritmo BMH. Sunday propôs endereçar a tabela com o caractere no texto correspondente ao próximo caractere após o último caractere do padrão, em vez de deslocar o padrão usando o último caractere como no algoritmo BMH.

b) Tabela de deslocamento - BMH:

d[M]	d[O]	d[O]	d[R]	d[E]	d[B]	d[Y]
$5-1=4$	$5-2=3$	$5-3=2$	$5-4=1$	5	5	5

Tabela de deslocamento - BMHS:

d[M]	d[O]	d[O]	d[R]	d[E]	d[B]	d[Y]
$5+1-1=5$	$5+1-2=4$	$5+1-3=3$	$5+1-4=2$	1	6	6

c) Passos intermediários - BMH:

```
1234567890
MOORE
BOYERMOORE
 MOORE
     MOORE
```

Tabela de deslocamento: d[R] $= 1$, d[M] $= 4$.

Passos intermediários - BMHS:

```
1234567890
MOORE
BOYERMOORE
     MOORE
```

Tabela de deslocamento: d[M] $= 5$.

d) Pior caso: $O(n + rm)$, onde r corresponde ao número total de casamentos. Caso esperado: $O(n/m)$, para alfabeto c não muito pequeno e padrão m não muito longo. A complexidade de espaço é: $m + c + O(1)$.

8.5.

a)

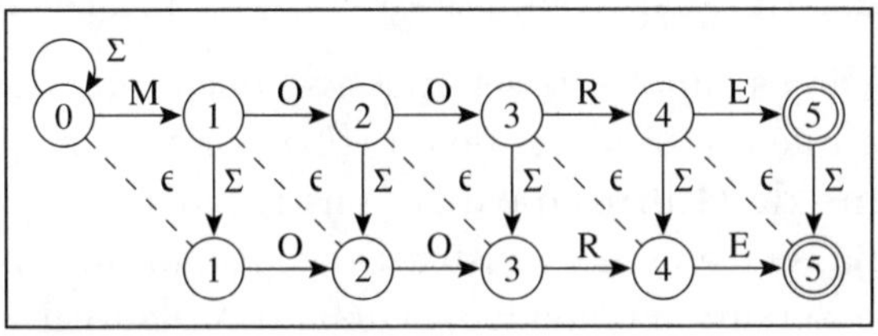

b) Registradores:

	1	2	3	4	5
M[M]	1	0	0	0	0
M[O]	0	1	1	0	0
M[R]	0	0	0	1	0
M[E]	0	0	0	0	1
M[?]	0	0	0	0	0

c) Texto: MOORMOORE

Texto	$R_0 >> 1$					R_0'					$R_1 >> 1$					R_1'				
M	1	0	0	0	0	1	0	0	0	0	0	1	0	0	0	1	1	0	0	0
O	1	1	0	0	0	0	1	0	0	0	0	1	1	0	0	1	1	1	0	0
O	1	0	1	0	0	0	0	1	0	0	0	1	1	1	0	1	1	1	1	0
R	1	0	0	1	0	0	0	0	1	0	0	1	1	1	1	1	0	1	1	*1*
M	1	0	0	0	1	1	0	0	0	0	0	1	0	1	1	1	1	0	1	0
O	1	1	0	0	0	0	1	0	0	0	0	1	1	0	1	1	1	1	0	0
O	1	0	1	0	0	0	0	1	0	0	0	1	1	1	0	1	1	1	1	0
R	1	0	0	1	0	0	0	0	1	0	0	1	1	1	1	1	0	1	1	*1*
E	1	0	0	0	1	0	0	0	0	1	0	1	0	1	1	1	0	0	1	*1*

$R_1' = R_1 >> 1$ & M[T[i]] | R_0 | $R_0' >> 1$ | 10^{m-1}

$R_0' = ((R_0 >> 1)$ | $10^{m-1})$ & M[T[i]]

8.7.

a) Obter as frequências de cada caractere no texto: $f(\text{A}) = 5$, $f(\text{B}) = 2$, $f(\text{R}) = 2$, $f(\text{C}) = 1$, $f(\text{D}) = 1$.

Uma possível **árvore de Huffman** é mostrada na figura a seguir:

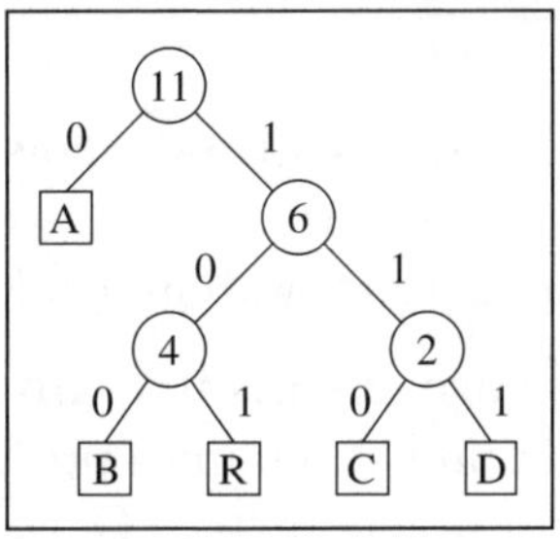

b) Comprimento do texto original: $8 \times 11 = 88$. Desprezando o espaço ocupado pelo vocabulário e a árvore de Huffman, o comprimento do texto codificado é: $5\times1+3\times2+3\times2+3\times1+3\times1 = 23$. Razão de compressão: $23/88 = 0,26 = 26\%$.

8.8. A prova é por contradição. Vamos supor que seja possível que o nó a esteja mais distante da raiz que o nó b e que a frequência de b ($f(b)$) seja menor que a frequência de a ($f(a)$). O **algoritmo de Huffman** para a construção da árvore de codificação, a cada passo, seleciona, entre os nós existentes (folhas ou internos), os dois de menor frequência para serem combinados. Quando o algoritmo for combinar o nó b com algum outro nó, apenas uma das duas situações seguintes pode ocorrer:

1. Existe um nó X (interno ou folha) tal que $f(X) < f(a)$. Logo, o algoritmo irá combinar primeiro os nós b e X, formando o nó interno bX. Nesse caso, apenas em um passo futuro o nó a será combinado, pois estamos supondo $f(b) < f(a)$. Logo, o nó b estará mais distante da raiz que o nó a, o que é uma contradição.

2. Todos os demais nós têm frequências maiores ou iguais a $f(a)$. Nesse caso, o algoritmo pode escolher o nó a para combinar com o nó b, ou escolher outro nó com frequência igual a $f(a)$. Se ocorrer a primeira possibilidade, o nó a fica no mesmo nível que o nó b na árvore, o que também é uma contradição. Se a segunda possibilidade ocorrer, temos que o nó a estará mais próximo da raiz que o nó b, novamente contradizendo a afirmação inicial.

Logo, podemos concluir que, se b está mais próximo da raiz que a, não é possível que $f(b) < f(a)$. (Szwarcfiter e Markenzon (1994)).

8.10. Considere uma **árvore de Huffman** T construída para os símbolos s_i, $1 \leq i \leq n$, $n > 1$. Considere s_x, $x \neq 2$ um símbolo que está no último nível de T. Considere T_1 a árvore resultante de T pela troca de posições entre os símbolos s_1 e s_x. Ocorre que $f_1 = f_x$, pois se f_x fosse maior que f_1 a árvore T não seria uma árvore de Huffman (vide resposta do Exercício 8.8). Portanto, $f_x \leq f_1$, mas pelo enunciado, f_1 é a menor frequência, logo, $f_1 = f_x$.

Considere agora s_y, $y \neq 1$ o símbolo que está no último nível de T_1. De forma análoga, podemos obter a árvore T_2 a partir de T_1, pela troca de posições entre os símbolos s_1 e s_y, de modo semelhante ao que foi feito anteriormente. Pelas mesmas razões, $f_2 = f_y$.

A árvore T_2 é uma **árvore de Huffman**, pois difere da árvore de Huffman T apenas pelos símbolos do último nível, uma vez que as frequências dos nós do último nível continuam as mesmas. (Szwarcfiter e Markenzon, 1994, p. 300).

8.11. Considere T_m uma **árvore de prefixo mínimo** para essas frequências. Pela definição, uma árvore de prefixo mínimo produz uma sequência binária de comprimento mínimo para um dado texto. O tamanho desta sequência pode ser obtido somando os produtos da frequências $f(s)$ de cada símbolo s pelo comprimento do código gerado para s, isto é, |código(s)|. Ou seja, o comprimento $C(T_m)$ da sequência binária gerada pela árvore T_m é dado por: $C(T) = \sum_{s=1}^{n} f_i \times |\text{código(s)}|$.

Sem perda de generalidade, podemos considerar $f_1 \leq f_2, \ldots f_n$. Da solução do Exercício 8.10, podemos supor que f_1 e f_2 correspondem a dois nós irmãos no último nível de T_m.

A demonstração é por indução em n. Para $n = 2$, o **algoritmo de Huffman** combina as duas únicas frequências gerando um digito binário distinto para cada uma como código, e portanto a árvore de prefixo obtida é mínima. Suponha que o algoritmo de Huffman seja capaz de gerar sempre uma árvore de prefixo mínimo quando o número de frequências é nenor que n. Considere agora as n frequências $f_1, f_2, \ldots, f_n$. No primeiro passo, o algoritmo de Huffman seleciona as duas menores frequências f_1 e f_2, gerando o novo nó interno de frequência $f_1 + f_2$. Após o primeiro passo restam $n - 1$ frequências a saber: $(f_1 + f_2), f_3, \ldots, f_n$. Pela hipótese de indução, existe uma árvore de prefixo mínimo T_1 para estas frequências. Logo o comprimento da sequência binária gerada pela árvore de prefixo T para as n frequências é dado por $C(T) = C(T_1) + f_1 + f_2$.

Considere novamente a **árvore de prefixo mínimo** T_m para n frequências dadas. Considere T_2 a árvore obtida de T_m, eliminando-se as folhas correspondentes a f_1 e f_2 e associando-se ao pai delas um novo símbolo de frequência $f_1 + f_2$. T_2 é uma **árvore binária de prefixo** correspondente as $n - 1$ frequências $(f_1 + f_2), f_3, \ldots, f_n$. A sequência binária gerada pela árvore de prefixo T_m para as n frequências é dado por $C(T_m) = C(T_2) + f_1 + f_2$. Comparando esta equação à equação ao final do último parágrafo, temos que, $T_1 \leq T_2$, pois T_1 é mínima (pela hipótese de indução) e $T_m \leq T$, pois T_m é mínima. Logo, conclui-se que $C(T) = C(T_m)$, portanto, a árvore de Huffman T é uma árvore binária de prefixo mínimo para as n frequências. (Szwarcfiter e Markenzon, 1994, p. 300).

Capítulo 9

9.2. Um exemplo é o método Simplex para resolver sistemas de equações lineares que, apesar de exponencial, tem bom comportamento para muitas instâncias práticas.

9.3. Sim. Qualquer problema da classe $\mathcal{NP}$ é polinomialmente transformável no problema da satisfabilidade, ou seja, se $\Pi \in \mathcal{NP}$, então $\Pi \propto SAT$.

Se Π_1 e Π_2 são $\mathcal{NP}$-completo, então $\Pi_1 \in \mathcal{NP}$ e $\Pi_2 \in \mathcal{NP}$, e pelo Teorema de Cook temos que $\Pi_1 \propto SAT$ e $\Pi_2 \propto SAT$. Como a redução $\propto$ é transitiva, e todo problema Π está em $\mathcal{NP}$ quando $SAT \propto \Pi$, então $\Pi_1 \propto SAT$ e $SAT \propto \Pi_2$ temos $\Pi_1 \propto \Pi_2$. Igualmente, $\Pi_2 \propto \Pi_1$.

Em outras palavras, mesmo que a redução seja desconhecida, sabe-se que ela existe (ainda que possa ser difícil de ser obtida).

9.4. Sim, pois:

x_1	x_2	x_3	x_4	x_5	Resultado
0	0	0	0	0	0
1	0	0	0	0	0
0	1	0	0	0	0
1	1	0	0	0	0
0	0	1	0	0	0
1	0	1	0	0	0
0	0	0	1	0	0
1	0	0	1	0	0
1	1	0	1	0	**1**

9.5.

a) Se $k \geq 3$.

Redução: SAT geral para o problema SAT com no máximo três ocorrências.

Dada uma fórmula B em CNF, seja x uma variável com exatamente m ocorrências. Substitua a i-ésima ocorrência de x por x_i e adicione a fórmula CNF $(\overline{x_1} + x_2) * (\overline{x_2} + x_3) * ... * (\overline{x_m} + x_1)$, equivalente à cadeia de implicações: $x_1 \rightarrow x_2 \rightarrow x_3 \rightarrow ... \rightarrow x_m \rightarrow x_1$. Isso força todos os x_i a terem o mesmo valor V em qualquer atribuição que satisfaça x, e, ao mesmo tempo, existem exatamente três ocorrências de cada x_i. Repita esse procedimento para cada variável de B.

Para o restante da prova, basta mostrar um algoritmo polinomial não determinista.

b) Se $k \leq 2$.

i) x aparece apenas positivamente (ou negativamente).

Neste caso basta atribuir o valor *true* (*false*) para satisfazer as cláusulas que contém x, podendo assim eliminá-los. A nova fórmula é *satisfatível*, se e somente se a fórmula original o for.

ii) x aparece positiva e negativamente.

Como há exatamente duas ocorrências de x, há uma ocorrência de cada. Logo

```
if ocorrências na mesma cláusula
then cláusula V pode ser eliminada para qualquer atribuição
else if duas cláusulas não contêm outras variáveis
     then x * x̄ não pode ser satisfeita
     else begin
          aplicar regra da resolução da lógica proposicional:
          para quaisquer fórmulas Booleanas C, D, E e variável x
          que não apareça em C, D, E, a fórmula (x + C) * (x̄ + D) * E
          é satisfatível se e somente se (C + D) * E o for.
          Logo, basta combinar a duas cláusulas e descartar x.
          Exemplo: (x + y + z) * (x̄ + u + v) → (y + z + u + v),
                   isto é, a nova fórmula é satisfatível
                   se e somente se a fórmula original o for.
          end
```

Basta continuar aplicando as regras acima até que apareça uma contradição $x + \overline{x}$ ou então todas as variáveis são eliminadas.

9.6.

a) Falso. Você sempre consegue resolver um problema mais fácil usando um problema mais difícil.

b) Verdadeiro. Pela definição de $\propto$.

c) Falso. Teorema de Cook é o contrário.

d) Verdadeiro. Vide letra (a).

e) Verdadeiro. Pela definição de $\mathcal{NP}$.

f) Verdadeiro. Se a heurística é polinomial, então $\mathcal{P} = \mathcal{NP}$.

g) Verdadeiro. Pior caso.

9.9. Não, pois será provado que o algoritmo é exponencial com respeito ao tamanho dos dados de entrada do problema.

O número de subconjuntos com k vértices de um grafo $G = (V, A)$ é dado por: $C_{n,k} = \binom{n}{k} = \frac{n!}{(n-k)!k!} = \frac{n(n-1)\cdots(n-k+1)}{k!}$, onde $n = |V|$. Sabendo que para $0 \leq i \leq k \leq n$, tem-se $\frac{n-i}{k-i} \geq \frac{n}{k}$, logo, esse número pode ser quotado inferiormente da seguinte forma: $C_{n,k} = \frac{n}{k} \times \frac{(n-1)}{(k-1)} \cdots \frac{(n-k+1)}{1} \geq (\frac{n}{k})^k$, logo, $C_{n,k} = \Omega((\frac{n}{k})^k)$. A equação $k - 1 + k - 2 + \cdots + 1 = \frac{k(k-1)}{2} = \Omega(k^2)$ indica o número de arestas que devem ser verificados para saber se um subgrafo de G é completo. Portanto, o algoritmo fornecido executa pelo menos $\Omega((\frac{n}{k})^k \times k^2)$ passos. Ou seja, o algoritmo é exponencial no tamanho da entrada.

9.10.

O problema de **cobertura de vértices** está em $\mathcal{NP}$ porque podemos verificar uma cobertura de vértices com custo linear no número de arestas, bastando verificar, para cada aresta, se ela está coberta.

Para a segunda parte da prova podemos usar o problema do **conjunto independente de vértices** como ponto de partida. Dado que um conjunto de nós S é um conjunto de cobertura de v értices para um grafo $G = (V, A)$, os vértices remanescentes $V - S$ são um conjunto independente de G. Não há basicamente transformação, pois a instância (G, g) do conjunto independente é equivalente à cobertura de vértices $|V| - g$ vértices. Se tal cobertura existir, então os vértices remanescentes formam um conjunto independente, caso contrário, não há um conjunto independente de tamanho g.

9.11. Passo I: Mostrar que o problema de **Cobertura de Vértices** (CV) para os grafos em que todos os vértices têm grau par $(CVpar) \in \mathcal{NP}$. Sendo CV $\in$ $\mathcal{NP}$**-Completo**, então existe um algoritmo polinomial nãodeterminista para CV. Mas tal algoritmo também resolve $CVpar$, um caso particular do CV.

Passo II: Vamos usar uma redução do CV para o $CVpar$. Considere $G = (V, A)$ um grafo arbitrário e k um inteiro. Considere U o conjunto de vértices de grau ímpar de G. Basta modificar G por meio da adição de três vértices x, y e z, conectados entre si, sendo x conectado a todos os vértices de U. É fácil verificar que agora todos os vértices de G' têm grau par: y e z têm grau par, os vértices de G que tinham grau par continuam com grau par e os que tinham grau ímpar tiveram um grau acrescido de 1, o vértice x tem grau par porque todo o grafo possui um número par de vértices de grau ímpar. É fácil provar que o grafo modificado tem uma cobertura de vértices de grau k, se e somente se G tem uma cobertura de vértices de grau $k - 2$.

9.12.

a) As cidades são vértices de um grafo $G = (V, A)$ e existe uma aresta entre duas cidades se a sua distância for menor que 30 quilômetros. O problema a ser resolvido é conhecido como **conjunto cobertura**, ou seja, o conjunto de vértices S de tal forma que todos os vértices que não pertençam a S sejam adjacentes a algum vértice em S. Uma outra estratégia é utilizando conjuntos. Para cada cidade c, crie um conjunto S_c contendo todas as cidades que estão no raio de 30 quilômetros de c. O conjunto cobertura é um conjunto de conjuntos S_c tal que todas as cidades tenham sido cobertas.

b) O problema é $\mathcal{NP}$-Completo. O primeiro passo da prova é que dada uma solução, ela pode ser verificada em tempo polinomial testando se todas as cidades estão cobertas.

A segunda parte se baseia no fato de que **cobertura de vértices** é NP-Completo e pode ser reduzido ao conjunto cobertura, como descrito a seguir. Considere $U = A$. Considere n subconjuntos de U: rotule os vértices de G de 1 a n, ou seja S_i o conjunto de arestas incidentes ao vértice i. Note que $S_i \subseteq U \forall i$. Os conjuntos resultantes podem ser resolvidos pela cobertura de conjuntos. Na prática, cobertura de vértices é um caso particular do conjunto cobertura, o que facilita a prova.

c) Uma solução **gulosa** simples para o problema é começar do conjunto de maior cardinalidade, remover todas as cidades por ele cobertas em todos os conjuntos, e iterar determinando o novo conjunto de maior cardinalidade, até que todos conjuntos fiquem vazios e todas as cidades tenham sido cobertas.

d) Suponha que tenhamos n cidades e que a cobertura ótima tenha k conjuntos. Considere n_t o número de cidades não cobertas após t iterações, ou seja, $n_0 = n$. Uma vez que as cidades remanescentes podem ser cobertas pelos k conjuntos ótimos, deve haver pelo menos um conjunto com pelo menos n_t/k cidades. Assim, a estratégia gulosa vai garantir que $n_{t+1} \leq n_t - n_t/k = n_t(1-1/k)$. Aplicando esse princípio recursivamente, temos que $n_t \leq n_0(1 - 1/k)^t$. Usando a inequação $1 - x \leq e^{-x}$, $n_t < n_0(e^{-1/k}) = ne^{-t/k}$. Quando $t = kln(n)$, $n_t < ne^{-lnn} = 1$ não há mais cidades a serem cobertas. A **razão de aproximação** é $kln(n)$, que é o limite superior da cardinalidade de uma cobertura de conjuntos.

9.13.

a) Para provar que o problema de obter o **conjunto independente de vértices de um grafo** (CI) é $\mathcal{NP}$**-Completo**, deve-se mostrar que: (i) $CI \in \mathcal{NP}$, isto é, existe um algoritmo polinomial não determinista que resolve CI. (ii) $CI \in \mathcal{NP}$-difícil, isto é, algum problema que seja conhecidamente $\mathcal{NP}$-difícil é polinomialmente redutível a CI. Provam-se as asserções (i) e (ii) mostrando que o problema de obtenção de um clique em um grafo, o qual é $\mathcal{NP}$**-Completo**, é polinomialmente redutível a CI e vice-versa. A demonstração de que o clique é polinomialmente redutível a CI é suficiente para provar a asserção (ii). Ao demonstrar que CI é polinomialmente redutível ao clique fica provada a asserção (i), pois dessa forma existe um algoritmo polinomial não determinista para CI, o qual consiste em reduzir o CI ao clique e resolver o clique com o algoritmo polinomial não determinista existente para o mesmo. Dada uma instância para o clique, um grafo $G = (V, A)$ e um inteiro k, constrói-se uma instância para o CI com um grafo $G' = (V, A')$ e o mesmo inteiro k, sendo $A' = \{(i, j) | (i, j) \notin A\}$, ou seja, uma aresta (i, j) unindo vértices de V pertence a A' se e somente se ela não pertencer a A. É fácil verificar que todo clique de G corresponde a um conjunto independente de vértices em G' e, portanto, a instância para o clique admite resposta afirmativa se e somente se a instância para o CI admitir resposta afirmativa. Logo, CI é polinomialmente redutível ao clique. De forma análoga, prova-se que o clique é polinomialmente redutível a CI.

9.14.

a) O problema pode ser modelado como um grafo não direcionado em que os vértices representam a fonte e os reservatórios, e arestas representam conexões diretas entre pares de reservatórios ou entre reservatórios e a fonte. A solução está relacionada com o maior subconjunto I de vértices tal que nenhum par de vértices em I seja adjacente, considerando que o grafo gerado é uma *árvore*. Esse problema é conhecido como **conjunto independente maximal**.

b) Considere cada vértice v e a subárvore que tem v como raiz. O algoritmo de **programação dinâmica** vai computar o tamanho do maior conjunto independente em cada subárvore, começando das folhas até a raiz (fonte). Suponha que saibamos o tamanho do maior conjunto independente de todas as subárvores abaixo de um nó v (subárvores com raízes nos filhos de v). Qual o maior conjunto independente na subárvore que tem v como raiz? Há duas possibilidades:

i) v está na solução ou

ii) v não está na solução.

Se v não estiver na solução, então o maior conjunto independente com raiz em v é a união dos maiores conjuntos independentes das subárvores com raízes nos filhos de v. Se v estiver na solução, então o maior conjunto independente consiste de v mais a união dos maiores conjuntos independentes das subárvores com raízes nos netos (filhos dos filhos) de v.

Isso define a seguinte equação recursiva. Considere $S(v)$ o tamanho do maior conjunto independente na subárvore com raiz em v. Temos que:

i) $S(v) = 1$ se v é folha;

ii) $S(v) = \max \sum_{k \text{ filho de } v} S(k), 1 + \sum_{k \text{ neto de } v} S(k)$ caso contrário.

c) Cada nó v é visitado um número fixo de vezes (no máximo 3), uma vez para calcular $S(v)$, outra vez para calcular o valor S do pai de v, e outra vez para calcular o valor S do avô de v. Portanto, o algoritmo é $O(V)$.

d) A solução segue os seguintes passos.

i) Comece com um conjunto solução vazio.

ii) Enquanto a árvore tiver pelo menos uma aresta faça:

– Adicione todas as folhas da árvore a J;

– Remova todas as folhas da árvore e todos os vértices adjacentes a eles.

iii) Inclua todos os vértices que sobraram a J.

e) Basta adaptar a equação de recorrência para considerar o volume associado a cada reservatório como um peso atribuído ao vértice correspondente no grafo. Considere o peso atribuído a v definido por $w(v)$. Temos então:

i) $S(v) = w(v)$ se v é folha

ii) $S(v) = \max \sum_{k \text{ filho de } v} S(k), w(v) + \sum_{k \text{ neto de } v} S(k)$ caso contrário.

9.15. Para provar que um problema é $\mathcal{NP}$-Completo, é preciso: (i) mostrar que ele pertence a $\mathcal{NP}$; (ii) obter uma redução polimonial de um outro problema conhecidamente $\mathcal{NP}$-Completo para o problema em questão.

Para provar que o conjunto dominante é $\mathcal{NP}$, devemos:

a) Apresentar um algoritmo polinomial nãodeterminista que o resolva, ou

b) Apresentar um algoritmo polinomial determinista que verifica uma dada solução.

A seguir apresentamos possíveis soluções para os dois casos:

1.

```
procedure ResolveCD (V, A);
begin
S := conjunto vazio; { Inicia conjunto solucao }
for i := 1 to |V| do
  begin
  flag := escolhe(V[i]);
  { escolhe informa se V[i] faz parte do conjunto solucao }
  if (flag = true) then S := S + V[i];
  end;
if |S| <= k
then retorna sucesso
else retorna insucesso;
end;
```

2.

```
procedure VerificaCD (V, A, S);
begin
if (|S| > k)
then Flag := false { Solucao tem no maximo k elementos }
else for i := 1 to |V| do
     if V[i] nao pertence a S
     then begin { vertice nao esta na solucao }
          Flag := false;
          for j := 1 to |S| do
          if Aresta (V[i], S[j]) pertence a A
          then Flag:=true; {e vizinho de alguem na solucao}
          end;
if Flag = true then retorna true else retorna false;
end;
```

O algoritmo ResolveCD tem ordem de complexidade $O(|V|)$, assumindo que escolhe tem ordem de complexidade $O(1)$. O algoritmo VerificaCD tem ordem de complexidade $O(k|V|)$. Ambos são polinomiais.

O próximo passo consiste em reduzir polinomialmente o problema da **cobertura de vértices** (CV) para o problema do **conjunto dominante** (CD), ou seja, precisamos provar que CV $\propto$ CD.

Considere $G(V, A), k$ uma instância do CV. A seguir vamos construir uma instância $G'(V', A'), k'$ do CD como segue.

Para cada aresta $(u, v) \in A$:

a) Adicione u e v a V';

b) Adicione um terceiro vértice uv a V';

c) Adicione a aresta (u, v) a A';

d) Adicione as arestas (u, uv) e (v, uv) a A'. Em outras palavras, vamos substituir cada aresta (u, v) em G por um triângulo $< u, v, uv >$ em G'.

A seguir, faça $k' = k$.

Agora vamos provar:

a) Se G tem CV de tamanho $\leq k$, então G' tem CD de tamanho $\leq k' = k$.

De fato, a solução S do CV em G é também solução do CD em G'. Para cada aresta $(u, v) \in G$, ou u, ou v, ou ambos estão em S, dado que a aresta precisa ser coberta por pelo menos um vértice. Vamos assumir que $u \in S$ (o mesmo vale para v). Nesse caso, considerando G', u também domina o triângulo $< u, v, uv >$, dado que v e uv são vizinhos dele. Como isso vale para toda aresta em G, então S também é solução para CD em G'.

b) Se G' tem CD de tamanho $\leq k'$, então G tem CV de tamanho $\leq k = k'$.

Nesse caso, para cada triângulo $< u, v, uv >\in G'$, ou u, ou v, ou uv (ou qualquer combinação deles) está na solução S' de CD. Se u ou v (ou ambos) estiver(em), basta considerá-lo(s) como parte da solução do CV. Se uv estiver, substitua-o por um dos outros dois (ou u ou v) mantendo assim o número total de elementos na solução igual ou menor que k. Todas as arestas do grafo G estão cobertas e, portanto, S' é solução do CV.

9.16. Para provar que um problema é $\mathcal{NP}$-Completo, é preciso:

a) Mostrar que ele pertence a $\mathcal{NP}$;

b) Obter uma redução polimonial de um outro problema conhecidamente $\mathcal{NP}$-Completo para o problema em questão.

Para provar que a cobertura de vértices é $\mathcal{NP}$, devemos:

1. Apresentar um algoritmo polinomial nãodeterminista que o resolva, ou
2. Apresentar um algoritmo polinomial determinista que verifica uma dada solução.

A seguir apresentamos possíveis soluções para os dois casos:

1.
```
procedure ResolveCV (V, A)
begin
  S := conjunto vazio; { inicia conjunto solucao }
  for i := 1 to |V| do
    begin
    { Informa se vertice V[i] faz parte do conjunto solucao }
    Flag := escolhe (V[i]);
    if (Flag = true) then S := S + V[i];
    end;
    if |S| <= k then retorna sucesso else retorna insucesso;
end;
```

2.
```
procedure VerificaCV (V, A, S);
begin
Flag := true;
if (|S| > k)
then Flag := false { Solucao tem no maximo k elementos }
else for i := 1 to |V| do
          for j := 1 to |V| do
          if (V[i],V[j]) pertence a A
          then if (V[i] nao pertence a S) && (V[j] nao pertence a S)
               then Flag := false; { S nao e solucao }
if Flag = true then retorna true else retorna false;
end;
```

O algoritmo ResolveCV tem ordem de complexidade $O(|V|)$, assumindo escolhe tem ordem de complexidade $O(1)$. O algoritmo VerificaCD tem ordem de complexidade $O(k|V|^2)$.

O próximo passo consiste em reduzir polinomialmente algum problema conhecidamente NP-Completo para o CV. Dentre as opções fornecidas, clique é o mais intuitivo.

Considere $G_{CLIQUE}(V_{CLIQUE}, E_{CLIQUE}), k_{CLIQUE}$ uma instância do clique. A seguir, vamos construir uma instância $G_{CV}(V_{CV}, E_{CV}), k_{CV}$ da cobertura de vértices.

Faça G_{CV} ser o complemento de G_{CLIQUE}, isto é, um grafo que contém os mesmos vértices de V_{CLIQUE} ($V_{CV} = V_{CLIQUE}$), mas com o complemento das arestas. Em outras palavras, se $(u, v) \in E_{CLIQUE}$ então $(u, v) \notin E_{CV}$; se $(u, v) \notin E_{CLIQUE}$ então $(u, v) \in E_{CV}$. Faça ainda $k_{CV} = |V| - k_{CLIQUE}$.

Para simplificar, vamos chamar $V = V_{CV} = V_{CLIQUE}$ e $k = k_{CLIQUE}$.

O grafo G_{CV} pode ser construído em tempo polinomial, simplesmente percorrendo cada par de vértices ($O(|V|^2)$).

Agora vamos provar:

1. Se G_{CLIQUE} tem CLIQUE de tamanho k, então G_{CV} tem CV de tamanho $|V| - k$.

   Se S_{CLIQUE} é a clique de tamanho k em G_{CLIQUE}, então $V - S_{CLIQUE}$ é o CV de tamanho $|V| - k$ em G'.

   Considere (u, v) uma aresta qualquer em G_{CV}. Então não podemos ter ambos u e v em S_{CLIQUE} pois esta aresta não existe no grafo original G_{CLIQUE} (por construção de G_{CV}). Logo, pelo menos um dos vértices u e v está em $V - S_{CLIQUE}$. Portanto, a aresta (u, v) é coberta por esse vértice e, consequentemente, por $V - S_{CLIQUE}$. Como isso vale para toda e qualquer aresta em G_{CV}, $V - S_{CLIQUE}$ representa uma cobertura de vértices desse grafo, com tamanho $|V - S_{CLIQUE}| = |V| - k$.

2. Se G_{CV} tem CV de tamanho $|V| - k$, então G_{CLIQUE} tem CLIQUE de tamanho k.

   Se S_{CV} é a solução do CV em G_{CV} de tamanho $|V| - k$, então $V - S_{CV}$ forma uma clique de tamanho k.

   Para cada par de vértices u, v, se a aresta $(u, v) \in G_{CV}$, então ou u ou v ou ambos pertencem a S_{CV}, caso contrário a aresta não estaria sendo coberta pela solução S_{CV}. Por outro lado, se nem u nem v pertencem a S_{CV}, então não pode existir a aresta (u, v) em G_{CV}, o que por sua vez implica que essa aresta existe em G_{CLIQUE} (por construção). Portanto, o conjunto de vértices que não pertencem a S_{CV} (isto é, que pertencem a $V - S_{CV}$) forma uma clique. Essa clique tem tamanho $|V - S_{CV}| = k$.

9.21.

a) O algoritmo executa em tempo $O(n \times L)$, sendo n o número de itens e L a capacidade da mochila. O algoritmo tem custo pseudopolinomial (custo aparentemente polinomial) no tamanho da entrada.

b) O espaço de solução para o **problema da mochila** consiste em 2^n maneiras distintas de escolher os itens de forma a maximizar a utilidade e minimizar o peso L. Outra maneira de verificar o custo exponencial é expressando o tamanho da entrada em termos do número de bits necessários para a representação binária dos inteiros que são parte da entrada. O peso p_i e a utilidade u_i podem ser expressos em termos de $x_i = \log p_i$ e $y_i = \log u_i$. Logo, $p_i = 2^x$ e $u_i = 2^y$, isto é, o peso e a utilidade são funções exponenciais do número de bits x e y utilizados para a entrada p_i e u_i. Logo, o algoritmo tem complexidade exponencial.

9.22.

a) O algoritmo mais eficiente conhecido é aquele que obtém todos os $(n-1)!$ caminhos e depois pega o maior deles.

b) $O(n!)$. São $(n-1)!$ caminhos com n adições em cada caminho. O problema é $\mathcal{NP}$-**completo**. Como não existe prova de que $P \neq \mathcal{NP}$ ou $P = \mathcal{NP}$, a resposta sobre se o algoritmo é ótimo (ou não) ainda não pode ser obtida.

c) O problema é $\mathcal{NP}$-**completo**. Um algoritmo não determinista polinomial é mostrado abaixo:

```
for i:= 2 to |v| do caminho[i] := escolhe(prox. vertice);
if |maior_caminho| >= k
then achou
else nao achou
```

Solução I: Transformar o problema em questão no **problema do caixeiro-viajante** clássico multiplicando cada distância por (-1) e obtendo $G' = (V, A^-)$. Neste caso, G' tem rota <= $(-k)$ se e somente se G tem rota >= k que inclua todos os vértices. Logo, existe rota >= k que inclua todos os vértices.

Solução II: Transformar o **ciclo de Hamilton** de $G = (V, A)$ para o problema do caixeiro-viajante máximo. (Ciclo de Hamilton é $\mathcal{NP}$-completo.) Como o grafo é completo, decidir se G tem um ciclo de Hamilton com comprimento >= k (testando todos os ciclos hamiltonianos) é equivalente a resolver o problema em pauta.

Caracteres ASCII

Dec	Car	Dec	Car	Dec	Car	Dec	Car	Dec	Car	Dec	Car	Dec	Car
000	NUL	037	%	074	J	111	o	148	CCH	185	¹	222	Þ
001	SOH	038	&	075	K	112	p	149	MW	186	º	223	ß
002	STX	039	’	076	L	113	q	150	SPA	187	»	224	à
003	ETX	040	(	077	M	114	r	151	EPA	188	1/4	225	á
004	EOT	041	)	078	N	115	s	152	SOS	189	1/2	226	â
005	ENQ	042	*	079	O	116	t	153	SGCI	190	3/4	227	ã
006	ACK	043	+	080	P	117	u	154	SCI	191	¿	228	ä
007	BEL	044	,	081	Q	118	v	155	CSI	192	À	229	å
008	BS	045	-	082	R	119	w	156	ST	193	Á	230	æ
009	TAB	046	.	083	S	120	x	157	OSC	194	Â	231	ç
010	LF	047	/	084	T	121	y	158	PM	195	Ã	232	è
011	VT	048	0	085	U	122	z	159	APC	196	Ä	233	é
012	FF	049	1	086	V	123	{	160		197	Å	234	ê
013	CR	050	2	087	W	124	|	161	¡	198	Æ	235	ë
014	SO	051	3	088	X	125	}	162	¢	199	Ç	236	ì
015	SI	052	4	089	Y	126	~	163	£	200	È	237	í
016	DLE	053	5	090	Z	127	DEL	164	¤	201	É	238	î
017	DC1	054	6	091	[	128	PAD	165	¥	202	Ê	239	ï
018	DC2	055	7	092	\	129	HOP	166	¦	203	Ë	240	ð
019	DC3	056	8	093	]	130	BPH	167	§	204	Ì	241	ñ
020	DC4	057	9	094	^	131	NBH	168	¨	205	Í	242	ò
021	NACK	058	:	095	_	132	IND	169	©	206	Î	243	ó
022	SYN	059	;	096	‘	133	NEL	170	ª	207	Ï	244	ô
023	ETB	060	<	097	a	134	SSA	171	«	208	Ð	245	õ
024	CAN	061	=	098	b	135	ESA	172	¬	209	Ñ	246	ö
025	EM	062	>	099	c	136	HTS	173	-	210	Ò	247	÷
026	SUB	063	?	100	d	137	HTJ	174	®	211	Ó	248	ø
027	ESC	064	@	101	e	138	VTS	175	¯	212	Ô	249	ù
028	FS	065	A	102	f	139	PLD	176	°	213	Õ	250	ú
029	GS	066	B	103	g	140	PLU	177	±	214	Ö	251	û
030	RS	067	C	104	h	141	R1	178	²	215	×	252	ü
031	US	068	D	105	i	142	SS2	179	³	216	Ø	253	ý
032	␣	069	E	106	j	143	SS3	180	´	217	Ù	254	þ
033	!	070	F	107	k	144	DCS	181	μ	218	Ú	255	ÿ
034	"	071	G	108	l	145	PV1	182	¶	219	Û		
035	#	072	H	109	m	146	PV2	183	·	220	Ü		
036	$	073	I	110	n	147	STS	184	¸	221	Ý		

Referências Bibliográficas

Adel'son-Vel'skii, G.M. e Landis, E.M. (1962) "An Algorithm for the Organization of Information", *Doklady Akademia Nauk USSR 146* (2), 263–266, Tradução para o Inglês em *Soviet Math. Doklay 3*, 1962, 1259–1263.

Aho, A.V., Hopcroft J.E. e Ullman J.D. (1974) *The Design and Analysis of Computer Algorithms.* Addison-Wesley.

Aho, A.V., Hopcroft, J.E. e Ullman, J.D. (1983) *Data Structures and Algorithms.* Addison-Wesley.

Akl, S.G. (1989) *The Design and Analysis of Parallel Algorithms.* Prentice-Hall.

Albuquerque, L.C.A. e Ziviani, N. (1985) "Estudo Empírico de uma Nova Implementação para o Algoritmo de Construção da Árvore Patricia". *V Congresso da Sociedade Brasileira de Computação*, Porto Alegre, RS, 254–267.

Almeida, J.M. (2010) *Comunicação Pessoal*, Belo Horizonte, Brasil.

Árabe, J.N.C. (1992) *Comunicação Pessoal*, Belo Horizonte, Brasil.

Baeza-Yates, R. (1992) "String Searching Algorithms". Frakes, W. e Baeza-Yates, R. (Eds.) in *Information Retrieval Data Structures and Algorithms.* Prentice Hall, Capítulo 10, 219–239.

Baeza-Yates, R. (1996) "Teaching Algorithms", *SIGACT News.*

Baeza-Yates, R. (1997) "Searching: An Algorithmic Tour". Kent, A. e Williams, G. (Eds.) in *Encyclopedia of Computer Science and Technology*, Vol. 37. Marcel Dekker Inc., 331–359.

Baeza-Yates, R. e Gonnet, G.H. (1989) "A New Approach to Text Searching". *12th ACM SIGIR International Conference on Research and Development in Information Retrieval*, 168–175.

Baeza-Yates, R. e Navarro, G. (1999) "Faster Approximate String Matching". *Algorithmica 23* (2), 127–158.

Baeza-Yates, R. e Régnier, M. (1992) "Average Running Time of the Boyer-Moore-Horspool Algorithm", *Theoretical Computer Science 92* (1), 19–31.

Baeza-Yates, R. e Ribeiro-Neto, B. (1999) *Modern Information Retrieval.* Addison-Wesley.

Barbosa, E.F. e Ziviani, N. (1992) "Data Structures and Access Methods for Read-Only Optical Disks". Baeza-Yates, R. e Manber, U. (Eds.) in *Computer Science: Research and Applications.* Plenum Publishing Corp., 189–207.

Bayer, R. (1971) "Binary B Trees for Virtual Memory", *ACM SIGFIDET Workshop*, 219–235.

Bayer, R. (1972) "Symmetric Binary B-Trees: Data Structure and Maintenance Algorithms", *Acta Informatica 1* (4), 290–306.

Bayer, R. e McCreight, E.M. (1972) "Organization and Maintenance of Large Ordered Indices", *Acta Informatica 1* (3), 173–189.

Bayer, R. e Schkolnick, M. (1977) "Concurrency of Operations on B-trees", *Acta Informatica 9* (1), 1–21.

Botelho, F.C. (2003) *Comunicação Pessoal*, Belo Horizonte, Brasil.

Botelho, F.C. (2008) "Near-Optimal Space Perfect Hashing Algorithms", Tese de Doutorado, Curso de Pós-Graduação em Ciência da Computação da Universidade Federal de Minas Gerais, Belo Horizonte, Brasil.

Botelho, F.C. e Ziviani, N. (2007) "External Perfect Hashing for Very Large Key Sets", *16th ACM Conference on Information and Knowledge Management*, 653–662.

Botelho, F.C., Pagh, R. e Ziviani, N. (2007) "Simple and Space-Efficient Minimal Perfect Hash Functions", *10th International Workshop on Algorithms and Data Structures*, Springer-Verlag Lecture Notes in Computer Science, vol. 4619, 139–150.

Botelho, F. C., Lacerda, A., Menezes, G. V., e Ziviani, N. (2010) "Minimal Perfect Hashing: A Competitive Method for Indexing Internal Memory", *Information Sciences.*

Boyer, R.S. e Moore, J.S. (1977) "A Fast String Searching Algorithm", *Communications of the ACM 20* (10), 762–772.

Brassard, G. e Bradley, P. (1996) *Fundamentals of Algorithmics.* Prentice Hall.

Brélaz, D. (1979) "New Methods to Color the Vertices of a Graph", *Communications of the ACM 22* (4), 251–256.

Bron, C. e Kerbosch, J. (1973) "Finding All Cliques of an Undirected Graph", *Communications of the ACM 16* (9), 575–579.

Carvalho, M.L.B. (1992) *Comunicação Pessoal*, Belo Horizonte, Brasil.

Christofides, N. (1975) *Graph Theory An Algorithm Approach.* Academic Press.

Cirasella, J., Johnson, D.S., McGeoch, L.A. e Zhang, W. (2001) "The Asymmetric Traveling Salesman Problem: Algorithms, Instance Generators, and Tests", *Third International Workshop ALENEX 2001*, Springer-Verlag Lecture Notes in Computer Science, Vol. 2153, 32–59.

Clancy, M. e Cooper, D. (1982) *Oh! Pascal.* W.W. Norton.

Comer, D. (1979) "The Ubiquitous B-tree," *ACM Computing Surveys 11* (2), 121–137.

Cook, S.A. (1971a) "The Complexity of Theorem Proving Procedures", *Third ACM Symposium on Theory of Computing*, 151–158.

Cook, S.A. (1971) "Linear-Time Simulation of Deterministic Two-Way Pushdown Automata", *IFIP Congress*, TA-2, North-Holland, 172–179.

Cooper, D. (1983) *Standard Pascal User Reference Manual.* W.W. Norton.

Cormen, T.H., Leiserson, C.E., Rivest, R.L. e Stein, C. (2001) *Introduction to Algorithms.* McGraw-Hill e The Mit Press.

Czech, Z.J., Havas, G. e Majewski, B.S. (1992) "An optimal Algorithm for Generating Minimal Perfect Hash Functions". *Information Processing Letters 43* (10), 257–264.

Czech, Z.J., Havas, G. e Majewski, B.S. (1997) "Perfect Hashing". *Theoretical Computer Science 182*, 1–143.

Dahl, O.J., Dijkstra, E.W. e Hoare, C.A.R. (1972) *Structured Programming.* Academic Press.

Dijkstra, E.W. (1959) "A Note on Two Problems in Connexion with Graphs", *Numerische Mathematik 1*, 269–271.

Dijkstra, E.W. (1965) "Co-operating Sequential Processes". In F. Genuys (ed.) *Programming Languages.* Academic Press.

Dijkstra, E.W. (1971) *A Short Introduction to the Art of Programming.* Technological University Endhoven.

Dijkstra, E.W. (1976) *A Discipline of Programming.* Prentice-Hall.

Ebert, J. (1987) "A Versatile Data Structure for Edges Oriented Graph Algorithms", *Communications of the ACM 30* (7), 513-519.

Edmonds, J. (1965) "Paths, Trees and Flowers", *Canadian Journal of Mathematics 17*, 449–467.

Eisenbarth, B., Ziviani, N., Gonnet, G.H., Mehlhorn, K. e Wood, D. (1982) "The Theory of Fringe Analysis and Its Application to 2-3 Trees and B-Trees", *Information and Control 55* (1–3), 125–174.

Feller, W. (1968) *An Introduction to Probability Theory and Its Applications.* Vol. 1, Wiley.

Feofiloff, P. (2008) *Algoritmos em Linguagem C.* Campus.

Flajolet, P. e Vitter, J.S. (1987) "Average-case Analysis of Algorithms and Data Structures". Technical Report 718, INRIA, França.

Floyd, R.W. (1964) "Treesort". *Algorithm 243, Communications of the ACM 7* (12), 701.

Fox, E.A., Heath, L., Chen, Q.F. e Daoud, A. (1992) "Practical Minimal Perfect Hash Functions for Large Databases", *Communications of the ACM 35* (1), 105–121.

Furtado, A.L. (1984) *Comunicação Pessoal*, Rio de Janeiro, Brasil.

Garey, M.R. e Johnson, D.S. (1979) *Computers and Intractability A Guide to the Theory of NP-Completeness.* Freeman.

Gibbons, A. e Rytter, W. (1988) *Efficient Parallel Algoritms.* Cambridge University Press.

Gnu Pascal (2003) "Compilador da Gnu para a Linguagem Pascal". Disponível em http://www.gnu-pascal.de/gpc/h-index.html

Gonnet, G.H. e Baeza-Yates, R. (1991) *Handbook of Algorithms and Data Structures.* Addison-Wesley, segunda edição.

Graham, R.L., Knuth, D.E. e Patashnik, O. (1989) *Concrete Mathematics.* Addison-Wesley.

Greene, D.H. e Knuth, D.E. (1982) *Mathematics for the Analysis of Algorithms.* Birkhanser.

Guedes Neto, D.O. (2003) *Comunicação Pessoal*, Belo Horizonte, Brasil.

Guedes Neto, D.O. (2010) *Comunicação Pessoal*, Belo Horizonte, Brasil.

Guibas, L. e Sedgewick, R. (1978) "A Dichromatic Framework for Balanced Trees", *19th Annual Symposium on Foundations of Computer Science*, IEEE Computer Society, 8–21.

Hibbard, T.N. "Some Combinatorial Properties of Certain Trees with Applications to Searching and Sorting", *Journal of the ACM 9*, 13–28.

Hoare, C.A.R. (1962) "Quicksort", *The Computer Journal 5* (1), 10–15.

Hoare, C.A.R (1969) "Axiomatic Bases of Computer Programming", *Communications of the ACM 12* (10), 576–583.

Horowitz, E. e Sahni, S. (1978) *Fundamentals of Computer Algorithms.* Computer Science Press.

Huffman, D. (1952) "A Method for the Construction of Minimum-Redundancy Codes". *Institute of Electrical and Radio Engineers*, Vol. 40, 1090–1101.

Jensen, K. e Wirth, N. (1974) *Pascal User Manual and Report.* Springer-Verlag, segunda edição.

Karp, R.M. (1972) "Reducibility Among Combinatorial Problems". Miller R.E. e Thatcher J.W. (Eds.) in *Complexity of Computer Computations*, 85–103, Plenum Press.

Keehn, D. e Lacy, J. (1974) "VSAM Data Set Design Parameters", *IBM Systems Journal 3*, 186–212.

Knott, G. (1975) "Hashing Functions", *The Computer Journal 18* (3), 265–378.

Knuth, D.E. (1968) *The Art of Computer Programming, Vol. 1: Fundamental Algorithms.* Addison-Wesley.

Knuth, D.E. (1971) "Mathematical Analysis of Algorithms", *Procedings IFIP Congress 71*, vol. 1, North Holland, 135–143.

Knuth, D.E. (1973) *The Art of Computer Programming; Vol. 3: Sorting and Searching.* Addison-Wesley.

Knuth, D.E. (1976) "Big Omicron and Big Omega and Big Theta", *ACM SIGACT News 8* (2), 18–24.

Knuth, D.E. (1981) *The Art of Computer Programming, Vol. 2: Seminumerical Algoritms.* Addison-Wesley, segunda edição.

Knuth, D.E. (1997) *The Art of Computer Programming, Vol. 1: Fundamental Algorithms.* Addison-Wesley, terceira edição.

Knuth, D.E., Morris, J.H. e Pratt, V.R. (1977) "Fast Pattern Matching in Strings", *SIAM Journal on Computing 6* (1), 323–350.

Knuth, D.E. e Pratt, V.R. (1971) "Automata Theory Can be Useful", *Relatório Técnico*, Stanford University.

Kruskal, J.B. (1956) "On the Shortest Spanning Subtree of a Graph and the Traveling Salesman Problem", *American Mathematical Society*, vol. 7, 48–50.

Lawler, E., Lenstra, J., Rinnooy Kan, A. e Shmoys, D.B. (1985) *The Traveling Salesman Problem.* Wiley, 1985.

Lister, A.M. (1975) *Fundamentals of Operating Systems.* Macmillan.

Loureiro, A.A. (2003) *Comunicação Pessoal*, Belo Horizonte, Brasil.

Loureiro, A.A. (2010) *Comunicação Pessoal*, Belo Horizonte, Brasil.

Lueker, G.S. (1980) "Some Techniques for Solving Recurrences", *ACM Computing Surveys 12* (4), 419–436.

Majewski, B.S., Wormald, N.C., Havas, G. e Czech, Z.J. (1996) "A Family of perfect Hashing Methods", *The Computer Journal 39* (6), 547–554.

Manber, U. (1988) "Using Induction to Design Algorithms", *Communications of the ACM 31* (11), 1300–1313.

Manber, U. (1989) *Introduction to Algorithms A Creative Approach.* Addison-Wesley.

Manber, U. e Myers, G. (1990) "Suffix Arrays: A New Method for On-Line String Searches". *1st ACM-SIAM Symposium on Discrete Algorithms*, 319–327.

Mehlhorm, K. (1984) *Data Structures and Algorithms, Vol. 1: Sorting and Searching.* Springer-Verlaq.

Mehlhorm, K. e Sanders, P. (2008) *Algorithms and Data Structures*, Springer.

Meira Jr., W. (2003) *Comunicação Pessoal*, Belo Horizonte, Brasil.

Meira Jr., W. (2008) *Comunicação Pessoal*, Belo Horizonte, Brasil.

Moffat, A. (1989) "Word-based Text Compression", *Software Practice and Experience 19* (2), 185–198.

Moffat, A. e Katajainen, J. (1995) "In-Place Calculation of Minimum-Redundancy Codes", *4th International Workshop on Algorithms and Data Structures*, 393–402.

Moffat, A. e Turpin, A. (2002) *Compression and Coding Algorithms*, Kluwer Academic Publishers.

Morrison, D.R. (1968) "PATRICIA – Practical Algorithm To Retrieve Information Coded In Alphanumeric", *Journal of the ACM 15* (4), 514–534.

Moura, E. (1999) "Compressão de Dados Aplicada a Sistemas de Recuperação de Informação", Tese de Doutorado, Curso de Pós-Graduação em Ciência da Computação da Universidade Federal de Minas Gerais, Belo Horizonte, Brasil.

Moura, E., Navarro, G., Ziviani, N. e Baeza-Yates, R. (1998) "Fast Searching on Compressed Text Allowing Errors", *21st International ACM SIGIR Conference on Research and Development in Information Retrieval*, 298–306.

Moura, E., Navarro, G., Ziviani, N. e Baeza-Yates, R. (2000) "Fast and Flexible Word Searching on Compressed Text", *ACM Transactions on Information Systems 18* (2), 113–139.

Murta, C.D. (1992) *Comunicação Pessoal.* Belo Horizonte, Brasil.

Navarro, G. e Raffinot, M. (2003) *Flexible Pattern Matching in Strings.* Cambridge University Press.

Olivié, H. (1980) "Symmetric Binary B-Trees Revisited", Technical Report 80-01, Interstedelijke Industriële Hogerschool Antwerpen-Mechelen, Bélgica.

Pagh, R. (2001) "Low Redundancy in Static Dictionaries with Constant Query Time", *Siam Journal on Computing 31* (2), 353–363.

Papadimitriou, C.H. e Steiglitz, K. (1982) *Combinatorial Optimization: Algorithms and Complexity.* Prentice-Hall.

Patterson, D.A. e Hennessy, J.L. (1995) *Computer Architecture: A Quantitative Approach.* Morgan Kaufmann Publishers, segunda edição.

Peterson, J. e Silberschatz, A. (1983) *Operating System Concepts.* Addison-Wesley.

Prim, R.C. (1957) "Shortest Connection Networks and Some Generalizations". *Bell System Technical Journal 36*, 1389–1401.

Quinn, M.J. (1994) *Parallel Computing Theory and Practice.* McGraw-Hill.

Rawlins, G. (1991) *Compared to What: An Introduction to Analysis of Algorithms.* Computer Science Press.

Reis, D.C. (2003) *Comunicação Pessoal*, Belo Horizonte, Brasil.

Rivest, R.L., Shamir, A. e Adleman, L.M. "A Method for Obtaining Digital Signatures and Public-Key Cryptosystems", *Communications of the ACM 21* (2), 120–126.

Rosenkrantz, D.J., Stearns, R.E. e Lewis II, P.M. (1977) "An Analysis of Several Heuristics for the Traveling Salesman Person", *Siam Journal on Computing 6* (3), 563–581.

Schwartz, E.S. e Kallick, B. (1964) "Generating a Canonical Prefix Encoding", *Communications of the ACM 7*, 166–169.

Sedgewick, R. (1975) "The Analysis of Quicksort Programs", *Acta Informatica 7*, 327–355.

Sedgewick, R. (1978) *Quicksort.* Garland. (Também publicado como tese de doutorado do autor, Stanford University, C.S. Department Techical Report 75–492, 1975.)

Sedgewick, R. (1978a) "Implementing Quicksort Programs", *Communications of the ACM 21* (10), 847–857.

Sedgewick, R. (1988) *Algorithms.* Addison-Wesley, segunda edição.

Sedgewick, R. (2002) *Algorithms in C++.* Addison-Wesley, terceira edição.

Sedgewick, R. e Flajolet, P. (1996) *An Introduction to the Analysis of Algorithms.* Addison-Wesley.

Shell, D.L. (1959) "A Highspeed Sorting Procedure", *Communications of the ACM 2* (7), 30–32.

Sleator, D.D. e Tarjan, R.E. (1985) "Self-Adjusting Binary Search Trees", *Journal of the ACM 32*, 652–686.

Souza, L.A. (2003) *Comunicação Pessoal*, Belo Horizonte, Brasil.

Stanat, D.F. e McAllister, D.F. (1977) *Discrete Matematics in Computer Science.* Prentice-Hall, Capítulo 5, 218–274.

Standish, T.A. (1980) *Data Structures Techniques.* Addison-Wesley.

Sudkamp, T.A. (1997) *Languages and Machines An Introduction to the Theory of Computer Science.* Addison-Wesley.

Szwarcfiter, J.L. (1984) *Grafos e Algoritmos Computacionais.* Campus.

Szwarcfiter, J.L. e Markenzon, L. (1994) *Estruturas de Dados e seus Algoritmos.* LTC Editora.

Tanenbaum, A.S. (1987) *Operating Systems: Design and Implementation.* Prentice-Hall.

Tarjan, R.E. (1983) *Data Structures and Network Algorithms.* SIAM.

Tarjan, R.E. (1985) "Amortized Computational Complexity", *SIAM Journal on Applied and Discrete Mathematics 6*, 306–318.

Terada, R. (1991) *Desenvolvimento de Algoritmos e Estruturas de Dados.* McGraw-Hill e Makron Books do Brasil.

Verkano, A.I. (1987) "Performance of Quicksort Adapted for Virtual Memory Use", *The Computer Journal 30* (4), 362–371.

Vuillemin, J. (1978) "A Data Structure for Manipulating Priority Queues", *Communications of the ACM 21* (4), 309–314.

Wagner, R. (1973) "Indexing Design Considerations," *IBM Systems Journal 4*, 351–367.

Weide, B. (1977) "A Survey of Analysis Techniques for Discrete Algorithms", *ACM Computing Surveys 9* (4), 291–313.

Williams, J.W.J. (1964) "Algorithm 232", *Communications of the ACM 7* (6), 347–348.

Wirth, N. (1971) "Program Development by Stepwise Refinement", *Communications of the ACM 14* (4), 221–227.

Wirth, N. (1974) "On The Composition of Well-Structured Programs", *ACM Computing Serveys 6* (4), 247–259.

Wirth, N. (1976) *Algorithms + Data Structures = Programs.* Prentice-Hall.

Wirth, N. (1986) *Algorithms and Data Structures.* Prentice-Hall.

Witten, I.H., Moffat, A. e Bell, T.C. (1999) *Managing Gigabytes Compressing and Indexing Documents and Images.* Morgan Kaufmann Publishers, segunda edição.

Ziviani, N., Moura, E., Navarro, G. e Baeza-Yates, R. (2000) "Compression: A Key for Next-generation Text Retrieval Systems", *IEEE Computer 33* (11), 37–44.

Ziviani, N., Olivié, H. e Gonnet, G.H. (1985) "The Analysis of the Improved Symmetric Binary B-Tree Algorithm", *The Computer Journal 28* (4), 417–425.

Ziviani, N. e Tompa, F.W. (1982) "A Look at Symmetric Binary B-Trees", *INFOR Canadian Journal of Operational Research and Information Processing 20* (2), 65–81.

Zobrist, A.L. (1990) "A New Hashing Method with Applications for Game Playing" *International Computer-Chess Association Journal (13)* (2), 69–73.

Índice Remissivo

Impressão e acabamento:

Orgrafic
Gráfica e Editora
tel.: 25226368